2024 氢能产业
高质量发展大会论文集

中国石油和化学工业联合会　编

中国石化出版社
·北京·

图书在版编目 (CIP) 数据

2024 氢能产业高质量发展大会论文集 / 中国石油和化学工业联合会编 . -- 北京：中国石化出版社，2024.

12. -- ISBN 978-7-5114-7784-2

Ⅰ . F426.2-53

中国国家版本馆 CIP 数据核字第 20240Q14T9 号

中国石化出版社出版发行

地址：北京市东城区安定门外大街 58 号

邮编：100011 电话：（010）57512500

发行部电话：（010）57512575

http://www.sinopec-press.com

E-mail : press@sinopec.com

宝蕾元仁浩（天津）印刷有限公司印刷

全国各地新华书店经销

*

880 毫米 ×1230 毫米 16 开本 33.75 印张 1017 千字

2024 年 12 月第 1 版　2024 年 12 月第 1 次印刷

定价 :480.00 元

2024 氢能产业高质量发展大会论文集

编委会

主　任：孙伟善

副主任：（按姓氏笔画顺序）

　　　　李永亮　　瞿　辉

委　员：（按姓氏笔画顺序）

　　　　任　旸　李　淼　李顶杰　杨传玮　翁　慧　战　玮

　　　　朱晓丽　高　阳　贾奕宸　王紫唯　边思颖　陈　涛

　　　　王延客　范文增　王　蕊

前　言

在全球气候变化与可持续发展的双重挑战下，氢能作为一种清洁、高效的二次能源，对传统能源体系的绿色升级具有深刻的时代意义，其产业和应用技术已在全球范围内成为一个备受关注的话题，多个国家出台明确的氢能发展规划和战略，并将其视为实现经济和低碳可持续发展的重要组成部分，氢能已成为全球能源发展中不可或缺的一部分。

2022年，国家发展改革委和国家能源局联合印发的《氢能产业发展中长期规划(2021-2035年)》中明确了氢能是未来国家能源体系的重要组成部分，将氢能产业上升至国家能源战略高度。2024年11月8日，全国人大常委会通过的"中华人民共和国能源法"以立法形式将氢能纳入能源体系。在国家政策支持下，从中央到地方，各级部门纷纷出台涉及氢能制、储、输、加、用全链条关键技术攻关、氢能示范应用、基础设施建设等方方面面的有利政策，为氢能产业的发展按下了加速键。目前，我国氢能关键技术持续创新并取得重大进展，电解槽、燃料电池等市场快速增长的领域已获得资本关注。氢能产业链上下游企业正在加强协同合作，在提高制氢效率和降低成本的同时积极推动氢能应用领域的拓展和商业化进程，共同推动氢能产业的高质量发展。

为助力我国石油和化工行业面对新形势、新挑战、新要求，加快形成以高科技、高效能、高质量为特征的氢能新质生产力，统筹推进传统能源、新能源和碳减排技术的迭代升级，中国石油和化学工业联合会、中国石油天然气集团有限公司、中国石油化工集团有限公司、中国海洋石油集团有限公司、国家石油天然气管网集团有限公司、中国氢能源及燃料电池产业创新战略联盟定于2024年12月3日-5日在北京市联合召开"2024氢能产业高质量发展大会"。会议以"科技创新引领产业创新发展氢能新质生产力"为主题，将重点围绕氢能产业政策解读、标准体系构建、数智融合发展、氢能绿色制取、安全存储与快速输配体系、高效及多元应用、关键技术装备等产业链各环节进行深度交流，以便为我国氢能产业高质量发展提供启发和决策参考。

本次会议得到了国家有关部委、中国石油、中国石化、中国海油、国家管网、国家能源、相关高等院校和科研院所等单位广大氢能专家和科技工作者的大力支持。大会共征集会议论文200余篇，中国石油和化学工业联合会产业发展部组织专家认真审核，择优收入74篇辑册成集并公开出版发行。内容涉及氢能产业发展与应用的诸多领域，整体上反映了我国氢能产业高质量发展最新的研究和应用成果及发展前景，具有较高的学术和参考价值。

由于时间仓促，水平有限，书中难免有不足之处，敬请读者批评指正。

本书编委会
2024年12月

目　录

第二篇　氢能储输与数智融合篇

第一篇　氢能制取与应用篇

新氢压缩机级间冷却器
效率下降分析及对策

黄　洁　潘　强

（中石油克拉玛依石化有限责任公司）

摘要： 本文针对中石油克拉玛依石化有限责任公司150万吨／年柴油加氢改质装置2018年9月升级扩量改造后新增的4台新氢压缩机级间冷却器效率下降导致各级排气温度明显上升问题开展研究分析，综合对现场4台冷却器运行时的温度变化、循环水压力、流量和水质监测数据分析认为由于循环水水质变化引起的换热器部分管束堵塞和粘泥附着导致冷却器效率下降。在此基础上，提出了冷却器反冲洗、控制循环水最低流速、清洗预膜和冷却器高压清洗四方面的优化改进措施，使得问题圆满解决。

关键词： 新氢压缩机　级间冷却器　效率下降　温度上升

克拉玛依石化公司150万吨／年柴油加氢改质装置由中国石化工程建设公司北京设计院设计，中油第七建筑公司承建，总投资为52556万元，装置于2011年4月开始建设，2011年11月中交，2018年9月，根据全厂总流程需要，依托原120万吨／年柴油加氢改质装置的流程与设备，扩能改造至150万吨／年。装置以焦化柴油、催化柴油、I套蒸馏柴油和部分抽出油为原料，以生产国六汽柴油为主要目的，适当提高裂化深度多产石脑油。本文研究的级间冷却器为该装置2018年9月扩能改造时新安装的4台压缩机级间冷却器，由无锡鼎邦换热设备股份有限公司于2018年6月设计制造，2018年9月投入使用，2020年12月1日至2021年2月3日期间，2台新氢压缩机各级排气温度均明显上涨，级间冷却器效率明显下降，本文对此问题开展相关的研究分析，并提出了最终的解决方案。

1　级间冷却器简介

150万吨／年柴油加氢改质装置设置2台新氢压缩机K-3101/CD，采用四列三级压缩，每级之间设置1台冷却器，工艺名称为一级冷却器、二级冷却器，分别用于降低各级出口排气温度至下一级入口。一、二级冷却器设计参数如下：

表1　一级、二级冷却器基本参数

工艺名称	一级冷却器	二级冷却器
壳程设计压力，MPa	4.4	8.25
管程设计压力，MPa	3.6	6.6
壳程介质	新氢	新氢
管程介质	循环水	循环水
生产日期	2018年6月29日	2018年6月29日
生产厂家	无锡鼎邦换热设备股份有限公司	

2　级间冷却器效率下降概况

2020 年 12 月 1 日至 29 日期间，柴油加氢改质装置新氢压缩机 K-3101/D 运行新氢量、循环水进装置温度及压力、一级冷却器进气温度等参数均稳定的情况下，一级冷后温度由 32℃逐渐上涨至约 37℃，经二级压缩后，二级冷却器进气温度由 97℃涨至 103℃，二级冷后温度由 39℃涨至 49℃，一、二级冷后温度均逐渐上升导致压缩机三级排气温度升高至 101℃。具体见下表 2。

表 2　新氢压缩机 K-3101/D 各级温度

日期	12/1	12/5	12/7	12/9	12/21	12/23	12/25	12/27	12/29
一级进温度,℃	83.55	81.18	80.80	79.35	79.20	80.19	78.97	80.04	80.80
一级出温度,℃	32.11	33.64	34.39	33.41	36.61	37.07	35.70	36.00	37.69
二级进温度,℃	96.83	99.42	100.03	98.88	102.17	102.63	100.87	101.56	103.39
二级出温度,℃	38.71	43.48	43.11	41.57	46.23	46.15	44.76	46.61	48.52
三级排温度,℃	94.77	97.28	96.97	96.44	99.57	99.42	97.59	99.19	101.25
循环水温度,℃	26.82	26.61	26.77	26.02	23.25	23.58	22.56	21.58	22.52

2020 年 12 月 29 日新氢压缩机 K-3101/C 中修完成，12 月 30 日新氢压缩机 K-3101/D 切换至 K-3101/C，2020 年 12 月 30 日至 2021 年 2 月 2 日新氢压缩机 K-3101/C 运行期间，一级冷却器进气温度稳定的情况下，一级冷后温度由 31℃逐渐上涨至约 38℃，经二级压缩后，二级冷却器进气温度由 97℃涨至 108℃，二级冷后温度由 40℃涨至 53℃，一、二级冷后温度和 K-3101/D 机类似逐渐上升导致压缩机三级排气温度升高至 108℃。具体见下表 3。

表 3　新氢压缩机 K-3101/C 机各级温度

日期	12/30	1/4	1/6	1/8	1/10	1/16	1/20	1/24	1/26	1/29	1/31
一级进温度,℃	77.21	74.31	71.87	72.25	75.08	72.18	74.54	80.42	77.21	77.98	77.44
一级出温度,℃	31.35	30.97	30.09	31.53	33.02	32.04	34.63	36.62	36.40	37.31	37.98
二级进温度,℃	97.44	97.82	97.44	99.88	101.71	100.11	102.32	104.00	104.76	107.13	108.58
二级出温度,℃	40.28	40.58	41.31	44.40	47.92	45.93	46.99	47.91	47.76	50.35	53.25
三级排温度,℃	93.47	92.86	92.93	95.38	98.98	100.34	102.24	102.93	103.48	105.29	107.97

综上所述，2 台新氢压缩机均存在级间冷却器效率明显下降问题，压缩机二、三级排气温度联锁值为 125℃，目前是冬天室内环境温度较低，如果夏天室内环境温度高，随气温上升压缩机存在排气温度联锁停机的风险，需要对级间冷却器效率下降问题进行排查和分析。

3　原因分析

（1）冷却器循环水压力分析

2021 年 1 月 27 日在新氢压缩机级间冷却器循环水进、回水线排凝放空处临时安装两个压力表用于检测冷却器进、回水压力，两台压缩机各冷却器循环水进水压力均为 0.48MPa，与循环水进装置压力相同，回水压力在 0.26-0.27MPa，进、回水压差约 0.2MPa，大于设计标准≤ 0.15MPa。

（2）冷却器循环水流量分析

同时对级间冷却器循环水流量进行测量，数据见下表 4，新氢压缩机 K-3101/D 一、二级冷却器循环水量与 2019 年标定数据相比均明显下降，新氢压缩机 K-3101/C 循环水量比 K-3101/D 机略大，但 2019 年未对 K-3101/C 机进行标定无数据对比，故本次研究忽略 K-3101/C 机的数据对比。

表 4 冷却器循环水流量

日期	1 月 27 日	2019 年标定数据
新氢压缩机 K-3101/D 一级冷却器循环水流量 ,m³/h	136	191
新氢压缩机 K-3101/D 二级冷却器循环水流量 ,m³/h	88	142
新氢压缩机 K-3101/C 一级冷却器循环水流量 ,m³/h	144	\
新氢压缩机 K-3101/C 二级冷却器循环水流量 ,m³/h	117	\

综上所述，对循环水压差偏大和流量下降两方面分析来看，判断级间冷却器可能有部分管束堵塞不畅，导致循环水压差偏大和流量下降，故需要对冷却器进行拆检以进一步确认是否堵塞。

（3）冷却器管束堵塞分析

通过对 2 台新氢压缩机级间冷却器管束进行检查，分别打开一级、二级冷却器管箱封头，发现新氢压缩机 K-3101/CD 一级和二级冷却器入口管束均有明显的堵塞情况，K-3101/D 机二级管束略微比一级严重，K-3101/C 机一级和二级冷却器管束堵塞均比较严重，见图 1,这也符合前一章节介绍的一级、二级冷却器的温度变化趋势；从图 1 中可以看出有部分管束已被粘泥堵死，绝大多数管束内壁上附着一层厚度约 2mm 的粘泥，部分管束入口还附着循环水中带入的塑料薄膜片，管箱分层隔板和内壁上均附着一层约 3mm 厚的粘泥。粘泥堵塞或附着于冷却器管束内壁，可导致冷却器管径变小流通面积较小，循环水量下降，同时还会导致管束的换热效率大大下降，冷却器出口温度升高。

图 1 冷却器管束内部

（4）冷却器循环水水质分析

根据压缩机级间冷却器管束有粘泥附着情况决定进一步对循环水水质进行分析。根据公司 MES 系统中检验检测中心提供的分析数据显示，2020 年 12 月至 2021 年 1 月期间第三循环水场的循环水浊度明显增加，表明循环水水质存在恶化，进一步了解到由于疫情影响，本该清洗预膜的第三循环水场因清洗预膜剂无法送达现场导致循环水清洗预膜周期延迟，这样在冷却器表面附着的粘泥因循环水未按期进行清洗预膜，使得冷却器管束表面附着的粘泥无法被剥离、清除导致管束内壁越积越多，不仅堵塞冷却器管束，还使冷却器冷却效率大大降低。

4 技术改进方案

（1）冷却器管束进行反冲洗

本技术方案的提出是基于保证装置正常生产运行，在不拆除换热器和不停车的情况下提出的一项最优化方案，具体方案内容：对新氢压缩机 4 台级间冷却器进行在线反冲洗，将冷却器循环水入口阀后弯头拆除，打开冷却器附近的排污地漏，利用循环水回水压力对冷却器进行逆向流程反冲洗，冲洗出来的污染物随循环水引流排至地下密闭排污井内，以确保不污染现场地面。现场冷却器管束表面附着大量粘性淤泥，正常运行时很难将其带走，经过反冲后将部分粘泥和堵塞物冲走，提高换热效率。

（2）控制循环水最低流速和流量

公司从节能节水角度考虑要求备用压缩机冷却器循环水手阀均关闭以节约循环水用量，本文根据冷却器相关设计规范要求和现场实践经验来看，备用压缩机冷却器循环水手阀应当保持适当开度或者全开，以确保循坏水的流速应大于标准最低流速 0.9m/s 并满足最低流量要求，防止流速过低，循环水中携带的泥沙和微生物菌类在管束内沉积附着，造成冷却器效率下降，循环水最低流速及流量设计规范见表 5。

表 5 循环水最低流速流量

冷却器位号	管子规格，mm	管子内径，mm	单程管子数量	最低流速，m/s	最低流量，m³/h
一级冷却器	φ25*2.5	20	101	0.9	102.75
二级冷却器	φ25*2.5	20	58	0.9	59.01

（3）循环水清洗预膜

不停车清洗是指在装置正常生产运行状态下，通过向循环水系统投加粘泥剥离剂，来破坏菌藻新陈代谢，并利用其表面活性作用降低菌藻和水之间界面张力，使附着在管道、水冷器表面的菌藻脱落；同时，通过投加油污清洗剥离剂及水垢清洗剂将系统中的油污、锈、无机盐垢等物质清除掉，起到清洁系统和为预膜工作打基础的作用。预膜是在清洗后，用较大剂量的缓蚀剂在活化的金属表面形成一层完整的致密薄膜，以此来降低设备的腐蚀速率，提高设备的使用寿命，提高换热效率，以保证生产装置长周期安全平稳运行的需要。

本技术方案的提出是基于以上循环水清洗预膜的原理而来的，具体为加强公司层面的协调能力，对循环水水质进行统筹管理和沟通，加强与工业水车间的沟通联系，如循环水水质异常时，及时告知各用水单位；同时循环水场应如期按要求进行循环水的清洗预膜工作，如不能如期进行，需要通知各用水单位对冷换设备的运行情况进行风险评估，提前制定冷换设备运行应急预案，防止出现冷换设备运行效率下降的隐患。2022 年 7 月 –8 月，按计划对第三循环水系统进行不停车清洗预膜，以提高冷换设备换热效率。

（4）冷却器管束高压清洗

本技术方案适用于装置停工大检修期间或是施工力量充足的条件下进行。对日常换热效率下降的冷却器做好应急监控预案，优先使用本文前面介绍的在线反冲洗方案，如反冲洗后效果不佳，可进一步使用本方案。2022 年 6 月利用公司停工大检修的机会，对 4 台冷却器拆除进行高压管束清洗，本方案是彻底解决冷却器换热效率下降的最有效方案。

5　实施效果评价

2021年2月对新氢压缩机K-3101/CD4台级间冷却器管束进行了反冲洗，各级温度变化数据见表6中红色数列；2022年6月对4台冷却器拆除后进行高压清洗管束，各级温度变化数据见表6中黄色数列；2022年7月-8月对第三循环水系统进行不停车清洗预膜，各级温度变化数据见表6中黑色数列；表6中绿色数列为措施采取前的数据。通过对比技术措施采取前、后的各级温度变化数据可知，技术改进后各级出口温度均有明显下降的趋势，冷却器换热效率明显提高。

表6　冷却器反冲洗、高压清洗、清洗预膜后的各级温度

日期	2020/12/29	2021/2/5	2021/2/6	2021/2/7	2021/2/8	2022/7/29	2022/9/25
一级进温度,℃	80.80	82.78	80.34	82.10	82.10	84.17	85.14
一级出温度,℃	37.69	27.50	27.92	28.83	29.13	31.53	30.12
二级进温度,℃	103.39	90.87	92.17	93.54	94.15	96.93	95.14
二级出温度,℃	48.52	37.07	38.83	40.66	41.58	43.43	42.23
三级排温度,℃	101.25	92.78	94.00	95.83	95.99	97.29	96.22
循环水温度,℃	22.52	20.87	20.99	21.46	20.90	26.60	25.20

6　结论

本文针对克拉玛依石化公司150万吨/年柴油加氢改质装置4台新氢压缩机级间冷却器效率下降问题开展研究分析，通过对4台冷却器运行时的温度变化、循环水压力、流量和水质监测数据分析，找到了冷却器效率下降的原因为循环水水质变化引起的部分管束堵塞和粘泥附着。在此基础上，提出了冷却器反冲洗、控制循环水最低流速、清洗预膜和冷却器高压清洗四方面的优化改进措施，不仅提高了冷却器的换热效率，而且提出了冷却器长周期运行的具体方案，供同行业参考借鉴。

参考文献：

[1] 董杰，李娟平. 循环水冷却器换热效率下降的原因及解决办法 [J]. 山东化工，2013，42：189-194.

[2] 刘孝川. 原料油高压换热器换热效率下降原因分析及对策 [J]. 石油炼制与化工，2017，48（8）：34-37.

[3] 马文礼，何月伦. 加氢高压换热器换热效率降低的分析及措施 [J]. 炼油与化工，2020，03：33-35.

[4] 曾文超，脱科峰，胡进旭. 柴油加氢装置高压换热器堵塞原因分析及处理措施 [C]. 第六届炼油与石化工业技术进展交流会. 2015：75-79.

[5] 张海平，陈兵. 提高冷却器换热效率的措施 [J]. 鄂钢科技，2015，000（04）：7-10.

[6] 蔡航，谷成骏，刘哲. 贫甲醇冷却器换热效率下降原因分析及对策 [J]. 西部煤化工，2017，000（02）：59-61.

加氢反应进料泵密封运行
可靠性技术研究与应用

马晓伟

（中石油克拉玛依石化有限责任公司）

摘要：本文对中石油克拉玛依石化有限责任公司150万吨／年柴油加氢改质装置2022年6月大修改造后的反应进料泵双端面机械密封多次泄漏、可靠性差等问题开展研究分析，通过对失效密封零部件解体研究，发现造成密封泄漏的主要原因和隔离液选型、泵送环结构设计、蒸汽截流环结构设计、O型圈材质和检维修策略等五大因素相关，找出了O型圈材质选用不当为密封泄漏的最主要因素。在此基础上进行设计改进，使得问题圆满解决，本文研究所取得的关键性技术，提高了加氢装置反应进料泵双端面机械密封运行的可靠性，具有一定的参考意义。

关键词：反应进料泵　双端面密封　密封结焦　O型圈龟裂

中石油克拉玛依石化有限责任公司150万吨／年柴油加氢改质装置反应进料泵是加氢装置的关键设备，为整个加氢反应提供原料油，其运行的安全性和可靠性直接关系到加氢工艺流程的连续性和稳定性，作用非常关键。本文研究的反应进料泵P-3101/AB于2011年4月随装置同步建设安装，其机械密封结构原设计为单封形式，为提高机泵运行的本质安全，于2022年6月公司大检修期间对该泵的密封进行了改造，由单封改为双端面密封，改造完于2022年7月15日投入运行，后续运行半年时间内多次出现双端面密封泄漏的情况，密封可靠性差，设计寿命远没达到连续运行3年的要求，无法满足装置安稳长满优运行。本文对此问题开展研究分析和技术改造，以期待提高反应进料泵双端面密封运行的可靠性。

1　反应进料泵简介

表1　运行参数

项目	数值	项目	数值
入口压力，MPa	0.50	出口压力，MPa	15.23
密封腔压力，MPa	0.50	轴转速，RPM	2980
冲洗方案	PLAN 11+53B+62	饱和蒸汽压，kPa	5.36
介质流体	柴油	运行温度，℃	100
比重	0.81	隔离液	HVIP8
隔离液压力，MPa	1.03	隔离液温度，℃	50
流量，t/h	178	电机功率，kW	1250

150万吨/年柴油加氢改质装置反应进料泵P-3101/AB为高压多级离心泵，叶轮级数为11级，设计使用温度为100°C，轴功率：1073.4kW。其中反应进料主泵P-3101/A由进料泵、电机和液力透平HT-3101三部分组成，见图1，反应进料副泵P-3101/B由进料泵、电机两部分组成，为嘉利特荏原公司产品。P-3101/AB进料泵型号为TDF220-160×11，电机额定功率1250kW，运行参数如表1：

图1 反应进料泵

2 问题概况

2022年6月公司大检修期间完成了对反应进料泵P-3101/AB机械密封的改造工作，改造内容为由原设计单封改为目前的双端面密封。反应进料泵P-3101/B于投入运行两个月后，P-3101/B非驱动端密封开始出现隔离液外漏，泄漏量为每分钟30滴左右，隔离液补压周期由20多天1次缩短为27小时1次，每次补油量约3L，之后，泄漏量超过了每分钟60滴以上，补压周期缩短到每小时1次，与此同时该泵驱动端密封隔离液也开始出现外漏，泄漏量为每分钟30滴左右。鉴于该泵驱动端和非驱动端密封均出现泄漏的情况，被迫切换至P-3101/A。

反应进料泵P-3101/A于投入运行后，也出现类似情况，P-3101/A非驱动端密封也开始出现隔离液外漏，泄漏量为每分钟20滴左右，此时隔离液补压周期由9天1次缩短为2天1次，每次补油量约3L。

反应进料泵自2022年6月实施双端面密封改造后不到3个月的时间里，先后2台泵P-3101/AB均出现机械密封泄漏问题，密封使用寿命过短，远没达到高危泵双端面密封连续运行3年的设计要求。本文仅对反应进料泵P-3101/B失效的密封进行拆检分析，P-3101/A密封失效形式相同，发现如下问题：

2.1 密封存在结焦

非驱动端密封：轴套大气侧表面有明显的结焦；动环内径附着严重的硬质结焦层，且环面内径明显附着黑褐色结焦层；内密封动环环面内径表面也明显附着严重的结焦层；外密封静环环面接触隔离液表面有明显的结焦附着，同时内径也有较明显的结焦附着。

驱动端密封：失效机封大气侧动环内径有严重的结焦物附着；失效机封大气侧动环内径严重附着结焦，且环面表面也有褐色结焦附着，环面内径有崩边；大气侧静环内径表面有明显的结焦物附着，且明显在密封面附近结焦尤为严重；见图2。

图 2　失效密封结焦情况

2.2 密封腔内有附着物

非驱动端密封：密封腔零件，端盖内壁及泵效环表面有浅褐色附着物，表明隔离液高温下出现变质；大气侧动环座内有明显黑褐色颗粒沉积物，判断为变质隔离液中的悬浮结焦颗粒附着。

驱动端密封：内密封动环内径，与隔离液接触表面未见明显严重的结焦物沉积，接触介质侧可见有明显的油污沉积，且从沉积油污的位置判断，密封正常工作情况下动环 O 型圈靠向介质侧，见图 3。

图 3　密封腔内附着物

2.3 动环有磨痕

大气侧动环四个驱动窝受力侧均有明显的磨损痕迹，表明动环在运转过程中轴向窜动过大。

图 4　动环磨损驱动窝内磨损痕迹

2.4 密封 O 型圈龟裂

非驱动端密封：内密封动环 O 型圈，与动环环体接触位置，明显高温硬化龟裂；内密封静环 O 型圈外径也出现高温硬化龟裂；外密封静环 O 型圈内径也有轻微硬化龟裂；轴套 O 型圈接触介质侧同样有明显的高温硬化龟裂。

驱动端密封：内密封动环 O 型圈接触介质侧表面明显出现硬化龟裂；内密封静环 O 型圈接触介质侧明显有硬化龟裂；轴套 O 型圈有明显的硬化龟裂；外密封静环 O 型圈内径也有轻微硬化龟裂，见图5。

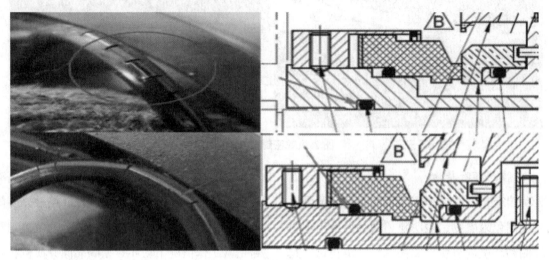

图 5 0 型圈龟裂

3 原因分析

本文根据上述情况，从失效密封零部件解体着手开展研究分析，得出以下几点原因：

3.1 隔离液选型粘度偏高

现用 HVIP8 隔离液粘度较高，循环效果不良，导致隔离液温差较大，密封腔内温度过高，同时该隔离液氧化安定性指标为 330min，抗氧化结焦性能不佳，对比壳牌 32 号和 68 号润滑油作隔离液，其氧化安定性指标为均大于等于 950min。

3.2 泵送环能力不足

原密封选用 HVIP8 作为隔离液，粘度较高，泵送环循环能力不适应这种高粘度的润滑油，导致密封腔内隔离液温度偏高，密封容易结焦。

3.3 蒸汽截流环截流效果不佳

为了提高密封的运行寿命和可靠性，该密封设计时选用了 PLAN62 蒸汽背冷方案，对外侧密封通入蒸汽以隔绝氧气防止外侧密封结焦，鉴于拆检时发现外密封结焦严重，说明外密封蒸汽截流效果不好，需要对蒸汽截流环的结构进行重新设计和改进。结合动静环的损坏状况判断，动环环面的结焦直接影响了密封面的表面平面度，导致出现外漏。

3.4 O 型圈材质选型不合理

内外密封动静环 O 型圈及轴套 O 型圈接触介质侧均出现明显老化、失去弹性、裂纹较多的现象，判定为氟橡胶 O 型圈失效硬化龟裂，该泵介质温度为 100℃，密封使用氟橡胶 O 型圈，该介质温度不足以导致 O 型圈在如此短时期内出现硬化失效，判定介质中含有其他与氟橡胶化学兼容性不符的组分，经过后期论证 O 型圈硬化龟裂失效是密封泄漏的主要原因。

3.5 安装精度不良

大气侧动环四个驱动窝受力侧均有明显的磨损痕迹，表明动环在运转过程中轴向窜动过大。动环驱动窝的轴向磨损可能与设备精度不良有关，也可能是环面开始出现结焦后，动环工作状态不稳定出现微量轴向跳动导致磨损，失效机封大气侧轴套表面被顶丝严重划伤，拆解时发现用于拆卸顶丝的工艺孔螺堵没有松动痕迹，判断拆检机封时没有松驱动环顶丝而强行拆解，导致驱动环顶丝将轴套表面严重划伤，这些都能印证现场安装和拆卸时可能存在不规范。

4 技术改进方案

4.1 隔离液优化改进

现用 HVIP8 隔离液粘度较高，循环效果不良，容易导致隔离液温差较大，密封腔内温度过高，其氧化安定性指标为 330min 偏低，抗氧化结焦性能不佳，将隔离液 HVIP8 优化改进为 32 号密封油，其氧化安定性指标为 660min，32 号密封油氧化安定性指标更高粘度更低更能适应高温工况，抗氧化结焦性能更强。

4.2 泵送环结构设计改进

双封泵送环由叶片式改为螺旋轴流式结构。外密封隔离液泵送机构由径向甩油环变更为内外双螺

旋泵送环，一方面螺旋泵送环可设计为内外双层结构，增大泵送能力，另一方面，螺旋泵送环也更适用于高粘度的隔离液。改造泵送环的目的是加强隔离液循环流量，降低密封腔内润滑油的温度。由于螺旋泵送环有旋向区分，所以新改造后的密封需要区分前、后端，而改造前的密封不区分前后端，这是设计上的不同之处。

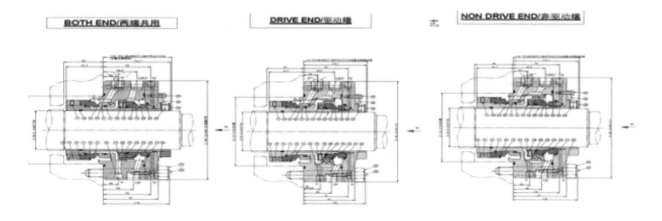

图 6 原密封与改进后密封结构图

4.3 蒸汽截流环设计改进

鉴于外密封结焦严重，说明其蒸汽截流效果不好，将外密封蒸汽截流环结构设计为铜质导流套结构。外密封静环内径增加导流套可引导吹扫蒸汽吹扫到密封面附近，增强吹扫隔离效果。

4.4 O 型圈材质改进

原密封驱动端和非驱动端动静环 O 型圈及轴套 O 型圈接触介质侧均出现硬化龟裂现象，且比较普遍，原 O 型圈设计材质为氟橡胶，该介质温度不足以导致 O 型圈在如此短时期内出现硬化失效，可能介质中含有其他与氟橡胶化学兼容性不符的组分，本次改进将 O 型圈材质更换为全氟醚材质。

4.5 检维修策略完善改进

在反应进料泵检维修策略中增加双端面机械密封的详细安装规程，罗列出具体的安装步骤、注意事项和需要控制的精度指标，整个维修过程需要现场维修人员、现场维修负责人、属地单位项目负责人三级确认并签字，以确保安装过程、安装质量和安装精度三受控。

5　结论

本文对克拉玛依石化公司 150 万吨 / 年柴油加氢改质装置反应进料泵双端面机械密封泄漏问题开展相关研究分析，发现造成密封泄漏的主要原因和隔离液选型、泵送环结构设计、蒸汽截流环结构设计、O 型圈材质和检维修策略等五大因素相关，经过后续运行进一步论证，这五大因素中最主要的因素是 O 型圈材质选用不当为密封泄漏的主要原因。本文对此问题提出了一系列的技术改进措施，使得密封泄漏问题圆满解决，自 2023 年 1 月改造后该泵的密封已连续运行至今无泄漏，对比改造前寿命有显著的提高。采用本文研究的关键性技术提高了反应进料泵双端面机械密封运行的可靠性，为同行业处理类似问题提供借鉴和参照。

参考文献：

[1] 顾永泉 . 机械密封实用技术 [M]. 北京 : 机械工业出版社 ,2001:10

[2] 王汝美 . 实用机械密封技术问答 [M].2 版 . 北京 : 中国石化出版社 ,2004:21

[3]API standard 682 Pumps：Shaft sealing systems for centrifugal and rotary pumps [S]. 3rd edition. American Petroleum Institute,2004.

[4]API standard 610 11th edition.Centrifugal Pumps for Petroleum,Petrochemical and Natural Gas Industries[S]. American Petroleum Institute,2010.

[5] 刘永利．高压柱塞泵填料密封失效原因及解决办法 [J]. 中国小企业科技信息，1994（1）：17-18.

[6] 刁望升．高压加氢装置应用液力透平可行性研究 [J]. 炼油技术与工程，2008，38（7）：33-35.

[7]API Standard 610 Centrifugal Pumps For Petroleum.Petrochemical And Natural Gas Industries [S]. Tenth Edition. American Petroleum Institute ，June 2004:13-15.

分子炼油技术在加氢装置中的应用

郭林超   张武冰

（中国石油乌鲁木齐石化公司）

摘要： 本文介绍分子炼油技术在装置上的实际应用。在分子关键指标优化方面，60 万吨 / 年汽油改质装置调整稳定塔操作，塔顶干气丙烯从 2.49% 降低至 1.13%（V/V）。在关键分子产量（收率）的优化调整方面，180 万吨 / 年柴油改质装置反应低分罐 D106 降压操作，塔顶气中的 H_2 进行部分回收，增加了经济效益。通过分子炼油的应用。在利用"分子炼油"理念开展"短流程"优化方面，将 150 万吨 / 年蜡油加氢装置反冲洗污油改至催化原料，消除了反冲洗至 600 万吨 / 年常减压装置原料泵入口管线振动问题，同时降低了 600 万吨 / 年常减压装置的加工量，避免装置二次加工，有效降低了生产加工费用。

关键词： 分子炼油   汽油加氢   柴油加氢   柴油改质   蜡油加氢

"分子炼油"，就是从分子水平来认识石油加工过程，准确预测产品性质，优化工艺和加工流程，提升每个分子的价值。"分子炼油"技术遵循"物尽其用、各尽其能"的理念。充分、有效利用石油资源。"分子炼油"技术可得到各馏分详细的化合物分子类型以及关键单体化合物信息，有助于深入理解石油分子在加工过程中的反应和转化规律，促进炼油技术的进一步发展和石油资源更加合理的利用，为炼厂各油品加工提供系统优化的技术支撑。分子炼油的基本工作步骤：分子指纹识别（油品分析和分子表征）、分子靶向跟踪、分子加工流程优化、分子指标优化。

基于分子炼油理念的应用在装置优化调整方面包括：分子关键指标的优化调整、分子重叠度的优化调整、关键分子产量（收率）的优化调整，在加工流程优化调整方面主要是短流程加工技术的研究和应用。本文主要将分子炼油理念应用于加氢装置，旨在优化装置运行，达到最优运行水平。

1 分子关键指标的优化调整

对 60 万吨 / 年汽油改质装置塔顶干气进行分子表。征 分子表征结果：60 万吨 / 年汽油改质装置塔顶干气中丙烷占 49.22%（V/V），丙烯含量在 2.49%（V/V），异丁烯含量在 2.5%（V/V），C3 及以上组分较高。

分子加工流程跟踪：现阶段干气走向：60 万汽油改质干气→120 万焦化吸收稳定→干气组分进燃料气管网、液化气组分到罐区作为民用液化气销售。

通过分子表征及加工流程跟踪，发现存在的问题：塔顶干气中的丙烯、丁烯组分进入焦化装置吸收稳定，其分子走向不合理，没有在炼油厂充分有效利用。

表-1　化验分析表

分析项目	结果	单位
氢气	23.64	%(V/V)
氧气	0.21	%(V/V)
氮气	3.64	%(V/V)
甲烷	11.38	%(V/V)
乙烷	11.91	%(V/V)
丙烷	31.04	%(V/V)
丙烯	2.49	%(V/V)
异丁烷	6.64	%(V/V)
正丁烷	3.47	%(V/V)
反丁烯	0.9	%(V/V)
丁烯	0.6	%(V/V)
异丁烯	2.5	%(V/V)
顺丁烯	0.48	%(V/V)
异戊烷	0.48	%(V/V)
正戊烷	0.15	%(V/V)

调整措施：对汽油改质装置稳定塔进行提压优化调整，降低塔顶干气中的烯烃含量，随60万汽油改质装置凝缩油组分进入重催，增加液化气产量，增加聚丙烯、MTBE装置的原料来源。

调整结果：丙烯从2.49%降低至1.13%（V/V），异丁烯从2.5%（V/V）降低至0.26%（V/V），C3以上组分从30%（V/V）以上降低至5%（V/V）以内。

表-2　化验分析表

样品判定	计量单位	2023/3/2
氢气	%(V/V)	32.93
氧气	%(V/V)	0.16
氮气	%(V/V)	3.24
硫化氢	%(V/V)	0.31
甲烷	%(V/V)	39.97
乙烷	%(V/V)	15.53
乙烯	%(V/V)	3.01
丙烷	%(V/V)	1.83
丙烯	%(V/V)	1.13

样品判定	计量单位	2023/3/2
异丁烷	%(V/V)	0.42
正丁烷	%(V/V)	0.65
反丁烯	%(V/V)	0.11
丁烯	%(V/V)	0.24
异丁烯	%(V/V)	0.26
顺丁烯	%(V/V)	0.07
异戊烷	%(V/V)	0.06
正戊烷	%(V/V)	0.02

效益测算：将异丁烯和丙烯部分回收，2月增加聚丙烯装置原料15.35吨，2月增加MTBE产品25.29吨。

分子关键指标：设定分子关键指标，60万吨/年汽油改质装置塔顶干气中的C3不得大于10%，尽可能回收丙烯和丁烯含量。

3　关键分子产量（收率）的优化调整

对180万吨/年柴油改质装置塔顶气进行分子表。180万吨/年柴油改质装置C201顶干气中的氢气组分为38.11%(V/V)，共计2.9t/h。

分子流程走向跟踪：分子流程走向为：塔顶干气→160万轻烃回收→重催干气脱硫→燃料气管网。

表-3　化验分析表

样品判定	计量单位	2023/3/2
氢气	%(V/V)	32.93
二氧化碳	%(V/V)	0.01
氧气	%(V/V)	0.16
氮气	%(V/V)	3.24
一氧化碳	%(V/V)	0
硫化氢	%(V/V)	0.31
甲烷	%(V/V)	39.97
乙烷	%(V/V)	15.53
乙烯	%(V/V)	3.01
丙烷	%(V/V)	1.83
丙烯	%(V/V)	1.13

样品判定	计量单位	2023/3/2
异丁烷	%(V/V)	0.42
正丁烷	%(V/V)	0.65
反丁烯	%(V/V)	0.11
丁烯	%(V/V)	0.24
异丁烯	%(V/V)	0.26
顺丁烯	%(V/V)	0.07
异戊烷	%(V/V)	0.06
正戊烷	%(V/V)	0.02

现阶段存在的问题：塔顶干气中的 H2 总量没有充分有效利用，H2 组分应优先从低分气中进入低分气脱硫单元，然后进入膜分离进行氢气回收。

180 万吨 / 年柴油改质装置反应低分罐 D106 压力控制为 2.75MPa，低分气量为 1950Nm3/h。对比 150 万蜡油加氢装置反应低分罐 D106 压力控制为 2.43MPa。

调整措施：在保证低分气 C3 合格的前提下，降低反应低分罐 D106 压力，增大低分气量，减少塔顶干气中的 H2 总量

效益测算：将塔顶气中的 H2 进行部分回收，每小时约 45Nm3/h 左右。

4　短流程加工方案的实施

"短流程"加工是指在石油炼制的过程中，通过各种优化手段，缩短各产品的加工流程。基于分子炼油理念的"短流程"加工，主要是通过对各组分油进行分子指纹识别（油品分析和分子表征）、分子靶向跟踪、分子加工流程优化，制定出"短流程"技术方案并实施应用，从而达到节能降耗和解决生产瓶颈问题的目的。

150 万吨 / 年蜡油加氢装置反冲洗污油由自动反冲洗过滤器 SR101 所产，污油间歇送 600 万吨 / 年常减压装置作为原料。对反冲洗污油进行分子指纹识别，其馏程、残炭、密度等指标均能满足重催装置的进料要求。

150 万吨 / 年蜡油加氢装置反冲洗污油由自动反冲洗过滤器 SR101 所产，自动反冲洗过滤器 SR101 反冲洗时，污油间歇送 600 万吨 / 年常减压

装置作为原料，每次外送 15t/h，外送 10–20min。

对反冲洗污油进行分子指纹识别，其馏程、残炭、密度等指标均能满足重催装置的进料要求。

表 -4　油品分析表

样品判定	单位	反冲洗污油
初馏点	℃	233
10% 馏出温度	℃	342
30% 馏出温度	℃	370
50% 馏出温度	℃	401
90% 馏出温度	℃	468
终馏点	℃	504
全馏	mL	97
残炭	%(m/m)	0.03
密度 (20℃)	kg/m³	883
硫含量	%(m/m)	0.22
氮含量	mg/kg	2233.143

对识别出的反冲洗污油组分进行流程走向跟踪，150 万吨 / 年蜡油加氢装置反冲洗污油为蜡油组分，进入三常原料线，经过常压塔和减压塔的加工，再送至 150 万吨 / 年蜡油加氢装置，形成了重复加工，占用了 600 万吨 / 年常减压装置及 150 万吨 / 年蜡油加氢装置的能源消耗。

通过分子跟踪及流程研究，制定了"短流程"加工方案：150 万吨 / 年蜡油加氢装置新增反冲洗污油与产品蜡油线的跨线，反冲洗污油走跨线进产品蜡油线，混合进入建南油品罐区，建南油品罐区将混合蜡油供重催装置作为原料，具体见下图。

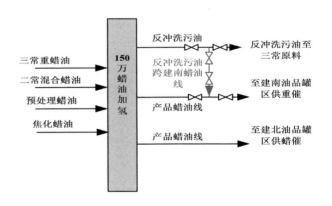

图 -1　反冲洗污油流程图

实施效果：通过实施，150万蜡油加氢装置/180万柴油改质装置反冲洗污油→进600万常减压原料线再次加工，此"长流程"停止，同时解决了600万吨/年常减压原料线振动问题。总电耗减少10Kw/h、蒸汽减少0.5t/h、燃料气减少0.1t/h。

5　总结

基于分子炼油理念对装置优化调整方面，重点在于从宏观油品分析进入微观油品分析，对关键油品分子进行反应过程跟踪、分离过程跟踪，在此基础上对温度、压力等参数进行优化调整。从而实现分子关键指标得到最优、含关键分子的油品产量达到最高。通过分子炼油的应用，60万吨/年汽油改质装置塔顶干气丙烯从2.49%降低至1.13%（V/V），180万吨/年柴油改质装置反应低分罐D106降压操作，塔顶气中的H2进行部分回收，增加了经济效益。

利用"分子炼油"理念开展"短流程"优化技术策略的研究和实施应用，可以将"微观理论"和"宏观调节"相接合，实现最优加工方案。通过将150万吨/年蜡油加氢装置反冲洗污油改至催化原料，消除了反冲洗至600万吨/年常减压装置原料泵入口管线振动问题，同时降低了600万吨/年常减压装置的加工量，避免装置二次加工，降低全厂生产加工费用。

参考文献：

[1] 刘艳伟，赵书娟，李彬，等.用"分子炼油理念"指导石脑油加工优化 [J].炼油技术与工程,2014,44(8):21-24.

[2] 张海桐，王广炜，薛炳刚，等.对分子炼油技术的认识和实践 [J].化学工业,2016,34(4):16-23.

[3] 吕美谊.分子炼油技术的认识和趋势前瞻 [J].中国经贸,2018(22):118-119

加氢装置氢耗分析

施　阳

（中国石化上海高桥石油化工有限公司）

摘要： 氢气是炼厂重要的原材料，除原油成本以外氢气成本是炼厂生产成本最主要的构成部分，如何利用好氢气资源对炼厂生产经营意义重大。本文以柴油加氢装置标定数据为依据，通过严格的物料平衡与氢平衡计算及分析，得到柴油加氢装置工业氢平衡数据，验证了准确性较高的化学氢耗估算方法，全面探究了柴油加氢装置化学氢耗、溶解氢耗、排放氢耗、漏损氢耗以及外供氢耗间关系，为加氢装置工业氢平衡计算提供了可借鉴的方法，为优化氢气资源利用提供了数据支撑。

关键词： 柴油加氢　化学氢耗　溶解氢耗　漏损氢耗　排放氢耗　工业氢平衡

1　前言

氢气是炼油过程中最为昂贵的原材料，通常炼厂每吨氢气（纯氢）的价格高达 18000 元，加氢装置是炼厂氢气的主要用户，深入研究加氢装置用氢情况对于炼厂的优化意义重大。

加氢装置的氢耗通常由化学氢耗、溶解氢耗、排放氢耗以及漏损氢耗四部分组成。其中化学氢耗是最为主要的部分，其次是溶解氢耗，而排放氢耗和漏损氢耗则相对较少。所谓化学氢耗可以理解为产品相比原料氢含量的上升部分，即经过加氢过程被加入到产品中的那部分氢。

柴油加氢装置的主要目的是对原料油进行加氢脱硫，以生产硫含量低于 $10\mu g/g$ 的超低硫柴油产品。受深度加氢脱硫过程反应机理的影响，柴油加氢装置的反应过程除了加氢脱硫反应外，通常还伴随有大量芳烃的加氢饱和反应，加氢脱氮反应以及加氢脱氧反应、烯烃的加氢饱和反应和烃类的加氢裂化反应。由于油品中氧含量相对较低，一般加氢装置对加氢脱氧反应的标定也较少，因此本文在计算分析过程中不对加氢脱氧反应做深入研究。

本文根据某柴油加氢精制装置 2020 年 9 月 3 日至 9 月 5 日时长 48 小时的标定数据为依据，对柴油加氢装置的用氢过程进行定量计算及分析，得到装置的工业氢平衡数据，为装置的生产优化提供定量的数据支撑。

2　装置表观物料平衡

标定期间装置进出物料的原始仪表累计读数情况如下表所示：

表2-1　　标定期间进出装置物料原始仪表累计量数据

项目	单位	2020.9.3 9:00	2020.9.5 9:00	标定期间累计量	小时平均流量	仪表类型
入方						
原料油1	t	642660.9	644246.9	1586.00	33.04	质量流量计
原料油2	t	792596.9	794253.6	1656.70	34.51	质量流量计
原料油3	t	1940463	1944887	4424.00	92.17	质量流量计
原料油4	t	647127.4	649047.1	1919.70	39.99	质量流量计
新氢	Nm³	434238000	435378200	1140200.00	23754.17	孔板流量计
出方						
含硫轻烃	t	28226.19	28296.85	70.66	1.47	质量流量计
含硫干气	Nm³	51123880	51244540	120660.00	2513.75	孔板流量计
精制石脑油	t	114534.6	114798.8	264.20	5.50	质量流量计
精制柴油	t	3855989	3865184	9195.00	191.56	质量流量计
脱后低分气	Nm³	54444210	54633310	189100.00	3939.58	孔板流量计
重污油	m³	4317.51	4322.97	5.46	0.11	超声波流量计

上表为标定期间装置进出物料的仪表累计量的原始数据以及计算得到的平均流量数据，其中新氢、含硫干气以及脱后低分气为孔板流量计需要校正。重污油即为装置原料反冲洗污油，采用超声波流量计计量体积流量数据，换算质量流量时只需进行密度校正即可。其余进出物料均为质量流量计，可直接使用其仪表计量数据。

当气体流量计量采用孔板流量计时，气体偏离设计工况时流量校正可采用《催化裂化工艺计算与技术分析》中关于混合干气的体积流量校正公式：

$$V_{实} = V_{设}\sqrt{\frac{\rho_{设}P_{实}T_{设}}{\rho_{实}P_{设}T_{实}}} \qquad (2-1)$$

式中：$V_{设}$、$V_{实}$——校正前、后标况体积流量，Nm³/h

$P_{实}$、$T_{实}$、$\rho_{实}$——操作条件下绝压kPa、温度K、标况密度kg/m³

$P_{设}$、$T_{设}$、$\rho_{设}$——设计条件下绝压kPa、温度K、标况密度kg/m³

2.1 新氢流量仪表校正

采用2020年9月4日的新氢分析数据进行校正计算，性质见下表：

表2-2　标定期间新氢性质

项目	2020/9/4	分子量 g/mol
C1含量（体积）%	2.01	16
C2含量（体积）%	1.94	30
C3含量（体积）%	1.42	44
C4含量（体积）%	0.57	58
C5含量（体积）%	0.07	72
氢气含量（体积）%	94.00	2
硫化氢含量 mg/m³	0	34

根据上表中新氢组分的分析数据计算得到新氢的实际分子量：

$M_{新氢实际}$ =(2.01*16+1.94*30+1.42*44+0.57*58+0.07*72+94*2)/100=3.79g/mol。

根据以上计算得到的新氢实际分子量，得到标况下的新氢实际密度：

$\rho_{新氢实际}$ =3.79/22.4=0.1692kg/m³

查设计资料，得到新氢的设计分子量：

$M_{新氢设计} = 4.50g/mol$

根据以上新氢设计分子量，得到新氢标况下的设计密度：

$\rho_{新氢设计} = 4.50/22.4 = 0.2009kg/m^3$

根据以上计算结果、设计资料以及2020年9月4日的操作参数，得到如下孔板流量计校正所需参数：

表2-3 新氢流量孔板校正所需参数

项目	数据
V 设 Nm^3/h	23754.17
ρ 设 kg/m^3	0.2009
P 设 kPa	1750
T 设 K	313.15
ρ 实 kg/m^3	0.1692
P 实 kPa	1849
T 实 K	305.15

将以上数据代入孔板流量计校正公式（2-1），得到校正后的新氢实际体积流量 =26954.41Nm^3/h

根据新氢标况下的实际密度和以上实际体积流量，得到校正后的新氢质量流量 =4559.87kg/h

2.2 含硫干气流量仪表校正

采用2020年9月4日的含硫干气分析数据进行校正计算，性质见下表：

表2-4 标定期间含硫干气性质

项目	2020/9/4
甲烷（体积）%	20.74
乙烷（体积）%	16.86
乙烯（体积）%	0
丙烷（体积）%	15.37
丙烯（体积）%	0
异丁烷（体积）%	5.39
正丁烷（体积）%	3.89
反丁烯（体积）%	0
正丁烯（体积）%	0

项目	2020/9/4
异丁烯（体积）%	0
顺丁烯（体积）%	0
C6 及以上（体积）%	0.65
异戊烷（体积）%	0.67
正戊烷（体积）%	0.45
正戊烯（体积）%	0
1,3- 丁二烯（体积）%	0
C5 及以上（体积）%	1.77
氢气（体积）%	25.20
氧气（体积）%	1.75
一氧化碳（体积）%	0
二氧化碳（体积）%	0.05
氮气（体积）%	8.97
硫化氢 mg/m^3	20000

为计算得到准确的含硫干气分子量，首先需要将上表中硫化氢含量转换为体积百分比浓度，其过程如下：

V硫化氢（%）={[(20000/1000)/34]*22.4}/1000* 100%=1.32%

分析数据中的 O_2、CO、CO_2 和 N_2 含量为采样和分析过程中带入的影响因素，因将其除去并对分析数据进行归一化处理，其结果如下：

表2-5 标定期间含硫干气性质归一化处理

项目	2020/9/4	归一化处理	分子量
甲烷（体积）%	20.74	22.91	16
乙烷（体积）%	16.86	18.62	30
丙烷（体积）%	15.37	16.98	44
异丁烷（体积）%	5.39	5.95	58
正丁烷（体积）%	3.89	4.30	58
C6 及以上（体积）%	0.65	0.72	86
异戊烷（体积）%	0.67	0.74	72
正戊烷（体积）%	0.45	0.50	72
氢气（体积）%	25.20	27.83	2
硫化氢（体积）%	1.32	1.46	34

根据上表中含硫干气组分的分析数据计算得到含硫干气的实际分子量：

$M_{含硫干气实际}$ =25.23g/mol。

根据以上计算得到的含硫干气实际分子量，得到标况下的含硫干气实际密度：

$\rho_{含硫干气实际}$ =25.23/22.4=1.1262kg/m^3

查设计资料，得到含硫干气的设计分子量：

$M_{含硫干气设计}$ =27.1g/mol

根据以上含硫干气设计分子量，得到含硫干气标况下的设计密度：

$\rho_{含硫干气设计}$ =27.1/22.4=1.2098kg/m^3

根据以上计算结果、设计资料以及2020年9月4日的操作参数，得到如下孔板流量计校正所需参数：

表2-6 含硫干气流量孔板校正所需参数

项目	数据
V 设 Nm^3/h	2513.75
ρ 设 kg/m^3	1.2098
P 设 kPa	950
T 设 K	313.15
ρ 实 kg/m^3	1.1262
P 实 kPa	810
T 实 K	310.25

将以上数据代入孔板流量计校正公式（2-1），得到校正后的含硫干气实际体积流量=2417.03Nm^3/h

根据含硫干气标况下的实际密度和以上实际体积流量，得到校正后的含硫干气质量流量=2721.98kg/h

2.3 脱后低分气流量仪表校正

采用2020年9月4日的脱后低分气分析数据

进行校正计算，性质见下表：

表2-7 标定期间脱后低分气性质

项目	2020/9/4
甲烷含量（体积）%	13.13
乙烷含量（体积）%	6.99
乙烯含量（体积）%	0.00
丙烷含量（体积）%	3.22
丙烯含量（体积）%	0.00
异丁烷含量（体积）%	0.51
正丁烷含量（体积）%	0.35
反丁烯含量（体积）%	0.00
正丁烯含量（体积）%	0.00
异丁烯含量（体积）%	0.00
顺丁烯含量（体积）%	0.00
C6 及以上含量（体积）%	0.14
异戊烷含量（体积）%	0.07
正戊烷含量（体积）%	0.05
正戊烯含量（体积）%	0.00
1,3- 丁二烯含量（体积）%	0.00
C5 及以上含量（体积）%	0.26
氢气含量（体积）%	66.91
氧气含量（体积）%	1.54
一氧化碳含量（体积）%	0.00
二氧化碳含量（体积）%	0.01
氮气含量（体积）%	7.07
硫化氢含量 mg/m^3	0

分析数据中的 O_2、CO、CO_2 和 N_2 含量为采样和分析过程中带入的影响因素，因将其除去并对分析数据进行归一化处理，其结果如下：

表 2-8 标定期间脱后低分气性质归一化处理

项目	2020/9/4	归一化处理	分子量
甲烷（体积）%	13.13	14.37	16
乙烷（体积）%	6.99	7.65	30
丙烷（体积）%	3.22	3.52	44
异丁烷（体积）%	0.51	0.56	58
正丁烷（体积）%	0.35	0.38	58
C6 及以上（体积）%	0.14	0.15	86
异戊烷（体积）%	0.07	0.08	72
正戊烷（体积）%	0.05	0.05	72
氢气（体积）%	66.91	73.23	2

根据上表中脱后低分气组分的分析数据计算得到脱后低分气的实际分子量：

$M_{脱后低分气实际}$=8.38g/mol。

根据以上计算得到的脱后低分气实际分子量，得到标况下的脱后低分气实际密度：

$\rho_{脱后低分气实际}$=8.38/22.4=0.3742kg/m³

查设计资料，得到脱后低分气的设计分子量：

$M_{脱后低分气设计}$=8.37g/mol

根据以上脱后低分气设计分子量，得到脱后低分气标况下的设计密度：

$\rho_{脱后低分气设计}$=8.37/22.4=0.3737kg/m³

根据以上计算结果、设计资料以及 2020 年 9 月 4 日的操作参数，得到如下孔板流量计校正所需参数：

表 2-9 脱后低分气流量孔板校正所需参数

项目	数据
V 设 Nm³/h	3939.58
ρ 设 kg/m³	0.3737
P 设 kPa	2400
T 设 K	317.15
ρ 实 kg/m³	0.3742
P 实 kPa	2006
T 实 K	312.85

将以上数据代入孔板流量计校正公式（2-1），得到校正后的脱后低分气实际体积流量=3623.85Nm³/h

根据脱后低分气标况下的实际密度和以上实际体积流量，得到校正后的脱后低分气质量流量=1355.99kg/h

2.4 重污油量密度校正

重污油为装置反冲洗污油，标定期间装置混合原料油反冲洗过滤器运行正常，未发生连续反冲现象。由于设有反冲洗污油罐，反冲洗污油收集在反冲洗污油罐中达到一定液位后经重污油线泵送出装置，故实际产生的反冲洗污油量与外排重污油量并不完全相同且总量较小，故不对其进行深入研究，使用重污油计量数据作为反冲洗污油产量。重污油为超声波流量计计量的体积流量，换算质量流量只需进行密度校正即可。

根据 2020 年 9 月 4 日化验分析的混合原料油 20℃密度 862.7kg/m³，标定期间重污油累计排放量 5.46m³，重污油的排放温度 48℃，核算重污油的外排质量。

不同温度下油品密度换算经验公式：

$$d_i = d_{20} - \left(2.876 - 3.98d_{20} + 1.632d_{20}^2\right) \times 0.001 \times (t_i - 20) \qquad （2-2）$$

式中：d_i：i℃下液体的密度，g/cm³；d_{20}：20℃下液体的密度，g/cm³；t_i：温度，℃。

将实际重污油的外排温度 48℃以及混合原料油 20℃密度 0.8627 g/cm³ 代入公式（2-2）计算得到 48℃时的重污油实际密度 =0.8443 g/cm³。

则标定期间外排重污油质量=5.46*844.3=4609.9kg，标定期间外排重污油的平均质量流量=4609.9÷48=96.04kg/h。

2.5 流量校正后的表观物料平衡

经仪表和密度校正后的标定期间物料质量平衡数据如下表：

表2-10　标定期间进出装置物料仪表校正后质量平衡数据

项目	校正后小时平均流量，t/h	对新鲜原料油质量占比，%
入方		
焦柴	33.04	16.54
催柴	34.51	17.28
1# 蒸馏直柴	92.17	46.15
3# 蒸馏直柴	39.99	20.02
新氢	4.56	2.28
合计	204.27	102.28
出方		
含硫轻烃	1.47	0.74
含硫干气	2.72	1.36
精制石脑油	5.50	2.75
精制柴油	191.56	95.92
脱后低分气	1.36	0.68
重污油	0.10	0.05
差量	1.56	0.78
合计	204.27	102.28

由于重污油（反冲洗污油）在进入反应系统前即排出系统并未参与之后的反应过程，故作为后续计算的基准，应将重污油从原料油中扣除并将四路原料油合计为混合原料油，故后续计算依据的进出物料平衡表如下：

表2-11　标定期间进出装置物料仪表校正后质量平衡数据（扣除重污油）

项目	校正后小时平均流量，t/h	对新鲜原料油质量占比，%
入方		
混合原料油	199.61	100
新氢	4.56	2.28
合计	204.17	102.28
出方		
含硫轻烃	1.47	0.74
含硫干气	2.72	1.36
精制石脑油	5.50	2.76
精制柴油	191.56	95.97
脱后低分气	1.36	0.68
差量	1.56	0.78
合计	204.17	102.28

以上装置物料平衡表中的进出方差量主要包含：（1）260万吨/年柴油加氢精制装置新氢压缩机出口设有8.0MPa氢气管网流程，部分新氢经压缩后送至8.0MPa氢气管网中其他用氢装置，这部分氢气以差量的形式体现在以上物料平衡表中。（2）原料油中绝大部分的硫和氮经加氢反应后转化为H_2S和NH_3。其中H_2S除了留在含硫干气、含硫轻烃和循环氢（极少可忽略）中的一部分外，绝大部分被装置脱硫系统的贫胺液吸收后随富胺液出装置；而NH_3则几乎全部被反应注水以及低分气水洗水吸收后随含硫污水出装置。这部分被富胺液和含硫污水带出的H_2S和NH_3，也以差量的形式体现在以上物料平衡表中。

3 氢耗计算及分析

3.1 加氢过程产生的H2S和NH3的流量计算

原料油中带入的硫元素与氮元素经加氢反应后，绝大部分转化为H_2S和NH_3，经汽提塔顶含硫干气、含硫轻烃、富胺液以及含硫污水带出装置。少部分未发生转化的硫和氮仍然以杂原子有机物形态存在于精制柴油与加氢石脑油中，随产品油品出装置。

硫和氮的脱除率即为转化的硫和氮与原料油中的硫和氮的比值。可通过原料油中硫和氮含量，以及精制柴油和加氢石脑油中硫和氮含量来进行计算。由于标定期间未对加氢石脑油中氮含量进行检测分析，故采用经验数据0.5mg/kg进行估算。标定期间的混合原料油、加氢石脑油以及精制柴油中硫和氮含量见下表：

表3-1 标定期间混合原料油、加氢石脑油以及精制柴油硫和氮含量

油品	硫含量	氮含量
混合原料油	0.604%wt	357.92mg/kg
精制柴油	5.5mg/kg	0.69mg/kg
加氢石脑油	0.0005%wt	0.5mg/kg*

★：标定期间未分析，采用经验数据进行计算

根据表2-11中混合原料油、精制柴油以及加氢石脑油的质量流量以及表3-1中对应物流的硫含量，即可计算出对应物流中硫的质量流量，结果见下表：

表3-2 标定期间混合原料油、加氢石脑油以及精制柴油硫质量流量

油品	质量流量，kg/h	硫含量	硫质量流量，kg/h
混合原料油	199610	0.604%wt	1205.6444
精制柴油	191560	5.5mg/kg	1.0536
加氢石脑油	5500	0.0005%wt	0.0275

硫的脱除率 =(1205.6444−1.0536−0.0275)/1205.6444*100%=99.91%。

根据表2-11中混合原料油、精制柴油以及加氢石脑油的质量流量以及表3-1中对应物流的氮含量，即可计算出对应物流中氮的质量流量，结果见下表：

表3-3 标定期间混合原料油、加氢石脑油以及精制柴油氮质量流量

油品	质量流量，kg/h	氮含量	氮质量流量，kg/h
混合原料油	199610	357.92mg/kg	71.4444
精制柴油	191560	0.69mg/kg	0.1322
加氢石脑油	5500	0.5mg/kg*	0.0028

氮的脱除率 =(71.4444−0.1322−0.0028)/71.4444*100%=99.81%。

理论上加氢反应过程中，从原料油中脱除的硫和氮全部转化为 H_2S 和 NH_3，故可通过硫和氮的脱除率以及 H_2S 和 NH_3 的分子量，可以反算出理论上产生的 H_2S 和 NH_3 的质量流量。

脱除的硫的质量流量 =1205.6444−1.0536−0.0275=1204.5633kg/h；

则生成的 H_2S 的质量流量 =1204.5633÷(32/34)=1279.849kg/h。

脱除的氮的质量流量 =71.4444−0.1322−0.0028=71.3094kg/h；

则生成的 NH_3 的质量流量 =71.3094÷(14/17)=86.590kg/h。

3.2 气体平衡计算

将经过校正归一化处理的气体分析数据汇总为如下表：

表 3-4　校正归一化处理后气体分析汇总表

项目	新氢	含硫干气	脱后低分气	分子量
甲烷（体积）%	2.01	22.91	14.37	16
乙烷（体积）%	1.94	18.62	7.65	30
丙烷（体积）%	1.42	16.98	3.52	44
异丁烷（体积）%	0.57	5.95	0.56	58
正丁烷（体积）%	0	4.3	0.38	58
异戊烷（体积）%	0.07	0.74	0.08	72
正戊烷（体积）%	0	0.50	0.05	72
C6 及以上（体积）%	0	0.72	0.15	86
氢气（体积）%	94.0	27.83	73.23	2
硫化氢（体积）%	0	1.46	0	34

将经过孔板流量计校正后的气体体积流量数据汇总为如下表：

表 3-5　校正后的气体体积流量汇总表

项目	新氢	含硫干气	脱后低分气
体积流量 Nm³/h	26954.41	2417.03	3623.85

根据以上表 3-4 和表 3-5 可分别计算得到各气体对应的各组分的标况下体积流量，再将各组分标况下体积流量与标况下密度（标况下密度 = 分子量 /22.4）相乘得到各组分的质量流量。

则新氢各组分的质量流量如下表：

表 3-6 新氢各组分质量流量

项目	体积占比 %	体积流量 Nm³/h	分子量 g/mol	标况下密度 kg/m³	质量流量 kg/h
甲烷	2.01	541.78	16	0.7143	387.00
乙烷	1.94	522.92	30	1.3393	700.34
丙烷	1.42	382.75	44	1.9643	751.84
异丁烷	0.57	153.64	58	2.5893	397.82
正丁烷	0	0.00	58	2.5893	0.00

项目	体积占比 %	体积流量 Nm³/h	分子量 g/mol	标况下密度 kg/m³	质量流量 kg/h
异戊烷	0.07	18.87	72	3.2143	60.65
正戊烷	0	0.00	72	3.2143	0.00
C6 及以上	0	0.00	86	3.8393	0.00
氢气	94.0	25337.15	2	0.0893	2262.61
硫化氢	0	0.00	34	1.5179	0.00

含硫干气各组分的质量流量如下表：

表 3-7 含硫干气各组分质量流量

项目	体积占比 %	体积流量 Nm³/h	分子量 g/mol	标况下密度 kg/m³	质量流量 kg/h
甲烷	22.91	553.74	16	0.7143	395.54
乙烷	18.62	450.05	30	1.3393	602.75
丙烷	16.98	410.41	44	1.9643	806.17
异丁烷	5.95	143.81	58	2.5893	372.38
正丁烷	4.3	103.93	58	2.5893	269.11
异戊烷	0.74	17.89	72	3.2143	57.49
正戊烷	0.5	12.09	72	3.2143	38.85
C6 及以上	0.72	17.40	86	3.8393	66.81
氢气	27.83	672.66	2	0.0893	60.07
硫化氢	1.46	35.29	34	1.5179	53.56

脱后低分气各组分的质量流量如下表：

表 3-8 脱后低分气各组分质量流量

项目	体积占比 %	体积流量 Nm³/h	分子量 g/mol	标况下密度 kg/m³	质量流量 kg/h
甲烷	14.37	520.75	16	0.7143	371.97
乙烷	7.65	277.22	30	1.3393	371.29
丙烷	3.52	127.56	44	1.9643	250.57
异丁烷	0.56	20.29	58	2.5893	52.55
正丁烷	0.38	13.77	58	2.5893	35.66
异戊烷	0.08	2.90	72	3.2143	9.32
正戊烷	0.05	1.81	72	3.2143	5.82
C6 及以上	0.15	5.44	86	3.8393	20.87
氢气	73.23	2653.75	2	0.0893	236.98
硫化氢	0	0.00	34	1.5179	0.00

加氢装置理论上的烃类气体平衡：反应产生的烃类气体量＝产品侧烃类气体量 – 原料侧带入的烃类气体量。由于 260 万吨 / 年柴油加氢装置新氢压缩机出口设有 8.0MPa 氢气管网，因此所谓的原

料侧带入的烃类气体量需要扣减外供8.0MPa氢气管网的那一部分新氢所携带的烃类气体。因此要计算得到加氢装置反应产生的烃类气体量，需要先计算得到外供8.0MPa氢气管网的新氢量。

3.3 含硫轻烃计算

本装置含硫轻烃送至下游催化裂化装置进行脱硫，故需要将含硫轻烃中的H_2S扣除，从而计算得到不含硫的轻烃流量。标定期间含硫轻烃的分析数据见下表：

表3-9　标定期间含硫轻烃性质

项目	2020/9/4	分析方法	氢含量，%
C3含量（质量）%	4.91		18.18
C4含量（质量）%	8.12		17.24
C5含量（质量）%	7.96		16.67
C6含量（质量）%	35.51	Q/SH 3165 1014	16.28
C7含量（质量）%	34.26		16.00
C8含量（质量）%	9.23		15.79
C9含量（质量）%	0		——
C10含量（质量）%	0		——
硫化氢 mg/m³	28500	Q/SH 3635 408	5.88

由于缺少标定期间含硫轻烃密度数据，计算过程采用含硫轻烃的设计密度。查设计资料得到含硫轻烃设计密度为$621.2kg/m^3$。质量流量计测得的含硫轻烃质量流量平均值1470kg/h，则含硫轻烃的体积流量$=1470÷621.2=2.3664m^3/h$，通过化验分析的含硫轻烃中H_2S含量$=28500mg/m^3$，则含硫轻烃中携带的H_2S质量流量$=28500*2.3664=67442.4mg/h=0.06744kg/h$，此处含硫轻烃中的$H_2S$流量包含在上文通过脱硫率计算出的产生的总$H_2S$质量流量中。

剔除H_2S后的轻烃质量流量$=1470-0.06744=1469.933kg/h$。

由于加氢过程的反应特点，加氢装置产生的轻烃一般为饱和烃，为便于计算将轻烃中的各类烃组分视为饱和烷烃，结合以上轻烃组成分析数据，可以得到本装置轻烃的氢含量$=0.0491*18.18\%+0.0812*17.24\%+0.0796*16.67\%+0.3551*16.28\%+0.3426*16.00\%+0.0923*15.79\%=16.34\%m$。

3.4 供8.0MPa氢气管网流量的计算

已知上文物料平衡表2-11中进出方差量1560kg/h中包含供8.0MPa氢气管网新氢质量流量、被富胺液带出的H_2S质量流量、被含硫污水带出的NH_3质量流量。

其中被富胺液带出的H_2S质量流量$=$加氢脱硫反应过程产生的H_2S的量$-$含硫干气中携带排出的H_2S的量$-$含硫轻烃中携带排出的H_2S的量$=1279.849-53.56-0.06744=1226.22kg/h$。

被含硫污水带出的NH_3质量流量$=$加氢脱氮反应过程产生的NH_3的量$=86.59kg/h$。

则供8.0MPa氢气管网的新氢质量流量$=1560-1226.22-86.59=247.19kg/h$。

根据上文中计算得到的新氢标况下实际密度$\rho_{新氢实际}=0.1692kg/m^3$，则供8.0MPa氢气管网的新氢体积流量$=247.19÷0.1692=1460.93Nm^3/h$。

按照标定期间新氢的分析数据，供8.0MPa氢气管网的纯氢流量$=1460.93*94.0\%=1373.27Nm^3/h$，根据标况下纯氢的密度$=2/22.4=0.0893kg/m^3$计算得到供8.0MPa氢气管网的纯氢质量流量$=1373.27*0.0893=122.63kg/h$。

3.5 装置实际补充氢流量计算

根据上文的计算可知表观物料平衡中的新氢流

量减去供 8.0MPa 管网的新氢流量即为实际进入柴油加氢装置的补充氢流量。则实际进入 260 万吨 / 年柴油加氢精制装置的补充氢体积流量 =26954.41–

1460.93=25493.48Nm³/h。根据标定期间的新氢分析数据，得到实际进入装置的补充氢各组分流量如下表：

表 3-10   进装置实际补充氢各组分流量

项目	体积占比 %	体积流量 Nm³/h	分子量 g/mol	标况下密度 kg/m³	质量流量 kg/h
甲烷	2.01	512.42	16	0.7143	366.02
乙烷	1.94	494.57	30	1.3393	662.38
丙烷	1.42	362.01	44	1.9643	711.09
异丁烷	0.57	145.31	58	2.5893	376.26
正丁烷	0	0.00	58	2.5893	0.00
异戊烷	0.07	17.85	72	3.2143	57.36
正戊烷	0	0.00	72	3.2143	0.00
C6 及以上	0	0.00	86	3.8393	0.00
氢气	94.0	23963.87	2	0.0893	2139.97
硫化氢	0	0.00	34	1.5179	0.00

根据上表 3–10、表 3–7 和表 3–8，即可计算得到柴油加氢装置反应产生的烃类气体量如下：

反应产生的 C1 烃类气体流量 =395.54+371.97–366.02=401.49kg/h；

反应产生的 C2 烃类气体流量 =602.75+371.29–662.38=311.66kg/h；

反应产生的 C3 烃类气体流量 =806.17+250.57–711.09=345.65kg/h；

反应产生的 C4 烃类气体流量 =372.38+269.11+52.55+35.66–376.26=353.43kg/h；

气体产物中携带的反应产生的 C5 烃类流量 =57.49+38.85+9.32+5.82–57.36=54.12kg/h；

气体产物中携带的反应产生的 C6 烃类流量 =66.81+20.87–0=87.68kg/h。

3.6 溶解氢耗计算

溶解氢耗指在高压反应系统中溶解在液相油品中的氢气，这部分氢气进入低分系统后一部分闪蒸出随低分气排出装置，未在低分系统闪蒸出的溶解氢则随低分油进入硫化氢汽提塔后全部随塔顶含硫干气排出装置。故装置溶解氢即为低分气中氢气与脱硫化氢汽提塔顶含硫干气中氢气之和。

根据上文中表 3–7 可知汽提塔顶含硫干气中氢气流量为 60.07kg/h，根据上文中表 3–8 可知脱后低分气中氢气流量为 236.98kg/h。

故装置的溶解氢 =60.07+236.98=297.05kg/h。其中低分气占比 79.78%，干气占比 20.22%。

3.7 化学氢耗计算及分析

化学氢耗理论上为除纯氢外所有产品氢含量相对除纯氢外所有原料氢含量的上升部分，即所谓的理论上氢量。除纯氢外产品侧含氢的介质有：加氢反应产生的 H_2S 和 NH_3，气体产物中的烃类，轻烃，加氢石脑油，精制柴油。除纯氢外原料侧含氢的介质有：混合原料油，补充氢中各类烃类气体。上文已得 H_2S、NH_3、烃类气体以及轻烃的量及其组成数据，因此计算化学氢耗只需计算出加氢石脑油、精制柴油以及混合原料油的氢含量即可。

前人在大量实验数据的基础上，给出了从密度、平均沸点、特性因数等易于测量计算的性质关联到石油馏分碳氢比（CH）、氢含量等难以测量性质的列线图。为便于计算机模拟软件的应用，后来的研究者们又根据相关的列线图拟合出了各类数学关联式用于计算油品的氢含量。通过查阅文献资料，笔者总结出较为便于使用的求取石油馏分碳氢比或氢含量的主要方法有：（1）查图法；（2）Riazi-Daubert碳氢比关联式法。下面将分别通过以上两种方法求取柴油加氢装置混合原料油、加氢石脑油以及精制柴油的氢含量。

3.7.1 查图法

根据李立权主编的《加氢裂化装置工艺计算与技术分析》，可通过加氢产品油品特性因数K以及分子平均沸点求取加氢产品油品氢含量的关系图如下图3-1；可通过原料油特性因数K以及平均沸点求取原料油氢含量的关系图如下图3-2。

图3-1 加氢产品油品氢含量图

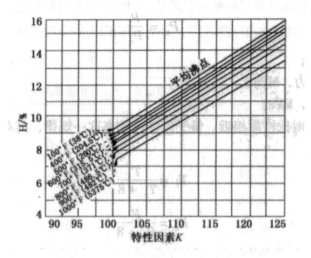

图3-2 加氢原料油氢含量图

（1）原料油氢含量求取

已知标定期间原料油的分析数据如下表：

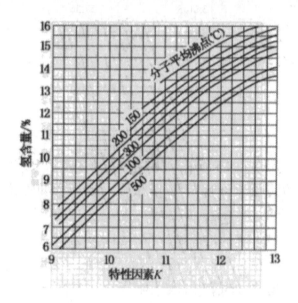

表3-11 标定期间2020.9.4各路原料油性质

项目	原料油3	原料油4	原料油2	原料油1	混合原料油	分析方法
密度（20℃）kg/m³	848.7	838.2	937.0	857.3	862.7	SH/T 0604
初馏点 ℃	221.4	188.2	159.4	84.0	115.0	
5% 回收温度 ℃	——	——	——	——	——	
10% 回收温度 ℃	246.4	235.6	214.6	201.0	230.0	
30% 回收温度 ℃	——	——	——	——	——	
50% 回收温度 ℃	277.4	280.8	268.0	286.5	276.0	GB/T 6536
70% 回收温度 ℃	——	——	——	——	——	
90% 回收温度 ℃	323.0	334.6	333.4	343.0	328.0	
95% 回收温度 ℃	341.4	349.0	346.4	358.0	342.0	
终馏点 ℃	——	——	——	——	356.0	
闪点（闭口）℃	97	74	64	＜35.0	38.0	GB/T 261

项目	原料油3	原料油4	原料油2	原料油1	混合原料油	分析方法
硫含量（质量分数）%	0.0896	0.739	0.511	2.04	0.604	GB/T 17040
氮含量 mg/kg	119.87	104.87	583.8	1096.70	357.92	SH/T 0657
运动黏度（20℃）mm²/s	5.663	5.411	4.033	4.488	4.923	GB/T 265
酸度 mgKOH/100mL	6.04	7.48	0.87	2.59	5.18	GB/T 258
凝点 ℃	−9	−12	< −15	< −15	−14	GB/T 510
十六烷指数	48	52	24	47	44	GB/T 11139
十六烷值	——	——	——	——	——	——
多环芳烃含量（质量）%	——	——	——	——	20.3	SH/T 0806

为计算油品恩氏蒸馏平均沸点，需要油品的恩氏蒸馏10%、30%、50%、70%、90%点温度数据。一般油品的恩氏蒸馏曲线10% ~ 90%点近似于直线段，因此可通过内插法补全恩氏蒸馏数据，补全后的原料油恩氏蒸馏数据如下表：

表3-12 内插法补全的各路原料油恩氏蒸馏数据

项目	原料油3	原料油4	原料油2	原料油1	混合原料油
10% 回收温度 ℃	246.4	235.6	214.6	201.0	230.0
30% 回收温度 ℃	261.9	258.2	241.3	243.8	253.0
50% 回收温度 ℃	277.4	280.8	268.0	286.5	276.0
70% 回收温度 ℃	292.9	303.4	294.7	329.3	299.0
90% 回收温度 ℃	323.0	334.6	333.4	343.0	328.0

则根据体积平均沸点公式：

$$T_v = \frac{T_{10} + T_{30} + T_{50} + T_{70} + T_{90}}{5} \qquad (3-1)$$

其中 T_{10}、T_{30}、T_{50}、T_{70}、T_{90}：分别为油品恩氏蒸馏10%、30%、50%、70%、90%点回收温度，单位为℃；T_v：油品恩氏蒸馏体积平均沸点，单位为℃。

10%-90% 恩氏蒸馏曲线斜率公式：

$$S = \frac{T_{90} - T_{10}}{80} \qquad (3-2)$$

其中 T_{10}、T_{90}：分别为油品恩氏蒸馏10%、90%点回收温度，单位为℃；S：油品10% ~ 90%恩氏蒸馏曲线斜率，单位为℃/%。

周佩正中平均沸点公式：

$$T_{me} = T_v - \Delta_{me} \qquad (3-3)$$

$$\ln\Delta_{me} = -1.53181 - 0.0128T_v^{0.6667} + 3.64678S^{0.3333} \qquad (3-4)$$

其中 T_v：油品恩氏蒸馏体积平均沸点，单位为℃；S：油品10% ~ 90%恩氏蒸馏曲线斜率，单位为℃/%；T_{me}：油品恩氏蒸馏中平均沸点，单位为℃。

周佩正立方平均沸点公式：

$$T_{ca} = T_v - \Delta_{ca} \tag{3-5}$$

$$\ln\Delta_{ca} = -0.82368 - 0.08997T_v^{0.45} + 2.45697S^{0.45} \tag{3-6}$$

其中 T_v：油品恩氏蒸馏体积平均沸点，单位为℃；S：油品 10%～90% 恩氏蒸馏曲线斜率，单位为℃/%；T_{ca}：油品恩氏蒸馏立方平均沸点，单位为℃。

周佩正分子平均沸点公式：

$$T_m = T_v - \Delta_m \tag{3-7}$$

$$\ln\Delta_m = -1.15158 - 0.011811T_v^{0.6667} + 3.70684S^{0.3333} \tag{3-8}$$

其中 T_v：油品恩氏蒸馏体积平均沸点，单位为℃；S：油品 10%～90% 恩氏蒸馏曲线斜率，单位为℃/%；T_m：油品恩氏蒸馏分子平均沸点，单位为℃。

周佩正质量平均沸点公式：

$$T_w = T_v + \Delta_w \tag{3-9}$$

$$\ln\Delta_w = -3.64991 - 0.027067T_v^{0.6667} + 5.16388S^{0.25} \tag{3-10}$$

其中 T_v：油品恩氏蒸馏体积平均沸点，单位为℃；S：油品 10%～90% 恩氏蒸馏曲线斜率，单位为℃/%；T_w：油品恩氏蒸馏质量平均沸点，单位为℃。

杨朝合密度转换公式：

$$\Delta d = \frac{1.598 - d_4^{20}}{176.1 - d_4^{20}} \tag{3-11}$$

$$d_{15.6}^{15.6} = d_4^{20} + \Delta d \tag{3-12}$$

其中：油品20℃相对密度，是油品20℃密度与水4℃密度的比值，无量纲；：油品15.6℃相对密度，是油品15.6℃密度与水15.6℃密度的比值，无量纲。

特性因数 UOP K 的计算公式：

$$\text{UOP K} = \frac{(1.8T_{ca})^{\frac{1}{3}}}{d_{15.6}^{15.6}} \tag{3-13}$$

其中 T_{ca}：油品恩氏蒸馏立方平均沸点，单位为 K；：油品15.6℃相对密度，是油品15.6℃密度与水15.6℃密度的比值，无量纲；UOP K：为油品特性因数 K，由密度和平均沸点计算得到，K 值是表征油品化学组成的重要参数，烷烃 K 值最高，甲烷19.54，丙烷14.71，随着分子量增加 C5 以上约为12.67，芳烃 K 值最小在 9.5～10.8 之间，环烷烃约在 11-12 之间。

可计算得到各路原料油各平均沸点、恩氏蒸馏曲线斜率、15.6℃相对密度、特性因数 K 如下表：

表 3-13　各路原料油平均沸点、恩氏蒸馏斜率、相对密度以及特性因数 K

项目	原料油 3	原料油 4	原料油 2	原料油 1	混合原料
体积平均沸点 T_v ℃	280.3	282.5	270.4	280.7	277.2
恩氏蒸馏斜率 S ℃/%	0.9575	1.2375	1.4850	1.7750	1.225
中平均沸点 T_{me} ℃	275.8	276.3	262.3	270.4	271.0
中平均沸点 T_{me} K	548.95	549.45	535.45	543.55	544.15
立方平均沸点 T_{ca} ℃	278.8	280.4	267.7	277.3	275.5

项目	原料油3	原料油4	原料油2	原料油1	混合原料
立方平均沸点 T_{ca} K	551.95	553.55	540.85	550.45	548.65
分子平均沸点 T_m ℃	273.0	272.3	257.2	272.4	269.2
分子平均沸点 T_m K	546.15	545.45	530.35	545.55	542.35
质量平均沸点 T_w ℃	281.7	284.4	272.9	283.9	279.1
质量平均沸点 T_w K	554.85	557.55	546.05	557.05	552.25
15.6℃相对密度	0.8530	0.8425	0.9408	0.8615	0.8669
特性因数 UOP K	11.70	11.85	10.53	11.57	11.49

根据表3-13中所得的油品性质数据，应用图3-2加氢原料油氢含量、特性因数以及平均沸点关系图，采用查图法可以得到各路原料油的氢含量，此处使用油品的中平均沸点与特性因数 UOP K 值进行查图。

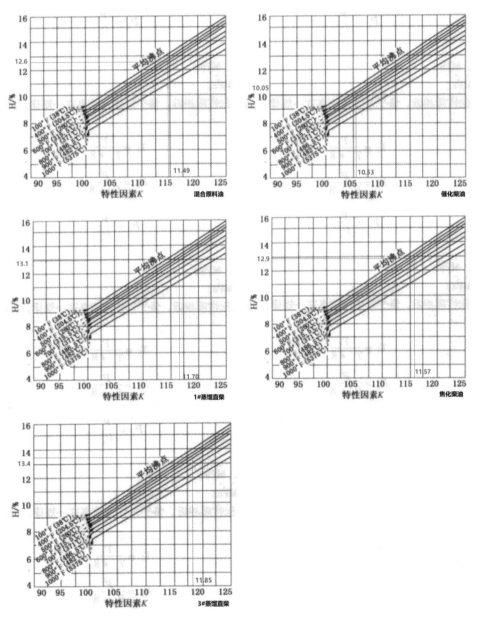

图3-3 a、b、c、d、e 各路原料油查图法求取氢含量

以上图 3-3 为采用查图法求取的各路原料油氢含量，具体结果列于下表：

表 3-14   各路原料油查图法氢含量

项目	原料油 3	原料油 4	原料油 2	原料油 1	混合原料
查图法氢含量 %（m）	13.1	13.4	10.05	12.9	12.6

由上表可以看出原料油 3 和原料油 4 为一次加工柴油其氢含量均明显高于二次加工柴油原料油 2 和原料油 1，其中原料油 2 密度最大芳烃含量最高氢含量最低，是四路原料油中单位量化学氢耗最高的一路原料。原料油 1 次之，氢含量也相对较低，单位量氢耗略低于原料油 2。两路一次加工柴油氢含量接近且相对较高，总体来看两路一次加工柴油原料油 3 和原料油 4 单位量氢耗均相对较低。

（2）加氢产品氢含量求取

已知标定期间加氢石脑油与精制柴油的分析数据如下表：

表 3-15 标定期间 2020.9.4 加氢石脑油与精制柴油性质

项目	加氢石脑油	精制柴油
密度（20℃）kg/m³	741.3	846.7
初馏点 ℃	48.3	196.4
5% 回收温度 ℃	——	——
10% 回收温度 ℃	80.8	234.4
30% 回收温度 ℃	——	——
50% 回收温度 ℃	110.6	269.0
70% 回收温度 ℃	——	——
90% 回收温度 ℃	158.7	322.4
95% 回收温度 ℃	——	339.4
终馏点 ℃	171.9	——
硫含量 mg/kg	5.0	5.5
氮含量 mg/kg	0.5*	0.69
凝固点 ℃	——	-15
十六烷指数	——	47
十六烷值	——	50.1
溴值 gBr/100g	0.59	2.57
多环芳烃含量（质量）%	——	3.3

★：标定期间未分析，采用经验数据进行计算。

通过内插法补全恩氏蒸馏数据，补全后的加氢石脑油和精制柴油恩氏蒸馏数据如下表：

表 3-16   内插法补全的加氢石脑油与精制柴油恩氏蒸馏数据

项目	加氢石脑油	精制柴油
10% 回收温度 ℃	80.8	234.4
30% 回收温度 ℃	95.7	251.7
50% 回收温度 ℃	110.6	269.0
70% 回收温度 ℃	125.5	286.3
90% 回收温度 ℃	158.7	322.4

应用上文中计算原料油各项性质的相关公式，计算得到加氢石脑油与精制柴油各平均沸点、恩氏蒸馏曲线斜率、15.6℃相对密度、特性因数 K 如下表：

表 3-17   氢石脑油与精制柴油平均沸点、恩氏蒸馏斜率、相对密度以及特性因数 K

项目	加氢石脑油	精制柴油
体积平均沸点 T_v ℃	114.3	272.8
恩氏蒸馏斜率 S ℃/%	0.9738	1.1000
中平均沸点 T_{me} ℃	108.3	267.3
中平均沸点 T_{me} K	381.45	540.45
立方平均沸点 T_{ca} ℃	111.9	271.1
立方平均沸点 T_{ca} K	385.05	544.25
分子平均沸点 T_m ℃	104.5	264.8
分子平均沸点 T_m K	377.65	537.95
质量平均沸点 T_w ℃	116.6	274.4
质量平均沸点 T_w K	389.75	547.55
15.6℃相对密度 $d_{15.6}^{15.6}$	0.7462	0.8510
特性因数 UOP K	11.86	11.67

根据表 3-17 中所得的油品性质数据，应用图 3-1 加氢产品油品氢含量、特性因数以及平均沸点

关系图，采用查图法可以得到加氢石脑油与精制柴油的氢含量，此处使用油品的分子平均沸点与特性因数 UOP K 值进行查图。

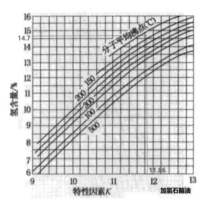

图 3-4　加氢石脑油氢含量

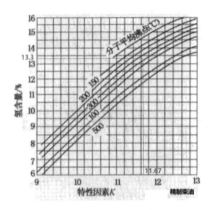

图 3-5　精制柴油氢含量

以上图 3-4 与图 3-5 分别为采用查图法求取的加氢石脑油与精制柴油氢含量，具体结果列于下表：

表 3-18　加氢石脑油与精制柴油查图法氢含量

项目	加氢石脑油	精制柴油
查图法氢含量 %（m）	14.7	13.3

根据上表可以看到，经过加氢反应后得到加氢石脑油与精制柴油氢含量均相对混合原料油有所上升，表明通过加氢反应过程不但脱除了硫和氮等杂原子，也有效提高了油品的氢含量，改善了油品质量。

3.7.2 Riazi-Daubert 碳氢比关联式法

Riazi 等对石油馏分的碳氢比估算做了深入研究，提出了从平均沸点、密度、分子量、折光指数和运动粘度中任意两个性质估算碳氢比 CH 的多个关联式。从便于应用的角度看，石油馏分的密度与平均沸点是相对易得的性质，Riazi-Daubert 关联式即使用了中平均沸点与 15.6℃ 相对密度来估算油品的碳氢比 CH，具体公式如下：

对于相对分子量为 70 ~ 300，中平均沸点为 300 ~ 616K 的油品，碳氢比关联式为：

$$CH = 3.4707 \exp\left(0.01485 T_{me} + 16.94 d_{15.6}^{15.6} - 0.012492 T_{me} d_{15.6}^{15.6}\right) T_{me}^{-2.725} \left(d_{15.6}^{15.6}\right)^{-6.796} \tag{3-14}$$

其中 T_{me} 为中平均沸点，单位为绝对温度 K。

对于相对分子量为 300 ~ 600，中平均沸点为 616 ~ 811K 的油品，碳氢比关联式为：

$$CH = 2.1471 \times 10^{-22} \exp\left(8.4314 \times 10^{-3} T_{me} + 1.0312 \times 10^2 I - 2.736 \times 10^{-2} T_{me} I\right) T_{me}^{-0.786} I^{-21.567} \tag{3-15}$$

$$I = 1.8429 \times 10^{-2} \exp\left(1.1635 \times 10^{-3} T_{me} + 5.144 d_{15.6}^{15.6} - 5.9202 \times 10^{-4} T_{me} d_{15.6}^{15.6}\right) T_{me}^{0.407} \left(d_{15.6}^{15.6}\right)^{-3.333} \tag{3-16}$$

其中 T_{me} 为中平均沸点，单位为绝对温度 K。

针对柴油加氢装置，其油品中平均沸点均处于 300 ~ 616K 之间，故应用公式（3-14）即可计算得到相对应的油品碳氢比。

加氢装置原料油和产品油主要含有 C、H、S、N 四种元素，可以大致认为 C+H+S+N=100%，因此通过油品的碳氢比 CH、硫含量、氮含量，可以计算得到油品的氢含量 H=(100%-S%-N%)/(1+CH)。

应用公式 3-14，计算得到各路原料油碳氢比 CH，根据各路原料油硫、氮含量又可得到氢、碳含量数据如下表：

表 3-19　　标定期间各路原料油碳氢比、氢、碳含量数据

项目	原料油 3	原料油 4	原料油 2	原料油 1	混合原料
中平均沸点 T_{me} ℃	275.8	276.3	262.3	270.4	271.0
中平均沸点 T_{me} K	548.95	549.45	535.45	543.55	544.15
相对密度	0.8530	0.8425	0.9408	0.8615	0.8669
碳氢比 CH	6.605	6.461	8.443	6.760	6.840
硫含量 S %	0.0896	0.739	0.511	2.04	0.604
氮含量 N %	0.011987	0.010487	0.05838	0.10967	0.035792
氢含量 H %	13.13	13.30	10.53	12.61	12.67
碳含量 C %	86.76	85.95	88.90	85.24	86.66

将表 3-19 中应用 Riazi-Daubert 碳氢比关联式计算得到的原料油氢含量与查图法得到的氢含量进行比较，得到偏差率如下表：

表 3-20　　Riazi-Daubert 关联式法计算得到的原料油氢含量与查图法氢含量对比偏差率

项目	原料油 3	原料油 4	原料油 2	原料油 1	混合原料
氢含量偏差率 %	0.23	−0.75	4.78	−2.25	0.56

由上表偏差率结果可以看出，应用 Riazi-Daubert 关联式计算得到的一次原料油氢含量与查图法得到的氢含量基本接近，表明 Riazi-Daubert 关联式非常适合用于一次加工原料油氢含量的估算。对于二次加工原料油则两种方法的偏差率明显上升，采用哪种方法更为准确有待实验验证。由于柴油加氢装置原料油主体由一次加工的直馏柴油构成，因此应用 Riazi-Daubert 关联式计算混合原料油氢含量与查图法得到的氢含量偏差相对较小。

应用 Riazi-Daubert 关联式计算柴油加氢装置两项主要产品油品的碳氢比、氢含量结果如下表所示：

表 3-21 标定期间精制柴油与加氢石脑油氢、碳含量数据

项目	加氢石脑油	精制柴油
中平均沸点 T_{me} ℃	108.3	267.3
中平均沸点 T_{me} K	381.45	540.45
相对密度	0.7462	0.8510
碳氢比 CH	5.966	6.621
硫含量 S %	0.0005	0.00055
氮含量 N %	0.00005	0.000069
氢含量 H %	14.36	13.12
碳含量 C %	85.64	86.88

将表 3-21 中应用 Riazi-Daubert 关联式计算得到的产品油品氢含量与查图法得到的氢含量进行比较，得到偏差率如下表：

表 3-22 Riazi-Daubert 关联式法计算得到的加氢产品氢含量与查图法氢含量对比偏差率

项目	加氢石脑油	精制柴油
氢含量偏差率 %	−2.31	−1.35

由上表偏差率结果可以看出，应用 Riazi-Daubert 关联式计算得到的加氢产品氢含量与查图法得到的氢含量偏差率较大，哪种方法得到的氢含量更为准确还需进一步验证。

3.7.3 化学氢耗核算

根据以上查图法与 Riazi-Daubert 关联式法得到的油品氢含量数据得到装置化学氢平衡如下表：

表 3-23 两种化学氢耗计算方法得到的装置化学氢平衡

项目	物料流量 kg/h	查图法		Riazi-Daubert 关联式法	
		氢含量 %m	氢流量 kg/h	氢含量 %m	氢流量 kg/h
入方					
混合原料油	199610.00	12.60	25150.86	12.67	25290.587
补充氢中 C1	366.02	25.00	91.51	25.00	91.51
补充氢中 C2	662.38	20.00	132.48	20.00	132.48
补充氢中 C3	711.09	18.18	129.28	18.18	129.28
补充氢中 C4	376.26	17.24	64.87	17.24	64.87
补充氢中 C5	57.36	16.67	9.56	16.67	9.56
合计			25578.546		25718.273
出方					
H_2S	1279.849	5.88	75.255	5.88	75.255
NH_3	86.59	17.65	15.283	17.65	15.283
C1	767.51	25.00	191.878	25.00	191.878
C2	974.04	20.00	194.808	20.00	194.808
C3	1056.74	18.18	192.115	18.18	192.115
iC4	424.92	17.24	73.256	17.24	73.256
nC4	304.77	17.24	52.542	17.24	52.542
iC5	66.81	16.67	11.137	16.67	11.137
nC5	44.67	16.67	7.446	16.67	7.446
气体产物中携带 C6	87.68	16.28	14.274	16.28	14.274
轻烃（不含 H_2S）	1469.933	16.34	240.187	16.34	240.187
加氢石脑油	5500.00	14.70	808.500	14.36	789.800
精制柴油	191560.00	13.30	25477.48	13.12	25132.672
合计			27354.161		26990.655

化学氢耗可以理解为加入到原料中的氢，即除纯氢外的所有产物氢含量较除纯氢外的所有原料油氢含量上升的那一部分。根据上表可以得到柴油加氢精制装置理论化学氢耗量 = 产物侧氢流量 – 原料油侧氢流量。

查图法得到的化学氢耗量 =27354.161–25578.546=1775.615kg/h，得到对原料油的化学氢耗 =1775.615/199610*100%=0.89%；

Riazi-Daubert 关联式法得到的化学氢耗量

=26990.655–25718.273=1272.382kg/h，得到对原料油的化学氢耗 =1272.382/199610*100%=0.64%。

两种方法得到的化学氢耗数据偏差较大，需根据物料平衡数据得出装置工业氢平衡以进一步验证哪种方法更为准确。

3.8 漏损氢耗计算及分析

漏损氢耗主要来源为循环氢压缩机干气密封系统一级泄漏气、新氢压缩机机械密封系统的泄漏气以及其他设备的静密封点泄漏。

柴油加氢装置循环氢压缩机干气密封系统驱动端与非驱动端一级泄漏气流量均为 13Nm³/h 左右，

故一级泄漏气总量以 26Nm³/h 计。

已知脱后循环氢的分析数据如下表：

表 3-24 标定期间脱后循环氢性质

项目	限制值	2020/9/4	分析方法
C1 含量（体积）%	——	8.72	Q/SH 3165 1017
C2 含量（体积）%	——	2.92	
C3 含量（体积）%	——	1.10	
C4 含量（体积）%	——	0.23	
C5 含量（体积）%	——	0.03	
氢气含量（体积）%	≥ 85.00	87.00	
硫化氢 mg/m³	≤ 1500	20	Q/SH 3635 408

将上表中硫化氢含量转换为体积百分比浓度，其过程如下：

V 硫化氢（%）={[(20/1000)/34]*22.4}/1000*100=0.0013%，硫化氢含量对循环氢组分影响可忽略不计。

故循环氢压缩机干气密封系统泄漏的纯氢量 =26*87%=22.62Nm³/h。氢气标况下的密度为 2/22.4=0.0893g/l=0.0893kg/m³。

故循环氢压缩机干气密封系统泄漏的氢气质量流量 =22.62*0.0893=2.02kg/h。

新氢压缩机机械密封系统以及其他设备静密封点无泄漏量检测仪表。

根据《加氢裂化装置工艺计算与技术分析》中给出的加氢裂化装置一般漏损氢耗占总氢耗的 1.5% ~ 2.0%。本装置为柴油加氢装置，系统压力为 6.4MPa，大大低于常规的加氢裂化装置（一般反应压力约 14MPa），故本装置漏损氢耗按照总氢耗的 0.7% 估算。

则漏损氢耗 =2139.97*0.7%=14.98kg/h。

循环氢干气密封系统泄漏的氢气约占装置整体漏损氢量的 13.48%。

4　装置工业氢平衡

经过以上计算和分析，我们已经得到了柴油加氢装置的溶解氢耗量为 297.05kg/h，漏损氢耗量为 14.98kg/h，外供 8.0MPa 氢气管网氢耗量为 122.63kg/h，化学氢耗量分别为查图法得到的 1775.615kg/h 和 Riazi-Daubert 关联式法得到的 1272.382kg/h。标定期间装置未排放废氢，因此排放氢耗量为 0kg/h。根据气体平衡计算数据可知，进装置新氢中的纯氢总量为 2262.61kg/h。综上所述，得到柴油加氢装置的工业氢平衡表如下：

表 4-1 装置工业氢平衡表

项目	查图法		Riazi-Daubert 关联式法	
	质量流量，kg/h	占比，%	质量流量，kg/h	占比，%
入方				
新氢（纯氢）	2262.61	100	2262.61	100
合计	2262.61	100	2262.61	100
出方				
化学氢耗（纯氢）	1775.615	80.33	1272.382	74.54

项目	查图法		Riazi-Daubert 关联式法	
	质量流量，kg/h	占比，%	质量流量，kg/h	占比，%
溶解氢耗（纯氢）	297.05	13.44	297.05	17.40
排放氢耗（纯氢）	0.00	0.00	0.00	0.00
漏损氢耗（纯氢）	14.98	0.68	14.98	0.88
外供 8.0MPa 氢耗（纯氢）	122.63	5.55	122.63	7.18
合计	2210.275	100	1707.042	100
入出方偏差	52.335	2.313	555.570	24.554

从以上工业氢平衡数据可以验证，查图法得到的进出方偏差率仅为 2.313%，而 Riazi-Daubert 关联式法计算得到的进出方偏差率则高达 24.554%，显然查图法得到的装置工业氢平衡数据更为准确。验证了针对柴油加氢装置化学氢耗计算而言，查图法较 Riazi-Daubert 关联式法更为准确。

5　结论及优化建议

根据严格的计算，得到了柴油加氢装置的工业氢平衡数据，其中化学氢耗占比 80.33%，溶解氢耗占比 13.44%，外供 8.0MPa 氢气管网氢耗占比 5.55%，漏损氢耗占比 0.68%，排放氢耗占比 0%。260 万吨 / 年柴油加氢装置的工业氢平衡图如下：

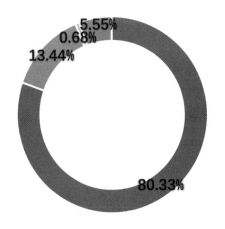

图 5-1　装置工业氢平衡图

验证了在化学氢耗的计算方面，查图法较 Riazi-Daubert 关联式法更为准确。从两种方法的计算结果可以看出，Riazi-Daubert 关联式法更适合用于计算加氢装置的一次加工原料油的氢含量，将此方法用于计算加氢产品氢含量时偏差较大。

在优化装置用氢方面，主要可以从化学氢耗与溶解氢耗两方面采取措施。其中化学氢耗占比 80.33%，是装置氢耗最主要的组成部分。

首先从精制柴油性质来看，可以根据产品质量调整反应深度，力求多环芳烃含量能够卡边达标。标定期间混合原料油多环芳烃含量为 20.3%，精制柴油中多环芳烃含量降至 3.3%（国 VI 车用柴油内控指标为 6%），可见如果精制柴油多环芳烃含量能够实现卡边控制，可大大降低装置化学氢耗。260 万吨 / 年柴油加氢精制装置二反 R802 主要用于低温条件下的多环芳烃饱和同时兼顾脱硫反应，可以通过实验寻找最为合适的二反反应温度，在保证产品硫含量达标的条件下尽可能实现多环芳烃含量的卡指标控制，可有效降低装置化学氢耗。

从原料配比来看，装置四路原料油中二次加工柴油原料油 2 的氢含量最低约为 10.05%，加工的原料油 2 越多装置化学氢耗越高，推高装置精制柴油生产成本。按照标定期间原料油 2 硫含量数据为 0.511%，当市场条件允许的情况下，可以考虑将部分原料油 2 直接作为低硫船燃调和组分，降低柴油加氢装置二次加工柴油加工比例，既有利于柴油加氢装置长周期运行又能够减少氢气消耗降低精制柴油生产成本。

溶解氢耗占装置总氢耗的 13.44% 数量可观，其中低分气占溶解氢耗的比例为 79.78%，汽提塔顶含硫干气占比 20.22%。装置已设有膜分离设施用于回收低分气中氢气，但干气则送往气分装置脱硫后直接补入全厂瓦斯系统。按照标定工况下干气中 60.07kg/h 纯氢流量计算，全年按照 8400 小时计，若采取措施回收柴油加氢装置干气中的这部分氢气资源，全年可回收纯氢约 504.6 吨，按照 18000 元 / 吨计算可节约 908.3 万元 / 年效益可观。

参考文献：

曹汉昌 郝希仁 张韩 《催化裂化工艺计算与技术分析》石油工业出版社 2000,10:156

赵日峰 李和杰 申海平 李鹏 项悦文 廖志新 陆晓青 亓仁东 吴昊 王宝石 《常减压及焦化专家培训班大作业选集》中国石化出版社 2022,2:331

李立权 《加氢裂化装置工艺计算与技术分析》中国石化出版社 2009,9:36

李立权 《加氢裂化装置工艺计算与技术分析》中国石化出版社 2009,9:64

周佩正 石油馏分的平均沸点和假临界常数的关联 华东石油学院学报 1980,2

徐春明 杨朝合 《石油炼制工程》 石油工业出版社 2009,9:59

李立权 《加氢裂化装置工艺计算与技术分析》中国石化出版社 2009,9:10

Riazi M R,Daubert T E. Characterization parameters for petroleum fractions [J]. Industrial and Engineering Chemistry Research, 1987,26:755-759

李立权 《加氢裂化装置工艺计算与技术分析》中国石化出版社 2009,9:82

大型固定床加氢反应过程
强化工程技术开发及应用

陈　强　　盛维武　　李小婷

（中石化炼化工程（集团）股份有限公司）

摘要： 为适应加氢反应器大型化的发展趋势，保障固定床加氢装置的长周期平稳运行，中石化炼化工程（集团）股份有限公司洛阳技术研发中心和中石化广州工程有限公司以过程强化基本理论为指导，合作开发了大型固定床加氢反应过程强化技术，该技术主要包括双锥形入口扩散器、双层过滤盘、高效管式气液分配器、对撞混合冷氢箱及分块式出口收集器。目前该技术已成功应用于某企业催柴加氢改制单元，并取得良好的实施效果：装置在 60% ~ 110% 负荷内，两台反应器的各催化剂床层入口径向温差均 < 3℃，反应器压降均 < 0.1MPa，分配盘和冷氢箱应用效果良好，能够延缓床层的压降增长，延长催化剂寿命，为装置安全长周期运行提供了保障。

关键词： 加氢反应器　过程强化　内构件　分配器　径向温差　压降

1 前言

随着我国经济的发展及环保标准的提高，对于轻质、清洁燃料油的需求逐渐增大，而原油品质却逐年下降，炼化企业面临加工重质原油和高硫原油的挑战，加氢技术是应对这一挑战的有效方法。

为了达到油品质量升级，增产石油化工原料和中间馏分油，以及适应高硫原油、劣质原油深加工的需要和改善环境等目的，石油化工流程中加氢装置的规模逐渐增大。固定床加氢反应器的尺寸也随着炼油产业的集约化和规模化发展而逐渐增大，目前固定床加氢反应器直径基本都达到 4 ~ 5.8 米，封头高度超过 2 米，其中可利用空间高度超过 1 米。影响固定床加氢裂化 / 精制装置运行的问题基本集中在以下两方面：

（1）反应器压降

反应器压降直接影响装置的运行周期。其关键因素是第一床层的垢物堵塞和催化剂板结现象，其

中垢物堵塞的因素占 80% 以上。

（2）径向温差

反应器内床层温差过高，会导致局部飞温，造成催化剂烧结失活，进而影响长周期运行。引起反应器径向温差的因素包括物料分布状态和催化剂床层表面堵塞程度。

同时随着反应器大型化的发展，又对反应器内整体空间利用率及内构件实施效果方面提出更高的要求：

（1）充分利用封头空间，提高反应器的空间利用率；

（2）传统冷氢箱的设计方法在大直径反应器内占用的轴向高度过高，同时存在混合传热效率低的问题，需要改进冷氢箱的换热混合方式并得到相应的设计方法。

基于以上背景，中石化炼化工程（集团）股份有限公司洛阳技术研发中心和中石化广州工程有限

公司合作开发了适应大型化反应器要求的固定床加氢反应过程强化技术。该技术主要包括双锥形入口扩散器、双层过滤盘、高效管式气液分配器、对撞混合冷氢箱及分块式出口收集器，如图1所示。

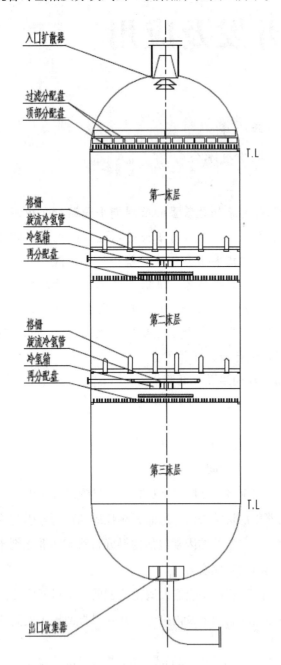

图1 加氢反应器结构示意图

2　大型固定床加氢反应过程强化工程技术介绍

2.1 双锥形入口扩散器

入口扩散器是物流进入固定床反应器接触的第一个内构件,对于大型加氢反应器(直径≥5m)来说,入口扩散器性能的优劣,直接影响初始分布的状态,对于整个反应器内流体的均匀分布至关重要。开发的双锥形入口扩散器的结构形式如图2所示。

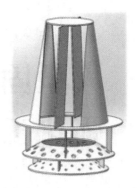

图2 双锥形入口扩散器结构示意图

该入口扩散器由上部空心锥形体、双侧纠偏挡板、连接腿、下部的两层伞板组成,伞板的开孔及角度可根据工艺条件进行调整。

气液进料进入入口扩散器的筒体后,由于来流方向垂直于双侧纠偏挡板,在双侧纠偏挡板的拦截下,在空心锥形体内绕流后向下流动,在这个过程中,气液相的偏流得以矫正;经初步整形后,由底板开孔流下:一部分物流直接喷洒至上层伞板上,一部分通过上层伞板的顶部开孔喷洒至下层伞板上。在此过程中,气液物流冲击两层伞板溅射、经其上小孔喷射以及伞板边缘的散射的共同作用下,气液进料均匀地分散至入口扩散器下方的反应器截面上。同时,上述的操作过程也使气液进料得到充分混合和缓冲。

2.2 双层过滤盘

随着反应器尺寸的逐渐增大,封头内的体积也逐步增大,为实现对原料中垢污的拦截,同时充分利用封头空间,提出在反应器封头空间内设置两层或多层过滤盘,通过盘框的分块和布局,实现反应物流的过滤。双层过滤盘的结构形式及安装位置如图3所示。

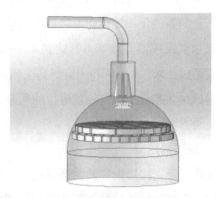

图3 双层过滤盘结构及安装位置示意图

双层过滤盘根据反应器的封头尺寸进行分块，共设置上下两层过滤槽，呈相互错开90度布置，过滤槽底部及侧面为约翰逊网，能够实现在径向截面上的全过滤。盘框之间的缝隙尺寸需满足流通面积是反应器入口管道截面积 25～30 倍之间，保证其不产生太大压降，通过数值模拟计算，正常工况下双层过滤盘产生的压降＜100Pa。

2.3 高效管式气液分配器

气液分配器是为气液两相流体提供混合和相互作用的场所，使液体破碎成液滴分散到气流中，并随着气体一起落到下床层，形成液体在催化剂床层上的初始分布。液体分布的均匀性会直接影响下游催化剂的润湿程度和使用效率，如果分配器结构设计不合理，反应原料分配效果差，会造成加氢反应在催化剂床层的不均匀，导致径向温差过大，降低催化剂的使用效率和寿命，甚至造成产品质量的不达标。

随着反应器大型化和原料的劣质化，对于分配器分配性能的要求进一步提高，因此开发了带有 180° 撞击板的高效管式气液分配器，其优势在于：

（1）中心管为直管结构，采用商用标准管径，便于采购和加工，节省制造成本；

（2）顶部设盖板，避免上部来流液体分布对分配器的分布性能产生影响；中心管顶部开槽孔，作为气相通道；

（3）三层溢流孔，当液相负荷较大或者液面较高时，溢流通道逐渐增大，溢流速度加快，通过气液分配器对于分配盘上液位高度的控制，实现较大的操作弹性；

（4）180° 撞击板结构，撞击板直径大于中心管外径，气液混合物流在 180° 撞击板上进行折流扩散，具有近乎 180° 的大扩散角，能够保证在低空高下实现气液均布，同时能够满足多点相互作用；

（5）内设孔板，强化管内湍流，有效改善贴壁流造成的中心汇流。

高效管式气液分配器的结构如图 4 所示：

图 4　高效管式气液分配器结构示意图

中心管直径较小，能够实现在分配盘上尽可能多的排布，同时利于流体流速的控制；顶部设盖板，避免上部来流液相未与气相混合而直接流入主体圆管内；上端部开口作为气相通道，主体圆管不同高度位置开三层孔作为液相溢流孔，不同高度位置开孔可满足不同液量条件下液相溢流的需求，结合工艺数据和开孔直径对管内液速进行有效调控，保证其混合和撞击湍动程度满足均布需求；在主体圆管内部下端设置孔板，孔板的作用一方面增强气液相扰动，强化传质，另一方面避免液相在主体圆管内壁贴壁流动；底部撞击板由三条支腿和主体圆管连接，撞击板直径大于中心管直径，对气液进行撞击分散，扩散角大，分配盘上进行多管组合后具有大的操作弹性。

2.4 对撞混合冷氢箱

冷氢箱对于固定床加氢反应器的稳定运行极为重要。传统的冷氢箱多数以箱体结构为主，通过为气液两相提供接触面来实现换热，改进多数集中在通过在箱体内部增设挡板、扰流板等，通过延长流道和强化湍动来提高换热效率。目前研究较多的旋流冷氢箱，也依然存在气液间接触面积有限和相互作用不强的缺点，从而限制了其混合传热性能的进一步提高。另外这类冷氢箱的设计准则决定了在大型反应器内轴向高度和径向直径的同步增大，应用在大型反应器当中，势必要占用大量反应器空间，不符合目前要求提高反应器空间利用率的发展要求。

因此所提出的对撞混合冷氢箱结构设计从气液

两相的作用方式入手，通过扇形流道设计，引导流体分为若干股，进行两两相撞。通过流道控制，两股相对流体的速度均可达到 10 ~ 30m/s，通过高速撞击，形成一个高度湍动、相对速度成倍增加的撞击区，在该区域内，两相间的换热系数增大，极大的强化了相间传热。

同时由于流道的流通面积可通过直径控制，在适应大型反应器和大处理量工况下，无需在轴向上进行放大，能够实现低占用高度条件下冷氢和油气的快速混合降温。

对撞混合冷氢箱的结构如图 5 所示，包括对撞箱和受液盘两部分。对撞箱由顶板、底板、流道板及曲面挡板组成；受液盘由底板、溢流堰、降液孔组成。

工作状态下：氢气和高温油气经过一次换热后与高温油相由上而下落在对撞箱的底板上，气液混合沿着流通面积逐渐减小的流道板进行加速流动，由两个半封闭流道和两个全开流道的出口流出，两两相对撞击，在圆柱形撞击区域内发生快速的混合和换热，对热油进行降温。之后混合流体折流向下，在受液盘上进行二次快速撞击，受液盘会将大量液体反弹回对撞箱的底板，在底板和受液盘上进行多次往复后流向下一层分配盘。

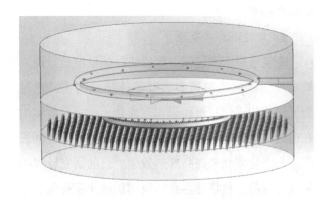

图 5 对撞混合冷氢箱结构示意图

2.5 分块式出口收集器

出口收集器要有足够的支撑强度和过滤精度，对催化剂起到支撑作用，同时对反应物进行过滤，将催化剂固体截留在反应器内，允许气液相反应产品由底部通过。

为解决反应器大型化后出口收集器尺寸变大导致的安装困难问题，需对出口收集器进行分块设置，以便吊装到反应器内后进行组合安装。

所开发的分块式出口收集器的结构如图 6 所示。

图 6 分块式出口收集器示意图

3 工业应用情况

将所开发的大型固定床加氢反应过程强化工程技术应用于某企业催柴加氢改制单元（以下简称 2# 柴油加氢装置），该装置包括两台反应器（R101 和 R102），其中 R101 为三床层反应器，R102 为两床层反应器，两台反应器由上到下内构件分别设置：入口扩散器、过滤分配盘、管式气液分配器及分配盘、旋流冷氢管、冷氢箱、出口收集器、格栅等。

该套装置设计处理新鲜进料 65×10^4 吨 / 年，循环油进料 40×10^4 吨 / 年，总进料量为 105×10^4 吨 / 年，操作弹性为 60 ~ 110%，设计开工时数为 8400 小时 / 年，设计催化剂体积空速为 $0.6h^{-1}$（对新鲜进料），氢油体积比 500/1（对总进料）。

该套装置以混合催化柴油为原料，通过多环芳烃加氢饱和、脱硫、脱氮等反应，主要生产满足催化单元要求的加氢柴油组分，最终再经催化将加氢柴油转化为高辛烷值汽油或轻质芳烃等，设计为两台串联加氢反应器。装置于 2021 年 4 月 30 日建成中交，6 月 8 日装置进行催化剂预硫化，6 月 11 日装置正式进料，6 月 12 日产品检测合格，装置一次开车成功投产。

对装置进行为期 3 天的全面标定。标定期间测得反应器温度分布情况如表 1 所示。

表 1　反应器温度分布情况

| 反应器 | 床层 | 位置 | 测温点 | | | 水平面平均温度 /℃ | 床层平均温度 /℃ |
			T1	T2	T3		
R101	一床层	上	278.5	279.8	279.2	279.17	294.75
		下	304.6	315.2	311.2	310.33	
	二床层	上	300.9	303.8	302.8	302.50	315.25
		下	327.1	331.3	325.6	328.00	
	三床层	上	323.5	324.3	325.3	324.37	335.57
		下	343.6	348.2	348.5	346.77	
R102	一床层	上	306.6	307.7	307.6	307.30	312.10
		下	317.1	316.5	317.1	316.90	
	二床层	上	308.5	308.8	308.5	308.60	311.53
		下	313.9	315.2	314.3	314.47	

　　操作负荷为设计值 60% 工况下的运行情况如图 7 所示；操作负荷为设计值 110% 工况条件下的运行情况如图 8 所示：

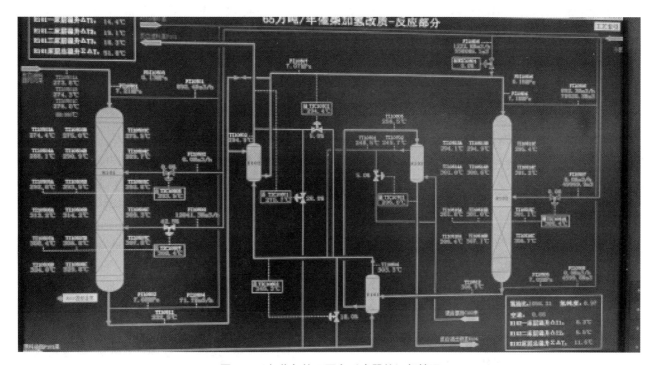

图 7　60% 负荷条件下两台反应器的运行情况

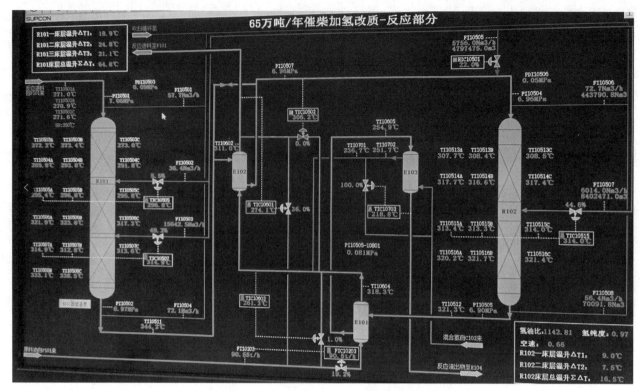

图8 110%负荷条件下两台反应器的运行情况

可以看出，随调装置操作负荷60%～110%调整，各催化剂床层入口径向温差均＜3℃，大部分床层入口径向温差＜2℃，证明分配盘和冷氢箱应用效果好；装置操作负荷为110%时，R101反应器压降0.09MPa，R102反应器压降0.05MPa，随装置操作负荷的调整，在60%～110%负荷条件下，反应器压降均＜0.1MPa，反应器压降较低，内构件的过滤性能、混合及分布性能均比较优秀，能够延缓床层的压降增长，延长催化剂寿命。

4 结论

固定床加氢反应器新型内构件技术在某企业催柴加氢改制单元的成功工业应用产生良好的预期效果：降低了反应器压降，减少装置运行能耗，节省了设备投资费用，为装置安全长周期运行提供了保障，为现有加氢装置反应器内构件改造及延长装置生产运行周期提供了技术支持，对推动大型固定床加氢反应器内构件技术的改进及应用具有重要意义。

参考文献：

[1] 龙庆兴,许思维.重油加氢技术特点和发展趋势研究[J].中国石油和化工标准与质量,2020,40(14):247-248.

[2] 张甫,任颖,杨明,易金华,宋怀俊,任保增.劣质重油加氢技术的工业应用及发展趋势[J].现代化工,2019,39(06):15-20.

[3] 史昕,邹劲松,厉荣.炼油发展趋势对加氢能力及加氢技术的影响[J].当代石油石化,2014,22(09):1-5.

[4] 任文坡,李雪静.渣油加氢技术应用现状及发展前景[J].化工进展,2013,32(05):1006-1013+1144.

[5] 江波.渣油加氢技术进展[J].中外能源,2012,17(09):64-68.

[6] 王少兵,毛俊义,王璐璐.应对原料劣质化的新型高效加氢反应器内构件技术[J].石油炼制与化工,2016,47(06):99-102.

[7] 杨秀娜,彭德强,金平,关明华.加氢反应器空间利用率分析及提升技术开发[J].炼油技术与工程,2021,51(03):41-43+56.

API571 在加氢装置中的应用

葛 坤

（中国石油大连石化公司）

摘要： API RP 571-2003《影响炼油工业固定设备的损伤机理》是目前国际上最权威阐述设备腐蚀的行业标准。其中：高温硫化、氯化物腐蚀、连多硫酸腐蚀等都是加氢类装置常遇到的腐蚀类型，需要引起我们在日常设备维护管理中的重点关注研究。

关键词： 高温硫化　氯化物腐蚀　电化学腐蚀　大阴极小阳极　连多硫酸应力腐蚀来开裂

API RP 571-2003《影响炼油工业固定设备的损伤机理》5.2 过程装置流程示意图中，详细列举了加氢类装置生产中可能遇到的各种设备损伤及腐蚀类型（见下图1）。下面就以二联合200万柴油加氢装置为例，进行类比分析。

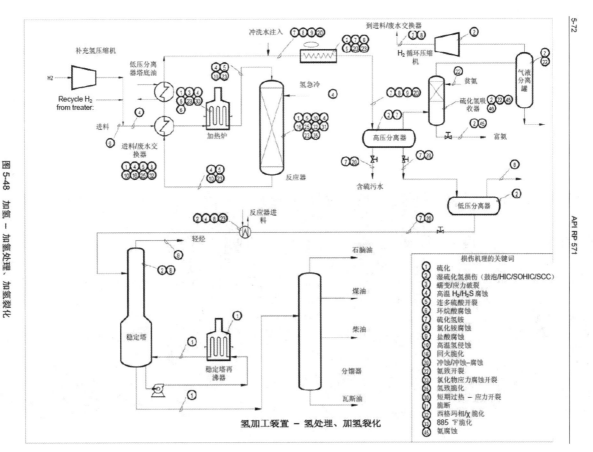

图1　加氢类装置过程装置流程示意图

1　高温硫化

1.1　腐蚀机理

高温硫化主要出现在原油装置、FCC、焦化、加氢装置。以均匀减薄为主，也会以局部腐蚀或者高速度的冲刷腐蚀形式出现。主要影响铁基材料，包括：碳钢、低合金钢、300和400系列SS。影响硫化的主要因素是合金成分、温度和腐蚀性含硫化合物的浓度（见下图2）。

铁基合金的硫化通常在金属温度高于500 ℉（260℃）时开始出现，生成硫化物钝化膜，从一定程度上反向抑制腐蚀继续进行。但是如果介质中含有氢气，在高温下会分解生成氢原子。氢原子渗入到硫化物钝化膜中，使其反复剥离，加剧腐蚀。

用铬含量更高的合金是防止硫化的通常做法。用实心或者包覆的300或400系列SS制造的管道和设备对腐蚀有显著的耐受性。

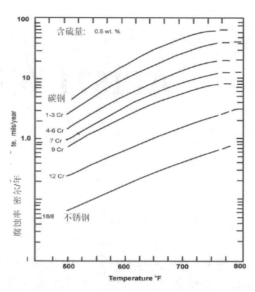

修正的McConomy曲线，可见温度对钢和不锈钢高温硫化的典型影响

图2　硫含量0.5wt% 各类材质不同温度下的腐蚀速度

1.2　腐蚀防护

200万柴油加氢装置反应器设计母材为12Cr2Mo1R，内表面堆焊两层。与筒体母材接触堆焊E309L过渡层，表层堆焊E347。E309L+E347总厚度为6.5mm，其中E347最小有效厚度为3mm。反应器设计温度425℃，设计压力8.4MPa。日常操作温度在300 ~ 360℃，操作压力在7.6MPa。按照上图2腐蚀速率应在0.8密尔/年（0.08mm/年）。现场定点测厚实测数值，基本在0-0.1mm/年。2020年停检进入检查，器壁防腐蚀情况较好，器壁上腐蚀产物不多（见下图3）。

图3　反应器器壁及内附件照片

2 氯化物腐蚀

2.1 腐蚀机理

按照 GB/T 20878-2007《不锈钢和热强钢牌号及化学成分》定义：不锈钢是以不锈、耐蚀性为主要特性，且铬含量至少为 10.5%，碳含量最大不超过 1.2% 的钢。主要包括：400 系列的铁素体型不锈钢、400 系列的马氏体型不锈钢、奥铁双相型不锈钢、200 系列的美国铬锰系奥氏体型不锈钢和 300 系列铬镍系奥氏体型不锈钢。

其中以 300 系列的奥氏体型不锈钢的性价比最高、综合防腐性最佳。而不锈钢在碳含量 0.1%、

铬含量 18%、镍含量至少 8% 时，才能得到稳定单一的奥氏体组织。因此 300 系列奥氏体不锈钢均是以 18-8 为基础，通过增加 Mo、Nb、Ti 等元素增加各项抗腐蚀性。

其中 Cr 元素是最重要的元素，Cr 氧化生成 Cr_2O_3 氧化膜，起到自钝化防腐作用。Cr 含量越高，氧化膜的自愈性越强，生成的氧化膜越致密。但是钢材在炼制及后续加工、焊接过程中，难免表面会有一些气孔、夹渣、硫化物或碳化铬缺陷（见下图 4）。

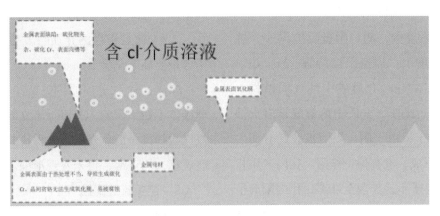

图 4 母材表面的氧化膜

这些缺陷处 Cr 含量不足，无法形成致密的 Cr_2O_3 氧化膜。而 cl^- 又有很强的被金属吸附能力，它们会优先吸附到表面有缺陷的不锈钢氧化膜上。

cl^- 与 Cr 的结合能力比 O^{2-} 强，会挤掉 O^{2-}，生成可溶性氯化物。分解氧化膜，形成蚀坑，直至将金属母材暴漏在介质中（见下图 5）。

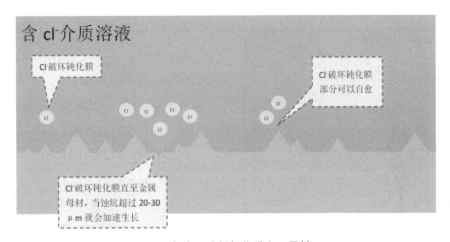

图 5 氯离子分解氧化膜直至母材

活化态的不锈钢母材电位，比钝化态的不锈钢钝化膜电位要高许多，形成了活化→钝化腐蚀电池[3]（自钝化性越强的金属钝化膜与其母材的电位差越大）。而金属表面其他部位的钝化膜还完好存

在，导致作为阴极的钝化态不锈钢钝化膜的面积，要远远大于漏出的母材面积，就形成了大阴极小阳极的电化学腐蚀电池（见下图 6）。

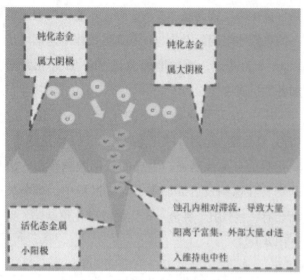

图 6 大阴极小阳极腐蚀电池

电化学腐蚀系统中，阴、阳极反应同步，蚀孔内阳极电流密度大，加速阳极溶解：Fe、Cr、Ni → Fe^{2+}、Cr^{3+}、Ni^{2+}+e。介质成中性或弱碱性。孔外 $O_2+H_2O+2e \rightarrow 2OH^-$（介质中溶解氧越多点蚀所需的 cl^- 就越少）。由于阴、阳两极彼此分离，腐蚀产物在孔口形成，没有保护作用。孔内介质相对滞留，金属阳离子不易扩散至外部，孔内阳离子浓度增加，外部 cl^-（比 OH^- 迁移速度快）迁入维持电中性，孔内形成高浓度金属氯化物溶液。使孔内继续维持活化状态，金属氯化物水解，孔内酸性升高，更加剧阳极溶解（见下图 7）。严重的情况，几天就可能造成点蚀穿孔。

图 7 金属氯化物水解加剧阳极溶解

综上，就是奥氏体不锈钢对 cl^- 点蚀如此敏感的原因。而相比于一般的 20# 碳素钢，由于形不成致密的氧化膜，其在含 cl^- 介质中形成的腐蚀电池阴阳极电位相近，阴阳极面积相当。因此宏观表现

出来的就是均匀腐蚀。

2.2 腐蚀防护

200 万柴油加氢装置 2017 年停检期间，地下罐自吸泵 P304 就出现过氯化物点蚀腐蚀。仅仅 20 多天就在泵入口前置器（材质 316）底部发现 4 处砂眼。

分析原因：

（1）调取停检前泵介质的化验分析成绩，为典型的碱式酸性水，含有约 15–18mg/L 的氯离子。具备了产生氯化物点蚀的最基本条件；

（2）由于检修期间设备敞口，介质中氧含量的增加，会降低发生点蚀的氯离子最低浓度限制。

（3）低点积存的介质会发生蒸发浓缩，氯离子含量要高于化验成绩。

综上，针对上述原因。2020 年停检，对类似奥氏体不锈钢设备，一停下来立即与外系统隔离，氮气吹扫排净低点介质，并保压封闭隔离。截至目前观察，均正常，再未发现泄漏。

3 连多硫酸腐蚀

3.1 腐蚀机理

连多硫酸腐蚀，是一种通常发生在停工、开工和有水和湿气存在的操作过程中的应力腐蚀开裂。开裂是由于硫化物垢与空气和水形成的连多硫酸化合物，作用在敏化的奥氏体不锈钢上引起的。

化学反应式：

$3FeS+5O_2 \rightarrow Fe_2O_3 \cdot FeO+SO_2$；

$SO_2+H_2O \rightarrow H_2SO_3$；

$H_2SO_3+1/2O_2 \rightarrow H_2SO_4$；

$H_2SO_3+FeS \rightarrow H_2S_xO_6$；

$FeS+H_2SO_4 \rightarrow FeSO_4+H_2S$；

$H_2SO_3+H_2S \rightarrow H_2S_xO_6$；

在制造、焊接或高温环境过程中，受影响的合金由于暴露在升高的温度中而造成敏化。敏化在 400–815℃ 的温度范围内发生。合金的碳含量和热处理过程对其敏化的敏感性有十分明显的作用。在焊缝的热影响区，常规或控制碳级别的不锈钢如 304/304H 和 316/316H 尤为敏感。低碳 "L" 级（<0.03%）敏感性低，通常焊接时没有敏化问题。

L 级别的不锈钢在长期操作温度不超过 399℃的环境中不敏化。

连多硫酸腐蚀主要影响 300 系列奥氏体不锈钢、合金 600/600H、合金 800/800H，主要出现在停工期间加氢装置的加热炉或热交换炉管、波纹管焊缝处。有时也发生在金属本体。通常非常局部而且不容易发现，直到开工或在操作波动时，才发现。

3.2 腐蚀防护

连多硫酸腐蚀的主要防护方法有：

（1）氮气保护，隔离空气；

（2）使用 2%Na$_2$CO$_3$+0.2% 表面活性剂 +0.4% 硝酸钠溶液进行中和清洗

（3）升级设备材质，已经彻底去应力的 321 钢管不需要碱洗，347 材料对连多硫酸不敏感，经验证出现开裂的风险不大。

200 万柴油加氢装置加热炉炉管材质为 TP321，本身就有较强耐连多硫酸腐蚀性。考虑到中和碱洗，可能在升温中出现碱液局部浓缩或溶液中氯离子含量超标等问题，因此 17 年停检和 20 年停检并未采用其他保护方法。运行至今未发现泄漏问题（见下图 8）。

图 8 加热炉炉管

4　结论（结束语）

综上，通过对 API RP 571-2003《影响炼油工业固定设备的损伤机理》的学习，结合装置现场的工艺防腐管理，可以有效提高一线设备管理人员的技能水平。保证装置的安稳运行。

参考文献：

[1]API RP 571-2003《影响炼油工业固定设备的损伤机理》 第一版 石油工业标准化研究所翻译出版 2003.12：

[2]GB/T 20878-2007《不锈钢和热强钢牌号及化学成分》 中华人民共和国国家质量监督检验检疫总局中国国家标准化管理委员会发布 2007.03.09：1 页

[3] 郭志军主编《压力容器腐蚀控制》 第二版 化学工业出版社 2015.12：96-102 页

节能型碳四碳五全加氢工艺开发

樊小哲 李春芳 田 峻 李 琰

（中国石化北京化工研究院）

摘要： 我国炼化一体化大规模发展，副产了大量的碳四、碳五资源，其价值并没有得到充分利用。中国石化北京化工研究院成功研制了不饱和烃全加氢 Ni 基催化剂并开发了两段全加氢工艺，该技术可将物料中的炔烃、烯烃加氢饱和转变为烷烃，产品可作为优质原料供给乙烯装置，且已经成功工业化应用。本论文采用 Advanced Peng-Robinson 状态方程针对某炼化企业不饱和碳四碳五混合原料特点，开发了两段全加氢工艺，将碳四、碳五原料全加氢转化为烷烃，产品指标烯烃 ≤ 1wt%，满足乙烯裂解原料要求。基于此，降低二段反应催化剂起活温度、优化匹配两段加氢工艺的反应放热并进行能量充分利用，分别将装置能耗相对降低了 17.80% 和 31.88%。

关键词： 炼化一体化 碳四碳五组分 Ni 基催化剂 全加氢工艺 能耗

我国炼化一体化大规模发展，催化裂化装置、焦化装置、加氢裂化装置等炼油装置及裂解乙烯装置、MTO 装置副产了大量的碳四、碳五资源，其价值并没有得到充分利用。乙烯是石油化工的龙头产品，是生产有机原料的基础，其生产规模、产量、技术都标志着一个国家石化工业的发展水平。近年来，我国乙烯生产能力持续扩张，截至 2023 年，生产能力已经达到 5174 万 t/a，产量 4519 万 t/a。目前蒸汽裂解是主要的乙烯生产工艺，其过程中生成的碳四、碳五馏分大约分别为乙烯产量的 15% 和 35%。碳四、碳五馏分由于其沸点较低，常压下易气化，使得该类资源没有得到合理利用，相当一部分作为燃料烧掉，不符合当今环保的要求，且价值没有得到充分利用。另外，丁二烯是碳四馏分中重要的石油化工基础原料，目前工业上从乙烯裂解副产品 C4 馏分中抽提丁二烯，丁二烯抽提装置排放的尾气中乙烯基乙炔（VA）、乙基乙炔（EA）浓度较高，其中 VA 一般大于 20wt%，最高可超过 40wt%，具有自分解爆炸的风险，这些富含炔烃的

尾气（简称丁二烯尾气）需用碳四抽余液稀释后排放火炬管网，造成大量碳四烃的浪费。此外，随着裂解深度的增加，碳四馏份中炔烃含量逐步升高，导致丁二烯抽提装置排放的尾气量增大，装置物耗能耗增加。

碳四、碳五馏分均为低碳链烷烃和低碳链烯烃，是非常优质的乙烯裂解原料，碳五馏分中正戊烷和异戊烷是可发性聚苯乙烯的新型发泡剂。无论是用作乙烯裂解原料还是生产发泡剂，都要求对原料中的烯烃加氢，使其转变成相应的烷烃。

中国石化北京化工研究院成功研制了不饱和烃全加氢 Ni 基催化剂并开发了两段全加氢工艺，一段主要是将物料中的二烯烃和炔烃选择加氢生成烯烃；二段主要是将剩余烯烃进一步加氢饱和生成烷烃。

因此，本研究采用两段全加氢技术，将碳四、碳五馏分全加氢生成烷烃，可以返回裂解炉作为优质裂解原料进而生产乙烯和丙烯，不仅可以拓宽乙烯装置原料来源，还可以增加乙烯、丙烯产量，有

效降低生产成本，使有限的资源得到充分利用，实现装置效益最大化。

1　原料组成

本工艺以某炼化企业自丁二烯抽提装置来的抽余碳四及丁二烯尾气，自碳五分离装置来的抽余碳五的原料为研究对象。原料组成见表1.1，反应需要的氢气纯度为 95 mol%min。

表 1.1　碳四碳五加氢原料组成

组成 wt%	抽余碳四	丁二烯尾气	抽余碳五
丙烯	0.00	0.01	0.00
丙炔	0.00	0.45	0.00
丁烷	44.80	3.16	0.00
异丁烷	0.01	2.41	0.00
丁烯 -1	1.30	9.19	0.00
异丁烯	0.05	15.44	0.00
顺 -2- 丁烯	12.36	32.86	0.00
反 -2- 丁烯	41.48	3.03	0.00
1,2- 二丁烯	0.00	0.68	0.00
1,3- 二丁烯	0.00	6.31	0.00
乙基乙炔	0.00	3.47	0.00
乙烯基乙炔	0.00	14.11	0.00
正戊烷	0.00	0.50	11.39
异戊烷	0.00	4.67	7.95
戊烯 -1	0.00	0.00	3.10
顺 -2- 戊烯	0.00	0.00	1.48
反 -2- 戊烯	0.00	0.00	2.96
2- 甲基 -2- 丁烯	0.00	0.00	4.46
3- 甲基 -1- 丁烯	0.00	0.00	0.00

组成 wt%	抽余碳四	丁二烯尾气	抽余碳五
2- 甲基 -1- 丁烯	0.00	0.00	3.63
环戊烷	0.00	0.00	0.10
环戊烯	0.00	0.00	3.20
2- 甲基 -1,3- 丁二烯	0.00	0.00	18.75
1,4- 戊二烯	0.00	0.00	1.40
1,3- 戊二烯	0.00	0.00	11.67
环戊二烯	0.00	0.00	21.54
正辛烷	0.00	3.73	0.00
二环戊二烯	0.00	0.00	8.37

2　研究方法

2.1 基本原理

本装置以抽余碳四、丁二烯尾气和抽余碳五为原料，与氢气按一定比例混合后在装有催化剂的固定床反应器中进行炔烃、二烯烃、烯烃与氢气生成烷烃的加氢反应。

主反应方程式如下：

$$C_4^{==} + 2H_2 \longrightarrow C_4^0$$

$$C_4^= + 2H_2 \longrightarrow C_4^0$$

$$VA + 3H_2 \longrightarrow C_4^0$$

$$C_4^= + H_2 \longrightarrow C_4^0$$

$$C_5^{==} + 2H_2 \longrightarrow C_5^0$$

$$C_5^= + 2H_2 \longrightarrow C_5^0$$

$$C_5^= + H_2 \longrightarrow C_5^0$$

经加氢、分离后得到碳四、碳五烷烃中烯烃含量满足产品指标（烯烃含量 ≤ 3wt%，计算方法见公式 2-1），然后可以去乙烯装置作裂解原料。

$$烯烃含量\% = \frac{碳四烯烃wt\% + 碳五烯烃wt\%}{碳四碳五原料wt\%} \times 100\% \quad （2-1）$$

其中：

碳四烯烃 $wt\%$：包括丁烯 -1，异丁烯，顺 -2- 丁烯，反 -2- 丁烯，1,3- 丁二烯，1,2- 丁二烯；

碳五烯烃 $wt\%$：2- 甲基 -2- 丁烯，3- 甲基 -1- 丁烯，反 -2- 戊烯，环戊烯等。

2.2 工艺模拟方法及参数

针对不饱和碳四碳五加氢过程，采用 VMG 模拟软件对加氢过程进行模拟，模拟方法采用 Advanced Peng-Robinson（修正的状态方程法）。其工艺流程如图 3.1 所示。

采用两段绝热反应器进行模拟，其模拟条件如下所示：

一段加氢反应器：放热量 =0，压降 =200kPa，并设置相应反应。

二段加氢反应器：放热量 =0，压降 =200kPa，并设置相应反应。

2.3 能耗计算方法

根据《石油化工涉及能耗计算标准 GB/T 50441–2016》，将生产过程中所消耗的各种工质按规定的方法和单位折算为一次能源量（标准燃料）的总和。折算值见表 2.1。

表 2.1 耗能工质的统一折算值

序号	类别	单位	能源折算值（kg 标准油）	备注
1	电	kWh	0.22	
2	循环水	t	0.06	
3	高压蒸汽	t	80	1.2MPa ≤ P < 2.0MPa
4	低压蒸汽	t	66	0.3MPa ≤ P < 0.6MPa
5	冷冻水	MJ	0.01	7 ~ 12℃冷量，显热冷量

耗能体系的能耗计算公式：

$$E = \sum (G_i C_i) + \sum Q_i \qquad (2\text{-}2)$$

式中：E ——耗能体系的能耗，正值时表示消耗能源，负值时表示输出能源；

G_i ——电及耗能工质消耗量，消耗时为正值，输出时计为负值；

C_i ——电及耗能工质的能源折算值；

Q_i ——能耗体系与外界交换热量所折成的标准能量源，输入时为正值，输出时为负值。

单位能耗计算公式：

$$e = E / G \qquad (2\text{-}3)$$

式中：e ——单位能耗（kg/t）；

E ——耗能体系的能耗（kg/h）；

G ——耗能体系的原料量或产品量（kg/h）。

3　碳四碳五全加氢工艺

3.1 工艺流程

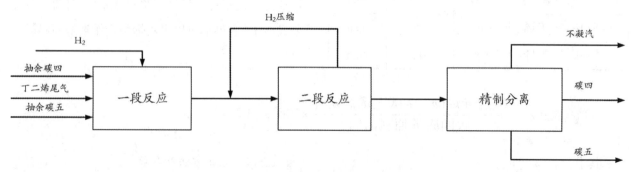

图 3.1 全加氢工艺流程图

针对乙烯裂解产生的碳四、碳五资源原料特性，开发碳四碳五全加氢工艺流程如图 3.1 所示。从界区外来的碳四碳五混合原料与氢气混合，送入选择加氢反应器，加氢过程采用两段顺序反应器，两段反应器装填不同的催化剂。一段反应器为低温反应，炔烃、二烯烃等反应活性较高的组分在一段反应器中发生加氢反应。一段反应产物送入二段反应器，该段为高温反应器，大部分单烯烃组分在二段反应器中发生加氢反应。二段加氢产物送入稳定塔，进行不凝汽、碳四和碳五组分的分离。加氢产品作为蒸汽裂解装置原料，可依托现有蒸汽裂解装置，最大化利用碳四、碳五资源。

3.2 节能工艺优化

目前的加氢工艺中，一方面，二段催化剂起活温度高，二段反应器入口需设置加热器，以满足催化剂反应要求。另一方面，一段反应器反应温度低，其反应产物温位低，热量难以利用；二段反应器反应温度比较高，其反应产物温位高，但由于大部分反应放热集中在一段加氢反应，二段反应器放热量少，故难以对反应热进行充分利用。因此，对以上工艺进行改进，依托高性能的二段加氢催化剂，反应起活温度由180℃降低至130℃，降低加热蒸汽品位和消耗量，降低装置能耗；同时，优化匹配两段加氢工艺的反应放热，即调整一段加氢深度，将二段反应出口物料进行二段入口物料加热、精馏塔前预热及精馏塔中沸器供热，充分利用反应放热，进一步达到节能降耗的目的。

3.3 能耗计算

根据2.3能耗计算方法，研究了全加氢工艺在二段反应高温工况、低温工况及低温工况–热量优化工况三种条件下的能耗情况，结果见表3.2-3.4所示。

表3.2　二段反应入口高温工况能耗折算表

名称	正常量	能耗折算值		能耗 kg 标油
		单位	数量	
循环水	1129.06t/h	kg 标油 / t	0.06	67.74
低压蒸汽	0.54t/h	kg 标油 / t	66	35.31
高压蒸汽	1.52t/h	kg 标油 / t	80	121.44
电	257.79kwh	kg 标油 / kw.h	0.22	56.71
冷冻水	327.24t/h	kg 标油 / t	0.01	3.27
合计				22.10 kg 标油 /t 产品

表3.3　二段反应入口低温工况能耗折算表

名称	正常量	能耗折算值		能耗 kg 标油
		单位	数量	
循环水	1113.91t/h	kg 标油 / t	0.06	66.83
低压蒸汽	1.74t/h	kg 标油 / t	66	114.71
电	257.68kwh	kg 标油 / kw.h	0.22	56.69
冷冻水	329.25t/h	kg 标油 / t	0.01	3.29
合计				18.76 kg 标油 /t 产品

表 3.4　二段反应入口低温工况－热量优化工况能耗折算表

名称	正常量	能耗折算值		能耗
		单位	数量	kg 标油
循环水	1020.44t/h	kg 标油 / t	0.06	61.23
低压蒸汽	0.66t/h	kg 标油 / t	66	43.61
电	256.31kwh	kg 标油 / kw.h	0.22	56.39
冷冻水	327.38t/h	kg 标油 / t	0.01	3.27
合计				12.78 kg 标油 /t 产品

将以上三种工况的能耗进行对比，发现对于碳四碳五两段全加氢工艺，低温工况相对高温工况的节约能耗 17.80%，优化匹配两段加氢工艺的反应放热并进行能量充分利用后，能耗仅有 12.78kg 标油 /t 产品，相对低温工况节约能耗 31.88%。

4　结果与讨论

针对蒸汽裂解产生的抽余碳四、抽余碳五及丁二烯尾气组分，依托不饱和烃全加氢催化剂开发了两段全加氢工艺，将碳四、碳五不饱和烃混合原料全加氢生成烷烃，产品中烯烃含量 ≤ 1wt%。依托高性能的二段加氢催化剂，反应起活温度由 180℃ 降低至 130℃，降低加热蒸汽品位和消耗量，降低装置能耗 17.80%；优化匹配两段加氢工艺的反应放热并进行能量充分利用后，能耗降低显著，节约能耗 31.88%。将碳四、碳五资源充分利用，节约装置能耗，实现生产效益最大化。

该技术不仅可以单独用于不饱和碳四、碳五组分分别进行全加氢，在碳四和碳五组分混合全加氢过程中也达到了优良的产品指标，产品可以返回裂解炉作为优质裂解原料进而生产乙烯和丙烯，不仅可以拓宽乙烯装置原料来源，还可以增加乙烯、丙烯产量，有效降低生产成本。该技术不局限于蒸汽裂解制乙烯装置产生的不饱和碳四、碳五资源利用，也可以处理催化裂化装置、焦化装置、加氢裂化装置等炼油装置及 MTO 装置等产生的碳四、碳五组分，提高装置效益，助力炼化一体化行业的绿色、低碳、高效、可持续的发展。

参考文献：

[1] 苏培芳，黄燕青，陈辉．蒸汽裂解生产乙烯工艺对比 [J]．山东化工，2022, 51(4): 149-153.

[2] 崔晓飞．2023-2024 年中国乙烯市场年度报告 [R]．淄博：隆众资讯，2023.

[3] 中国石油化工股份有限公司，中国石油化工股份有限公司北京化工研究院．混合碳四碳五物料的综合利用方法，CN114456030A[P]. 2022.

[4] 何庆阳．碳四烃类资源综合利用现状及展望 [J]．云南化工，2021, 48(5): 24-26.

[5] 胡旭东，傅吉全，李东风．丁二烯抽提技术的发展 [J]．石化技术与应用，2007, 25(6): 553-558.

[6] 汤红梅，王瑞军．碳四馏分中烯烃资源的利用调研 [J]．炼油与化工，2005, 16(1): 28-32.

[7] 罗淑娟，李东风．碳四资源综合利用 [C]// 中国化工学会，中国石化出版社．第八届炼油与石化工业技术进展交流会，2017.

[8] 魏文德．有机化工原料大全（上卷）[M]．北京：化学工业出版社，1999: 425-456.

[9] 张铁．丁二烯装置中乙烯基乙炔危险性研究 [J]．中国安全生产科学技术，2015, 11(2): 83-87.

[10] 张爱民．丁二烯抽提技术的比较和分析 [J]．石油化工，2006, 35(10): 907-918.

[11] 王淑兰．炼厂碳四作为乙烯裂解原料的开发现状 [J]．化工中间体，2009(5): 5-8.

[12] 李越明，郭仕清．开发生产戊烷发泡剂 [J]．扬子石油化工，2000, 15(4):10-12.

[13] 季静，杜周，纪玉国，等．一种碳四烃全加氢催化剂及其制备方法和碳四烃加氢方法，CN112007646A[P]. 2019.

[14] 中国石油化工股份有限公司，中国石油化工

股份有限公司北京化工研究院. 一种丁二烯尾气加氢装置及方法, CN103787813B[P]. 2015.

[15] 中国石油化工股份有限公司, 中国石油化工股份有限公司北京化工研究院. 一种丁二烯尾气的加氢方法, CN103787811B[P]. 2015.

[16] Mathias P M, Copeman T W. Extension of the Peng-Robinson equation of state to complex mixtures: Evaluation of the various forms of the local composition concept[J]. Fluid Phase Equilibria, 1983, 13: 91-108.

[17] 中国石油化工股份有限公司, 中国石油化工股份有限公司北京化工研究院. 一种氧化钛－氧化铝复合载体及其制备方法和应用, CN113649079A[P]. 2021.

油田采出水制氢技术展望

白小平　康　荣　刘　炜　李春保　王鑫越

（中国石油青海油田公司）

摘要：本文在全球能源转型与气候变化背景下，聚焦油田氢能发展。同时介绍了某油田氢能发展趋势，涵盖氢能产业链及发展概况。对油田制氢技术展开了深入的展望。在制氢方式的选择上，由于我国以灰氢为主的制氢技术二氧化碳排放量高，所以更清洁高效的制氢方式至关重要，其中电解水制氢是获得绿氢的主要方式。随后深入分析了油田采出水制氢的可行性及优势。可行性方面，虽然油田采出水成分复杂，但我国油田开发每年产生大量采出水，若能实现资源化利用可为油田带来显著综合效益，降低电解制氢成本。优势则体现在多个方面，政策上，柴达木盆地风光好、新能源优势足，油田围绕电、储布局新能源业务；燃料电池种类多样，可解决电网调峰及安全问题，实现氢气价值最大化；新能源发电优势明显，青海省风能和太阳能资源丰富，为电解水制氢提供电能消耗；周边氢能需求较大，省会对甲醇、绿氧等有较高需求，可推广氢燃料电池汽车应用。为了深入了解不同水质对制氢过程的影响，为实际生产提供科学依据，本文建议通过 Aspen Plus 仿真模拟分析某油田不同水质的采出水电解水制氢的情况。该研究对油田氢能发展具有重大意义，将为油田的能源转型提供强有力的技术支持，推动油田向更加清洁、高效的能源利用方式转变，同时也为氢能在其他领域的应用提供宝贵的参考。最后，得出油田采出水制氢具有较大应用前景的结论。油田应加大新能源发展力度，从氢能"制储运用"全产业链进行分析，有序推进加氢网络体系建设。

关键词：绿氢　油田制氢　油气田采出水　Aspen Plus 模拟　能源转型　氢网络体系

一、引言

在全球能源转型与气候变化的大背景下，新能源备受各国瞩目，"碳中和"已成为广泛共识。我国能源结构存在不足，亟待技术革命与转型重塑，其中氢能的作用至关重要。油田的可持续发展需要借助氢能实现脱碳，氢能也是能源与产业升级的关键要素以及绿色发展的重要途径。中国积极推进能源革命，当前正处于新旧动能转换的关键时期。各油田面临转型升级的挑战，发展氢能产业是实现资源优势转化以及多领域脱碳的重要依托。

二、氢能发展现状

目前，全球已有 16 个国家发布了氢能战略。国家氢能理事会预计，到 2050 年，氢在全球终端能源中的占比将达到 18%。美国国家氢能发展路线分为四个阶段，到 2050 年，美国氢能产业总收入将达 7500 亿美元/年，占终端能源需求的 14%。欧盟发布了《推动建立气候中立欧洲的氢能战略》，提出了欧盟发展氢能的路线图、建立产业发展联盟以及加大政策扶植力度等举措。韩国发布"氢能经济发展路线图"，宣布大力发展氢能产业，引领全球氢能市场发展。日本更新《氢能与燃料电池战略路线图》，提出了 2030 年具体的技术性能和成本目标，吹响了"氢能社会"的集结号。2022 年，我国发布《氢能产业发展中长期规划（2021-2035年）》，预计到 2030 年氢能将在终端能源体系中占比 5%，氢气需求量接近 3000 万吨。根据《中国氢能源及燃料电池产业白皮书（2019）》预测，结果如表 1 所示：

表 1 未来 50 年氢气需求量预测

产业目标	近期目标 （2020-2025）	中期目标 （2026-2035）	远期目标 （2036-2050）
氢能占终端能源比例 (%)	4%	5.9%	10%
产业产值（万元）	10000	50000	120000
加氢站（座）	200	1500	10000
燃料电池车（万辆）	5	130	500
固定式电站（座）	1000	5000	20000
燃料电池系统（万套）	6	150	550

2.1 某油田氢能发展趋势

2.1.1 氢能产业链

研究表明，在氢能产业链中，制氢成本占比最重，达 55%，储运氢成本占 30%，加注氢成本占 15%。目前，国内已形成京津冀、华东、华南、华中、华北、东北六大产业集群，完整的产业链正在逐步形成。从上游制氢到下游应用，具体程序如表 2 所示：

表 2 氢能产业链

产业链	程序	方式
上游	制氢	化石燃料制氢；电解水制氢；工业副产制氢；生物质、光解水等新兴技术制氢
中游	储运	储存：高压气态、低温液氢、固体材料、邮寄液态； 运输：公路运输、铁路运输、管道运输；
下游	应用	传统：合成氨、精炼石油、化工原料； 新能源：燃料电池、储能发电、热电联供、工业燃料

以推动高质量与绿色低碳转型为目标，依据青海省资源、区位优势聚焦氢能产业链，先借绿氢化工等场景带动产业，打通全流程，积累经验，突破技术装备，促进产业协同。后畅通产业、市场与经济社会循环，打造集群迈向中高端，构建闭环集聚发展，建绿电绿氢体系，多元输送扩用氢规模场景，满足多领域氢能需求，推动全省氢能全面发展。

站在全省大局的高度和长远发展的角度，通过打造各有特色、互联互通的环格尔木、环涩北、环西宁三大氢能基地，形成覆盖青海省并辐射周边的氢能综合利用网络，加快建设"全国绿氢产业化示范区域"。环格尔木基地定位为绿氢和绿色甲醇生产基地。环涩北定位为绿氢生产和绿电绿氢一体化基地。环西宁定位为绿氢综合应用基地。从涩北到环格尔木的输电通道，保障格尔木的绿电需求；从环涩北到西宁的掺氢管道，保障西宁的用氢需求；从格尔木到西宁的甲醇输送，保障西宁的甲醇需求。

2.2 油田氢能发展概况

近年来，随着全球对清洁能源需求的不断增加以及环境保护意识的日益提高，为实现油田的可持续发展，各国纷纷加大对油田制氢技术的研究与应用力度。充分利用油田资源进行综合开发，不仅能够提供清洁的氢能，还能带动其他相关产业的发展，为实现碳中和与绿色发展目标做出积极贡献。

2.2.1 氢能可规模化发展

青海省氢能发展资源禀赋优异。其地理位置优越，绿氢生产基础良好，应用场景丰富。水电资源、太阳能资源、风能资源丰富，可再生能源开发可利用的荒漠化土地广阔，能够供应充足、绿色低碳、成本低廉的绿电资源。可再生能源制氢发展潜力巨大，绿氢生产成本优势明显，以绿氢供应为主、氢能与工业、交通、能源等多领域融合发展的优势突出。

2.2.2 氢能规模化发展亟需企业带动

1. 青海省氢能产业发展相对滞后。起步晚、规模小、技术落后、基础设施建设薄弱、产业集聚优势尚未凸显，目前尚处于起步探索与产业培育阶段。对财政补贴依赖程度高，经济基础薄弱，在科技研发、成果转化、人才引培等方面的扶持能力有限，短期内难以通过补贴推动产业发展，与长远目标存在差距。

2. 青海省氢能发展迫切需要链长统筹。制约其发展的关键瓶颈在于缺乏氢能产业链长企业的统筹协调、发挥引领及组织沟通作用。一是氢能产业链长、产业庞杂、技术密集且处于发展初期，经济性差，依赖补贴，需要能源央企发挥链长作用。二是氢具有双重属性，相关技术进步为能源央企利用自身优势发挥链长作用创造了条件。三是氢能发展需要重大示范项目落地，以推动技术和成本优化，促进规模化发展。

3. 氢能业务发展优势显著。制氢端氢源供应能力强，炼化企业氢气产能大、外供氢能力强。储运端具有多元输氢技术基础，管道输送领先，作为最早的氢气长输管道设计单位，承接了十余项相关项目，经验丰富。应用端用氢场景多元化，在绿氢化工领域开展项目论证、方案编制工作，在储能发电领域探索特色模式。

三、油田制氢技术展望

氢能因其独特性而受到全球各国的青睐。与化石燃料和天然气相比，氢气来源广泛，化石燃料、水、生物体均可生产氢；生产受时间、地域限制弱于化石燃料；燃烧热值高，约为汽油的3倍；清洁无污染，燃烧生成水；利用形式多样，可提供多种过程性能源；可作为储能介质，是跨能源网络转化的媒介；安全性好，密度小、逃逸性强，泄漏不会在空气中聚集、蔓延。

3.1 制氢方式选择

氢能是一种二次能源，自然界含量低，主要通过其他能源转化而来。氢的种类主要有化石燃料制备的"灰氢"、低碳制备的"蓝氢"和可再生能源制备的"绿氢"。我国制氢技术来源与全球相似，以灰氢为主，但灰氢制备过程中二氧化碳排放量高，因此选择更清洁高效的制氢方式尤为重要。

电解水制氢是通过可再生能源电解水制氢是当前获得绿氢的主要方式，目前国内已有多家公司研制电解水制氢技术，电解水制氢包括以下3种方式：：碱性电解水制氢（AE）、固体聚合物电解质电解水制氢（SPE）和高温固体氧化物电解质电解水制氢（SOE)。

电解水制氢以纯水为水源，对水质要求较高。电解水制氢是一个连续过程，需要消耗大量的淡水和电能，而全球淡水资源紧缺。但是油田采出水原料丰富，发电技术较为成熟。因此如何利用油田采出水制取氢气至关重要。我国油田开发每年产生上亿吨采出水，除了不到50%用于生产回注和回用，其余无效回注和外排产生了大量的经济成本。实现资源化利用可为油田带来显著的综合效益，降低电解制氢成本。对于油田而言，采出水电解水制氢成本低、效率高、所得氢气纯度高，但由于采出水成分复杂，处理费用高、环保压力大，因此从未有过先例。

3.2 油田采出水制氢分析

电解水制氢方式最适用于油田发展，但是油田采出水成分复杂，普遍具有含油量高、颗粒物含量高、盐类较多、温度高等特点，由于地层条件复杂、化学助剂的大量使用以及从原油开采到脱水需要经过多层环节，使得油田采出水成分具有多变性的特点，各区块采出水特征也不尽相同。

柴达木盆地深层卤水资源储量巨大，有极大开发价值，某气田采出水经过提锂之后，所产生的废水为完成吸附后的气田采出水及脱水系统的滤液，包括吸附尾液、洗盐排除水和板框滤液以及车间生产废水，排出的废液达到了回注标准。按照回注水水质标准，其中 Ca^{2+}、Mg^{2+}、Na^+、K^+、Ba^{2+}、Cl^-、

SO_4^{2-}、HCO_3^- 等离子浓度适合回注要求，出水油含量和悬浮物含量均小于 1mg/L，并且已经去除了大部分高污染物，可进行电解水制氢。通过进行气田采出水水质分析，得出采出水水质分析表如下表所示：

阳离子									阴离子				
Ca2+	Mg2+	Na+	Fe3+	Fe2+	K+	Sr2+	Ba2+	Li+	Cl	CO32–	SO42	HCO3–	S

其余油气田采出水水质中所含离子如下表所示，其中 Cl⁻ 含量最高。

阳离子				阴离子			
Na+	K+	Mg2+	Ca2+	SO42	HCO3–	Cl	BO2–

3.3 电解水制氢模拟

使用 Aspen Plus 模拟电解水制氢工艺，通过修改原料水中的离子种类和含量，模拟不同水源下电解水制氢的氢气产出效率、纯度以及其他特性。通过 Aspen Plus 仿真，可对油气田采出水制氢进行先导性研究分析，这种基于模拟的研究还能协助评估利用油气田采出水制氢的经济可行性以及环境影响。通过准确预测电解过程的性能，就有可能计算出与能源消耗、设备投资及维护相关的成本。同时，了解制氢过程中杂质含量和副产品的变化情况，有助于评估潜在的环境风险并制定相应的缓解策略。例如，如果采出水中的某些离子在电解过程中会导致有害物质生成，那么就可以采取对水进行预处理或调整电解参数等措施，将有害物质的产生量降至最低。

此外，这些模拟结果可用于对行业专业人员开展教育和培训，使他们能更好地理解利用非传统水源制氢所涉及的复杂流程。这种知识传递能够提升油气行业的整体技术能力，并鼓励更广泛地采用可持续的制氢技术。而且，它可以作为进一步研发的基础，激发新的思路和创新举措，以提高电解过程的效率和可靠性，最终为能源行业打造一个更具可持续性、更加绿色环保的未来。

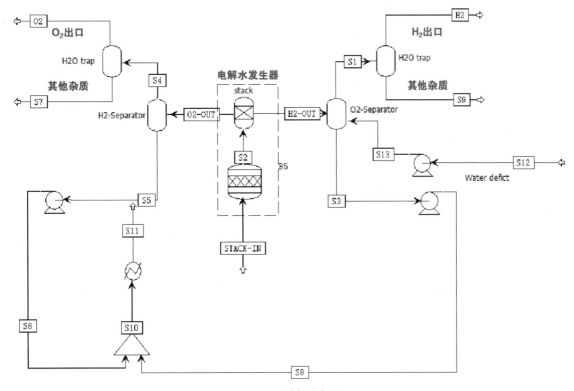

Aspen Plus 模拟流程图

3.4 油田采出水制氢优势

在电解水制氢过程中只消耗水和电，不消耗其他化石资源且无 CO_2 排放，流程简单、操作便捷、清洁无污染、产氢量大；但同时消耗电量多，占整个制氢成本的 80% 左右，因此可以和油田发电技术相结合，大力推进新能源电力建设，快推进油气和新能源基地建设目标。

3.4.1 政策优势

柴达木盆地风光好、新能源优势足。油田依集团部署与蓝图，围绕电、储布局新能源业务，建油气与新能源融合"模式"，奔"十四五"油气与新能源当量千万吨、"十五五"清洁电力生产基地建成之目标，创"油田式"样板。

3.4.2 燃料电池种类多样

为解决电网调峰及安全问题，疏解新能源发展阻碍，提升调峰与消纳能力，保障电网运行，制氢燃料电池可解油田电调峰，就地消纳新能源电，且利于氢燃料电池汽车投用，实现氢气价值最大化。

3.4.3 新能源发电优势明显

青海省地处青藏高原东北部，全省风能资源丰富，全省总的风能资源技术可开发量初步估算约为 1128.363 万 kW/ 年；太阳能资源属于最丰富地区，年总辐射量在 $5560MJ/m^2$ ~ $7400MJ/m^2$ 之间，在全国居第二位。因此油田风力发电技术和光伏发电具有先天性的优势，可供电解水制氢电能消耗。

3.4.4 青海省周边氢能需求较大

青海省西宁市对于甲醇、氨等化学品需求量较高，而制备甲醇和绿氨的最环保清洁的方法就是通过氢制取。同时由于地处青藏高原且为进藏必经城市，对于绿氧的需求量很大。西宁工业园区项目对绿色甲醇的需求将稳步提升。西宁地区属于高寒地区，纯电动汽车效率存在瓶颈，可在西宁、海东市区推广氢燃料电池公交车，在工业园区、化工园区等推广氢燃料电池通勤车，在西宁 – 湖及其他重点旅游线路，可推动氢燃料电池汽车在城际、省际客运场景应用。

四、油田氢气的储运

氢的储存方式主要有高压气态储氢、低温液态储氢、有机液态储氢和固态储氢。我国目前储存氢能的方式有高压气态储氢和低温液态储氢两种。高压气态是车载储氢的最主要方式，其车载终极储氢容量达到 6.5wt%，是目前最成熟、最常用的储氢方式。国内的 35MPa 车载储氢技术成熟，并且正在研发 70MPa 车载储氢瓶。低温液态储氢将冷却至 –253℃ 的液化氢气储存于低温绝热液氢罐中，密度可达 70.6 kg/m³，为气态氢的 800 倍以上，储运简单，体积比容量大。但国内氢气液化处于起步阶段，液化系统核心设备依赖进口，主要应用于航天领域，且产能较低、成本过高，民用领域应用仍处于空白状态。

氢能运输方式包含长管拖车、液氢储罐车、纯氢管道、天然气掺氢、液氨等。结合已有的空气低温分离装置，将生产的绿色合成氨通过铁路输送到西宁、海东以及外省液氨市场。

油田可依托现有管道将制备的绿氢输送辐射周边城市应用场景需求，支持绿氢应用中心建设。未来两条管道都有基础潜力实现掺氢输送。从运氢规模、运输距离和运输成本等方面考虑，油田运氢具有先天性条件，天然气管道分布广泛，因此使用天然气掺氢运输，不仅降低难度，还节约了成本，是储运氢气的最佳选择。

五、油田氢利用规划

建立绿氢和绿色甲醇生产基地，依托外部输送清洁电力制备绿氢，结合基地及周边 CO_2 资源，建设绿色甲醇生产中心，联动全省甲醇工业生产需求，构建绿色甲醇产运储销完整体系，逐步打造成覆盖青海省、辐射周边的绿氢与绿色甲醇供应中心。

5.1 绿氨示范项目

氨可通过耦合 CCS 捕捉二氧化碳，并且绿氨作为储运氢的载体，可实现氢的低成本远洋运输。推进火电机组掺烧氨或纯氨等低碳燃料是发电领域碳减排的重要技术方向，氨也是未来航运业脱碳的主力燃料之一。

5.2 绿氧综合利用工程

回收利用电解水制氢副产绿氧，在满足青海省高海拔地区用氧需求外，通过格尔木 – 拉萨进藏铁路运输，供应西藏地区用氧，可以有效提高电解质制氢项目收益，同时推动"稳疆固藏"作用发挥。

5.3 风光气储氢大基地建设

建立氢储能、电化学储能、气电、压缩空气储能等联合调峰系统，具备秒级、小时、多日、跨季节等多时间尺度响应能力，充分匹配风光发电特性，提高新能源利用率，保障电力系统安全稳定运行。

5.4 省会绿氢综合应用基地

西宁作为青海省的人口、产业、资源集中区域，在化工、冶金、交通等领域氢能需求突出，是推动氢能应用示范的重要基地。围绕西宁工业园区的绿色甲醇需求、西宁特钢冶金需求、西宁公共交通应用需求等应用场景为重点，打造区域的氢能消纳应用中心，推动青海省的消费侧绿色低碳发展。

六、结论

我国多项氢能技术目前处于发展初期，关键材料及设备零部件仍需进口，相关组件制备工艺和国外先进水平相比存在较大差距，绿氢制备技术是氢能全产业链发展基础，但绿氢成本较高，化石能源制氢特别是煤制氢仍无法被替代。通过 Aspen Plus 仿真模拟可预测出不同水质对电解水制氢的影响，为油气田采出水制氢工艺打好基础。另外我们应重点学习绿氢能源供给方面的布局以及与油气业务的结合方式，结合自身内外部环境特点，建立长期科学的绿氢业务发展模式。油田采出水制氢有较大的应用前景，油田需加大新能源发展力度和速度，注重挖掘氢能业务绿色发展与传统业务低碳减排的结合点从氢能"制储运用"全产业链分析，有序推进加氢网络体系建设。

参考文献：

[1] 李丕东；肖鑫利.我国能源绿色低碳转型现状与趋势分析 [J]. 现代金融导刊 ,2023,(12):23-27.

[2] 陈群；谭忠超."双碳"背景下可持续氢能发展路径研究 [J]. 中国工业和信息化 ,2024,(05):20-24.

[3] 酒泉融媒记者张花达冷哈斯."氢"风徐徐绿酒泉 [N]. 酒泉日报 ,2024-04-26.

[4] 张杰；罗雪鹏.液氢制－储－运－加关键技术发展现状及展望 [J]. 发电技术 ,,:1-12.

[5] 李在蓉.临氢环境下管线钢氢损伤的预测及存在问题 [J]. 油气储运 ,2024,(04):480.

[6] 徐馨，郭梓云.欧盟积极推动能源绿色转型 [N]. 人民日报 ,2024-04-24.

[7] 邓俊彦.氨氢联动促进氢能源的发展 [J]. 科技资讯 ,2024,(01):158-161.

[8] 中国氢能联盟.中国氢能源及燃料电池产业白皮书 [M].,2019.

[9] 李丕东，肖鑫利.我国能源绿色低碳转型现状与趋势分析 [J]. 现代金融导刊 ,2023,(12):23-27.

[10] 陈群，谭忠超."双碳"背景下可持续氢能发展路径研究 [J]. 中国工业和信息化 ,2024,(05):20-24.

[11] 陈星星；田贻萱.中国新能源产业发展态势、优势潜能与取向选择 [J]. 改革 ,2024,(05):112-123.

[12] 王旭；梁沁仪；解其昌.能源转型的地缘政治影响研究进展 [J]. 世界地理研究 ,2024,(05):31-44.

[13] 胡明禹；刘亦凡；高蕙雯.氢能发展支持政策对比分析与对策建议 [J]. 能源化工财经与管理 ,2024,(01):25-33.

[14] 邵乐；张益；唐燕飞；杨鹏；王宇欢；王辉.煤制氢、天然气制氢及绿电制氢经济性分析 [J]. 炼油与化工 ,2024,(02):10-14.

[15] 高效安全的氢能燃料电池测试解决方案 [J]. 流程工业 ,2024,(05):22-23.

[16] 林旗力；陈珍；王晓虎；咸宏勋；王伟.基于"电－氢－电"过程的规模化氢储能经济性分析 [J]. 储能科学与技术 ,,:1-11.

[17] 王意东；许苏予；何太碧；韩锐；杨炜程.中国氢能及燃料电池产业政策研究及启示 [J]. 天然气工业 ,2024,(05):136-145.

[18] 娄文昊；娄建军；黄杨柳.风电光电等离子体裂解水蒸汽重整煤炭热解气制氢系统 [P]. 新疆维吾尔自治区：CN117819477A,2024-04-05.

[19] 梁晓静；洪族芳；薛兴宇等.不同制氢路线的经济性分析及比较 [J]. 能源化工 ,2024,(01):30-37.

[20] 张杰；罗雪鹏.液氢制－储－运－加关键技术发展现状及展望 [J]. 发电技术 ,,:1-12.

[21] 袁巧玲；周诗崇；吴文景；吕孝飞.隧道内埋地掺氢天然气管道泄漏扩散研究 [J]. 低碳化学与化工 ,,:1-11.

核能制氢技术路线研究

谷亚星　张亚庆　马鸿礼　李江龙　李昀龙

（中国石油工程建设有限公司华北分公司）

摘要： 随着能源革命的出现，各国都在积极进行能源转型。核能制氢，通过将核反应堆与先进制氢工艺耦合，进行氢的大规模生产。核能制氢具有不产生温室气体、以水为原料、高效率、大规模等优点，是未来氢气大规模供应的重要解决方案。

关键词： 核能　制氢　能源革命　制氢工艺

1　引言

目前，全球正在经历从化石能源向非化石能源的转型，并且迎来新的能源革命。氢能作为一种优质清洁能源，广泛应用于工业、交通等领域，在碳减排的发展背景下，其具有广阔的发展前景。核能是安全、经济、高效的清洁能源，是应对气候变化，实现"碳达峰、碳中和"的重要能源选择。国际原子能机构（IAEA）研究表明，当天然气价格上涨时，核能将成为生产清洁氢最具经济效益的方式。将核能与制氢工艺结合，积极探索核能综合利用，发展核能制氢技术，将成为我国推动能源转型，实现"双碳"目标的重要途径之一。

核能制氢，通过将核反应堆与先进制氢工艺耦合，进行氢的大规模生产。核能制氢具有不产生温室气体、以水为原料、高效率、大规模等优点，是未来氢气大规模供应的重要解决方案。

核能制氢技术主要分为常规电解水制氢、高温蒸汽电解制氢、甲烷蒸汽重整制氢、热化学循环制氢及碘硫循环制氢。能够与制氢工艺耦合的反应堆有多种选择，而高温气冷堆能够提供高温工艺热，是目前最理想的高温电解制氢的核反应堆。在800℃下，高温电解的理论效率高于50%，温度升高会使效率进一步提高。在此种方案下，高温气冷堆（出口温度700℃~950℃）和超高温气冷堆（出口温度950℃以上）是目前最理想的高温电解制氢的核反应堆。

2　制氢核反应堆

目前广泛用于发电的压水堆等堆型利用高温蒸汽作为热载体，由于出口温度相对较低，主要用于发电。第四代核能系统论坛（GIF）筛选了6种堆（包括钠冷快堆、气冷快堆、铅冷快堆、熔盐堆、超临界水堆、超/高温气冷堆）作为未来发展的方向。在这6种堆型中，超/高温气冷堆由于具有固有安全性、高出口温度、功率适宜等特点，被认为是非常适合用于制氢的堆型。

2.1 核能制氢反应堆类型

按照技术特点与运行方式可以分为6种类型。

水冷陆地小型反应堆。发展自并网发电的轻水反应堆和重水反应堆，这种技术是相对而言最为成熟的，代表的产品有美国的 Nuscale 和中核集 ACP100。水冷海上小型反应堆。能够被部署在海上或者通过驳船固定电站的形式或者水下电站的形式呈现，这种反应堆相对比较灵活。中广核 ACPR50S，俄罗斯 KLT-40S 浮动核电站已经在 2020 年 5 月投入使用。高温气冷小型反应堆运行温度超过750℃，因此能够有更高的用电效率。清华大学 HTR-PM（210MW）于 2021 年投入使用。快中子小型反应堆俄罗斯 BREST-OD-300 正在建设，预计 2026 年投产。熔盐小型反应堆，由于熔盐的内在特性和低温单相冷却系统能够避免大范围的污染，因此这种反应堆的安全系统高，而高温的反应环境，也使得发电效率高和燃料循环更加灵活。中科院上海应用物理所 smTMSR-400 正在设计阶段。微型小型反应堆。通常发电功率小于 10 MW，可以使用多种冷却液，甚至可以使用热管进行导热。微型反应堆未来有希望在专门的供电场所使用，包括偏远地区、挖矿、渔业，用于替代柴油发电机，代表有美国西屋 eVinci（2 ～ 3.5 MW）。

在这 6 种堆型中，超 / 高温气冷堆的堆芯出口温度为 850 ～ 1000℃，具有固有安全性、高出口温度、功率适宜等特点，是核能制氢最具商业应用前景的技术。

2.2 核能制氢对反应堆要求

除了核能本身的安全性、经济性要求外，利用核能制氢对反应堆还有以下几个方面的要求：

（1）最高出口温度。蒸汽重整、高温电解和热化学循环分解水制氢的过程最高温度范围分别为 500 ～ 900℃、700 ～ 900℃、750 ～ 900℃要提高制氢效率，希望温度尽可能。因此，需要反应堆的最高输出温度能够和制氢过程的最高温度相匹配。

（2）输出热的温度范围。在制氢过程中所有涉及的高温化学反应都是分解反应，在近似恒温下操作。因此要求温度波动范围很小，使反应过程波动尽可能小。

（3）反应堆功率。典型的核能应用的反应堆功率为 100 ～ 1000MW，可以很好地适应制氢过程和设施的规模。

（4）压力。涉及的化学反应可在较低压力下完成。高压不利于所需反应的完成。制氢过程与核能输送的接口也应该是低压氛围，以降低化学过程由高压带来的危险，并降低对高温材料的强度要求。

（5）隔离。核设施与化学设施应该分离开，以使一个设施中出现的扰动不致影响另外一个，应使氚产生量尽可能小，并防止其进入制氢设施。

无论蒸汽重整、高温电解，还是热化学循环分解水制氢，对反应堆的要求是相似的。

2.3 核能耦合制氢技术路线

核能制氢技术主要分为常规电解水制氢、高温蒸汽电解制氢、甲烷蒸汽重整制氢、热化学循环制氢及碘硫循环制氢等。

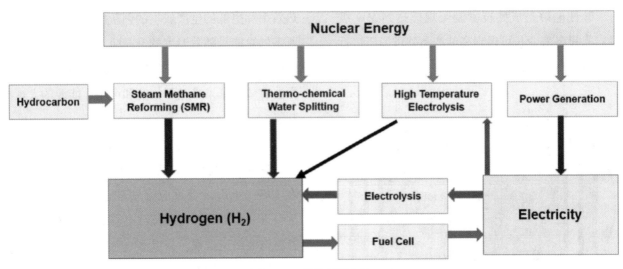

图 2.3-1 核能制氢方法

（1）电解水制氢

电解水制氢可以获得纯度相对较高的氢气，纯度可以达到 99% 以上。因此，采用核电低谷电制氢，不仅可以获得高纯度氢气，还可以提高电网调峰能力，有助于提高电网运行的经济效益。

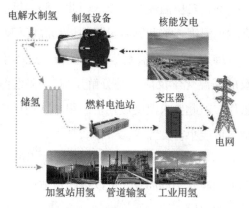

图2.3-2 电解水制氢原理图

相比于利用核反应堆高温余热进行制氢的方法，电解水制氢系统可以用厂用电变压器接出一路直接进行电解水制氢，可在核岛外专门搭建电解水制氢的车间。制氢设备组成为：主体设备，辅助设备及电控设备。主体设备组成：电解槽，附属设备一体化框架。辅助设备组成：水箱，碱箱，补水泵及减压分配框架等。电控设备组成：整流柜，配电柜等。

电解水制氢公式如下：

$$H_2O \longrightarrow H_2 + \frac{1}{2}O_2 \quad E^0 = 1.229\,V \qquad (2-1)$$

相比于电解水制氢，其它核能制氢方法需要输入大量热量，反应多需要在800℃以上高温环境中进行，制氢过程通常需在核反应堆内进行，相关技术多处于试验阶段，存在一定的安全隐患。电解水制氢技术则更为成熟，在大量廉价电力供应的情况下具有经济优势和技术优势，可以满足核电大规模应用的场景。

有3条技术路线即碱性电解、聚合物电解质（PEM）酸性电解和固体氧化物蒸汽高温电解。

（a）碱性电解

碱性电解是成熟技术制氢规模达到MW级。优点是设备寿命长可得到高纯产品并可加压运行。缺点是电解效率低。

膜是质子交换膜燃料电池的逆运行。PEM电解是在20世纪70年代由美国General Electronics（GE）公司发展的与碱性电解相比其功率密度和效率更高，设备更紧凑，系统简单，适合高压操作，但是价格较贵。

总体来说，在当前碱水电解制氢技术已经较为成熟的前提下，核能发电与碱水电解耦合制氢是一种可以规模化发展的核能制氢技术。

（c）高温电解制氢（HTSE）

高温蒸汽电解是一种比低温电解水具有更高的热效率和更低的生产成本的创新技术。虽然电解水所需的总能量随着温度的升高而增加，但所需的热能却急剧增加，而更昂贵的电能消耗却减少了。该方法有望用于未来基于核能和可再生能源的大规模制氢。

高温蒸汽电解是基于固体氧化物电解过程实现，在800℃高温下，产生单位体积氢气的耗电量为$3\,kW \cdot h/m^3$。当反应温度进一步升高时，耗电量会进一步下降。高温蒸汽电解过程为固体氧化物燃料电池的逆过程。高温蒸汽电解制氢与普通的电解水制氢不同的是，它先通过反应堆导出的热能，将水升温为650℃以上的蒸汽，然后对蒸汽进行电解，高温蒸汽电解的效率高于常规电解水。如果在高温下电解水蒸气制氢（HTSE）就可以：（1）减少电能的需求，例如在1000℃下电解电能需求

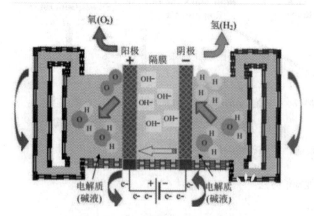

图2.3-3 碱性电解水原理示意图

（b）聚合物电解质（PEM）酸性电解

聚合物电解质（PEM）酸性电解使用聚氟磺酸

就降低到大约 70%其余 30%由热能提供；（2）大大降低电解池的极化损失和欧姆电阻；（3）加快电极反应动力学。

高温制氢电解反应如下：

$$阴极：2e + H_2O \longrightarrow H_2 + O^{2-}$$

$$阳极：O^{2-} \longrightarrow \frac{1}{2}O_2 + 2e \qquad (2-2)$$

$$H_2O \longrightarrow H_2 + \frac{1}{2}O_2$$

HTSE 利用固体氧化物电解槽作为中央反应堆，实现水汽的有效分解，产生氢气。高温气冷堆出口温度可以到 650℃以上，是目前最理想的高温电解制氢的核反应堆。

因此，高温蒸汽电解制氢的电解效率高，能耗相对较低，比普通的电解水制氢耗电量低出 35%。不过，高温蒸汽电解制氢法存在电解池高温连接密封、大规模制氢系统集成等技术难题，很难在短期内完成攻关，因此，其未来规模化应用前景仍不是很明朗。

（2）甲烷蒸汽重整制氢

甲烷蒸汽重整是目前工业领域主要的制氢技术，该技术通常以天然气为原料，成本低廉，规模大，但产生大量的温室气体。公示如下：

$$CH_4 + 2H_2O = 4H_2 + CO_2 \qquad (2-3)$$

此反应在催化剂条件下进行，反应温度区间为 500 ~ 950℃，天然气与水蒸气在高温下反应转化为 H_2 和 CO_2。制取的混合气体中，氢气体积分数最高可达 74%。甲烷蒸汽重整是一个吸热反应，需要输入大量热量。在甲烷蒸汽重整技术中，一部分甲烷作为原料生成 H_2，另一部分甲烷作为燃料燃烧为反应提供能量。因此，反应需要消耗大量天然气并生成大量 CO_2。核能耦合甲烷蒸汽重整技术利用核反应堆产生的热量为重整反应提供热源，可以显著减少甲烷蒸汽重整所需要的天然气和 CO_2 排放。

核电站余热可以代替化石燃料为蒸汽重整过程提供高温，但需要配备碳捕集与封存设施。

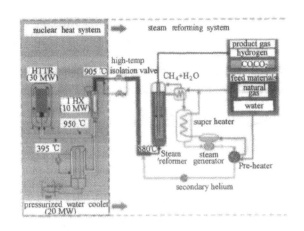

图 2.3-4 核能耦合甲烷蒸汽制氢示意图

（3）热化学循环制氢

热化学循环将两个或多个热驱动的化学反应互相耦合，组成一个闭合循环，所有试剂循环使用，单个化学反应的所需温度降低。热化学循环反应的所需温度是 800 ~ 900℃。热化学循环过程的热效率与卡诺循环相似，即高温可以提高转换效率存在的主要问题是大量物料流和杂质引入，并可能产生有毒的和对环境有害的物质。热化学循环制氢是两个或多个热驱动的化学反应相耦合，组成一个闭路循环所有的试剂都在过程中循环使用。其基本原理可以用以下反应方程式表示：

$$2AB + 2H_2O \longrightarrow 2AH + 2BOH + heat\ at\ T_1$$
$$2BOH \longrightarrow 2B + \frac{1}{2}O_2 + H_2O + heat\ at\ T_2$$
$$2AH \longrightarrow 2A + H_2 + heat\ at\ T_3 \qquad (2-4)$$
$$2A + 2B \longrightarrow 2AB + heat\ at\ T_4$$

核能耦合热化学循环技术利用核反应堆产生的热量作为反应热源，可以降低反应的效率损失，实现核能耦合热化学循环的高效转化。

（4）碘硫循环

硫碘循环以本生反应为起点，与硫酸分解反应、氢碘酸分解反应相互耦合，不断将水转化为氢气和氧气。一是本生反应；二是硫酸分解反应，三是氢碘酸分解反应

$$SO_2 + I_2 + 2H_2O = H_2SO_4 + 2HI（20～120℃）$$
$$H_2SO_4 = SO_2 + 1/2O_2 + H_2O（830～900℃） \qquad (2-5)$$
$$2HI = H_2 + I_2（400～500℃）$$

热化学循环法制氢是在 I 和 S 等化学物质参与下，水分子的热分解温度可以降低到 900℃，这使

得这一化学循环制氢工艺在技术上和经济上都更容易实现。热化学循环法制氢的优点是成本低，不需要用贵金属催化剂，同时具有规模经济性，其采取全流体的工艺过程非常易于规模扩充和连续性运行。但目前热化学循环法制氢工艺仍处于过程开发与中试阶段，热交换器材料耐高温、焊接工艺稳定性、焊缝强度、核氢安全性等问题待解决。

相比较而言，热化学循环法制氢的技术攻关可能会比高温蒸汽电解法更容易实现，其规模化应用的进程可能要更为乐观一些，因此，目前我国大型核电集团以核能热化学循环法制氢为主要发展路线，正加快推进技术研发，预2030—2035年具备启动工程示范条件，2035年后可达到工业化、规模化的应用条件。

（a）碘硫循环工艺原理

碘硫循环（IS cycle）由美国通用原子公司（GA）最早提出，被认为是最有应用前景的核能制氢技术。碘硫循环由三步反应相耦合，组成一个闭合过程，结果为水分解产生氢气和氧气。这样可将原本需要在2500℃以上高温下才能进行的水分解反应在800～900℃下得以实现Bunsen反应（产生硫酸和氢碘酸）。其原理示意图如图所示。

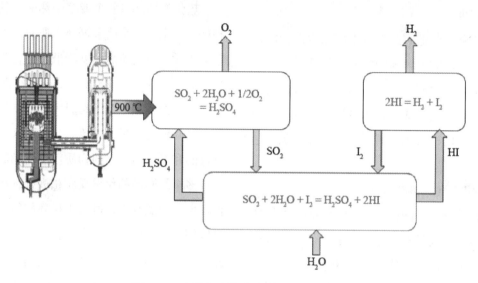

图2.3-5　高温气冷堆碘硫制氢原理示意图

（b）碘硫循环工艺存在问题

从目前的研究结果来看，碘硫循环实现的关键问题包括：①氢碘酸的分解在400℃的分解为可逆反应，要使分解反应高效进行，需要将I_2蒸汽和H_2蒸汽从HI气体中分离出来。②H_2SO_4蒸发生成的SO_3的分解为可逆反应，需要将产物SO_2送和O_2分离出来。③氢碘酸的浓缩在过量I_2的存在下，Bunsen反应生成的硫酸和氢碘酸可以分为两相；重相为$HI+I_2+H_2O$的混合物。由于HI与H_2O形成恒沸化合物，分离需要大量能量。④硫酸450℃的蒸发过程为强腐蚀过程，对材料有很高的要求。⑤要实现循环过程，需要对反应和分离过程进行优化与严格控制。

（5）混合硫循环

混合硫循环（HyS cycle）最初由美国西屋电气公司提出，是筛选出的另一种有工业应用前景的核能制氢流程。HyS循环包括两步反应：一是二氧化硫去极化电解；二是硫酸分解反应。其原理如图所示。

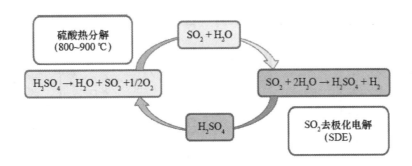

图 2.3-6 混合硫原理示意图

混合硫循环由二氧化硫去极化电解和硫酸分解反应组成。

$$SO_2+2H_2O = H_2SO_4+H_2（30～120℃）$$
$$H_2SO_4 = SO_2+1/2O_2+H_2O（850℃）$$
（2-6）

SO_2 电解产生硫酸和氢气，硫酸分解产生 SO_2 再用于电解反应，如此组成闭合循环；净结果为水分解产生氢气和氧气。循环只有两步过程组成，同时利用高温热和电，其效率远高于常规电解，又可部分避免纯高温热过程带来的材料和工程问题。

（6）绝热 UT-3 循环

绝热 UT-3 循环由日本东京大学发明，日本原子力研究所进行了进一步研究发展循环过程包括 4 个化学反应步骤：

（1）水分解生成 HBr
$$CaBr_2+ H_2O === CaO +2HBr$$
（2）O_2 的生成
$$CaO+ Br_2 === CaBr_2+0.5O_2$$
（2-7）
（3）Br_2 的产生
$$Fe_3O_4+8HBr === 3FeBr_2+4H_2O+Br_2$$
（4）$FeBr_2$ 与水反应生成 H_2
$$3FeBr_2+4H_2O === Fe_3O_4+6HBr+H_2$$

UT-3 循环的预期热效率为 35% ~ 40%，如果同时发电，总体效率可以提高 10%；过程热力学非常有利；两步关键反应都为气—固反应，可以极大地简化产物与反应物的分离；整个过程中所用的元素都廉价易得，没有用到贵金属。

（8）铜氯循环

目前加拿大在研究铜氯循环，四步骤铜氯循环反应组成如下：

步骤	反应	条件
产氢	$2CuCl_{(aq)}+ 2HCl（aq）= 2CuCl_{2(aq)}+ H_2(g)$	<100 ℃
干燥	$CuCl_2(aq) = CuCl_2(s)$	<100 ℃
水解	$2CuCl_2(s)+ H_2O(g)=Cu_2OCl_2(s)+2HCl(g)$	400 ℃
产氧	$Cu_2OCl_2(s)= 2CuCl(l)+1/2O_2$	500 ℃

2.4 核能制氢综合应用前景

核能制氢反应堆目前研究前景较好的是高温气冷堆。

基于高温气冷堆在高温工艺热方面的独特优势，在其发展初期就曾考虑将制氢及其综合应用作为未来应用的重要方向。

（1）还原铁

有专家曾提出过在直接还原炼铁、合成氨、煤液化、石油精炼等领域的应用设想。高温气冷堆能同时大规模提供氢气、电、热等能源，综合利用可提高能源利用效率。

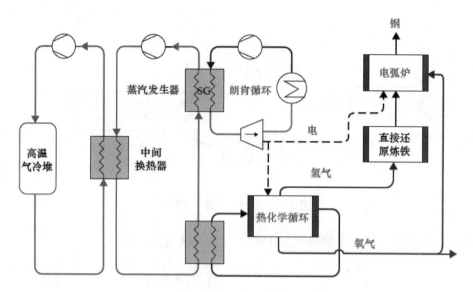

图 2.5-1 核能制氢直接还原铁原理路线示意图

以氢气直接还原炼铁对高温气冷堆制氢综合应用进行初步分析，实现高温堆制氢与炼铁的耦合。

（2）冶炼

以高温气冷堆 HTR-PM 技术为代表的核能技术可以提供廉价、稳定的热和电，结合制氢技术，能为钢厂提供廉价氢气，助力钢厂实现氢冶金。在具体实施时，小型气冷堆等核能制氢技术，需要分步实施，在近期内结合核能热电的生物质制氢等技术可能更具有经济性，远期热化学碘硫循环（热解）制氢、高温固体氧化物（电解）制氢等将成为主流。核能氢在钢厂的自发电厂替代、大型高炉喷氢、小型高炉全氧/全氢冶炼、全氢竖炉等领域都具有应用的前景。核能制氢–冶金应用耦合技术，无论对于钢厂还是核电产业的可持续发展都意义重大。

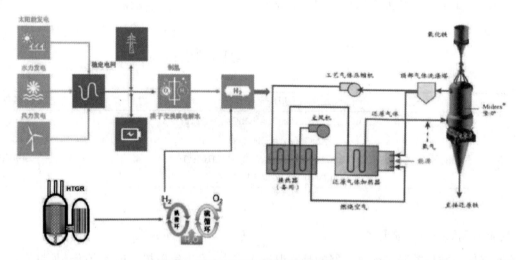

图 2.5-2 核能制氢冶炼路线示意图

3 核能制氢国内外现状

（1）国内现状

我国的核能制氢项目起步于"十一五"，研究了当初的主流工艺热化学循环和高温蒸汽电解制氢，并进行了初步运行试验。在"十二五"期间，设立了国家科技重大专项"先进压水堆与高温气冷堆核电站"，目的是掌握碘硫循环和高温蒸汽电解的工艺关键技术。

清华大学核能与新能源技术研究院 (INET) 在国家"863"计划支持下，于2001年建成了 10MW 高温气冷实验反应堆 (HTR-10)，2003 年达到满功率运行。而 200MW 高温气冷堆商业示范电站建设项目已被列入国家科技重大专项，预计将于2021年建成投产，将具备核能制氢条件，在高温气冷堆技术领域已居世界领先地位。对核能制氢技术的研究也列为专项的研发项目，目前正在开展第三阶段的研究工作。

2018年，中核集团联合清华大学、中国宝武开展高温气冷堆制氢和核氢冶金项目合作研究，建成了制氢能力为100L/h的实验台架并实现86小时连续运行。

2021年9月，清华大学组织华能和中核集团成立了"高温气冷堆碳中和制氢产业技术联盟"计划2022—2023形成高温堆制氢的示范工程。

2022年11月，东华能源与中国核电共同出资设立茂名绿能，推进高温气冷堆项目，主攻高温气冷堆核能制氢，进行丙烷脱氢工艺和匹配SOEC或碘硫循环制氢路线，实现大规模工业制粉氢。项目计划于2023年底开工建设，2027年正式投入使用。

中国工程院正在开展高温气冷堆与山西废弃矿井利用相关的战略研究。高温气（氢气）冷堆是我国自主研发的新一代核反应堆，通过高温气冷堆提供的高温，为大规模、低成本氢气制备技术的研发和应用提供了一条路径，可以实现对化石燃料产蒸汽、产氢气的替代，从而可能大幅降低冶金、化工等行业的碳排放。

国内的样板工程600MW高温气冷堆的连云港化工园供蒸汽项目已完成可行性研究。按2.5MW水电槽供氢$500Nm^3$/h计，百万吨氢冶金工厂小时需氢量为10万Nm^3，配套的水电解装机功率为500MW。之前做过的核算认为一台600MW的高温气冷堆机组可满足180万t钢对氢气、电力及部分氧气的能量需求，每年可减排约300万tCO_2，减少能源消费约100万tce，目前看600MW的HTR-PM机组满足百万吨氢冶金工厂的用氢是没有问题的。中核集团联合清华大学已启动600MW高温气冷堆商用核电站的项目实施工作，并已基本完成其标准设计和评审，已启动厂址选择工作。

我国在国家科技重大专项"大型先进压水堆及高温气冷堆核电站"支持下，高温堆制氢关键技术

研究已取得良好进展，处于世界领先地位。在发展核氢战略中，需要政府加大政策支持和投入保障力度，尽快落实建设60万千瓦高温气冷堆核能工程。

（2）国外现状

美国能源部通过与电力企业合作，对在九英里峰核电厂、戴维斯－贝瑟核电厂、普雷里岛核电厂和帕洛弗迪核电厂生产清洁氢的示范项目提供支持。其中，纽约的九英里角核电站预计将在2023年年底前示范展示使用低温电解技术的核能制氢；Energy Harbor公司正在戴维斯－贝瑟核电厂推进低温电解（聚合物电解质膜）制氢设施建设，预计该设施将于2023年投入运行；普雷里岛核电厂则预计在2023年底开始施工，于2024年初通电并生产氢气。

日本：自上个世纪80年代至今日本原子力机构（JAEA）一直在进行高温气冷堆和碘硫循环制氢的研究。1998年其开发的30MW高温气冷试验堆（HTTR）反应堆首次实现临界，2001年达成了满功率运行，2004年将出口温度提高到了950℃。2014年4月日本制定《第四次能源基本计划》，确定了加速建设和发展"氢能社会"的战略方向。

韩国政府在2005年提出了氢经济计划，正在进行核氢研发和示范项目，最终目标是在2030年以后实现核氢技术商业化。自2004年起，韩国开始执行核氢开发示范计划（NHDD），采用高温气冷堆和碘硫循环技术进行核能制氢项目，建立了产氢率50NL/h的回路，正在进行闭合循环实验。

从2004年起，法国CEA就在执行发展高温蒸汽电解技术的重大项目，对电解器所有的问题都进行了研究。同时与Sandia国家实验室（SNL）和GA公司进行合作，进行碘硫循环的试验。

加拿大目前研发重点为铜氯循环，由安大略理工大学负责，加拿大国家核实验室（CNL）、美国阿贡国家实验室等机构参与。此外，CNL也在开展高温蒸汽电解的模型建立及电解的初步工作。

4　核能制氢技术优势

核能制氢具有非常大的发展潜力。

1）经济性方面。据测算，核能热化循环制氢

技术成熟后，可以实现 15～20 元 /kg 的制氢成本，而中部地区工业副产氢、煤制氢出厂价大概在 20 元 /kg 左右。显然，未来核能制氢技术得到普遍应用后，将是一种非常具有成本竞争力的绿氢技术。

2）资源方面。我国中东部适合建设大型核电项目的地点很多，当前我国东部沿海核电在运装机约 5600 万 kW，未来在沿海可建成 3～4 亿 kW 以上，由于核电的年发电小时数高，4 亿 kW 装机的年发电小时数，相当于 20 亿 kW 风电和光伏电站的年发电小时数。如果未来中东部地区建有 1 亿 kW 的核电站采用热化学循环工艺制氢，可年产 2000 万 t 以上绿氢，基本上可以满足中东部交通用氢需求，再结合海上风电制氢和少量的煤制氢 +CCUS，即可满足中东部整体对绿氢需求。

3）安全性方面。我国核电目前已发展至（准）四代堆型，即高温气冷堆。高温气冷堆是目前最先进的堆型，具有本体安全性，即在任何事故工况下，包括丧失所有冷却的情况下，不需任何干预，反应堆都能保持安全状态。也就是说不存在发生像日本福岛核电站那样的堆芯熔融严重事故，也不存在向环境泄露辐射物质和向反应堆以外产生辐射的可能性。核能制氢在经济性上是可行的，同时也具有安全可行性，发展不存在障碍，下一步尽快在技术上攻克制氢工艺与反应堆热循环管道的耦合技术，即可实现商业化推广应用。

5 总结与展望

（1）氢是未来最有希望得到大规模利用的清洁能源，核能是清洁的一次能源，半个多世纪以来已经有了长足的发展，核能制氢是二者的结合，其最终实现商业应用将为氢能经济的到来开辟道路。

（2）在核能领域，先进的高温气冷堆的发展为实现核能制氢提供了可能核能制氢可能采用的工艺，如蒸汽高温电解和热化学循环的研究都已经取得了令人振奋的进展，尽管距离目标的实现还有相当长的路要走，但前景无疑是光明的。

（3）中国已经确定了积极发展核电的方针，与此同时，国家对氢能技术的发展也很重视，包括核氢技术在内的氢能技术的发展已经成为中国的新能源领域的一个热门课题。

参考文献：

[1] 苏宏，陈新 . 核能综合利用的理论现状及发展前景探讨 [J]. 东方电气评论，2024, 38 (01): 68-73. DOI:10.13661/j.cnki.issn1001-9006.2024.01.011.

[2] 郭天超 . 我国发展核能制氢的重要性及其发展路径研究 [J]. 现代工业经济和信息化，2023, 13 (07): 166-168. DOI:10.16525/j.cnki.14-1362/n.2023.07.057.

[3]Schneider M ,Froggatt A ,Hazemann J , et al. 世界核能产业报告 (2015)[C]// 国际清洁能源论坛（澳门）. 国际清洁能源发展报告（2015）. 法国 EnerWebwatch; 日本明治大学法学院；美国普林斯顿大学；英国格林威治大学；中国矿业大学（北京）；中国系统工程学会能源资源系统工程分会；中国社会科学院研究生院国际能源安全研究中心 ;, 2015: 97.

[4] 张平，于波，陈靖，等 . 核能制氢与高温气冷堆 [J]. 化工学报，2004, (S1): 1-6.

[5] 代智文，张东辉，王松平，等 . 钠冷快堆制氢工艺及经济性研究 [J]. 原子能科学技术，2024, 58 (05): 1101-1108.

[6]InternationalEnergy Agency(IEA).The future of hydrogen.Paris:IEA;2019.https://www.iea.org/reports/the-future-of-hydrogen.License:CC BY 4.0.

[7] 丁贵军 . 应用核电进行碱性电解水制氢经济性分析 [J]. 当代化工研究，2023, (06): 191-193. DOI:10.20087/j.cnki.1672-8114.2023.06.062.

[8]AlZahrani AA,Dincer I.Thermodynamic andelectrochemical analyses of a solid oxide electrolyzer forhydrogen production.Int J Hydrogen Energy 2017. https://doi.org/10.1016/j.ijhydene.2017.03.186.

[9]AlZahrani AA,Dincer I.Modeling and performanceoptimization of a solid oxide electrolysis system forhydrogen production.Appl Energy 2018;225:471e85.https://doi.org/10.1016/j.apenergy.2018.04.124.

[10]Rashid MM,Mesfer MKA,Naseem H,Danish M.Hydrogenproduction by water electrolysis:a review of alkaline waterelectrolysis,PEM water electrolysis and high temperaturewater electrolysis.Int J Eng Adv Technol 2015:2249e8958.

[11]De Groote,A.M.,Froment,G.F.,1996.Simulation of the catalytic partial oxidationof methane to synthesis gas.Appl.Catal.A:Gen.138(2),245－264.

[12]Cummins hydrogen technology powers the

largest protonexchange membrane(PEM)electrolyzer in operation in the world.URLhttps://www.cummins.com/news/releases/2021/01/26/cummins-hydrogen-technology-powers-largest-proton-exchange-membrane-pem.

[13]凌波.5 Nm～3/h碘硫热化学制氢中试系统关键技术及多种热源耦合可行性研究[D].浙江大学,2023. DOI:10.27461/d.cnki.gzjdx.2023.001336.

[14]David,M.,2019.Advances in alkaline waterelectrolyzers:A review.J.Energy Storage 23,392‐403.http://dx.doi.org/10.1016/j.est.2019.03.001,URLhttps://www.sciencedirect.com/science/article/pii/S2352152X18306558.

[15]Davis,C.,Oh,C.,Barner,R.,Wilson,D.,2005.Thermal‐Hydraulic Analyses of HeatTransfer Fluid Requirements and Characteristics for Coupling a Hydrogen Produc‐tion Plant to a High‐Temperature Nuclear Reactor.Tech.Rep.,Idaho NationalLab.(INL),Idaho Falls,ID(United States).

[16]Lemort,F.,Lafon,C.,Dedryvère,R.,Gonbeau,D.,2006.Physicochemical andthermodynamic investigation of the UT‐3 hydrogen production cycle:A newtechnological assessment.Int.J.Hydrogen Energy 31(7),906‐918.

[17]张焰,伍浩松.欧洲三国企业推动核能制氢[J].国外核新闻,2024,(06):3.

[18]李君仪,董哲,程仲华.高温气冷堆氢电联产核电厂的协调控制研究[J].自动化仪表,2023,44(S1):348-352. DOI:10.16086/j.cnki.issn1000-0380.2023040042.

[19]Ishaq,H.,Dincer,I.,2019.A comparativeevaluation of three CuCl cycles for hydrogenproduction.Int.J.Hydrogen Energy 44(16),7958‐7968.

[20]Guban,D.,Muritala,I.K.,Roeb,M.,Sattler,C.,2020.Assessment of sustainablehigh temperature hydrogen production technologies.Int.J.Hydrogen Energy 45(49),26156‐26165.

[21]魏可欣,王树,王墨.美国《国家清洁氢战略和路线图》大力推动核能制氢[J].国外核新闻,2023,(09):29-31.

[22]刘秀,高彬,孔祥银."双碳"背景下国外核能制氢技术发展分析[J].产业与科技论坛,2023,22(08):35-37.

[23]Bhattacharyya R,Singh KK,Bhanja K,Grover RB.Leveragingnuclear power-to-green hydrogen production potential inIndia:a country perspective.Int J Energy Res 2022 Oct25;46(13):18901e18.

[24]Bicer,Y.and Dincer,I.Life cycle assessment of nuclear‐based hydrogen and ammonia production options:Acomparative evaluation.Int J Hydrogen Energy,42(33),

[25]Levelized cost and levelized avoided cost of new generationresources in the annual energy outlook 2015 available at:eia.gov.

[26]Andhika Y.P.,Phil S.K.,and Man‐Sung Y.Techno‐economicanalysis of hydrogen production using nuclear power plantelectricity generation in Korea.Transactions of the Koreannuclear society virtual spring meeting July 9‐10,2020.

[27]Kim J,El‐Hameed AA,Soja RJ,Ramadhan HH,Nandutu M,Hyun JH.Estimation of the levelized cost of nuclear hydrogenproduction from light water reactors in the United States.Processes 2022;10(8):1620.

[28]法国力促欧盟发展核能制氢产业[N].中国能源报,2023-02-13(011). DOI:10.28693/n.cnki.nshca.2023.000242.

[29]FUNK J E.Thermochemical hydrogen production：past and present[J].International Journal of HydrogenEnergy,2001（3）：185-190.

[30]王建强,戴志敏,徐洪杰.核能综合利用研究现状与展望[J].中国科学院院刊,2019,34(04):460-468.

[31]核研院.清华高温气冷堆制氢关键技术研究达到预期技术目标[N].新清华,2014-10-17(003).

[32]周正道,华志刚,包伟伟,等.AP1000核电机组供热方案研究及分析[J].热力发电,2019,48(12):92-97

[33]nternational Energy Agency report.Nuclear power in aclean energy system.May 2019.www.iea.org.

[34]Hino R,Haga K,Aita H,Sekita K.R&D on hydrogenproduction by high‐temperature electrolysis of steam.NuclEng Des 2004;233:363e75.

PSA2 装置吸附剂性能下降问题分析与解决方法

王豫龙　　龚志明

（中石油云南石化有限公司）

摘要：PSA 即变压吸附装置是各炼油厂中制氢装置产氢气的核心生命装置之一，具有提纯氢气的重要作用，而吸附剂性能的好坏将直接关乎到产品氢气的质量以及装置长周期安全平稳运行，产品氢中微量即 CO+CO2 含量对下游装置的催化剂存在不利影响。因此，本文针对 PSA 吸附剂性能下降致使产品质量波动这一困扰制氢装置的现场难题，用不同方法判断分析并提出相应的解决方法，旨在得出一定的方法步骤，系统全面地对 PSA 吸附剂进行一定程度的维护保养，实现长周期平稳优质产氢，对 PSA 装置的吸附剂长周期平稳优质运行具有重要的意义。

关键词：变压吸附　制氢　吸附剂　性能下降　CO+CO2 含量

炼油二部制氢联合的 PSA2 装置于 2017 年 10 月投用，采用了西南化工研究设计院有限公司（原四川天一）的变压吸附技术，2021 年 1 月对原有装置进行了技术升级，将原有的 10-3-4/P 双顺放罐流程升级为 10-2-4/P 流程，即带两个顺放缓冲罐的 10 塔工艺流程，此次改造不仅有效解决了装置在运行过程中出现的解吸气脉冲式波动问题，也显著降低了逆放步骤产生的噪声干扰，并实现了逆放与冲洗阀门的独立控制，避免了单顺放罐流程发生二次污染的情况且实现交错冲洗，吸附剂再生更加彻底，进一步提高产品 H_2 的回收率。制氢装置采用的是烃类水蒸汽转化技术配套的变压吸附部分 PSA2 装置公称规模达 120000Nm³/h，产品氢纯度为 99.99%，经过改造后的装置目前已经在高收率状态下稳定运行了三年，展现了装置改造后的卓越性能与稳定性。

1　PSA2 技术特点和吸附剂现状

PSA 变压吸附分离气体的概念为在一定的压力下，将一定组分的气体混合物和多微孔 - 中孔的固体吸附剂接触，吸附能力强的组分被选择性吸附在吸附剂上，吸附能力弱的组分富集在吸附气中排出，然后降低压力，被吸附的组分从吸附剂中解吸出来，吸附剂得到再生，解吸气中富集了气体中吸附能力强的组分，一般解吸时没有外部加热。

PSA2 装置所采用的吸附剂均为大比表面积的固体颗粒吸附剂，换剂前主要有活性氧化铝、活性炭吸附剂、分子筛吸附剂以及一氧化碳吸附剂，10 台吸附塔装填从上往下分别为 CNA191871- 分子筛吸附剂、CNA651871- 一氧化碳吸附剂、CNA191871- 分子筛吸附剂、CNA211871- 活性炭吸附剂、CNA421871- 活性氧化铝吸附剂。

2　异常情况及解决措施

2.1 异常情况说明

2024 年 3 月 14 日以来，当装置负荷提高至 73% 以上时，PSA2 装置出现了 $CO+CO_2$ 含量周期性升高情况，见下图 1。

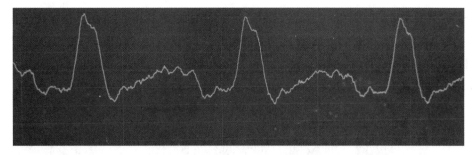

图 1　DCS 显示产品氢中 CO+CO2 含量周期性升高趋势图

2.2 异常原因判断分析及解决措施

2.2.1 切塔判断

根据以上异常情况，装置制定了相应的切塔和采样计划来详细判断故障吸附塔。理论上 A、B、C、D 四个塔任意切除一个后，产品氢气微量波动趋势变小，则说明该吸附塔存在异常情况。如果切除吸附塔后微量波动趋势无明显变化，则说明该吸附塔运行正常。故而切塔计划为依次切除吸附塔 C3001B/D/C/A，观察相应吸附塔切除后 CO+CO₂ 含量上涨时是否仍然出现周期性变化的问题，以进一步确认 PSA2 装置氢气中合碳含量上升的原因。

24 年 3 月 14 日上午，装置按计划切除了吸附塔 C3001B。切除该塔后，PSA2 装置氢气中合碳含量随之降至 0.04ppm，且周期性上涨情况消除，下午 15 点 40 分将吸附塔 C3001B 重新投用后，氢气中合碳含量又重新恢复周期性上涨趋势。吸附塔 C3001B 切除后塔压力一直稳定在 0.052–0.053MPa，排除程控阀内漏情况。试验结果充分说明，吸附塔 C3001B 是造成 PSA2 装置氢气中合碳含量升高的直接原因。见下图 2。

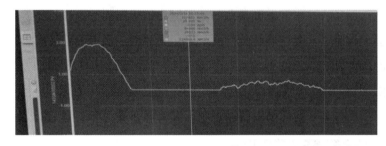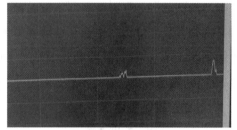

图 2　吸附塔 B 切出切入后产品氢中 CO+CO2 含量变化趋势

2.2.2 化验分析

下面步序为 PSA2 吸附塔吸附步骤：

吸附　一均降　二均降　三均降　四均降　顺放　逆放　冲洗二　冲洗一　四均升　三均升　二均升　一均升　终充

根据吸附塔吸附步序可知，顺放气中的合碳含量是最能代表吸附塔在再生效果的。因此装置采取了进一步化验分析验证，各塔产品氢气和顺放气组成（数据详见下表 1），根据化验分析数据可充分的证明吸附塔 B 的吸附剂床层半段床层穿透导致了吸附剂性能下降，合碳含量的周期性升高。

表 1 吸附塔顺放气分析数据

样品名称	甲烷，%v	CO，ml/m3	CO2，ml/m3	合碳，ml/m3	取样时间
C3001B 一均降气	< 0.01	11.20	10.47	21.66	3.14 18:00
C3001B 吸附氢气	0.003	6.353	4.202	10.554	3.14 18:00
C3001B 顺放气	0.351	171.597	12.323	183.920	3.14 18:00
C3001D 顺放气	0.009	6.965	3.247	10.212	3.15 0:00
C3001G 顺放气	0.005	7.082	3.288	10.370	3.15 0:00
C3001H 吸附氢气	0.01	13.69	9.16	22.86	3.15 11:00
PSA2 产品氢气	< 0.01	9.16	0.48	9.64	3.15 11:00

2.2.3 吸附塔切除检查

为彻底判断吸附剂性能下降问题，装置4月23日装置对吸附塔底部管线进行拆除检查，发现底部管线内存在明显漏剂现象且底部存在的吸附剂为床层中段和顶部的活性炭和分子筛吸附剂；同时管线底部还有水存在的痕迹（见图3）。因此判断塔内吸附剂存在漏剂和混合的情况，导致分子筛已不在最顶层起到吸附甲烷的作用。

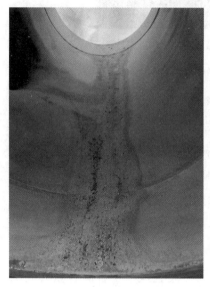

图3 吸附塔底部检查情况

于是装置拆除吸附塔顶部弯头对吸附剂进行卸剂详细检查。发现吸附塔顶部空高增加1米，顶部吸附剂存在结块情况，证明部分吸附剂已完全失活；吸附剂混合情况严重（图4）。装置对吸附剂进行采样后委托西南院对卸出的吸附剂活性进行化验分析，确认分子筛、氧化铝、活性炭的静态吸附量已完成不满足生产需求。

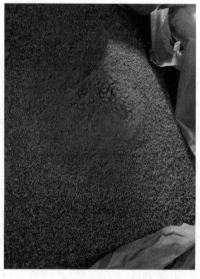

图4 吸附剂情况

2.3 问题解决措施

找到问题吸附塔后，装置计划使用物理再生的方式对吸附塔进行处置，以达到恢复吸附剂性能的目的。

2.3.1 物理再生

3 月 15 日至 3 月 19 日对吸附塔 C3001B 使用纯氢气对进行物理置换再生，即冲洗再生工艺（冲洗介质在吸附塔中缓慢充压稳压后，现场模拟进行冲洗步骤完成吸附剂再生，冲洗气经火炬管道排空，如此来回反复再生使吸附剂性能得以恢复）。19 日投用吸附塔后，微量明显好转，但是装置提量至 79% 负荷后，微量再次出现持续上涨的情况。3 月 20 日至 3 月 27 日再次将吸附塔 B 切除进行吸附剂再生，再生至吸附塔 B 一氧化碳含量降低至 100ppm 和二氧化碳降低至 500ppm 后将吸附塔并入系统。再次再生后吸附剂性能有明显提高，装置可以稳定在 83% 负荷生产且保持微量稳定。

但是装置继续提高负荷仍然会出现微量波动的情况，且 83% 负荷不能满足 12 万制氢装置单套运行的需求，于是公司决定对 PSA2 装置吸附塔 B 的吸附剂进行更换，彻底消除此隐患。

2.3.2 吸附塔换剂

4 月 23 日 -30 日装置对吸附塔 1430-C-3001B 的吸附剂进行彻底更换，同时将原本的一氧化碳吸附剂即 CNA651871 吸附剂升级为吸附性能更好，比表面积更大的 CNA651G 铜催化剂。B 塔新旧吸附剂详细数据详见下图 2。

表 2　1430-C-3001B 塔新旧吸附剂详细数据

吸附剂型号	原装填量（吨）	本次装填（吨）	
CNA191871	6.17	6.39	
CNA651871	1.65	2.25	本次更换为 CNA651G
CNA151871	26.81	26.81	
CNA211871	45.4	42.8	
CNA421871	2.85	2.7	
合计	82.88	80.95	

3　影响吸附剂性能下降的因素分析

3.1 原料气长期带液造成的影响

经过对原料气的分析，露点温度 18 ℃，2000ppm，说明原料气带液量已经达到了饱和状态，并且还携带了液态组分。依据对现场的原料气配管布局，原料气主管在进入装置后，会自上而下流经每一个吸附塔，且 A/B 吸附塔位于原料气进口的最近位置，所以液态成分会倾向于在 A/B 组吸附塔中积聚，导致 A/B 吸附塔会面临更多的液态物质，A/B 吸附塔导淋有微量明水，这无疑会影响吸附剂的使用寿命。经查阅资料，微量 CO_2 溶于水生产碳酸根离子在水的共同作用下，还可能会造成酸性腐蚀，所以 PSA 的排液工作是重中之重。

3.2 装置长期在超出设计收率下运行导致分子筛中 CO2 的积累

装置在长期高收率运行状态下（设计收率 89%，实际运行收率达 94% 以上），使得装置内部床层杂质吸附前沿已经逐步接近吸附塔的出口，在此过程之中，吸附塔每次吸附结束后的再生无法达到平衡，使得 CO_2 在吸附塔上部吸附剂不断积累，导致整体吸附剂的性能逐步开始衰减。

3.3 顺放罐 A 再生调节阀 PV30003 故障关闭

经过对装置运行趋势的细致分析，于 2023 年 11 月 8 日，PV30003 顺控阀发生故障并关闭，这一事件直接影响了 PSA2 吸附塔 B 的冲洗步序，导致其无法正常进行，持续时间长达 30 分钟，这期间导致床层穿透严重，阀维修后投用，因动作反应仍存在偏慢的问题，导致了实际冲洗气量不足，直接影响了冲洗再生效果。

3.4 吸附塔B下部分漏剂

经过对吸附塔B切除操作后，进行了细致检查，拆卸下部分法兰盖，发现下部分存在吸附剂泄漏情况，泄漏的高度大约达到了1米，此次吸附剂的泄漏导致了吸附剂性能出现了明显下降。

3.5 吸附时间对吸附的影响

延长吸附时间就意味着再生次数越少，再生过程损失的产品氢气就越少，氢气回收率越高。但是，在同样条件下，进入吸附塔底的杂质量就越多，因吸附剂动态吸附量不变，故穿透进入产品的杂质量越多，这样会造成产品纯度降低。

4 解决措施及建议

4.1 加强原料气分液管理

虽然工艺原料气已经经过D3001和D3002热冷分液罐进行了分液，但是难免存在原料气所携带的液体未能完全分离的问题，在长周期运行过程中原料气带液的不断积累，仍会对PSA的吸附剂造成积液等问题从而致使吸附性能下降。因此在日常生产中定期对低点进行排液，进一步加强原料气的排液、分液管理，从源头上减少液体携带的量。

4.2 合碳含量异常下切塔反复冲洗再生

根据变压吸附"高压吸附、低压解吸"原理，制氢装置合碳含量出现异常波动后，经过多重分析验证后得出吸附剂性能存在下降情况，采取了依次切塔反复冲洗再生的策略，这一策略有效帮助PSA2装置的吸附剂得到有效的再生，经过这样一个切除反复使吸附剂再生的过程，不仅卓有成效改善了PSA2的产品氢气中的合碳含量处于较低ppm水准和趋于稳定，说明此方法对轻微中毒的吸附剂再生效果较好。

4.3 及时更换粉化的吸附剂，并系统吹扫

由于PSA的高压差工作环境，以及原料脱水脱液不能实现理论上的100%的脱出，所以在PSA长期高收率的运行状态下，吸附剂存在可能粉化的现象。在检修换剂期间，拆卸下部分法兰盖，发现

下部分因粉化严重存在吸附剂泄漏情况，泄漏的高度大约达到了1米，经过细致排查，粉化吸附剂被解吸气从吸附塔的下部分带出，从而严重影响了吸附性能。所以联系厂家进行换剂，装卸剂期间需要对PSA单元的各处管线进行严格的气密氮气吹扫，及时将粉化的吸附剂吹扫干净，以此来避免粉化的吸附剂粉末对程控阀和调节阀密封面造成损坏导致程控阀泄露。

4.4 调研PSA吸附剂床层高度不停工检测

参考扬子石化所采用的的PSA床层γ射线不停车检测方法，原理为γ射线具有穿透物质的能力，同时，不同的物质对γ射线有不同的吸收能力，γ射线的强度I随吸收层厚度X按指数规律减弱（衰减公式详见图7），而PSA设备的各种物质（包括吸附剂）所具有的质量吸收系数不同，对γ射线的吸收能力也不同，根据这个吸收γ射线不同的原理，对R射线的强度进行全程检测，观察γ射线的强度变化趋势从而进行PSA吸附剂床层的高度检测，经过可行性论证和误差分析，这样的检测具有相当高的检测精度，可对吸附塔内吸附剂的运行情况得到一个客观的认知，从而做出相应的决策。

5 结论：

在经过以上处置措施以后，7月底PSA2装置长时间处于90%以上的高负荷运行状态，且产品氢纯度保持在99.99%以上，$CO+CO_2$含量稳定且仅有7ppm级别水平，收率也达到了94%以上，体现出了公司和部门对各塔吸附剂纯氢物理置换再生的方法的优越性和换剂决策的高明性，也对其余PSA装置的长周期平稳优质运行提供了一个好的参考。

参考文献：

[1] 张民.变压吸附制氢装置解吸气的综合利用[J].安徽科技.2003,(9): 40-41.

[2] 徐严伟，郭秀红，王亚乐，杨安成.PSA吸附剂再生技术应用及总结[J].河南化工,2015,32(09):43-45.

[3] 彭军.2号PSA装置原料气罐吸附剂跑损原因

分析及对策 [J]. 炼油技术与工程 ,2020,50(12):34-37.

[4] 崔欣 . 制氢装置 PSA 程控阀内漏原因分析及对策 [J]. 炼油技术与工程 ,2013,43(12):19-22.

[5] 寇丹 . 变压吸附制氢装置改进及工艺优化研究 [D]. 北京理工大学 :2016.

[6] 耿云峰 , 耿晨霞等 . 变压吸附 PSA 空气制氧技术进展 [J]. 石油炼制与化工 . 2002, 23(4): 34-37.

[7] 阴泽杰 , 马成兴 , 承芦华 .PSA 吸附罐吸附剂床层高度的不停车检测 [J]. 核电子学与探测技术 ,1997(04):43-45.

膜分离技术在解决氢气
提纯回收利用方面的应用

孙　鹏

（中石油云南石化有限公司）

摘要： 随着能源需求的不断增长和环境保护要求的提升，氢气作为一种清洁能源，其生产和利用变得尤为重要。氢气的纯化和回收是提高氢气利用效率的关键步骤，而膜分离技术凭借其高效、节能、操作简便等特点，逐渐成为氢气提纯回收中的重要技术之一。本文详细探讨了膜分离技术在氢气提纯回收中的应用，重点分析了膜分离系统的工作流程、影响因素及优化措施。膜分离技术通过利用膜的选择性透过性，在气体分离中能够实现高效的氢气提纯。在氢气生产过程中，原料气（如裂化气、冷低分气等）经膜分离单元后，氢气的纯度可从92%提升至98%以上，达到工业标准的高纯度氢气。膜分离系统由前处理单元、膜分离单元及后处理单元组成，通过调节气体流量、温度、压力等参数，确保系统的稳定性和高效运行。然而，膜分离技术在实际应用中也存在一些问题，如膜渗透效果不佳、膜污染、原料气量波动大等。为提高膜分离系统的性能，本文提出了一系列优化措施，包括：稳定前段系统的气流，定期检查和校准仪表，强化膜前气液分离器的液位监控，调整膜前温度和压力，改善过滤系统等。这些措施不仅能够提高膜的渗透效果，还能延长膜组件的使用寿命，降低设备故障率，确保氢气提纯回收过程的高效、稳定运行。膜分离技术在氢气提纯回收中的应用，已在多个化工和能源领域取得了显著的经济效益。随着技术的进一步发展和优化，膜分离将在氢气产业链中扮演越来越重要的角色，为氢气的高效利用和环保目标的实现做出贡献。

关键词： 清洁能源纯化和回收膜分离技术氢气提纯回收利用

氢气作为一种清洁高效的能源载体，在能源转换和环境保护方面展现出巨大的发展潜力。然而，在制氢过程中，氢气的提纯和循环利用是提升制氢效率的关键步骤。当前的氢气分离纯化方法，如变压吸附和低温蒸馏等，普遍存在设备复杂、能耗高和占用空间大的缺点。相比之下，膜分离技术凭借其高效、低能耗和操作简便的优势，正逐渐成为行业关注的焦点。通过膜的选择性透过特性，可以有效分离混合气体中的不同组分，减少能源消耗。膜分离技术结合了预处理、膜分离和后处理三个阶段，能够实现氢气的有效分离并确保系统的稳定运行。随着膜材料和工艺技术的进步，这项技术已经在制氢、石油精炼和化工等多个领域得到广泛应用。不过，膜分离技术还面临原料气体质量波动、膜污染和气流波动等问题，这些问题严重影响了膜分离的效果和系统的稳定性。因此，优化膜分离工艺，提高氢气回收率和延长膜的使用寿命，成为该领域亟需解决的重要课题。针对膜分离工艺在氢气净化和再生方面的应用，已经开展了相关研究，并取得了优化成果。

1　膜分离系统流程概述

从精炼和裂化冷低压分离器中提取的冷低分气（氢含量92%），首先经过膜前气液分离器、过滤器和换热器处理，随后原料气体进入膜分离装置。通过调整膜前气体的压力和温度，使得原料气体穿过膜层，从而分离出一小部分氢气（氢含量达到98%）。这部分高纯度氢气经由渗气压缩机输送至产氢装置，作为新氢参与后续反应。而另一部分分离出的非渗透气体（氢含量为85%），则进入后续系统进行回收和进一步净化。图1展示了这一过程的系统流程图。

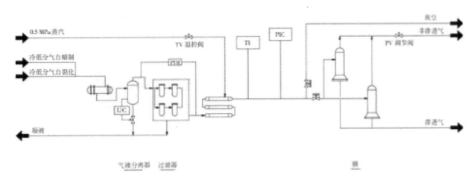

图1 膜分离系统流程图

2　膜分离系统膜后渗透效果差的影响因素

1) 在膜处理之前，气体流量波动较大。由于系统负荷、进料速率、物料性质及反应程度等多因素的影响，低温低压气体的流量随前端系统的变动而变化，这不仅对进气速率产生显著影响，还导致膜表面温度大幅波动，最终降低了膜的透过性能和质量。2) 原始煤气计量设备故障，导致流量测量失准。薄膜流量计的不准确可能导致生产过程中的错误判断和操作难度增加，从而对气体样本的检测结果造成显著偏差。3) 膜前气–液分离装置的液位偏高。当膜前气–液分离器的液位过高时，进料气体中可能夹带液体，导致膜前温度下降，需要额外加入0.5MPa的蒸汽以维持温度，增加了公共能源的消耗和成本。此外，含液原料气在压缩机内运行时，可能会引发较高的进气压力和强烈振动，轻则导致设备自动停机，重则损害设备并缩短其使用寿命。4) 膜分离气液分离器的泄压阀密封面损坏或有异物堵塞，使其无法正常运作；阀门内的密封圈、弹簧等部件损坏或松动；或者因人为原因未能正确关闭排气阀，均会导致原煤气进口压力下降，隔膜后方的气体量减少，使得未处理的气体混入后续管道，造成后端系统压力升高，给整个系统带来负面影响。5) 冬季0.5MPa蒸汽抽冷效果不佳，导致蒸汽压力偏高。0.5MPa的热水用作进水气体的加热源，有效调节进水口温度。但在冬季，由于温度低，0.5MPa的热水排水不畅，导致膜表面温度骤降，难以控制，甚至迫使机组停止运行。6) 膜面过滤装置的压力差过大。过大的滤芯压差会增加管道阻力，降低流速，提高能耗，还可能导致滤芯损坏，必要时需更换滤芯，增加维修成本。7) 膜后渗透气体和非渗透气体的总量过多。分离过程中，如果进水气量过大，会加重水分负担，降低其渗透性能，同时也会减少非渗透气体的渗透压，影响非渗透气体的纯度。

3　膜分离提高渗透效果的措施

1) 在系统初期，精炼和裂化系统的负荷基本稳定，根据实际情况适时调整，确保冷低分气的稳定状态。在此基础上，通过缓慢调节进料气体入口的手动阀门，实现了原料气体的定量输送，有效解决了进料气体波动较大的问题。2) 定期检查并校准温度计、液位计、压力表和流量计等仪表，巡检过程中如发现仪器异常或显示错误，应立即通知维修工程师进行维修，防止影响生产进度。同时，各工序应增加巡检频率，做好应急预案。3) 加强对膜前气液分离器的监控，一旦发现液位上升，应立即排放，防止物料气体夹带液体进入生产流程，确保生产顺畅。4) 生产现场的工作人员需定期检查管道、阀门、设备等可能存在隐患的部位，注意是否有松动、泄漏、腐蚀、损坏等情况，发现问题应及时紧固或更换部件，消除安全隐患。对于因人为原因导致的阀门未关闭等问题，要加强员工的安全意识培训，提升操作技能，防止不安全行为的发生。5) 冬季气温骤降时，应提前采取措施应对气候变化，尤其是管道末端和盲管部分，需增加防冻保温检查的频率。遇到公用介质管道冻结的情况，首先确认管道内的介质类型、气压等级及正常运输温度，仔细检查管道是否已结冰；检查上下游管道能否有效隔离，若需隔离则先关闭运输阀门再恢复，若无法有效隔离，则须全面检查恢复后的设备，必要时联系带压封堵专业团队后再行恢复。6) 过滤器使用一段时间后，必须清洗以清除内部积聚的杂质，确保其效能并减少压差；若清洗后压差仍未降低，则表明滤芯严重污染，需立即更换新滤芯以恢复最佳过滤效果；如清洗、更换滤芯后仍无法彻底解决，则需检查进出口管道有无堵塞并及时清除；若以上措施均无效，则考虑增加过滤单元数量或更换更大面积的过滤单元，以提高过滤效率，降低压差。7) 通过调节阀和手动阀的协同作用，缓慢且轻微地调整渗透气体和非渗透气体的流速，使其保持在合理范围内，避免过高的负荷损坏膜组件，防止因负荷过大引发剧烈变化，以免对后续系统造成冲击。同时，实时监控渗透气体压缩机的进气压力，并根据机组运行情况调整各项操作参数，确保精细化管理。

4　膜分离参数调整论述

4.1 膜分离预处理部分引气

为应对当前膜分离工艺中气体流量的剧烈波动，本项目计划通过调整精制和裂解冷低压分离器的气压，控制冷低分气至排气管道中的空气量至零，同时将精制和裂解冷低压分离器的顶部压力设定为2.2 MPa，以确保进水流量稳定。此外，还将利用膜分离前的手动气体阀门进行调节，直至抽气完成，使膜表面的空气流量维持在约1500立方米/小时。

4.2 膜前膜后均压，引冷低分气至膜

确保所有进膜前手阀、调节阀，膜后渗透气手阀、非渗透气手阀都处于关闭状态。随后，缓慢打开渗透气与非渗透气的旁通阀，以实现膜后的均匀加压，当膜后压力达到2.0MPa时停止加压。先对冷低分气进行加热，初始温度设定在75至85摄氏度之间，确保非渗透气体能够顺利流向排气管道。确认进膜前的手阀、调节阀，以及膜后渗透气手阀、非渗透气手阀均已关闭后，先打开膜前入口调节阀，再逐步且轻缓地开启膜前入口阀2到3次，确保气体平稳进入系统。通过调整膜后的调压阀和非渗透气线上的排气阀，使所有气体被引导至膜后的非渗透气管道中。在此过程中，逐渐关闭膜前的排气阀，直至所有低压气体完全导入膜后的空气中。当膜分离系统的压力和流速达到预定值后，现场缓缓开启渗透气的手动阀门，同时监控膜后的压力和渗透气的流速，调整至所需的运行参数，确保膜组件处于最佳工作状态，并适时取样检查。

4.3 取样结果分析

膜分离过程中，原料气在进入膜前的温度维持在75至85℃之间，压力则在2.0至2.2MPa范围内时，分析结果显示，膜后渗透气中氢气体积占比达到94%，非渗透气中氢气占比为59%。而当原料气膜前温度调整为80至85℃，压力降低至1.0至1.2MPa时，膜后渗透气中氢气体积分数提升至98%，非渗透气中氢气占比更是高达86%。据此分析，原料气膜前温度从75℃提升至80℃，有效增强了原料气分子的活跃度，使得分离过程更为高效；同时，原料气压力由2.2MPa减至1.2MPa，利用膜前后的压差效应，延长了原料气在膜后的停留时间，从而显著优化了分离效果。

5　膜分离操作注意事项

1) 在进料之前，先对原煤气进行预处理，防止有害气体进入薄膜分离装置，避免造成不可逆的损害。2) 过程管道或氮气管道不能用蒸汽清洗，以免蒸汽冷凝物侵入隔膜，导致设备损坏。3) 防止未经加热的过程气体进入薄膜分离装置。4) 操作前，需先将渗透气体和非渗透气体混合均匀，以防气压波动引发的损坏。5) 膜分离装置停止运行后，应先释放压力，降至微正压状态，再排出内部气体，确保

装置安全。

6　结论

膜分离技术在化工生产中的应用能够有效解决氢能的高效利用问题，具备显著的经济效益。本项目旨在基于此技术，通过系统地优化参数和实际操作研究，探索温度、压力、流量、液位等变量对分离效果的影响规律，以实现对物料气体活性、停留时间和纯度的有效控制。具体而言，就是要在渗透过程中实现气体的渗透和浓缩，确保非目标组分气体的顺利排出，从而提升渗透分离过程中介质的选择性和渗透效率。这不仅为该技术在工业生产和环保领域的广泛应用提供了坚实的科学基础，还通过不断积累的实践经验，确保了设备在安全、稳定运行的同时延长其使用寿命，展示了该技术在未来广阔的市场潜力和发展前景。

参考文献：

[1] 李国瑞，王帅立，袁淑华 . 炼油厂回收尾气中氢气的技术方案研究 [J]. 石油炼制与化工，2024, 55 (09): 129-135.

[2] 施纪文，陈石义，王涛，等 . 掺氢天然气输送与纯化技术研究进展 [J]. 天然气与石油，2024, 42 (04): 88-93.

[3] 李刚，程睿，陈慕欣，等 . 膜分离技术在发电机氢气提纯中的应用 [J]. 安徽电气工程职业技术学院学报，2024, 29 (02): 37-42.

[4] 付金辰 . 自驱动式电化学氢气膜分离研究 [D]. 北京化工大学，2024.

[5] 肖文涛，李非凡，王杰鹏，等 . 膜分离技术在氢气纯化中的应用 [J]. 山东化工，2024, 53 (10): 180-182.

[6] 李莹珂，熊英杰，王科，等 . 天然气粗氦提取技术进展及展望 [J]. 天然气与石油，2024, 42 (03): 7-11+30.

[7] 白尚奎，周伟民，田婷婷，等 . 膜分离与变压吸附耦合技术在炼厂氢气回收中的应用 [J]. 天然气化工 (C1 化学与化工)，2021, 46 (S1): 113-117.

[8] 王园园，杨晓航，郭明钢 . 膜分离技术在炼油厂氢气回收中的应用研究 [J]. 炼油技术与工程，2021, 51 (10): 25-29.

[9] 陈伟军 . 膜分离技术在渣油加氢装置中的应用 [J]. 石油化工，2021, 50 (10): 1090-1094.

[10] 陶宇鹏 . 不同氢气净化提纯技术在煤制氢中的经济性分析 [J]. 四川化工，2021, 24 (04): 13-16.

由实验室水电解制氢分析
工业化装置危险性

李　欣

（中石油克拉玛依石化有限责任公司）

摘要： 介绍了实验室水电解制氢装置设备、工艺原理和日常异常情况处置内容，通过实验室小型电解水制氢装置来分析工业化连续性的生产条件、生产环境、设备容积的等等诸多因素导致工业化装置工艺过程中危险有害因素。

关键词： 实验室水电解制氢　工业化　危险性分析

碱性水电解制氢技术通过正、负离子在水溶液中的运动实现产氢，两个电极浸没于电解液中，并用隔膜进行隔离以防止气体渗透。当通以一定的直流电时，水分子发生分解，阴极析出氢气，阳极析出氧气。该技术所用设备为常压平衡设计，电极采用非贵金属，隔膜材料为非分子级微孔材料，因此设备成本较低。某炼化企业研究院现有一套小型制氢装置，工作原理是水电解制氢，其生产能力为每小时生产氢气 $10m^3$，每小时生产氧气 $5m^3$，目前运行 17 年来，不断改进完善，运行保持良好。

电解水制氢技术的发展和推广，可以加速氢能的供应、推广和使用，从能源上可以有效减少化工、石化等传统领域的碳排放。但是电解水工业化装置安全性不容忽视，下面将从实验室小型制氢装置运行过程、应急处置等方面来对工业化制氢装置危险性进行分析。

1　实验室电解水制氢装置介绍

1.1 装置概况

实验室小型电解水制氢装置的工作原理是水电解制氢原理，由配（补）碱系统、电解系统、氢氧分离系统、冷却系统、补水系统、干燥系统，供配

电及控制系统构成。

1.2 工艺原理

碱液的导电是依靠溶液中的离子来完成的，在碱液中插入阴、阳两个电极，接通电源后，溶液中的离子分别受到电极的吸引与推斥作用，立刻开始向两个相反方向移动，阳离子移向阴极，阴离子移向阳极。这时阳离子在阴极上获得电子发生还原反应，变成原子或原子团（也可能阳极金属本身失去电子变成离子进入溶液）；而阴离子则将它的电子送给阳极发生氧化反应，也变成了原子或原子团。

电解池溶液的导电机理见图1-1。

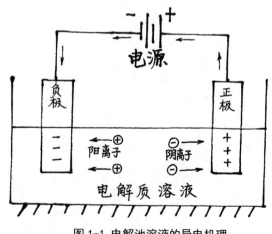

图 1-1　电解池溶液的导电机理

由于如图1的单极性的电解缺点很多，目前工业上一般都采用双极性电解，其导电机理见图2。

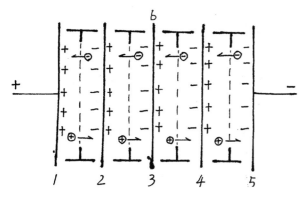

图1-2 双极性电解槽导电机理

极板1与电源正极相连，极板5与电源负极相连，它们分别带正电和负电。在电场的作用下，中间电极2、3、4的两侧分别带有相反的电荷，左侧带负电荷，右侧带正电荷，各极板之间的电位是从左到右递减。在各个电解小室内，电位较高的极板（阳极）就会把溶液中的正电荷推向电位较低的极板（阴极），而把负电荷拉向自己；从整个槽体来看，正负电荷朝着两个相反的方向移动，当两极间达到一定的电压时，它们就在各个阴、阳极上得失电子。

碱液中除电解质的阴、阳离子外，还有由水电离出来的氢离子（包括 H_3O^+）和氢氧根离子，它们也分别趋向阴极和阳极。

在 KOH 碱性溶液水电解中，分别发生以下电离：

$$H_2O \rightarrow \leftarrow H^+ + OH^-$$

$$KOH \rightarrow K^+ + OH^-$$

在以镍为阳极时，阳极上可能发生反应的是 OH^- 和镍电极，根据电极电位，虽然金属镍比 OH^- 容易失去电子，但由于镍在碱液中被钝化，使它不易失去电子，所以阳极上，发生以下电解反应：

$$2OH^- - 2e \rightarrow H_2O + 0.5O_2 \uparrow$$

阴极上有可能参加反应的有 K^+ 和 H^+，根据电极电位，要使阴极上析出金属 K，则溶液中的 K^+ 浓度要达到 3×10^{24} 以上，这是不可能的，所以在阴极上总是析出氢。

$$02H_2O + 2e \rightarrow H_2 \uparrow + 2OH^-$$

总的电解反应方程式为：

总反应式 : $2H_2O \rightarrow 2H_2 \uparrow + O_2 \uparrow$

1.3 水的消耗

实验室小型电解水制氢装置在电解过程中，水被分解为氢和氧，每生产 $1.0m^3$ 氢 $0.5m^3$ 氧需要消耗纯水为：

(18 克 /mol)*1000 升 /(22.4 升 /mol)=804 克

每生产标态下 $1.0m^3$ 氢 $0.5m^3$ 氧，理论上需要消耗纯水 804 克，但在实际生产中，纯水的消耗量要高一些，这是因为有一部分水以蒸汽的形态被氢气、氧气带走，氢气、氧气温度越高，则带出的水量越大；系统压力越高，碱液浓度越大，则被带走的水蒸气量越小。一般电解设备每生产标态下 $1.0m^3$ 氢 $0.5m^3$ 氧，实际消耗纯水在 900 克左右。

1.4 电解槽介绍

实验室小型电解水制氢装置电解槽是水电解制氢、氧的主要设备，其主要由电极板、隔膜、绝缘密封件和夹紧装置以及其它附件组成。

在电解槽内阴极产生氢气，阳极产生氧气，这就需要用隔膜将氢、氧严格地隔离开来。隔膜质量的好坏，直接关系到氢、氧气的纯度和电耗。对隔膜的要求是：气泡不能透过；能被碱液湿润，使溶液中的离子能顺利通过；有足够的机械强度；在碱液中不被碱液腐蚀、化学稳定性强；价格便宜，适合工业上使用。以前曾用镍箔作为隔膜，但容易损坏，寿命不长，且容易造成短路，现在基本上是采用石棉布作隔膜。

电解槽的绝缘分为两个方面，一是槽体对地的绝缘，二是极片与极片之间的绝缘。如果槽体对地绝缘不好，那对整流设备的安全威胁极为重大，是绝对不允许的。对地的绝缘电阻值可按每伏需1000欧姆计算。极片与极片之间的绝缘是关系到电流效率和安全问题，因绝缘不好而出现漏电，使这部分电流不能产生气体而影响产量，如漏电严重，就有烧坏极板和隔膜的可能。

2 实验室电解水制氢装置应急处置

2.1 事故处理原则

实验室小型电解水制氢装置在异常情况处理过

程中首先要保证人员安全，在此基础上防止氢、氧互窜，造成爆炸事故。按照事故处理程序，将装置处置到安全状态，及时按汇报程序进行汇报。

发生火灾等事故，要特别注意系统降压，装置内的氢气要迅速排空，并及时引入氮气进行系统置换，避免引发更大的事故，必要时启动紧急停工程序。

2.2 紧急停工简要步骤

迅速切断氢气外送阀门，让氢气放空；降低系统压力，全开氢、氧调节阀旁路阀，保持氢氧液位平衡；切断电解槽供电，停止碱液循环，电解槽自然降温。

2.3 实验室小型电解水装置典型异常情况与处置

2.3.1 氢、氧分离器液位互窜

2.3.1.1 事故现象

实验室小型电解水制氢装置氢、氧分离器一侧液位全部窜到另一侧；实验室小型电解水制氢装置液位差超限联锁停车。

2.3.1.2 事故原因

实验室小型电解水制氢装置氢、氧调节阀不能正常进行液位和压力的调节；或者氧气放空流程不通或者氢气外送流程不通；或者开工、停工过程中操作不当，操作过快。

2.3.1.3 事故确认与处置

将整流柜断电，消除报警。事故确认原因后，立即切断氢气进罐流程，氢气放空，紧急停工。

2.3.2 氢、氧槽温超温

2.3.2.1 事故现象

实验室小型电解水制氢装置控制柜氢、氧槽温显示超限温度；电解槽槽温报警。

2.3.2.2 事故原因

实验室小型电解水制氢装置冷却水量过小，冷却水压过小；冷却水调节阀不能正常调节；电流过大；碱液循环量过小。

2.3.2.3 事故确认

实验室小型电解水制氢装置通过测温仪测量分离器入口处管线温度。

2.3.2.4 事故处理与处置

事故确认后，立即开大冷却水总阀，降低电解槽电流，适当增大碱液循环量。

实验室小型电解水制氢装置开大冷却水，若冷却水仍然很小，则按照紧急停工方法停工。

检查仪表风压力是否足够，检查冷却水调节阀阀芯能否正常开闭，若无仪表风，由于冷却水调节阀是风关阀，无风是全开的，则通过调节阀前手阀和旁路阀控制冷却水量；若确认调节阀在有仪表风的情况下不能开启，则按照紧急停工方法停工，维修调节阀；适当降低电解槽总电流；适当增大碱液循环量。

2.3.3 电解槽干烧

2.3.3.1 事故现象

实验室小型电解水制氢装置氢、氧槽液位很低或无液位显示；装置联锁停车。

2.3.3.2 事故原因

实验室小型电解水制氢装置联锁系统出现故障，液位低于补水下限的时候不能自动补水；补水泵出现故障；原料水箱内原料水用完；

2.3.3.3 事故确认与处置

实验室小型电解水制氢装置将整流柜断电，消除报警。事故确认后，立即按下整流柜急停按钮，氢气放空，紧急停工；检查联锁系统、补水泵，制足够量原料水。

2.3.4 装置泄漏

2.3.4.1 事故现象

实验室小型电解水制氢装置有气体泄漏声音，有可燃气体报警仪出现报警；系统压力压力迅速下降；有碱液喷出；实验室小型电解水制氢氢、氧分离器液位出现明显波动。

2.3.4.2 事故原因

实验室小型电解水制氢装置装置长期运行震动导致管线连接处或焊接处出现泄露；装置超压导致连接处泄露；

2.3.4.3 事故确认与应急处置

人员到现场确认泄漏部位与泄漏大小，事故确认后，立即按下整流柜急停按钮，氢气放空，紧急

停工，停工后进行维修。

2.3.5 系统超压

2.3.5.1 事故现象

实验室小型电解水制氢装置压力显示高于压力给定值；装置压力超限报警；氢、氧分离器液位波动。

2.3.5.2 事故原因

实验室小型电解水制氢装置氧调节阀不能正常调节系统压力；氧放空流程不通；

2.3.5.3 事故确认与处置

人员到现场观察现场压力表显示，事故确认后，立即按下整流柜急停按钮，氢气放空，紧急停工。

检查仪表风压力是否足够，检查氧调节阀阀芯能否正常开闭，若短时间内停仪表风，可以通过调节阀旁路阀进行控制，若长时间停仪表风，则按照紧急停工方法停工；若是调节阀故障，则按照紧急停工方法停工，维修调节阀；检查氧放空流程是否有堵塞，导通流程。

2.3.6 装置着火

2.3.6.1 事故现象

实验室小型电解水制氢装置现场有烟、火等着火现象，通过厂房摄像头可以看到火焰；装置液位联锁报警。

2.3.6.2 事故原因

实验室小型电解水制氢装置氢气泄漏遇火花、静电或高温发生着火。

2.3.6.3 事故确认与处置

人员通过厂房摄像头和到现场确认。

现场人员事故确认后，立即按下整流柜急停按钮，氢气放空，紧急停工，等待火焰自然熄灭后进行处理。

具体就是实验室小型电解水制氢装置氢气进罐切放空；实验室小型电解水制氢装置装置紧急停工；等待火焰自然熄灭后，进行处理。

3 水电解制氢工业化装置危险性分析

3.1 超温超压

工业化装置超温超压可能会导致设备发生变形，严重时可能发生爆管，管道焊口产生裂纹而发生泄漏。设备损坏和安全事故不仅会导致维修和清理费用，还可能造成生产中断，带来经济损失。

3.2 着火与燃爆风险

工业化装置存在燃爆风险大的氢气，爆炸极限范围为 4.0%–75.6%，即使是小规模的管线、管件或阀门的泄漏或断裂，也可能引发严重的灾害，如空间爆炸、火灾等。压力容器爆炸时产生的能量大部分形成冲击波，不但使整个设备遭到毁坏，而且破坏周围的建筑物和其他设施，并直接危害周围人员的人身安全，造成伤亡事故。

3.3 腐蚀

传统的利用天然气作为原料，采用烃类水蒸气转化法制造氢气，会有氢鼓包、氢脆、氢蚀、酸性水腐蚀等腐蚀类型，水电解制氢工业化装置由于温度、压力限制，不容易产生以上腐蚀，但是电解槽的材质腐蚀风险不容忽视。

4 结语

建议建立工业化水电解制氢装置安全技术指南，在装置选择及总平面布置、工艺系统、电源安全、安全设施、自动系统控制、厂房建筑、防雷和静电、消防设施、安全管理等提出具体的安全要求、安全设施等内容，针对年产氢万吨级以上规模化水电解制氢工程，其他规模制氢项目，以及含新建、扩建或改建的水电解制氢项目的设计阶段、建设阶段及运行阶段做出安全指导建议，确保水电解制氢工业化生产安全、长周期。

参考文献：

[1] 葛京京. 电解水制氢的安全设施设计探究 [J]. 山东化工. 2024, 53 (12)：240-242.

[2] 刘卿，满瑞山，李福林. 电解制氢产业基础研究 [J]. 天津化工，2024, 38 (04)：7-9.

[3] 中石油克拉玛依石化有限责任公司研究院制加氢实验装置操作规程 [Z]（2024B 版 2 修）

75万吨／年催化汽油加氢装置重汽油热量回收改造与节能分析

张俊博　刘凯希　张　雷

（中国石油大港石化公司）

摘要： 为了进一步降低汽油加氢装置能耗，通过对现有加氢工艺流程进行研究，提出新增原料油与重汽油换热器 E-100A/B 的改造方案，并对改造前后相关数据进行对比，表明选择加氢系统加热蒸汽消耗量下降，脱硫系统加热炉瓦斯用量下降，轻汽油及重汽油产品空冷电耗下降。

关键词： 炼油装置　汽油加氢　节能降耗　热能回收　换热器

1　前言

炼油化工企业作为传统的能源密集型高耗产业，具有生产成本高的特点，为了减少能源浪费，提高企业经济效益，节能降耗就显得尤为重要。在炼油装置中，燃料动力等公用工程消耗通常占装置完全操作费用的比重较大，降低装置的公用工程消耗，减少燃料、电和蒸汽等的用量，对提高经济效益具有重要意义。节能降耗的途径主要有：1、加强余热回收力度；装置对现有工艺流程情况进行用能分析，优化操作条件和物料平衡，用夹点技术优化换热网络，通过装置间的热联合达到各中间产品的热出料，提高热效率，减少热损失；2、选择高性能换热设备，提高换热效果；3、减少装置动力消耗，根据装置负荷情况，选择机泵适当的工作点，减少不必要的冷换设备压力损失，合理选择调节阀压降，减少机泵的动力消耗；4、操作优化等。大港石化公司第二联合车间汽油加氢装置，为了充分回收二段加氢重汽油热量，进行能效优化，新增选择加氢进料与重汽油换热器 E-100A/B，减少现有选择加氢进料加热蒸汽消耗量，降低重汽油外送空冷电耗。

2　装置概况

该装置为75万吨／年催化汽油加氢脱硫装置，主要原料为催化裂化汽油和新氢，主要流程包括选择加氢、分馏、一段加氢脱硫和二段加氢脱硫等，其产品主要为轻汽油、重汽油、少量的净化燃料气及含硫气体，汽油加氢装置的部分简易流程图（如图2.1所示）。原料油自催化裂化装置进入缓冲罐 D-101，经原料泵加压后（升压至2.8MPa）与来自管网的氢气混合，经换热器 E-101（进料与选择加氢产物换热器）、E-102（进料与分馏塔底油换热器）、E-103（原料与中压蒸汽换热器）换热后升温至130℃～200℃，进入选择加氢反应器 R-101 进行二烯烃转换为单烯烃、烯烃异构化，硫醇和其它轻硫化物转化为重硫化物等反应；选择加氢反应产物经 E-101 换热后进入分馏塔 C-101，分离出轻汽油与重汽油，分馏塔底的重汽油经换热后分两路，一路进一段加氢脱硫及稳定部分，另一路与一段稳定塔底汽油混合后进入二段加氢脱硫及稳定部分，二段重汽油最后与轻汽油调和得到满足国Ⅵ排放标准的车用汽油产品。

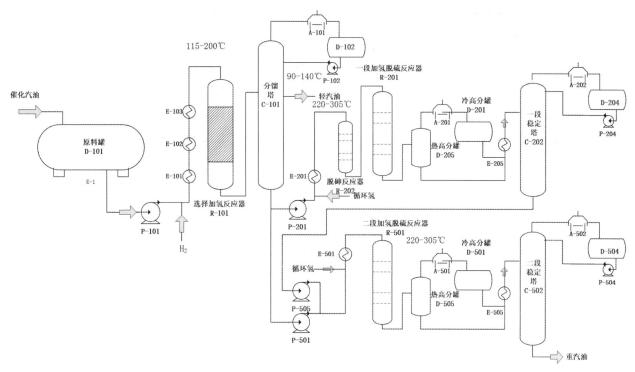

图 2.1 汽油加氢装置部分简易流程图

3　重汽油的热量改造回收及能耗分析

3.1 重汽油的热量改造回收

二段重汽油出装置前需使用空冷器和循环水冷却器进行冷却，冷却前温度高达近 140℃，存在较大热量浪费；而原料油为达到反应温度，进选择加氢反应器前需使用蒸汽进行加热，针对以上两种情况，通过热量匹配优化新增选择加氢进料与二段重汽油换热器 E-100A/B，利用重汽油与选择加氢原料换热，实现节约加热蒸汽用量、降低装置空冷电耗目的，进一步降低装置能耗。换热器管层介质为选择加氢原料油，壳层为二段重汽油产品，新增选择加氢原料油控制阀，用于调节换热后温度，具体改造流程如图 3.1 所示。在原料换热器 E-101 前增加换热器 E-100A/B，吸收重汽油产品余热，降低产品后路冷却负荷及进料换热加热负荷。

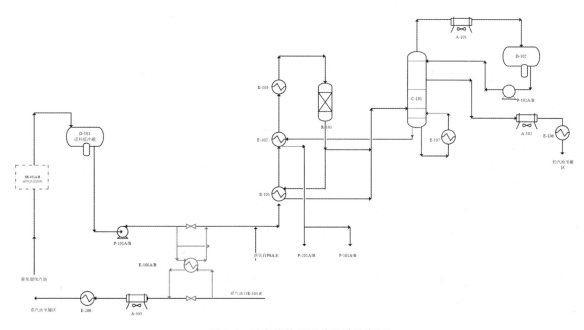

图 3.1. 重汽油热量回收改造流程图

3.2 重汽油热量改造回收的能耗分析

对换热器 E-100A/B 投用前后的生产数据进行汇总整理，如表 3.1 所示。通过对比，可以发现，原料油经 E-100A/B 换热后，进 E-101 前温度较之前增加 34℃，出 E-101 后温度增加 30℃；经 E-102 换热后，温度较之前上涨了 19℃。整个换热温度的提高，使得 E-103 原料油 / 低压蒸汽换热器的加热负荷降低，由表 3.1 数据可知，选择加氢反应器

入口加热蒸汽量由 5.1t/h 降至 1.3t/h，降低 3.8t/h。因节约的低压蒸汽为减压（0.4MPa）后流量，同时结合公司蒸汽管网流量变化，重新核算后节约低压蒸汽 3t/h，按照 200 元 / 吨的蒸汽加工成本，本项目每年可节约低压蒸汽 500 万元，项目投资回报周期仅为两个月。除此之外，回收部分热量后的重汽油产品，进入产品空冷温度降低，由表数据可知，空冷负荷由 92% 降低至 47%，达到了节电的效果。

表 3.1 换热器 E-100A/B 投用前后生产数据对比

位号	描述	投用前	投用后	效果
FC0205(t/h)	处理量	71	77	6
TI0203(℃)	原料油温度	61	65	4
TI0304(℃)	E101 管层入口温度	61	95	34
TI0321(℃)	E101 管层出口温度	73	103	30
TI0319(℃)	E102 管层出口温度	106	125	19
TC0325(℃)	R101 入口温度	135	135	0
TC0301(℃)	E101 壳层出口温度	120	123	3
TI0318(℃)	E102 壳层出口温度	113	131	18
TI0407(℃)	分馏塔塔底返塔温度	157	162	5
TC1118(℃)	一段加热炉出口温度	326	321	−5
TI6512(℃)	重汽油产品空冷前温度	137	92	−45
FC0302(t/h)	选择加氢反应器入口加热蒸汽流量	5.1	1.3	−3.8
TC6601.OP(%)	空冷变频负荷输出	92	47	−45

通过对装置进一步优化操作调整发现，在增加换热器 E-100A/B 之后，因热量仍有富裕，开大选择加氢反应器塔底与原料换热器 E-101 的跨线后，可使分馏塔进料温度增加 3℃，降低塔底蒸汽用量 0.625t/h；新增换热流程器后，停运轻汽油、重汽油产品空冷，电耗降低 22KWh。

新增换热器 E-100A/B 之后，脱硫系统的进料温度也有所增加，带来了脱硫系统加热炉负荷降低的效果，瓦斯消耗量减少 6Nm3/h 左右。

4 结论

汽油加氢装置通过回收重汽油热量改造，新增原料油与重汽油换热器 E-100A/B 后，可减少加热

蒸汽 3t/h，同时减少分馏塔底蒸汽用量 0.625t/h；轻汽油及重汽油空冷负荷下降，电耗降低 22kwh；装置综合能耗同比下降近 2kgEO/t，装置加工成本降低超 500 万元／年，节能效果显著。

参考文献：

[1] 董兴鑫 . 炼油化工装置节能降耗思路 [J]. 中国石油和化工标准与质量，2022(042-009).

[2] 赵文忠，孙丽丽，李浩，等 . 炼油装置技术经济特性分析 [J]. 当代石油石化，2020, 28(2):7.DOI:CN KI:SUN:SYGD.0.2020-02-008.

[3] 代超奇 . 炼油化工企业节能降耗技术思考 [J]. 化工管理，2016(26):1.DOI:CNKI:SUN:FG GL.0.2016-26-260.

[4] 李煜，李慧 . 炼油行业能耗现状及优化技术进展 [J]. 广州化工，2013, 41(10):3.DOI:10.3969/j.issn.1001-9677.2013.10.015.

[5] 李忠宝 . 汽油加氢装置高能耗原因分析及优化措施 [J]. 南方农机，2020, 51(12):1.

丁辛醇装置氢碳比
自动控制的开发与探究

刘鉴徵

（中国石化齐鲁分公司）

摘要： 丁辛醇装置氢碳比指标存在控制不稳定、操作强度高等痛点，论文对丁辛醇装置氢碳比自动控制方案设计进行研究，通过对实际运行效果的分析和论证，从而得出先进控制系统方案设计新思路，对今后先进控制系统的实施及应用具有重要意义。

关键词： 合成气　氢碳比　专家控制　模型切换

一、引言

随着工业化、信息化不断融合，先进控制系统建设与应用管理稳步推进，生产装置覆盖范围不断扩大和深入，成为炼化企业质量控制、挖潜增效、节能降耗的重要措施之一。先进控制系统在控制策略、模型设计中不断革新，针对一些特殊工况，探索采用专家控制、多模型控制等手段来解决实际生产问题，进一步提升了先进控制系统的应用效果。

二、现状

合成气氢碳比即氢气（H_2）与一氧化碳（CO）的体积比，其作为丁辛醇装置进料合成气的重要控制指标，对后续工艺单元有直接影响，氢碳比能否稳定、优化控制决定了整个装置生产的安全性以及经济效益状况。自2020年起第二化肥厂对生产业务进行调整，原业务为气体联合装置产生的合成气经调整氢碳比指标合格后送入丁辛醇装置直接进行生产，业务调整后气体联合装置不再对氢碳比指标做精细控制，由丁辛醇装置负责控制氢碳比指标。实施先进控制系统之前，氢碳比指标调节为人工手动调节，操作人员根据氢气调节阀后氢碳比在线分析仪进行氢气的增补。常规控制存在滞后，操作强度较大，当氢气纯度或氢气量发生波动时，如何及时有效调节氢气量实现氢碳比相对稳定，克服外界干扰，维持反应进料稳定尤为关键。

三、工艺简介

丁辛醇装置以合成气、丙烯为原料，经过净化系统脱除硫、氯等有害杂质后，进入羰基合成反应器中，在铑催化剂存在85 ~ 115℃、1.65MPa条件下，采用低压羰基合成液相循环法（LPO）反应生产混合丁醛。

部分混合丁醛直接去丁醇生产线，在铜基催化剂、180℃、0.45Mpag条件下气相加氢生成混合丁醇，经精制后进行正异构物分离，得到产品正丁醇及副产品异丁醇。剩余的混合丁醛经正异构物塔分离成正丁醛和异丁醛，其中异丁醛可以送向罐区，也可以直接送往丁醇生产线。正丁醛脱去重组分后进入缩合系统，在NaOH存在下、120℃和0.4MPag条件下，进行醛醛缩合生成辛烯醛（EPA），辛烯醛在0.45MPag、200℃、铜基催化剂条件下气相加氢生成粗辛醇，而后在镍催化剂、2.5MPag和80 ~ 110℃条件下液相加氢，进一步脱除剩余的不饱和物。经液相加氢后的辛醇精制后得到产品辛醇。

图 2 为丁辛醇装置工艺流程简图。

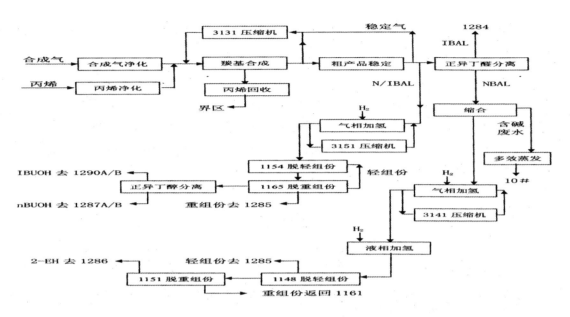

图 2　丁辛醇装置工艺流程简图

四、工艺机理分析

合成气是羰基合成反应的原料之一，是氢气和 CO 的混合气体，在反应过程中，合成气中的氢碳比对羰基合成反应速率有着直接影响。丁辛醇装置氢碳比工艺设计值为 1.01-1.05，控制指标为 1.02-1.03，通过分析历史数据得出，在氢碳比从 1.0 逐渐增大的过程中，反应速率也开始逐渐增大，当氢碳比达到 1.02 时，反应速率最大；之后随着氢碳比的不断增大，羰基合成反应率会逐渐降低，尤其是当氢碳比超过约 1.05 后，总反应速率呈陡降趋势，同时反应生成丙烷的选择性会明显增加。此外，由于过多的氢气和丙烷惰性组分，会导致驰放气的排放量增加，同时会损失更多的未反应的丙烯导致消耗增加。当氢碳比低于 1.0 时，这主要是因为一氧化碳会取代催化剂中的三苯基磷而与铑结合，从而减弱了配位体三苯基磷对提高正 / 异醛比例的作用使得正 / 异醛比降低；合成气的氢碳比过低也会显著提高催化剂的钝化速度从而使得反应速率降低，反应速率的降低会加快了反应釜里丙烯的积聚，同时反应釜的气体放空量也将会增加，使得反应配比"失调"或反应剧烈波动。

由此可见，要保证羰基合成反应速率最高应将氢碳比控制在 1.02-1.03，氢碳比过高或过低都会降低反应速率。

五、方案设计

在方案设计和仿真过程中，分别采用了三种不同方案进行尝试：一是采用智能专家控制技术，以操作人员经验为基础进行建模；二是采用常规 MPC 模型预测控制，建立一阶线性模型；三是采用多模型切换控制技术，根据多种工况分别建模。下面对三种方案进行详细介绍和分析。

（一）智能专家控制

智能专家控制是以生产专家以及操作人员的经验为基础，应用拟人化的思维方法、规划及决策实现对工业过程先进控制的一种技术。对于一些存在着严重不确定性过程，以经典控制和现代控制理论为指导的、基于被控对象数学模型的传统控制方法已经显示出其一定的不适应性。而智能控制理论和方法在处理高度复杂性和不确定性方面表现出了灵活的决策方式和应变能力。因此，智能控制已经成为解决复杂工业过程控制问题的一种有效方法。

在项目实施初期，补充氢流量指示与实际值偏差较大，PID 回路无法投用自动控制，只能通过补充氢的阀位值（FIC143.OUT）调节氢碳比。同时上游装置氢碳比数值未引入 DCS 系统，操作人员无法提前判断合成气组分。基于现场条件，尝试采用历史数据拟合的方式，寻找阀位和氢碳比之间的模型关系。图3为控制现状示意图。

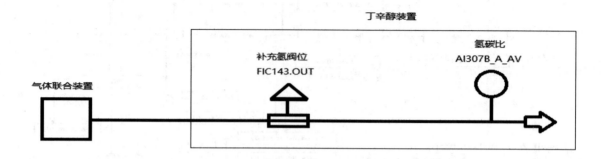

图3　控制现状示意图

通过阶跃测试的动态响应数据，得到该装置补氢量对氢碳比在线分析仪的控制滞后时间约为10分钟左右。因氢气流量测量值存在较大的白噪声，在处理过程中，选取滑动平均滤波的方式，计算出当前时刻前8分30秒到9分30秒之间一分钟内的氢气流量平均值并记录流量数据avg。

通过三组公式，计算出氢碳比1小时滤波状态下所需氢气量h1；当前工况下氢碳比先控设定目标值要求理论需补充的氢气量h2；和氢碳比实际测量值下需要补充的氢气量h3。具体算法如下：

h1=fiq102.Value*lb/(14+lb)，h1代表滤波值。

h2=fiq102.Value*qtbpvapc.Value/(14+qtbpvapc.Value)，h2代表需补量。

h3=fiq102.Value*ai307.Value/(14+ai307.Value)，h3代表实际值。

Lb表示氢碳比测量位号1小时内的平均值。

fiq102.Value表示合成气实时流量。

qtbpvapc.Value表示工艺要求将氢碳比控制目标值。

ai307.Value表示氢碳比实际测量值。

通过现场生产数据拟合出氢气补充管线阀位与流量关系满足线性公式：f=a*FIC143OP.Value**2+b*FIC143OP.Value+c

拟合系数如下：

a=0.0412，b=0.8586，c=98.401。

c0=c–[(h2–h3)*11.4+avg]，c0表示以实际值计算出缺少氢气量。

c1=c–[(h2–h1)*11.4+avg]，c1表示以滤波值计算出缺少氢气量。

c0表示计算出先控设定值和实际值之间需要补充氢气量的偏差。

c1表示计算出先控设定值和1小时氢碳比滤波值之间需补充氢气量偏差。

最终阀门的开度计算公式为：X={[–b+math.sqrt(b**2–4*a*c0)]/(2*a)}

（二）MPC模型预测控制

2021年装置大检修中，丁辛醇装置增加了阀前氢碳比在线分析仪，用于分析从气体联合装置送出的合成气氢碳比，当上游装置氢碳比发生较大波动时，操作人员可以提前对补充氢气进行调整，确保指标稳定控制。图4为检修改造后控制方案示意图。

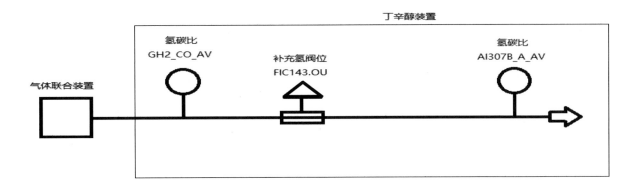

图4　检修改造后控制示意图

改造后的控制方案可以采用常规模型预测控制技术来实现氢碳比自动控制。首先确定变量和变量之间的关系，AI307B_A_AV 作为被控变量，FIC143.OUT 作为操作变量，GH2_CO_AV 作为前馈变量，对该回路进行阶跃测试并进行数据收集，利用数据进行模型辨识，得到模型关系，设定控制器执行周期为30秒。图5为辨识后得到的模型关系。

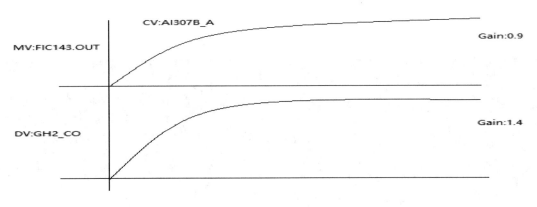

图5　模型关系

该方案是典型的模型预测控制，在实际生产中能够较好应对上游装置以及氢气浓度变化引起的干扰。装置稳定的情况下，氢碳比指标能够控制在1.02-1.03优化目标范围内，但在干扰因素变化较大较快的情况下，受制于 APC 控制周期固定、周期较慢，不能及时有效调节氢碳比至正常范围。所以，此方案只能在装置运行相对平稳的工况下实现氢碳比的自动控制。

（三）MPC 多模型切换控制

此方案即是在方案二的基础上增加了对实际工况的判断条件，设定切换阈值，分别建立建立2个不同执行周期的控制器。当氢碳比数值较前一分钟分析值的平均值相比小于10%时，通过平台内部逻辑切换至长周期控制器，控制周期为30秒，将氢碳比向1.02-1.03优化目标范围内推进；当氢碳比数值较前一分钟分析值的平均值相比大于10%时，切换至短周期控制器，控制周期为5秒，避免氢碳比发生较大波动。此方案兼顾了"稳态"和"敏态"的双模态控制方式，在工况平稳时优化氢碳比目标，在工况变化时稳定氢碳比，避免波动。图6为两个控制器的模型关系。

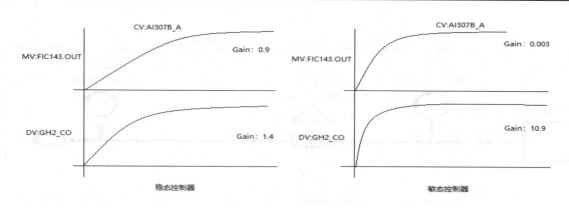

图6 稳态和敏态模型关系

六、效果对比分析

（一）智能专家控制分析

图7、图8为智能专家控制实际运行效果，蓝色曲线为氢碳比、红色曲线为补充氢阀位。从7图中可以看出，氢碳比控制相对平稳，控制指标在1.01–1.04范围内波动，专家控制基本能够模拟操作人员的操作方式进行参数调节。但从图8中可以看出，当氢碳比控制波动较大时，补充氢气阀位调节幅度过大，主要原因在于曲线拟合算法中的拟合参数精度不够，控制误差在波动增大的情况下被放大，最终切换到手动进行控制。

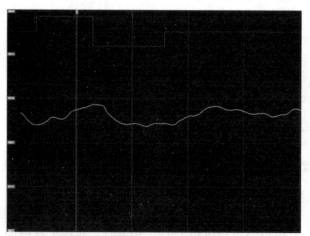

图7 智能专家控制氢碳比趋势图1

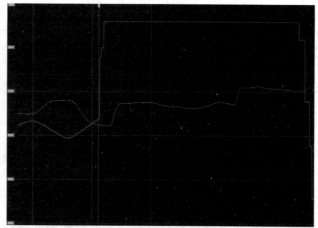

图8 智能专家控制氢碳比趋势图2

（二）MPC模型预测控制分析

图9、图10为MPC模型预测控制实际运行效果，蓝色曲线为氢碳比、红色曲线为补充氢阀位、黄色曲线为阀前氢碳比。从9图中可以看出，氢碳比控制平稳，控制指标在1.02–1.03优化目标范围内波动。但从图10中可以看出，当装置存在波动时，先进控制调节速度慢，导致氢碳比波动继续增大，故切换人工手动控制，人工调整平稳后，继续投用控制器。

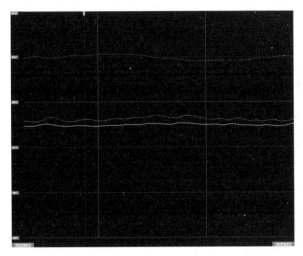

图 9 模型预测控制趋势图 1

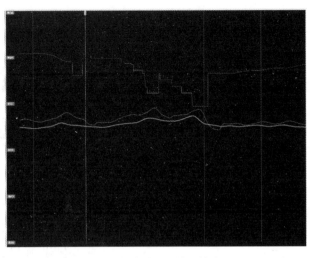

图 10 模型预测控制趋势图 2

（三）多模型切换控制分析

图 11、图 12 为模型切换控制实际运行效果，蓝色曲线为氢碳比、红色曲线为补充氢阀位、黄色曲线为阀前氢碳比。从 11 图中可以看出，氢碳比波动小时，"稳态"控制器运行，控制指标在

1.02–1.03 优化目标范围内波动；从图 12 中可以看出，当装置存在较大波动时，切换至"敏态"控制器进行调节，补充氢气阀位调节频率和幅度增大，能够应对外界干扰，氢碳比指标在短暂的波动后恢复平稳控制。

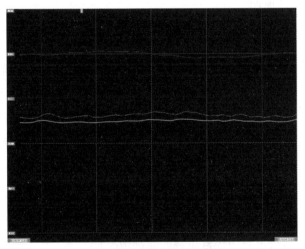

图 11 模型切换控制趋势图 1

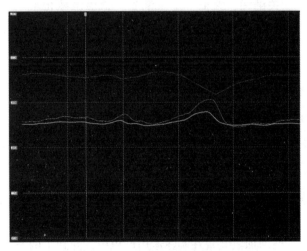

图 12 模型切换控制趋势图 2

从三组对比结果来看，模型切换控制在实际生产中表现最优，能应对工况变化带来的干扰。方案一虽然在实施中投入了大量的时间和精力，但实际效果并不理想。用历史数据做曲线拟合，得到拟合参数，再对补充氢阀位进行反算，此方式考虑的因素过于理想，当环境温度、压强、体积等发生变化时，拟合参数就会与当前工况不符，公式只在阀门理想开度 30–70% 时，最线性的区间段有效，并且要求管线内气体温度和压力波动不能过大，公式在计算流量时完全规避了气体膨胀系数等客观因素，

故在实际应用中不能应对工况变化带来的干扰。

7　结语

通过丁辛醇氢碳比控制的实施，采用多模型自动切换的方式实现自动控制，与传统意义的先进控制建模相比，此方法在实际应用中控制精度更高，抗扰动性更强。

参考文献：

[1] 丁辛醇装置工艺规程

[2] 浅析影响丁醇装置羰基合成反应的因素

浅析柴油加氢装置的
低温湿硫化氢腐蚀与防护

罗廷源

（中国石化塔河炼化有限责任公司）

摘要： 在当前石油产品的精制、改质和重油加工过程中，加氢技术发挥着至关重要的作用，能够在很大程度上提升原油的加工深度，积极有效的保证和提升产品的质量。柴油加氢装置充分利用了加氢技术这一优势，为有效开展清洁环保型柴油的生产工作，提供了良好的前提条件。本文主要是从柴油加氢装置受到腐蚀情况的分析入手，针对柴油加氢装置的腐蚀机理进行全面分析和说明，相应的提出了一些柴油加氢装置低温湿硫化氢的有效防护工作措施。

关键词： 柴油　加氢装置　低温湿硫化氢　腐蚀　保护

在当前社会中，柴油加氢装置在实际运用的时候，容易出现一些腐蚀情况，针对这些情况进行全面有效的分析，能够发现其主要是受到硫化氢方面的腐蚀，需要积极采用切实有效的方式和手段进行防护，这样才能够起到良好的效果，促进产品生产工作的顺利进行。

1　柴油加氢装置受到腐蚀情况的分析

柴油加氢装置在实际运用过程中，受到了两方面的腐蚀介质的影响：一方面是高压氢，另一方面则是在脱硫过程中逐渐产生的氯化铵和硫化氢。在这些腐蚀介质的影响下，柴油加氢装置很容易受到腐蚀，主要是集中在这几个方面：第一，临氢设备和管线的高温高压腐蚀，这种腐蚀情况，主要是存在着柴油加氢装置中的反应器、管线和反应产物的换热器方面，想要减少腐蚀情况，需要积极开展设备安装、制造和装置设计方面的监控工作。第二，在高压空冷器之中会产生大量的结垢腐蚀，这主要是 NH_4CL-N_4HHs 方面。针对高压空冷器方面产生的腐蚀情况，需要积极开展相应的监测工作，这主要是针对其中的 NH_3 和 H_2S 中的浓度和介质流速进行全面监测，通过这些检查工作，针对高压空冷器中的腐蚀情况进行良好预测，想要积极控制这种腐蚀情况，可以积极添加一定的水溶性缓蚀剂和抑制剂，或者增加其中的注水量，这样都能够起到良好的效果。第三，柴油加氢装置在停工过程中，容易产生一些连多硫酸应力腐蚀，这是柴油加氢装置运行过程中经常出现的腐蚀情况。

2　柴油加氢装置的腐蚀机理

针对柴油加氢装置的腐蚀机理进行全面分析，将能够为有效开展相应的保护工作，提供良好的前提条件。

2.1　全面分辨柴油加氢装置腐蚀介质的来源

柴油，其中包含了较多方面的元素，当其处在加氢条件的时候，能够除去其中存在着的一些杂质，主要是包含了 CL、S、O、S 方面，这样能够生成一些相应的腐蚀介质，给柴油加氢装置造成不良影响。针对柴油的腐蚀介质中主要是包含了 H_2O、NH_3、HCL 以及 H_2S 方面。这些介质的存在，高于进料中所包含的腐蚀物含量，对于柴油加氢装置本身的影响更为明显。

2.2 柴油加氢装置受到的腐蚀环境

在高压空冷器之中，NH_3 的集中性是最为明显的，能够针对塔和分馏塔塔顶气体和方面的吸收情况最为稳定，也是最为常见的，在这中间，H_2S 本身的质量分数 $5000\mu g/g \sim 10000\mu g/g$，当 H_2S 和一些含水物流或者是液相水保持着共存状态的时候，将会形成相应的湿硫化氢腐蚀环境，也就是通常所见的 H_2S-H_2O 环境，这对于柴油加氢装置的良好运行十分不利，主要是因为这种环境产生的腐蚀不仅有化学方面的，还有着应力方面的。

2.3 柴油加氢装置腐蚀过程和形态方面的情况分析

针对柴油加氢装置受到腐蚀的形态进行全面分析，能够发现，其主要是表现在湿硫化氢的应力腐蚀和设备本身出现均匀性状态的减薄方面。柴油在湿硫化氢的环境下，将会产生相应的硫化铁，通常情况下，硫化铁在产生的过程中，能够沉积在金属的表面上，从而形成相应的保护膜，但因为硫化铁膜本身就不是一些缓蚀剂膜，当氯化氢存在少量的水之中，将会形成高浓度的酸液，这就会对于硫化铁保护膜产生不同程度的破坏。同时如果在水中存在着过量的硫化氢的时候，硫化铁产生的膜厚度将会不断增加，但是需要注意到的是，硫化铁膜本身具有一定的脆性，当其达到一定的厚度之后，该液体系统之中的介质流速，将会使得金属表面上的硫化铁膜产生剥离情况，这时候，失去硫化铁膜保护的金属，将会重新暴露在系统的腐蚀介质中，从而腐蚀过程将会出现加速的情况。腐蚀工作不断加快，相应的会再次形成硫化铁保护膜，并再次被腐蚀，在循环往复之中，钢表面将会受到大面积的腐蚀。

3 柴油加氢装置低温湿硫化氢的有效防护工作措施

针对柴油加氢装置受到低温湿硫化氢的腐蚀影响，需要积极采用切实有效的方式和手段加以应对，才能够积极提升其本身的运行效果，缓解其受到湿硫化氢的腐蚀情况。

3.1 采用合理的设计方式，积极开展正确的选材工作

针对柴油加氢装置所受到的低温湿硫化氢腐蚀的影响，需要针对相应设备进行全面设计，从源头上提升其抗腐蚀性，同时还需要积极采用合理的选材工作，不断提升柴油加氢装置设计材料的抗腐蚀效果。首先，需要针对环境破裂情况进行有效控制，这其中主要是需要积极使用到 API RP942，这样能有效提升碳钢炼油设备的焊缝硬度。其次，需要积极选择合适的方式和措施，提升腐蚀性石油炼制环境中出现的开裂情况，这时候，需要积极使用 NACE RP0472。再者，积极使用 NACF MR0175 同样能够发挥良好的抗腐蚀性，这是有效减少柴油加氢装置受到硫化氢腐蚀开裂的材料。

2# 加氢装置反应流出物/低分油换热器原管束材质为 15CrMo，在 2015 年至 2017 年 3 年时间内共发生 3 次管束腐蚀泄漏导致装置停工。2018 年 5 月，对反应流出物/低分油换热器管束材质升级为 NS1402，运行近一年暂未发生泄漏。

3.2 充分发挥加氢缓蚀剂在柴油加氢装置中的应用效果

针对加氢缓蚀剂进行全面分析，针对其应用在柴油加氢装置中的情况进行全面试验，将能够及时发现其中的优势和不足，为后续积极开展相应的试验应用工作，提供良好的前提条件。

3.2.1 加氢缓蚀剂的缓蚀机理

针对加氢缓蚀剂进行全面分析，能够发现，其中存在着多种缓蚀成分，主要是成膜胺、含三键的醇类以及含芳环的咪唑啉季按盐等方面。加氢缓蚀剂本身所产生的缓蚀作用，主要是体现在 N 原子上的金属离子和孤对电子本身的空轨道，将会形成相应的配位键，由此产生一定的吸附作用，形成保护膜，这种保护膜本身具有着明显的疏水性，将腐蚀介质进行有效隔离，有效控制了金属腐蚀过程中的阴阳离子作用情况。不同缓蚀剂在实际应用过程中，表现出不同的特征，而针对这些缓蚀剂所表现出的情况，进行充分应用，将能够积极提升其协定效果，从而产生良好的补膜效果，对于提升柴油加

氢装置的缓蚀效果，具有积极意义。

3.2.2 加氢缓蚀剂使用情况

2#加氢装置使用缓蚀剂为分馏缓蚀剂SF-121D及低分油缓蚀剂RUN235T。图1、图2为装置含硫污水铁离子含量与PH值2018年平均值趋势图。

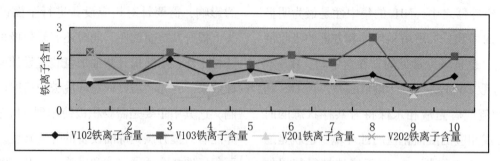

图1　2018年含硫污水铁离子平均值趋势图

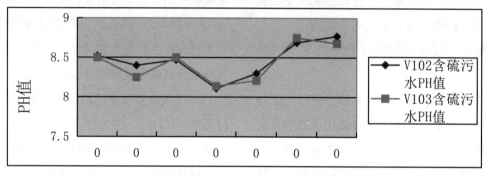

图2　2018年含硫污水铁离子平均值趋势图

根据加氢管道腐蚀原因分析及缓蚀剂加注方案应用在2#加制氢塔顶线及高压空冷入口管线，取得较好防腐效果，见表1。

表1　缓蚀剂对管线保护效果分析表

管道位置	介质	原始壁厚 mm	缓蚀剂注入量 ppm	腐蚀速率 mm/a	腐蚀程度
V201 含硫污水	含硫污水	7	8 ~ 10	0.22	轻
V202 含硫污水	含硫污水	7	8 ~ 10	0.17	轻
E105 入口线	反应流出物	22	10 ~ 30	0.45	轻

4. 结束语

柴油加氢装置，在实际应用的过程中，容易产生一定的腐蚀情况，这主要是受到低温湿硫化氢方面的影响。针对这种情况，需要积极采用切实有效的方式和手段加以应对。采用合理的设计方式，积极开展正确的选材工作，充分发挥加氢缓蚀剂在柴油加氢装置中的应用效果，是柴油加氢装置低温湿硫化氢的有效防护工作措施和方式，对于有效降低柴油加氢装置受到低温湿硫化氢的负面影响情况具有积极意义和作用。

参考文献：

[1] 庞洪强，王玮，苗海滨，等. 柴油加氢装置工艺管线湿硫化氢腐蚀与防护 [J]. 设备管理与维修，2016(4):96-97.

[2] 李亚菲，吴璐君，孙永烨. 浅析湿硫化氢对石油设备的腐蚀与防护 [J]. 中国西部科技，2014(8):65-66.

[3] 王军，穆海涛，张岳峰. 加氢装置硫化氢腐蚀问题分析及对策 [J]. 安全、健康和环境，2016, 16(10):13-17.

[4] 左超，段玉科，王建平，张龙. 柴油加氢装置的低温湿硫化氢腐蚀与防护 [J]. 石油化工腐蚀与防护，2007, 24(1):61.

S-Zorb 原料汽油选择性
加氢降烯烃工业应用

匡洪生[1]　王　慧[1]　黄喜阳[2]　罗雄威[1]　曾志煜[1]

（1 湖南长炼新材料科技股份公司，2 中石化湖南石油化工有限公司）

摘要： 本文针对湖南石化面临汽油池烯烃含量高、催化汽油调和比例受限以及汽油质量升级要求等问题，开发了 S-Zorb 原料汽油选择性加氢降烯烃技术并成功实现工业应用。工业应用情况表明，加氢汽油烯烃含量 14.9 ~ 17.8%，辛烷值损失小于 0.5 个单位，稳定汽油烯烃含量保持在 10.9 ~ 15.0%，满足国 VIB 汽油质量升级烯烃含量要求，减少汽油调合成本，使稳定汽油烯烃含量的调整更为灵活；同时延缓了 S-Zorb 吸附脱硫装置换热器、加热炉器壁高温部位的结焦，提高了换热效率，节约加热炉瓦斯用量 300Nm³·h⁻¹；降低了待生吸附剂积碳量，由 3% 降至 1.23%，延缓了催化体系生焦趋势，有利于催化剂脱硫性能发挥，延长了催化剂单程使用周期。

关键词： S-Zorb 原料汽油　加氢　催化剂　烯烃　二烯烃　辛烷值

1　前言

湖南石化一区（原中石化长岭分公司）1#S-Zorb 装置处理能力为 150 万吨 / 年，加工原料主要为 3# 催化汽油、1#FCC 汽油及少量重整戊烷油。随着汽油国 VIB 标准的执行，对汽油烯烃含量限值提出了更高的要求，烯烃含量下降至 15.0%。对于长岭炼化而言，汽油池中 S-Zorb 装置汽油占比为 78.38%，面临汽油池烯烃含量高、催化汽油调和比例受限的问题，进而影响全厂国 VI 汽油生产及销售。

S-Zorb 汽油吸附脱硫工艺技术的优点是获得超低硫汽油的同时辛烷值损失较小，但湖南石化在运行过程发现存在汽油产品干点上升、换热设备器壁（如原料换热器、预热炉）结焦，降低设备换热效率，增大加工能耗等问题。通过查阅相关文献资料以及物料分析发现，催化汽油中含有少量二烯烃，在高温环境下易发生聚合，同时会作为引发剂，诱

导烯烃进一步聚合，最终导致装置高温部件结焦、汽油干点上升等问题。

为解决汽油产品质量升级、产率、销售、上游催化装置的加工苛刻度及装置长周期等问题。湖南长炼新材料科技股份公司与湖南石化联合开展了 S-Zorb 原料汽油选择性加氢降烯烃技术研究，开发了 S-Zorb 原料汽油 FITS(Flexible and innovative tube reactor with selective liquid-phase hydrogenation technology) 预加氢技术。该技术于 2022 年 9 月在湖南石化一区 1#S-Zorb 装置成功实施工业应用，规模为 150t/h，平稳运行至今，原料汽油烯烃含量 19 ~ 25%，加氢汽油烯烃含量 14.9 ~ 17.8%，稳定汽油烯烃含量保持在 10.9 ~ 15.0%，满足国 VIB 汽油质量升级烯烃含量要求。加氢降烯烃工业装置投用后，有利于 S-Zorb 吸附脱硫装置长周期稳定运行，延缓了换热器、加热炉器壁高温部位的结焦，提高换热及加热炉热效率，节约瓦斯用量

90Nm³·h⁻¹；汽油干点未发生明显上升趋势；S-Zorb 装置待生吸附剂积碳量 3% 降至 1.72%，延缓了催化体系生焦趋势，有利于催化剂脱硫性能发挥及延长催化剂单程使用周期，提高 S-Zorb 装置脱硫效果（稳定汽油平均硫含量由 5.5μg.g⁻¹ 降至 3.5μg.g⁻¹）及处理负荷。

2　工业应用

2.1　加氢降烯烃工业装置原则流程

加氢降烯烃工业装置工艺原则流程见图 1。催化汽油自 1#S-Zorb 装置反应进料泵 P101 出口来，先通过进料蒸汽加热器 E-115 进行预热，后在换热器 E-114A/B 与自吸附进料换热器来的脱硫反应产物（200 ~ 230℃）换热；自循环氢压缩机来的氢气通过蒸汽加热器 E116 进行升温，后与换热后的原料油在反应器底部混合段内进行高效混合，混合物料自下向上流经管式反应器内催化剂床层，在催化剂的作用下发生加氢反应。加氢反应产物通过 E-101A ~ F 吸附进料换热器换热升温后去吸附进料加热炉 F-101，脱硫反应产物在 E-114A/B 与原料油换热后去热产物气液分离罐。

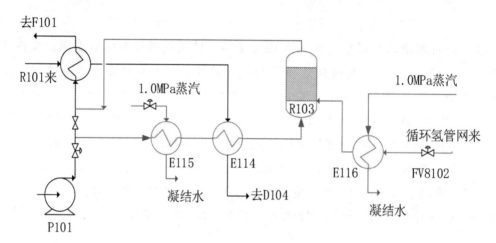

图 1　加氢降烯烃工业装置原则流程图

2.2　工业应用效果

2.2.1　烯烃脱除效果

装置运行期间，汽油烯烃含量见图 2 所示。汽油原料烯烃含量在 19.0 ~ 24.0v% 之间波动。FITS 加氢汽油的烯烃含量为 14.9 ~ 17.0v%，S-Zorb 稳定汽油烯烃含量为 10.9 ~ 15.0%，满足国 VIB 汽油烯烃含量质量标准。

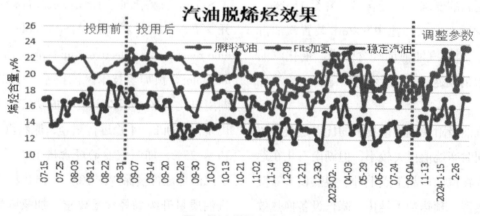

图 2　汽油烯烃含量变化

原料及加氢汽油烃族组成分析见表 1，原料汽油、加氢汽油的部分单体烃组成变化见表 2。从表 1、表 2 可以看出，原料汽油经 FITS 加氢后，加氢产物烯烃含量为 15.9v%，选择性脱除原料中 C4、

C5、C6 的异构烯烃，脱除量达到 4.94v%，该部分烯烃转变为异构烷烃，辛烷值损失较小，降低了 0.5 个单位，达到降烯烃同时尽量保留辛烷值的目的。

表 1　汽油加氢烃族组成变化

组成 /v%	原料汽油	加氢反应器出口
nP	5.84	10.28
iP	40.96	41.53
O	20.84	15.9
N	8.11	8.09
A	24.25	24.20
RON	91.9	91.4

表 2　汽油中部分单体烃分析数据

碳数	单体烯烃	烯烃含量 , v%			
		汽油原料	加氢反应器出口	脱除量	脱除率 /%
C4	丁烯	0.171	0.095	0.076	44.44
	反丁烯 -2	0.419	0.121	0.298	71.12
	顺丁烯 -2	0.443	0.182	0.261	58.92
	小计	1.033	0.398	0.635	61.47
C5	3- 甲基丁烯 -1	0.209	0.11	0.099	47.37
	戊烯 -1	0.74	0.296	0.444	60.00
	2- 甲基丁烯 -1	1.688	1.000	0.688	40.76
	反戊烯 -2	1.444	0.975	0.469	32.48
	顺戊烯 -2	1.01	0.682	0.328	32.48
	环戊烯	0.48	0.136	0.344	71.67
	小计	5.571	3.199	2.372	42.58
C6	反 -3- 甲基戊烯 -2	0.664	0.522	0.142	21.39
	4- 甲基戊烯 -1	0.188	0.083	0.105	55.85
	3- 甲基戊烯 -1	0.228	0.02	0.208	91.23
	顺 -4- 甲基戊烯 -2	0.192	0.082	0.11	57.29
	2- 甲基戊烯 -1	0.437	0.301	0.136	31.12
	己烯 -1	0.22	0.22	0	0.00
	2- 乙基丁烯 -1	0.117	0.117	0	0.00
	反己烯 -3	0.297	0.085	0.212	71.38
	顺己烯 -3	0.147	0.08	0.067	45.58
	反己烯 -2	0.391	0.08	0.311	79.54

碳数	单体烯烃	烯烃含量，v%			
		汽油原料	加氢反应器出口	脱除量	脱除率/%
C6	2-甲基戊烯-2	0.668	0.314	0.354	52.99
	3-甲基环戊烯	0.553	0.492	0.061	11.03
	顺己烯-2	0.221	0.176	0.045	20.36
	碳六烯烃	0.084	0.084	0	0.00
	反-3-甲基戊烯-2	0.66	0.525	0.135	20.45
	1-甲基环戊烯	0.465	0.422	0.043	9.25
	环己烯	0.05	0.046	0.004	8.00
	碳六环烯	0.004	0.004	0	0.00
	小计	5.586	3.653	1.933	34.60
	总计	12.19	7.25	4.94	40.53

2.2.2 二烯烃脱除效果

经分析 S-Zorb 催化汽油原料中二烯烃含量为 0.268-0.332m%，二烯烃较为活泼，极易在换热器或加热炉器壁的高温部位聚合生焦。

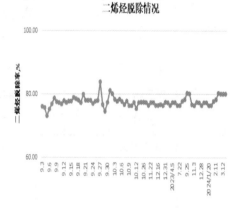

图 3　加氢汽油二烯烃含量变化

由表 3 可知，原料汽油经过降烯烃加氢反应器后，二烯烃脱除率大于 75%，加氢汽油二烯烃大部分被脱除，汽油中二烯烃的脱除可延缓装置换热器、加热炉等高温部位结焦，可提高换热器换热效率，有利于 S-Zorb 装置长周期运行。

表 3　二烯烃变化情况

碳数	单体烯烃	二烯烃含量 / v%			
		汽油原料	加氢反应器出口	脱除量	脱除率/%
C5	碳五二烯	0.038	0	0.038	100
	1,3-戊二烯	0.086	0	0.086	100
	1,3-环戊二烯	0.024	0	0.024	100
C6	2,3-二甲基-1,4-戊二烯	0.031	0.01	0.020	67.74
	1,3-环己二烯	0.027	0	0.027	100
C7	2,3-二甲基-1,4-戊二烯	0.028	0.013	0.015	53.57
	合计	0.234	0.023	0.211	90.17

2.2.3 辛烷值影响

由图 4 可知，原料汽油辛烷值在 91.0 ~ 93.5 之间波动，原料汽油辛烷值平均值约为 92.1，加氢汽油的辛烷值亦呈波动趋势。加氢汽油辛烷值最低为 90.8，最高为 93，加氢汽油辛烷值平均值 91.8，辛烷值损失平均值为 0.3（辛烷值损失 ≯ 1.25 个单位）。

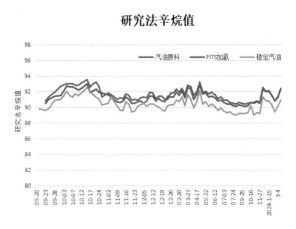

图 4   汽油辛烷值变化

2.2.4 原料及产品性质

S-Zorb 装置典型汽油原料、加氢汽油、稳定汽油外观，部分性质分析结果见表 4，汽油原料经加氢后，加氢产物澄清透明，密度及干点下降，烯烃从 20.8% 降低至 15.9%，脱除量 4.9v%，辛烷值损失小于 0.5。

表 4   汽油性质

项目	原料汽油	加氢汽油	稳定汽油
密度 /Kg.m^{-3}	736.6	734.7	730.6
馏程 /℃			
初馏点	37	39	37
10%–20%	54–62	53.5–61	51–57
30%–40%	72–80	70–82	66–79.5
50%–60%	101–120.5	98.5–118	96–115
70%–80%	141–158.5	139–158.5	137–157
90%–95%	178.5–196.5	178.5–197	177–196
终馏点	217.5	216.5	217.0
硫含量 /ug.g^{-1}	348.9	353.4	2.3
烯烃 /v%	20.8	15.9	13.2
芳烃 /v%	24.25	24.2	23.8
苯 /v%	0.64	0.63	0.65
RON	91.9	91.4	90.9

2.2.5 稳定汽油烯烃变化情况

加氢降烯烃装置投用前，稳定汽油烯烃含量最高值达 19.9v%，平均值约 15.9v%。加氢降烯烃装置投用并稳定运行后，稳定汽油烯烃平均含量稳定在 14.0v%，满足国 VIB 汽油质量升级要求。表明加氢降烯烃装置投用后，使稳定汽油烯烃含量的调整更为灵活。

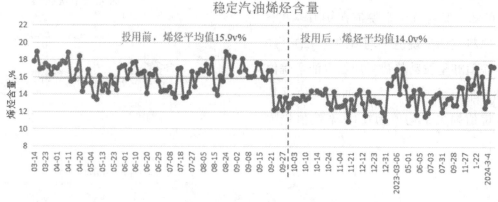

图5　稳定汽油烯烃含量变化

2.2.6　稳定汽油硫和干点变化情况

对 S-Zorb 装置 2022 年稳定汽油硫含量进行分析。加氢降烯烃装置投用前，S-Zorb 吸附脱硫装置硫含量平均值为 $5.4\mu g \cdot g^{-1}$，稳定汽油硫含量存在波动。加氢降烯烃装置投用并稳定后稳定汽油硫含量较为稳定，未出现大幅度波动，平均值为 $3.6\mu g \cdot g^{-1}$，最低为 $1\mu g \cdot g^{-1}$。带来此有益效果的原因，表明加氢降烯烃装置可脱除原料汽油中的部分二烯烃及烯烃，避免其在 S-Zorb 装置中与 H_2S 进一步反应生成硫醇，同时烯烃的减少也可减缓 S-Zorb 脱硫剂生焦的趋势，更有利于催化剂脱硫性能的发挥。

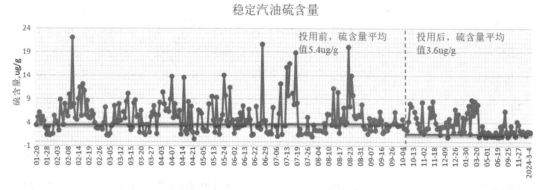

图6　稳定汽油硫含量变化

加氢降烯烃装置投用前，稳定汽油干点相较原料会上升 1～3℃，平均上升 1.84℃，从而影响 S-Zorb 装置汽油收率；投用后，二烯烃及部分烯烃脱除，降低了其在高温条件下缩聚产生高分子烃类，使稳定汽油干点上升平均值有所下降，稳定汽油干点较汽油原料干点上升仅为 0.41℃，干点降低有利于提高稳定汽油产率。

2.2.7　对换热设备影响

加氢降烯烃装置投用后，反应物料出口温度提高，E101 换热器出口温度上升，加热炉进料温度提高，从投用前 355℃ 提高至 364℃，可降低加热炉 F-101 负荷，F101 瓦斯用量由开工前 650 $Nm^3 \cdot h^{-1}$ 左右下降至当前 350$Nm^3 \cdot h^{-1}$ 左右下降 300$Nm^3 \cdot h^{-1}$，可节省 500 万元 / 年，且炉膛温度较之前下降 20～30℃，可延缓炉管高温结焦。

S-Zorb 反应器平均温升 18℃，加氢降烯烃装置投用后，平均温升下降 3℃，稳定汽油硫含量、烯烃含量未出现不合格，表明预加氢脱除部分烯烃，可降低 S-Zorb 装置运行苛刻度，有利于装置长周期运行。

2.2.8　吸附剂变化

加氢降烯烃装置投用后，S-Zorb 装置待生吸附剂碳含量明显下降，从 3% 下降至 1.23%，由此可推测，加氢降烯烃装置投用后可延缓 S-Zorb 催化体系的生焦速率、增加催化剂单程使用周期，提高 S-Zorb 装置脱硫效果及处理负荷。

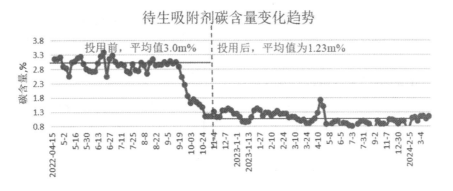

图 7　待生吸附剂碳含量变化

3　结论

本技术于 2022 年 9 月实施工业应用，加氢降烯烃工业装置平稳运行至今，原料汽油中烯烃含量 19-24v%，加氢汽油 14.9 ~ 17.0%，稳定汽油烯烃含量低于 15v%，满足国 VIB 汽油质量升级烯烃含量要求，减少汽油调合成本，使稳定汽油烯烃含量的调整更为灵活。

加氢降烯烃工业装置投用后，脱除了催化汽油原料中大部分二烯烃 (二烯烃脱除率＞ 75%)，可延缓换热器或加热炉器壁的高温部位结焦，提高换热效率，有利于 S-Zorb 装置长周期运行；节约瓦斯用量 300Nm^3·h^{-1}；S-Zorb 装置待生吸附剂积碳量 3% 降至 1.23%，可延缓 S-Zorb 催化体系的生焦趋势，有利于催化剂脱硫性能发挥及延长催化剂单程使用周期，提高 S-Zorb 装置脱硫效果 (稳定汽油平均硫含量由 5.4μg.g^{-1} 降至 3.6μg.g^{-1}) 及处理负荷。

参考文献：

[1] Hou Xianglin. China Refining Technology [M]. Beijing: China Petrochemical Press, 1991:25−32.

[2] Liu Lei, Song Caicai, Huang Huijiang, et al. Research progress on hydrogenation catalyst sulfurization [J]. Modern Chemical Industry, 2016,36 (3): 42−45.

[3] Zhao Leping, Li Yang, Liu Jihua, et al. Research on aromatization and olefin reduction technology for full run FCC gasoline [J]. Clean fuel production technology. 2005,3 (1): 18−22.

[4] Gao Buliang. Production technology for high octane gasoline components [M]. Beijing: China Petrochemical Press, 2005: 160−181.

[5] Li Dadong. Hydrogenation Process and Engineering [M]. Beijing: China Petrochemical Press, 2004:93−94.

[6] Ma Yongle, Wang Junfeng, Yu Hui, et al. Analysis of Propylene Production Technology by Fluid Catalytic Cracking [J]. Petroleum Refining and Chemical Industry, 2001,42 (10): 13−17.

[7] Lv Penggang, Liu Tao, Ye Xing, etc Research Progress on Improving the Performance of Propylene Additives for Increasing Production in FCC Processes [J]. Chemical Progress, 2022, 41 (01): 210−220.

[8] Yang Yongxing, Zhang Yuliang, Wang Lu, etc Ultra deep adsorption desulfurization of solvent oil on Ni/ZnO adsorbent [J]. Petrochemical, 2008,37 (03): 243−246.

[9] Fan Jingxin, Wang Gang, Zhang Wenhui, etc Research on the deep desulfurization performance of catalytic cracking gasoline reaction adsorption on Ni based adsorbents [J]. Modern Chemical, 2009,29 (51): 207−209.

[10] Qi Yanmei Research progress on S−Zorb clean gasoline production technology [J]. Petrochemical Technology, 2015,22 (04): 104−106.

[11] Xu Guangtong, Diao Yuxia, Zou Kang, etc Analysis of the deactivation reasons of adsorbents during gasoline desulfurization process in S−Zorb unit [J]. Petroleum Refining and Chemical Industry, 2011, 42 (12): 1−6.

[12] Zheng Jingzhi, Xi Qiang. Research progress on catalysts for selective hydrogenation of alkynes and dienes

[J]. Hubei Chemical Industry, 2003, (1): 4−5.

[13] Liu Yongcai, Liu Chuanqin Analysis and Measures for the Excessive Loss of Gasoline Octane Number in S−Zorb Unit [J]. Qilu Petrochemical, 2012,40 (3): 230−236.

[14] NieHong,LiHuifeng,YangQinghe,etal.Effect of structure and stability of active phase on catalytic performance of hydroteating catalysts[J].Catalysis Today,2018,316:13−20.

[15] Gao Y,Han W,Long X,etal.Preparation of hydrodesulfurization catalysts us−ing MoS$_3$ nanoparticles as a precursor[J].Applied Catalysis B: Environment al,2018,224:330−340.

[16] Zhang Y,Han W,Long X,etal. Redispersion effects of citric acid on CoMo/γ 1Al$_2$O$_3$ hydrodesulfurization catalysts[J].Catalysis Communications,2016,82:20−23.

[17] TopsØe H,Clausen B S,Massoth F E.Hydrotreating catalysis:Science and technology[J]. Catalysis Today,1996,21(2).

[18] TopsØe H,Bjerne S,Clausen B S.Activesites and support effects in hrdrode sulfurization catalysts[J].Applied Catalysis,1986,25(1/2):273−293.

[19] Brorson M,Carlsson A,TopsØe H.The morphology of MoS$_2$,WS$_2$,Co−Mo,Ni−Mo−S and Ni−W−S nanoclusters in hydrode sulfurization catalysts revealed by HAADF−STEM[J].Catalysis Today,2007,123(1/2/3/4):31−36.

[20] Sun Wantang, Wang Guangjian, Wang Tangbo, et al. The effect of chelating agents on hydrogenation refining catalysts [J]. Refining Technology and Engineering, 2016,46 (3): 1−5.

[21] Zhang Shaojin, Zhou Yasong, Ma Haifeng, et al Preparation and properties of Y−CTS composite carrier [J]. Journal of Petroleum: Petroleum Processing, 2007,23 (2): 83−87.

[22] Liu Xinmei, Yan Zifeng. Chemical modification of USY molecular sieve with citric acid [J]. Journal of Chemistry, 2000,58 (8): 1009−1014.

[23] Zhao Yan. Study on the pore structure of alumina (pseudo boehmite) [J]. Industrial Catalysis, 2002,10 (1): 55−6.

[24] Chai Yongming, An Gaojun, Liu Yunqi, et al. Mechanism of catalytic hydrogenation of transition metal sulfide catalysts [J]. Chemical Progress, 2007,19 (2): 234−242.

[25] Ding Ning, Zeng Shanghong, Zhang Xiaohong, et al. The effect of carrier calcination temperature on the catalytic performance of Co/Al2O3 catalyst for F−T synthesis reaction [J]. Industrial Catalysis, 2012,20 (4): 11−16.

[26] Li Chenxi, et al. Understanding and research progress on the morphology and structure of active phases in hydrogenation catalysts [J]. Petroleum Refining and Chemical Industry, 2023,54 (2): 118−124.

[27] Jiang Fenghua, Wang Anjie, Hu Yongkang, et al. The influence of carrier acidity and sodium content on the hydrogenation desulfurization performance of Ni Mo catalysts [J]. Petroleum Refining and Chemical, 2011, 42 (1): 20−27.

红外热成像技术在制氢转化炉管故障诊断中的应用

陈　鹏　李银行　祁少栋

（岳阳长岭设备研究所有限公司）

摘要：文章论述了制氢转化炉辐射室炉管热故障的类型、炉管壁温监测的意义，通过应用实例介绍了红外技术在制氢转化炉炉管故障诊断的应用效果。

关键词：制氢转化炉　炉管　红外热成像　故障诊断

1　前言

制氢转化炉是制氢装置中转化反应的反应器。转化反应为强吸热反应及高温高压操作，属于装置的心脏设备。

制氢转化炉辐射室供热方式常见的为顶烧炉，其转化管受热形式主要为单排管双面辐射，火焰与炉管平行，火焰从上垂直向下燃烧，顶烧火焰集中在炉膛顶部，具有非常高的局部热强度，同时火焰焰峰处的管壁温度也最高（俗称3米点温度），最高管壁温度和热强度同时在转化管顶部位置是顶烧式转化炉的特点，同时也是造成转化管壁温分布不均匀、炉管壁温变化较大的重要原因。

顶烧炉上部供热较多，炉管纵向温度不能调节，在操作末期或催化剂积碳情况下，由于上部反应较少，管内介质温度升高较快，造成转化炉管管壁温度升高，对炉管寿命有较大影响，为控制最高管壁热强度不超标，需对炉管管壁温度严密监控。

2　制氢转化炉辐射室炉管热故障分类及原因分析

转化炉管热故障主要有以下几种类型：①燃烧器燃烧状态不佳，造成燃烧器火焰焰峰舔舐炉管，局部超温；②燃料不干净，造成部分炉管表面结垢

结焦；③转化管内催化剂中毒、积碳、粉碎，造成炉管"花斑""亮管"；④炉管高温氧化、高温蠕变、纵向弯曲变形；⑤炉管短节处开裂、蠕变裂纹、炉管局部减薄穿孔、爆管。

故障炉管的更换，不仅会使维修费用上升，加热炉运行过程中，情况严重时还会造成非计划停工，给生产造成很大的损失。综合分析炉管失效的原因，除因转化炉工作条件比较苛刻外，各种炉管失效的形式均直接或间接地与炉膛温度场分布及炉管表面受热状态有关。

3　炉管的常规检测手段及检测盲区

在石化企业中，制氢转化炉辐射室炉管热故障时有发生，加强对制氢转化炉辐射室炉管的监测、避免事故的发生，显得十分必要。而石化企业加热炉辐射室炉管壁温常规测量方法有两种：热电偶在线检测和光电式或光学式辐射测温法检测，而这两种方法在制氢转化炉高温炉管监控中均有监测盲区，难以掌握全炉的热状态，只适用于加热炉的运行监控，不能有效地进行炉管的故障监测和诊断。

4　红外热成像技术在制氢转化炉辐射室炉管壁温监测中的优势

红外热成像方法是利用不为人眼所见的红外辐

射来测量物体表面温度的一种技术，属于非接触式检测，具有安全、准确、灵敏、直观、快速、分辨率高、测温范围广等特点，可实时、连续检测物体表面瞬态的二维温度场分布、显示多样化，便于发现过热点、过热区的分布，直观了解热像的形状形态，便于热故障类型的分析诊断。

红外热像仪对高温炉管表面温度的监测，可以获得炉管表面红外辐射强度的热像图，通过分析软件对热图的分析，能够确定炉管表面是否过热、受热是否均匀，判断炉管是否存在蠕变弯曲、积碳、结垢、表面氧化、氧化爆皮等故障。红外热像仪还可对燃烧器燃烧状况进行监测，了解炉膛温度是否

均匀。该技术尤其适用于高温炉管的安全监测，它的分析诊断功能是其它测温方法所无法替代的。

5　红外热成像技术在制氢转化炉辐射室炉管故障诊断中的案例应用

5.1　案例1：制氢转化炉辐射室炉管"红管"故障

中石化某分公司制氢装置1#转化炉辐射室在例行红外监测中发现个别炉管通体发红，并逐渐演变成周边5根炉管相继发红，特进行红外跟踪监测与诊断。

故障转化炉部分工艺指标如表1。

表1：　1#转化炉部分工艺控制指标：

指标分类	指标名称		控制指标值
1	转化炉入口温度	℃	460～500
2	转化炉出口温度	℃	660～800
3	水碳比　　不低于		4.0：1
5	炉膛温度	℃	≥980
6	中变床层温度	℃	340～440
7	低变床层温度	℃	160～230
8	甲烷化床层温度	℃	270～430
9	出口压力	MPa	1.5
10	处理量	t/h	2.573
11	炉管材质	HP40	1050℃

现场监测与诊断：

通过短波红外热像仪及随机红外分析软件对热图进行温度校正和分析。监测时，重点考察5根发

红转化炉管的上、中、下部的炉管表面热强度，见图1；异常红管照片，见图2。部分故障红管热像图及相应数据分别见图3、表2。

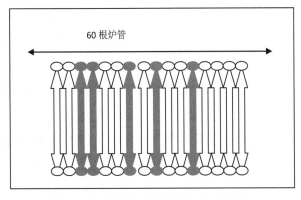

图1　1#制氢转化炉红管分布示意图

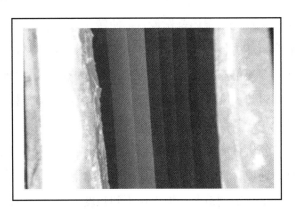

图2　异常红管数码图

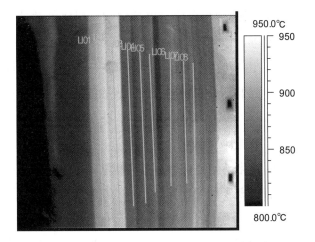

图3　转化炉四层平台1#看火孔红外热图

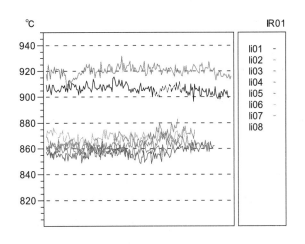

表2：　制氢1#转化炉各层平台看火孔正常炉管与异常红管温度对比表

平台层数	看火孔编号							
	1		2		3		4	
	正常炉管最高温℃	西端两根红管最高温℃	正常炉管最高温℃	中段红管最高温℃	正常炉管最高温℃	中段红管最高温℃	正常炉管最高温℃	中段红管最高温℃
三层（下）	863～884	895、908	868～906	904	901～911	955	889～917	931
四层（中）	867～882	915、931	860～887	905	865～884	932	850～879	922
五层（上）	841～855	930、895	854～885	906	833～858	872～881	840～858	870

异常红管现象分析：

红外测试表明，故障红管外壁表面温度偏高，由表2数据可见，故障红管表面温度比正常炉管偏高了30至50℃左右，其中，西端发红炉管最高温度达931℃，中部发红炉管最高温度达955℃。为了分析故障红管温度偏高的原因，在监测故障红管时，对燃烧器火嘴进行检查，未发现单边侧烧现象，所有火嘴全部燃烧正常，据此初步分析认为是炉管内存在催化剂"积碳"导致的超温。

其原因主要是制氢工艺流程中采用的是转化法。转化炉内在催化剂存在条件下富含甲烷的干气等轻烃原料与水蒸汽反应生成 H_2、CO、CO_2 等产物，随后经过净化获得纯净的氢气。而转化反应是强吸热反应，反应所需热量由炉膛提供。转化催化剂的活性成分是镍，镍催化剂在和有害杂质如硫、氯、砷接触时，极易中毒丧失活性；不饱和烃类易使转化催化剂积碳，积碳发生后，炭沉积覆盖在催化剂表面、堵塞微孔，催化剂的活性也将变差。不管转化催化剂是中毒还是积碳，都使转化过程恶化，影响产氢能力，在此状态下，反应混合气体携热效果变差，不能有效地将热量带走，导致炉管床层出现局部过热、热带、热管。通过转化反应流程的分析，转化炉炉管红管确实和催化剂积碳关系密切。

分析认为，(1) 装置开停工对催化剂的反复氧化、还原，造成了催化剂在一定压力下的破碎，另外，催化剂制造时，炉火达不到强度要求也会引起催化剂的破碎。(2) 炉管装填催化剂高空堕落，造成催化剂破碎。

整改建议：

(1) 在装置停工过程中、脱硫系统与转化系统串联热氮循环前，残留在脱硫系统床层中的烃类会不断的析出进入转化炉，而转化已停止配汽，导致循环介质进入各炉管的量出现偏流现象，离进料端近的炉管吸收的烃类较多，结碳比较严重，故开工后发生红管现象；远离进料端的炉管吸收介质较少结碳较轻，故红管现象稍好，但其中的催化剂已发生损坏。

(2) 发红炉管表面温度较高，初步诊断为炉管内催化剂积碳。其炉管材质为HP40，设计使用温度为900℃，最高使用温度为1050℃。为了不使炉管长时间处于超使用温度状态下工作，而使炉管的使用寿命大大缩短，建议在适当情况下停工更换催化剂。

(3) 由于炉管表面温度较高，炉管表面发红，建议调节故障炉管周围的燃烧器，将火嘴火焰长度适当提高，将表面温度较高炉管表面温度控制在820℃～850℃较好。

(4) 测试炉膛负压，以确定烟气引风机的抽力是否足够，以使火焰不舔炉管。

(5) 由于装置无法停工处理，只能对炉管表面温度加强监测，密切注意炉管表面温度变化趋势。

5.2 案例2：制氢转化炉辐射室炉管"弯曲、贴靠""花斑"故障

中石化某分公司炼油二部制氢转化炉F7102部分炉管出现了炉管"弯曲"、"花斑"及局部区域高温情况，为确保其设备安全运行，我公司对其制氢转化炉F7102辐射室炉管进行了在线红外热成像检测。故障转化炉部分工艺指标见下表3：

表3：　制氢转化炉F7102测试时DCS部分运行数据

序号	指标名称	指标值	测试日运行值
1	进料量 Nm³/h	6000	5900
2	炉膛温度℃	1050	988
3	辐射室入口/出口温度℃	520/820	522/788
4	炉管管壁热偶温度 ℃	无	—
5	燃料类型	PSA 尾气	PSA 尾气
6	燃料用量 kg/h	—	7638
7	烟气排烟温度℃	低于170	208

故障炉管表面温度热图分析

炉管表面温度局部区域高温，或同根炉管上下温差较大，个别炉管表面最高值达920℃左右。如下图：

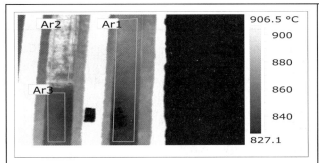
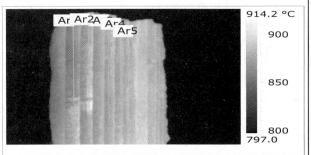

文件名	IR_0451_ 新炉二层北面西 4（东 1）看火门第 19、20 根炉管 .jpg	
Ar1 平均温度	848.7° C	
Ar2 平均温度	883.2° C	
Ar3 平均温度	845.1° C	
Ar1 最高温度	875.4° C	
Ar2 最高温度	920.4° C	
Ar3 最高温度	861.1° C	

注：新炉二层二层北面西 4 看火孔第 20 根炉管上下区域 Ar2 和 Ar3 温差约有 40℃ ~ 60℃。

文件名	IR_0455_ 新炉二层东面北 1 看火门北炉管北侧 .jpg	
Ar1 平均温度	865.6° C	
Ar2 平均温度	882.4° C	
Ar3 平均温度	873.2° C	
Ar4 平均温度	880.0° C	
Ar5 平均温度	884.4° C	
Ar1 最高温度	889.5° C	
Ar2 最高温度	918.5° C	
Ar3 最高温度	883.2° C	
Ar4 最高温度	897.2° C	
Ar5 最高温度	895.0° C	

（2）炉管表面存在云团状区域高温或花斑，判断炉管内催化剂或存在失效故障。如图：

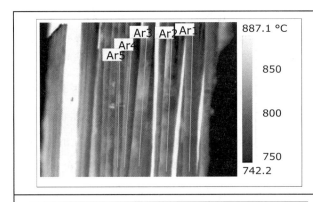
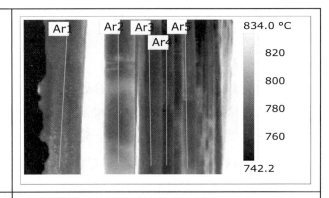

文件名	IR_0489_ 老炉三层西面北 1 看火门北炉管北侧 ..jpg

文件名	IR_0490_ 老炉三层西面北 3 看火门北炉管南侧 .jpg

（3）个别炉管出现弯曲、贴靠情况。如下图：

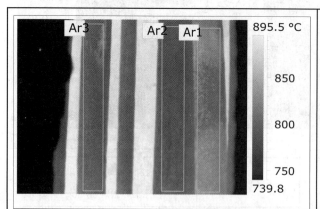

文件名	IR_0434_ 老炉二层北面西 3 看火门第 13、14、15 根炉管 .jpg

注：老炉二层北面西 3 看火门第 13、14 根炉管弯曲，相靠相贴。

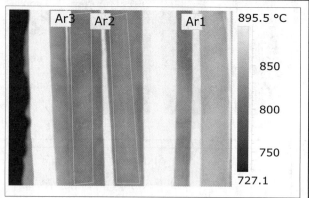

文件名	IR_0437_ 老炉二层北面西 4 看火门第 20、21、22 根炉管 .jpg

注：老炉二层北面西 4 看火门第 21、22 根炉管弯曲，有贴靠趋势。

故障炉管原因分析与结论：

（1）制氢转化炉 F7102 辐射室内炉管材质为 HP40Nb（25Cr-35Ni-Nb），其炉管设计温度为 900℃，使用温度为 850℃，参照《管式加热炉》材质说明，其炉管材质最高使用温度为 1050℃（车间规定≯ 950℃）。测试日辐射室二层平台南北方向看火孔炉管表面温度实测平均值在 790℃～892℃之间，最高值在 806℃～920℃之间；新老炉辐射室二层、三层平台东西方向看火孔炉管表面温度实测平均值在 763℃～885℃之间，最高值在 790℃～919℃之间。

（2）转化炉 F7102 辐射室部分炉管出现弯曲、贴靠情况，具体部位是老炉二层北面西 3 看火门第 13、14 根炉管弯曲贴靠；老炉二层北面西 4 看火门第 21、22 根炉管弯曲贴靠；老炉二层南面西 3 看火门第 15、16 根炉管弯曲贴靠。

（3）转化炉个别炉管存在同根炉管表面温度上下温差约有 40℃～60℃情况，以及炉管表面存在云团状区域高温或"花斑"情况，判断为炉管内催化剂粉碎或是"剥皮"失效故障。建议加强对问题炉管的监测，特别是炉管弯曲、贴靠部位，严禁"问题炉管"超温，必要时可对弯曲炉管"打卡子"停用。

整改建议：

（1）由于装置生产等原因，暂时无法停工处理，只能对炉管加强监测，在保证转化炉工艺生产的前提下，调节故障炉管周围火嘴火焰长度、适当降低转化炉炉膛温度、适当增大水碳比，提高入炉水蒸气量。通过后续监测，炉管温度有所降低，与周围炉管温差减小；并建立炉管温度监测台账，加强与周围炉管温度对比，当出现温差较大或高于炉管设计温度的情况下及时采取措施，随后一直进行红外跟踪监测直至装置计划停工检修。

（2）制氢转化炉 F7102 运行已有 15 年，按照炉管设计寿命 10 万小时计算，炉管处于寿命后期，通过后期停工检修时对炉管热故障验证的宏观检查、超声波检测、蠕胀检测、渗透检测及金相检验，装置对辐射室炉管进行了批量更换。

6　结语

制氢转化炉通过长时间的生产运行，可能会发生一根或几根炉管出现红管的现象，这种现象应与炉管普遍出现花斑进一步大面积红管的现象加以区别。单一炉管出现红管时，适当的工艺调整可以维持正常的装置生产。但只有通过系统的分析，并在停工后进行相应的检测和验证才能针对具体情况分析出相应原因，并从根本上解决问题。而这些评判与诊断是石化企业通过加热炉辐射室炉管壁温常规监测无法解决的。

通过对制氢转化炉炉管的红外监测与诊断，可以保证石化企业中众多制氢转化炉的长周期运行，避免因炉管过热、积碳花斑、炉管结垢结焦等因素导致的不安全隐患。利用红外热像仪连续跟踪监测故障炉管可有效保障制氢转化炉的运行状态，减少非必要的临时停工，对装置管理人员准确掌控制氢转化炉运行状态有着不可或缺的作用。

参考文献：

[1]《高温炉管的红外在线监测诊断及评估系统研究》岳阳长岭设备研究所

[2] 钱家麟等《管式加热炉》，烃加工出版社

[3] 刘秋元，陈鹏，等. 加热炉炉管红外热成像分析诊断报告 岳阳长岭设备研究所节能监测分公司

[4] 中国石油化工集团公司人事部编《制氢装置操作工》烃加工出版社

[5] 王魁，温度测量技术，沈阳：东北工学院出版社，1991

[6] 闫河，李景振，邢述，新型技术在炉管氧化检测中的应用 [J]. 无损检测,2017,39(02):30-33.

[7] 陈明辉，徐晓峰，吴天平. 制氢转化炉管的涡流检测 [J]. 无损探伤,2010,34(03):47-48.

[8] 戴乐强、红外在线监测在制氢转化炉中的应用 [J]. 仪器仪表用户,2015,22(03):41-43+30.

[9] 韩利哲，湛小琳，丁敏。低频导波技术在炉管检测中的应用 [J]. 中国特种设备安全,2015,31(11):25-31.[5] 曲明盛、高温炉管无损检测

系统的研制与开发 [D]. 大连理工大学，2013.

[10] 赵传明，张玉杰. 浅谈一段转化炉管的超声波检测 [C]、全国大型合成氨装置技术年会.2003.

[11] 陈忠明，付元杰，赵盈国，等. 超声波自动爬壁系统在大型储罐壁厚检测中的应用 [J]. 无损检测,2007.29(11):663-665.

[12] 杨那. 高温炉管数字化超声检测系统研究 [D]. 大连理工大学、2012.

[13] 李明，林翠，李晓刚，肖佐华，黄梓友. 红外热像技术在线评估高温炉管剩余寿命 [J]. 机械工程学报,2004(12):139-144.

[14] 王汉军，薄锦航，张国良，等，制氢转化炉炉管失效分析 [J]. 石油化工腐蚀与防护，2004，21(3):23-26.

[15] 徐孝闻，李广财. 浅析制氢转化炉炉管失效 [J]. 广州化工，2013，41(4):161-162.

[16] 杨会喜，张云生. 新型转化炉炉管的开裂原因分析与防护 [J]. 大氮肥,2007,30(3):201-203:

[17] 耿付海. 制氢炉管裂纹分析及对策 [J]. 工业炉,2003，25(2)32-35.

[18] 湛小琳，刘智勇，杜翠薇，等,HP40Nb 钢制氢转化炉炉管失效分析 [J]. 腐蚀科学与防护技术,2012，24(6):498-501.

[19] 孙长海，郭林海，马海涛，等. 石油企业 HP40Nb 钢制氢转化炉炉管破裂分析 [J]. 化工学报，2013，64(S1):159-164.

[20] 张爽松、制氢转化炉炉管失效分析 [J]. 石油化工腐蚀与防护，2004、21(2):30-33.

[21] 崔海兵，刘长军，蒋晓东、制氢转化炉 HP40 炉管开裂失效分析 [J]. 化工设备与管道,2004,40(4):51-52.

2# 加氢装置腐蚀类型的分布及防腐应对

刘彩红

（中国石化塔河炼化有限责任公司）

摘要： 中国石化塔河炼化公司炼油第二作业部 2# 加氢装置自投运以来已运行 9 年，2018 年 2# 加氢度过第二个大检修周期。随着设备运行时间的增长，工艺防腐、设备防腐工作日益严峻。本文针对装置目前腐蚀状况、腐蚀监测手段以及防腐措施进行分析，力求进一步提高防腐技能水平和腐蚀监控准确性，增强防腐意识，改善设备运行环境，为装置安稳运行提供保障。

关键词： 加氢装置　腐蚀监测　防腐措施

1　前言

中国石化塔河炼化公司以加工塔河重质原油为主，2019 年 4 月开始掺炼加工顺北原油，由于原油具有密度大、粘度大、硫含量高、氯盐含量高的特点，加上一次加工装置现原油电脱盐难度大，导致电脱盐后原油含盐量大，含水率高，给后续加工装置带来腐蚀加重、设备结垢等严重危害，2# 加氢装置各类设备的腐蚀控制成为加氢装置防腐蚀管理的重要环节。

2　2# 加氢装置腐蚀现状

2.1 硫、氯、铵的来源

由于加工原油特性的要求，及时掌握上游原油含氯、含硫、含铵盐等腐蚀介质，对防腐管理至关重要。2# 汽柴油加氢精制装置以焦化汽油、焦化柴油和直馏柴油为原料，生产精制柴油、轻石脑油和稳定汽油。原料中的硫、氯、铵随着加氢原料一起进入加氢精制装置，成为加氢装置主要腐蚀来源。

2.2 腐蚀和损伤类型及分布

2# 汽柴油加氢精制装置的主要腐蚀和损伤类型，包括高温高压氢引起的氢腐蚀、氢脆，高温硫化氢腐蚀、低温湿硫化氢引起的腐蚀减薄、湿硫化氢应力腐蚀开裂，不锈钢的氯化物应力腐蚀开裂，

连多硫酸开裂，氯化铵腐蚀，酸性水腐蚀等。

较严重腐蚀部位为反应流出物系统的氯化铵腐蚀、含硫氢化铵酸性水腐蚀、高温硫化氢腐蚀和低分油、分馏塔顶系统的湿硫化氢腐蚀。其余部位腐蚀程度较轻微。

a、氯化铵腐蚀、含硫氢化铵酸性水腐蚀主要发生在反应流出物低分油换热器管程、反应流出物空冷器、反应流出物后冷器、高压分离器及其之间的管线。

b、高温硫化氢腐蚀主要发生在反应流出物混合进料换热器壳程至反应器，反应流出物自反应器至反应流出物混合进料换热器管程。

c、湿硫化氢腐蚀主要发生于反应流出物低分油换热器壳程、低压分离器水包及污水线、分馏塔顶气低温热水换热器至空冷器、产品分馏塔顶回流罐水包及污水线。

2.3 主要设备的腐蚀事件

从 2# 加氢装置腐蚀分布图中可以看出，反应流出物 / 低分油换热器 E102 为氯化铵腐蚀、含硫氢化铵酸性水腐蚀、湿硫化氢腐蚀的重点部位，装置自开工以来，E102 检修 7 次，其中堵管两次，现阶段换热器运行时间较开工初期缩短，新换热器

运行时间仅有 400 天，严重影响装置长周期安全平稳运行，详见表1。

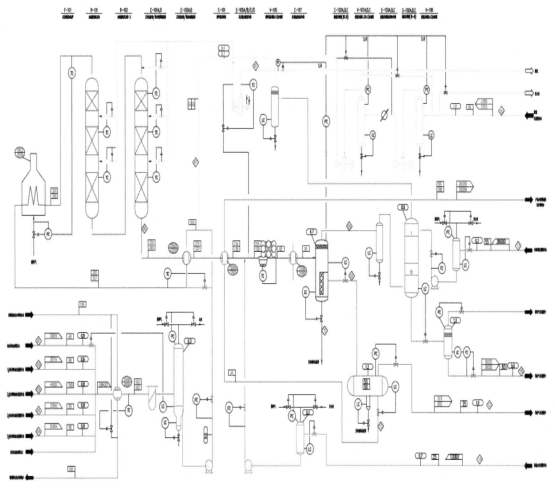

图 1. 2# 加氢装置主要流程及腐蚀分布图

表 1. 2# 加氢装置 E102 的使用寿命分析图

序号	检修时间	检修原因	处理情况	运行周期
1	2010 年 10 月	设备投运		
2	2012 年 9 月	管束内漏	停工整体更换（新）	728 天
3	2013 年 12 月	管束内漏	堵管	465 天
4	2014 年 8 月	管束内漏	停工整体更换（利旧）	216 天
5	2015 年 3 月	管束内漏	整体更换，装置质量升级	233 天
6	2016 年 6 月	管束内漏	停工整体更换（新）	456 天
7	2017 年 5 月	管束内漏	堵管	337 天
8	2018 年 3 月	装置停工大检修	更换，材质升级为不锈钢	341 天

3　主要腐蚀的损伤机理

3.1 氯化铵的腐蚀

原料中的氮在反应器中转化为 NH_3，在流出物换热器中 NH_3 和 HCl 生成氯化铵，氯化铵和硫氢化铵的沉淀物可使换热器和管线堵塞，并引起垢下腐蚀。

$$NH_4Cl + H_2O = NH_3 \cdot H_2O + HCl$$

$$Fe + 2HCl = FeCl_2 + H_2 \uparrow$$

3.2 硫氢化铵的腐蚀

设备进料中硫化氢和氨越多，腐蚀性越强。硫化氢和氨反应生成硫氢化铵，硫氢化铵的浓度越大腐蚀性越强。

$$H_2S+NH_3= NH_4HS$$

一般引用硫化氢和氨的百分子摩尔数的乘积，即：$KP= H_2S\%(MOL) \times NH_3\%(MOL)$（干态）。Kp值越大，硫氢化铵浓度越高，流速越快，相应的腐蚀越严重。

表2. API 581 碳钢 – 含硫污水体系腐蚀速率估算（mm/a）

Kp 值	NH₄HS 浓度 (wt%)	流速 (m/s)			
		3.05	5.57	7.62	9.14
0.07	2	0.13	0.2	0.25	0.38
0.235	5	0.38	0.64	1.27	3.81
0.7	14	0.76	1.27	7.62	12.7
1	20	7.62	12.7	20.32	25.37

3.3 湿硫化氢引起的应力腐蚀

当钢中存在拉伸应力时，在 $H_2S - H_2O$ 环境下，如果钢材内部有氢致裂纹，就很容易产生硫化物应力腐蚀开裂。当介质呈酸性时，开裂较易发生；当介质呈碱性时，开裂则较难。但在有 CN 存在时，即使在碱性溶液中，也能发生这种破坏。SSC 能在钢表面的焊接金属和热影响区域的高强度的高度集中区域开始出现，进行焊后热处理，控制硬度小于 200HB。

4 工艺防腐措施

4.1 目前氯化铵、硫氢化铵的防腐措施

氯化铵、硫氢化铵的工艺防腐措施是防止反应流出物换热器 E101B 结盐，使控制结盐部位后移，并根据压降变化调整注水及缓蚀剂流量。

1）注水、注缓蚀剂流量的控制

目前注水注入位置为高压换热器（E102A）后，若反应流出物系统高压换热器发生铵盐沉积，采用连续注水或间断注水方式。注水量为：保证总注水量为原料油处理量的 8% 左右，注水水质采用除盐水。

必要时加注缓蚀剂，注入位置是高压空冷器（E105A-D）前注水泵入口。根据装置实际腐蚀情况确定注入量，主要为多硫化物或成膜型缓蚀剂。

2）高压空冷器应禁止局部停风机、局部关闭百叶窗，以及局部调节风机的频率，必要时应进行红外热成像测试，确定空冷器组及空冷器管束是否存在偏流。

3）目前的工艺控制参数

2# 加氢反应流出物系统关键参数控制范围 E101B 出口温度 185 ~ 210℃，E102A 后注水量 15t/h，高、低分水 pH 在 7-9 之间，高、低分水铁离子不超过 3mg/L。

4.2 氯化铵结盐温度核算

根据设计条件下的原料油流量，循环氢流量，反应流出物 NH3 流量，反应器出口系统压力，原料油氯含量，计算得出氯化铵结盐温度约为 190.9℃；装置运行时工况，与设计条件不同，氯化铵结盐温度会因操作条件的不同发生变化，以近期操作数据可以看出，相比设计条件循环氢流量较低，而原料油中氯和氮含量较高，故造成 HCl 和 NH3 分压相对较高，致使氯化铵结盐温度较高。经核算，最大值工况下氯化铵结盐温度约为 216.5℃。

4.3 硫氢化铵水相的腐蚀计算

硫氢化铵腐蚀结盐温度约为 20 ~ 25℃，反应流出物系统中硫氢化铵从气相中结盐析出的可能性较小。

硫氢化铵水相的腐蚀计算，NH4HS 摩尔流量

取 11.71 Kmol/h，假设总水量为 q=14，计算可得硫氢化铵水相浓度 4.3 wt %。对比 API 581 中对碳钢在含硫污水环境腐蚀速率的估算表，差值计算 NH4HS 浓度 4.3 wt %，流速 3.05m/s 工况下的腐蚀速率可得 0.32 mm/a。

4.4 目前湿硫化氢的防腐措施

湿硫化氢的主要腐蚀控制手段为水和缓蚀剂的注入、分馏塔塔顶温度控制及稳定塔塔顶温度控制。主要控制指标为：1）控制分馏塔塔顶操作温度 115-155℃之间、稳定塔顶温度控制在 40-70℃之间。2）分馏塔顶油气管线进换热器塔顶挥发线加注缓蚀剂，比例 10ug/g。3）产品分馏塔顶回流罐（V201）中冷凝水的总含铁量控制 ≤ 3 mg/L。不论设计工况，还是当前操作工况下，由于塔顶物料中水蒸气分压较低，故形成水相露点的风险较低。

5 现有的腐蚀监测手段

1）按照测厚实施方案的要求，对各重点腐蚀监测部位进行定期测厚。

2）高低压分离器、分馏塔及回流罐、稳定塔的水相或与水相接触的低温部位进行腐蚀挂片的悬挂处理。

3）在装置大检修期间，对 2# 汽柴油加氢精制装置分馏塔顶抽出、低分含硫污水管线等设备进行了连续在线腐蚀监测系统的增设，测量数据可直接反映环境变化和设备腐蚀状况，而且可以通过数据分析调整改善工艺参数，指导高温缓蚀剂的注入量、连续注入时间等的调整。

6 工艺防腐管理的几点建议

1）及时调整工艺运行参数。根据装置实际生产要求，及时对氯化铵结盐温度进行测算，调整 E101B 出口温度控制在氯化铵结盐温度 +5℃，E102A 后注水量保证 20% 左右液态水；E102A 前间断注水时，关注换热器前后压降变化，及时调整 E102A 前注水量。

2）处理量及原料质量控制。保持装置原料油处理量控制在设计范围内，超出该范围应请设计单位重新核算，原料中硫、氮、氯等应严格控制在设计值范围内。

3）对高分、低分、分馏塔顶回流罐和稳定塔顶回流罐等 4 种含硫污水的 pH 值分析情况进行严格监控，污水铁含量不得超过 3mg/L，出现异常及时对分馏塔、稳定塔的塔顶温度调整，控制腐蚀介质流速以及注缓蚀剂量，并对数据超标部位进行加强监控。

4）可使用热成像仪对反应流出物空气冷却器的温度分布状况进行检测，以此来指导设备运行情况、管道和管束中介质的流动状况的分析[3]。

7 结束语

加氢精制装置的腐蚀是炼油企业经常遇到的问题，处理和防护不当，将严重影响装置的安全和平稳生产。因此，要求设计阶段就必须考虑到应采取的相应措施。当然，任何装置运行的好坏和腐蚀程度也取决于操作及管理人员的技术水平。在日常生产运行管理中，应从源头把控腐蚀来源、生产过程及时在线监测，以便及早发现腐蚀问题，避免严重事故的发生。

参考文献：

[1] 胡安定 . 炼油化工设备腐蚀与防护案例 . 2 版 . 北京：中国石化出版社，2014 年 3 月，2-25

[2] 杨明 . 芳烃加氢精制装置的氯腐蚀与防护 . 工业催化 . 2007 年 11 月，54-55

[3] 翟晔 . 提升炼厂防腐管理工作探究 . 化工管理 . 2017 年 2 月，83-84

无隔膜电解槽及制氢技术

王雪飞[1]　王二强[2]

（1 中国科学院大学 化学科学学院；2 中国科学院大学 化学工程科学院）

摘要： 氢气是公认的二次能源载体，电解水制取绿氢已成为清洁能源发展的重要方向。电解水制氢已商业化应用，但现有技术面临能量转化率低、设备制造和运行成本高，存在安全隐患等系列问题，限制了其大规模推广。现用的电解槽均采用阴极室/隔膜/阳极的三层结构，无膜电解槽作为电解水技术的一项创新，由于引入新的工作原理使得其可采用与传统电解槽完全不同的结构和工作模式。无膜电解水技术可分为流动式和两步式两种模式，前者基于流体力学在空间上现实氢－氧的分离，后者借助电活性介质达到氢－氧在时域上的分离。本文从原理和技术上对近年来无膜电解水制氢的相关文献做了系统的梳理和分析，并对这项技术的应用前景加以展望。

关键词： 无膜电解　氢气　分步电解技术　氧化还原介质　锌

1　引言

电解水制氢不仅有效地实现电能向化学能的转化，也是获取"绿氢"的重要途径之一。然而，当前绿氢的生产成本仍然高于以化石燃料为原料的"蓝氢"和"灰氢"，其在全球氢气总产量中所占比例不足 4%，中国只占 1%。近年来，随着风能和太阳能发电成本的逐步下降，电解水装置的制造成本和维护成本将成为绿氢大规模推广的主要障碍。传统的电解槽，包括 PEM，ALK 和 AEM，均采用阴极室/隔膜/阳极的基本结构。隔膜的作用在于将两极分隔，同时确保二都尽可能地靠近，也在于隔绝氢和氧。但是，隔膜的存在不仅增加了电解槽的成本，还增加欧姆电阴，膜的老化和堵塞的还关系到设备的维护成本和安全性。

无膜电解技术，在移除隔膜前提下构建了一种全新的电解水模式。根据工作方式无膜电解技术可分为两大类。一类是流动电解模式：直接移除电解槽的隔膜，电极上生成的氢气 (H_2) 和氧气 (O_2) 通过流动电解质分别带入各自的收集通道，达到气体的分离目的。另一类是分步电解模式：该模式引入一个氧化还原媒质电极，它在电解过程中交替作为阴极和阳极参与反应，旨在使 H_2 和 O_2 错时产生，分别收集。这两种无膜电解方法均无需隔膜，一定程度上简化了结构，也能提升能量效率。尤为重要的是，两种电解模式均无需担心不溶物沉积堵塞膜的问题，对水质的要求较低，适合在水源质量不高的情况下应用，例如在海水中进行电解水。虽然还未达到实用程度，但无膜水电解模式另辟蹊径，在理论和技术上不断推陈出新，展现巨大潜力。本文对无膜电解水技术的最新研究成果进行系统梳理和分析。

2　流动式无膜电解槽

传统电解槽需用隔膜将腔体分隔开，H_2 和 O_2 分别在隔膜两侧生成，并由电解质带出槽体。隔膜的电阻范围在 $0.2–0.5\ \Omega/cm^2$，造成电压损耗达零点几伏。流动式无膜电解技术旨在消除隔膜导致的电阻，但去除隔膜后首要考虑的问题是 H_2 和 O_2 的混合风险。流动式无膜电解槽技术利用特定的流体力学原理，确保氢和氧在电解槽内处于分离状态，避免气体混合。

根据流动式无膜电解槽的工作方式和结构，可将其分为两类：层流式无膜电解槽和通流式无膜电解槽。在层流式电解槽中，电解质平稳流经正负极表面，随后进行分流。在通流式电解槽中，电解质垂直穿过网状电极，氢和氧分别向两侧冲刷。

2.1 层流式无膜电解槽

在小口径管道中，颗粒在平稳流动的液体中会自动分布于距管壁一定距离的位置，并随流体平稳推进，这一现象被称为 Segré-Silberberg 效应。层流式无膜电解槽中氢和氧的分离正是基于此效应。层流式无膜电解槽采用平板电极，阴极和阳极平行放置，电解质流经两电极之间。产生并附着于电极表面的气泡在流动液体的作用下沿电极表面移动。通过精确控制流体流速，使得两极产生的气泡沿各自电极方向移动，在出口处加以分流，即可实现气体有效分离。微尺度空间是确保 Segré-Silberberg 效应的前提条件，因此平流式电解槽的内部尺寸限制在毫米级，尤其是电极的宽度和间距，通常仅为几毫米，甚至不足 1 毫米。

除了尺度限制，电解槽内部结构，尤其是分流通道布局，也是影响气体有效分离的重要因素。目前已报道的层流式电解槽中，分离通道布局主要有三种：Y 形通道、T 形通道和隔板分离。

Y 形通道是最常用的布局。如图 1 所示，两个分流通道呈一定角度与电极形成 Y 形，电解槽末端的流体会顺势进入相应的分流通道。

T 形通道，两个分流口以直角设置形成 T 形结构。从流体力学角度分析，T 形电解槽中的流体在分流口处会垂直撞向管壁，从而增加了气体混合的风险。尽管如此，文献中已有研究表明，T 形电解槽仍能分离出纯度超过 96% 的 H_2。

隔板分离设计是通过在电极末端的中间位置设置隔板，将通道一分为二，实现气体分流。从原理上看，与 Y 形通道分流原理相似，隔板分离可以视为 Y 形通道的一种简化设计，其通道夹角为零。

基于层流状态下液体不易混合的机制，甚至可

以在层流电解槽中分别沿阳极和阴极注入碱性和酸性电解质，使两种液体接触但不混合。因此，电解电压降至 1.3V，接近水的理论分解电压。Hadikhani 等在 Y 形通道中加入 Triton X-100 作为表面活性剂（降低液体表面张力），进一步提高了气体分离效率。Merabet 等将在电解槽内施加超声波以加速气泡脱离，显著提升了离子传输效率，降低了欧姆电阻，以提高电解效率。

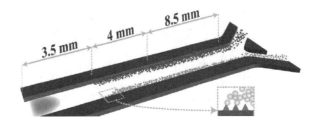

图 1 层流式无膜电解槽示意图。

2.2 通流式无膜电解槽

通流式与层流式电解槽的主要区别在于后者采用网状电极，电解质从两个电极之间注入，并流经网状电极向两侧分流，如图 2(a) 所示。该电解槽使用两个平行放置的网状电极，电解质从外腔流入电极间隙，将气体带入各自的流出通道。与层流式电解槽相比，通流式电解槽的电极间距普遍较大，大于 1 毫米。我们认为，悬浮在流体中的网状电极会受到流体的持续冲击，如果电极间距过小，持续振动可能导致两电极接触，从而引发短路。

在通流式电解槽中，液体的反向运动有效促进气体分离，分离效果上优于层流式。此外，分离原理的改变使得电解可以在高温下进行，从而提升反应速率，电流密度可达到 1A/cm² 以上。网状电极的倾斜设计对通流式电解槽中的气体分离和电解效率具有重要影响。O'Neil 等的研究结果表明，适当倾斜角度放置的网状电极有助于气泡更快地从电极表面分离。然而，随着倾斜角度增大，电极间距也随之增加，导致电流密度和电解效率都有所降低，倾斜角为 30° 时达到最佳效果。

上浮式 (图 2(b)) 是通流式电解槽的一种简化版。在此模式下，电解槽垂直放置，两个网状电极呈一定角度分开，电极上生成的气泡在浮力作用下脱离并上浮，最终在上端收集。在此模式下，电解质处

于静止状态，无需循环泵。然而，与冲刷式电解槽相比，上浮式电解槽中气泡的释放完全依赖浮力，可能导致一些气泡跨区域扩散，从而引发窜混，影响分离效果。

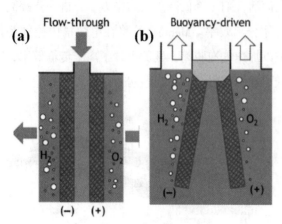

图2．通流式无膜电解槽示意图．
（a）反向冲刷式；（b）上浮式。

3　两步法电解制氢技术

无论是传统的隔膜槽还是前文的流动槽，电解过程中 H_2 和 O_2 总是同时生成，因此必须确保二者在空间上分隔，这关系到产品质量与生产安全。换而言之，如果氢和氧在时间上分离——依次生成，则可从根本上解决窜混问题。因此，研究人员提出了分步水电解策略。该策略借助具有可逆电化学活性物质作为媒介（redox mediator，RM），将水电解过程分为两步，即析氢（HER）和析氧（OER）依次完成。正如图3所示，步骤1在阴极上进行 HER，RM 在阳极上发生氧化反应；步骤2在阳极上进行 OER，RM 在阴极上发生还原反应。值得注意的是，步聚1和步骤2并无严格的先后顺序，它们交替进行，构成一个循环，持续将电能向氢能转化。需要强调的是，分步电解的前提是所使用 RM 的氧化还原电位必须介于 HER 和 OER 电位之间，并且 RM 的电极反应具有良好的可逆性。此外，在水基电化学体系中，RM 还必须不溶于水，并且不与水发生副反应。

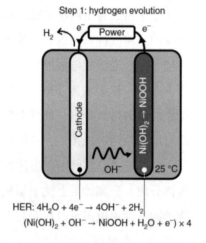
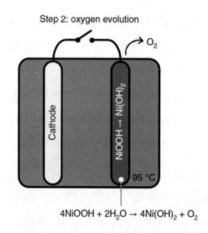

图 3　分步电解水示意图

根据氧化还原介质材料的组成成分，可以将其分为无机媒介材料和有机媒介材料两大类，下文分别介绍：

3.1　无机媒介材料（IRM）

二次电池的电极常采用多价态金属化合物作为活性材料，这些化合物通常具有良好的电化学可逆性。如果这类材料氧化还原电位介于析氢反应（HER）和析氧反应（OER）电位之间，且在水和空气中稳定，则可以作为两分步电解水的媒介材料。

$NiOOH/Ni(OH)_2$ 体系因其优异的可逆性和稳定性，常用于碱性二次电池的正极材料。该电极对在碱性条件下的标准氧化还原电位为0.52V（vs SHE），位于 HER 和 OER 的电位之间，是分步电解水研究中应用最广泛的 IRM 之一。实验中，将 $Ni(OH)_2$ 负载于钛网上，铂作为 HER 电极，电解质为 1 M KOH，施加 1.6V 的电压时，阳极的 $Ni(OH)_2$ 被氧化为 NiOOH，阴极上析出 H_2；随后，生成的 NiOOH 作为阴极，负载 RuO_2/IrO_2 的钛网作为 OER

电极，在 0.4 V 下，NiOOH 还原回到 Ni(OH)$_2$，阳极上放出 O$_2$。若在 OER 步骤中用 Zn 电极替换 RuO$_2$/IrO$_2$，则析氧过程将被 Zn 的氧化所取代，对应的电极反应如下：

$$Zn + 4OH^- - 2e^- \leftrightarrow ZnO_2^{2-} + H_2O$$

类似于锂电池正极材料，Ni 还可以与其他金属组成二元复合 IRM。Yu 等以 Co$_9$S$_8$/Ni$_3$S$_2$ 异质结作为 IRM。该体系的导电性和结构稳定性均有所提升。在 10 mA/cm^2 的电流密度下，该体系的法拉第效率达到 100%，能量效率 83%，面积电容 29.60 F/cm^2，远高于纯 Ni$_3$S$_2$(5.27 F/cm^2) 和 Co$_9$S$_8$(4.52 F/cm^2)。Cu 的变价也常用于 IRM，如含铜的普鲁士蓝衍生物作为 IRM，在 5mA 电流下 OER 和 HER 过程的工作电压分别为 0.68V 和 0.9V，经过 5000 次充放电循环后，容量保持率达 61%。

3.2 有机媒介材料 (ORM)

有机氧化还原介质 (ORM) 在液流电池体系中的研究较为广泛。与 IRM 材料类似，只要电位位于 HER 和 OER 之间，ORM 可以作为活性介质用于构建分步水电解体系。

三苯胺类化合物可进行高度可逆的氧化还原反应。王永刚等以聚三苯胺 (PTPAn) 作为 ORM，构建了分步法电解水体系。在电解过程中，在 0.7V 电压下完成 HER，0.95V 电压下完成 OER。结果表明，PTPAn 在电解过程中表现出高度的化学可逆性和快速的动力学响应，并且在连续 120 个循环后，库仑效率仍然保持 100%。

Wu 等使用二喹啉并吩嗪 (HATN) 作为 ORM，在酸性电解质中进行分步电解水以制备氢和氧。Ma 等采用芘 –4,5,9,10– 四酮 (PTO) 作为 ORM，通过烯醇化反应实现 H$_2$ 和 O$_2$ 在时间和空间上的分离。该体系在 200mA/g 时有 156mAh/g 的比容量，且在 200 次循环后容量保持率 80%。ORM 构建的分步电解体系只适用于酸性电解质，这是因为所有的电极反应需要有 H$^+$ 的参与。

3.3 基于金属电解的分步电解水和储氢技术

氢作为二次能源载体，具有高质量密度低体积密度的特征。因此，除了绿色产氢，有效的氢储存也是氢能利用的研究热点。我们课题组近期开展的工作，将氢的产 / 储两个过程有效的组合在一起。活泼金属（电极电位低于氢标准电位）能够与酸反应，置换反应产生氢气。理论上讲，这种的活泼金属无法电解获得。然而，由于在部分金属上高的析氢过电位，导致一些活泼金属能在酸性环境下电解制得而不会产生氢气。利用这个机制，将金属的电解和酸溶解结合，同样可以完成水的两步法分解，如图 4 所示。

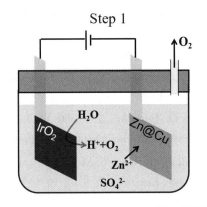 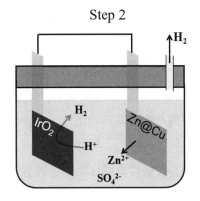

图 4 基于锌电解的氢分步制取及储存。

以硫酸锌水溶液为电解。第一步在正极上析出氧气的同时在负极上沉积出金属锌，随着的锌电解溶液由中性变为酸性；第二步，断开电源短接两个电极，锌会溶回酸性溶液，同时氢气在催化电极上放出。不同于上文的无机和有机媒介体系，一次充入电量取决于电极材料的容量，此处的锌盐可以通过流动方式更换，如此一来锌可以无限量地析出，根据法拉第定律电量正比与析出的锌。因此，采用这种模式电解水，不但可以分步无隔膜工作，还可以将电能（或氢能）以金属锌的形式存储下来，随用随取。根据实验数据，能量密度为 $18.8Wh\cdot L^{-1}$，与全钒液流电池相当。

4　总结

无膜电解水制氢技术作为电解水领域的一项创新探索，旨在降低装置制作成本和运行成本，有望适应风电和光电的间歇性和不稳定性。

流动式无膜电解槽利用流体力学原理，通过控制电解质流动，将阴极和阳极的 H_2 和 O_2 分别引入各自通道，实现气体分离。这种电解槽没有隔膜，结构相对简单，生产成本维护低于传统电解槽，易于适应间歇性的工作状态。虽然去除隔膜的初衷是减少其欧姆电阻，降低能耗。但伴随隔膜的消失，不再需要考虑隔膜老化破损导致的气体窜混，也无须担心电解过程中隔膜因堵塞而影响电流传输，对水质要求相应降低，进一步压缩生产成本，延长电解槽的生命周期。目前存在的问题是，作为一种非隔膜分离结构，难以从根本上避免气体的窜混，且存在短路风险，需要在液流控制和通道布局上优化，确保稳定性安全性。然而，其不足之处在于单体电解槽尺寸受限，不适于大规模生产。

分步式电解水制氢技术通过在电解池中引入高度电化学可逆性氧化还原介质，将 HER 和 OER 在时间上分隔，从而完全消除 H_2 与 O_2 的混合风险，提高了电解制氢的安全性和灵活性。这一模式类似于电解水与二次电池的结合，电解过程中涉及正负极的周期性交换，对电源控制提出了更高要求。氧化还原介质的性能，如能量密度和电化学反应速度，决定了电解过程的产能和循环稳定性。分步法电解水有效杜绝了氢和氧的窜混，能够在高气压条件下稳定工作，特别是在碱性电解体系中，该方法无需依赖贵金属催化剂，因此具有广阔的推广前景。

参考文献：

[1] Schmidt O, Gambhir A, Staffell I, Hawkes A, Nelson J, Few S. *Int J Hydrogen Energy*, 2017, 42, 30470 - 30492.

[2] Chandesris M, Médeau V, Guillet N, Chelghoum S, Thoby D, Fouda-Onana F. *Int J Hydrogen Energy*, 2015, 40, 1353 - 1366.

[3] Niaz AK, Akhtar A, Park JY, Lim HT. *J Power Sources*, 2021, 481, 229093.

[4] Esposito DV. *Joule*, 2017, 1, 651 - 658.

[5] Manzotti A, Robson MJ, Ciucci F. *Curr Opin Green Sustain Chem*, 2023, 40, 100765.

[6] Malek A, Lu X, Shearing PR, Brett DJL, He G. *Green Energy Environ*, 2023, 8, 989 - 1005.

[7] Wu T, Hu Y, Li M, Han B, Geng D. *J Mater Chem A*, 2024, 12, 4363 - 4382.

[8] Zhang F, Wang Q. *ACS Mater Lett*, 2021, 3, 641 - 651.

[9] Ma Y, Wu K, Long T, Yang J. *Adv Energy Mater*, 2023, 13, 2203455.

[10] McHugh PJ, Stergiou AD, Symes MD. *Adv Energy Mater*, 2020, 10, 2002453.

[11] Zhang XL, Yu PC, Sun SP, Shi L, Yang PP, Wu ZZ, Chi LP, Zheng YR, Gao MR. *Nat Commun*, 2024, 15, 9462.

[12] Zhang XL, Yu PC, Su XZ, Hu SJ, Shi L, Wang YH, Yang PP, Gao FY, Wu ZZ, Chi LP, Zheng YR, Gao MR. *Sci Adv*, 2023, 9, eadh2885.

[13] Rodríguez J, Palmas S, Sánchez-Molina M, Amores E, Mais L, Campana R. *Membranes*, 2019, 9, 129.

[14] Peng S. *Electrochemical Hydrogen Production from Water Splitting*. Singapore, Springer Nature Singapore, 2023, 57 - 68.

[15] De Groot MT, Vreman AW. *Electrochim Acta*, 2021.

[16] Pang X, Davis JT, Harvey AD, Esposito DV. *Energy Environ Sci*, 2020, 13, 3663 - 3678.

[17] Monroe MM, Lobaccaro P, Lum Y, Ager JW. *J Phys D, Appl Phys*, 2017, 50, 154006.

[18] Hashemi SMH, Karnakov P, Hadikhani P, Chinello E, Litvinov S, Moser C, Koumoutsakos P, Psaltis D. *Energy Environ Sci*, 2019, 12, 1592 - 1604.

[19] De BS, Singh A, Elias A, Khare N, Basu S. *Sustainable Energy Fuels*, 2020, 4, 6234 - 6244.

[20] De BS, Cunningham J, Khare N, Luo JL, Elias A, Basu S. *Appl Energy*, 2022, 305, 117945.

[21] Hadikhani P, Hashemi SMH, Psaltis D. *J Electrochem Soc*, 2020, 167, 134504.

[22] De BS, Kumar P, Khare N, Luo JL, Elias A,

Basu S. *ACS Appl Energy Mater*, 2021, 4, 9639－9652.

[23] Oruc ME, Desai AV, Nuzzo RG, Kenis PJA. *J Power Sources*, 2016, 307, 122－128.

[24] Rarotra S, Mandal TK, Bandyopadhyay D. *Energy Tech*, 2017, 5, 1208－1217.

[25] Dong T, Duan X, Huang Y, Huang D, Luo Y, Liu Z, Ai X, Fang J, Song C. *Appl Energy*, 2024, 356, 122376.

[26] Hashemi SMH, Modestino MA, Psaltis D. *Energy Environ Sci*, 2015, 8, 2003－2009.

[27] Yang G, Yu S, Li Y, Li K, Ding L, Xie Z, Wang W, Dohrmann Y, Zhang FY. *J Power Sources*, 2021, 487, 229353.

[28] Patra S, Ganguly S. *Microfluid Nanofluid*, 2015, 19, 767－776.

[29] Merabet NH, Kerboua K. *Int J Hydrogen Energy*, 2024, 49, 734－753.

[30] Kriek RJ, Van Heerden LA, Falch A, Gillespie MI, Faid AY, Seland F. *J Power Sources*, 2021, 494, 229344.

[31] Gillespie MI, Kriek RJ. *J Power Sources*, 2018, 397, 204－213.

[32] Rajaei H, Rajora A, Haverkort JW. *J Power Sources*, 2021, 491, 229364.

[33] Gillespie MI, Van Der Merwe F, Kriek RJ. *J Power Sources*, 2015, 293, 228－235.

[34] Gillespie MI, Kriek RJ. *J Power Sources*, 2017, 372, 252－259.

[35] Solovey VV, Shevchenko AA, Zipunnikov MM, Kotenko AL, Khiem NT, Tri BD, Hai TT. *Int J Hydrogen Energy*, 2022, 47, 6975－6985.

[36] Fraga Alvarez DV, Livitz D, Pang X, Mahmud N, Bishop KJM, El-Naas MH, Esposito DV. *ACS Sustain Chem Eng*, 2023, 11, 15620－15631.

[37] Biggs CMB, Gannon WJF, Courtney JM, Curtis DJ, Dunnill CW. *Appl Clay Sci*, 2023, 241, 106950.

[38] Tiwari P, Tsekouras G, Wagner K, Swiegers GF, Wallace GG. *Int J Hydrogen Energy*, 2019, 44, 23568－23579.

[39] O'Neil GD, Christian CD, Brown DE, Esposito DV. *J Electrochem Soc*, 2016, 163, F3012－F3019.

[40] Talabi OO, Dorfi AE, O'Neil GD, Esposito DV. *Chem Commun*, 2017, 53, 8006－8009.

[41] Davis JT, Brown DE, Pang X, Esposito DV. *J Electrochem Soc*, 2019, 166, F312－F321.

[42] Davis JT, Qi J, Fan X, Bui JC, Esposito DV. *Int J Hydrogen Energy*, 2018, 43, 1224－1238.

[43] Kim S, Han K, Kim W, Jeon S, Yong K. *Nano Energy*, 2019, 58, 484－491.

[44] Bui JC, Davis JT, Esposito DV. *Sustainable Energy Fuels*, 2020, 4, 213－225.

[45] Lee DU, Fu J, Park MG, Liu H, Ghorbani Kashkooli A, Chen Z. *Nano Lett*, 2016, 16, 1794－1802.

[46] Wang Y, Zhu X, Qin J, Wang Z, Wu Y, Man Z, Yuan C, Lü Z. *J Electrochem Soc*, 2021, 168, 030523.

[47] Viswanathan A, Acharya MG, Prakashaiaha BG, Shetty AN. *J Energy Storage*, 2022, 55, 105527.

[48] Wu T, Liang K. *RSC Adv*, 2016, 6, 15541－15548.

[49] Grieco R, Molina A, Sanchez JS, Patil N, Liras M, Marcilla R. *Mater Today Energy*, 2022, 27, 101014.

[50] Bratsch SG. *J Phys Chem Ref Data*, 1989, 18, 1－21.

[51] Nie Z, Zhang L, Du Z, Hu J, Huang X, Zhou C, Wågberg T, Hu G. *J Colloid Interface Sci*, 2023, 642, 714－723.

[52] Zhu Q, Zhang L, Liu Q, Ke Z, Liu C, Hu G. *J Alloys Compd*, 2023, 967, 171759.

[53] Symes MD, Cronin L. *Nat Chem*, 2013, 5, 403－409.

[54] Yan X, Biemolt J, Zhao K, Zhao Y, Cao X, Yang Y, Wu X, Rothenberg G, Yan N. *Nat Commun*, 2021, 12, 4143.

[55] Chen L, Dong X, Wang Y, Xia Y. *Nat Commun*, 2016, 7, 11741.

[56] He Y, Sun C, Alharbi NS, Yang S, Chen C. *Journal of Colloid and Interface Science*, 2023, 650, 151－160.

[57] Yu X, Gao B, Feng B, Peng Y, Jin X, Ni G, Peng J, Yao M. *International Journal of Hydrogen Energy*, 2023, 48, 16184－16197.

[58] Liang S, Jiang M, Luo H, Ma Y, Yang J. *Advanced Energy Materials*, 2021, 11, 2102057.

[59] Milshtein JD, Barton JL, Darling RM, Brushett FR. *Journal of Power Sources*, 2016, 327, 151－159.

[60] Liao S, Shi J, Ding C, Liu M, Xiong F, Wang N, Chen J, Li C. *Journal of Energy Chemistry*, 2018, 27,

278−282.

[61] Li J, Xu Z, Wu M. *Journal of Power Sources*, 2023, 581, 233477.

[62] Da Silva Lopes T, Dias P, Monteiro R, Vilanova A, Ivanou D, Mendes A. *Advanced Energy Materials*, 2022, 12, 2102893.

[63] Ma Y, Dong X, Wang Y, Xia Y. *Angew Chem Int Ed*, 2018, 57, 2904−2908.

[64] Wu K, Li H, Liang S, Ma Y, Yang J. *Angew Chem Int Ed*, 2023, 62, e202303563.

[65] Ma Y, Guo Z, Dong X, Wang Y, Xia Y. *Angew Chem Int Ed*, 2019, 58, 4622−4626.

油气田采出水电解制氢的技术经济分析

张　晨　齐宴宾　温　馨　李国栋　欧阳镫浩

（中石油深圳新能源研究院有限公司）

摘要： 随着氢能源需求的不断增长，水电解制氢作为一种清洁氢气生产技术受到广泛关注。然而，传统的水电解制氢技术面临高能耗和高成本的挑战。本文研究了将油气田采出水电解处理与制氢技术相结合的创新方案，并与传统水处理后电解制氢进行了系统的经济性比较分析。通过模型分析，结果表明，油气田采出水电解处理不仅能够有效去除废水中的污染物，还能通过电解过程产生氢气，显著降低制氢成本。与传统水处理后的电解制氢方法相比，该技术具有更高的资源利用效率和更低的综合成本。研究表明，采出水电解处理耦合制氢技术在降低氢气生产成本、提高资源利用率及减少环境污染方面具有显著优势，为油气田废水处理与氢气生产的集成应用提供了新的技术路径和理论依据。

关键词： 油气田采出水、电解制氢、技术经济计算、废水处理、氢能源

随着全球能源结构的转型和对清洁能源需求的不断增长，氢能源作为一种高效、零污染的能源载体，逐渐受到各国政府和科研机构的广泛关注。氢气不仅在减少温室气体排放方面发挥着重要作用，而且其在交通、工业、以及电力储存领域的潜力也日益凸显。国际能源署（IEA）预测，氢能源将在全球能源体系中扮演日益重要的角色，尤其是在应对能源危机和减少碳排放的背景下，氢气的应用前景被广泛看好。随着氢气生产技术的不断进步，如何有效降低制氢成本成为了技术研发和产业化面临的主要挑战。

在众多制氢技术中，水电解制氢因其制氢纯度高且过程清洁，被认为是实现绿色氢气生产的重要途径。然而，传统的水电解制氢技术面临着高能耗和高成本的问题，因此许多研究者正在探索更加高效、经济的制氢技术。废水资源化利用作为解决这一问题的一个创新方向，逐渐引起了学术界和工业界的关注。特别是在油气开采过程中，采出水作为废水副产品的处理和资源化利用，不仅具有重要的环境意义，还能为氢气生产提供原料，形成废水处理与能源生产的双重效益。

本文聚焦于油气田采出水电解处理耦合制氢技术的经济性分析，并将其与传统的水处理后电解制氢技术进行对比。采出水含有丰富的溶解盐、有机物、油类物质和重金属，这些成分使得传统的水处理方法难以高效去除，且处理过程中需要大量的能量和化学试剂。相比之下，电解处理耦合制氢技术通过电化学反应实现氢气的生成，并同时处理水中的污染物，具有明显的经济和环境优势。本文通过对两种技术的经济性进行计算与比较，提出了各自的技术优势与应用前景，旨在为油气田采出水的高效处理与氢气生产提供理论依据和实践指导。

2　油气田采出水的特性与处理需求

油气田采出水是指在油气开采过程中，由地下储层与油气混合的水分，通常伴随着油气的开采而被抽取到地面。随着油气开采的持续进行，采出

水的产生量不断增加，并且其水质通常较为复杂，含有多种有害物质。因此，采出水的有效处理与资源化利用成为油气田环境保护和可持续发展的重要课题。

2.1 采出水的成分特性

油气田采出水的成分因油田类型、开采方式以及地质环境等因素的不同而具有较大的差异。一般而言，油气田采出水的主要污染物包括：

盐分：油气田采出水通常含有大量的溶解盐，尤其是氯化钠、硫酸钠等无机盐。这些盐分不仅增加了水处理的难度，还可能导致水处理设备的腐蚀。

油类物质：采出水中常含有游离油、乳化油和可溶性油类物质。油类物质可能来源于开采过程中伴随油气上升的油滴，或者由于生产过程中添加的化学药剂未能完全去除。油类物质的存在不仅对环境造成污染，还会影响水质的进一步处理。

重金属：油气田采出水中有时还含有较低浓度的重金属元素，如铅、镉、汞、砷等，这些物质对水体和生态系统具有严重的毒害作用。

有机污染物：采出水中含有的有机污染物可能来源于开采过程中使用的化学添加剂、溶剂或其他有机物。某些有机污染物具有较高的生物降解难度，难以通过传统的水处理技术去除。

悬浮物：采出水还可能含有一定量的悬浮固体物质，如泥沙、微生物和其他固体颗粒，这些物质会影响水的清洁度，并可能堵塞水处理设备。

由于油气田采出水的成分复杂多变，传统的单一水处理方法难以满足其处理需求，因此需要结合多种技术进行综合治理。

2.2 采出水的处理需求

油气田采出水的处理不仅仅是为了满足排放标准，更重要的是要实现废水的循环利用、资源化利用以及减少对环境的负面影响。因此，对采出水的处理需求主要体现在以下几个方面：

去除有害成分：首先，采出水中含有的盐分、油类物质、重金属和有机污染物需要通过高效的技术手段去除。这些有害物质的去除，不仅可以减少其对环境的污染，还能降低对水质进行进一步处理

的难度。尤其是油类物质和重金属的去除，常常需要结合物理化学和生物学方法，以达到有效分离和净化。

减少水处理能耗：油气田采出水的处理过程往往伴随着较高的能源消耗。例如，采用热处理法和膜过滤技术时，能耗较大，这不仅增加了运营成本，还会导致更多的二氧化碳排放。因此，在水处理技术的选择上，必须兼顾经济性与环境可持续性，寻求低能耗、高效的处理方案。

实现资源化利用：油气田采出水的另一个重要处理需求是资源化利用。采出水中含有大量的水资源和化学成分，在适当的技术支持下，可以通过回收氢、氧等气体、重金属回收以及水质净化等方式，实现资源的循环利用。例如，采出水中的有机物可以通过电解法转化为氢气，不仅解决了废水处理问题，还可以提供能源。

保障设备的稳定性和长期运行：油气田的采出水处理通常需要长时间稳定运行，特别是对一些深层次的资源进行开采时，采出水的成分会随时间发生变化。因此，所选用的水处理技术不仅要具备高效的处理能力，还需要具备一定的适应性和自适应能力，能够根据水质变化进行调整。

降低处理成本：当前，采出水处理的高成本仍然是制约其广泛应用的主要瓶颈。高效、低成本的水处理技术，能够有效减少油气田运营的成本，并促进油气田的可持续发展。因此，发展集成化、智能化的处理技术，以提高系统的运行效率和降低单位处理成本，成为当前研究的重点。

2.3 油气田采出水处理的技术挑战

油气田采出水的处理面临众多技术挑战。首先，采出水成分的多样性和波动性使得水处理方法的选择更加复杂。单一的传统处理技术难以应对水质变化，因此需要综合运用物理、化学、生物等多种技术。其次，传统的水处理技术如化学沉淀、膜分离、反渗透等，虽然能有效去除污染物，但其能耗高、费用大，且存在膜污染、药剂使用等问题。如何设计出更加高效、低能耗的处理技术，是目前亟待解决的关键问题。

3　电解处理耦合制氢技术原理与工艺

电解处理耦合制氢技术结合了电解水制氢和废水处理的过程，在废水的电解过程中通过电化学反应实现氢气的生成，并同时处理水中的污染物。该技术具有较高的能效和经济效益，尤其在油气田采出水处理方面表现出显著的优势。

3.1 技术原理

电解处理耦合制氢技术基于电化学反应原理，利用电能将水分解为氢气和氧气。在传统的电解水制氢过程中，通常使用纯净水作为电解质，以确保电解效率和氢气纯度。而在电解处理耦合制氢技术中，直接使用未经深度处理的油气田采出水作为电解质，充分利用采出水中丰富的无机盐和有机物质。

在电解过程中，电解槽中发生以下主要反应：

● 阳极直接氧化反应：

直接氧化是指水中的污染物直接在阳极表面氧化而转化成毒性较低或生物易降解的物质，甚至无机化，从而达到将污染物从废水中去除的目的。例如采出水中的有机物在阳极被彻底氧化生成二氧化碳和水。反应式可表示为：

$$有机物 + H_2O \rightarrow CO_2 + H^+ + e^-$$

其中，有机物被氧化分解，降低了水中的有机污染物含量，实现了废水处理的目的。

● 阳极间接氧化反应 –：

间接氧化是指利用阳极反应生成具有强氧化性的活性基团，如氧自由基（O·）、臭氧 (O_3)、羟基自由基（OH·）和过氧化氢（H_2O_2）等，在有 Cl^- 存在的条件下还会生成次氯（HOCl）、次氯酸根（OCl^-）等产物，这些活性物质具有寿命短、氧化性强的特点，可以有效地将被处理污染物质氧化分解，从而达到去除污染物的目的。如果采出水中含有一定浓度的氯离子（Cl^-），在阳极可能发生以下反应：

$$2Cl^- \rightarrow Cl_2 + 2e^-$$

生成的氯气（Cl_2）会发生水解反应，生成氯化氢（HCl）和次氯酸（HClO）。

$$Cl_2 + H_2O \rightleftharpoons HCl + HClO$$

$$HClO \rightleftharpoons H^+ + ClO^-$$

次氯酸基于其强氧化性和杀菌能力，可以氧化水中的有机污染物和杀灭微生物。

● 阴极反应（还原反应）：

水分子在阴极被还原，生成氢气和氢氧根离子。反应式为：

$$2H_2O + 2e^- \rightarrow H_2\uparrow + 2OH^-$$

产生的氢气可被收集利用，而氢氧根离子与阳极产生的氢离子中和，维持电解液的整体 pH 平衡。

3.2 工艺流程

电解处理耦合制氢技术的工艺流程相对简洁，主要包括预处理、电解反应、氢气收集和废水后处理等环节。

1）预处理阶段：

在电解反应前，对采出水进行初步预处理，去除水中的大颗粒悬浮物和浮油等。这一阶段可以采用物理或化学的方法，如过滤、沉降或吸附，确保进入电解槽的水质适宜。

2）电解反应阶段：

预处理后的水进入电解槽，通过施加外部电流进行电解反应。电解槽通常由两极组成，其中阴极用于氢气的生成，阳极用于氧气的生成。电解反应不仅生成氢气，还能够去除水中的溶解性有机污染物和无机污染物。例如，水中的氯化物可能会在电解过程中形成氯气，而水中的重金属则可能通过电还原沉积在电极表面。

3）氢气收集与纯化：

在电解过程中产生的氢气通过管道输送并收集。为了提高氢气的纯度，可能需要进一步的净化过程，去除其中的氧气和水蒸气等杂质。净化通常通过冷凝、膜分离或吸附技术来实现。

4）废水后处理：

电解后，部分污染物可能依然存在于废水中。因此，通常需要进一步处理废水，以达到排放标准或实现资源化利用。例如，废水中的氢氧根离子可能需要通过中和反应转化为水，去除过剩的电解副产物。

3.3 电解处理与传统水处理技术的区别

与传统的水处理技术相比，电解处理耦合制氢技术具有以下显著优势：

1）资源化利用：

传统的水处理技术如沉淀、吸附和化学氧化通常无法实现废水中的有害物质资源化利用，而电解处理耦合制氢技术在处理废水的同时，能够生产氢气这一重要的能源资源，具有较高的经济价值。

2）污染物降解能力强：

传统水处理技术对油气田采出水中的有机污染物和重金属的处理效果有限。而电解处理通过电化学反应，不仅能分解水中的有害物质，还能够去除溶解性的有机污染物、重金属等，具有较强的污染物降解能力。

3）能效优势：

传统水处理技术通常需要大量的化学试剂和能源支持，而电解处理耦合制氢技术通过电化学反应直接产生氢气，同时降低了能耗。随着电解技术的优化，特别是电极材料和电解槽设计的改进，电解过程的能效不断提升。

4）环境友好：

电解过程中生成的副产物主要是氧气和水，这使得电解处理耦合制氢技术的环境影响较小，符合可持续发展的需求。相比之下，传统水处理技术可能产生大量的废弃物和二次污染，难以做到完全环保。

4　水处理后电解制氢技术原理与工艺

水处理后电解制氢技术是一种成熟且广泛应用的氢气生产方法，主要涉及对油气田采出水进行深度净化处理，然后利用标准的电解设备进行水的电解分解，生产高纯度的氢气。该技术通过严格的水处理工艺，确保水质达到电解要求，从而保证电解过程的效率和氢气的纯度。

4.1 技术原理

水处理后电解制氢技术的基本原理与电解水制氢过程相同，主要通过电解反应将水分解为氢气和氧气。该过程涉及电解质溶液在电场作用下发生的

氧化还原反应，具体反应如下：

阴极反应（还原反应）：

$$4H_2O + 4e^- \rightarrow 2H_2 \uparrow + 4OH^-$$

阳极反应（氧化反应）：

$$4OH^- \rightarrow O_2 \uparrow + 2H_2O + 4e^-$$

总反应：

$$2H_2O \rightarrow 2H_2 \uparrow + O_2 \uparrow$$

通过上述反应，水被分解为氢气和氧气，氢气在阴极产生，氧气在阳极产生。在该过程中，水中杂质的去除对电解反应效率和产氢纯度有重要影响。因此，水的纯度要求较高，常通过预处理技术去除水中的悬浮物、溶解性有机物、无机盐和其他杂质，从而提高电解反应的效率和氢气的纯度。

4.2 工艺流程

水处理后电解制氢技术的工艺流程主要包括以下几个阶段：

1）水处理阶段：

该阶段的目的是去除水中的大颗粒悬浮物、油污、重金属离子等杂质，以保证水质适宜电解。常见的水预处理方法包括过滤、吸附、化学沉淀、反渗透和离子交换等。这些方法能有效降低水中的杂质含量，提高水的电导率和电解效率。

2）电解反应阶段：

在水预处理后，水被送入电解槽中，通过施加电压使水发生电解反应。在电解槽中，水分子在阳极和阴极上分别发生氧化还原反应，生成氢气和氧气。电解槽的设计通常要求高效的电流分布和良好的电极材料，以最大化氢气的产率。

3）氢气收集与纯化：

在电解过程中产生的氢气被及时收集，并通过管道输送至氢气储存系统。为了提高氢气的纯度，通常需要经过气体净化过程，如通过膜分离、冷凝或吸附去除氢气中的氧气、水蒸气和其他杂质。氢气的高纯度对于后续应用，如燃料电池、工业氢气供应等，至关重要。

4）氧气释放与排放：

在电解过程中产生的氧气通过电解槽的阳极释放。氧气一般直接排放至环境中，或在某些情况下，

利用气体回收技术收集并应用于其他工业过程。

5）废水后处理阶段：

经过电解反应后，电解槽中产生的废水可能包含一些未被完全电解的副产物。为了符合环保排放标准，可能需要对废水进行后处理。这一阶段的处理方法通常包括中和、沉淀、过滤或生物处理等，以确保废水不对环境造成污染。

4.3 水处理后电解制氢技术与电解处理耦合制氢技术的对比

水处理后电解制氢技术与电解处理耦合制氢技术相比，主要有以下不同点：

1）处理对象不同：

水处理后电解制氢技术主要针对经过预处理的纯水进行电解，强调的是水的质量和电解纯度。而电解处理耦合制氢技术则结合了废水处理过程，直接处理污水或废水，并在此过程中实现氢气的生产。

2）反应效率与产物纯度：

水处理后电解制氢技术中，水的预处理阶段能够有效去除水中的杂质，从而提高电解反应的效率和氢气的纯度。相比之下，电解处理耦合制氢技术由于直接处理废水，其电解反应的效率和氢气纯度可能会受到水中污染物的影响。

3）资源利用方式：

水处理后电解制氢技术的主要目的是通过电解生产氢气，并通过水的净化过程提高氢气的生产效率。而电解处理耦合制氢技术则不仅实现氢气生产，还能在废水处理过程中去除污染物，具有更高的资源利用价值。

4）技术应用领域：

水处理后电解制氢技术广泛应用于需要高纯度氢气的领域，如燃料电池氢气供应和工业制氢等。而电解处理耦合制氢技术则适用于废水资源化处理的场合，特别是在油气田采出水处理和工业废水处理中具有显著优势。

5　经济性分析

在本部分中，首先分别对"电解处理耦合制氢技术"和"水处理后电解制氢技术"进行经济性分析，接着根据各自的分析结果，进行对比分析，给出分析结果。

在本部分的分析中，相关的计算作以下设定和假设：

● 计算未考虑绿电所带来的波动性，以并网情景进行计算。

● 计算简化：装置未配置储能设备、未配置氢气压缩机。

● 两个技术方案所处理的采出水的水量保持一致。

● 未考虑氢气销售和采出水处理收入的税费

● 进行经济性评估时，不考虑贴现率（即贴现率为0）。

5.1 "电解处理耦合制氢技术"的经济性分析

电解处理耦合制氢技术是在生产氢气的同时完成废水处理，具有一定的经济性优势，尤其在投资和运营成本方面相较于传统技术更具竞争力。下图是3种不同的设定情景下的经济性计算，情景的设定考虑了水处理收入单价和电价的变化情况，将不同的水处理收入单价和电价进行组合构造得到高成本、中成本、低成本三种情景。针对3种情景，分别计算LCOH（Levelized Cost of Hydrogen，平准化制氢成本）和LCOWT（Levelized Cost of Water Treatment，平准化水处理成本）。

LCOH是一种用于评估氢气生产成本的指标，类似于能源行业常用的LCOE（Levelized Cost of Energy）。LCOH表示在氢气生产系统的整个生命周期内，将所有相关成本（资本支出、运营和维护成本、燃料和能源成本等）平均到氢气的总产量上，从而得出单位氢气的生产成本，通常以每公斤氢气的成本（元/kg H_2）来表示。在计算LCOH时，会将采出水处理按照相关水处理价格收费，并计入收入（负成本）。

类似于LCOH和LCOE，针对于采出水电解处理情景，提出LCOWT，用于评估水处理过程单位成本的指标。LCOWT表示在水处理系统的整个生命周期内，将所有相关成本（资本支出、运营和维护成本、能源成本等）平均到处理的总水量上，从而得出单位水处理成本，以每吨水的成本（元/t

H_2O）表示。在计算 LCOWT 时，会将水处理过程中产生的氢气以市场价格售卖，并计入收入（负成本）。

表 1 电解处理耦合制氢技术的经济分析计算

项目	所属类别	电解处理制氢		
	设定情景	高成本	中成本	低成本
项目情况				
设备功率	kW	1,000	1,000	1,000
采出水处理量	t/a	200,000	200,000	200,000
电解产氢电耗	kWh/Nm^3	4.5	4.5	4.5
电解槽系统效率	\	90%	90%	90%
综合产氢电耗	kWh/Nm^3	5	5	5
H2密度(20℃)	$g/L(kg/m^3)$	0.08376	0.08376	0.08376
最大产氢速度	Nm^3/h	200	200	200
年运行时间	h	8760	8760	8760
年产氢量	Nm^3/a	1,752,000	1,752,000	1,752,000
年产氢量	kg/a	146,748	146,748	146,748
资本投入				
采出水前处理	元	¥ 1,000,000	¥ 1,000,000	¥ 1,000,000
电解槽	元	¥ 5,000,000	¥ 5,000,000	¥ 5,000,000
电解槽BOP	元	¥ 2,000,000	¥ 2,000,000	¥ 2,000,000
储氢罐200Nm3	元	¥ 400,000	¥ 400,000	¥ 400,000
后处理设备	元	¥ 2,000,000	¥ 2,000,000	¥ 2,000,000
公用工程及其他	元	¥ 1,000,000	¥ 1,000,000	¥ 1,000,000
总设备成本	元	¥ 11,400,000	¥ 11,400,000	¥ 11,400,000
间接成本(总设备成本的20%)	元	¥ 2,280,000	¥ 2,280,000	¥ 2,280,000
总资本投资	元	¥ 13,680,000	¥ 13,680,000	¥ 13,680,000
运营成本				
设备使用寿命	年	\	\	\
设备折旧期限	年	10	10	10
设备残值	\	0%	0%	0%
资本折旧	元/年	¥ 1,368,000	¥ 1,368,000	¥ 1,368,000
电解槽设备维护费用	元/年	¥ 500,000	¥ 500,000	¥ 500,000
前处理耗材费用	元/年	¥ 100,000	¥ 100,000	¥ 100,000
后处理耗材费用	元/年	¥ 200,000	¥ 200,000	¥ 200,000
员工薪酬	元/年	¥ 600,000	¥ 600,000	¥ 600,000
水处理收入单价	元/吨	¥ 5	¥ 10	¥ 15
水处理收入	元	¥ 1,000,000	¥ 2,000,000	¥ 3,000,000
电价	元/kWh	¥ 0.40	¥ 0.20	¥ 0.10
总电费	元	¥ 3,504,000	¥ 1,752,000	¥ 876,000
洁净水销售单价	元/吨	¥ 2	¥ 2	¥ 2
洁净水销售收入	元	¥ 397,376	¥ 397,376	¥ 397,376
单位质量制氢成本LCOH				
资本折旧	元/kg H_2	¥ 9.32	¥ 9.32	¥ 9.32
设备维护	元/kg H_2	¥ 3.41	¥ 3.41	¥ 3.41
耗材费用	元/kg H_2	¥ 2.04	¥ 2.04	¥ 2.04
人工费用	元/kg H_2	¥ 4.09	¥ 4.09	¥ 4.09
水处理收入	元/kg H_2	¥ -9.52	¥ -16.34	¥ -23.15
电费	元/kg H_2	¥ 23.88	¥ 11.94	¥ 5.97
LCOH	元/kg H_2	¥ 33.22	¥ 14.46	¥ 1.68
等效水处理费用				
初始投资	元	¥ 13,680,000	¥ 13,680,000	¥ 13,680,000
氢气销售价格	元/kg H_2	¥ 12	¥ 12	¥ 12
年销售收入-氢气	元	¥ 1,760,970	¥ 1,760,970	¥ 1,760,970
年销售收入-洁净水	元	¥ 397,376	¥ 397,376	¥ 397,376
年成本支出	元	¥ 6,272,000	¥ 4,520,000	¥ 3,644,000
年净现金(水处理净支出)	元	¥ -4,113,654	¥ -2,361,654	¥ -1,485,654
LCOWT	元/吨	¥ 20.57	¥ 11.81	¥ 7.43

5.1.1 投资成本分析

设备投资：本项目计算首先设定电解功率为 1MW，符合当前我院及相关技术研究进展。根据相关实践经验，该电解功率对应的采出水年处理量为 20 万吨，产氢速度为 $200Nm^3/h$。

该方案的设备投资主要包括电解槽、BOP、储氢罐、预处理设备（如简单的过滤器和沉淀池）和废水后处理装置。设备投资按照 10 年折旧期进行计算，设备残值为 0。电解装置的存在，使得无需进行深度水处理即可实现水质达标。电解槽的相关投资价格，参考现有碱性和 PEM 电解槽的价格进行估计，整体价格高于 1000 Nm³/h 的碱性电解槽，未来随着相关技术不断成熟，电解槽价格下降，会对整体的成本产生不小的影响。下图展示了基于中成本情景下，总资本投资（设备投资）分别降低 20% 和 40% 对 LCOH 和 LCOWT 的影响，LCOH 和 LCOWT 都随着设备投资的降低而逐渐降低，LCOH 降低的幅度相对来说更大一点。

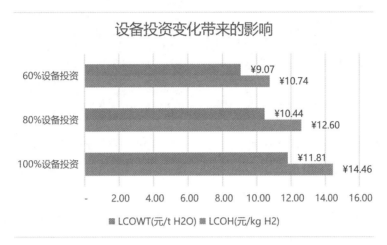

图 1　设备投资额变化对 LCOH 和 LCOWT 的影响

建设费用：本方案工艺流程相对简单，除电解槽外设备选型不复杂，建设周期较短，建设费用也相对较低，根据设备成本的 20% 估算建设费用和其他费用。

总资本投资为设备投资、建设费用和其他费用之和。

5.1.2 运营成本分析

电力消耗：电解处理耦合制氢技术的电力消耗主要集中在电解过程。本方案估算时，设定电解电耗为 4.5 kWh/Nm³ H₂，系统的电解效率为 90%，整体的产氢电耗为 5.0 kWh/Nm³ H₂。为方便计算，设定电解电耗保持不变，由每年的电解槽维护费用的部分来表示电耗增加带来的电费上涨。电价较大程度的影响 LCOH。

设备维护：该方案的设备维护费用主要花费在电解槽维护和水处理的耗材中。其中，电解槽维护费用占据较大部分，未来随着技术的发展，电解槽的维护价格会逐渐降低，下图展示了当维护费用降低 50% 和 30% 时，LCOH 和 LCOWT 的变化幅度。而前后的水处理耗材，由于技术相对成熟，可以认定未来价格不会发生太大变化。

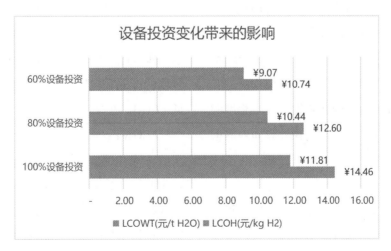

图 2　年维护费用变化对 LCOH 和 LCOWT 的影响

废水处理：由于该技术在电解过程中也实现了废水处理，节省了传统技术中复杂废水处理环节的成本，可以通过废水处理获得收入，以抵消部分成本费用，现有的水处理收入单价也对LCOH有着较大的影响。下表展示了在不同的电价和水处理收入单价下的LCOH。

表 2 不同电价和水处理单价对应的 LCOH

氢气LCOH		电价(元/kWh)					
(元/kg H$_2$)		0.5	0.4	0.3	0.2	0.15	0.1
水处理单价(元/吨)	3	¥ 40.9	¥ 34.2	¥ 30.0	¥ 24.0	¥ 21.0	¥ 18.0
	5	¥ 38.2	¥ 31.5	¥ 27.2	¥ 21.3	¥ 18.3	¥ 15.3
	10	¥ 31.4	¥ 24.7	¥ 20.4	¥ 14.5	¥ 11.5	¥ 8.5
	15	¥ 24.5	¥ 17.9	¥ 13.6	¥ 7.7	¥ 4.7	¥ 1.7
	30	¥ 4.1	¥ -2.6	¥ -6.8	¥ -12.8	¥ -15.8	¥ -18.8
	50	¥ -23.2	¥ -29.8	¥ -34.1	¥ -40.1	¥ -43.0	¥ -46.0

未来随着电解技术的不断发展，开发出了更高性能的电极和催化剂，实现了采出水中有机物的高效氧化处理，则电解槽功率不变的情况下，给定污染程度下的采出水处理量提升，年处理量提升，则可以获得更多的水处理收入。下图展示了在中情景下，水处理量的变化带来的 LCOH 和 LCOWT 的变化。随着水处理量的逐渐增加，LCOH 出现了明显的下降，当达到 200% 水处理量时，LCOH 降至极低水平，说明了水处理收入对于采出水电解制氢成本的较大影响。LCOWT 随着水处理量基本呈现等比缩小的关系，这说明了随着技术的不断优化改进，使得水处理量的增加，水处理的成本也随之下降。

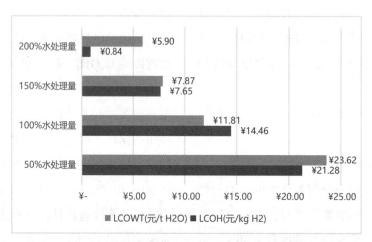

图 3 年水处理量变化对 LCOH 和 LCOWT 的影响

当采出水污染情况较为严重时，年处理量可能下降，因为需要降低处理速度以实现对采出水的达标处理。本项目中，未考虑因污染增加而造成的水处理量的变化，因为，随着采出水的污染程度的变化，所收取的水处理费用也因此要发生一定程度的变化。因此，本项目计算中，设定在计算周期内采出水的污染情况保持不变。

5.1.3 经济性评估

LCOH：短期来看，主要受到水处理收入和电费的影响。在低电费价格和较高水处理收入的情景下，所产生氢气可以与现有的最低成本的氢气（煤制氢，12 元 /kg H$_2$）相竞争。长期来看，主要受到电解槽设备价格和电解处理采出水效率的影响。在水处理收入和电费逐渐处于稳定之后，电解槽设备价格的降低和电解处理效率的提升，将进一步的降低 LCOH。

LCOWT：短期来看，主要受到所产氢气的售卖收入和电费的影响。在中等电费价格（0.2 元 /kWh）和较低氢气销售价格（12 元 /kg H$_2$）时，即可取得 11.81 元 / 吨的 LCOWT，当电价降低和氢气销售价格增加时，等效水处理费用可以获得进一步的降低。

5.2 "水处理后电解制氢技术"的经济性分析

传统水处理后电解制氢技术通过先对采出水进行深度处理，去除有害杂质，之后使用纯水进行电解制氢。电解制氢技术广泛应用于需要高纯度氢气的工业和能源领域，本方案计算中，选择使用碱性电解槽作为水处理的后续电解工艺。

本方案中，水处理整体设施和电解水装置之间由于关联性不大，因此可以认为是两个独立的装置，可以分别进行经济核算。对于水处理设施，由于缺乏实际水处理厂的投资和运营成本数据，且为了方便和"电解处理耦合制氢技术"的计算结果进行对比，因此对于水处理部分采用了使用水处理单价乘

以水处理量来给出整个水处理成本。

本方案计算时，也根据采出水的水处理单价和电价设定了3种不同的情景，分别为高成本、中成本和低成本情景。和"电解处理耦合制氢技术"中三种情景不同的是，在本方案中水处理被计入的成本而不是收入（负成本），因此在高成本情景中，水处理单价和电费都是取较高值，在低成本情景中，水处理单价和电费都是取较低值。

本方案中，同样使用LCOH来评估氢气的生产成本，并在同样的水处理单价和电费下，将两方案的LCOH进行比较，以进行经济性对比。

表 3 水处理后电解制氢技术的经济分析计算

	所属类别	水处理后电解		
	设定情景	高成本	中成本	低成本
项目情况-水处理				
采出水处理量	t/a	200,000	200,000	200,000
项目情况-电解过程				
设备功率	kW	5,000	5,000	5,000
电解产氢电耗	kWh/Nm³	4.5	4.5	4.5
电解槽系统效率	\	90%	90%	90%
综合产氢电耗	kWh/Nm³	5	5	5
最大产氢速度	Nm³/h	1000	1000	1000
H2密度(20℃)	g/L(kg/m³)	0.08376	0.08376	0.08376
年运行时间	h	8760	8760	8760
年产氢量	Nm³/a	8,760,000	8,760,000	8,760,000
年产氢量	kg/a	733,738	733,738	733,738
资本投入-电解槽				
电解槽	元	¥ 6,000,000	¥ 6,000,000	¥ 6,000,000
电解槽BOP	元	¥ 2,000,000	¥ 2,000,000	¥ 2,000,000
储氢罐200Nm3	元	¥ 1,500,000	¥ 1,500,000	¥ 1,500,000
公用工程及其他	元	¥ 1,000,000	¥ 1,000,000	¥ 1,000,000
总设备成本	元	¥ 10,500,000	¥ 10,500,000	¥ 10,500,000
间接成本 (总设备成本的20%)	元	¥ 2,100,000	¥ 2,100,000	¥ 2,100,000
总资本投资	元	¥ 12,600,000	¥ 12,600,000	¥ 12,600,000
运营成本-水处理				
水处理单价	元/吨	¥ 15	¥ 10	¥ 5
水处理年费用	元	¥ 3,000,000	¥ 2,000,000	¥ 1,000,000
运营成本-电解水				
设备折旧期限	年	10	10	10
设备残值	\	0%	0%	0%
资本折旧	元/年	¥ 1,260,000	¥ 1,260,000	¥ 1,260,000
电解槽设备维护费用	元/年	¥ 500,000	¥ 500,000	¥ 500,000
员工薪酬	元/年	¥ 400,000	¥ 400,000	¥ 400,000
电价	元/kWh	¥ 0.40	¥ 0.20	¥ 0.10
总电费	元	¥ 17,520,000	¥ 8,760,000	¥ 4,380,000
单位质量制氢成本LCOH				
水处理费用	元/kg H2	¥ 4.09	¥ 2.73	¥ 1.36
资本折旧	元/kg H2	¥ 1.72	¥ 1.72	¥ 1.72
设备维护	元/kg H2	¥ 0.68	¥ 0.68	¥ 0.68
人工费用	元/kg H2	¥ 0.55	¥ 0.55	¥ 0.55
电费	元/kg H2	¥ 23.88	¥ 11.94	¥ 5.97
LCOH	元/kg H2	¥ 30.91	¥ 17.61	¥ 10.28

下图展示了三种不同情景下，LCOH 的组成比例。

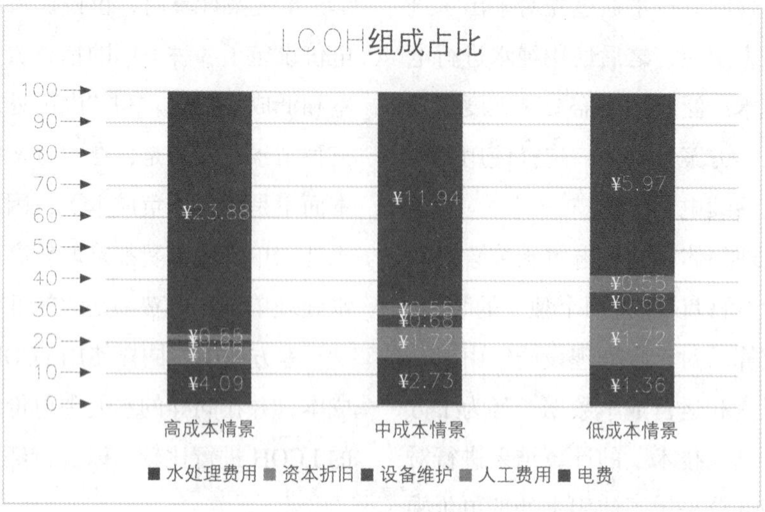

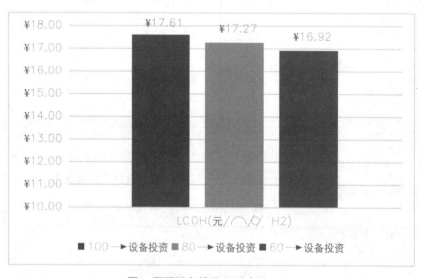

图 4 三种情景下的 LCOH 成本组成占比

5.2.1 投资成本分析

设备投资和建设费用：本方案计算中，使用现有常见的碱性电解槽，设定功率为 5MW，产氢速度为 1000Nm³/h。相关设备的投资费用和建设成本，已经比较清晰。

未来随着电解槽的规模化和自动化生产，电解槽设备整体的成本将会逐渐下降，这将会带动 LCOH 小幅度下降。下图展示了在中成本情景下，100% 设备投资、80% 设备投资和 60% 设备投资额下的 LCOH，可以看到由于资本折旧在 LCOH 中的占比很小，因此整体设备投资额的下降对 LCOH 造成的影响有限。

图 5 不同设备投资额对应的 LCOH

5.2.2 运营成本分析

电力消耗：电解槽的电力消耗是整个制氢过程中成本最大的消耗，电价的下降将有效降低 LCOH。

水处理费用：采出水的水处理费用是本方案中第二高的成本，现有水处理技术较为成熟，水处理费用的变动主要取决于采出水的污染情况。

下表展示了，在给定设备投资情况下，不同电价和水处理单价所得到的不同的 LCOH。

表4　不同电价和水处理单价对应的LCOH

氢气LCOH (元/kg H$_2$)		电价(元/kWh)					
		0.5	0.4	0.3	0.2	0.15	0.1
水处理单价(元/吨)	3	￥ 33.6	￥ 27.6	￥ 21.7	￥ 15.7	￥ 12.7	￥ 9.7
	5	￥ 34.2	￥ 28.2	￥ 22.2	￥ 16.2	￥ 13.3	￥ 10.3
	10	￥ 35.5	￥ 29.5	￥ 23.6	￥ 17.6	￥ 14.6	￥ 11.6
	15	￥ 36.9	￥ 30.9	￥ 24.9	￥ 19.0	￥ 16.0	￥ 13.0
	30	￥ 41.0	￥ 35.0	￥ 29.0	￥ 23.1	￥ 20.1	￥ 17.1
	50	￥ 46.4	￥ 40.5	￥ 34.5	￥ 28.5	￥ 25.5	￥ 22.5

5.2.3 经济性评估

LCOH：根据上面的分析可以看出，本方案的LCOH主要受到电价和水处理单价的影响，其中电价的影响较大，同时，当时采出水污染情况较为严重时，采出水的水处理成本也拥有着较大的影响。

5.3 分析与比较

5.3.1 投资成本分析与比较

投资成本是衡量技术可行性和市场竞争力的关键因素。两种技术的投资成本主要包括设备投资、建设费用以及系统安装调试费用。以下对比分析了两种技术的投资成本构成。

电解处理耦合制氢技术：该技术的投资主要集中在电解槽、预处理设备、气液分离装置和部分废水后处理设备上。由于该技术省略了复杂的水处理步骤，因此整体投资相对较低。具体的预处理设备主要包括简单的过滤设备，如格栅、沉淀池和网筛，成本较低。电解槽的设计要求较为简化，只需要耐腐蚀材料，且电解槽数量较少。气液分离装置主要用于氢气收集，通常采用常规的气液分离器，成本适中。

水处理后电解制氢技术：该技术的投资成本较高，主要包括多层次的水处理设备，如反渗透系统、膜分离设备、离子交换装置等。水处理设备和膜分离技术通常需要较高的初期投资。此外，电解设备通常为标准化设备，投资相对较为可控，但仍需要较大的资金投入。

表5　两技术方案在设备投资方面的异同

项目	电解处理耦合制氢技术	水处理后电解制氢技术
主要设备投资	电解槽、预处理设备、气液分离装置	电解槽、水处理设备（反渗透、膜分离）
设备复杂度	简单，设备种类少，投资较低	复杂，涉及多种水处理技术，投资较高
建设费用	相对较低，项目建设周期短	较高，建设周期长，安装调试复杂

5.3.2 运营成本分析与比较

运营成本包括电力消耗、设备运行和维护费用、人工成本、化学药剂和水处理费用等。以下对比了两种技术的运营成本。

电解处理耦合制氢技术：该技术的运营成本较低，主要集中在电解过程中的电力消耗和设备维护上。由于不需要复杂的水处理，整体的水处理费用较低。电解反应中的电能消耗主要与水的电导率、氢气产量以及电解设备的效率相关。此外，气液分离装置和部分废水后处理设备的维护费用较低。

水处理后电解制氢技术：该技术的运营成本较高，主要因为需要进行多阶段水处理，反渗透和膜分离技术的能耗较大。此外，水处理过程中需要使用一定量的化学药剂，如絮凝剂、反渗透膜的清洗剂等，增加了化学药剂费用。膜分离设备的维护与更换频率较高，也带来了额外的设备维护费用。电解槽的电力消耗也较高，因为采用纯水作为电解质，电解过程的效率相对较高。

表6 两技术方案在运营成本方面的异同

项目	电解处理耦合制氢技术	水处理后电解制氢技术
电力消耗	较低，主要集中在电解过程中	较高，水处理和电解过程均需大量电力
设备维护费用	较低，设备相对简单，维护频率低	较高，膜分离系统、反渗透设备需要频繁维护
化学药剂费用	较低，简单的水过滤与少量化学药剂使用	较高，涉及水处理的化学药剂消耗
运营成本估算	较低，整体运营费用较为节省	较高，水处理环节和设备维护费用较大

5.3.3 LCOH 比较

本部分分析中，设定 6 个比较场景条件，对两种技术方案的 LCOH 进行比较。

● 比较场景 1

基于当下电价和低污染水处理单价，计算两个方案的 LCOH，设定电价为 0.4 元 /kWh，水处理单价为 5 元 / 吨，计算得到 LCOH 如下：

	电解处理耦合制氢技术	水处理后电解制氢技术
LCOH	31.5 元 /kg H$_2$	28.2 元 /kg H$_2$

● 比较场景 2

基于近期绿电价格和低污染水处理单价，设定电价为 0.2 元 /kWh，水处理单价为 5 元 / 吨，计算得到 LCOH 如下：

	电解处理耦合制氢技术	水处理后电解制氢技术
LCOH	21.3 元 /kg H$_2$	16.2 元 /kg H$_2$

● 比较场景 3

基于当下电价和常规（中污染）水处理单价，设定电价为 0.4 元 /kWh，水处理单价为 10 元 / 吨，计算得到 LCOH 如下：

	电解处理耦合制氢技术	水处理后电解制氢技术
LCOH	24.7 元 /kg H$_2$	29.5 元 /kg H$_2$

● 比较场景 4

基于近期绿电价格和常规（中污染）水处理单价，设定电价为 0.2 元 /kWh，水处理单价为 10 元 / 吨，计算得到 LCOH 如下：

	电解处理耦合制氢技术	水处理后电解制氢技术
LCOH	14.5 元 /kg H$_2$	17.6 元 /kg H$_2$

● 比较场景 5

基于当下电价和高污染水处理单价，设定电价为 0.4 元 /kWh，水处理单价为 15 元 / 吨，计算得到 LCOH 如下：

	电解处理耦合制氢技术	水处理后电解制氢技术
LCOH	17.9 元 /kg H$_2$	30.9 元 /kg H$_2$

● 比较场景 6

基于近期绿电价格和高污染水处理单价，设定电价为 0.2 元 /kWh，水处理单价为 15 元 / 吨，计算得到 LCOH 如下：

	电解处理耦合制氢技术	水处理后电解制氢技术
LCOH	7.7 元 /kg H$_2$	19.0 元 /kg H$_2$

根据以上的对比场景分析，可以得出以下结论：

● 对于"电解处理耦合制氢技术"，水处理收入有效的降低了其 LCOH，在所处理的水为常规污染及高污染时，其 LCOH 均低于"水处理后电解制氢技术"的 LCOH。

● 对于"水处理后电解制氢技术"，水处理费用对其 LCOH 影响较小，电价影响较大，当采用绿电价格后，其 LCOH 在 16.2–19.0 元 /kg H$_2$，在市场上具有一定程度的竞争力。

5.4 小结

通过对两种技术的投资成本、运营成本和经济效益的分析，可以得出以下主要结论：

表 7　两技术方案的综合对比

比较维度	电解处理耦合制氢技术	水处理后电解制氢技术
投资成本	较低，设备和建设费用较为节省	较高，水处理设备和膜分离技术需要较高的初期投资
运营成本	较低，电力消耗和设备维护成本较为节省	较高，水处理和膜分离技术需要较大的能量和化学药剂支持
氢气产量与纯度	氢气产量较低，纯度较低，需要额外纯化步骤	氢气产量高，纯度高，适合高纯度氢气需求的应用
整体经济效益	较高，适用于低纯度氢气市场场景	较低，但适用于高纯度氢气需求的市场，尤其是高附加值产品

通过对比，可以得出结论：电解处理耦合制氢技术适用于资金相对有限、对氢气纯度要求不高的应用场景，而水处理后电解制氢技术则适用于高纯度氢气的生产，尽管其成本较高，但在高端市场中仍具有较高的经济性。

6　结论

本研究对油气田采出水的电解处理耦合制氢技术与水处理后电解制氢技术进行了全面的技术经济分析。结果表明，电解处理耦合制氢技术在降低能源消耗和系统投资方面具有显著优势，能够同时实现废水资源化与氢气生产，具有较高的经济和环境效益。相比之下，水处理后电解制氢技术虽能保证氢气的高纯度，但其经济性较低，尤其在高能源消耗和复杂水处理的背景下。总体而言，电解处理耦合制氢技术不仅能够有效处理油气田采出水中的有害物质，还能为氢气生产提供更具竞争力的成本结构。未来，随着技术优化和成本降低，电解处理耦合制氢技术有望在油气田废水处理及氢能源生产领域得到广泛应用。

参考文献：

[1]Neef H‑J. International overview of hydrogen and fuel cell research[J]. Energy, 2009, 34(3): 327‑333.

[2]Kovač A, Paranos M, Marciuš D. Hydrogen in energy transition: a review[J]. International Journal of Hydrogen Energy, 2021, 46(16): 10016‑10035.

[3]Andrews J, Shabani B. The role of hydrogen in a global sustainable energy strategy[J]. WIREs Energy and Environment, 2014, 3(5): 474‑489.

[4]Kourougianni F, Arsalis A, Olympios A V, 等. A comprehensive review of green hydrogen energy systems[J]. Renewable Energy, 2024, 231: 120911.

[5]Oliveira A M, Beswick R R, Yan Y. A green hydrogen economy for a renewable energy society[J]. Current Opinion in Chemical Engineering, 2021, 33: 100701.

[6]Zhou Y, Li R, Lv Z, 等. Green hydrogen: a promising way to the carbon‑free society[J]. Chinese Journal of Chemical Engineering, 2022, 43: 2‑13.

[7]Zeng K, Zhang D. Recent progress in alkaline water electrolysis for hydrogen production and applications[J]. Progress in Energy and Combustion Science, 2010, 36(3): 307‑326.

[8]Chi J, Yu H. Water electrolysis based on renewable energy for hydrogen production[J]. Chinese Journal of Catalysis, 2018, 39(3): 390‑394.

[9]Ursua A, Gandia L M, Sanchis P. Hydrogen production from water electrolysis: current status and future trends[J]. Proceedings of the IEEE, 2012, 100(2): 410‑426.

[10] 苏家欣，吴江，孟祥睿，等. 电解水制氢技术在废水处理中的应用探究[J]. 清洗世界，2024, 40(10): 13‑15.

[11] 夏天，粟振华，邵明飞，等. 电解水制氢耦合有机物氧化研究进展[J]. 石油炼制与化工，2024, 55(1): 42‑51.

氢气网络夹点分析
与优化技术在乌石化的应用

郭林超

（中国石油乌鲁木齐石化公司）

摘要： 本文利用氢气网络夹点分析技术对乌石化炼油厂氢气网路进行分析，制定了相对应的优化方案，包括PSA单元、富氢气体一单元开工，提高系统氢气纯度；根据氢气夹点匹配原则，新建提纯装置（富氢三单元），生产出纯度高于夹点的氢气，把低品质存在余量的氢气提高纯度送到氢气管网。炼油厂氢气系统在新运行模式下，实现了氢气系统梯级利用，加氢裂化装置运行瓶颈消除，可产出合格航煤，重石脑油收率从43.04%提高至43.8%，综合能耗从44.67Kg★标油/t降低至42.34Kg★标油/t。180万柴油改质装置产品石脑油量提高至35t/h，完成提质增效指标。

关键词： 氢夹点 富氢气体回收 综合能耗

1 前言

炼厂氢气用量随着含硫原油比例的增加，减压渣油加氢脱金属/加氢脱硫/加氢裂化装置能力的增加而增加，一般是原油的0.8%~1.4%。随着国家国VIB汽、柴油标准的实施，所有出厂油品必须经过加氢工艺才能环保要求，同时也会造成加工成本增加，优化氢气网络，合理利用氢气资源，降低用氢成本是目前所有炼厂都要进行的攻关课题。

2 氢夹点技术原理

氢气网络优化的目标包括：增大氢气利用率，降低用氢成本是；提高加氢类装置的运行效率，降低加氢类装置的综合能耗等。

夹点技术(Pinch Technology)，又称为窄点技术，是英国Bodo Linnhoff教授等人于20世纪70年代末提出的换热网络优化设计方法。90年代末，扩展到全局过程夹点分析，并与公用工程系统和工艺过程进行能量集成,广泛地延伸到水系统和氢气系统，形成水夹点分析和氢夹点分析方法。

氢气夹点分析时将向氢气网络中提供氢气的物流称为氢源，通常称最高浓度氢源物流为公用工程物流。将在氢气网络中消耗氢气的物流称为氢阱。通过利用夹点分析理论对氢气网络的氢源、氢阱进行分析，计算最小公用工程量，对氢气网络提出优化措施，通过优化后，最小公用工程量得到明显降低。

英国科学家Alves首先提出和解释了氢夹点分析及优化理论，通过研究炼厂氢气网络，并对分析出的问题进行优化，使氢气能够得到梯级利用。

氢气夹点分析的方法是：

（1）首先收集氢源与氢阱的流量、浓度数据，列出优化前WEPEC的一组氢源、氢阱数据，然后将各氢源和氢阱物流按照氢纯度绘制在流量—浓度复合曲线上，如图1(a)所示。实线表示氢源，虚线表示氢阱。氢源复合曲线下的面积表示氢源可以提供的氢量，氢阱复合曲线下的面积表示氢阱需要的氢量。

（2）在每一个氢气浓度梯度下，计算氢源曲线和氢阱曲线之间的面积，该面积称为该浓度（取氢源和氢阱中浓度较低者）下的剩余氢量，如果氢源曲线在上方，则为正值，反之为负值。然后将每一浓度下的剩余氢量绘制在与相同的坐标系中。如果剩余氢量是正的就向右画，反之向左，然后将各线段首尾相连。如图1(b)所示，

（3）在剩余氢量曲线图中，剩余氢量为0时的点称为"夹点"，对应的氢气纯度称为"夹点浓度"。

（4）如果最后一条剩余氢量的终点（即整个网络的剩余氢量）不为0，则重新假设一个最高浓度的氢源的流量值，通过迭代计算，最终使整个网络的剩余氢量为0。此时最高浓度的氢源流量为最小公用工程量。

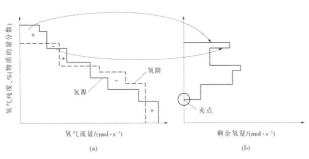

图1　氢夹点求取示意图

杨猛等应用夹点技术对大连西太平洋石油化工有限公司的氢气网络进行了分析，通过优化加氢装置氢源、优化制氢装置配氢的组成及用量、增加氢

气提纯设施等，通过技术分析和适当改造取得了较为明显的经济效益。

3　夹点技术实施方案

3.1　夹点技术分析

炼油厂的氢气网络系统一般分为三个部分：产氢过程、耗氢过程和氢气净化回收单元。

乌石化炼油厂的氢阱，是指耗氢装置，包括柴油加氢装置、加氢裂化装置、汽油改质装置等。氢源是指产氢装置，包括化肥供氢（原料为天热气）、芳烃重整区域等。

炼油厂化肥供氢为 $2.3 \times 10^4 Nm^3/h$，催化重整的加工负荷为160万吨/年，芳烃重整区域供氢 $7.5 \times 10^4 Nm^3/h$，大部分氢气是由催化重整供，化肥供氢占比较大，制氢成本较高。

利用氢夹点分析的优化基本思路是：在氢气网络中，氢阱需求的氢气不一定是由制氢装置生产，而是可以从炼厂排放气中提纯得到氢气，然后和现有氢源组成混合氢源进入氢阱，从而提高氢气利用效率。

3.2　公司现有氢气网络分析

公司现有氢气网络分为两个网络，分别为芳烃重整区域氢气网络，炼油厂总氢气网络，首先对芳烃重整区域的氢气网络进行分析，芳烃重整区域的氢气网络图见图2。芳烃重整区域的氢气平衡图见表1

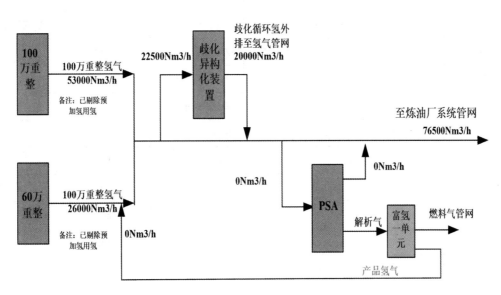

图-2　芳烃重整区域氢气系统图

表-1 芳烃重整区域氢气平衡表

产氢装置	产量 Nm3/h	氢气纯度 %（V/V）	用氢装置或单元	用量 Nm3/h	氢气纯度 %（V/V）
100 万重整	53000	94.50	歧化异构化用氢	22500	94.50
60 万重整	26000	93.50	PSA 用氢	0	
歧化循环氢	20000	78.00	进系统氢气	76500	89.85
PSA 产氢	0				
合计	99000		合计	99000	

从芳烃重整区域的氢气网络图和氢气平衡表中可以看出，芳烃重整区域氢气系统存在问题：

（1）外送进系统氢气纯度比较低，仅仅为89.85%（V/V），主要原因是重整产氢送歧化异构化装置，歧化循环氢纯度较低，仅为78%（V/V），为保证循环氢纯度，将大量循环氢外排至氢气管网，造成氢气管网的纯度降低。

（2）芳烃重整区域的 PSA 单元及富氢气体回收一单元未开工。若开工后，进系统氢气纯度会明显上涨，但富氢气体回收一单元的尾气将进入到燃料气管网，造成氢气资源的浪费。

从上述两项问题可以看出，氢气系统存在优化空间。其次对炼油厂总氢气网络进行分析，炼油厂总氢气网络图见图 3，炼油厂氢气氢源和氢阱数据

见表 2

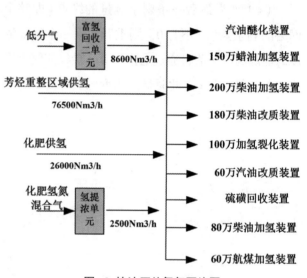

图 -3 炼油厂总氢气网络图

表 -2 炼油厂总氢气平衡表

氢源			氢阱		
产氢装置	产量（Nm3/h）	氢气纯度 %（V/V）	用氢装置	用量（Nm3/h）	氢气纯度 %（V/V）
芳烃重整区域供氢	76500	89.85	60 万航煤加氢	2500	90
化肥供氢	23000	94.5	80 万柴油加氢	6500	90
氢提浓供氢	2500	90	60 万汽油改质	3500	94.5
富氢气体二单元	8000	91	40 万汽油醚化	300	94.5
			100 万加氢裂化	41000	99
			180 万柴油加氢	32000	99
			4 万硫磺回收	200	94.5
			200 万柴油加氢	13500	94.5
			150 万蜡油加氢	10500	91
合计	108000			108000	

根据下述公式计算剩余氢量，得知氢气网络氢气富裕还是欠缺：

$$H' = \int_b^a (y_{SR} - y_{SK}) \mathrm{d}F$$

对于多个氢源与氢阱，可以利用下述计算：

$$f_{SR1} \times y_{SR1} + f_{SR2} \times y_{SR2} = \Sigma(f_{SK} \times y_{SK})$$

式中：f 为氢气量；y 为氢纯度；SR 代表氢源；SK 代表氢阱。

$$H' = \Sigma fSR \times ySR - \Sigma(fSK \times ySK)$$
$$= -6462$$

不同纯度氢气的氢阱和氢源的纯氢量的差是负值，即在各个纯度值上氢气的剩余量是不足的，在某个纯度下氢源纯氢量小于氢阱纯氢量，说明氢气网络急需进行优化。

根据全厂氢气网络数据进行氢气夹点计算，如图 3 所示。根据图 3 计算结果可知，现有氢气网络夹点为 92.0%。

3.3 加氢类装置运行分析

通过利用 ASPEN 流程模拟软件，建立氢气系统平衡总图，对加氢裂化装置和柴油加氢改质装置的氢气浓度进行测算，同时对比取样分析，可以得到加氢裂化装置和柴油加氢改质装置新氢纯度为 90.92%（V/V）

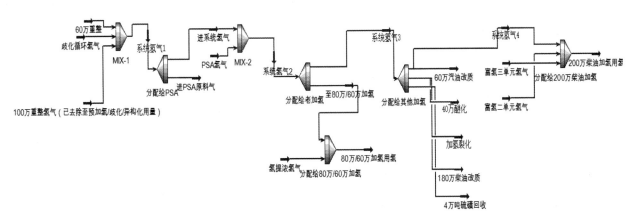

图 -4　氢气系统 ASPEN 流程模拟图

在新氢纯度较低的情况下，逐渐暴露出以下几个问题：

（1）加氢裂化装置综合能耗逐渐上升，最高达到 44.67Kg* 标油 /t。

（2）因系统氢气纯度低，加氢裂化装置精制反应温度低，航煤净热值不合格，加氢裂化装置无法产出合格航煤。

（3）柴油加氢改质装置增产石脑油受限，石脑油收率无法提高至 35%（V/V）以上。

4　夹点技术应用

4.1 应用方案

根据夹点匹配原则，夹点之上的氢源不应供给夹点之下的氢阱，在优化氢气网络时应该把氢气网络从夹点处分为两个子网络，从夹点处分别向夹点之上和夹点之下分别合成。

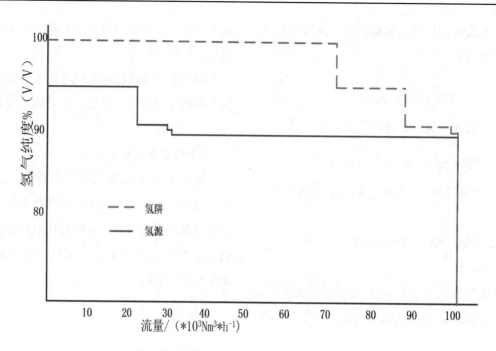

图5 优化前氢源、氢阱浓度－流量复合曲线

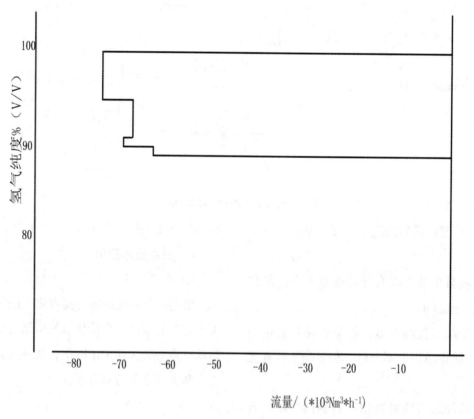

图-6 氢气夹点计算图

对氢气网络夹点分析，可以得到以下结论：优化前，氢气网络的夹点浓度为89.85%。氢气网络匹配了大量的化肥供氢，属于高浓度氢源。芳烃重整区域供氢纯度较低，剩余氢气量为负值，说明整个氢气网络的氢气资源不足。

从现有氢气网络图可以看出，公司应利用交点

技术，提高氢气的利用率，总体目标包括：

（1）PSA单元和富氢一单元开工，改变现有氢气网络的交点。

（2）通过提纯技术，夹点之下的氢气资源产出纯度高于夹点的氢气，把低品质存有余量的氢气输送至氢气网络，可以减少化肥氢供应。通过分析，

现阶段夹点之下的氢气资源包括: 富氢一单元尾气、富氢二单元尾气、汽油加氢装置施放氢、系统干气。

4.2 方案实施

4.2.1 PSA 单元和富氢一单元开工

PSA 单元引氢气开工，13:30 PSA 出口氢气纯度 99% 合格，产氢并入系统，解析气进入富氢一单元，膜分离氢气进入重整装置产氢线（K202 入口）。PSA 单元和富氢一单元开工开工后，芳烃重整区域的氢气平衡见下图和下表。

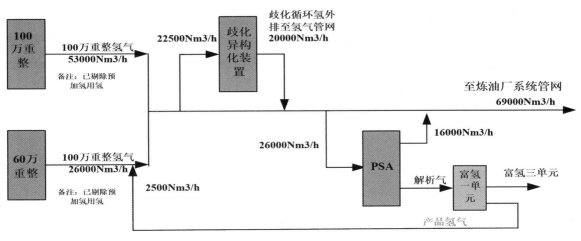

图-7 芳烃重整区域氢气系统图

表-3 芳烃重整区域氢气平衡表

产氢装置	产量 Nm3/h	氢气纯度 %（V/V）	用氢装置或单元	用量 Nm3/h	氢气纯度 %（V/V）
100 万重整	53000	94.5	歧化异构化用氢	22500	94.5
60 万重整	28500	93.2	PSA 用氢	26000	94.5
歧化循环氢	20000	78	进系统氢气	69000	95.5
PSA 产氢	16000	99			
合计	117500		合计	117500	

从芳烃重整区域的氢气网络图和氢气平衡表中可以看出，芳烃重整区域供系统氢气纯度从 89.85%（V/V）提高至 95.5%（V/V），供系统氢气量从 76500Nm3/h 降低至 69000Nm3/h。

4.2.2 新建含氢干气回收单元并开工

通过综合比较多种提纯含氢干气的方案可知，利用膜分离方法进行提纯是最经济可行和安全可靠的。通过新建富氢三单元，具体流程为: 富氢一单元尾气、富氢二单元尾气、汽油加氢装置施放氢进入富氢三单元后通过压缩机进行压缩，升压后进入膜分离装置，渗透气供给氢气管网氢阱使用，而相应的渗余气则进入燃料气,管网作为加热炉燃料，其过程主要分为原料气预处理和膜分离两部分，设备主要包括一台离心式压缩机和膜分离撬块。

经过膜处理后，提纯氢气纯度为 90%，大于氢气网络夹点的 89.85%，可以直接供应至氢阱装置，同时渗余气可以进入至燃料气管网。但是在实际运行中形成两种运行模式:

一是，在催化干气进行提纯下，需保证在氢纯度满足的情况下，氢气含有的杂质(如 CO、CO_2 等)满足加氢装置需求。基于这种因素考量，设计将提纯的氢气再次进行 PSA 提纯，最终体现在芳烃重整区域产氢的纯度和量增加。

二是，在催化干气未参与提纯下，膜分离所产的氢气直接送系统管网，其氢气纯度与蜡油加氢装置用氢纯度匹配。

4.3 实施效果

4.3.1 对氢气系统的影响

富氢三单元开工后，对炼油厂总氢气网络进行分析，炼油厂总氢气网络图见图8，炼油厂氢气氢源和氢阱数据见表4

从总氢气网络图和氢气平衡表中可以看出，芳烃重整区域供系统氢气纯度提高后，加氢裂化装置和180万柴油加氢装置的新氢耗量明显降低。富氢三单元产氢6500Nm3/h，化肥供氢减少2000Nm3/h。

通过夹点技术进行计算，新建膜分离装置实现回收氢纯度不低于90%的氢气约为6500Nm3/h，化肥供氢减少2000Nm3/h，每年可增加效益约1000万元以上。

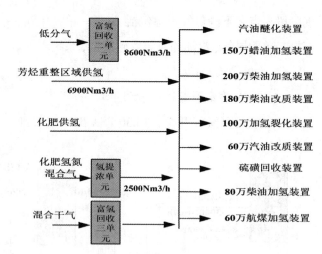

图-8 炼油厂总氢气网络图

表-4 炼油厂总氢气平衡表

氢源			氢阱		
产氢装置	产量（Nm3/h）	氢气纯度%（V/V）	用氢装置	用量（Nm3/h）	氢气纯度%（V/V）
芳烃重整区域供氢	69000	95.5	60万航煤加氢	2500	90
化肥供氢	21000	94.5	80万柴油加氢	6500	90
氢提浓供氢	2500	90	60万汽油改质	3500	94.5
富氢气体二单元	8000	91	40万汽油醚化	300	94.5
富氢气体三单元	6500	90	100万加氢裂化	40000	99
			180万柴油加氢	30000	99
			4万硫磺回收	200	94.5
			200万柴油加氢	13500	94.5
			150万蜡油加氢	10500	91
合计	107000			107500	

由于氢气提纯，使现有的燃料气管网的氢纯度得到下降(从40%降为35%)；由于氢气热值比较低，瓦斯管网氢纯度降低可以使加热炉运行控制稳定高效，从而保证了其他装置的平稳运行。

炼油厂氢气系统在新运行模式下实现氢气系统梯级利用：

（1）80万柴油加氢装置/60万航煤加氢装置，用氢为加氢氢提浓度和系统氢气，氢气纯度为：90-91%。

（2）100万加氢裂化装置/180万柴油改质装

置，用氢为PSA产氢和重整直接至系统氢气，氢气纯度为：95.5%（V/V）。

（3）200万柴油加氢装置，用氢为富氢三单元产氢和富氢二单元产氢，氢气纯度为：91%（V/V）。

（4）150万蜡油加氢装置，用氢为富氢三单元产氢和富氢二单元产氢，氢气纯度为：91%（V/V）。

4.3.2 对加氢装置的影响

加氢裂化装置重石脑油收率从43.04%提高至43.8%，9月28日提高至44.24%，重石脑油收率持续上涨。综合能耗从44.67Kg*标油/t降低至

42.34Kg* 标油 /t，具体见下表。精制反应温度可提高至 360℃以上，反应加热炉炉膛温度降低至 750℃左右，瓶颈问题解决，可产出合格航煤。

表 -5　加氢裂化装置收率及综合能耗变化表

项目	计量单位	优化前	优化后
轻石脑油	%	12.27	11.85
重石脑油	%	43.04	43.8
综合能耗	Kg* 标油 / 吨	44.67	42.34

新氢气运行模式下 180 万柴油加氢改质加工量 140t/h，循环 10t/h，加工罐区柴油 45t/h，柴油方案，加氢改质温度可逐步提高至 341℃，裂化反应深度逐步提高。产品石脑油量逐步增大，至罐区 35t/h，完成提质增效重点指标。

表 -6　柴油改质装置收率及新氢耗量变化表

项目	单位	优化前	优化后
裂化反应温度	℃	337	341
石脑油产量	t/h	21	35
新氢耗量	Nm3/h	32000	30000

5　小结

针对氢夹点分析发现现有氢气网络存在的瓶颈问题，制定了各项优化方案，具体包括：

PSA 单元、富氢气体一单元开工，提高供氢装置的氢气纯度。

根据氢气夹点匹配原则，新建提纯装置（富氢三单元），生产出纯度高于夹点的氢气，把低品质存在余量的氢气提高纯度送到氢气管网，具有投资少、操作可靠性高的特点，装置还可以和现有 PSA 相结合生产出更高纯度的氢气，为用氢装置提供优质资源。

项目实施后，相应的化肥供氢量明显降低，优化后的氢气网络操作更加灵活，同时实现了氢气的梯级利用，炼油厂氢气系统在新运行模式下，实现氢气系统梯级利用，80 万柴油加氢装置 /60 万航煤加氢装置使用低纯度氢气，100 万加氢裂化装置 /180 万柴油改质装置使用高纯度氢气，150 万蜡油加氢装置使用富氢三单元产氢和富氢二单元产氢。

炼油厂氢气系统在新运行模式下，加氢裂化装置运行瓶颈消除，可产出合格航煤，重石脑油收率从 43.04% 提高至 43.8%，综合能耗（含吸收稳定单元）从 44.67Kg* 标油 /t 降低至 42.34Kg* 标油 /t。180 万柴油改质装置加氢改质温度可逐步提高至 341℃，裂化反应深度逐步提高，产品石脑油量逐步增大，至罐区 35t/h，完成提质增效重点指标。

参考文献：

[1] 孙晓岩，宋泓阳，刘博谦，等 . 氢夹点技术方法研究进展和评价 [J]. 化工进展，2017，36(4)：1165-1172.

[2] 杨猛，李凤新，李春，等 . 某石化公司全厂氢气系统优化研究 [J]. 现代化工，2016，36(7)：193-196.

"双碳"背景下加氢裂化装置减排降碳路径分析

张华阳　李景耀　王耀全

（中石油云南石化有限公司）

摘要： 在"双碳"背景下，加氢裂化装置做为"油—化—纤"结合的核心和炼油厂能耗较大的装置，面临严峻的减排降碳形势。从以下 5 个方面论述了加氢裂化装置减排降碳路径：节能降耗、产品结构优化调整、绿色能源利用、富氢气体回收利用、生物质燃料加工。结合目前我国加氢裂化装置的实际运行情况和工艺技术进展，对加氢裂化装置减排降碳工作提出了思考与建议。

关键词： 双碳；加氢裂化；减排降碳；节能降耗；产品结构；绿色能源

随着国家"双碳"工作的持续推进，碳减排对于炼油企业来说是一项迫切而重大的任务。加氢裂化装置做为炼油企业的重要装置，一方面承担"油—化—纤"结合的核心作用，可生产多种燃料油和化工原料，是炼油企业转型升级的重要路径；另一方面加氢裂化装置生产过程消耗大量的燃料和动力及氢气，是炼油厂能耗较大的装置和二氧化碳排放重点装置。因此对加氢裂化装置减排降碳路径进行分析具有十分重要的意义。

本文主要通过对加氢裂化装置节能降耗路径、产品结构优化调整、绿色能源利用、富氢气体回收利用、生物质燃料加工等方面进行分析，探讨加氢裂化装置减排降碳方法，为加氢裂化装置在双碳背景下减排降碳路径提供参考。

1　加氢裂化装置节能降耗路径分析

推进"双碳"工作，要坚持节能优先的方针。加氢裂化装置由其工艺特点决定了是炼厂中能耗大户。因此，切实降低加氢裂化装置能耗，是碳减排工作的重要方向之一。

通过装置能耗分析，找出加氢裂化装置消耗的薄弱环节，是降低装置能耗的重点。做为能耗分析的常规分析方法，过程用能分析三环节模式在降低燃料气、电、蒸汽等消耗取得了较好效果。此外，加氢裂化装置优化工艺设计、新工艺技术应用、装置间联合优化、低温余热利用在节能降耗方向的进展也应重点关注。

在加氢裂化装置优化工艺设计方面，李征容充分利用反应产物工艺性质的特点，通过流程模拟软件计算对比，优化加氢裂化装置工艺流程，将轻、重组分送至不同的汽提塔，可降低装置能耗 1.73kgOE/t。

在新工艺技术应用方面，一种重油加氢裂化柴油侧线汽提塔 – 氢气汽提工艺，相比传统蒸汽汽提方式，降低蒸汽消耗 1.0t/h，节约蒸汽降低成本 4800 元 /d。若该股氢气能够进入富氢气体回收装置回收氢气，则节能减排效果和效益更加显著。

在装置间联合优化方面，某公司通过对蜡油加氢裂化、常压渣油加氢和柴油加氢精制三套加氢装置，优化工艺流程，实现了新氢和胺液的互供，停运部分机泵；氢气和胺液工艺流程优化，可以成功的将柴油加氢装置的新氢机和高压胺液泵停运，共计节省电功率为 1950KW/h。

在低温余热回收利用方面，加氢裂化装置有大量的低品位热能资源，诸如：汽提塔、脱丁烷塔、分馏塔塔顶油汽等，这些是能流温度大部分在 80 ~ 150℃ 之间，经过空气冷却、循环水冷却后温度降低至 40 ~ 60℃，造成能量大量浪费。热泵技术在热源热阱平均温差 38℃ 的场景下，已有足够应用空间，可以对上诉低品位热能进行回收。哈尔滨石化应用热泵技术回收低温热源，实现 $1.8 \times 10^6 m^2$ 居民区的近零碳采暖，降低该企业炼油能耗 3.64kgOE/t。

2 提高绿色能源使用比例

2.1 提高绿氢使用比例

氢气在原油最终精炼产品总成本中占比不到 5%，但氢气源头的碳排放占据了产品碳排放的约 30%，因此绿氢的应用是原油加工行业实现脱碳的关键路径，而加氢裂化占炼油厂氢气总消费量的 31.5 ~ 40.0%。氢气生产常分为灰氢、蓝氢、绿氢三种。虽然当前绿氢成本较高，但在电价不断下降、化石能源价格持续上涨以及碳税、碳交易的综合影响下，绿氢的经济性将具有与灰氢相竞争的优势，为加氢裂化装置提高绿氢使用创造条件，增加加氢裂化装置绿氢使用比例，是实现加氢裂化装置碳减排的关键路径。

2.2 提高绿电使用比例及装置电气化率

要实现碳达峰碳中和，就要大力发展非化石能源，从装机容量和发电量来看，可再生能源的发电量，2050 年占比将达到 80%，2055 年占比将达 83.5%，2060 年占比将达 86%，换言之，2050 年和 2060 年我国绿电替代将基本完成。提升终端用能电气化水平是能源集约高效利用的现实手段，是实现"双碳"目标的重要举措。

应根据技术成熟度、安全可靠性和技术经济性逐步扩大规模和优化热电平衡，通过热力替代、动力替代等途径，进一步提加氢裂化装置高终端电气化率，优化装置用能结构，实现碳减排任务。目前炼厂用各规模的压缩机均可采用电驱进行替代，

循环氢压缩机是加氢裂化装置主要用能设备，一般采用中压蒸汽进行驱动，以某 210 万吨 / 年加氢裂化装置循环氢压缩机为例，该压缩机入口流量为 499000Nm³/h、最大连续转速 10936r/min、正常功率 4278KW，如果实现的电力替代，按照 100% 绿电考虑，可减排 CO_2 约 3.58 万吨 / 年。其次，可根据加氢裂化装置工艺特点，在热力替代方面考虑蒸汽伴热、重沸器、加热炉等设备，逐步提高终端电气化率水平，以达到碳减排的目的。

3 优化加氢裂化装置产品结构

目前，国内大部分传统炼厂多以生产成品油为主，化工产品和芳烃产品量占比较小，油品和化工产品的比例不满足未来市场需求。通过调整油品和化工产品的比例，将更多的油品转化为芳烃和烯烃和特色产品，进一步向下游延伸产业链生产高附加值产品，是炼化行业降碳的重要途径之一。加氢裂化技术可通过优化装置原料、调整工艺流程、更改催化体系，实现油品和化工产品的结构优化，为炼化企业转型提供技术支撑。

3.1 增产化工原料，由油转化

加氢裂化装置增产化工原料，是由油转化的重要路径。某炼化加氢裂化装置通过应用新的催化剂级配体系，重石脑油和尾油收率分别提高 3.6% 和 6.7%，提高化工原料产量；重石脑油芳潜含量有所提高，尾油 BMCI 值为 12.7 比上周期低 1.7 个单位，达到了企业油转化的生产需求。

中国石化安庆分公司、中海油大榭石化有限公司等公司以重油催化裂解技术为核心的生产模式。氢含量是影响催化裂解原料质量的关键因素之一，影响催化裂解性能。某公司 2 以化工转型为目标设计的加氢裂化装置，以加氢尾油做为主要产品，加氢尾油氢含量可达到 13.6% 以上，下游催化裂解装置丙烯收率达到 20.5% 以上，该装置化工原料总收率可达 70% 以上。

3.2 增产特种油品，由油转特

加氢裂化尾油具有饱和烃含量高、密度、杂质含量、芳香烃含量低、润滑油馏分段的黏度指数较高等特点，是生产高黏度指数润滑油基础油的优质

原料。加氢裂化尾油含有大量的高沸点正构烷烃，即蜡，蜡的凝固点高、低温流动性不佳，而低温流动性是判断润滑油性能最重要的指标之一，因此加氢裂化尾油必须经过脱蜡处理，提高其低温流动性。目前常用的脱蜡工艺有溶剂脱蜡、催化脱蜡和异构脱蜡。利用加氢裂化—异构脱蜡的工艺，可以生产满足 API III 类高档润滑油基础油的要求。

周世岩等人根据加氢裂化装置原料中石蜡基原油比例高的特点，调整馏程切割点及循环比等，生产出符合 GB 23971—2009《有机热载体》L-QB280 型号的产品，拓宽了加氢裂化装置产品结构。从 2019 年 11 月开始试生产，累计生产 40 kt 产品，有机热载体销售价格比成品油高 300-500 元/t，经济效益好。

加氢裂化装置柴油产品具有芳烃含量相对较低的特点，适合生产更具市场价值的 5 号工业白油产品。中国石油化工股份有限公司九江分公司，通过调整催化剂体系、优化工艺参数等具体措施，在掺炼 20% 的催化裂化柴油的条件下，成功生产出运动黏度为 4.33mm²/s、闪点为 123℃、芳烃质量分数为 3.8% 的 5 号工业白油产品，白油收率达到 32.3%。惠州石化 4.0M/a 蜡油加氢裂化装置通过分离出柴油馏分中的轻组分、提高柴油馏分初馏点，同样生产出合格的 5 号工业白油产品。

加氢裂化装置轻石脑油中 C5 产品可用于生产发泡剂产品，主要应用于包装和建筑等领域。海南炼化通过优化 C5 生产工艺操作条件，成功生产出纯度 > 95% 的 C5 产品，满足下游客户需求。

4　富氢气体回收利用

目前炼油厂加氢装置所用的氢气基本全是采用轻烃转化法工艺生产的碳基灰氢，灰氢生产过程能耗与碳排放量巨大。因此，提高企业氢气利用率，是石化企业减碳、增效的重要途径之一。回收氢气的技术主要有变压吸附（PSA）分离、膜分离及多种技术组合工艺。加氢裂化装置有多种富氢气体，可以通过回收氢气技术实现高效率利用。某企业通过新建膜分离装置，回收包含加氢裂化低分气等炼厂气中的氢气，氢气利用率由 81.96% 提高至

95.15%，产生年经济效益为 4612 万元。

5　加工生物质原料

优化能源结构，提高非化石能源使用率，是深入落实"双碳"目标要求重要措施。生物燃料是指以动植物油脂等生物质为原料，采用加氢法或费托合成技术生产的燃料。生物燃料的生产成本高，且生产的可持续性难以保障。因此，生物质油与石油基馏分共炼成为降低生物燃料成本、优化生物质燃料油应用性能的最佳选择。可与生物质油共炼的石油基馏分有多种，如减压蜡油（VGO）、轻循环油（LCO）、轻润滑油和废润滑油等。加氢裂化技术通过把生物质合成油（BTL）与瓦斯油共炼，生产生物柴油和航煤，这项技术已经实现工业化应用。随着生物燃料加工技术研究的持续深入，利用已有加氢裂化装置加工生物质原料，将是降低生物燃料项目投资及产品成本的方向之一，也是加氢裂化装置绿色、低碳发展重要方向之一。

6　结束语

在"双碳"背景下，本文从 5 个方面探讨加氢裂化装置减排降碳方法，为双碳背景下加氢裂化装置减排降碳路径提供参考。

（1）要坚持节能优先的方针，推进碳达峰碳中和工作。加氢裂化装置应做好装置能耗分析，找到影响加氢裂化能耗水平的关键环节，从而降低加氢裂化装置能耗水平；此外还应考虑加氢裂化装置在优化设计、新工艺应用、装置间联合优化等方面节能降耗措施，进一步挖掘节能潜力。

（2）随着绿氢、绿电技术和产业的发展，加氢裂化装置应考虑加大绿氢、绿电使用的比例，并提高终端电气化率，实现从源头碳减排。

（3）发挥加氢裂化装置"油—化—纤"结合的核心作用，优化产品结构，实现由油转化、由油转特，向下游延伸产业链生产高附加值产品，是加氢裂化装置降碳的重要途径之一。

（4）回收加氢裂化装置低分气和加氢裂化干气中富的含氢气，是加氢裂化装置减碳、增效的重要途径。

（5）利用已有加氢裂化装置，实现生物质油

与石油基馏分共炼，将是降低生物燃料项目投资及产品成本的方向之一，也是加氢裂化装置绿色、低碳发展的重要方向之一。

参考文献：

[1] 林世雄 . 石油炼制工程 [M]. 北京：石油工业出版社，2000：389.

[2] 史昕，邹劲松，厉荣 . 炼油发展趋势对加氢能力及加氢技术的影响 [J]. 当代石油石化 ,2014，22(9):1 — 5.

[3] 梁宇，王甫村，王紫东，等 . 调整炼油厂产品结构的柴油加氢裂化技术的开发与应用 [J]. 现代化工 ,2021，41(12):218-221.

[4] 韦桃平，叶剑云 . 加氢裂化装置节能潜力分析与优化 [J]. 石油石化绿色低碳，2021,6(5):7-14.

[5] 程沛，陈永东，周兵，等 . 石化装置加氢裂化换热网络能效评价 [C]// 压力容器先进技术—第十届全国压力容器学术会议论文集 (下),2021：325-332.

[6] 华贲 . 工艺过程用能分析及综合 [M]. 北京：烃加工出版社 ,1989：71 — 92.

[7] 张华阳，张奎山，高传礼 . 加氢裂化装置的能耗分析与节能措施 [J]. 广州化工，2014,42(4):151-153.

[8] 李征容 . 加氢裂化装置产品分离流程节能优化 [J]. 现代化工，2023,43(7):216-220.

[9] 张瑞峰，李东波，苟振清，等 . 一种加氢汽提新工艺研究 [J]. 技术研究，2022,2(2):80-81.

[10] 马昌岳 . 加氢装置设备节能措施及应用 [J]. 石油石化绿色低碳，2022,2(7):47-50.

[11] 宋大勇 . 面向"双碳"战略的炼油企业热泵集成利用分析与实践 [J]. 石油炼制与化工 ,2023,54(6):90-96.

[12] 马文杰，尹晓晖 . 炼油厂制氢技术路线选择 [J]. 洁净煤技术，2016,22(5): 64-69.

[13]ISHAQ Haris, DINCER Ibrahim, CRAWFORD Curran. A review on hydrogen production and utilization: Challenges and opportunities[J]. International Journal of Hydrogen Energy, 2022, 47(62): 26238-26264.

[14] 张真，张凡，云祉婷 . 绿氢在石化和化工行业的减碳经济性分析 [J/OL]. 化工进展 . https://doi.org/10.16085/j.issn.1000-6613.2023-0871.

[15] 周孝信 ."双碳"目标下我国能源电力 系统发展趋势研究 [J]. 新经济导刊，2023, 11: 32-37.

[16] 韩财畴，刘本仕 . 油转化趋势下加氢裂化催化剂级配的工业应用 [J]. 中国学术杂志，2023(10):43-45.

[17] 李志敏 . 多产 DCC 原料的超劣质蜡油加氢裂化装置再生工业运转结果分析 [J]. 中外能源，2021,(26):76-81.

[18] 李琪，王会东，夏春谷 . 加氢裂化尾油的综合利用 [J]. 西南石油大学学报，2007(6):122-126.

[19] 李学，王美洪，莫娅南，李长东，刘宗琦 . 加氢裂化尾油生产高黏度指数润滑油基础油的研究 [J] . 润滑油 2021,36(5):54-58.

[20] 周世岩，顾望，刘骅，赵恒凤 . 加氢裂化装置优化运行总结 [J]. 炼油技术与工程,2020,50(10):19-21.

[21] 罗重春 . 加氢裂化装置生产 5 号工业白油技术总结 [J]. 炼油技术与工程，2022，52(9):8-11.

[22] 吴国江，代玉珍 . 加氢裂化 C5 馏分的分离及加工利用途径 [J]. 辽宁化工，1993(27)：112-117。

[23] 李小辉 . 加氢裂化装置成功开发 C5 产品 [J]. 广东化工，2018(1)：172-174。

[24] 王阳峰，张英，陈春凤，等 . 炼油厂含氢尾气优化利用研究 [J]. 炼油技术与工程，2020,0(4):59.

[25] 于永洋，景毓秀，赵静涛 . 膜分离和 PSA 耦合工艺在某千万吨炼厂氢气回收装置的应用及运行情况分析 [J]. 化工技术与开发，2018，47(10):57.

[26] 王园园，杨晓航，郭明钢 . 膜分离技术在炼油厂氢气回收中的应用研究 [J]. 炼油技术与工程，2021，51(10):25-29.

[27] 赵勇强 . 世界生物燃料产业发展趋势及对中国的启示 [J]. 国际石油经济，2010(2):14-23.

[28]WU Le, WANG Yuqi, ZHENG Lan, et al. Design and optimization of bio-oil co-processing with vacuum gas oil in a refinery[J]. Energy Conversion and Management, 2019,195:620-629.

[29] 石华信 . 加氢裂化技术新进展 [J]. 石油石化节能与减排，2013(3):45-46.

油气田采出水电解制氢耦合
有机污染物降解研究进展

齐宴宾　欧阳镫浩　李国栋　张　晨　温　馨

（中石油深圳新能源研究院有限公司）

摘要： 油气开采过程伴随着大量采出水的形成，采出水成分复杂，包含油、脂、烃、表面活性剂、微生物等有机污染物，悬浮物，以及 Na^+、K^+、Ca^{2+}、Mg^{2+}、Cl^-、SO_4^{2-}、CO_3^{2-}、NO_3^- 等离子，处理难度大。采出水的处理方法包括物理法、化学法、微生物法发酵、电化学法等。其中电化学氧化方法依托阳极所形成的·OH自由基以及次生氧化物种如活性氯等氧化采出水中的有机污染物，实现有机污染物的降解，阴极侧主要发生氢气析出反应。对油气田采出水电解可以在有机污染物降解的同时实现氢气的制取，具有广阔的研究前景。本文首先阐述了油气田采出水电解的基本原理，包括阴阳极的反应及发挥氧化作用的物种的生成过程。进一步地，对采出水有机污染物降解的活性阳极和非活性阳极材料的催化能力进行介绍，并对几种典型的电极材料进行性能和能耗的对比。油气田采出水的水质对采出水电解过程存在影响，为此本文介绍了pH、有机污染物、钙镁离子、可还原物质对采出水电解阴阳极反应过程及电解装置的影响。除了采出水水质的影响，电解参数也对电解过程及电解效率存在显著的影响，为此本文介绍了电解参数包括电流密度、电解时长、电解质和添加剂对采出水有机污染物降解效率、能耗影响的内在原因及解决方法。本综述旨在为油气田采出水电解的参数选取、电极设计、装置设计等提供参考。

关键词： 采出水　电解水　制氢　电化学氧化　水处理　污染物降解

一、引言

在油气开采过程中，伴随着大量水的生成，这种水被称为采出水。据估计，到2030年石油和天然气行业可能消耗5.77–42.17亿立方米的淡水，而采出水的产量可能达到4.99–35.85亿立方米。将如此大量的采出水的进行处理和充分利用至关重要。

油气田采出水成分复杂，包含油脂、烃类、表面活性剂等有机污染物，还存在多种无机盐、微生物等，在处理上存在难度。采出水的处理方法包括物理、化学、生物法和电化学法等。关于采出水的电化学处理已有诸多研究，包括电絮凝、电芬顿、电氧化等处理方法，电化学方法在采出水处理中的应用以及采出水与海水相似的成分在一定程度上也印证了采出水电解制氢的可能性。与海水不同的是，采出水中含有相当量的有机污染物，对采出水进行电解时采出水中的有机污染物可以在阳极发生电化学氧化降解反应，实现有机污染物的去除，同时在阴极可以获得氢气。

本文，我们就采出水电解制氢耦合降污的研究进展进行综述介绍。阐述了采出水电解的基本原理，电解的催化材料，pH、有机污染物、钙镁离子、可还原物质等水质参数对电解过程的影响，以及电流密度、电解时长、电解质和添加剂对电解过程的影响。旨在指明采出水电解存在的技术问题及发展方向并为油气田采出水电解的参数选取、电极设计、装置设计等提供参考。

二、基本原理

在采出水电解过程中，阴极发生析氢反应（HER），反应式如下：

$$2H^+ + 2e^- \rightarrow H_2 \uparrow （酸性）$$

$$2H_2O + 2e^- \rightarrow H_2 \uparrow + 2OH^- （中性或碱性）$$

阳极可能发生的反应较多，基于不同的水质及催化材料可能发生有机污染物的电化学氧化反应、析氯反应和析氧反应。其中，有机物的电化学氧化过程包含直接氧化和间接氧化两种类型。当向阳极施加足够的阳极电位后，电极表面形成析氧反应中间体，其典型代表为氢氧物种。不同电极材料对氢氧物种的吸附能力不同，当吸附力较弱发生物理吸附时，此时氢氧物种表现为氧化能力极强的自由基形式 $\cdot OH$，典型的电极材料如硼掺杂金刚石（BDD）电极；当吸附力较强发生化学吸附时，此时氢氧物种 $*OH$ 带有部分电荷，其电荷量介于 $\cdot OH$ 和 OH^- 之间，氧化能力也介于二者之间，强的 $*OH$ 吸附能力也可使材料转化为高价态氧化物或超氧化物，典型的电极材料如 $RuO_2 - TiO_2$。在采出水电解过程中，水体中的有机污染物可以与电极上的 $\cdot OH$、高价态氧化物或超氧化物作用形成氧化产物这属于有机污染物的直接氧化。当采出水中含有较多 Cl^- 时，阳极上可能发生析氯反应，反应方程式如下：

$$2Cl^- + 2e^- \rightarrow Cl_2 \uparrow$$

所生成的 Cl_2 与水发生歧化反应：

$$Cl_2 + H_2O \rightarrow Cl^- + H^+ + HClO$$

在碱性条件下，HClO 以 ClO^- 的形式存在。视不同的采出水 pH，采出水中的有机污染物可以

与 Cl_2、HClO 或 ClO^- 这几种在阳极形成的活性氯发生作用，有机污染物得到氧化降解，这类氧化称为间接氧化。间接氧化也可由其他氧化性物质介导完成，如 $SO_4^- \cdot$、$S_2O_8^{2-}$。除了上述反应外，阳极也会发生析氧反应，反应方程式如下：

$$2H_2O - 4e^- \rightarrow O_2 \uparrow + 4H^+ （酸性或中性）$$

$$4OH^- - 4e^- \rightarrow O_2 \uparrow + 2H_2O （碱性）$$

三、催化材料

阳极催化材料在采出水电解制氢耦合有机污染物降解中发挥着关键的作用。阳极材料的性质决定了有机污染物的降解效率和阳极反应选择性。根据阳极材料与氢氧物种的结合能力，阳极材料可划分为活性阳极和非活性阳极，如图 1 所示。活性阳极上氢氧物种以化学吸附的方式吸附在电极表面，氢氧物种表现出部分电荷，其氧化活性相较于物理吸附的 $\cdot OH$ 自由基要更弱，对有机污染物的矿化程度低，并且这一类材料表现出更低的析氧过电位更容易催化析氧反应的发生。非活性阳极与氢氧物种结合能力弱，氢氧物种以自由基的形式物理吸附在电极表面，$\cdot OH$ 自由基具有强的氧化性，对有机污染物具有强的矿化能力。非活性阳极的析氧起始电位也更高，氧气的生成更加困难。在非活性阳极中，BDD 电极由于具有出色的物理化学性能而得到了广泛的关注。BDD 具有高的析氢析氧过电位和宽的电位窗口，这与结构中 sp^3 杂化的碳对析氢反应和析氧反应中间体弱的吸附能力有关。尽管BDD 电极具有强的有机物氧化能力和良好的稳定性，但是其价格昂贵，开发高效的有机污染物氧化催化剂十分必要。在表 1 中列举了一些典型的采出水阳极电化学氧化催化剂及其性能，降低产氢耦合有机污染物降解的能耗仍是有待解决的难题。

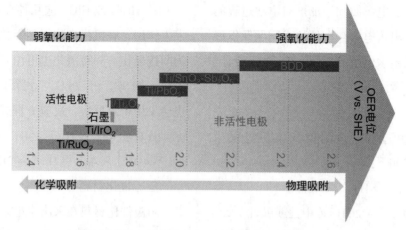

图 1 酸性介质下不同电极的析氧电位及氧化能力

表 1 不同电极对石油污水的电化学氧化性能对比

阳极	电流密度（mA cm^{-2}）	电解时长（h）	初始 COD（mg L^{-1}）	COD 去除率（%）	能耗	参考文献
GO 修饰 Ti / Sb–SnO$_2$	10	2	720	58.6	42.63 g/kWh	[12]
Ti/IrO$_2$–Ta$_2$O$_5$	30	2	1500	79.1	41 kWh kg$_{COD}$$^{-1}$	[24]
	60	2	1500	73.5	118 kWh kg$_{COD}$$^{-1}$	
	90	2	1500	77.0	213 kWh kg$_{COD}$$^{-1}$	
多孔石墨	1.41	1	2845	66.52	2.12 kWh kg$_{COD}$$^{-1}$	[13]
BDD	40	8	2746	94.5	191 kWh L^{-1}	[25]
	20	8	2746	76.2	71 kWh L^{-1}	
Ti/Pt	40	8	2746	90.7	140 kWh L^{-1}	[25]
	20	8	2746	64.5	56 kWh L^{-1}	
Ni–Sb–SnO$_2$/Ti	6	2.5	720	85.6	0.0182 g COD kJ^{-1}	[26]

四、水质参数的影响

（一）pH

pH 对阴极侧的析氧反应有显著的影响，一般而言，酸性介质下的 HER 动力学比碱性高 2-3 个数量级，这可能与质子供体的性质（H$_2$O 和 H$_3$O$^+$）、电极 – 电解液界面的变化等有关。对于阳极侧而言，pH 的影响较为复杂，这与采出水中复杂的组分有关。·OH 自由基在碱性条件下更容易生成，但当水质中含有较高浓度的 CO$_3^{2-}$ 和 HCO$_3^-$ 时，这些离子可与阳极生成的·OH 作用形成活性较低的碳酸根自由基，给有机污染物的降解带来不利的影响。当 pH 较低时，CO$_3^{2-}$ 和 HCO$_3^-$ 浓度下

降，对于有机物降解是有利的。此外，在酸性条件下，·OH 表现出强的氧化能力，有利于有机电化学氧化反应的发生。采出水中通常含有较高浓度的氯离子，氯离子在阳极氧化作用下可以形成多种活性氯成分，间接氧化采出水中的有机污染物。随着 pH 的逐渐升高，主要活性氯逐渐由 Cl$_2$ 向 HClO，进一步向 ClO$^-$ 演变。由表 2 中的氧化电势可以看出，ClO$^-$ 表现出更低的氧化电势，这意味着随着 pH 的升高，活性氯介导的氧化能力也逐渐有所下降，因此酸性条件下有利于活性氯介导的间接电化学氧化过程。但是酸性条件也给电极材料的选取带来挑战。

表 2　几种活性物质的氧化电势

活性物质	电势（vs. SHE）
·OH	2.70
·Cl	2.38
·CO_3^-	1.53
HClO	1.49
Cl_2	1.36
ClO^-	0.89

（二）有机污染物的影响

采出水中含有多种有机污染物，部分有机组分如原油的存在会降低电解液的电导率，这可能会影响电解过程中电荷传输和气体生成。Rios 等人研究了水样中原油含量对电解的影响发现，随着水样中原油含量的升高，阴极析氢反应和阳极析氯反应的电流密度均有所下降，气体生成量有所下降，但是气体比例几乎不受原油含量的影响，这主要是由于电解液电导率下降引起的。除了对电导率的影响，油分也可吸附在电极的表面，但这对电解的影响尚不明确。有研究认为油分吸附在电极表面可以形成保护层，防止腐蚀过程发生，延长电极寿命。也有研究指出油分的吸附可能对电极的耐久性带来挑战。

有机污染物的浓度也影响着电解过程，当污染物浓度很低时，传质较为困难，扩散成为了反应的限速步骤。这也会导致竞争反应如析氧反应（OER）的发生变得更加容易使得阳极对氧气生成的选择性提高。有机物污染物浓度很高时，则需要更长的处理时间，并且中间体可大量占据活性位点或副产物附着在电极表面，使得电极更容易发生失活。

（三）钙镁离子的影响

钙镁离子在采出水电解过程中易在电极或隔膜上发生沉积，使得电极和隔膜的有效面积大幅缩减，造成更高的能耗甚至整体失活。Araujo 等人利用质子交换膜电解槽，以硼掺杂金刚石（BDD）为阳极，以 316-Ni-Fe 不锈钢网作为阴极，对巴西某油田的采出水进行电解制氢。阳极电解液为未处理的污染水原水，阴极电解液为 0.25M NaOH 溶液。研究发现，电解反应后，质子交换膜上存在杂质的沉积，电流密度增大，杂质量有所增加。作者基于傅里叶变换红外光谱对杂质成分进行分析，所有杂质样品均在 1396cm^{-1} 和 713cm^{-1} 处出现碳酸盐的峰，表明大部分附着在质子交换膜上的杂质是碳酸盐。杂质粉末呈现出黑白颜色差异可能是有机物和油脂与碳酸盐一起沉积在膜上所造成的。在经过物理方法去除其中油脂和相关盐分后，电解 10h 膜上不再有明显的结垢。

（四）可还原物质的影响

采出水中，部分有机物或离子可在阴极发生还原反应，如硝酸根和亚硝酸根可以发生还原反应生成氮气或氨，氨又可在阳极氧化形成硝酸根或亚硝酸根，当含量较高时将导致阴阳极的效率均发生下降。可通过对阴极进行设计，提高对 HER 的选择性或使此类物质更容易还原转化为容易去除的产物以尽快避免对 HER 的竞争影响

五、电解条件的影响

（一）电流密度

一般而言，随着电流密度的增加，单位时间内采出水中有机污染物的消耗量增加，这种增加并不是无休止的。当电流密度很高时，一方面有机污染物达到传质极限，另一方面足够高的阳极电位使得析氧反应的发生更加容易，这些导致析氧反应的选择性提高，如使用无隔膜电解槽，氧气选择性的提高从安全性的角度来看显然是不利的。另外，随着电流密度的增加，电极也更容易出现缺陷、失活等问题，电耗也显著增大。为保证有机污染物氧化降解的高效，电流密度通常控制在 5-100 mA cm^{-2} 之间。这需要对电解槽内电极的布置进行合理的设置以在电解槽体积不变的前提下降低更多的电耗并获得更多的氢气。

（二）电解时长

随着电解时长的增加，污染物去除率增加，相应的能耗也会增加。随着电解的进行，有机污染物的降解速率逐渐减慢，这是多重因素所导致的：一、易被氧化的有机污染物分子优先消耗殆尽，剩余氧化较为缓慢的有机分子；二、随着反应进行有机

污染物的浓度下降，污染物氧化降解速率下降，这可通过对电解槽进行设计强化传质得到改善；三、采出水中可生成氧化活性物种的离子如 Cl⁻ 逐渐消耗，间接氧化的发生程度有所下降，此时可通过向采出水中补加相应离子便可提高有机污染物的降解速率。

（三）电解质及添加剂

采出水的电导率不高，在电解过程中较大的欧姆电压降造成了较高不必要的能耗，向采出水中加入支持电解质如 NaCl、KCl、Na₂SO₄ 等可以提高采出水的电导率，此外也可以引入可生成氧化活性物质的离子，实现电解产氢能耗的下降和污染物降解效率的提高。除了电解质，一些添加剂似乎也对采出水电解制氢有一定的积极作用。Rios 等人研究发现，当向采出水中加入碳量子点（CQDs）后，析氧反应和析氯反应的电流密度均有所增加，产氢量增加。CQDs 表面由疏水的碳核和富含亲水官能团（如羟基、羰基和羧基）组成，这增加了酸性条件下 CQDs 离子化后 H⁺ 离子的数量，加速了溶液中的离子传输，这可能是性能增加的原因。

六、总结与展望

油气田采出水产量巨大，包含多种有机污染物和无机盐分，将采出水进行电化学氧化降解污染物的时阴极侧生成氢气，与风光等自然资源转化的可再生电力结合可以在降污的同时实现绿氢的生产。本文就油气田采出水电解制氢耦合有机污染物降解的研究进展进行综述介绍。阐述了采出水电解的基本原理、电极材料以及水质参数和电解参数对有机污染物降解和产氢的影响。

采出水电解制氢有两种可能的电解方案，即无纯化直接电解和采出水纯化后电解，其中无纯化直接电解技术的攻破更加有意义。在电解过程中，无纯化的采出水中的钙镁离子及有机污染物容易沉积在隔膜上造成膜的堵塞失活，因此采出水无纯化电解在有隔膜电解槽的使用上受限，需要开发高效的无隔膜电解槽，这其中涉及包括降低析氧反应选择性、提高槽体与电极的耐腐蚀性等多项技术问题待未来攻关。

参考文献：

[1]Moosazadeh, M., et al., *Sustainable hydrogen production from flare gas and produced water: A United States case study.* Energy, 2024. 306: p. 132435.

[2]Yousef, R., H. Qiblawey, and M.H. El-Naas, *Adsorption as a Process for Produced Water Treatment: A Review.* Processes, 2020. 8(12): p. 1657.

[3]Faraji, A., et al., *Use of carbon materials for produced water treatment: a review on adsorption process and performance.* International Journal of Environmental Science and Technology, 2021.

[4]de Oliveira, K.F.S., et al., *Charcoal Residue from Cashew Nutshells as a Bioadsorbent in Fixed Bed Column for Produced Water.* Water, Air, & Soil Pollution, 2024. 235(12): p. 790.

[5]Santos, A.S., et al., *Influence of molar mass of partially hydrolyzed polyacrylamide on the treatment of produced water from enhanced oil recovery.* Colloids and Surfaces A: Physicochemical and Engineering Aspects, 2020. 584: p. 124042.

[6]Santos, A.S., et al., *Evaluation of the efficiency of polyethylenimine as flocculants in the removal of oil present in produced water.* Colloids and Surfaces A: Physicochemical and Engineering Aspects, 2018. 558: p. 200-210.

[7]Sudmalis, D., et al., *Biological treatment of produced water coupled with recovery of neutral lipids.* Water Research, 2018. 147: p. 33-42.

[8]Lei, J., et al., *New insight in the biotreatment of produced water: Pre-oxidation paves a rapid pathway for substrate selection in microbial community.* Journal of Hazardous Materials, 2024. 480: p. 136483.

[9]Katare, A. and P. Saha, *Efficient removal of COD, BOD, oil & grease, and turbidity from oil-field produced water via electrocoagulation treatment.* Environmental Science and Pollution Research, 2024. 31(51): p. 60988-61003.

[10]Kong, F.-x., et al., *Simultaneous electrocoagulation and E-peroxone coupled with ultrafiltration membrane for shale gas produced water treatment.* Chemosphere, 2024. 355: p. 141834.

[11]Al-Ameri, W., A. Elhassan, and R. Maher, *Optimization of electro-oxidation and electro-Fenton techniques for the treatment of oilfield produced water.*

Water and Environment Journal, 2023. 37(1): p. 126−141.

[12]Pahlevani, L., M.R. Mozdianfard, and N. Fallah, *Electrochemical oxidation treatment of offshore produced water using modified Ti/Sb-SnO₂ anode by graphene oxide.* Journal of Water Process Engineering, 2020. 35: p. 101204.

[13]Abdel−Salam, O.E., E.M. Abou Taleb, and A.A. Afify, *Electrochemical treatment of chemical oxygen demand in produced water using flow-by porous graphite electrode.* Water and Environment Journal, 2018. 32(3): p. 404−411.

[14]Martínez−Huitle, C.A. and S. Ferro, *Electrochemical oxidation of organic pollutants for the wastewater treatment: direct and indirect processes.* Chemical Society Reviews, 2006. 35(12): p. 1324−1340.

[15]Wu, W., Z.−H. Huang, and T.−T. Lim, *Recent development of mixed metal oxide anodes for electrochemical oxidation of organic pollutants in water.* Applied Catalysis A: General, 2014. 480: p. 58−78.

[16]Silva, K.N.O., et al., *Persulfate-soil washing: The green use of persulfate electrochemically generated with diamond electrodes for depolluting soils.* Journal of Electroanalytical Chemistry, 2021. 895: p. 115498.

[17]Escalona−Durán, F., et al., *Intensification of petroleum elimination in the presence of a surfactant using anodic electrochemical treatment with BDD anode.* Journal of Electroanalytical Chemistry, 2019. 832: p. 453−458.

[18]Shao, D., et al., *Attracting magnetic BDD particles onto Ti/RuO₂-IrO₂ by using a magnet: A novel 2.5-dimensional electrode for electrochemical oxidation wastewater treatment.* Chinese Chemical Letters, 2024: p. 110641.

[19]Gong, Y., et al., *Novel graphite-based boron-doped diamond coated electrodes with refractory metal interlayer for high-efficient electrochemical oxidation degradation of phenol.* Separation and Purification Technology, 2025. 355: p. 129550.

[20]Herraiz−Carboné, M., et al., *Remediation of groundwater polluted with lindane production wastes by conductive-diamond electrochemical oxidation.* Science of The Total Environment, 2024. 926: p. 171848.

[21]Brosler, P., et al., *In-house vs. commercial boron-doped diamond electrodes for electrochemical degradation of water pollutants: A critical review.* Frontiers in Materials, 2023. 10.

[22]Carrillo−Abad, J., et al., *Enhanced Atenolol oxidation by ferrites photoanodes grown on ceramic SnO₂-Sb₂O₃ anodes.* Journal of Alloys and Compounds, 2022. 908: p. 164629.

[23]Sartori, A.F., et al., *Laser-Induced Periodic Surface Structures (LIPSS) on Heavily Boron-Doped Diamond for Electrode Applications.* ACS Applied Materials & Interfaces, 2018. 10(49): p. 43236−43251.

[24]Abdulgani, I., et al., *The role of saline-related species in the electrochemical treatment of produced water using Ti/IrO₂-Ta₂O₅ anode.* Journal of Electroanalytical Chemistry, 2022. 910: p. 116163.

[25]dos Santos, E.V., et al., *Scale-up of electrochemical oxidation system for treatment of produced water generated by Brazilian petrochemical industry.* Environmental Science and Pollution Research, 2014. 21(14): p. 8466−8475.

[26]Yun−Hai, W. and K. Jun−Yao, *Electrochemical Treatment of Oilfield Produced Wastewater on Ni-Sb-SnO₂/Ti Electrodes.* Journal of Advanced Oxidation Technologies, 2013. 16(2): p. 280−285.

[27]Cui, W.−G., et al., *Insights into the pH effect on hydrogen electrocatalysis.* Chemical Society Reviews, 2024. 53(20): p. 10253−10311.

[28]Song, S., et al., *Electrochemical degradation of azo dye C.I. Reactive Red 195 by anodic oxidation on Ti/SnO₂-Sb/PbO₂ electrodes.* Electrochimica Acta, 2010. 55(11): p. 3606−3613.

[29]Deng, Y. and J.D. Englehardt, *Electrochemical oxidation for landfill leachate treatment.* Waste Management, 2007. 27(3): p. 380−388.

[30]Curteanu, S., et al., *Electro-Oxidation Method Applied for Activated Sludge Treatment: Experiment and Simulation Based on Supervised Machine Learning Methods.* Industrial & Engineering Chemistry Research, 2014. 53(12): p. 4902−4912.

[31]Rahmani, A.R., et al., *Electrochemical oxidation of activated sludge by using direct and indirect anodic oxidation.* Desalination and Water Treatment, 2015. 56(8): p. 2234−2245.

[32]Ríos, E.H., et al., *Effect of the oil content on green hydrogen production from produced water using carbon quantum dots as a disruptive nanolectrolyte.*

International Journal of Hydrogen Energy, 2024. 76: p. 353−362.

[33]Abdallah, M., et al., *Corrosion Behavior of Nickel Electrode in NaOH Solution and Its Inhibition by Some Natural Oils*. International Journal of Electrochemical Science, 2014. 9(3): p. 1071−1086.

[34]Qin, T., et al., *The three-dimensional electrochemical processes for water and wastewater remediations: Mechanisms, affecting parameters, and applications*. Journal of Cleaner Production, 2023. 408: p. 137105.

[35]M. de Araujo, D., et al., *Produced water electrolysis with simultaneous green H2 generation: From wastewater to the future of the energetic industry*. Fuel, 2024. 373: p. 132369.

[36]Yuan, J., et al., *A practical FeP nanoarrays electrocatalyst for efficient catalytic reduction of nitrite ions in wastewater to ammonia*. Applied Catalysis B: Environmental, 2023. 325: p. 122353.

[37]Choi, J., et al., *Electroreduction of Nitrates, Nitrites, and Gaseous Nitrogen Oxides: A Potential Source of Ammonia in Dinitrogen Reduction Studies*. ACS Energy Letters, 2020. 5(6): p. 2095−2097.

[38]Johnston, S., et al., *A Survey of Catalytic Materials for Ammonia Electrooxidation to Nitrite and Nitrate*. ChemSusChem, 2022. 15(20): p. e202200614.

[39]Tian, Y., et al., *Metal-based electrocatalysts for ammonia electro-oxidation reaction to nitrate/nitrite: Past, present, and future*. Chinese Journal of Catalysis, 2024. 56: p. 25−50.

长庆油田油气与新能源融合技术

崔兆雪　林　罡　田　鹏　杜　鑫　张　平

（长庆工程设计有限公司）

摘要： 国家"双碳"战略背景下，综合能源利用是推动油田企业绿色低碳转型，实现可持续高质量发展的迫切需要。长庆油田结合区域风光热资源和油气生产现状，积极探索综合能源利用建设新路径，以"地面生产优化节能 + 新能源清洁替代"为原则，形成了"油井智能间开、低效站点优化简化、不加热集输、两段脱水、采出水余热利用"等低碳技术和"风、光、热"清洁替代的零碳技术相结合的综合能源利用技术路线，因地制宜开展多能互补综合利用，提高清洁替代比例，降低碳排放，加快从传统油气生产到绿色低碳生产模式转变，推动油气与新能源融合发展，全力打造综合能源利用示范基地。

关键词： 长庆油田　优化节能　新能源　清洁替代

"双碳"战略背景下，油气田依托区域内及周边可再生资源，以油气产业为基础加强新能源开发利用，向新能源等战略性新兴产业转型发展，是推动油田企业绿色低碳转型，实现可持续高质量发展的迫切需要。面对新形势新要求，中石油制定了"清洁替代，战略接替，绿色转型"三步走总体部署。长庆油田以"两山论"为指引，大力推进安全生产和清洁发展，强化新能源综合开发利用，着力构建绿色产业结构和低碳能源供应体系。

1　长庆油田新能源项目建设现状

长庆油田位于鄂尔多斯盆地，横跨陕、甘、宁、蒙区域，自然资源较好，太阳能、风能资源均属于很丰富或丰富带，采出水余热及气田压缩机烟气余热资源丰富，回收潜力大，为油气与新能源融合发展奠定资源基础。

目前长庆油田用能以天然气和网电为主，2022年油田能耗151.9万吨标煤，其中国家电网用电54.68亿千瓦时，占比44.24%；天然气消耗2.06亿方，占比18.05%。能源结构主要以化石能源为主、占比98.08%，可再生能源占比仅为1.92%。

截止2022年底，长庆油田已建设实施地热、光伏以及光热共3项新能源项目，清洁能源利用量合3.4万吨标煤。其中，地热利用项目4座，累计供热1260GJ；分布式光伏投运962座，装机15.0万千瓦，累计发电1.26亿度；正在建光热项目1项，计划2023年投产。另有二氧化碳驱油（CCS/CCUS-EOR）1项，建成黄3区CO_2综合试验站，累计注入CO_2 24万吨，预计未来年CO_2注入量将达到百万吨以上。

长庆油田具有较为全面的不同类型新能源项目建设和运行经验，业务基础全面，但其新能源建设起步较晚、规模较小，新能源利用特性与油气田生产用能存在不匹配等问题，整体与塔里木、华北、玉门等油田相比仍有差距。随着油田开发进程的推进，资源品位下降，综合含水上升，地面系统面临布站层级多、系统负荷低、运行成本高、碳排强度大等问题凸显，迫切需要进一步探索综合能源利用技术，加快推广应用，提高清洁能源替代比例，促进绿色低碳转型发展。按照长庆油田油气勘探开发与新能源融合发展规划，到2025年，长庆油田规划建设集中式光伏35MW、风力发电2台5MW，CCUS形成年注入CO_2 220万吨规划，预计提高采收率20%，逐步形成多能互补开发模式。

2 长庆油田综合能源利用技术探索

针对目前长庆油田对新能源业务的迫切需求及综合能源利用现状，油田积极探索综合能源利用建设新路径，提出"地面生产优化节能＋新能源清洁替代"油田地面工艺新模式。

2.1 地面生产优化节能

深入挖掘集输、供注水、供配电等已建地面系统的优化节能潜力，开展工艺节能改造，积极推广应用"机采智能间开、不加热集输、两段脱水、采出水余热利用"等先进节能工艺，最大程度降低各环节能耗水平，实现地面系统"瘦身"。

2.1.1 低效井及井站

（1）低效井智能间开技术

目前油田机采系统的能耗主要为抽油机及附带电机作业用能，存在低产液量油井占比大，泵效、系统效率偏低的问题。以某作业区为例，平均地面效率47.0%，平均井下效率38.7%，平均系统效率18.2%，平均功率因数只有0.24，平均吨液耗电64.58kW.h/t，低于长庆油田平均水平。若依托监控岗员工分析梳理低效井，选择合理方式对作业区427口低效油井进行远程人工启停，将大幅增加员

工操作强度，亟需配套智能间开技术解决这一问题。

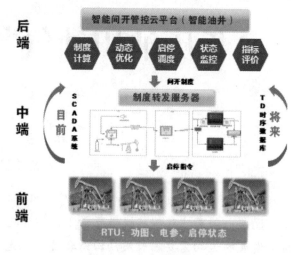

图1 智能间开架构

油井智能间开技术是一种提高效率、实现机采系统优化节能经济高效的手段。随着长庆油田光伏发电的应用，采用光伏＋智能间开技术，在保证油井产量的前提下，改变间开井启停调度方式，发电多开抽，发电少或不发电时停抽，实现光伏用电最大化，减少线路损耗，达到间开井低碳、零碳运行的目标。白天可判断光照强度、油井间开启动阈值，发电多，多开井，尽量就地消纳，充分利用光伏发电；夜间为确保当天产量，结合阶梯电价，满足当天开井时长，如图2所示。智能间开通过群控云计算模式将间开井纳入统一平台集中管理，减少单井投资成本，实现集群启停调度、间开制度制定、动态优化等功能，实现了间抽井的联动、闭环、自适应管控三个智能化核心目标。

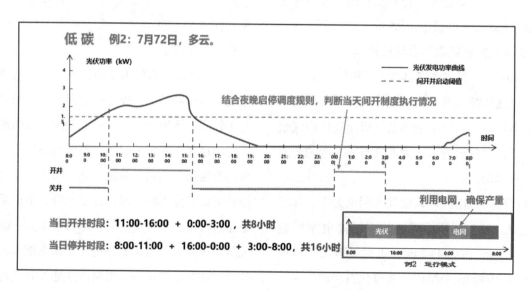

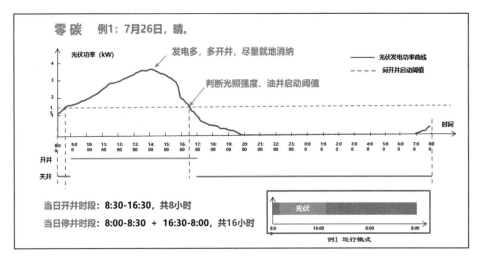

图 2　光伏 + 间开井场零碳低碳运行示例

相比常开，智能间开井平均泵效、系统效率和节电率大幅提高，检泵作业频次、日耗电等降低，如图 3 所示。自 2016 年规模应用智能间开技术，累计实施 11.4 万井次，节约电费 4.96 亿元，减少碳排放 60.2 万吨。该技术针对低渗透油田多井低产，

生产管理难度大，成本高的痛点研发，利用智能化手段替代人工手动控制，具有明显的降本增效优势，是长庆油田机采提效最重要的主体技术和最主要的发展方向。下一步长庆油田将在具备智能间开条件的 1 万多口油井全面推广该技术。

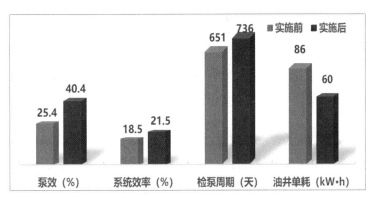

图 3　智能间抽应用前后指标对比

（2）低效站点优化简化技术

低效站点优化简化技术通过井站归属调整、核算井场回压、小型橇装设备应用等手段关停增压站场，实现低产低效站自压关停、不加热油气混输、停炉生产，降低损耗。

低效站关停并转措施针对的是低渗透油田滚动开发带来的前期多级布局、站场布局较密，后期产量减少带来的低效问题。通过梳理区域内井站液量、运行压力及负荷率等运行现状，筛选出负荷率较低、运行压力较低的站场，核算关站后上游井场直进下游站的回压，若回压满足规范要求的 2.5MPa，则可对该站进行关停，站场转油功能并入下游站场，

实现减员提效。某低负荷站点通过关停，改造为小型不加热油气混输装置，负荷率由 17% 提升到 100%，实现年节电 5.6 万度，节气 10.9 万方，替代标煤 161.9 吨，减排二氧化碳 272.7 吨。

综合考虑输油泵效率曲线、变频装置运行限制、技术经济可行性等因素，本技术适用于负荷率低于 30% 的集输站场。近两年长庆油田通过实施站场关停、降级改造，将低效站负荷率从 30% 提升至 80% 以上，降低管输能耗，年节约标煤 18342 吨，解决了大马拉小车问题。

2.1.2　输油系统

长庆油田站场一般采用加热集输，存在能耗高，

油田生产成本高等问题。近几年，随着各站场含水率的增高，对高含水站场采用常温集输工艺。

根据试验研究，乳化原油反相点含水率在65%～75%之间，对增压点站间多相集输管路结蜡速率的预测分析显示，50%以下含水率原油管输时结蜡速率较快，不加热集输难度较大；在含水率达到70%及以上时，管道中油相流量不变，水相占比提高，沉积层中原油减少，使蜡沉积速率呈减小的趋势，蜡沉积速率变得极为缓慢，可开展不

加热集输应用。故当站场含水率≥70%时，采用"油气混输＋智能投球/热洗清蜡"常温集输工艺；当50%＜含水率＜70%时，采用站间控温输油技术，监测外输压力并与加热炉启停联锁，正常状态常温输送，压力到设定超高限值时报警并启炉清蜡，如图4所示。某站含水率71%，通过关停加热炉、实现常温集输，节气7.3万方，替代标煤108.6t/a，减排二氧化碳176.5t/a。目前该技术已在姬塬、安塞、靖安等油田70座站场应用，年节约标煤1.38万吨。

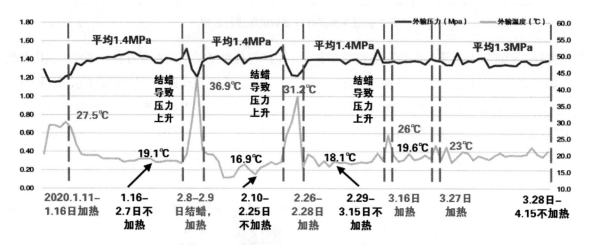

图4 某增压点加热炉智能间开间歇加热输送压力与温度曲线

2.1.3 原油处理系统

长庆大多数油田高含水区块和低含水区块脱水工艺主要采用一段脱水工艺，耐压沉降分离设备，如三相分离器和卧式沉降罐等。但是这种普通的一段脱水工艺仅适用于低含水油田。随着长庆油田开发进入中高含水开发期，一段脱水工艺普遍存在用热功率大、能耗高，油田生产成本增大等问题，需要对原油处理系统进一步优化改进，因此提出两段脱水工艺。

两段脱水工艺是对脱水设备串并联流程改造，正常工况下采用两段脱水，工艺流程如图5所示，可实现一段不加热直接进三相分离器脱出游离水，

二段经过加热炉加热后再进三相分离器脱水，处理后原油满足净化油含水率要求；单台设备检修时恢复常规加热脱水工艺，可最大限度利用已建设备，不再设置备用三相分离器。

该工艺适用边界条件为原油含水率40%以上的脱水站。长庆油田2023年在38座新建和改扩建脱水站场全面应用"一段不加热脱除游离水、二段加热破乳达标净化"两段脱水工艺，降低能耗40%以上（见图6）。未来将在长庆各脱水站持续推广，同时在国内类似高含水油田具有广阔的应用推广前景。

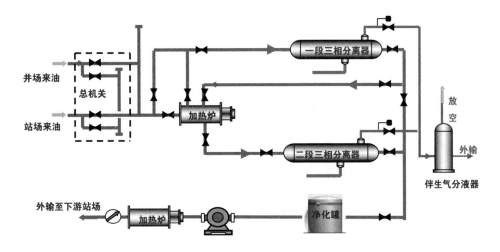

图 5　两段脱水工艺流程示意图

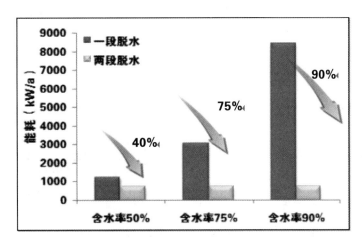

图 6　脱水工艺能耗对比表

2.1.4　采出水余热利用

目前长庆油田共有采出水处理站 200 余座，日处理量 10 余万方。采出水处理工艺采用"沉降除油 + 气浮 + 过滤"工艺或"沉降除油 + 生化 + 过滤"工艺，沉降除油采用重力沉降。采出水首先进入沉降除油罐，水温在 35 ~ 38℃，经水处理装置处理后进入净化水罐，水温 30 ~ 35℃，采出水的余热没有得到有效利用。

因此，按照"能耗最低、改造最小、投入最少"的原则，采用"除油罐盘管直接换热"技术，对采出水中的低温余热进行回收。工艺流程如图 7 所示，采用井组来油进入沉降除油罐直接换热，将换热盘管设置于除油罐对流层，利用采出液自然对流进行热量吸收，控制阀与温变连锁，全自动运行。换热效率达 70 ~ 80%，可降低加热炉负荷，节省伴生气消耗。目前长庆油田已建成投运姬六转采出水余热利用先导示范站，完成 20 座采出水余热利用站设计，预计实施后年节约燃气 271 万方，减排 CO_2 7900 吨。经估算长庆油田采出水余热规模约 5 150 GJ/d，折合标煤 64 146 t/a，余热资源潜力巨大。

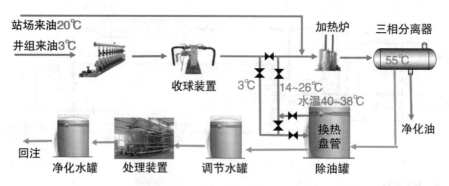

图 7 采出水余热回收工艺流程示意图

2.2 清洁能源替代

深度应用"风、光、热"等清洁能源技术。在优化节能基础上，"风、光、热"等清洁能源利用技术，依据区块建设条件、资源禀赋和用能情况，因地制宜开展多能互补综合利用，提高清洁替代比例，降低工程项目碳排放，打造综合能源利用示范区。

2.2.1 光伏发电技术

油田充分利用油区丰富的可再生资源，按照"小型就地消纳、中型区域消纳、大型外供消纳"的原则，采用分散式、分布式和集中式光伏发电技术，构建多能互补格局，确保油田电力系统安全平稳运行。分布式光伏具有利旧场地、应布尽布、就地消纳、效益最大的特点，集中式光伏具有产业拉动、应布尽布、余电上网、效益达标的特点，分散式风电具有因地制宜、分散布置、区域消纳、效益稳定的特点。

目前，油田已完成分布式光伏设计 187MW，集中式光伏设计 100MW，年节约标煤约 11.5 万吨，减排 CO_2 22.1 万吨。并形成适用于延安、榆林、庆阳、吴忠、鄂尔多斯 5 地市，容量从 10kW 到 1000kW 的《长庆油田分布式光伏典型图集》，共 44 种电气配置、3 类 20 种结构基础和 4 类 12 种平面布置，缩短设计周期 50%，跑出新能源业务加速度。

2.2.2 光热利用技术

油田综合考虑各功能类型站场用热、太阳能资源及可用地情况，按照"技术适用、供需匹配、高效利用"的原则，形成了"东西轴线菲、南北轴槽式"的集热技术和"直接换热、串并结合"的用热技术。

目前已完成 5 座光热利用站场设计，累计供热 18162GJ，清洁替代率 24.8%，年节约燃气 59.2 万方，减排 CO_2 1280 吨。正在建设姬六转光热，规模为集热镜场 2851.2m²。

图 8 线性菲涅尔集热技术

图 9 槽式集热技术

2.2.3 地热利用技术

按照"先节能降耗，再梯级利用"的原则，形成了"同井换热、取水用热"的取热技术和"小温差换热为主、大温差热泵为辅"的地热利用技术。2023 年 3 月 12 日，长庆油田首个利用已有水源井开发地热能环七转项目正式建成投运，供热能力达

到 260kW，保障了站点生产和生活用热需求，实现了油田水热型资源开发"零"的突破。截至目前，已投运 4 座地热利用站场，累计供热 2289GJ，年节约燃气 7.4 万方，减排 CO_2 160 吨。

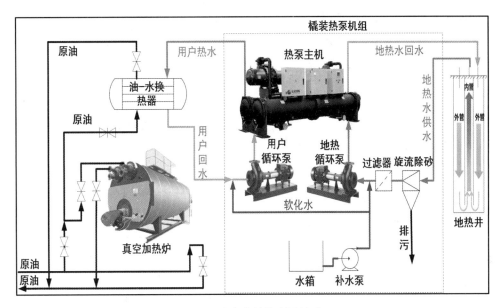

图 10　油水井地热利用技术

2.2.4 电热利用技术

热力系统作为油田站场"动力核心"，是油田站场不可或缺的重要组成，承担着工艺加热，设备保温和建筑采暖等重任。长庆油田高温位供热设备以导热油炉为主，低温位供热设备以真空炉和水套炉为主。目前，长庆油田已实施光伏发电项目累计发电 1.26 亿度，绿电资源丰富。

按照"能源使用电力化，电力生产零碳化"的原则，结合站场类型及加热方式，提出加热炉外置

电加热器、气电两用加热炉、橇装空气源热泵机组、光热＋空气源热泵机组等加热炉电气化改造技术，利用绿电替代燃气，降低燃气损耗，提升绿电消纳能力。目前，超低温 CO_2 空气源热泵 2020 年全面推广应用，已在 23 座保障点投产，供热能力 6.3MW；16 座保障点完成电热利用设计，供热能力 4.51MW。气电两用加热炉在胡十七转投运 1 台，供热能力 0.4MW，加热形式为电阻式。规划建设电直热改造站场 17 座，供热能力 6.26MW。

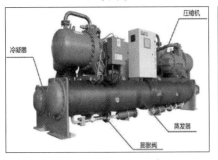

图 11 电热利用设备

3 总结与展望

面对新形势新要求，长庆油田聚焦"节能降耗、清洁替代、战略接替"，结合区域风光资源、油气生产现状，积极探索综合能源利用建设新路径，目前已经形成了"油井智能间开、低效站点优化简化、不加热集输、两段脱水、采出水余热利用"等低碳技术和"风、光、热"清洁替代的零碳技术相结合的综合能源利用技术路线，为打造姬塬、南梁、靖安、环江、吴起、桐川综合能源利用示范基地提供技术保障。

按照长庆油田新能源规划目标，将在已形成技术路线基础上，重点研究攻关电气化率提升、流程再造、变工况运行等技术，加快油田从传统生产到绿色低碳生产模式转变，推动油气与"风、光、热、储、氢"新能源融合发展，实现构建清洁低碳、安全高效、多能互补新格局，全力保障长庆新能源业务"追赶超越、走在前列"。

参考文献：

[1] 吴红伟，张振华，杨志坚等.油田新能源应用发展探究 [J].石油石化节能,2023,13(07):99-102.

[2] 白小娟.新能源背景下油田公司发展战略探析 [J].中国石油和化工标准与质量,2023,43(09):91-93.

[3] 李金永.碳达峰碳中和目标下采油厂的绿色低碳发展 [J].油气田地面工程,2023,42(05):16-23.

[4] 戴厚良.深入学习贯彻习近平生态文明思想为建设能源强国贡献力量 [N].学习时报,2022-1-21（1）.

[5] 邹才能，薛华庆，熊波，等."碳中和"的内涵、创新与愿景 [J].天然气工业,2021,41(8):46-57.

[6] 周扬，吴文祥，胡莹，等.西北地区太阳能资源空间分布特征及资源潜力评估 [J].自然资源学报,2010,25(10):1738-1747.

[7] 刘润川，任战利，叶汉青，等.地热资源潜力评价：以鄂尔多斯盆地部分地级市和重点层位为例 [J].地质通报,2021,40(4):565-576.

[8] 范婧，徐文龙，何战友，等.长庆油田CCER项目开发探索与思考 [J].石油石化节能,2023,13（7）:72-76.

[9] 长庆油田：中国第一大油气田的绿色发展之路 [J].中国环境监察,2022(11):60-63.

[10] 焦青."双碳"目标下长庆油田发展战略研究 [D].西北大学,2023.

[11] 余杰，丁浩，梁馨娴等.油井智能间抽在油田生产中的应用与实践 [J].石油化工应用,2021,40(04):105-107.

[12] 姬蕊，冯宇，仝雷等.长庆油田高含水期原油脱水工艺探讨 [J].石油和化工设备,2017,20(06):113-116.

[13] 李华山，雷文贤，付浩等.长庆油田采出水余热利用技术研究 [J].中国石油和化工标准与质量,2023,43(08):36-37+40.

[14] 白广良.光伏新能源开发在中油公司油田生产中的应用研究 [J].现代商贸工业,2020,41(27):158-160.

绿色转型之路：
大庆油田 CCUS 技术进展与未来挑战

刘　洋

（大庆技术监督中心）

摘要： CCUS（碳捕集、利用与封存）技术是我国实现"碳达峰、碳中和"双碳目标的重要举措之一，不仅能有效保障我国能源安全，对促进生态文明建设和石油工业可持续发展也具有重要意义。大庆油田作为累计为国家贡献超过 25 亿吨原油的功勋油田，肩负着实现国家双碳目标的重任，在"常规油、天然气和新能源三分天下"的战略目标下，CCUS 技术得到快速发展。在 CCUS 及配套技术发展过程中，大庆油田在碳利用方面具有得天独厚的优势，但在碳捕捉、碳储存和配套技术等多方面还存在着较多挑战。因此，在对大庆油田 CCUS 技术发展背景、碳源潜力、气源输送建设思路、CO_2 驱示范区建设等技术现状进行分析基础上，提出有针对性的解决方案与对策，对提高大庆油田 CCUS 整体技术水平和能源绿色低碳转型具有一定的参考意义。

关键词： 碳捕集　碳达峰　碳中和　新能源　挑战

随着二氧化碳等温室气体排量逐年增加，"温室效应"给全球气温、自然环境和人类社会带来了一系列恶劣影响。作为煤炭、石油和天然气等化石能源消耗量巨大的发展中国家，我国石化企业已经进入到战略转型和绿色发展改革的关键时期。大庆油田作为功勋油田，仍然肩负着实现国家"双碳"目标的历史重任，在"常规油、天然气和新能源三分天下"的宏伟战略目标下，新能源技术、CCUS 技术发展获得了大量人力、物力投入和政策支持。但在 CCUS 关键技术和配套工艺发展方面还存在着较多挑战，因此深入了解 CCUS 技术国内外技术背景，明确大庆油田 CCUS 技术现状和存在的挑战，并提出合理解决对策，对推动油田转型和绿色可持续发展具有重要意义。

1　CCUS 技术发展背景

气候变化正在成为全人类共同面临的严峻挑战，近百年来，全球气候正经历着一次以气候变暖为主要特征的显著变化。如表 1 所示，2019 年，全球主要国家的能源消耗仍然以煤炭、石油和天然气这些化石能源为主，全球温室气体排放在 2022 年再创新高，达到 574 亿吨二氧化碳当量。化石燃料燃烧和工业过程产生的 CO_2 排放是排放增长的主要原因，约占温室气体排放量的 2/3，中国、美国和欧盟的 CO_2 历史累计排放量贡献最大。2023 年，全球平均温度相较于人类工业化革命以前已经上升了 1.45℃，过去 10 年是有记录以来最热的 10 年。

表1 2019年主要地区／国家化石资源状况

国家／地区	化石能源占世界总能源比例		
	煤炭	石油	天然气
中国	13.2%	1.5%	4.2%
印度	9.9%	0.3%	0.7%
美国	23.3%	4.0%	6.5%
俄罗斯	15.2%	6.2%	19.1%
德国	3.4%	／	／
欧盟	7.2%	0.3%	0.3%
英国	／	0.2%	0.1%

随着科学认知的深化和社会压力的增大，国际社会开始认识到必须采取行动来应对气候变化问题。如表2所示，世界气象组织和联合国环境规划署在应对气候变化方面做了较多工作，直到《巴黎协定》被正式签署，《巴黎协定》明确了全球减排的"硬指标"，提出把全球平均气温升幅控制在工业化前水平以上低于2℃之内，并努力将平均气温升幅限制在工业化前水平以上1.5℃之内。

表2 全球应对气候变化大事件进程表

年份	事件
1988年	世界气象组织和联合国环境规划署于合作成立了政府间气候变化专门委员会（IPCC）
1990年	IPCC在总结了过去100年全球气候信息变化的基础上首次发表《IPCC综合评估报告》
1992年	《联合国气候变化框架公约》获得通过，同年6月在里约热内卢的地球问题首脑会议上开放签署

年份	事件
1997年	第三次《联合国气候变化框架公约》缔约方大会在日本京都召开，最终通过了《京都议定书》
2015年	第21届联合国气候变化大会上通过《巴黎协定》
2016年	美国纽约联合国大厦被正式签署《巴黎协定》

在这一背景下，2015年6月，我国向UNFCCC提交了《中国国家自主贡献》。如表3所示，2021年10月，我国提交了《新的国家自主贡献目标以及落实新目标的重要政策和举措》作为国家自主贡献的更新，并提出了新的目标。中国政府在2020年向世界做出了"碳达峰、碳中和"的宣言，并承诺将于2030年前碳排放量达到峰值、2060年实现温室气体净零排放。自此以后，我国在减少二氧化碳排放、捕集、利用和封存方面做了大量工作，建立了CCUS发展技术体系和技术基础，完善了政策支持体系，示范项目建设也取得较大进展。在清洁能源、节能环保、减排技术领域，每年可使用的融资工具规模应大于5000亿元；已经建成CO_2捕集与封存能力超过15万吨／年的示范项目，50万吨／年碳捕集、利用和封存示范项目正在新建，截止到2023年，我国已完成捕集CO_2超过200万吨[3]。2021年10月，我国提交了《新的国家自主贡献目标以及落实新目标的重要政策和举措》作为国家自主贡献的更新，并提出了新的目标。

表 3 我国向 UNFCCC 提交的自主贡献目标

自主贡献目标		2015 年	2021 年
2030 年碳达峰（基准年：2005 年）	单位国内生产总值二氧化碳排放下降	60~65%	> 65%
	非化石能源占一次能源消费比重	20%	25%
	森林蓄积量增加（立方米）	45 亿立方米	60 亿立方米
	风电、太阳能发电总装机容量	–	12 亿千瓦以上
碳中和目标		–	2060 年

中国石油提出"打造原油、天然气、新能源三条产业价值链"，明确"清洁替代、战略接替、绿色转型"三步走总体部署下，力争到 2050 年公司新能源总量达到 $2 \times 10^8 t$ 当量。

2 CCUS 技术国内外现状

CCUS 技术的关键是 CO_2 的捕集与封存，也被认为是碳减排方法中实现 CO_2 碳减排目标的唯一兜底技术。将从大型工业排放源捕获的二氧化碳用于提高石油采收率（EOR），是 CCUS 技术最经济有效的方法之一，国外有研究者在波兰的一座化石燃料发电厂和挪威一油田创新开发了一个概念性的 CO_2–EOR 系统，与传统技术生产等量的石油和电力相比，二氧化碳减排量超过 70%；为提高煤炭等化石能源利用效率、减少温室气体排放，美国与日本在德克萨斯州西部牧场油田合作运行了一个大型 CCUS 项目，通过管道将捕集的 CO_2 输送到油田用于提高原油采收率，每年能够捕集 CO_2 超过 160 万吨，且纯度高于 99%；澳大利亚政府也在煤炭行业中筹建和运行了多个项目，将天然气生产过程中伴生 CO_2，通过一定技术方法注入到海底地下岩层中进行封存，以减少总体排放量，每年封存的 CO_2 总量超过 160 万吨；欧洲北海地区拥有丰富的石油和天然气资源，在该地区通过实施 CCUS 项目每年可捕集和存储约 70 万吨 CO_2，为该地区可持续发展做出了贡献。

表 4 CCUS 技术各环节使用技术表

	燃烧前		燃烧后		富氧燃烧	化学链
捕集	溶液吸收	物理吸收	化学吸收	化学吸附	常压燃烧	原位气化
	膜分离吸收	低温分馏	物理吸附	膜分离	增压燃烧	氧解耦燃烧
运输	罐车运输	船舶运输	陆地运输		海底运输	
利用与封存	化工与生物利用		地质利用		二氧化碳封存	
	化学利用	矿化利用	强化石油开采	强化深部咸水开采	咸水层封存	枯竭油气田封存
	生物利用	……	强化天然气开采	……	玄武岩矿化封存	……

目前国内已经建成多个 CCUS 项目，如中石化齐鲁石化 – 胜利油田建设的百万吨级 CCUS 项目，通过在齐鲁石化公司捕集的 CO_2 输送到胜利油田注入地层用于驱油和封存，每年减排 CO_2 量超过 100 万吨；中石化南化公司在碳捕集、利用与封存技术方面处于国内领先地位，与华东石油局合作建设碳捕集装置，完成后每年能捕集 CO_2 超过 35 万吨；另外，中国神华集团和国家电投集团在河北、上海

等多地的煤炭企业、发电厂也建设了多个碳捕集和封存项目。截至目前，我国CO_2年捕集能力超过300万吨，储存能力超200万吨。与美国CO_2年碳捕集能力超过3000万吨相比，我国CCUS技术的发展，特别是大规模商业化发展，还需要进一步有效的激励政策，为投资者解决投融资渠道、投资成本、收益风险等问题。

3　大庆油田CCUS技术现状

大庆油田作为累计为国家贡献超过25亿吨原油的功勋油田，肩负着实现国家双碳目标的重任，在"常规油、天然气和新能源三分天下"的战略目标下，新能源和CCUS技术得到快速发展，已经走在中石油集团公司前列。大庆油田CO_2来源主要有两方面，一是热电厂在生产过程中排放的CO_2，年排放量在3000万吨左右，可捕集量约为700万吨；二是大庆油田发育的高含CO_2油气藏，尤其是徐深气田产出的天然气中含有大量CO_2，徐深9、徐深21等区块原料气综合含碳约12.7%。为不影响天然气燃烧，需将CO_2等杂质分离后才能销售，以保障大庆、哈尔滨等周边地区工业和民用天然气使用。

大庆油田地处敖古拉风口，地势开阔平坦，风能、太阳能、地热资源较为充足，而且在中浅层砂岩型热储层还有丰富的地热资源，属于我国Ⅱ类太阳能资源区域，年总辐射量为1482千瓦时/平方米，年日照小时数超过2600小时，适合建设大型地面光伏电站；

年有效风速持续时间长，年平均风速3.8米/秒，年大于6级风日数为30天，80米高度全年有效风速可利用小时数为2200小时以上，适合建设风力发电站；

地热水：资源丰富，资源总量为6518亿方，大庆市中北部约占整个盆地资源量的72%，折合标准煤6.7亿吨；全市开发利用地热井36口，没有开发利用的地热井79口；开发井主要用于温泉洗浴、供暖、生活用水；

干热岩：松辽盆地北部4500米深度的温度可超过150℃，徐深22井5320米温度210℃，龙深1井深度6000米温度260℃，解释出13块花岗岩体，热量为3865艾焦，具有开发利用潜力。

3.1　大庆油田CCUS技术优势

CO_2捕集与封存技术正在被全世界油气行业广泛的关注与应用，将从化石燃料燃烧或者工业过程中捕集的CO_2，通过船舶或者管道运输后存储到枯竭的油气田或者深层盐水地层中，或者利用CO_2进行驱油作业，提高油气采收率（EOR），以支持地质CO_2封存，对于有效减缓气候变化和油田可持续绿色发展具有重要意义。

大庆油田地处松辽盆地，低渗透油层和致密油层储量大，适合采用CO_2驱的地质储量超过3亿吨，而且大油田自1965年开始探索CO_2驱油技术以来，已经取得了一定效果和认识，2003年后，更是在外围低渗透油藏和致密油藏形成了系列配套技术和管理标准规范，CO_2驱油年产量近10万吨，占中石油CO_2驱油年产量的50%左右。目前，特低渗透油层CO_2驱技术已经进入工业化推广阶段。因此，在大庆油田将捕集的CO_2用于驱油具有得天独厚的地质条件和技术优势。

3.2　CCUS技术发展中存在的挑战

大庆油田CCUS技术经过多年发展，虽然已经取得一定成绩和技术突破，但在总体运营成本、关键技术突破等还面临着较大挑战，限制了CCUS总体应用规模和经济效益。

3.2.1　二氧化碳捕集成本高

CO_2捕集是CCUS技术的第一步，也是CCUS-EOR技术关键环节。目前，CO_2捕集方法可按燃烧顺序、分离工艺、技术成熟度进行多种分类。大庆油田碳源充足，除了从天然气中分离CO_2，还需要从常压、低浓度CO_2尾气、烟气中进行捕集，目前仍采用第一代捕集技术，即化学吸收法（醇胺法）和物理吸收法（聚乙二醇二甲醚法、低温甲醇法），这类方法最大的不足就是捕集成本高、能耗大，严重影响CCUS技术经济效果评价，单是CO_2捕集成本就占到总成本接近80%，主要原因是通过富氧燃烧、预燃烧等方法产生的CO_2中含有氮气、氧气、氮氧化物等其他成分，在分离和提纯过程中会消耗大量的能源。

3.2.2 二氧化碳对输送管道腐蚀

CO_2 输送是 CCUS 产业链中连接 CO_2 捕集与封存、利用的关键环节，其运输效率和成本将直接决定 CCUS 整体规模和经济效益。输送方式有车载（船运）和管道输送两种方式，长距离以管道输送最为经济。目前，大庆油田用于驱油的 CO_2 主要采用管道输送方式，管道内由于水、氧气及二氧化碳等气体存在，极易形成碳酸对管道形成腐蚀，给 CO_2 输送带来较大安全隐患。

3.2.3 关键技术成熟度不足

除了 CO_2 捕集和输送技术不够先进外，大庆油田 CCUS-EOR 的相关配套工程技术，在技术适应性、工艺成本、技术体系等关键技术方面不够成熟，与国外相比还存在着差距。比如在防腐技术上，国外已经实现现场撬装加注阻垢剂、采用玻璃钢等物理防腐管材等技术。这些关键技术也限制了 CO_2 捕集和利用总量远低于美国等国家。

3.2.4 CCUS 总体运营成本高

我国 CCUS 示范项目经济成本普遍较高，大庆油田也不例外。CCUS 成本最高的环节是 CO_2 捕集，约占总成本的 60%-80%，碳捕集成本又分为固定成本和运营成本，固定成本投资约为 800-1000 元/吨。预计到 2030 年，CO_2 捕集成本为 100-400 元/吨，管道输送成本为 0.5 元/吨.公里，封存成本为 40-50 元/吨，在目前 CCUS 技术条件下，CO_2 捕集将增加 300 元/吨左右的额外成本。由此可见，按照目前欧洲碳交易价格 80 欧元/吨，以及目前大庆油田 CO_2 排放量和 CCUS 高投入和高成本运营，将给大庆油田整体经济效益带来巨大压力。

3.3 技术对策分析

3.3.1 推广应用第二代捕集技术

在第一代 CO_2 捕集技术基础上，发展形成了增压富氧燃烧、新型膜分离、新型吸收（吸附）等第二代捕集技术。其中，利用 CO_2 溶解度、化学性质等特性进行物理或者化学方法吸附的方法，具有效率高、易分离等特点；采用多孔固体吸附剂对 CO_2 进行吸附和解吸附，具有高效、环保、便于操作等优点；采用膜分离技术可以根据 CO_2 分子大小、形状、电荷及溶解度等特性，实现从混合物中分离和提纯 CO_2，具有操作简单、不需高精尖设备和高温高压实验条件等优势，还能实现连续性操作。另外，还有金属氧化物法、水合物法、生物酶法等技术，部分方法虽然仍处于室内研究或小试阶段，但应该在新方法和技术上给与更多投入，待技术成熟后预计其能耗和成本会较第一代技术降低 30% 以上，对 CCUS 技术发展具有重要意义。

3.3.2 推进多渠道输送方式

在 CO_2 输送方式上，可以根据不同试验区实际情况、CO_2 碳源距离远近，采取因地制宜、多种方式相结合的输送方式。比如在海拉尔油田气源与试验区距离小于 100 公里，可以采用罐车拉运液态 CO_2 的方式进行输送；对于定价招标的液态 CO_2 也可以采用罐车拉运方式。对于建有稳定气源供应、用气量大、且输送距离较近的示范区，可以采用埋地铺设管道进行液相或者干气输送，采用这种方式能最大程度降低成本、保障气源供应稳定。考虑到大庆地处严寒地带，管道输送应该以超临界输送为主。

3.3.3 加大政策扶持、加强关键技术攻关

CCUS 技术链条长，涉及的关键技术和环节较多，不仅要加强 CO_2 捕集和输送等技术研究，还应该在输送管道运行与维护、风险评估、CO_2 泄漏分析与应急响应措施方面，以及构建 CO_2 驱油示范区地下、地上一体化监测体系构建上，加大投入力度和政策支持，为提高 CCUS 整体技术水平和安全管理水平保驾护航。

3.3.4 积极推进示范工程进展

大庆油田在 CCUS 示范工程推进过程中，一是要做好与地方政府沟通协调工作，建立跨地区、跨部门、跨行业的监管和协调机制，形成地企"互抓共管、一盘棋"的良好局面；二是积极推动建立系统性核算方法和标准，建立完善的碳管理体系，为减碳测算提供理论基础；三是加大经济激励、财政补贴等机制，大力推动企业绿色低碳发展转型，并促进 CCUS 项目效益建设。

3.3.5 加强技术交流与合作研发

在CCUS技术研究与示范工程推进过程中，在做好关键技术、核心技术自主攻关与研发的同时，还应该继续加大与其他新能源研究机构、高等学府之间的对接，积极构建CCUS技术创新联合体，开展相关技术合作、以加快CCUS技术发展；同时，适当放宽专业人才引进条件，通过成熟人才竞聘或关键课题"揭榜挂帅"等方式，灵活引进专业性技术人才，促进相关技术快速发展与核心人才队伍建设。

3.3.6 发展高附加值碳基新材料

目前，大庆油田CO_2利用技术相对单一，除了主要用于CO_2驱油方面，其他技术应用较少。碳纳米管、石墨烯等新型材料的主要成分均为碳，这些材料具有用途广泛、附加值高等特点，发展新兴技术将CO_2转化为这些具有高附加值的碳基新材料，既能推动导电浆料、防腐涂料等技术发展，还能从产品属性上提高CCUS技术全产业链的经济效益，这也是CCUS技术可持续发展的重要方向之一。

3.3.7 研发模块化撬装化CO_2回收技术

传统CO_2回收装置建设需要占用较大的土地面积，而且建设费用普遍较高、建设周期长、使用灵活性差。在工程建设过程中，模块化撬装化技术能够最大限度减少作业风险，还能够在成本、质量、安全和灵活性方面展现出独特优势。将模块化撬装化技术引入到CO_2回收装置设计中，基于模块化设计实现回收工艺模块划分，全部实现工厂化预制，同时利用撬装化设计合理布局管道阀门，实现模块内设备优化整合成撬，最终形成全流程模块化撬装化的CO_2回收装置。该项技术的成熟应用，能达到降低投资成本和缩短施工周期目标，土建费用和建设面积降低70%以上，施工周期至少缩短50%。

4　结论

（1）在"双碳"背景下，大庆油田CCUS技术发展较快，并取得一定成效，但在CO_2捕集、管道防腐、关键技术成熟度及成本控制等方面还存在着亟需改进和完善的地方，距离大规模商业化运行仍有一定距离。

（2）为推动CCUS技术快速发展和规模化应用，大庆油田不仅要在CO_2捕集、输送等关键技术上加大投入和攻关力度，还应该在配套技术研究和相关政策保障上发力，不断提高关键技术成熟度、完善相关标准体系，有助于推动大庆油田CCUS技术发展，为油田能源绿色低碳转型提供技术支撑。

参考文献

[1] 陈旭，杜涛，李刚等.吸附工艺在碳捕集中的应用现状[J].中国电机工程学报,2019,39（增刊1）:155-163.

[2] 张帅，郄晓，石信超，等.有机胺类CO_2捕集吸收剂研究进展[J/OL].应用化工（2023-11-28）[2023-12-07].

[3] 白振敏，刘慧宏，陈科宇，等.二氧化碳化学转化技术研究进展[J].山东化工,2018,47（11）:70-72.

[4] 陈倩倩，顾宇，唐志永，等.以二氧化碳规模化利用技术为核心的碳减排方案[J].中国科学院院刊,2019,34（4）:478-487.

[5] 黄晶.中国碳捕集利用与封存技术评估报告[M].北京:科学出版社,2021.

[6] 桑树勋，刘世奇，陆诗建，等.工程化CCUS全流程技术及其进展[J].油气藏评价与开发,2022,12（5）:711-725.

[7] 李阳，黄文欢，何应付，等.双碳愿景下中国石化不同油藏类型CO_2驱提高采收率技术发展与应用[J].油气藏评价与开发,2021,11（6）:793-804.

[8] 黄宽，张万益，王丰翔，等.地下空间储能国内外发展现状及调查建议[J/OL].中国地质,2023,[2024-01-01].http://kns.cnki.net/kcms/detail/11.1167.P.20230616.1322.0 02.html.

[9] 中国发展网.2024年全国能源工作会议召开，部署9项重点任务[EB/OL].(2023-12-22)[2023-12-25]https:// baijiahao.baidu.com/s?id=1785964820492748391&wfr= spider&for=pc.

[10] 刘晓民.实现双碳目标，CCUS兜底[J].中国石油石化,2021(9):36-37.

郝文秀."双碳"目标背景下大庆油田绿化建设节能措施探讨[J].石油石化节能,2023,13(07):81-84.

曹万岩.CCUS-EOR驱油集输系统生产稳定性保障措施探索[J].石油石化节能,2023,13(07):53-56.

锚定双碳目标，加快转型发展，全力推进吉林油田绿色低碳建设

李生阳

（中国石油吉林油田公司）

摘要： 立足我国新发展阶段，吉林油田公司积极贯彻新发展理念，以"保障国家能源安全、提质增效价值创造"为导向，把原油、天然气、新能源"三分天下"作为公司高质量发展和扭亏脱困的重要解决方案，在加大油气资源勘探开发和增储上产力度的同时，全面落实国家碳达峰碳中和战略部署，实施"清洁替代、战略接替、绿色转型"三步走总体部署，推进构建"三分天下"新格局，吉林油田锚定年度任务目标，着力油气与新能源融合规模发展，不断拓展外供绿能新业务，全力推进绿色低碳新型吉林油田建设，助推"双碳"目标的实现。

关键词： 天然气　碳达峰　碳中和　绿色转型　油气与新能源融合　"双碳"目标　吉林油田

碳达峰、碳中和无疑是目前能源行业最热的词之一。目前我国已全面进入建设社会主义现代化国家新阶段，国家提出"双碳"目标，展现了我国积极实施应对气候变化的战略决心。新目标下，油气行业更要与时俱进，拿出抓铁有痕的劲头，科学分析发展机遇，合理研判各种挑战，要系统考虑、整体谋划、综合施策。推动目标如期实现，是一场影响深远的社会经济全面改革。

中国石油天然气集团有限公司（简称中国石油）积极贯彻落实国家"双碳"战略，将"绿色低碳"纳入公司发展战略，把新能源纳入主营业务，组织制定新能源新业务发展专项规划，明确了"清洁替代、战略接替、绿色转型"三步走总体部署，2025年新能源产能比重达到7%，2035年实现新能源新业务与油、气业务三分天下，2050年地热、清洁电力、氢能占比50%左右，引领中国石油向"油气热电氢"综合性能源公司转型发展。

自"双碳"目标提出以来，吉林油田公司按照中国石油"清洁替代、战略接替、绿色转型"三步走战略部署，积极推进绿色转型。2021年3月，中国石油董事长戴厚良到吉林地区石油石化企业调研时，为吉林油田谋划了原油、天然气、新能源"三分天下"新发展布局；同年5月，中国石油将"吉林绿色协同发展示范基地"列入新能源六大基地。吉林油田全面开启了新能源业务发展新征程。

1　吉林油田绿色低碳发展基础条件和优势

吉林油田生产出第一桶"零碳原油"，是集团公司深入贯彻习近平生态文明思想，充分利用吉林油田绿色低碳发展得天独厚的优势，在"减碳、用碳、替碳、埋碳"全面发力奔跑，坚决扛起绿色发展使命担当的又一生动实践。

1.1　油田资源和基础设施条件优越

在风能、光能、地热资源方面，吉林油田处于吉林省"陆上风光三峡"核心区。其矿权区内的风、光、地热等地面地下资源丰富。其中，风力发电年等效满负荷发电达3000小时以上，光伏年等

效满负荷发电达1500小时以上。在CCUS方面，吉林油田具备混相驱条件的吉林大情字井油田上下叠置，发展CCUS项目实现二氧化碳驱油与埋存的地理优势和资源优势非常明显。吉林油田发展新能源业务有着"先跑一步"的经验优势和团队优势。吉林油田历经30年持续攻关，在国内率先打通了CCUS全流程，积累了具有国际领先水平的用碳和埋碳技术。早在2018年，吉林油田便建成了吉林省首家、中国石油首座分布式光伏电站——吉林油田红岗15兆瓦分布式光伏电站，积累了丰富的光

伏电站运维管理经验。近年来，吉林油田像抓油气产量一样，抢前抓早着力发展新能源业务，做强做优做大CCUS业务，建成了中国石油首个风电项目。

1.2 油田具有清洁电力消纳优势

2021年落实70万千瓦指标，其中15万千瓦自消纳项目、55万千瓦上网风电项目；2022年落实130万千瓦指标，是吉化120万吨乙烯工程配套绿电项目。15万千瓦项目已建成发电、55万千瓦项目施工前准备、130万千瓦正在开展前期论证，全部建成年发电能力54亿千瓦时（115万吨标油）。

图 1 分光发电指标文件及现场指挥部

1.3 油田具有"风光气储氢"融合发展优势

随着碳中和及能源转型研究的深入，天然气的桥梁作用和替代能源的定位逐渐明朗，天然气与新能源融合发展优势明显。吉林油田具有地域及风光资源的优势，关键吉林地区是俄气进口的重要通道，在气田及输气管道周边发展气电调峰，通过燃气轮机灵活的调节能力和快速启停能力，可实现风光气储多能互补，保障外送电力的可靠性。目前长岭－双坨子25万千瓦"风光气储氢"一体化先导试验和松原300万＋绿色氢氨醇一体化基地建设两个项目均已经完成可研编制报板块审查。

1.4 油田发展新能源具有地企合作优势

吉林具有良好的地企合作关系，建立了高层次、专业化的地企合作组织领导机制，全方位、常态化的沟通协调机制，项目化、菜单式的合作清单机制，主动出击，争取指标落地。在风光发电方面，相关主要领导多次带队与省能源局、松原市、白城市、

吉林石化等政府和企业对接，达成共识，通过企地协作、上下游合作和产业延伸等办法，彻底解决消纳和上网难题。在地热供暖方面，积极做好外部供暖市场储备，与松原经济开发区、镇赉县签订地热供暖协议，现已超额、超前完成了100万平方米年度目标，为新能源发展营造了协同有力的合作环境。

1.5 油田发展新能源符合国家政策要求

国家发改委、国家能源局2022年印发《关于完善能源绿色低碳转型体制机制和政策措施的意见》，提出完善油气与地热能，以及风能、太阳能等能源资源协同开发机制，鼓励油气企业利用自有建设用地发展可再生能源和建设分布式能源设施，在油气田区域内建设多能融合的区域供能系统。《"十四五"可再生能源发展规划》提出，在油气矿区及周边地区，积极推进风电分散式开发，优先利用油气矿区建设光伏电站；在新能源资源富集地区合理布局一批天然气调峰电站，充分提升系统调

节能力。

2　吉林油田绿色发展规划和路径

年初以来，吉林油田锚定"三分天下"战略布局，围绕本质扭亏中心目标，按照"三年一盘棋"总体部署，以油气与新能源融合发展为基础，积极推进对内清洁替代，不断拓展对外供能，加快构建"油气热电氢"绿色产业结构和低碳能源供应体系，争做吉林绿色协同发展的主导者、企业绿色低碳转型的引领者。形成"35513"新能源战略部署，明确了新能源业务发展方向和实施路径。

2.1　发展规划

吉林油田为进一步抢抓国家"双碳"机遇，深入贯彻落实国家能源局及集团公司要求部署，积极完成"十四五"规划中期评估及2024-2026年滚动计划编制工作。总结成绩认识，重新评估发展形势和技术可行性，不断调整完善规划，使其更具适应性、操作性及落地性。同时，因地制宜，结合各单位区域特点和主导技术攻关应用情况，为各油气生产单位量身打造低碳生产新模式，并同步试验，融合推进，尽快分批次实现化石燃料清零。

2.2　实施路径

完善顶层设计，绘就"35513"发展蓝图。"35513"：即通过建设千万千瓦级风光发电、五百万吨级CCUS碳埋存、百万吨标煤级清洁热利用"三大工程"，推进自消纳绿电比例、油气商品率、系统保障能力、创效能力和创新能力"五项提升"，打造绿色低碳开采、多能高效互补、能源清洁供应、二氧化碳埋存驱油和多元合作发展"五大示范"，建成吉林绿色协同发展示范基地，实现能源生产由单一油气向多元融合、能源消耗由高碳排放向低碳零碳、能源产品由低附加值向高附加值"三大转变"，努力成为吉林绿色协同发展的主导者，企业绿色低碳转型的引领者。

3　重点开展的工作及取得效果

按照加速绿色转型、实现新能源效益发展的工作要求，吉林油田成立以公司首席技术专家为组长的新能源融合发展专班，公司主要领导定期听取业务进展并进行工作部署，亲自带队与地方政府及相关主管部门进行沟通，全力推动清洁电力指标获取和项目建设，新能源业务实现高速发展。

3.1　落实绿电指标，实现绿电业务快速起步

指标获取方面：已累计获取风光发电指标200万千瓦，按照"十四五"600万千瓦规划部署，积极开展长岭25万千瓦"风光气储氢"一体化先导试验、松原绿色氢氨醇一体化基地等项目论证，争取后续项目落地。项目建设方面：15万千瓦自消纳风光发电项目投产并网，项目含光伏7.1万千瓦、风电7.8万千瓦，主要利用油田废弃井站场及井场周边空地建设，建设地点分散在8个油气单位，年可发电3.6亿度，所发绿电全部并入油田电网，年可节约成本1.4亿元；2022年12月26日，项目首台风机，也是中国石油首台风机—吉林油田北湖风电场C2风机正式并网发电；2023年3月，项目主体全部投产并网，截至7月底，日最高发电突破196万度，全年累计发电1.5亿度，节约用电成本约0.6亿元。55万千瓦昂格风电项目即将开工建设，项目规划容量55万千瓦，建设6.25MW风机88台，计划2024年6月全部并网，将建成中国石油首个大型集中式风电项目，预计年发电能力16.3亿度。130万千瓦风光发电项目，作为吉林石化转型工程配套绿电项目，按照与吉林石化项目同步建设、同步投产要求，正全面组织推进。

3.2　推进融合发展，开展化石燃料清零

对公司所有油气场站生产现状、用能现状和可利用清洁能源资源进行全面梳理，结合各区块资源条件，以前期工程实践、科研攻关、先导试验取得的认识为依托，采取余热、地热、光热、井筒热、风电直热等不同技术组合，因地制宜打造新能源融合发展新地面模式，全面推进化石燃料清零。今年，按照成熟技术快速推广、新型技术示范引领原则，余热利用全面推广，启动实施11座站场；地热利用有序推进，3项先导试验取得阶段成果，筛选出Ⅰ类水热型可替代场站，明确了潜力资源区，同步开展厂区地热供暖试验，为后期拓展地热供暖外部市场积累技术和建设经验；综合能源利用技术路线初步形成，推进新立Ⅲ区块、新北区块2个示范区

建设，其中新立Ⅲ区块位于查干湖旅游区内，采用光热＋空气源＋井筒取热＋风光发电＋CO2注入，今年8月已全面建成投产，初步实现区块内绿电全部中和和零碳生产，打造工业旅游景点。

3.3 吉林油田CCUS低碳产业链初现雏形。

吉林石化至吉林油田CO2超临界输送管道项目全面启动，将建成国内输量最大、距离最长的CO2输送管道，形成横贯吉林省东西的骨架管网，为推进吉林碳网建设，争当吉林碳链"链长"，实现用碳、收碳、售碳创效，打下坚实基础。

3.4 推进增值创效，碳资产开发取得突破

2022年，15万千瓦风光发电项目碳资产成功

开发，正式进入履约期。该项目也是中国石油第一个新能源领域碳资产开发项目，全额交割预计可创效近亿元。8个余热利用项目打包开发碳资产，已在德国环境署完成预注册，开发成德国UER项目。

3.5 科技引领创新驱动，培育转型发展新动能

坚持科技是第一生产力、创新是第一动力，加大投资力度，系统性推进"新能源融合发展科技工程"和"油气田站场清洁能源替代攻关与示范"两大项目13个课题32个专题研究，解决制约转型发展瓶颈、卡点和堵点问题，明确各年度重点攻关技术，完成项目中期检查，达到预期目标。

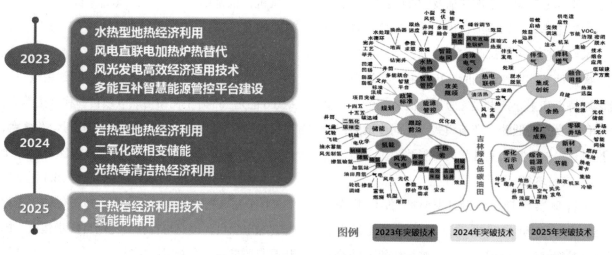

图2 2023-2025年实施突破技术应用

4 吉林油田绿色发展的经验分享

吉林油田打造独具特色的新能源业务管理体系，通过加强企地及相关领域的协同合作，加快重点项目建设，开展科研技术攻关，打造新能源发展生态圈，牢牢抓住新能源规模化发展的窗口期，持续优化产业布局，规划实施千万千瓦级风光发电、五百万吨级CCUS碳埋存、百万吨标煤级清洁热利用"三大工程"。一方面继续深挖内部自消纳、清洁替代、终端电气化潜力，另一方面谋划指标获取、绿电外送、气电调峰与储气库一体化建设，推动企地双方协同发展。同时，以大情字井"CCUS+"增效示范区为引领，实施绿电、地热、余热、光热高

效互补利用，协同数字化转型、智能化发展，打造负碳油田绿色开发新模式。

4.1 打造新能源发展"吉林模式"

吉林油田通过持续优化新能源管理层级、建立技术产业支撑体系、创新发展管理模式，打造了独具特色的新能源业务管理体系，成立由公司领导任组长的工作专班，形成了新能源事业部统筹管理，各机关处室和专业部门分工负责，技术部门支持，实施主体负责建设的齐抓共管模式，对标对表，抓好落实，提高新能源项目运行效率和实施效益。通过实施"35513"新能源战略部署，为核心的新能源发展"吉林模式"。

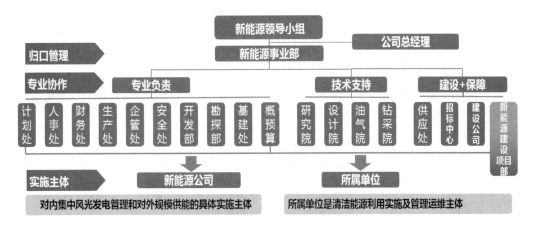

图 3　吉林油田新能源管理组织架构

4.2 多措并举提升技术保障能力

参与外部科研学 —— 参与规划总院科研课题、提供实验场地，实现研究中学习、应用中提高；开展联合设计学 —— 油田设计院与中油管道、中油工程签订框架协议，通过联合设计提升设计能力；邀请专家咨询学 —— 邀请集团、总院、国网专家到油田现场对可研咨询把关，提高方案编制水平；外派院校脱产学 —— 优选 30 名大学毕业生，到东北电力大学开展为期一年的脱产学习，储备了人才。

4.3 强化合作，为新能源发展增添新动力

加强企地合作，满足快速发展需求。定期与地方政府和国网沟通跟踪落实指标 —— 吉林油田公司党委书记及总经理定期与吉林省领导和能源局对接推进落实绿电指标，与国网对接落实绿电上网和外送，与市县区主要领导接洽落实建设用地，争取地方支持等工作，确保项目落地实施；公司党委书记带队与国网公司对接达成初步共识 —— 国网吉林公司承诺与吉林油田共同向吉林省申请燃机 + 新能源配套指标落地，利用扎鲁特 - 鲁固直流剩余空间，实现绿电外送，达到双赢。

4.4 抽调专业人员，组建管理团队

充分利用公司内部人力资源，优选电力、设计、建设、物资、监理、财务等专业经验丰富，工作能力强，认真负责的员工组建项目管理团队。与 EPC 单位合署办公，全程参与项目建设管理，磨练队伍，积累经验，在实践中完成人才队伍培养，支持后续项目建设。

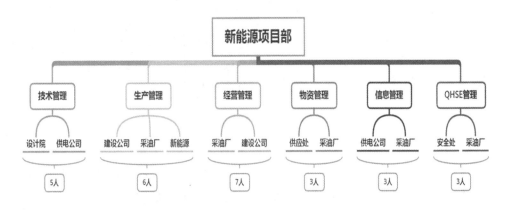

图 4　新能源项目部组织机构

5　思考与建议

发展新能源既是新时代油气企业高质量发展的必然选择，也是加快建立安全低碳清洁能源体系的现实需要，更是减少碳排放、实现碳达峰碳中和的重要举措。

5.1 以制度理念创新强化业务管理

围绕新能源业务效益发展，对标国内先进，制定规章制度、规范业务流程，搭建管理、建设、运行三大架构，明确职责，以三大核心理念为指导，助力新能源业务发展行稳致远。

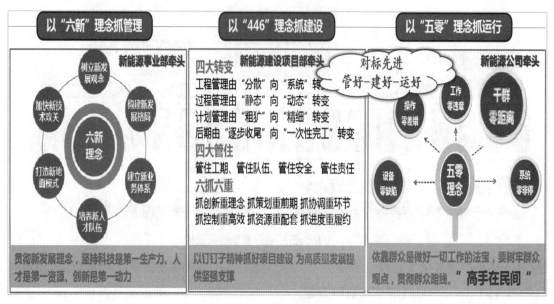

图5　强化业务管理

5.2 以考核激励制度推进指标落地

制定替代化石燃料和保障发电量考核奖励方案，发挥激励导向作用，充分调动生产单位和员工的积极性和创造性，加快推进化石能源消耗清零、提高自消纳项目发电量。

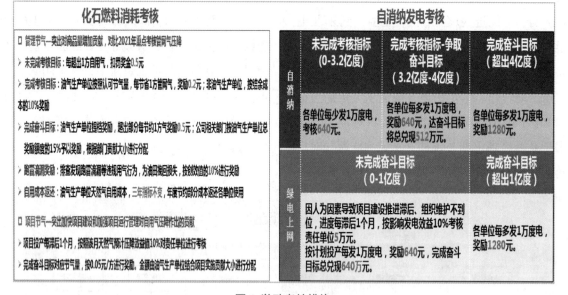

图6　激励考核措施

5.3 外拓市场，实现战略合作发展共赢

内外并举是绿色转型发展的必由之路。依托广西新能源联合工作专班，密切关注广西新能源产业规划政策动态，并与地方政府主管部门积极沟通，确保储备项目顺利落地。积极拓展开发渠道，继续扩大战略"朋友圈"，寻找一切与其他资源方的合作机会。进一步加强与中国华能集团有限公司、中国中车集团有限公司等驻桂能源强企的往来，深入交流探讨，开展务实合作。高水平组织吉林油田新能源项目建设工作，超前谋划项目核准，加快落实土地预审、安全环保评价、压覆矿产、鸟类调查等专题收资及招标委托工作，为项目顺利获批及开工建设打好基础。

5.4 固本强基，激发内生动力发展活力

体制机制是推动产业发展的重要保障。健全完善相关管理规定和实施细则，突出合规性、系统性、时效性、适用性，构建系统完备、科学规范、运行有效的新能源规章制度体系，为新能源发展提供制度支撑。持续打造人才梯队，通过搭建新能源核心人才库、精准开展业务培训等方式，优先培养核心人才，重点培养骨干人才，抓紧培养紧缺人才，超前培养后备人才。推行"双序列"管理模式，探索新能源业务人才发展和激励机制，为吸引人才、激发活力创造更优越的政策环境。抓好管理提升，组织油田各基层单位明确新能源机构，健全工作机制，优化管理流程，促进新能源全产业协同发展，切实提升核心竞争力。在已建 15 万千瓦的风光发电项目基础上，加强经验总结，探索形成具吉林油田特色的新能源管理模式。

参考文献：

[1]　邹才能，熊波，薛华庆，等．新能源在碳中和中的地位与作用 [J]．石油勘探与开发，2021

[2]　戴厚良，苏义脑，刘吉臻，等．碳中和目标下我国能源发展战略思考 [J]．石油科技论坛，2022

[3]　潘家华．碳中和：需要颠覆性技术创新和发展范式转型 [J]．三峡大学学报（人文社会科学版），2022

[4]　王利宁，苏义脑，陆亚晨，等．实现碳中和目标的路径与对策 [J]．石油科技论坛，2022

[5]　匡立春，于建宁，张福东，等．加快科技创新　推进中国石油新能源业务高质量发展 [J]．石油科技论坛，2020

[6]　吴谋远，康煜，范旭强，等．"双碳"背景下我国油气企业绿色转型研究与实践 [J]．石油科技论坛，2022

．[7]　庞志庆，刘夕梦，汪艳勇，等．"双碳"目标下大庆油田绿色低碳发展实践与思考 [J]．石油科技论坛，2023

新能源发电并网
对油田电网的安全性影响及对策研究

姜一波　马　超　王　成

（中国石油大港油田公司）

摘要：本文分析了大港油田新能源项目陆续建成发电，并网运行后对电网安全性的影响，结合实际提出了应对措施和管理举措。

关键词：新能源并网　电网调度　继电保护

为积极响应国家"碳达峰、碳中和"要求，坚决落实集团公司绿色低碳发展战略和清洁能源替代目标，大港油田公司充分发挥油田资源技术优势，大力推进综合能源开发利用。新能源发电项目的建设应用，彻底改变了油田电网供电方式，由以前的从上级电网购电，转变为购电与分散自发电两种电源供电方式。如何让新能源发电项目安全平稳接入，确保油田电网的安全运行问题，是当前需要我们重点研究的课题。

1　大港油田新能源发电项目的建设

截至2021年底，大港油田已开发建设了港狮屋顶光伏、中心城区屋顶光伏、井场光伏围栏等发电项目，发电规模14.23兆瓦，已累计接入上网供电3400余万度。

目前大港油田正在建设48兆瓦光伏建设项目，计划年内陆续建成并网发电。但随之而来的是，新能源发电的接入，对油田电网再调度与控制、运行方式、保护方式、信息采集模式、监控方式等各环节带来极大影响。如果应对和准备不好，很可能危及油田电网运行的安全性、可靠性以及电力系统作业人员安全，

2　新能源项目并网对油田电网安全性带来的影响

由于新能源项目单个装机容量较小、布局分散、地理位置偏远、数据传输通信资源匮乏，受气象等各类条件的影响，新能源出力不稳定。未来高比例的新能源站点接入油田电网中，必然会影响油田电网运行，尤其是配电网络供电电压质量的下降，严重时可能会引起大面积停电，操作不当甚至导致人员伤亡，严重影响电网运行的安全性及可靠性。

2.1　对电能质量造成的影响

2.1.1　谐波

风力发电和光伏发电受天气影响均具有间歇性特点，会引起电压波动。通过逆变器并网的新能源电源，会向电网注入谐波电流，导致电压波形出现畸变，对变压器、电容器以及用电设备等都造成不同程度的损害和影响。

2.1.2　过电压

一是在配电网运行过程中，当接有新能源电源的线路出现"孤岛"运行状态时，将因失去系统侧的接地点转变为一个中性点不接地的配电网络，如果发生单相接地故障，则有引起接地过电压的危险。

二是分布式电源的有功输出使负荷从系统中吸收的电流减少，如果线路上的新能源电源的有功输出大于负荷功率，将有剩余有功注入系统，使线路上的电压反而大于母线电压。

三是油田电网线路上功率是单相流动，其电压呈由变电站母线到末端逐点下降的趋势，而新能源电源的接入将改变线路上的电压变化规律，采用传统的调压做法，在新能源电源渗透率较高时，将会导致线路上电压超标。

2.2 给电网施工作业安全带来的影响

油田电网接入新能源站点后，由之前的单一潮流方向的受电电网方式转变为多源供电方式，在配电网停电施工与检修维护时，反电点增多，停电检修计划安排的难度增加，配电网施工作业人员安全风险增大。

2.3 供电可靠性的影响

2.3.1 新能源电源的并入会改变配电网故障时短路电流幅值与分布特征。故障线路上故障点上游新能源电源提供的短路电流会抬高并网点电压，造成系统流入故障线路的电流减少，降低了变电站出口保护灵敏度甚至拒动。在其他线路上故障时，本线路上新能源电源故障点提供反向短路电流，可能造成出线保护误动造成误停。

2.3.2 新能源电源的接入还可能影响重合闸的成功率。在线路发生故障时，如果新能源电源在主系统侧断路器跳开时继续给线路供电，会影响故障电弧的熄灭，造成重合闸不成功。如果在重合闸时，新能源电源仍然没有解列，则会造成非同期合闸，由此引起的冲击电流使重合闸失败导致供电中断。

2.3.3 新能源接入后可能出现的"孤岛"现象将降低配电网的供电可靠性。当新能源的本电网与主配电网分离后，仍继续向所在的独立配电网输电，就会形成"孤岛"现象。孤岛中的电压和频率不受电网控制，如果电压和频率超出允许的范围，可能会对用户设备造成损坏；如果负载容量大于孤岛中逆变器容量，会使逆变器过载，进而烧毁逆变器。如果对孤岛进行重合闸操作，会导致该线路再次跳

闸，而且负荷可能出现供需不平衡，将严重损害电能质量，从而降低配电网的供电可靠性。

2.4 对电网调度与控制的影响

2.4.1 随着新能源电源的启动，电量也随之增大，进而影响稳态电压分布和无功特性，使电网的不可控性和调峰容量余度增大，电网调度和控制难度增大。

2.4.2 由于新能源电源的运行特点，电网调度人员难以掌握新能源电源的投入、退出时间以及其发出的有功功率与无功功率的变化，使配电线路的电压调整控制变得异常困难。

2.5 对电网设备的影响

2.5.1 在配电网故障时，新能源电源提供的短路电流，会提高配电网的短路电流水平。一方面对断路器的额定容量提出了更高的要求，另一方面也可能造成短路电流超出配电设备的热稳电流，进而损害配电网的设备。

2.5.2 在太阳初升以及落山的时候，光伏设备会因为光照度的不稳定而反复启停三次左右，直到光照稳定后才能稳定持续发电。这种现象对光伏设备、接入光伏的厂站设备以及光伏信号的监控这三方面都造成一定的影响。

2.6 对电网经济性的影响

新能源接入配电网后，配电系统将由原有的单电源辐射式网络变为用户互联和多弱环网络。电网的分布形式将发生根本性变化，负荷大小和方向都很难预测，这使得网损不但与负载等因素有关，还与系统连接的电源具体位置和容量大小密切相关，网损的不可控程度增大，会一定程度影响电网经济性。

3 对策研究

针对上述问题的分析，通过借鉴国内分布式光伏发电先进管理经验，结合大港油田实际，我们着力从油田电网的统筹调度与控制上下功夫，按照"分散发电、集中监控、分级控制"的调度控制原则，从管理措施和技术措施两个方面进行提升，解决新能源并网对人员安全、设备安全和供电可靠性等问题。

3.1 管理措施

3.1.1 持续完善《大港油田公司电力调度规程》，强化电网调控安全管理。

一是积极跟进公司新能源开发步伐，参与光伏、风电、储能、微网等方案制定、技术交底和新能源站点建设，在新能源并网接入、整体消纳及继电保护安全装置配置方面把好关。

二是针对新能源并网后的复杂状况，牢牢管控误判断、误下令、误操作、误处理的调控运行主要风险，严格执行防范措施，保证安全运行。加强新能源电源小概率、大范围的故障预想分析，不断丰富完善应急保电预案及演练，提升调控应急处置效率。

3.1.2 持续完善新能源业务制度和流程。根据公司新能源业务的发展，不断制定完善新能源项目建设、运维、调度等规章制度，理顺管理流程，强化新能源业务管理。

3.1.3 不断完善相关工作标准。做好新能源光伏准入、接入、检测、验收、运行等核心业务的标准制定，细化完善相关内容，确保落实发电量、新能源站点异常故障、电能质量监测、并、离网运行等技术和安全要求。

3.1.4 加强新能源人才及复合型人才的培养。新能源发电的大规模应用，是新技术、新方向，我们在人才培养方面也应与时俱进，大力培养复合型专家人才，从组织上保障新能源业务的发展，同时也应着重培养传统电力与新能源电力的技术结合型人才，注重分析新能源站点接入电网的各项融合工作。

3.2 技术措施

3.2.1 构建独立电网架构，为加强电网调度与控制打好基础。

一是接有新能源发电的 10kV/6kV 线路及配电台区上，不宜与其他配电线路及台区建立低压联络；新能源发电系统的接地方式应和上级电网的接地方式相协调，并满足人身设备安全和保护配合的相关要求；小电阻接地时，新能源发电系统应配有相应的零序保护。

二是新能源发电装机容量在 0.4MW 及以下时，采用 0.4kV 电压等级配电箱进行并网；装机容量在 0.4MW 和 6MW 之间时，采用 6kV/10kV 电压等级并网；装机容量在 6MW 和 20MW 时，可以采用一回或多回 6kV/10kV 专线接入 35kV 变电站并网；装机容量在 20MW 以上时，可以建新能源升压变电站。

3.2.2 完善动态监测和信息管理，提升调度对电网感知能力

一是逐步推广应用地理信息系统，将电气图纸与地理环境有机融合，为配网调度的应用打下良好基础。注重收集图纸等技术资料，维护好调度一次单线图，增加全站平面图、间隔布置图、保护配置图、自动化范围图，全面了解变电站、线路属性，从电气拓扑、物理特性、空间分布等特性全面理解调度范围的设备。

二是新能源发电系统纳入调度监控系统中进行设备状态、遥测信息的集中监视，以利于调度对电网的整体调度。根据油田电网及通信等相关条件，各电压等级新能源光伏电站远动接入方式主要采用以下几种，35kV 光伏远动信息上传宜采用单路调度数据网接入调度自动化主站的方式；6/10kV 光伏可采用光纤专网也可采用无线网络接入调度自动化系统。0.4 千伏分布式光伏可采用无线公网 VPDN 方式经过相应终端接入调度自动化系统，如果有不具备接入条件的，可以将电表数据接入电量采集系统后转发至调度自动化系统（15min 一次的数据）用以监控。满足新能源电站的可观可测的要求。

3.2.3 研究应用电网智能化调控技术

一是持续完善并应用调度员潮流、自动无功控制等高级应用软件及培训仿真系统 DTS、调度管理 OMS 系统，实现新能源接入后电网调控工作的信息化、智能化。

二是研究智能调度辅助决策系统，实现科学工具与调度经验的有效融合，用工具验证经验，用经验指导工具的改进，使调度决策更加快速、精准。

3.2.4 强化继电保护

分布式电源接入后，电源结构复杂，继电保护

整定作为主网联络线以临沂为例，采用的光差保护为主，整定原则未变，考虑连切集中式或规模化接入分布式电源。常规分布式电源以孤岛保护切除为主，配网线路保护定值的整定应与配电自动化配合，自愈和故障隔离部分应考虑分布式电源的解列和并网条件。

光伏上网后，线路保护配置 6/10kV 以上专线宜配置光纤差动保护，后备可以采用电流保护带方向。母线有条件的应上母差保护，不具备条件的，上下级设备间应形成交叉重叠，并网点应配备低频低压解列防孤岛保护，逆变器配备有主动防孤岛和被动防孤岛保护。保护间的配合原则不变，保护主要是要防止非计划性孤岛的产生。

3.2.5 构建电力系统潮流计算数学模型，开展负荷端预测

一是按照电网分层分区开展理论线损计算，摸清电网损耗情况。利用调度自动化系统模拟潮流计算分析系统经济运行方式，并结合配电线路线损实测结果，采取调整运行方式或提出改造意见的方法进一步在经济运行上挖潜增效。

二是逐步开展负荷侧管理。收集、整理用户配电室、箱变一次结构及所带负荷情况，掌握负荷的性质及启停规律，以便编制计划检修策略、限电措施等。做好负荷分类，区分基础工业负荷及随季节、气温、特殊日期变动负荷，增加负荷预测准确度，助力计划检修安排和新能源发电匹配。

4　总结

总之，新能源站点大规模接入油田电网后，势必对电网安全、高效运行带来影响，需要我们不断研究新能源系统接入的经济评价、系统安全、消纳评估、标准化运维等方面的技术新题、难题，着力建设安全、可靠、绿色、高效、智能的大港油田电网，打造集团公司规范化建设"绿网"的示范标杆。

参考文献：

[1] 王万里．新能源并网发电系统及其相关技术[J]．河南科技，2020,27-30

[2] 沈鑫，曹敏．分布式电源并网对于配电网的影响研究 [J]．电工技术学报 2015,346-351

[3]GB26860-2011《电力安全工作规程》

制氢站氢气充装系统分析研究

张利媛　杜廷召　张亚庆　申会兵

（中国石油工程建设有限公司华北分公司）

摘要： 目前制氢站氢气主要通过长管拖车外运的形式向外输送，即氢气通过压缩机增压后，高压灌装进长管拖车，然后通过长管拖车外送至各用氢点，其充装系统主要指从压缩机至长管拖车之间的流程。本文结合实际项目设置对不同的氢气充装方案进行分析研究。

关键词： 氢气　充装系统　充装方案

在进行氢气充装系统设计时，不同的建设单位有不同的要求，某项目设计时采用的是压缩机与充氢柱1对1的充装流程，而另一个项目设计时，建设单位要求压缩机出口汇成一根总管输送至充装区进行充装。通过调研，目前已建站场确实存在以上两种设置方式，简称方案一和方案二：

方案一：氢气充装总管方案。压缩机出口通过汇管接至充装区汇流排，给长管拖车充氢。

方案二：氢气充氢柱1对1方案。压缩机与充氢柱1对1，为增加操作灵活性，每两台压缩机出口进行联通，互为备用。

本文将结合具体项目的情况，对两个充装方案进行详细的对比说明。

1　氢气充装总管方案

据调研，某公司制氢站（建于2018、2019年左右）设计规模为3000Nm³/h，制氢站压缩机及充装柱设置如下：4台800Nm³/h压缩机，压缩机出口通过汇管输送至充装区。

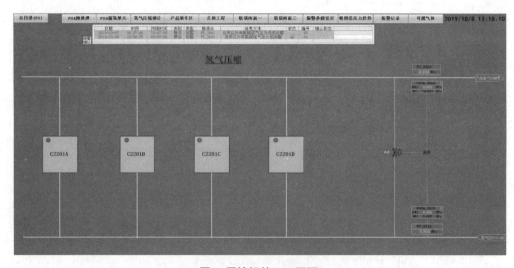

图1　压缩机的PLC画面

上图为压缩机的 PLC 画面,可见压缩机入口和出口均为一根汇管,入口汇管和出口汇管之间有一个回流阀,回流调节阀能够满足一台压缩机的全回流流量,排气压力高时,通过回流卸压;进气压力低时,通过回流补压。

《氢气站设计规范》（GB50177）第4.0.7中规定,氢气压缩机的进气管与排气管之间设旁通管。目前有些项目是在是采用的氢气压缩机设备橇内流程,压缩机出口和压缩机入口之间均设置有旁通,橇外没再设置回流调节阀。

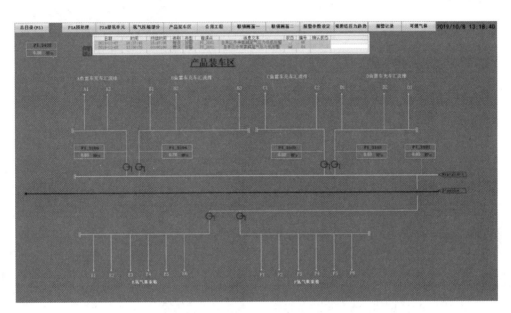

图 2　氢气充装 PLC 画面示意图

充装区,汇管与充装车位之间分为 4 组,其中2 组各含 2 个充氢柱,2 组各含 3 个充氢柱。实际生产时,会等即将充满的车充满后,再开启新到车辆所连充氢柱的阀门,防止新到车辆压力低导致在即将充满车辆充不上。

（实际生产时,当氢气产量大,充装量大时,备用车最好在同一组上,最小时,一车一车充,对于车辆停靠位置要求不严格）

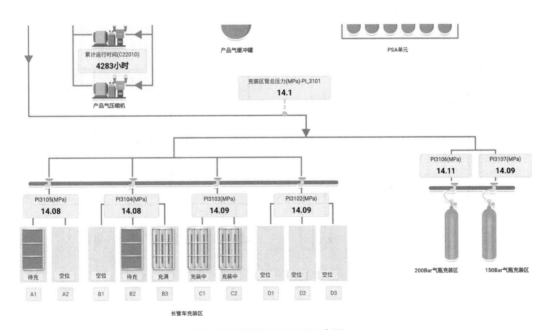

图 3　氢气充装 PLC 画面示意图

上图为1辆车充满，2辆车在充、2辆车待充的状态，充装总管压力为14.1MPa。

上图为灌装汇流排阀组，功能相当于1个充氢柱，但阀组设置比充氢柱简单，阀组上无计量装置。

该项目计量设置在各压缩机入口，结算计量通过长管拖车上的车载温度和压力（充装前、后）进行校算。

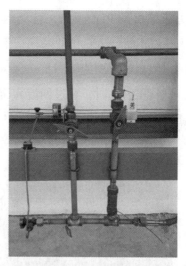

图4　氢气充装汇流排

图5　氢气充装区全景

图6　氢气充装区现场监控实景照片

2　氢气充氢柱1对1方案

压缩机与充氢柱1对1，为增加操作灵活性，每两台压缩机出口进行联通，互为备用。

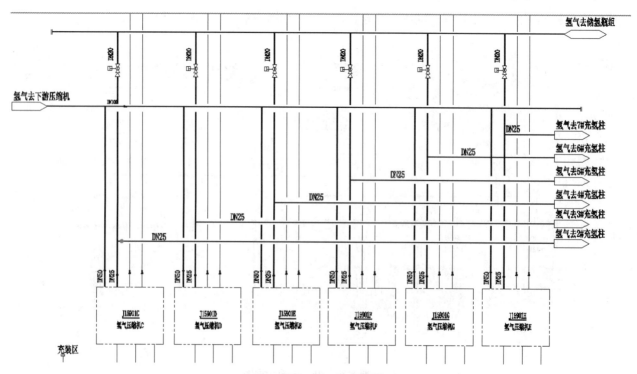

图7　氢气1对1充装流程

充氢柱可采用单枪单计量、双枪单计量、或双枪双计量。通过调研，目前市面上单枪单计量应用较少，多为双枪单计量或双枪双计量。目前已知的，除了第一章提到的项目，其他项目氢气充装区均采用的充氢柱，且压缩机与充氢柱一对一。

压缩机与充氢柱一对一的充装流程，操作更加灵活。当 A 车与 A 充氢柱连接充装时，B 车可以与 B 充氢柱进行连接等准备工作，A 车充满后，可以直接切换至 B 车充装。且结算计量通过充氢柱流量计计量结果进行，计量更加便捷、准确性更高。

图 8   一对一充装流程效果图

3 结论

以上主要为两种氢气充装方法在实际生产中的设置，本节对两种充装方案的优缺点进行对比。

表 1 两种充装方案的优缺点对比

项目	方案一：氢气充装汇流排	方案二：一对一充氢柱
优点	1）压缩机与充装区之间通过汇管连接，管线数量较少； 2）在充装需求量较小时，可以减少压缩机的切换启停； 3）投资相对较低；	1）外形美观，充装柜内设置有泄漏检测报警等装置，发现泄漏，可及时发现； 2）充装运行模式较为灵活，对调试要求不高，车辆可随到随充，不影响其他车辆充装。
缺点	1）阀组全部暴露在外，不够美观； 2）对充装区的运行、调度要求较高，以避免新到车辆影响在充车辆的充装。	1）投资相对较高； 2）当充装需求较小时，不同的停车位，需要启用不同的压缩机，容易造成压缩机的频繁启停，影响隔膜压缩机的寿命；若打回流而不停机则会造成运行的高能耗。

以上两种方案，各有优缺点，若能够合理调度，可推荐方案一，但最终充装车位的数量及分组设置方案，需要结合调度运行情况综合确定；若站场平稳满负荷运行，可推荐方案二，车辆可随到随充，不受其它车辆充装情况的影响，运行更加灵活。如果从现场整体美观、运行便捷的角度考虑，推荐采取方案二，减少人为操作、计算失误率。

120万吨／年航煤加氢装置
扩能改造及运行总结

袁亚东　苗小帅　刘俊军　和小峰　陈　龙　倪元凯

（中石化洛阳石化公司）

摘要： 为提高公司炼油竞争力，航煤加氢装置由80万吨／年扩能改造为120万吨／年，反应部分保留冷分流程，流程基本不做变动，分馏部分由双塔流程改造为单塔气提流程。开工后装置出现精制航煤腐蚀不合格、精制航煤出装置温度高问题，通过适当生产调整，产品质量合格。改造后装置实际能耗低于设计能耗，产品质量稳定，且精制航煤收率高于原装置。

关键词： 航煤加氢　扩能改造　汽提塔　腐蚀　能耗

1　前言

中石化洛阳石化公司航煤加氢装置由原80万吨／年直馏常压柴油加氢精制装置改造而成，装置含反应和分馏部分。

为提升洛阳分公司炼油竞争力，2017年7月14日，总部批复洛阳炼油结构调整项目可研报告，主要以现有800万吨／年原油加工能力为依托，采用渣油加氢－加氢裂化工艺路线，通过挖潜优化，将原油加工能力提升至1000万吨／年，实现炼油结构调整和油品质量升级。其中航煤加氢装置规模由80

万吨／年扩能改造为120万吨／年，2018年6月中石化发展计划部下发航煤加氢装置改造基础设计批复，由中石化洛阳工程有限公司进行工程设计，并于2019年5–6月期间实施改造，7月一次开车成功。

2　航煤加氢装置扩能改造

2.1　原航煤加氢装置流程

原航煤加氢装置由反应和分馏部分组成，采用双塔流程。原则流程如图1所示。航煤原料来自于常一线直馏航煤，产品精制航煤送至罐区，作为军用航空燃料出厂。

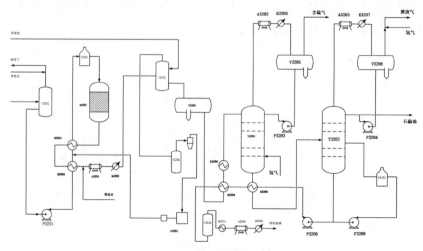

图1　原航煤加氢原则流程图

2.2 航煤加氢改造内容

改造后装置仍然由反应部分和分馏部分组成。其中反应器利旧，反应部分保留冷分流程，流程基本不做变动，分馏部分由双塔流程改造为单塔汽提流程。

2.2.1 反应部分

（1）新增一台航煤原料油过滤器 V3231C，与原过滤器并联按照两开一备操作；

（2）新增加进料泵 P3201C，与原有 AB 泵互为备用；

（3）拆除注水泵，注水改为系统管网除氧水；

（4）对反应器进料加热炉 F3201 进行更新

（5）更换反应流出物／原料油换热器 E3202D

2.2.2 分馏部分

（1）更换航煤汽提塔 T3201 及其内件

（2）对汽提塔底重沸加热炉 F3202 进行更新；

（3）新增加精制航煤外送泵 P3205C，与原有 AB 泵互为备用；

（4）更换汽提塔底重沸泵 P3209AB；

（5）更换汽提塔回流泵 P3203AB；

（6）新增汽提塔进出物料换热器 E3213ABCD；

（7）新增一台航煤航煤过滤器 V3232C，与原过滤器并联按照两开一备操作；

2.3 航煤加氢改造后流程图

改造后 120 万吨／年航煤加氢采用单塔流程，原则流程如图 2 所示。

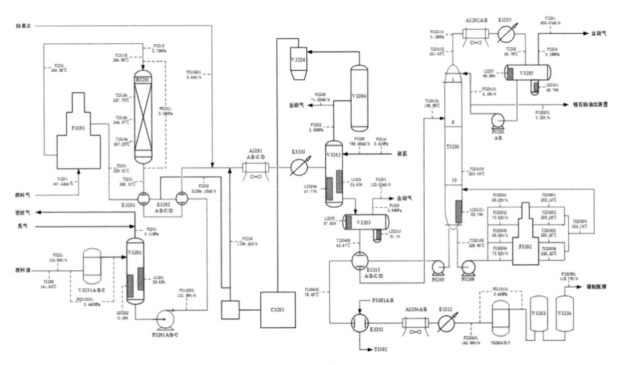

图 2 改造后原则流程图

3　改造后装置原料及产品性质

3.1 操作参数对比

装置扩能改造后，处理量增大，操作参数与改造前发生较大变化，如表 1 所示。

表1 改造前后装置操作参数对比

项目	改造前	改造后设计参数	
运行状况		SOR 初期	EOR 末期
处理量，万吨/年	80	120	120
质量流量 t/h	95.2	142.86	142.86
反应器入口压力，MPa(G)	2.7	3.5	3.5
反应器入口氢油比*，Nm3/m3	≮ 90	≮ 100	
反应器入口温度	300	270	300
催化剂体积空速，h^{-1}	4–5	5.5	
分馏塔底温，℃	230	277	276
分馏塔回流罐压力，MPa(G)		0.3	

3.2 航煤原料及产品性质

航煤加氢原料为常压装置常一线直馏航煤，原料性质如表2所示。

表2 原料性质

闪点（闭口），℃	40.5
初馏点，℃	143.3
10% 回收温度，℃	166.7
20% 回收温度，℃	172.2
50% 回收温度，℃	190.8
90% 回收温度，℃	225.7
95% 回收温度，℃	233.9
终馏点，℃	244.0
氮含量，mg/kg	3.61
硫醇硫，mg/kg	75
冰点，℃	−52.7
密度 (20℃)，kg/m³	786.7

产品精制航煤性质如表3所示。

表3 精制航煤性质

总酸值，mgKOH/g	0.003
硫醇硫，mg/kg	2.5
闪点（闭口），℃	46.875
颜色	+30(未过滤)
铜片腐蚀，级	1a
银片腐蚀，级	0 级
氮含量，mg/kg	2.73

精制航煤各项指标良好，铜片腐蚀 1a，银片腐蚀 0 级，完全能达到军用航空煤油的标准。

4 改造前后装置对比

4.1 产品收率对比

选取改造前后 2019 年 3 月和 2019 年 7 月装置收率对比，如表4所示。

表4 产品收率

	原料		产品收率 /%	
2019 年 3 月	开工天数	31	干气	0.43
	加工量合计 /t	64195	石脑油	0.89
	重整氢气 /t	87	精制航煤	98.66

2019 年 7 月	原料		产品收率 /%	
	开工天数	28	干气	0.15
	加工量合计 /t	58412	石脑油	0.27
	重整氢气 /t	95	精制航煤	99.54

从上表中可以看出，改造后装置精制航煤收率由 98.66% 升高为 99.54%，同时干气和石脑油收率减少，提高了原料的利用率。改造后装置耗氢量较以前有所增加，主要原因为反应器催化剂为新鲜催化剂，活性较好，加氢深度增加，导致单位耗氢气增加。

4.2 装置能耗对比

选取 2018 年 7 月和 2019 年 7 月装置能耗对比，如表 5 所示。

表 5　能耗对比

项目	综合能耗／千克标油／吨	加工量／吨	新鲜水／吨	循环水／吨	除氧水／吨	电/kW·h	1.0Mpa 蒸汽／吨	燃料气／吨
2019 年 7 月	8.21	58317	13	210487	566	655452	0	282
		单耗	0.000223	0.36	0.09	2.59	0	4.59
2018 年 7 月	4.97	54596	6	216000	27	413434	0	130
		单耗	0.0000187	0.396	0.00455	1.742	0	2.26
较改造前	3.24	3721	7	−5513	539	242018	0	152
		−0.000204	−0.036	0.08545	0.848	0	2.33	

从 2019 年 7 月实际能耗 8.21 千克标油／吨原料，较改造前 2018 年 7 月增加 3.24 个单位，主要原因为：

（1）由于拆除原分馏塔顶水冷器，促使循环水耗量减少，能耗减少。

（2）改造前注水为除盐水，改造后注水改为除氧水后，导致除氧水耗量增加，能耗增加。

（3）开工初期，按照设计条件进行操作，反应器入口温度和汽提塔塔底温度均高于改造前装置温度，导致加热炉瓦斯耗量增加，同时空冷冷却负荷增加，能耗均相应增加。

经过生产调整，2019 年 8 月装置能耗为 5.9 千克标油／吨原料，能耗大幅度降低。

5　改造后装置运行出现问题

5.1 精制航煤产品质量不合格

装置运转正常后，精制航煤银片腐蚀频繁出现 2 级、3 级、4 级，铜片腐蚀频繁出现 2b、2c、3a，造成罐区产品无法出厂。

经过排查及分析，腐蚀不合格原因为：

（1）由于全厂加工量仍然较小，航煤加氢装置处理量也未达到设计值 120 万吨／年，实际运行负荷只有设计负荷的 51.4%。反应器入口温度按照设计值 270℃进行操作，加之反应器中催化剂为新鲜催化剂，催化剂活性较高，反应深度加大，脱硫效果过度，循环氢中硫化氢浓度过高，反应流出物中溶解有大量的硫化氢。

（2）汽提塔底温按照设计值 270℃控制，回流罐压力按设计值 0.3MPa 控制，在装置负荷偏低的运行模式下，汽提塔内气相和液相负荷分配不均匀，气相负荷明显不足，塔存在漏液的现象，造成分离效果较差，塔底精制航煤硫化氢无法析出，造成产品质量不合格。

（3）石脑油外送量较小，系统中产生硫化氢不能及时送出。

故 7 月 5 日装置积极采取措施，一是降低反应温度至245℃，降低加氢深度二是将汽提塔底温降至230℃，三是优化操作，增加石脑油外甩量。

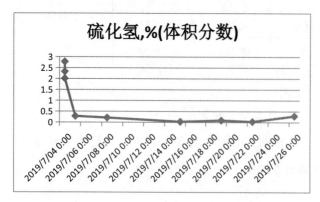

图3　循环氢中硫化氢含量

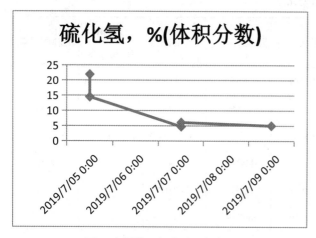

图4　汽提塔干气中硫化氢含量

经过调整后，循环氢中硫化氢含量逐渐降低，如图3所示。汽提塔顶硫化氢含量也随之降低，如图4所示。精制航煤产品质量趋于合格。

5.2　精制航煤出装置温度高

1#催化裂化装置开工后，全厂处理量逐步提高，逐渐暴露出精制航煤出装置温度高问题，产品至罐区温度长期高于45℃，居高不下，储存于罐区存在较大的安全隐患。同时，此温度制约着装置处理量的进一步提升。

精制航煤出装置换热流程如下图所示。

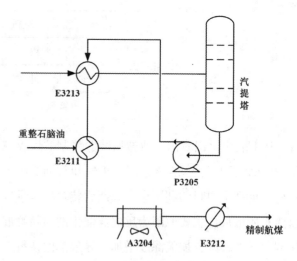

图3　精制航煤出装置流程

经过仔细排查，发现存在以下问题：

（1）出装置空冷器A3204前后测得温度差较小，空冷翅片管表面散发的热量触感较小，空冷冷却效果较差。

（2）出装置水冷器E3212循环水供水压力较低，流速较小，换热效果差，。同时发现换热器内漏，造成换热效率下降。

为此，采取以下措施：

（1）装置组织相关部门对空冷器进行清洗，清洗后空冷冷却效果明显。装置进一步提量至135t/h时，航煤出装置温度仍然能控制在38℃。

（2）一方面联系水务部门提高循环水供水压力，另一方面择机检修水冷器，确保换热器高效运行。

目前出装置温度在控制范围，装置运行平稳。

6　结论

（1）航煤加氢装置由80万吨/年扩能改造为120万吨/年后，反应部分保留冷分流程，流程基本不做变动，分馏部分由双塔流程改造为单塔气体流程，简化量装置流程。

（2）改造后实际能耗低于设计能耗，产品质量合格，且精制航煤收率高于原装置。

（3）开工后装置出现精制航煤腐蚀不合格、出装置温度高问题，通过生产适当调整，产品能达到出厂要求。

下一步，装置将进一步采取措施，优化操作，降低装置能耗，保证装置长周期平稳运行。

氢能源新业务发展方向

顾华军   沈全锋

（中国石油工程建设有限公司）

摘要： 无论从政策引导，还是资本市场里投资人的反应以及相关的舆论都在说从传统能源转型到可再生能源马上就要来了。本文通过对当前能源转型以及氢能源发展介绍，对下一步氢能源等新业务发展方向进行了思考和展望。

关键词： 能源转型   可再生能源   氢能源

2020 年 9 月第 75 届联合国大会上，习近平总书记向全世界做出"力争于 2030 年前二氧化碳排放达到峰值，努力争取 2060 年前实现碳中和"的承诺，这个承诺体现了中国作为一个负责任大国的勇气与担当，也为能源发展指明了目标和方向。2020 年 10 月 21 日，国务院副总理刘鹤在 2020 金融街论坛年会开幕式上发表主旨演讲时表示，疫情的重要启示就是要始终促进人类与自然的和谐相处。要推动绿色发展，构建绿色低碳、循环发展的经济体系，大力发展清洁能源、可再生能源和绿色环保产业，增强发展的可持续性。

无论从政策引导，还是资本市场里投资人的反应，以及相关的舆论都在说从传统能源转型到可再生能源马上就要来了。这里引出一个概念就是能源转型，详细说说能源转型到底是什么，而我们在这场能源转型革命中能做什么。

1 氢能源发展

1.1 氢能源发展现状

当前，氢能发展备受瞩目。因"跨界耦合"的特性，其被公认为清洁能源体系建设的助推器。传统制氢方式包括天然气制氢、煤制氢等，但仍难摆脱对化石能源的依赖。近两年，可再生能源电解水制氢技术发展势头渐显，其工艺简单、无污染，被视为制氢最佳路线。

据中国氢能联盟发布的《中国氢能源及燃料电池产业白皮书》预计，到 2050 年，氢能在中国能源体系中的占比约为 10%，氢能需求量接近 6000 万吨，可再生能源电解水制氢将成为有效供氢主体。

资料显示，氢气制备方法中天然气制氢占比最高，达 48%；其次是石油气化制氢，占比 30%；煤制氢第三，占比 18%；而被各界寄予厚望的电解水制氢却仅占 4%。主要原因：

（1）尚处起步阶段，造价高削弱电力富余优势

据国家能源局发布的数据显示，2018 年，我国弃风弃光电量 554 亿千瓦时。若按照每立方米氢气耗电 5 千瓦时计算，全国弃风电量即可生产 110.8 亿立方米高纯度氢气；水电方面，2018 年，我国全年弃水量达 691 亿千瓦时，大量水电富余。富余水电、光电、风电制氢在技术上完全可行，但其尚无法形成规模化发展的主要症结在于制氢成本过高。

我国煤制氢技术路线成本在 0.8—1.2 元 / 标准立方米氢气之间，天然气制氢成本受原料价格影响较大，综合成本略高于煤制氢，为 0.8—1.5 元 / 标准立方米氢气，而对电解水制氢而言，按目前生产

每立方米氢气需要消耗大约 5—5.5 千瓦时电能计算，即使采用低谷电制氢（电价取 0.25 元/千瓦时），加上电费以外的固定投资，制氢综合成本高于 1.7 元/立方米。

"从电解水设备来讲，其造价比其他制氢方式都要高。"同等规模的制氢系统，电解水制氢的造价约为天然气制氢的 1.5 倍、煤制氢的 3 倍，相较于其他制氢方式，可再生能源电解水制氢方式不具价格优势。

（2）生产与储运成本，制约规模化发展

可再生能源电解水制氢成本主要集中在电价和氢能运输两方面。据业内人士透露，当到户电价在 0.25 元/千瓦时左右时，可再生能源电解水制氢的成本才会与传统化石能源制氢相当，而对于电价较高的上海、北京等地而言，仅电解水的电价成本，就足以让可再生能源电解水制氢企业"望而却步"。

我国西北、西南地区可再生资源丰富，电价偏低，其用电价格普遍在全国平均线以下，对发展可再生能源电解水制氢较为有利，制氢成本可以明显降低。在一定规模下，甚至能够与化石能源制氢持平。对此，风电富裕地区虽可满足可再生能源电解水制氢对电价的成本要求，但对于可再生能源丰富的地区，如新疆、甘肃、内蒙古、四川、云南等地，氢能消纳能力却相对有限，因此，制得的氢气需运输至其他氢能应用规模较大的地市。

当前国内最普遍的运氢方式为高压储氢罐拖车运输，但其运输效率极低，仅为 1—2%。

据测算，一台高压储氢罐拖车的成本约为 160 万元，其运输百公里储运成本为 8.66 元/kg，随着距离的增加，其运输成本受人工费和油费推动仍会显著上升；若采用液氢槽车运输氢气，虽运输效率有明显提高，但一台液氢槽车的投资为 400 万元，液氢槽车运输百公里储运成本为 13.57 元/kg，若距离增加至 500 千米，成本则为 14.01 元/kg。氢气的运输成本占终端氢气售价的一大部分，这极大阻碍了可再生能源电解水制氢的规模化发展。

1.2 液态太阳燃料合成示范项目

2020 年 10 月 15 日，千吨级"液态太阳燃料合成示范项目"在兰州新区通过了中国石油和化学工业联合会组织的科技成果鉴定。我国可再生能源潜力巨大，二氧化碳减排任务艰巨。如何利用可再生能源替代化石燃料、保障液体燃料供给，实现低碳经济，成为关系我国能源安全及经济可持续发展的重要课题。液态太阳燃料合成提供了一条从可再生能源到绿色液体燃料甲醇生产的全新途径，它利用太阳能等可再生能源产生的电力电解水生产"绿色"氢能、并将二氧化碳加氢转化为"绿色"甲醇等液体燃料，被形象地称为"液态阳光"。它不仅是解决二氧化碳排放的根本途径，也是将间歇分散的太阳能等可再生能源收集储存的一种新的储能技术，是一种道法"自然光合作用"、实现人工光合成绿色能源的过程。

该项目对发展我国可再生能源、缓解我国能源安全问题乃至改善全球生态平衡具有重大战略意义：将电能转化为可储存运输的化学能，提供了高压输电之外的太阳能利用新途径，为解决可再生能源间歇性问题和"弃光、弃风、弃水"问题提供了新的策略；将二氧化碳作为碳资源转化利用，并解决氢能储存和运输的安全难题，为进行低碳乃至零碳、清洁的能源革命提供了创新的技术路线。

随着可再生能源发电成本和电解水制氢成本的进一步降低，绿色氢能和太阳燃料生产成本将大幅降低，通过规模化二氧化碳捕获（CCS）及资源化利用（CCSU），促进可再生能源更大规模的发展。有望从根本上改善我国生态环境，助力解决全球碳排放及气候变化问题。

1.3 国内能源企业加快布局氢能

作为中国石油业的巨头，中国石油在刚刚过去的 4 月份，北汽福田汽车股份有限公司、中国石油北京销售分公司与北京亿华通科技股份有限公司达成合作意向，三方将发挥各自优势，共同推进北京市加氢站建设及运营。按照协议，规划加氢站选址位于北京市昌平区，建成后将以张家口可再生能源制氢为主要氢源，加注能力覆盖 35Mpa 及 70Mpa，服务于北汽福田测试用氢与氢燃料电池汽车批量商业化运营。北汽福田目前已推出适用多种工况的氢燃料电池车型，覆盖客车、公交车、物流车等诸多细分领域。

此次合作，通过市场需求推动氢能供应的模式，实现加氢站的选址、规划与建设，从而加速氢能制、储、运、加、用全价值链与市场化进程。三方合作的加氢站建成后，可以有效缓解北京市与日俱增的加氢压力。该加氢站建设，标志着北京市氢能产业进入新一轮发展期。据了解，北京市相关部门正在推进冬奥会氢能供应保障相关规划，中国石油、中国石化等能源巨头将在大兴机场、首都机场、京－张高速多处开展加氢站建设，进一步完善北京市及冬奥会氢能供应保障体系，为京津冀地区氢燃料电池汽车大规模商业化运营提供更为广阔的发展空间。

中国石化近年来加快布局氢能产业，已经在加氢站、制氢技术、氢燃料电池、储氢材料等多个领域开展了工作。中国石化 2019 年氢气产量超过 300 万吨，占全国氢气产量的 14% 左右；在广东、浙江、上海等地已建成并投用若干油氢合建示范站。作为 2022 年北京冬奥会的战略合作伙伴，中国石化还与北京冬奥组委在氢能供应方面开展合作。

1.4 氢能源新业务发展方向

现在各大石油公司都在进行着能源转型，从油气企业转变成为能源企业，都在进行着能源转型，从传统的油气公司逐步向综合能源利用的公司转变。公司作为油气工程建设总承包公司也应从传统的油气工程转变至能源工程。为此公司应大力发展如下技术，提前布局做好技术储备，时刻面对未来新的能源格局。

从氢气生产到使用的全周期来看，公司需要提升的技术能力有很多，未来的市场前景也很广阔。

（1）制氢。前面文献中提到了制氢方式有很多，传统制氢方式包括天然气制氢、煤制氢等，近两年，可再生能源电解水制氢技术发展势头渐显，其工艺简单、无污染，被视为制氢最佳路线。公司目前正在执行的集团公司重大科研专项煤炭地下气化关键技术研究及先导试验，煤炭地下气化是在地下创造适当的工艺条件，使煤炭进行有控制的燃烧，通过

煤的热解以及煤与氧气、水蒸汽发生的一系列化学反应，生成氢气、一氧化碳和甲烷等可燃气体的化学采煤方法，实现煤炭清洁开采。氢气是煤炭地下气化的主要产品气。公司研究目标是创新发展煤炭地下气化工程控制理论，并形成相关的氢气预处理、提纯核心技术。

（2）氢气液化技术。液氢储运技术的发展以氢液化装置的研究获得液氢为基础。因此，液氢的获得需要通过一定的制冷方式将温度降低到氢的沸点以下。按照制冷方式的不同，主要的氢液化系统有：预冷的 Linde — Hampson 系统、预冷型 Claude 系统和氦制冷的氢液化系统。其中 Linde — Hampson 循环能耗高、效率低、技术相对落后，不适合大规模应用。Claude 循环综合考虑设备以及运行经济性，适用于大规模氢液化装置，尤其是液化量在 3 吨 / 天（TPD）以上的系统。氦制冷的氢液化装置由于近年来国际及国内氦制冷机的长足发展，其采用间壁式换热形式，安全性更高，但是由于其存在换热温差，整机效率稍逊于 Claude 循环，更适用于 3 TPD 以下的装置。

（3）液氢储罐技术。液氢作为氢氧发动机的推进剂，其工业规模的使用，与火箭发动机的研制密不可分。例如：美国著名的土星 –5 运载火箭上，装载 1275m3 液氢，地面贮罐容积为 3500m3，工作压力 0.72MPa，液氢日蒸发率 0.756，容器的加注管路直径 100mm，可同时接受 5 辆公路加注车的加注。贮箱的加注管路直径 250mm，长 400m。我国的液氢贮罐多应用在液氢生产及航天发射场，如北京航天试验技术研究所、海南发射场、西昌发射场等，均配有地面固定罐、铁路槽车及公路槽车。其液氢贮罐有从国外进口设备，也有国内几个大型低温储存设备生产厂家设备。鉴于目前公司技术，下一步要重点突破 500 到 3000 立方米液氢储罐技术。

4、氢气混合输送技术。此项技术依然是为了解决氢气的储运。管道运输应用于大规模、长距离的氢气运输，可有效降低运输成本。管道输送方式以高压气态或液态氢的管道输送为主。管道"掺氢"

和"氢油同运"技术是实现长距离、大规模输氢的重要环节。全球管道输氢起步已有80余年，美国、欧洲已分别建成2400km、1500km的输氢管道。我国已有多条输氢管道在运行，如中国石化洛阳炼化济源—洛阳的氢气输送管道全长为25km，年输气量为10.04万吨；乌海—银川焦炉煤气输气管线管道全长为216.4km，年输气量达16.1×108m3，主要用于输送焦炉煤气和氢气混合气。在我国氢能实现规模化发展后，氢能行业最低成本的运输途径是管道运输。

5、加氢站设计及建设技术。加氢站是系统工程，系统集成技术很重要，优化加氢站配置，提高设备寿命，降低运行能耗，增强可靠性，是加氢站要解决的主要问题。截至2020年1月，全国已建成加氢站61座，规划和在建的加氢站有84座。按照《节能与新能源汽车技术路线图》规划，到今年底，我国计划燃料电池汽车规模达到5000辆，建成加氢站至少100座；到2025年，建成加氢站至少300座。加氢站是氢能源产业上游制氢和下游用户的联系枢纽，是产业链的核心。全国已经建成的加氢站，其稳定性和可靠性与国外相比仍有提升空间。目前，大多是仅仅可以满足测试要求，但要实现连续运转且保持运行状况的平稳，仍需大量的改进工作。加氢站建设方面。我国35MPa的加氢站技术已趋于成熟，加氢站的设计、建设以及三大关键设备：45MPa大容积储氢罐、35MPa加氢机和45MPa隔膜式压缩机均已实现国产化，目前开始主攻70MPa加氢站技术。

6、氢能产业装备产品研发。业内专家普遍认为，液氢、高压气态储氢、固体储氢等多元化方式将成为行业未来的发展方向。公司所属迪威尔公司开展氢能领域装备产品研发，发挥设计引领优势，打造高压储氢设备、一体化加氢机、数字化站控系统，形成一套加氢站模块式增压及一体化加气装置制造技术。解决目前国内加氢站高压高纯氢气卸载、增压、储存、加注动态监控、安全运营、降耗优化问题，加氢站模块化、一体化建站问题。

参考文献：

[1] 造价是煤制氢3倍、天然气制氢1.5倍！电解水制氢经济性难题怎么解？[N],2020-10-27

[2] 千吨级"液态太阳燃料合成示范项目"通过科技成果鉴定 [N] 2020-10-16

天然气调峰发电与氢储能发电关键技术

沈全锋

（中国石油工程建设有限公司）

摘要： 可再生能源在人类社会的能源体系中占比越来越高，但可再生能源普遍存在稳定性差、利用效率低等问题。油气田电网负荷中心，具备加速布局风力发电和光伏发电项目的良好基础。中国天然气需求潜力较大，LNG、储气库和天然气管道都是天然气调峰的重要手段。建议提升天然气储配中心地位，规划建设天然气调峰机组，实现燃气、电力"双调峰"。氢储能发电技术是实现氢能与电能充分结合和优势互补的重要途径，应用前景可期。

关键词： 储气库　LNG 调峰　天然气热电联产　氢储能发电

能源在人类社会的发展中一直扮演者至关重要的角色，而且每一次工业革命都伴随着重大的能源体系变革。受全球经济发展更加迅猛的影响，常规的化石能源 --- 煤、石油、天然气等的年消耗量成倍增长，二氧化碳及有害气体排放量大幅增加，使全球的生态环境遭到严重的污染和破坏。清洁技术对减少温室气体排放、实现低碳发展至关重要。在能源及相关行业的 80 多亿吨的碳排放中，大约一半来自钢铁、水泥、石化、有色冶金等工业行业。需要借助颠覆性思维，注入低碳、零碳新技术，实现流程再造。

3 月 29 日，中石油集团公司召开新能源新材料事业发展领导小组会议。下一步要充分利用天然气绿色低碳属性，大力发展天然气业务，利用好公司矿权范围内风光地热等丰富资源，大力实施风光气电融合发展和氢能产业化利用，加大地热资源综合利用力度。在这样的形势下，大力发展清洁能源，尤其是扩大清洁能源在储能发电领域的大规模并网应用，是改善人类居住环境以及促进人类社会可持续发展的关键所在。2021 年全球天然气需求将反弹 3.6%，到 2024 年天然气需求将达到近 4.3 万亿立方米，较新冠肺炎大流行前水平增长 7%。"天然气总需求增加"中，更高的经济活动驱动的增长占近三分之二，而替代煤炭（以及在较小程度上的石油）占其余 1600 亿立方米。

与能源转型相关的技术路线图、经济成本和供应链主要包括：通过扩大陆上风电和光伏发电比例，温室气体减排取得了巨大进展。海上风电发展前景广阔；火电温室气体排放量占全球发电行业总排放量的 40%。为了减少这部分排放量，需要发展包括碳捕获与储存、直接空中捕获等在内的新型技术；电池和大规模储能设备可快速促进间歇性可再生能源技术的发展；氢气用途广，可促进工业部门脱碳、为建筑物供暖以及为交通运输提供燃料，但目前氢气生产成本还比较高；大型油气公司工程技术先进、资本雄厚且规模大，因此对全球能源经济去碳化至关重要。

氢具备可储、可运、可发电的独特优势，特别适合大规模应用于电厂的储能发电上，使氢能与电能可互相转化，互为依托，优势互补。预计到 2050 年，氢能产生 2.5 万亿美元的直接收入，间接基础设施市场潜力高达 11 万亿美元。炼油、氨气、钢铁和重型车辆等行业将引领氢过渡，发展速度更快且成本更低，氢目前在供热、水泥生产和发电等领域滞后。如果碳捕集政策支持，使用天然气生产并捕集碳排放的"蓝色"氢能在2030年前仍将保持成本竞争力。目前，我国氢储能领域的关键技术与国际先进水平相比，仍有一定差距。装备方面仍需提升单体功率，提高关键部件/材料国产化水平；应用方面还需进一步完善基础设施和标准规范，提升氢电互动水平，降低绿氢制取成本等。

1　天然气储气库

中国天然气用气地区间分布不均衡，天然气用气量还会有较大的增幅，对天然气调峰的需求极大。储气库和LNG的供气量之和占总供气量之比接近20%，但管道仍然是天然气调峰的重要手段，储气库和LNG的调峰量仍然不足。目前中国石油天然气管道已经连接成网，并与中国石化、中海油等供气方有互联互通的站场。中俄东线天然气投产，储气库群先后投运，风力发电和光伏发电项目有序推进，随着一大批清洁能源项目的加速布局，能源绿色低碳发展又跃上新台阶。油气田电网负荷中心，具备加速布局风力发电和光伏发电项目的良好基础。在电网建设方面，围绕构建以新能源为主体的新型电力系统，规划电网项目和储能项目，着力完善电网主网架结构，提升智能化水平。

为进一步降低化石能源消费总量，积极稳妥促进天然气利用、加速氢能产业发展、大力推进清洁取暖等举措，进一步升级全社会能源消费方式，营造绿色低碳生活新风尚。在天然气基础设施建设上，加快推进储气库群和LNG调峰项目，提升供气和储气调峰能力。加快天然气管网建设，稳步实施气化工程。积极发展基于天然气发电的冷、热、电"三联供"分布式能源，实现能源梯级利用；鼓励调峰气电发展。

我国地下储气库建设历经20年，目前已经处在快速发展期，市场空间巨大。中国石油工程建设公司（CPECC）作为集团公司工程建设业务尤其是储气库建设的主力军，是储气库公司的重要合作伙伴。CPECC近几年承建相国寺、苏桥、京58、呼图壁等地下储气库项目，能够从储气库本质安全、延长储气库寿命、数字化转型和标准规范制定等方面加大关注力度，发挥自身优势，持续做好咨询、设计及建设工作。储气库公司将在前期规划咨询、后期运行维护、标准规范编制等方面进一步加强与CPECC的合作力度。

美国独立储气库公司从上世纪末期开始出现，目前已占到联邦能源监管委员会所监管储气库总工作气量的18%左右。独立储气库公司的产生有赖于天然气产业高度市场化，提供可中断储气和寄存/暂借三种服务，储气服务费率按服务成本法确定，并根据库存气热值变化定期调整。近期，中国石油西南油气田公司与四川省能源局签订四川地下储气库合作框架协议，在四川省宜宾市境内建设四川首个地下储气库群——牟家坪、老翁场储气库群。库群地处天然气核心产区，可以实现气田与储气库联动。推进组建四川首个地下储气库运营公司，保障地区能源供应，共同探索新型商业模式，实现互利共赢。

2　LNG调峰设施

继续加大天然气勘探开发力度，提高国内天然气供应能力，作为应急储气能力的一部分，以满足用气高峰时的供气需求。加大储气库采气设施的建设，提高储气库应急采气能力。LNG供应能力较大，但储量不足，加快LNG储罐的建设，以提高应急储气量。相比其他方式，LNG储罐不但建设速度快，而且造价低，能较快地发挥作用，是一种比较推荐的方法。

LNG调峰站主要设备低温储罐是立式或卧式双层真空绝热储罐，内胆选用材料为奥氏体不锈钢，外容器材料根据用户地区不同，按国家规定选用为345R。天然气储罐直接影响气化站的正常生产，也占有较大的造价比例。现有真空粉末绝热型储罐、正压堆积绝热型储罐和高真空层绝热型储罐，中、小型气化站一般选用真空粉末绝热型低温储罐。储罐分内、外两层，夹层填充珠光砂并抽真空，减小外界热量传入，保证罐内LNG日气化率低于0.3%。操作压力为0.6-1.44MPa，操作温度为-162℃，（分为立式或卧式）其罐体由内外两层构成，为了减少外部热量向罐内的传入，两层间采用抽真空填充珠光砂保冷材料绝热结构，与大气隔离，避免了大气压力或温度变化的影响以及湿空气进入内、外罐间保冷层，有效保证和提高了保冷材料的使用效果。

空温式气化器系列是利用大气环境中自然对流的空气作为热源，通过导热性能良好的铝材挤压成星型翅片管与低温液体进行热交换并使气化成一定温度的气体，无须额外动力和能源消耗。气化器的作用是把 LNG 储罐输送出来的液体转化为气态供后续使用。核心部分就是换热装置，在尽可能小的空间内从大气中获取强大的热能。目前国内厂家生产的空温式气化器的换热装置多采用防绣铝合金翅片管，大多存在以一下缺点：设备庞大、造价过高、产品流量不足。

3　天然气热电联产

2014 年 CPECC 与 BP 签约伊拉克鲁迈拉绿色油田早期电站项目，主要由 5 台 42MW GE MS6001B 简单循环重型燃气发电机组及其配套设施组成。项目建成后，不仅通过国家电网为鲁迈拉油田的油气设施、巴士拉当地社区提供电力，还可以增加市场电力供应。该项目 13 亿度的发电量每年大约可满足 108 万户家庭的用电需求；以目前油田每生产一桶原油耗电 2.06 度计算，每天能满足生产 170 万桶原油所需的电量，每年约 6.3 亿桶（约8000 万吨），相当于两个大庆油田的原油年产量。每年大约可有效利用 5.2 亿标方伴生天然气，减少300 吨左右的二氧化硫排放，极大减少环境污染，灭掉部分常年燃烧的火炬，节约大量能源。

图 1　天然气发电调峰燃气轮机

天然气热电联产项目是气网、电网安全运行的重要保障。天然气热电联产项目具有双调峰功能，可保障电网、气网安全运行。一方面，燃气轮机的调峰性能优越，在启停速率和低负荷运行深度调峰等方面均优于煤电。天然气热电联产项目可深入负荷中心，满足潮流分布等电网调峰需求，保障电网运行安全；另一方面，对气网也具有调峰作用。天然气的特点是不易储存，压力过高或过低都会影响气网运行安全，天然气热电联产项目相当于动态的储气设施，可根据气源气量的供应以及管网的安全运行压力，快速响应，及时增加或减少用气量，更好地保障气网安全稳定运行。

CPECC 一直致力于发展油田孤网智能电力系统成套技术，在油田孤网电力系统规划技术、孤网自备电站技术、输变电技术和智能孤网控制等方面形成了 20 项特色技术，拥有专利 6 项，整体技术达到国际先进水平。孤网自备电站技术包括燃气轮机发电技术、内燃机发电技术、光伏发电技术、伴生气直燃发电技术、粗柴油精细处理技术及高效蒸发制冷技术。油田孤网智能电力系统成套技术已成功应用于电力供应社会依托差、孤网运行、供电可靠性及稳定性要求较高的海外油田，孤岛自备电站总容量超过1000MW，132kV/66kV/33kV变电站数十座，架空输电线路总长度3000km，开创了油田高硫伴生气直燃发电的先河。

天然气压力能发电工艺采用并联的方式与调压站调压设备相接，并经过计算模拟并联管道的动态参数实现两条燃气路线的无缝衔接。该发电工艺主要由三部分组成，分别是膨胀降压部分、膨胀发电部分和监控和数据远传部分。上游管网的高压天然气在流量和压力稳定以后，由过滤器进一步过滤，进入膨胀机膨胀降压，能量以机械功的形式输出。降压之后的天然气经过温压平衡器调整至与下游管网的运行状态相匹配，然后汇入下游管网。发电机连接于膨胀机之后，膨胀机的压力驱动做功带动发电机工作输出电力，实现功能转化。设置数据远传和信号监控系统，借助流量计、变送器等装置将工艺运行参数传输至PLC控制中枢。高压管网天然气压力能发电项目起到了良好的示范效果，一体化工艺有效解决电力孤网和燃气波动调峰问题，确保设备长期、高效运行。但目前少有压力能发电项目正常运行，主要原因是现有技术不成熟以及运营不合理。下游负载在不同的时间段会出现用电高峰和低谷，由于缺少能快速调控发电功率的系统，容易出现发电机主轴转动速度与负载不匹配的情况，从而影响发电机设备的稳定运行，并造成发电效率的低下。

4　氢储能发电优势

随着电网稳定性日益受重视，储能将在增强电网稳定性方面发挥重要作用；受欧洲相关项目的推动，氢能源正加速发展；油气公司对低碳行业的投资将持续增加，促进部门能源转型；二氧化碳脱除技术对减少大气碳排放十分重要。

氢气作为能源载体的优势在于：(1) 氢和电能之间通过电解水与燃料电池技术可实现高效率的相互转换，压缩的氢气有很高的能量密度；(2) 氢气有成比例放大到电网规模应用的潜力，可将具有强烈波动特性的风能、太阳能转换为氢能，更利于储

存与运输，所存储的氢气可用于燃料电池发电，或单独用作燃料气体，也可作为化工原料。

氢储能发电具备能源来源简单、丰富、存储时间长、转化效率高、几乎无污染排放等优点，是一种应用前景广阔的储能及发电形式，可以解决电网削峰填谷、新能源稳定并网问题，提高电力系统安全性、可靠性、灵活性，并大幅度降低碳排放，推进智能电网和节能减排、资源可持续发展战略。在氢储能发电技术方面，欧洲的发展相对成熟，有完整的技术储备和设备制造能力，也有多个配合新能源接入使用的氢储能系统的示范项目。

电解水制氢的发展壁垒是电力供应短板，包括庞大电量的使用、电能转化效率低下等问题。天然气压力能发电用于电解水制取氢气的工艺，由压力能发电和电解水制氢两部分组成。压力能膨胀发电后，发电机后面需要接入电解水制氢设备，输出的直流电的匹配性得到满足。天然气压力能发出的电，经过稳压器稳定之后由蓄电池储存。电解水制氢所需的直流电由蓄电池提供，保证了供电电流和电压的稳定性。

当前氢储能系统的关键技术主要包含制氢、储运氢和燃料电池技术3个方面。将电解制氢技术用于可再生能源发电场景，在提升可再生能源发电规模化消纳的同时，还能够优化风电/光伏场群的出线容量，从而降低电网外送输电容量的投资，提高输电线路的利用率。具备快速响应及启停能力的电解制氢系统，在用电高峰时可用于调峰调频辅助服务。大容量燃料电池发电系统可在电网超负荷运行时用作调峰机组，以满足发电需求。电解制氢系统可在用户侧利用谷电制氢实现调峰，也可通过电力需求侧实时管理系统，作为灵活负荷参与需求侧响应。制取的氢气储存起来，还可用于加氢站加氢服务。

5　耦合燃料电池热电联供

可再生能源的间歇性是一个问题，需要一些大的储存容器来平滑风能和太阳能的输出，而氢能就是那个非常大的容器。在传统能源和各种形式的新能源交替共存的非常时期，储能产业是各种能源

形式紧密结合的"软化剂",是优化能源结构,避免能源浪费的关键支撑。如果可再生能源在发电组合中占最大份额,则对长期存储的需求将变得更加迫切。

目前,国际上小型氢能"发电站"开始进入推广期,大型氢能发电示范站也在逐步建设中。氢气储能发电与传统的电池储能技术不同,它通过电解水制氢的方式,将能源以气态燃料的方式存储起来,可以用在化工、氢电池汽车、加气站等更多的场合。使用这种方式,一方面有利于就地应用,另一方面,借助天然气管网技术也可以实现远距离运输。但氢储能目前还需要实现低成本和大型化,提高氢储能系统与风电场的适配性及集成技术,协调氢储能系统与电网的综合调峰控制,进一步发展大规模、低成本的氢气输运技术。

电解制氢＋储氢＋氢燃料电池发电用于构建微电网系统,分布式可再生能源消纳,进行氢、热、电联供,实现偏远地区可靠供能。不同规模的小型天然气制氢耦合燃料电池后,能够实现高效的热电联供,这代表了新型分布式能源的发展趋势。此类产品目前在日本、美国、欧洲等发达国家发展迅速。除了家用外,5kW 至 MW 级规模也可以应用于社区、办公楼、医院、学校等场所,能实现区域性独立热电联供,与气网、电网协同和联通,构建气、热、电、氢综合智慧能源体系。

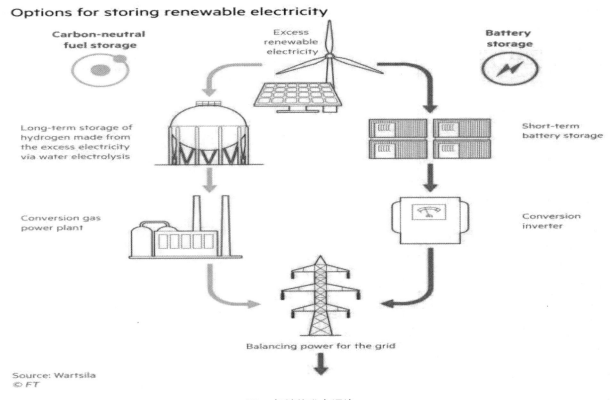

图 2　氢储能发电调峰

6　新能源产业展望

积极发展光伏发电,加快推进地热能、生物质能开发利用,打造绿色能源基地,构建低碳高效的能源支撑体系,加快储气库群建设,提升天然气储配中心地位。

规划建设天然气调峰机组,发展天然气热电联产可优化能源结构,实现燃气、电力"双调峰",打造新型智能电网,谋划建设储能设施。

大力发展氢气储能及发电技术,充分将氢能和电能合理而高效的结合,同时发挥氢气可以作为储能介质的优势,克服可再生能源间歇性弊端,促使"氢能经济"早日到来。

参考文献：

[1] 凌文、刘玮、李育磊、万燕鸣.中国氢能基础设施产业发展战略研究 [J] 中国科学工程，2019.21卷（3）。

[2] 吉力强、赵英朋、王凡、宋洁、李璐、宋学平、潘益锋.氢能技术现状及其在储能发电领域的应用 [J] 金属功能材料，2019（06）。

[3] 国家发改委《关于开展"风光水火储一体化""源网荷储一体化"的指导意见（征求意见稿）》，2020 年 8 月 27 日。

长庆气田采出水无纯化电解制氢技术研究进展

徐可强[1,2]　徐自强[1,2]　姬　伟[1,2]　孟　磊[1,2]

（1. 长庆油田分公司油气工艺研究院；2. 低渗透油气田勘探开发国家工程实验室）

摘要： 在气田的开发过程中会产生大量的采出水，随着国家生态环保政策不断从严，气田采出水处理及去向问题逐渐成为制约气田稳产发展的突出问题。近年来，随着可再生能源的大规模利用，利用气田采出水制氢，不仅能有效解决绿电消纳问题，还可以解决采出水去向难题。长庆苏里格气田采出水具有"高含盐、高含悬浮物、高含COD等"特性，水质成分复杂。此外，气田采出水对比海水，除在TDS、COD及悬浮物等方面存在较大差异外，其他参数区间接近。目前主流电解水制氢技术，需要采用纯水来配置电解液。如果将采出水处理成纯水，将会存在处理工艺复杂、吨水成本高等问题，导致采出水制氢成本高、经济性较差。理论模拟表明，采用传统的制氢技术来直接进行采出水电解制氢，电解过程中阴极会接受外来电子将水分解形成氢气和氢氧根，引起电极界面局部pH上升到碱性，造成钙、镁等二价离子沉淀，降低电解过程中制氢效率、覆盖催化剂活性位点。因此，为了实现采出水无纯化电解制氢，长庆油田借鉴"海水无淡化原位直接电解制氢海试"成功经验，以苏里格气田采出水为实验对象，开展了采出水无纯化电解制氢现场试验。首先探究了水质对聚四氟乙烯（PTFE）膜的影响，发现采出水中存在的甲醇、表活剂等COD组分会改变PTFE膜的浸润性，导致膜表面由疏水性转变为亲水性，从而导致PTFE膜润湿失效。因此，我们对采出水进行絮凝沉降和COD去除来降低对PTFE膜的影响，维持PTFE膜的疏水特性。现场试验设计了 $0.4Nm^3/h$ 的3KW级小型电解槽，在连续制氢试验过程中工作电流为 995～1000 A，工作电压 3.06～3.12 V，电解能耗 7～8kWh/Nm^3 H$_2$，氢气流量 5.2～6.2L/min，氢气纯度稳定达到 99.999%。现场试验的成功证明了采出水直接电解制氢的可行性，为后续采出水的利用开辟了新的途径。

关键词： 气田采出水　可再生能源　无纯化　电解制氢　PTFE膜

1　前言

在气田开发过程中，地层水往往会伴随气井产出物一起被举升至井口，然后经过油气集输处理系统对其实施多相分离，分离出来的地层水被称为气田采出水。近年来，随着国家及地区生态环境保护政策的进一步吃紧，如何处理气田采出水处理成为制约气田发展重大难题。目前，长庆气田采出水普遍通过"沉降、过滤"等处理措施后回注地层，然而，回注井贯穿多个含水层，回注区域地质与水文地质条件复杂，因井筒完整性失效、回注层封闭性差等原因导致的回注水外泄，影响浅层地下水乃至地表水环境的风险现实存在，内蒙古自治区已经率先出台"逐步关停现有回注井、不允许新建回注井"的地方法规，生态环保监管处罚的风险非常大。长庆油田作为国内第一大油气田，拥有完备的油气生产集输系统，所在鄂尔多斯盆地拥有丰富的太阳能、风能资源，油气区域周边拥有众多新能源、煤化工企业，为长庆油田氢能产业链发展，提供了良好的发展条件。

目前，国内外最成熟可靠的大规模电解水制氢技术为"纯水+KOH"碱性电解制氢技术。由于气田采出水属于高含盐水，水质成分非常复杂，如果采用现有纯化水碱性电解制氢技术，则需要投入高昂的纯化费用。2022年，由中国工程院院士谢和平团队研发的海水无淡化原位直接电解制氢技术，取得了海上风电海水无淡化原位直接电解制氢中试试验的成功。采出水水质与海水水质具有相似性（表1），长庆气田采出水以 $CaCl_2$ 水型为主，盐度在 40000-100000mg/L 之间，水中钙离子含量较高，而海水以 NaCl 水型为主，盐度在 30000-40000mg/L 之间，水中钠离子含量较高，两者都具

有高矿化度特性；但由于两种水质来源的不同，海水中 COD 的含量一般小于 10mg/L，而气田采出水的 COD 含量高达 1000mg/L 以上，这也成为两者的典型区别。鉴于气田采出水与海水水质特征的相似性，海水无淡化电解制氢技术的成功试验，为气田采出水开展无纯化电解制氢提供了一条新的出路。

因此，我们采用海水无淡化原位直接电解制氢技术，以苏里格气田采出水为实验对象，通过对采出水进行简单的絮凝沉降和 COD 去除处理，成功开展了苏里格气田采出水无纯化电解制氢试验，现场试验累计 385h，在电流为 1000A 条件下，氢气纯度 99.999%。该试验为国内首次气田采出水无纯化电解制氢，为气田采出水电解制氢建立了工艺路线。采出水制氢试验的成功不仅可以有效解决气田水达标处理难题，还拓展了气田采出水的再利用方式和经济价值。

表1 气田采出水与海水水质特征对比表

指标	气田废水	海水	单位
PH	5.0–7.0	7.8–8.4	/
K^+	200–800	354–551	mg/L
Na^+	5000–10000	9854–15347	mg/L
Ca^{2+}	15000–30000	385–600	mg/L
Mg^{2+}	800–2000	1182–1841	mg/L
Cl^-	20000–100000	17742–27633	mg/L
SO_4^{2-}	< 2000	2477–3868	mg/L
TDS	40000–100000	30000–40000	mg/L
COD	1000–3500	8–8.5	mg/l
浊度	< 10	< 30	NTU
悬浮物	705	0.01–100	mg/l
水型	氯化钙型	氯化钠型	/

2 采出水水质分析及制氢过程中电极界面 pH 模拟

为了探究采出水制氢的可能性，首先对采出水的水质特性进行检测，如表2所示，检测结果表明，

苏里格气田采出水的总硬度介于 1504～30949 mg/L，Ca^{2+}、Mg^{2+} 离子浓度较高，浮物（SS）含量介于 53～2069 mg/L 左右，COD 含量介于 5284～41627 mg/L 左右；此外，还含有一定量的

石油类、甲醇、表活剂、聚合物等物质，进一步说明了长庆苏里格气田采出水成分的复杂性。

表2 长庆苏里格气田采出水水质特征表

类别	pH	Ca^{2+}(mg/L)	Mg^{2+}(mg/L)	总硬度 (mg/L)	Cl^-(mg/L)	SO_4^{2-}(mg/L)
最小	6.0	437.9	44.6	1504.2	1559.0	1254.0
最大	6.9	6023.6	1715.7	30949.0	5339.0	2485.0
平均	6.4	4004.3	345.7	12162.3	3193.5	1829.7
类别	TOC(mg/L)	SS(mg/L)	COD(mg/L)	表活剂	甲醇	石油类
最小	1024.0	53.0	5284.0	21.7	21.0	22.0
最大	4690.0	2069.0	41627.0	27.8	639.0	184.0
平均	2029.9	549.2	11503.3	24.6	280.9	74.6

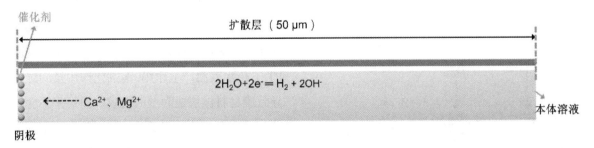

图1 一维阴极电极界面反应扩散模型示意图

由于采出水中含有大量的 Ca^{2+}、Mg^{2+} 离子，在电解制氢过程中，阴极会从外电路得到电子，水分子得到电子，在阴极界面生成氢气（H_2）和氢氧根（OH^-），会引起阴极电极界面 pH 上升，生成大量的 OH^- 会与 Ca^{2+}、Mg^{2+} 离子结合，形成沉淀，沉积在电极表面。根据传统的电解制氢技术原理，构建了一维反应扩散模型（图1），电极完全浸泡在电解液中，溶液的扩散层厚度为 $50\mu m$，根据采出水水质分析，假设溶液的 pH 为 6.5，阴极只涉及电化学反应，在电场作用下，溶液的阳离子（Ca^{2+}、Mg^{2+} 等）会向阴极方向迁移。如图2模拟结果可以看到，随着阴极施加电流密度的增加，距离电极界面越近，局部 pH 越高，当施加的电流仅为 50mA/cm^2 时，电极的 pH 上升到12以上，变成碱性环境，而在工业电流密度条件下（大于 200mA/cm^2），pH 上升到13以上。碱性环境引起 Ca^{2+}、Mg^{2+} 生成沉淀，覆盖在电极表面，影响制氢效率和催化剂活性。模拟结果表明，传统的制氢技术不适用于苏里格采出水无纯化直接电解制氢，容易在制氢过程中

生成沉淀，造成催化剂失活。

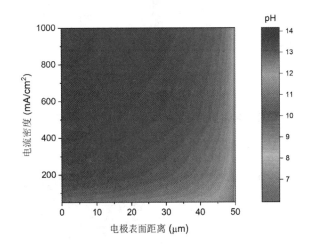

图2 不同电流密度条件下阴极电极界面 pH 分布

近期，深圳大学/四川大学谢和平院士团队与东方电气集团联合研发的"无淡化海水原位直接电解制氢"技术不需要处理海水，实现了海上 2400h 成功应用。图3为其制氢原理示意图，该技术通过应用疏水多孔聚四氟乙烯（PTFE）防水透气膜作为气路界面，采用浓氢氧化钾（KOH）溶液作为自湿润电解质，实现了基于自驱动相变机制的原位水

净化过程。这种设计只允许水蒸气扩散，能够完全防止液态海水和杂质离子的渗透。海水和自湿润电解质之间的水蒸气压力差导致海水自发蒸发，并以蒸汽形式通过薄膜扩散到自湿润电解质，然后又重新变回液态水。通过电解过程来消耗自湿润电解质中的水以维持膜两侧的压差，从而确保淡水的持续进入。这种相变迁移过程允许从海水原位生成纯水进行电解，具有100%的离子阻断效率，从而实现海水无须优先淡化即可直接电解制氢。气田采出水对比海水，除在TDS、COD及悬浮物等方面存在较大差异外，其他参数区间接近，利用海水无淡化原位直接电解制氢技术对采出水无纯化处理电解方面存在较高的技术可行性。

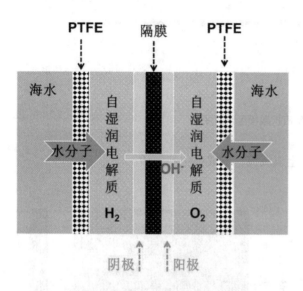

图3　海水无淡化直接电解水制氢原理示意图

3　PTFE膜采出水耐受实验

图4　PTFE膜在采出水中的耐受实验

"无淡化海水原位直接电解制氢"技术关键核心是在制氢过程中需要一直维持PTFE膜的疏水性，为了保证该技术在采出水无纯化处理电解制氢方面的技术可行性，我们首先探究PTFE膜在采出水中的耐受性。具体的实验步骤为：将PTFE膜放置在含有采出水的烧杯中，然后向PTFE膜上方加入KOH溶液，每隔一段时间来检测KOH溶液中Cl^-等非KOH溶液成分的含量及出现的时间，以此来判断PTFE膜对采出水中所含成分的耐受性（图4）。实验结果表明，当采出水中在含有凝析油、甲醇、表活剂等成分时，会影响PTFE膜的浸润性，使其向转变为亲水性，这是由于采出水中一般会添加十二烷基二甲基甜菜碱、α-烯基磺酸钠、氧化胺等表面活性剂，表面活性剂的疏水基团会和PTFE疏水表面产生作用（溶剂化作用及润湿作用），导致膜材料被快速润湿而失效。而对于不含以上组分的采出水，长时间试验过程中并未观察到膜出现穿透现象，说明采出水中所含甲醇、表活剂会和PTFE膜的疏水表面产生溶剂化及润湿作用，导致膜表面由疏水改性为亲水性导致PTFE膜润湿，因此，需要对采出水中所含凝析油、表活剂等COD成分进行处理以避免PTFE膜疏水效果变差。

4　采出水预处理

为了降低采出水中甲醇、表活剂等COD成分，我们选用絮凝剂对其进行处理，选用5种絮凝剂（$FeCl_3 \cdot 6H_2O$、$KAl(SO_4)_2 \cdot 12H_2O$、$FeSO_4 \cdot 7H_2O$、PAM、PAC），配置絮凝剂溶液的含量为2wt%，为了评价各种絮凝剂的沉淀效果，我们以采出水的COD去除率作为衡量标准，如图5所示，$KAl(SO_4)_2$对各水样絮凝沉降效果较好，对采出水采用5种絮凝剂处理后COD去除率均超过90%，说明简单的絮凝沉降即可去除回注水中绝大部分COD。此外，我们也对絮凝沉降后的采出水样同步展开了膜耐受性试验，结果表明絮凝沉降后PTFE膜耐受性效果有明显好转，膜材料在观察时间内没有发生PTFE膜的浸润性变化，说明对采出水简单的絮凝沉降即可达到比较良好的水处理效果，相对于针对性去除表面活性剂，成本相对更低，更符合工业经济性。

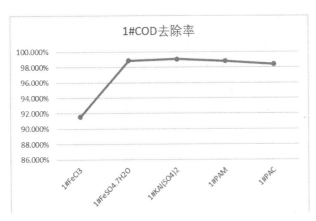

图 5 不同絮凝剂沉降预处理采出水后 COD 去除曲线

5　采出水无纯化现场制氢实验

为进一步验证苏里格气田采出水无纯化电解制氢的可行性，我们接下来开展了现场制氢试验。由于未经处理的气田采出水对 PTFE 膜的破坏较大，因此在试验前需要对采出水进行简单絮凝沉降处理，采用"海水无淡化电解制氢"装置，图 6 为现场制氢实验装置，功率为 0.4 Nm³/h 的 3KW 级小型电解槽，该装置主要由直流稳压供电系统、无淡化直接碱性电解系统、氢气预处理装置、数据采集监控系统、消防设备、以及电器线路和管道等系统构成。试验操作过程如下：设备检查及安装→配置碱液→注入料液→接通电源→调节电流电压（电解制氢）→参数检测→结束实验（缓慢调节电流电压至零）。

本次现场试验分两个阶段进行（2023 年 12 月和 2024 年 4–5 月），累计现场试验时间达 385 小时。现场制氢试验过程中，从电解槽阳极产生的氧气直接排放到空气中不进行收集，而阴极产生的氢气经氢气管路收集后，然后进入干燥过滤计量装置，经流量测定后通过排空管路排放到空气中。制氢期间，3KW 级小型电解槽满负荷运行，工作电流维持在 995 ~ 1000A 之间，工作电压 3.06 ~ 3.12V，氢气生成为速率 5.2 ~ 6.2L/min，氢气纯度稳定达到 99.999%。由于试验电解槽未采取保温、保压及防水蒸气蒸发等节能降耗措施，试验过程中的电耗量在 7 ~ 8kW•h/Nm³ H₂，相对偏高。

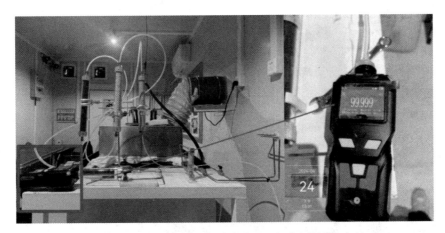

图 6 采出水无纯化制氢现场试验装置及相应制得的氢气纯度

6　结论

为了实现苏里格采出水无纯化电解水制氢，长庆油田借鉴海水无淡化原位直接电解制氢技术，通过对气田采出水进行简单的絮凝处理来降低其 COD 成分，成功实现了气田采出水无纯化电解制氢，并进行现场试验累计 385 小时，最终制得的氢气纯度达到 99.999%，能够满足燃料电池、化工行业、金属加工与冶炼行业等储氢用氢等多个场景的标准。长庆气田采出水无纯化电解制氢试验的成功，能够有效解决绿电消纳及采出水处理问题，为未来"风光气储氢"大基地建设氢能发展提供新的技术方向，有助于生态环保和新能源技术的有机融合。

参考文献：

[1] 马欣,雷宇.苏里格气田排水采气技术的进展及对策 [J]. 化工管理,2019,(22):82-83.

[2] 胡志强,刘昌升,李向伟等.我国非常规气田采出水处置方式及处理工艺现状 [J]. 化工环保,2024,44(01):11-20.

[3] 陈颖. 电解水制氢技术的研究现状及未来发展趋势 [J]. 太阳能, 2024,(01):5-11.

[4] 殷朝辉, 蒋利军, 刘蔚, 等. 氢能利用关键技术及发展现状 [J]. 太阳能, 2024,(07):62-69.

[5] 程雅雯, 任晓勇, 李恒东, 等. 电解水制氢研究现状 [J]. 机械制造, 2024,62(07):79-88.

[6]Xie H, Zhao Z, Liu T, et al. A membrane-based seawater electrolyser for hydrogen generation. Nature. 2022;612(7941):673-678.

[7] 郭晓蓓, 余佳彬, 黎鹏, 等. PTFE 中空纤维膜的亲水改性 [J]. 现代塑料加工应用, 2017, 29(3).

氢能源危险品运输发展前景与政策分析

刘　静　李　阳　何　芳

（中国石油昆仑物流有限公司）

摘要： 本文全面剖析了氢能源作为危险品运输过程中的多维角度和挑战，综合评述了氢能源独有的物理特性、全球开发进程以及应用场景中的种种困境。紧接着，梳理了危险品运输的分类系统、相关法规及安全标准，并对风险管理进行了探讨。通过分析氢燃料的运输方式、历史安全事故案例，本文揭示了运输的经济与效率问题。在此基础上探讨氢能源运输的未来趋势，包括技术创新、政策引导与市场动态。本文旨在提供一份氢能源运输领域深度发展前景的战略性分析，为相关决策和研究提供理论依据与参考方向。

关键词： 氢能源　危险品运输　风险管理　技术创新　政策分析　市场需求

1　引言

氢能源作为清洁能源，其运输安全性和效率直接影响其在能源市场的应用与推广。近年来，随着氢燃料电池技术的发展和氢能基础设施的建设，氢能源运输的需求不断增加。氢气的运输通常采用高压气体、液化氢或化合物形式，每种方式面临不同的安全和经济挑战。

高压氢气运输通常使用容积为 2000L 到 5000L 的高压罐车，气压可达到 200 ～ 700bar，适用于短途运输。然而，事故发生时产生的爆炸风险不可忽视，因此需要严格遵守 ASME 和 DOT 等国际运输标准，保证容器的安全性。液氢运输相对安全，特别适合长途以及大规模运输，其密度约为 70.85kg/m³，液化过程需要在 –253°C 的低温下进行，增加了能耗和成本。因此，液氢储运罐的设计、制冷技术及安全监测成为技术重点。

化合物存储氢气，如氢储存合金及化学储氢剂，显著降低了运输过程中的安全风险。以氢化镁为例，其储氢量可达 7.6wt%，但脱氢过程需提供高温（>300°C)，限制了其实际应用。当前，关键技术在于开发高效的氢化材料及优化其循环使用性能，以提高氢的装载与释放效率。

氢能源运输还需关注经济性。根据国际能源机构 (IEA) 的报告，预计到 2030 年，氢气价格将降低至 2 ～ 4 美元 /kg，这将促进氢气在交通运输及工业等领域的广泛应用。同时，氢气基础设施的建设，包括加氢站和运输网络的布局，对于提高氢能源供应链的整体效率至关重要。

对于氢的运输安全管理，国际社会已逐渐形成统一的标准和分类，如联合国《危险货物运输建议书》中的分类与包装规定。国内相关法规亦日趋完善，尤其是对氢气的生产、储存与运输的安全指引，构建了较为完整的监管框架。

氢能源的环境效益显著，氢气燃烧的唯一产物是水，排放中二氧化碳及其他有害气体的风险几乎为零。有助于减缓全球变暖及改善空气质量，故其在各国能源战略中的地位愈加重要。

展望未来，氢能源运输领域将面临更严格的经济与环境双重压力，促使技术创新与体系优化。同时，各国之间能源合作将成为推动氢能源运输发展的重要组成部分。通过国际联合研发、安全标准共建等方式，增强技术交流与市场拓展，为氢能源的可持续发展奠定坚实基础。

2　氢能源概述

2.1　氢能源的特性

氢能源是一种清洁、高效的能源载体，具有多种优越特性。其燃烧产物仅为水，无二氧化碳和其他污染物排放，符合全球环境保护的趋势。氢的能量密度高，按质量计算，其能量密度约为 120 MJ/kg，有效替代传统化石能源，减少温室气体的排放。在同体积下，氢的能量密度为汽车燃料的三倍。

此外，氢气的燃烧温度可达 2000° C，具有广泛的应用潜力。氢在常温常压下为无色、无嗅的气体，具有良好的可燃性，其爆炸极限为 4% 至 75% 体积浓度，因此在储输过程中，应加强安全措施。氢的热导率和扩散系数较高，使其在工程设计中需考虑防泄漏和高效存储的问题。

氢能源的生产方式多样，包括电解水制氢、天然气重整、煤气化等。其中，电解水制氢在可再生能源比例不断提升的背景下，未来发展潜力巨大。当前，电解水制氢的能量效率约为 65%-75%，受到电力成本和电解设备效率的影响。采用可再生能源进行电解水制氢，有望实现零碳排放。

在运输方面，氢气主要通过气体管道、液态氢和氢气压缩储存瓶运输。气体管道运输需在高压（20-30 MPa）环境下进行，确保安全和经济性。液态氢的体积比气态氢小得多，运输效率提高，但需要保持在极低温度（约 -253° C）下，增加了冷却和设备成本。氢燃料电池作为氢能源的高效转换技术，正逐步替代传统内燃机，综合电池能量转化效率可达 60%-70%，同时具备短时间快充的优势。

尽管氢能源具有不足之处，例如存储和运输过程中的高成本和安全隐患，但随着技术进步，针对氢的制备、存储和运输解决方案不断完善，特别是在电池技

术的辅助下，氢能实现了更广泛的商业化应用。国际市场对氢能的需求正在上升，

氢能源作为未来能源结构转型的重要组成部分，将持续推动绿色经济的发展。

2.2　全球氢能源开发现状

全球氢能源开发现状呈现出多元化和区域性发展特征。根据国际能源署（IEA）数据，2021 年全球氢气产量约为 7000 万吨，较 2020 年增加约 5%。其中，灰氢的产量占比约为 95%，主要依靠天然气重整工艺。蓝氢的开发逐渐上升，捕碳技术的推进使得其在减排中的应用得到重视，但占比仍较小。

各国在氢能政策支持上表现活跃。欧盟在 2020 年提出"欧盟氢能战略"，计划在 2030 年前实现 600 万吨绿色氢产能。德国主导的"氢能战略"提出到 2030 年投资 90 亿欧元，致力于绿色氢的广泛应用。日本针对氢能的研发和应用也形成了完整的政策框架，计划实现到 2030 年氢气消费量增加至 300 万吨。

产业投资动态显示，氢能技术快速向商业化阶段迈进。2021 年，全球氢能投资超过 70 亿美元，其中电解水制氢项目得到大量资金注入。例如，澳大利亚与日本达成协议，将在西澳省开发可再生氢供应链，以实现氢气出口。美国加利福尼亚州在氢能基础设施建设上已投资超过 2.5 亿美元，覆盖液氢和气态氢储存系统的建设。

技术进步是推动氢能开发的重要动力。电解水制氢的成本在过去十年中降幅显著，电解槽效率提升至 80%-90%。此外，新材料的研究如铂催化剂的替代材料正逐渐增强其经济性。固体氧化物电解槽（SOEC）技术的进展使得高温化学反应的利用成为可能，预计未来可以大幅提高氢气生产的整体效率。

储存与运输技术的研发也在迅速推进。传统高压气体储存方式已基本成熟，涂层技术与复合材料的应用增强了容器的安全性与耐久性。氨作为氢能运输的重要承载体，正在逐步被采纳，相关的合成与分解技术研究不断深入，预计到 2030 年将占据全球氢运输 20% 的份额。

氢能市场应用呈现出若干关键领域，包括交通、工业和电力储能。交通领域中，氢燃料电池车

（FCEV）市场逐渐壮大，2022年全球FCEV销量达到约5万辆，预计2025年将突破50万辆。工业领域，尤其是在钢铁及化工行业，氢气替代化石燃料的潜力日益凸显。以瑞典为例，H2Green Steel项目计划通过氢气还原铁矿石，预计到2025年可减少约1.6万吨二氧化碳排放。

在环境政策与氢能结合时，各国逐步加大对氢能开发的扶持力度，通过绿色

补贴、碳交易等方式刺激行业发展。尽管全球氢能产业仍处于初步阶段，未来的市场潜力依然显著，随着技术的不断成熟和政策环境的改善，全球氢能源的开发前景广阔。

2.3 氢能源的应用与挑战

氢能源在各个领域展现出广泛的应用潜力，尤其是在交通运输、工业生产、能源储存及发电等方面。氢燃料电池在电动汽车中的商业化应用逐渐增多，多个国家如日本、韩国和德国正在推动氢能汽车的普及。例如，日本的氢燃料电池汽车（FCEV）在2019年的销售量达到了1.5万辆，预计到2030年将突破40万辆。此外，氢能源还可以用于重型运输领域，例如公共交通和货运，其中燃料电池卡车已在多条线路上进行商业运营，具备较高的续航能力和充电效率。

在工业领域，氢气广泛应用于化学合成、石油精炼及钢铁制造等过程。根据国际能源署（IEA）报告，氢的使用可能减少全球碳排放量约6.4亿吨CO_2到2040年。然而，氢生产仍面临诸多挑战，现阶段绝大多数氢气是通过化石燃料重整获得，导致环境影响较大。提取氢气的电解水技术正随着可再生能源成本的下降变得越来越经济，但其效率仍有待提高，现阶段商业化电解槽的电能转化效率普遍在60%-80%之间。

氢气存储和运输也是关键问题。常见的氢气存储方式包括高压气体、液态氢及化学储氢等。高压气体储存通常在700bar的压力下，但会引发泄漏和安全隐患；液态氢的储存温度低至−253℃，技术难度高，成本昂贵。化学储氢通过金属氢化物形式提供氢气，能大幅降低安全风险和提升密度，但

技术尚未成熟。运输方面，管道运输和专用氢气运输车面临的挑战是氢气泄漏和爆炸风险。

安全性问题依然是氢能源应用的重要挑战。氢气极易燃烧，且燃烧范围广泛，因此需要建立严格的安全标准和监管机制。氢燃料电池的布局及防护措施需要得到重视。同时，氢气的检测与监测技术亟需发展，如使用敏感的气体传感器以确保氢气泄漏的早期预警。

总体来看，氢能源的应用尽管展现出广阔的前景，但在生产、存储、运输及安全性等方面依然存在诸多挑战。这需要跨学科的合作与持续的技术创新，以推进氢能源的成熟与普及。

3　危险品运输概念与法规

3.1 危险品运输分类

危险品运输主要分为九类，依据联合国《危险货物运输建议书》进行分类。

第一类：爆炸品，包括易爆物、爆炸性固体和液体等，主要特征为引发爆炸的潜力，需严格控制运输途径与温度。第二类：压缩气体和液化气体，包含易燃气体、中性气体、毒性气体等，具有高压特性，需合适的储存与运输设备，确保安全。第三类：易燃液体，涵盖汽油、柴油及其他易燃化学品，闪点低于60°C，需防止泄漏和火源接触。第四类：易燃固体，指易自燃或能迅速产生可燃气体的固态物质，运输时应避免高温环境。第五类：氧化剂和有机过氧化物，具备强氧化性，可能引发火灾或爆炸，需谨慎处理。第六类：毒害品和感染性物质，包括各类毒药和病原体，需使用专用容器，标识明显，并经过定向培训的人员处理。第七类：放射性物质，依据放射性强度划分，需使用辐射防护措施和特殊包装。第八类：腐蚀性物质，含酸、碱、盐等强腐蚀性化学品，需注意包装材料的耐腐蚀性。第九类：其他危险物质及物品，涵盖不符合上述类别的危险品，但在运输时依然需遵循安全规则。

在国际运输中，应遵循《国际民航组织危险品运输规章》和《国际海事危险货物运输条例》等相关法律法规。各类危险品需标示清晰的危险品标志和易燃、腐蚀、毒害等警示说明，确保运输环节的

可追溯性和安全控制。针对不同危险品的存放及运输温湿度、压力等环境参数，制定详细的操作规程，保障人员安全及环境保护。运输工具应具有抗击撞击、抗压、耐腐蚀等特性，容器设计须满足相关国际标准，避免泄漏及容器破损。运输人员需接受系统培训，熟知危险品应急处理方法和应变预案。此外，相关部门需定期开展风险评估，强化监督管理，确保危险品在全生命周期内的安全。

运输流程亦包括危险品分类、包装、标识、搬运、仓储及运输等多个环节，过程中要严格执行备案制度，确保信息透明与监管有效。

3.2 运输法规与安全标准

在氢能源危险品运输中，法规与安全标准至关重要。国际层面，联合国《危险货物运输建议书》（UN Recommendations on the Transport of Dangerous Goods）提供了分类、标记和包装的基础框架，尤其是针对氢气等易燃气体。根据该建议书，氢气被分类为易燃气体（UN1049），要求使用专门设计的高压气瓶进行包装，压力应不低于200MPa。在运输过程中，必须采用明确的标记与标签，包含UN编号、风险类别及危害信息。

各国运输法规相应调整，以符合国际标准。例如，欧洲运输规章（ADR、RID）规定，从装载、运输到卸载各环节应采用气体泄漏检测系统，确保在运输过程中的环境安全与人员保护。具体要求中，氢气运输车辆需要配备防泄漏防护装置，抗冲击和抗火灾设计，确保在发生事故时能最大限度减轻风险。同时，控制温度和压力变化也是重要规范，运输环境温度应保持在 -20℃至50℃之间，避免因高温或低温导致的气体膨胀或液化。

国内法规如《危险化学品安全管理条例》则明确危险品运输的许可证制度，主体必须持有相关资质，如危险品道路运输许可证。具体到氢气的运输，法规要求需提供同行安全说明书，内容包括运输工具的特点、应急预案及处理措施。此外，运输企业和司机需定期参加安全培训，掌握应急处理技能，避免人为错误导致的安全事故。

针对氢气运输的安全标准，国际标准化组织（ISO）发布了相关技术标准，如ISO16111（便携式氢气储存装置的设计与测试）和ISO11119（气瓶的制造标准），这确保了气瓶在运输过程中的安全性。此外，运输公司需建立隐患排查制度，严格履行消防安全管理，及时开展隐患整改工作。

为了提高事故应对能力，许多国家实施应急响应系统，在运输路线和目的地建立应急撤离路线图，并进行定期演练。这些措施与地方政府、消防部门的协调合作，构建了高效的应急响应机制。

在科学与技术迅速发展的背景下，氢能源运输的法规与安全标准面临更新与挑战。新材料技术带来的更轻便、更高强度的储氢设备，可能会促使法规的调整；同时，智能运输管理系统的应用，如物联网技术监控运输状态，实时预警，亦将改进氢气运输安全性。这些新兴趋势需要监管部门及时关注并反映到法规政策中，以保障氢能源的安全运输。

3.3 风险评估与管理策略

风险评估与管理策略在氢能源危险品运输中至关重要，涉及多方面的技术和方法。

风险分析采用定量与定性相结合的方法。常用的定量评估工具包括故障树分析（FTA）和事件树分析（ETA），其中故障树分析可识别系统故障模式，事件树分析则用于描述和分析事故后果。这两种工具可有效结合来确定氢气泄漏或爆炸的概率。通过数据统计与模拟，如利用 Monte Carlo 模拟，可以量化不同条件下氢气泄漏事件的发生概率。

在参数选取上，通常需要重点关注氢气的物性参数，如燃烧热值（约 120MJ/kg）、熔点（-259.16° C）及临界温度（-240.17° C）等。同时，不同环境下的氢气扩散速度（如常温常压下约为 0.81 m/s）和着火极限浓度（4% ~ 75%）也需详细记录并分析。

风险管理采用固有安全、工程控制和管理控制三级策略。固有安全措施包括设置气体监测系统和自动灭火设备，以减少事故发生的机率。工程控制方面，应对运输容器和车辆进行设计安全分析，确保其承压能力及耐腐蚀性，常用标准包括 ASME

和 DOT 规范。管理控制则涵盖培训、应急响应及信息沟通，需定期进行员工培训，提高对安全规程的遵循度。

应急响应计划需详细制定，重点包括氢气泄漏的应急处理步骤。例如，一旦监测系统提示泄漏，需立即实施疏散计划，确保人身安全，并启动灭火设备。同时，需与地方应急管理部门进行协作，定期演练应急预案，提高应对突发事件的能力。

为确保整个运输过程的安全性，建立企业内部风险管理体系至关重要，包括定期审核和评估各项安全措施的有效性。需要定期更新风险评估，评估频率可设置为半年一次，涉及风险识别、评估指标、风险等级等级划分（低、中、高）及对应的管控策略。

技术创新同样对风险管理发挥重要作用。例如，引入物联网技术对运输过程进行实时监控，及时发现并处理隐患，利用大数据分析提升风险预测能力。在设备维护方面，采用预测性维护技术，通过传感器监测氢气罐的状态，及时预警设备故障风险。

最后，国际法规遵循是风险管理的另一个关键要素。遵守联合国欧洲经济委员会（UNECE）《危险货物运输规则》（ADR）及相关国家标准，确保在设计与运营中加强法规合规性，控制运输过程中潜在风险。

通过上述方法和措施的综合运用，可以有效降低氢能源危险品运输过程中的

风险，提高整体运输安全性和效率。

4 氢能源运输现状分析

4.1 氢燃料的运输方式

氢燃料的运输方式主要可分为气态、液态和固态三种形式，每种方式各有其优缺点及应用场景。

气态氢运输一般采用高压气体瓶，压力通常在 20 至 70MPa。这种方式的优点是充装和卸载快捷，适合短距离运输。气态氢的密度较低，约为 0.0899 g/L，因此需要耗费较大空间。气体压缩和高压容器设计是关键技术，当前主要使用复合材料瓶，为减少重量并提高安全性。适合气态氢运输的管道系统也在不断优化，保证高效流量和低泄漏率。

液态氢运输则通过将氢气冷却至 −253℃ 实现。

这种形式的氢气密度可达 70.85kg/m³，有效提高运输效率。液态氢存储需要专用的绝热罐体，以减少挥发损失并维持低温。液态氢运输主要适用于大规模应用，例如航空航天和工业用途。相关技术挑战包括液氢的增加温度控制和低温材料的耐久性研究。此外，液态氢在运输过程中易于蒸发，设计上需考虑合理的安全阀和防护措施。

固态氢运输则涉及将氢气吸附或化合于某些材料中，如金属氢化物、碳氢化合物等。固态氢的体积密度高，能够在常温下存储，解决了高压和低温带来的难题，是氢燃料运输的重要研究方向。这种方法的关键在于新材料的开发与应用，当前热门的金属氢化物如镁氢化物和钠铝氢化物表现出良好的储氢能力。然而，其在载氢能力、释氢效率和循环稳定性方面仍需提升，进而降低经济成本。

在实际应用中，不同运输方式根据氢气使用场景、经济性、安全性及环境影响来选择。例如，城市配送可能更倾向于气态氢，而远距离大宗运输则可能优先考虑液态氢。同时，随着技术进步，氢运输方式的灵活性和经济性将进一步提高。

当前，氢燃料的推广仍面临一系列挑战，如基础设施建设不足、运输成本较高、缺乏标准化和规范化等。因此，建立完善的氢燃料运输网络至关重要。各国也在积极出台政策，支持氢能源的开发与应用，以推动氢能在能源结构转型中的重要角色。

4.2 氢燃料运输安全事故案例

氢燃料运输事故主要包括泄漏、爆炸和火灾等类型。根据数据显示，氢气的爆炸极限为 4% 至 75% 浓度，当遇到高温或火花时，易燃性极高。2019 年发生在某氢气储存站的泄漏事故，造成 5 人受伤，损失估计达 300 万元。事故原因分析为储罐老化及安全阀失效，导致气体持续泄漏，虽及时采取灭火措施，但未能避免人员伤亡。

另一典型案例：发生在 2020 年，当运输氢气的容器在高速行驶中发生泄漏，导致气瓶破裂，产生高压氢气流，附近一辆货车瞬间起火，造成 3 人重伤。调查结果指出，事故主要由于运输过程中未进行严格的安全检查，导致固定装置松动。

2021年某研究机构记录了一起因漏气导致的火灾事故，事故发生后工作人员在未采取适当个人防护措施的情况下进入现场，最终导致3人中毒。该事故针对的主要问题是标准操作程序（SOP）缺失，缺乏对泄漏检测的技术培训，以及紧急应对措施不充分。

根据国际氢气合作委员会（IH2C）数据，自2018年至2022年，全球发生氢燃料相关运输事故超过50起，大部分事故与氢气泄漏有关，氢气放散造成的二次事故较为常见。尤其在分布式氢送料系统中，接头及阀门的安全性尤为重要，频繁的操作使得这些部件在极端条件下易发生失效。

运输过程中，氢燃料罐的设计和材料选择至关重要。某研究显示，使用高强度复合材料可以有效降低事故概率，提高抗击撞击的能力。采用Grade 5钛合金制成的氢存储瓶，承受压力可达700bar，在运输过程中相对安全，但成本较高，行业内面临经济与安全的平衡。

此外，专用氢运输车辆的开发也是提升运输安全的重要措施。例如，某型号的氢运输车配置了先进的气体监测系统，使得在漏气情况下能够迅速报警并采取措施，降低意外发生的风险。

事故后果严重性使得相关标准和法规需不断完善。2022年国际标准组织（ISO）针对氢气运输安全发布了新指引，涵盖了操作规范、监测技术及事故应急响应程序等内容，旨在提高运输环节的安全性和可靠性。

尽管氢燃料具有清洁、高效的优势，但运输安全问题仍需持续关注。通过加强对运输过程的监督管理、研发新型材料及设备、完善培训体系，将有助于减少安全事故的发生。

4.3 氢燃料运输效率与成本

在氢燃料运输中，效率与成本是影响其市场竞争力的重要因素。氢气运输主要有三种方式：压缩气体运输、液态氢运输和化合物氢运输。压缩气体运输通常采用高压气瓶，压力一般为20MPa至90MPa，适合短途运输，然而在密度方面，压缩氢的能量密度仅为约0.01 MJ/L，相较于液态氢（约8.5 MJ/L），其运输效率较低。因此，尽管压缩氢的设备投资较低，但在长距离运输中，其成本效益不足。

液态氢运输通过将氢气冷却至−253°C，以高效的能量密度进行长途运输。液态氢的能量密度显著提高，达到约70.0 MJ/kg，运输成本一般在3-5美元/kg，适用于大规模商业化需求。然而，液氢的制冷成本和惰性装置投资增加了初期投入，且在运输及储存过程中有较高的蒸发损失，通常高达3%-8%。需要进一步优化液氢运输的储存容器，降低能量损失。

化合物氢运输利用金属氢化物或化学氢载体，如氨（NH_3）等，这些材料可在常压下存储且运输方便。氨的能量密度为18.6 MJ/kg，相较于压缩氢和液氢显示出更高的储存及运输灵活性。此外，氨的合成成本为1.5-3.0美元/kg，使用广泛，且二氧化碳排放较低，具有清洁能源的优势。不过，氨的分解和提取过程需要额外的能量，可能影响整体成本效益。

在运输设备上，氢燃料运输车的改进也至关重要。比如，采用复合材料制成的高压气瓶，不仅可减轻重量，还可提高安全性，其成本一般在2000-3000美元/瓶，适合长途运输，而传统的钢瓶因重量和强度限制逐渐被淘汰。运输效率还与运输距离、装载量和更换频率相关，动态调配运输路线与模式可有效降低整体运营成本。

此外，基础设施的完善和政策支持是提高氢燃料运输效率的关键。国家层面需制定氢气运输的技术标准与法规，激励氢气物流与运输网络的建设，提升行业的整体效能。智能化管理系统也被逐渐应用，以优化调度和运输路径，降低空载率，进而降低运营成本，提高运输效率。

综上所述，氢燃料的运输效率与成本受到多种因素的综合影响，尤其是运输方式、设备配置以及政策环境，均需在今后的技术进步和市场运作中持续关注与

优化，以推动氢能产业的可持续发展。

5 氢能源运输发展前景

5.1 技术创新与安全提升

氢能源的运输安全一直是行业关注的重点。随

着技术的进步，多项创新方法被提出以提升安全性。首先，氢气储存容器的材料创新对安全性有显著影响。使用高强度复合材料（如碳纤维和凯芙拉）制成的储氢瓶，能够承受高达 700MPa 的压力，同时有效减少重量。储气瓶内壁涂覆的防腐层技术，进一步降低了氢气与储存介质的反应风险，延长使用寿命。

其次，氢气运输过程中的泄漏监测系统是安全保障的重要组成部分。采用先进的光纤传感器和气体检测仪器，可以实时监测氢气浓度和环境温湿度。这些系统能够在检测到氢气浓度超标时，立即发出警报并自动采取紧急措施，如关闭阀门或启动排气系统。这类实时监测技术的响应时间可低于 5 秒，极大提高了安全防范能力。

此外，氢气运输车辆的设计也在不断创新。氢燃料电池动力系统的应用使得运输车辆在能效和排放方面表现出色。车辆设计应考虑到防撞和防火标准，通过选用防火材料和强化结构，以及在驾驶舱和氢气储存区之间设置多重防护隔离，进一步提升运输安全性。

在运输流程中，动态调度与安全管理系统的集成运用迈向智能化。在氢气运输路径选择时，通过大数据分析，评估交通流量、环境因素及潜在风险点，有助于选择最优路径，避免高风险区域。此外，基于物联网的实时数据传输和共享机制，确保运输过程中的透明度，能够及时对突发事件做出反应。

氢气的冷却与加热技术也得到广泛应用。使用液氢运输时，通过先进的绝热材料有效降低氢气的蒸发损失，保持其低温状态，确保运输过程的安全和经济性。在气氢运输中，通过控制氢气的温度和压力变化，避免因压力波动而引发的安全隐患。

氢能源的安全标准日益完善。例如，国际标准化组织（ISO）和美国运输部（DOT）等制定了多项针对氢气储存、运输与使用的标准。这些标准为技术创新提供了行业指导，同时也为市场上的氢气运输提供了明确的法律法规依据。

在事故应急响应方面，建立完善的培训和应急预案是不可或缺的。定期进行专业培训，提升运输人员的应急处理能力，快速组织应急救援，减少事故损失。

采用虚拟现实（VR）技术开展应急演练，提高训练效果和实际操作能力。

综上所述，氢能源安全运输依靠多项技术创新的相互结合与持续提升，推动了氢能源运输的可行性与安全性，为行业发展奠定了坚实的基础。

5.2 政策影响与市场需求分析

政策环境对氢能源运输行业的影响主要体现在法规治理、财政激励与市场导向等方面。各国家和地区的监管政策推动了氢能源的安全标准制定及技术规范，强化了行业准入门槛。比如，中国制定了《氢能源产业发展中长期规划 (2021–2035 年)》，明确提出氢能的生产、储存、运输与使用的核心政策方向，力求到 2025 年实现氢能年产量达 1000 万吨，并增加氢气基础设施的覆盖范围。

在财税政策上，英国政府推出了"氢战略"，设定了 2025 年前投资 3 亿英镑于氢气基础设施和生产项目，设想通过税收优惠支持氢燃料电池车的普及，推动运输领域的氢能源应用。此外，部分国家对氢能源项目的贷款利率提供补贴，降低企业融资成本。

市场需求则与氢能源运输的多样化应用息息相关。根据国际能源署 (IEA) 的报告，预计 2025 年全球氢气需求将达到 7000 万吨，且 70% 的需求来自工业和交通领域。这为氢能源运输的市场拓展提供了明确的方向。特别是在重型运输及公共交通领域，氢燃料电池汽车具备替代传统燃油车的潜力。

基础设施建设是影响市场需求与政策执行的关键因素。截至 2023 年，全球氢气加注站数量已超过 400 个，特别是在欧洲和亚洲地区，随着政府资金的投入与私营企业的积极参与，加注站网络逐步形成，将直接促进氢燃料汽车的销售与使用。此外，海洋、铁路等多种运输方式的基础设施集成也日益受到重视，为未来的综合氢能源运输体系奠定基础。

市场趋势显示，氢能源的竞争性将随着技术进步而提升，尤其是电解水制氢与氢能储存技术的突破，将大幅降低氢生产和运输成本。根据行业预测，氢气的运输成本在未来五年内可能降低30%。这种降本增效的趋势吸引了众多投资者和科研机构积极布局。

消费者对环保的要求也促使市场需求不断增加，预计到2030年，氢燃料电池车的市场销量将达到100万辆，同时，物流配送、公交系统逐步实现氢能源化。需求的快速增长反过来促使政策不断完善，形成良性循环，推动氢能源运输在全球范围内的健康发展。

总之，政策的支持与市场需求的提升相结合，预示着氢能源运输行业将迎来更为广阔的发展空间。

5.3 氢能源运输未来展望

氢能源运输的未来展望可从安全性、技术进步、基础设施建设和政策支持四个维度进行分析。首先，安全性是氢运输中的核心要素。由于氢气具有高可燃性和低密度，现代运输系统需要改进以降低潜在风险。采用复合材料制成的高压氢气罐具有优越的抗压能力和轻量化特性，满足700bar甚至更高压力的运输需求。

在技术方面，氢的液化与气化技术不断成熟。液态氢具有能量密度高的优点，其运输密度达到$70.85\ kg/m^3$，相比于气态氢的$0.0899\ kg/m^3$，为长距离运输提供了可能性。实时监测系统的引入，例如物联网技术，能够动态追踪运输过程中的安全隐患，保障运输安全与效率。

基础设施的布局至关重要。未来氢气站的布局应与电动车充电桩相结合，提供便利的氢能补给。此外，专用氢气运输船的研发也在进行，满足长途海运需求。相关企业正在开发高效能的加氢设备，提高氢气的充装效率，预计加氢时间将缩短至15分钟内，增强用户体验。

政策支持是氢运输未来的另一关键要素。全球多个国家已经制定相应的氢能发展战略，例如，欧洲联盟计划在2030年前建设充足的氢气基础设施，预计在2030年之前达到1000+个氢气站点。由此可见，政策将为氢运输的标准化与规范化提供重要支撑。

市场需求的增长驱动着氢能源运输的扩展。随着氢能在工业、交通及储能领域的广泛应用，预计到2030年，氢气的市场规模将达到2000亿美元，推动运输模式的变革。此外，氢燃料电池车辆的普及，特别是在公共交通领域，将创造可观的氢气需求。

总之，氢能源运输的未来展望充满潜能，通过不断优化安全性措施、技术革新与基础设施建设，加上政策的积极推动，氢能源在全球交通运输体系中的角色将日益重要，推动低碳经济的快速发展。

6 结论

氢能源作为一种新兴的清洁能源，其在危险品运输领域的发展潜力逐步显现。随着全球对可再生能源需求的增加，氢气运输的市场规模预计将以每年15%的复合增长率不断扩大。根据行业预测，到2030年，氢气的运输量将达到6000万吨，这为相关运输设施、技术及安全标准的制定提供了重要依据。

目前，氢能源运输主要依赖管道运输、液氢罐车和氢气罐船。管道运输适合于大量、高频率的运输需求，且建设成本较低；液氢罐车则适用于需要快速、灵活调配的中短距离运输。氢气罐船则推动了跨海运输的实施，为国际贸易增添了新选择。各类运输方式的选择，应根据运输距离、氢气状态、经济效益及安全性等因素进行综合考量。

安全是氢气运输不可忽视的重要环节。目前，国际上对氢气运输的法规标准逐渐完善。例如，欧洲已制定《运输危险品国际公约》和《氢气安全标准》，中国也在不断修订相关法规，以适应日益增加的氢气运输需求。具体而言，氢气的运输必须遵循温度、压力、材质等多个参数的严格控制，确保运输过程中的安全性。

此外，氢气运输的技术创新也在持续推动着行业的进步。先进的储氢技术如金属氢化物、化学氢储存等正在研发中，这些技术不仅可以提高氢气的储存密度，还能降低潜在的安全风险。当前，以高压气体、液态氢和固态氢存储技术为主流，确保对应安全标准和经济效益的同时，提升氢气运输的可靠性。

氢气的分配网络建设也成为关键。合理规划生产、存储、分配及消费的全链条，有助于降低运输成本和时间，提高供应链的灵活性。未来，智能化物流管理系统的引入，将为氢能源运输提供实时监控与调度管理，从而优化运输路线，降低环境影响，提高经济效益。

面对未来的发展挑战，政策支持与市场推动是氢能源运输行业健康发展的基石。国家政策的引导将促进氢气基础设施投资，同时提高公众对氢能源的接受度与信任度。此外，行业合作与技术交流将加快氢燃料电池相关创新的市场转化，拉动整体产业链的发展。

氢气运输行业在高效、低碳、安全的方向发展，必将为实现全球碳中和目标作出积极贡献。技术进步、法规完善与市场需求将共同推动氢能源危险品运输的不断演化，未来的市场布局将更加灵活多变，企业需及时调整战略以应对瞬息万变的环境与挑战。

参考文献：

[1] 徐佳俊, 劳利建. 氢能源应用现状及前景分析 [J]. 机械工业标准化与质量,2021:4.

[2] 洪虹, 章斯淇. 氢能源产业链现状研究与前景分析 [J]. 氯碱工业,2019:9.

[3] 许卫军. 氢能源发展研究现状 [J]. 中国战略新兴产业,2020:8.

[4] 许丹. 氢能源在港口应用的优势与短板分析 [J]. 中国水运,2020:11.

[5] 朱晏萱, 孙如田. 浅谈氢能源汽车的发展前景 [J]. 时代汽车,2021:2.

[6] 徐连兵. 我国氢能源利用前景与发展战略研究 [J]. 洁净煤技术,2022:9.

[8] 杨枝煌, 杨南龙. 我国氢能源汽车业发展的主要方向 [J]. 开放导报,2020:1.

[9] 宋泽林. 氢能源利用现状及发展方向 [J]. 石化技术,2021:5.

基于高矿化度水绿电制氢
发展现状及前景展望

王佳琳　姬　伟　徐自强　张晓琢

（中国石油长庆油田公司油气工艺研究院）

摘要： 氢能（H_2）作为一种理想的清洁、高效、安全的可再生能源，以其高能量密度、优良燃烧性能以及可储存和运输的特性，被广泛认为是21世纪最具潜力的清洁能源之一。氢气燃烧的唯一产物是水，而水又是制备氢气的原料，从而构成了一个闭合的循环，实现了氢气的可持续利用。随着我国"双碳"目标的提出，氢能产业的热度不断上升，预计到2060年，氢气的产量将有望达到1亿吨以上。利用太阳能、风能等可再生能源进行水解制氢，是生产"绿氢"的关键途径，也是实现碳中和目标的重要战略。本文在深入分析基于高矿化度水绿电制氢技术的基础上，结合我国可再生能源的分布特性，探讨了高矿化度水绿电制氢技术的应用前景及其未来发展趋势。依托我国丰富的海水资源和海上风力资源，分析了绿电电解海水制氢的可行性及其优势，并从催化剂改性、电解液优化以及电解槽结构优化三个维度，深入探讨了提升电解海水制氢效率的途径。同时，分析了当前电解海水制氢所面临的挑战，展望了未来的发展路径。本文进一步聚焦于长庆油田丰富的风光资源和油气田采出水资源，展示了绿电电解油气田采出水制氢技术在现场的探索与实践，并讨论了直接电解油气田采出水制氢所遇到的问题，以及如何通过技术创新和资源整合推动油田氢能经济的发展。最终，本文提出了氢能产业所面临的挑战和未来发展的方向，旨在为政策制定者和企业投资决策提供参考依据。

关键词： 氢能　双碳　风光资源　高矿化度水　绿电制氢

氢是宇宙中分布最为广泛的物质，超过地球表面积四分之三的水体中蕴含着充沛的氢资源等待着被开发和利用。氢能源以其独特的优势—清洁无污染、零碳排放、储存运输便捷以及高能量密度—成为了燃料电池等发电技术以及交通工具动力来源的理想选择。氢能作为一种新兴能源载体，被认为拥有广阔的发展前景和巨大的应用价值。我国现阶段主要的制氢方法仍依赖于传统化石能源转化，这不仅导致生产设施复杂、投资高昂，而且制氢过程会排放大量CO_2温室气体，与我国实现双碳目标的大方向相悖。

在此背景下，国家发展和改革委员会联合国家能源局共同颁布了《氢能产业发展中长期规划（2021-2035年）》，明确了氢能在国家能源战略中的地位，强调其将成为国家未来能源体系的核心。氢能产业被定位为具有战略意义的新兴产业，并被指定为未来产业发展的重点方向。规划同时提出了发展可再生能源制氢的目标。值得一提的是，2024年11月8日，氢能被正式纳入《中华人民共和国能源法》，国家鼓励和支持可再生能源开发利用、氢能开发利用以及节约能源等领域发展。我国作为目前世界第一产氢大国，氢气年产量已突破3000万吨，占世界产氢总量的35%以上[1]。我国丰富的可再生能源资源，尤其是风能和光能，为绿电制氢提供了得天独厚的条件。此外，随着全球淡水资源日益匮乏，海水以及工业废水电解的研究越来越受到重视

基于此，本文在总结绿电制氢技术的基础上，对高矿化度水绿电制氢技术的发展现状及其在我国的应用前景进行了探讨。深入剖析了目前国内外通过绿电电解高矿化度水等工业废水制氢的环境资源优势、研究现状以及面临的问题。然后对高矿化度水等工业废水的各种改性策略进行了分类和讨论。最后，提出了企业与高校等合作促进氢能的高效低成本开发，并对未来氢能在我国的发展进行了展望。

1　电解水制氢

1.1　电解水制氢的基本原理

1800年英国科学家William Nicholson和Anthony Carlisle首次发现，通过外加电压能够将水分解为氢气和氧气。其基本原理如图1所示，在外加电压作用下，阴极发生还原反应，即：析氢反应。

酸性电解液下，析氢反应式为：

$$4H^+ + 4e^- \rightarrow 2H_2 \qquad （1）$$

碱性电解液下，析氢反应式为：

$$4H_2O + 4e^- \rightarrow 2H_2 + 4OH^- \qquad （2）$$

由上述反应式可以看出，电荷转移量与氢气的生成量成正比，因此，外加电压的大小能够直接影响电解水产氢量。

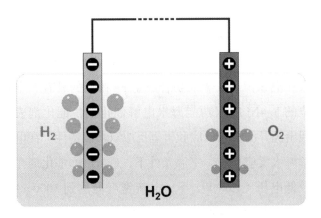

图1. 电催化分解水基本原理图

1.2　电解水制氢技术类型

根据电解水制氢系统工作环境和电解槽所用的隔膜类型不同，可以分为：①碱性电解水，使用KOH和NaOH等碱性电解质，工作温度相对较低，一般在60°C到90°C之间，且技术最为成熟，成本相对较低，但其电解效率较低（70%-80%）；②质子交换膜电解水，使用质子交换膜作为隔膜，工作温度较低，一般在室温到80°C之间，且具有更高的技术电解效率（可达90%）和更快的动态响应能力，但质子交换膜材料和电解槽的成本较高，目前难以大规模应用；③高温固体氧化物电解水，使用固体氧化物作为电解质，通常在高温下工作，能够使用可再生能源的热能来提高整体效率，产生的氢气纯度很高，但系统复杂性和高温操作带来了较高的成本和技术挑战。

尽管电解水制氢技术已取得极大研究进展，但电解效率、工作稳定性、使用成本等制约其大规模应用。

2　绿电来源

2.1　太阳能光伏发电

太阳能光伏发电技术，依托于光伏效应，将太阳的辐射能直接转化为电能。光伏发电系统可以直接为电解水制氢设备提供电力，实现氢气的绿色生产。此外，太阳能光伏发电的优势在于其资源丰富、分布广泛、清洁无污染。

2.2　风力发电

风力发电的核心是将大气流动的能量转化为电能。该过程通过风力驱动发电机的叶片旋转，实现风能向机械能的转换，进而通过发电机将机械能转换为电能。风力发电的关键在于风能的捕获和转换效率的提升，风力发电机的叶片设计、安装位置以及发电机的设计等因素都将影响风力发电的效率。风能是一种可再生的、无污染的能源，风力发电适合大规模开发。

2.3　水力发电

水力发电的基本原理是利用水流的动能或势能，通过水轮机将其转化为机械能，再由发电机将机械能转换为电能。水力发电不仅稳定可靠，而且

可以调节电网负荷,为电解水制氢提供稳定的电力供应。

3 高矿化度水绿电制氢研究现状

3.1 绿电电解水制氢技术原理

绿电制氢技术是指利用风能、光能等可再生能源发电,再使用产生的绿电作为电力,通过电解水制氢的方式生产氢气。这一过程不仅实现了氢气的绿色生产,而且有助于减少对化石燃料的依赖,是实现能源结构转型的重要途径。

3.2 电解海水制氢研究现状

由于海水中含有的各种阳离子和阴离子等复杂成分会对电极造成腐蚀,降低电解水制氢反应的催化稳定性,因此海水电解制氢面临着比纯水电解制氢更大的挑战。表面上简单的全解水反应阴阳极发生的析反应和析氧反应过程,如图2a所示。当海水取代纯水时,海水中存在的各种阴阳离子会使得此过程变得明显复杂,同时,形成的不溶性沉淀物会阻碍催化活性位点,危害电解过程活性和稳定性,如图2b所示。

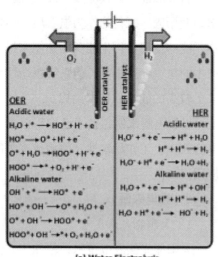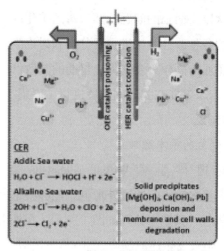

图2. 电解水过程阴阳极发生的反应示意图。(a)在酸性和碱性环境下纯水电解过程中阴阳极发生的析氢和析氧半反应;(b)天然海水(酸性海水和碱性海水)电解过程中影响电解水效率的副反应

近年来,随着对电解海水制氢技术的深入研究,研究者们从催化剂的改性、电解池膜、电解液优化以及电解槽结构优化等方面来提升电解海水制氢效率。

3.2.1 催化剂改性

合理的催化剂设计是开发低成本、高效的海水电解制氢电催化剂的关键。提高催化剂效率不仅可以优化整个反应,降低能耗,还可以减少沉淀等副产物的生成。为了提高催化剂的活性,不仅要提高催化剂的内在活性,而且要提高活性位点的密度。提高催化剂活性的关键策略包括在催化剂表面制造缺陷以暴露更多的活性位点,选择具有高表面积的基底以增加活性位点密度,以及杂原子掺杂调整催化剂电子结构以提高催化性能等。这些方法的共同

目标是推进高效、耐用、经济的催化剂的开发,以实现海水可持续制氢。

(1)催化剂表面制造缺陷

催化剂的缺陷度越高,就能暴露更多的活性位点,而活性位点的增多是电解反应活性提高的关键。缺陷位不仅能够活化相邻金属原子,而且能够加速反应过程中的电子转移,促进反应发生。Wang等人在泡沫镍基底上成功合成了Fe掺杂的具有P空位的$Fe-Ni_2P_x$双功能海水电解催化剂,催化剂表现出优异的析氧反应和析氢反应双功能特性。在电解海水反应槽中,室温条件下,$Fe-Ni_2P_x$催化剂在较低电压(1.68 V)下,电流密度能达到1000mA cm^{-2}。而在60℃反应条件下,外加电压仅1.73V时,电流密度就能达到3000 mA cm^{-2},超过大部分商业

催化剂。

（2）多孔结构基底的选择

由于多孔结构催化剂具有较多活性位以及较大的孔结构能够促进电解液扩散，因此设计具有多孔结构的催化剂能够有效的提升电解海水制氢效率。Wang 等人报道了使用纳米多孔泡沫镍基材料作为阴极基底，能够有效的防止海水电解过程中 Cl⁻ 阻碍反应发生。纳米多孔泡沫镍在电解海水产氢反应中具有杰出的反应性能是由于泡沫镍具有疏氯离子表面及其丰富的 Ni^0/Ni^{2+} 活性位。纳米多孔泡沫镍在 $400\ mA\ cm^{-2}$ 电流密度下过电位仅 $310mV$，远远低于 $Ni(OH)_2$ 和商业泡沫镍。并且能够在模拟海水电解液中在 $400\ mA\ cm^{-2}$ 电流密度下稳定产氢超过 $100\ h$ 并能保持其纳米多孔结构不发生变化。

（3）杂原子掺杂提高催化性能

杂原子掺杂能够结合不用金属的催化性能，构建出耐腐蚀的海水电解电催化剂。掺杂原子可以调节周围金属原子的电子结构以及配位环境，进而改变不同反应中间体的吸附能，调节反应路径，加速催化反应的发生。最近，Song 等人合成了一种 Cr 掺杂的 Co_xP 催化剂用于直接电解海水制氢。得到的 $Cr-Co_xP$ 催化剂在电流密度为 10，500，$1000mA\ cm^{-2}$ 时，过电位分别仅为 100，250 和 $282mV$（图3）。在电流密度达到 $700mA\ cm^{-2}$ 时，其过电位甚至低于商业 Pt/C，具有较高的商业应用价值。此外，$Cr-Co_xP$ 催化剂能够在 $100mA\ cm^{-2}$ 电流密度下稳定电解海水超过 140h，具有较强的析氢反应性能稳定以及耐腐蚀性。因此，杂原子掺杂策略能够有效的提高海水电解产氢反应性能，为合理设计高效的海水电解电催化剂提供新的见解。

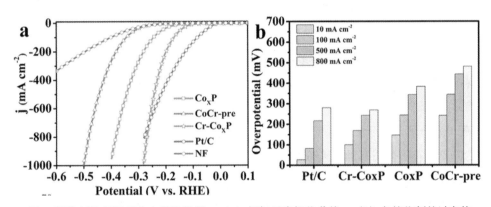

图3 催化剂的析氢反应电催化性能。（a）析氢反应极化曲线；（b）各催化剂的过电势

3.2.2 电解液调节

除了优化催化剂结构来增强电解海水制氢效率外，电解液选择也对电解效率有很大的影响，因此，调节电解液的组成也是提高阳极稳定性的有效途径。众所周知，在实际电解海水制氢过程中，由于水分子的不断消耗导致海水中卤化物的浓度增加到饱和，进而使得阳极腐蚀更加严重。为了解决这一问题，Li 等人提出了一种添加电解质调节的策略，利用共离子效应，通过添加过量的 NaOH 降低溶液中 NaCl 的溶解度。实验结果表明，随着 NaOH 含量从 1 M 增加到 6 M，溶液中 NaCl 的饱和浓度从 5.3 M 降低到 2.8M（图4）。Cl⁻ 浓度降低能够有效

的减轻电解液对阳极的腐蚀，有助于电解海水制氢反应的长期稳定性。因此，通过在电解液里添加 NaOH 抑制 NaCl 溶解，提高阳极稳定性，促进海水电解产氢反应的进行。

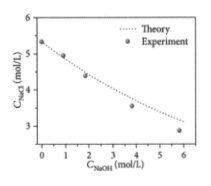

图4. 水溶液中 NaCl 溶解度随 NaOH 溶解度的变化曲线

3.2.3 电解槽优化

电解槽的结构设计对于提高海水电解过程的效率和提高氢气产量也有至关重要的影响。由于海水中含有各种盐类和杂质，可能会对电解槽材料造成腐蚀，因此电解槽的设计需要考虑材料的选择，以保证足够的耐腐蚀性。传统电解槽对海水直接电解有一定的局限性，容易导致堵塞等问题。因此，将海水预处理与电解槽相结合对于开发高效的海水电解槽至关重要。Xie 和 Shao 等人将原位水净化工艺与传统的海水电解技术相结合，使用疏水多孔聚四氟乙烯（PTFE）基疏水透气膜作为气路界面，浓 KOH 溶液作为电解质进行电解海水制氢反应。反应过程中，海水蒸发形成水蒸气，水蒸气再通过 PTFE 膜扩散到电解质一侧进行再液化。当水迁移速率等于电解速率时，海水与电解质之间可以建立新的热力学平衡，通过"液－气－液"机制实现连续稳定的水迁移，为电解过程提供淡水。此系统能够以 250 mA cm^{-2} 的恒流密度对深圳湾海水进行了电解，且能达到 3681 h^{-1} 的海水制氢规模。因此，电解槽的选择以及结构设计对于电解海水制氢效率也有至关重要的影响。

3.3 电解油气田采出水制氢研究现状

中国石油工程建设有限公司郑帅等人依次将电解预处理装置、极液制备装置、酸碱制备装置和电解制氢装置连接，成功的将未经过预处理的油田水电解制氢。此外，长庆油田通过与东方电气（福建）创新研究院有限公司的合作，成功将长庆油田气田采出水电解，制备出纯度高达 99.999% 的氢气产物。

4　高矿化度水绿电制氢前景展望

4.1 高矿化度水绿电制氢面临的问题

4.1.1 电解海水制氢面临的问题

海水中含有大量可溶性盐类和其他杂质，这些成分会对电解器造成腐蚀，缩短电解器的使用寿命。此外，海水中含有多种离子，不进行预处理的前提下回影响整体电解效率，且海上氢气的储运相对比较困难。因此，电解水制氢技术需要不断进步，提高电解效率，降低成本，以实现与化石燃料制氢的竞争力。

4.1.2 油气田采出水制氢面临的问题

油气田采出水中含有大量的油、悬浮物、盐类和其他化学物质，这些杂质可能会污染电解槽，降低电解效率，因此需要昂贵的预处理步骤来净化水质。此外，普通的电解槽可能无法直接用于处理含油量高的采出水，且采出水中的盐类和其他矿物质可能导致电解槽电极的腐蚀和结垢，影响电解槽的稳定性和寿命等问题都会影响项目的经济可行性。

为了解决这些问题，需要进行技术创新，开发适合油田采出水特性的电解器，优化水质处理流程，提高氢气纯度，降低能耗和成本，并制定相应的环保政策和经济激励措施。同时，加强与油气企业的合作，利用现有油田基础设施，可以提高项目的整体经济性和可行性。

4.2 高矿化度水绿电制氢优势

4.2.1 绿电电解海水制氢优势

我国拥有长达 1.8 万公里的海岸线，海上风能资源丰富。根据中国气象局的数据，我国海上风能理论蕴藏量达到 7.5 亿千瓦，可开发量超过 2 亿千瓦。此外，我国海水储量极为丰富，为氢能制造业带来丰富的原料基础。因此，充分利用海上丰富的风能资源和海水资源，利用风力发电电解水制氢能够实现大规模氢能的生产。此外，就电解海水制氢的环境优势而言，海上风力发电不占用土地资源，对生态环境影响较小。同时，电解水制氢过程几乎没有污染物排放，是一种绿色、环保的制氢方式。这符合我国生态文明建设的要求，有助于实现可持续发展。

4.2.2 绿电电解油气田采出水制氢优势

油气田采出水是油气生产过程中的副产品，利用这部分水资源进行电解制氢，可以实现对现有资源的最大化利用。我国每年油气田采出水达到几十亿立方米。以长庆油田为例，长庆油田地处鄂尔多斯盆地，具有丰富的风光资源（图 2）。其年太阳辐射总量介于 4500-5600 MJ/m^2.a 之间。且每年的有效利用时间达到 1400-1600h。此外，其风能的能量密度为 154-420W/m^2，年累计时数 3000 小时以上，属于较丰富地带，目前技术可开发量 7.04

亿千瓦（表1）。且长庆油田每年油气田采出水在几百万吨级，结合其丰富的风光资源产生的绿电，

将采出水通过海水无淡化原位直接电解制氢技术转化为绿色氢气，产量将超过10万吨。

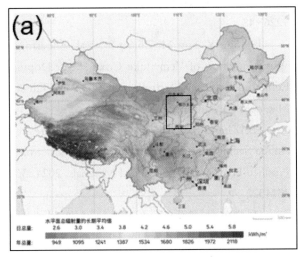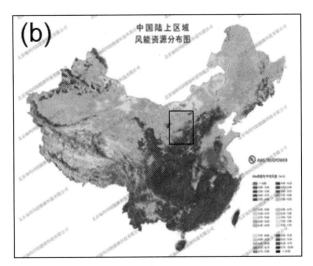

图2　我国风光资源分布图。（a）太阳能资源分布图；（b）风能资源分布图。

表1　长庆油田四省区风光资源技术可开发量统计表（万千瓦）。

地区	陕西	甘肃	宁夏	内蒙	合计
光能	11000	10000	5400	62000	88400
风能	3500	23700	5200	38000	70400
合计	14500	33700	10600	100000	158800

此外，油气田采出水通常含有多种污染物，直接将油气田采出水进行电解处理，不仅可以生产氢气，还可以去除水中的有害物质，增加收益、减轻对环境的影响，同时为油气田的绿色转型提供新的思路。

4.3 高矿化度水绿电制氢的意义

海水作为地球上最丰富的水资源之一，其用于制氢具有几乎无限的潜力。电解海水制氢可以直接利用海洋水资源，减少对有限淡水资源的需求。此外，由于油气田采出水等工业废水含有多种污染物，通过电解这些废水制氢，不仅能够生产清洁能源，还能实现废水的净化和资源化，具有双重环境效益。此外，随着全球对清洁能源需求的增加，高矿化度水绿电制氢的市场前景广阔。这种制氢方式不仅有助于实现碳中和目标，还能为氢能经济的发展提供重要支撑。高矿化度水绿电制氢可以减少温室气体排放，有助于应对气候变化，同时减少对化石燃料

的依赖，增强能源自给自足能力，提高能源供应的安全性和稳定性。

5　总结与展望

氢能作为新型能源体系的关键一环，扮演着至关重要的角色。氢能产业不仅是我国新兴产业的代表，更是未来产业发展的重点方向。推动以氢能为支柱的新型能源体系建设，将有效促进我国可再生能源的规模化与高效利用，为达成"双碳"目标提供强劲动力。石油企业应充分发挥现有基础设施和资源优势，加大绿电的开发力度，显著提升氢能开发的比例。同时，企业需加强与高校及同行业的合作，共同提升制氢项目的经济性和可行性，为氢能产业的可持续发展贡献力量。

参考文献：

[1] 夏祖璋．太阳能制氢——洁净的能源供给系统 [J]．太阳能，1994，(03): 31.

[2]Aicher T. Renewable Hydrogen Technologies.

Production, Purification, Storage, Applications, and Safety. Edited by Luis M. Gand í a, Gurutze Arzamendi, and Pedro M. Di é guez[J]. Energy Technology, 2015, 3(1): 90−1.

[3]Osara J A, Bryant M D. Performance and Degradation Characterization of Electrochemical Power Sources Using Thermodynamics[J]. Electrochimica Acta, 2021, 365: 137337.

[4]Becker H, Murawski J, Shinde D V, et al. Impact of Impurities on Water Electrolysis: A Review[J]. Sustainable Energy & Fuels, 2023, 7(7): 1565−603.

[5]Liu X, Yu Q, Qu X, et al. Manipulating Electron Redistribution in Ni2p for Enhanced Alkaline Seawater Electrolysis[J]. Advanced Materials, 2024, 36(1): 2307395.

[6]Wang J, Li Y, Xu T, et al. Nanoporous Nickel Cathode with an Electrostatic Chlorine−Resistant Surface for Industrial Seawater Electrolysis Hydrogen Production[J]. Inorganic Chemistry, 2024, 63(13): 5773−8.

[7]Karlsson R K B, Cornell A. Selectivity between Oxygen and Chlorine Evolution in the Chlor−Alkali and Chlorate Processes[J]. Chemical Reviews, 2016, 116(5): 2982−3028.

[8]Qin Y, Lu G, Yang F, et al. Heteroatom−Doped Transition Metal Hydroxides in Energy Storage and Conversion: A Review[J]. Materials Advances, 2023, 4(5): 1226−48.

[9]Song Y, Sun M, Zhang S, et al. Alleviating the Work Function of Vein−Like Coxp by Cr Doping for Enhanced Seawater Electrolysis[J]. Advanced Functional Materials, 2023, 33(30): 2214081.

[10]Zhang S, Xu W, Chen H, et al. Progress in Anode Stability Improvement for Seawater Electrolysis to Produce Hydrogen[J]. Advanced Materials, 2024, 36(37): 2311322.

[11]Xie H, Zhao Z, Liu T, et al. A Membrane−Based Seawater Electrolyser for Hydrogen Generation[J]. Nature, 2022, 612(7941): 673−8.

[12] 杨学峰, 姬伟, 周星泽, et al. 长庆油田新能源业务发展模式探索与实践 [J]. 石油科技论坛, 2023, 42(02): 40−8.

[13] 沈义 . 我国太阳能的空间分布及地区开发利用综合潜力评价 [D], 2014.

海上风电与海洋油气
融合发展应用案例研究

梅耀丹

（中国石油集团海洋工程有限公司海洋工程设计院）

摘要： 近十年，全球海上风电市场发展迅猛，开发海上风电业务已成为传统油气行业实现碳减排目标的重要手段之一。本文通过总结传统油气行业转变趋势，结合海上风电发展现状，评估了海上风电与海上油气业务的契合度；介绍了海上风电与制氢、海上风电与油气平台耦合供电两种发展模式，并结合实际案例进行了分析，最终得出结论：海上风电与海上油气业务具有较高契合度；海上风电与海上油气的融合发展是传统油气行业向新能源业务转型的重要手段，其核心是电能的就地消纳，具有广阔的发展前景。

关键词： 海上风电　海上油气　融合发展

1 传统油气业务向新能源业务转变

全球为应对气候变化，全球 178 个缔约方共同签署了气候变化协定——《巴黎协定》，协定长期目标是将全球平均气温较前工业化时期上升幅度控制在 2 摄氏度以内，并努力将温度上升幅度限制在 1.5 摄氏度以内。《巴黎协定》提出的约束目标倒逼各国加速向低碳能源转型，国际油气巨头纷纷制定碳减排计划，将可再生能源作为重要发展方向。壳牌（Shell）宣布在 2050 年成为净零排放能源公司，主要开发可再生能源、生物燃料和氢气，以 2016 年为排放基准年，2035 年实现碳排放降低 30%，2050 年实现碳排放降低 65%。道达尔（TotalEnergies）承诺 2050 年前实现其生产的净零排放和供欧洲用户能源产品的净零排放，全球能源产品的平均碳排放强度降低 60% 或以上（低于 27.5gCO2/MJ），为实现这一目标，计划从 2021 年到 2030 年每年在可再生能源业务方面投入 30 亿美元。挪威石油公司（Equinor）

计划 2050 年实现温室气体净零排放，公司将为 2030 年后全球油气需求下降提前准备，加大风电等可再生能源开发，2035 年可再生能源发电装机容量达到 12GW–16GW。国内石油企业近年来也顺应趋势，致力于促进传统油气业务向新能源业务的跨越。中石油坚决贯彻落实"双碳"目标，力争 2025 年左右实现碳达峰，2035 年实现新能源业务产能与油、气三分天下，2050 年实现近零排放，新能源新业务产能达到半壁江山。去年，中石油在新能源领域全面提速发展，全年建成投产新能源项目 39 个，新增新能源开发利用能力 350 万吨标煤 / 年。

全球能源格局正在发生改变，传统的能源需求中心正快速向新兴市场转移，国内外石油天然气企业加速布局海上风电产业。2017 年，壳牌（Shell）公司成立独立分公司 New Energies 投资可再生能源和低碳电力项目，并进军海上风电领域；同年，挪威石油公司（Equinor）宣布到 2030 年总资本支出的 15-20% 用于投资新能源解决方案，并于 2019 年与中国国电投下属公司中电国际（CPIH）签署备忘录，规划共同开发中欧海上风电；法国油气道达尔（Total）公司 2019 年进军英国海上风电行业，并对漂浮式海上风电技术展现出浓厚兴趣；2020 年，英国石油公司（BP）购买美国风电资产，正式涉足海上风电领域；同年 9 月，中海油首个海上风电项目 – 江苏竹根纱 300MW 项目成功并网，2020 年底全部实现投产。

国际能源署（IEA）2019 年发布的《海上风电展望》报告显示：海上风电全生命周期的成本中，有 40% 和油气行业有明显的协同作用。由于海上油气开发与海上风电开发有着相似的供应链和技术要求，两种业务具有较高的业务契合度，从项目的设计、建造、安装到运营维护等全生命周期各个阶段，海上风电可向油气行业学习的领域包括海上施工项目管理、海上交通运输和物流、浮式基础、海缆、钢结构、防腐、缺陷检测等技术。在拓展海上

风电业务方面，海上油气公司具有以下优势：掌握丰富海洋环境、气象数据信息；持有完备的海洋工程资质及管理体系；具备优秀的海洋工程一体化服务能力；积累了丰富的海洋工程经验；储备了经验丰富的海洋工程人才；具有深水区海洋施工经验及得天独厚的海上平台电力消纳优势。

2 海上风电发展现状

在新冠疫情影响下，全球范围内传统海上油气板块和海上风电板块的表现形成了鲜明的对比，能源市场的投资结构正在发生变化。传统海上油气市场当前普遍面临着作业减少、项目延期、投资低迷、运营中断等困难。然而，海上风电却凭借其巨大潜力获得更多投资支持。根据克拉克森研究（Clarksons research）发布的《海上可再生能源 & 海上风电》专题报告显示，见图 –1，2020 年全球海上风电市场总投资额达 560 亿美元，首次超过海上油气板块投资 429 亿美元。其中，中国海上风电市场投资约 251 亿美元，约占全球海上风电投资的 45%。

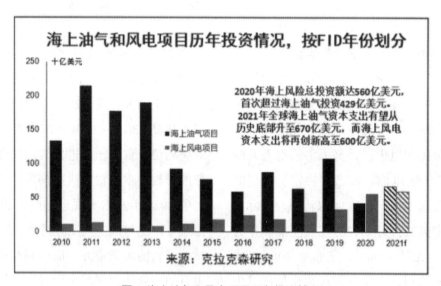

图 1 海上油气和风电项目历年投资情况

中国海上风电市场潜力巨大，且行业处于高速发展期。彭博新能源 2021 年发布的《全球海上风电报告》显示，见图 2，2021 年全球新增海上风电装机容量约 13.4GW，受到 2021 年底补贴到期的影响，中国海上风电装机呈井喷式增长，单年新增

10.8GW，占全球新增容量的 80%，尽管 2022 年后中央财政补贴完全退出，预计 2022 年中国新增装机规模将大幅降低，但依旧将保持稳健增长态势。

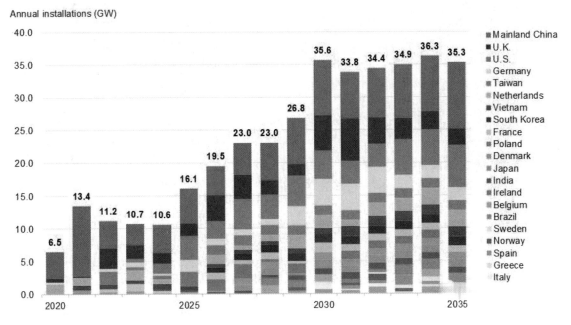

图 2　2021 年全球海上风电新增装机容量

3　海上风电与海洋油气融合发展

随着国家补贴退出，国内海上风电产业面临巨大降本压力，除优化设计、降低工程造价、降低运维成本等手段外，与海洋经济融合发展是"降本"之术的法宝之一。海上风电场的综合开发应从总体上考虑风电场的布局和规划，将风资源与太阳能、波浪能、潮汐能等其他海洋能资源形成互补，本着节约海域资源的原则，统筹其他产业协调发展，减少用海矛盾，提高海洋资源利用效率，加强海洋生态文明建设，降低风电项目对海洋环境资源的影响。

海上风电场综合开发形式多样，包括海上风电与海洋能综合开发、海上风电与海上油气融合发展等。海上风电与海上油气具有较大的融合发展空间，在平价条件下，海上风电开发受到经济性制约，融合发展可以实现设施共用、发电直供、就地消纳、协同维护等双赢局面，对降低海上风电投资、缩减运营成本有较好的推动作用。两种产业融合发展模式包括但不限于海上风电制氢与海洋油气融合、海上风电与油气平台耦合供电等模式。

3.1　海上风电制氢与海洋油气

随着装机容量的猛增，海上风电的问题正逐渐凸显：海上风电中存在大规模不可控因素和低品质

并网，对整体电网的安全性提出挑战；海上风电场的大规模聚集和高峰期发电对输电网络造成压力，导致大量弃风现象；大规模并网造成电网调度难度增加；随着海上风电场离岸距离增加，外送电缆投资成本也逐步攀升。海上风电制氢可以通过改变储能方式或能源转化方式解决上述问题。海上风电制氢是指海上风机将风能转化为电能，然后利用电能进行电解海水制氢，实现风能向氢能的转化。

目前海上风电制氢的一种典型形式是将风机产生的电能传送至海上油气平台，在油气平台将水电解后利用现有的天然气管道将氢能传送至陆地。荷兰 PosHYdon 项目是世界上第一个海上风电制氢项目，由荷兰多家企业、机构共同承担，海王星能源公司（Neptune Energy）主导，以促进减排事业。PosHYdon 项目通过对 Q13a-A 油气平台进行改造，增加集装箱式的制氢设备，首先通过水泵将海水打入集装箱内，经过脱盐设备进入电解槽，利用油气平台电力分解水，生成氢气和氧气，氢气与天然气混合后通过 NOGAT 和 Noordgastransport 公司现有天然气管道传送至陆地设施，见图 3，用于加氢、脱硫和氨生产环节，氧气则直接被排放至大气。

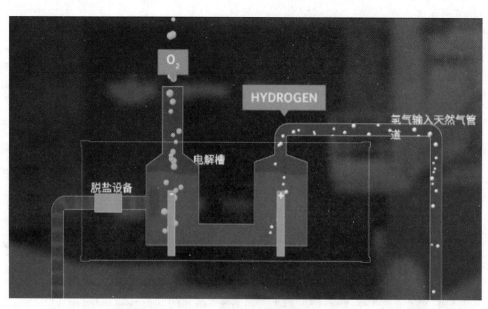

图3　海上风电制氢原理

PosHYdon 项目旨在测试海上风电、海上油气平台以及氢能制取运输体系的整合技术，包括油气分离及处理、氢气和天然气多相流管道混输、海上制氢设备安装和运行等技术。未来十年北海地区有一半的油气设施资产面临报废和退役，PosHYdon 项目重复利用北海油气平台及管道基础设施，实现了低成本输送氢气至陆上应用终端。平台电力暂由陆地上电网通过海缆连接供应，并按波动的海上风电发电量来模拟供应，但未来将改由附近的海上风电场为 Q13a-A 平台供应电力。PosHYdon 项目将为海上大规模、低成本绿氢发展提供宝贵经验。

海上风电制氢技术涉及电氢转化和输送氢气两大关键技术，目前海上风电制氢产业发展受限与这两个技术息息相关：目前，海上制氢电解槽设备成本较高，导致海上风电制氢与煤电制氢相比，发电成本较高，海上风电制氢缺乏经济性，因此电解槽制造规模的扩大以及前期设备成本的下降是解决海上风电制氢经济性的关键。另外，海上制氢缺乏成熟的运输方式，深远海建设输氢管道或运输船舶输氢并不经济。掺入氢气的天然气既可以混合燃烧，也可以在管道终端做分离处理，所以利用现有天然气管道掺氢输送不仅具有投资成本低、经济收益产生快，还可有效解决海上风电消纳问题。2020 年 1月，英国 HyDeploy 示范项目向现有天然气管网注入 20%（按体积计）氢气，为 100 户家庭和 30 座教学楼供气，截至目前，20% 为欧洲最高的掺氢比例。2019 年 10 月，我国首个天然气掺入电解氢气项目——朝阳可再生能源掺氢示范项目完工。但目前天然气管网掺氢比例以及掺氢输送管道安全问题仍限制着天然气掺氢技术发展。虽然天然气和氢气在物理特性上有相似特性，利用天然气管道对氢气进行压缩、储存、运输理论上具有适应性，但掺氢比例、管道材质及外部因素仍对输气管道及管道配套设备掺氢运输产生影响——天然气管道掺氢后管道容易产生氢脆、氢鼓泡、氢腐蚀等问题。因此，对掺氢后管道相容性、氢脆机理等关键技术进行攻关，推动规模化天然气管道掺氢运输应用是解决海上风电制氢的重要手段。

3.2 海上风电与油气平台耦合供电

海上油气平台自发电存在以下问题：燃气透平发电机或柴油发电机运行碳排放高；海上油田自组网发电成本高；平台空间有限，自组网供电占用平台面积，扩容改造困难等。目前，利用岸电供电已攻克上述问题，但是岸电技术对海缆技术要求严格，需满足大容量、可靠性高、能够实现远距离输电等要求。利用海上风电为附近的油气平台供电是自发电问题的另一种答案。

挪威石油公司（Equinor）漂浮式海上风电场 Hywind Tampen 是第一座为海上油气平台直接供电的海上风电场，见图 4，风电场水深 260 米至 300

米，离岸 140 公里，配备 11 台西门子 Gamesa 的 SG 8.0-167DD 风机，总装机容量为 88MW，是全球唯一使用 SPAR 基础的漂浮式海上风电项目。为位于北海的 Snorre A 和 B 以及 Gullfaks A，B 和 C 五座石油平台供电，满足五座石油平台 35% 的电力需求，瞬间负荷最大达 70%。法国道达尔能源公司（TotalEnergies）发起 O/G Decarb 创新工程项目，见图 5，旨在探索综合利用浮式海上风电、波浪能、氢能等多种能源形式，为海洋油气平台供电的模式，彻底解决使用油气平台附近的可再生能源为油气平台供电的问题。

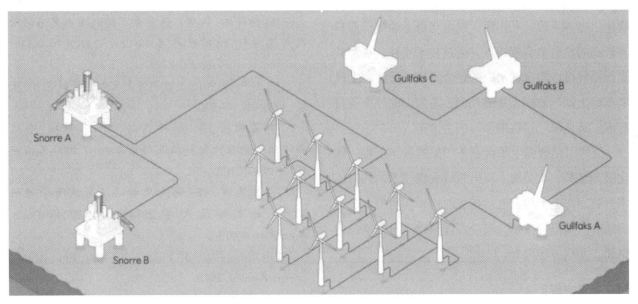

图 4 Hywind Tampen 风电场布局示意图

O/G Decarb 创新工程项目的设计充分利用各种可再生能源的互补性：首先使用海上风电和波浪能弥补单一能源的不稳定性，进一步为时刻满足平台电力供应，增大海上风电和波浪能装机容量，保证发电量大于用电量，进而利用海上风电和波浪能超发的电力通过电解水制氢，最后将氢气以 15% 的比例混入平台生产的天然气，使用同一套管网运输，节省新建管网费用。O/G Decarb 创新工程项目是 PosHYdon 项目进一步的优化，海洋能资源利用更充分。

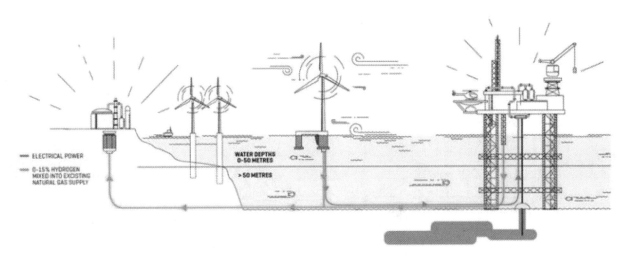

图 5 O/G Decarb 创新工程项目流程

4　结论

在全球碳排放标准日益趋严的背景下，传统油气巨头分分布局新能源行业。随着当下海上风力发电的大规模发展，滞后的电网建设已无法满足迅速扩张的风电发展，导致弃风现象浪费资源。为促进海上风电的消纳和能源结构的优化调整，应以海上风电就地消纳为核心，通过电解水制氢回输、风电就地供电等手段，利用海上风电与海上油气行业具有较高的发展契合度特点，通过技术互补、资源共享等手段可以实现深层次的融合发展，形成海上风电与海上油气协同发展的局面，将海上油气企业打造成"碳达峰""碳中和"的主力军。

公司可结合海上平台业务积累的海洋工程一体化服务经验，攻关海上风电领域关键技术的同时，掌握利用海上平台制氢后掺氢混输、利用海上平台消纳海上风电等技术，进一步逐渐建立海上能源岛格局，实现多能融合。

参考文献：

[1] 李宏涛，温源远，杜譞，杨晓华.2016 年全球主要多边环境协定动态、发展趋势及对我国履约的启示 [J]. 环境保护,2017,45(08):74-78.DOI:10.14026/j.cnki.0253-9705.2017.08.014.

[2] 孙钰. 巴黎气候大会：倒逼转型绿色发展的新起点 [J]. 环境影响评价,2016,38(01):17-19.DOI:10.14068/j.ceia.2016.01.005.

[3] 王擎宇. 国际石油巨头纷纷发力可再生能源 [J]. 能源研究与利用,2019(03):8-10.DOI:10.16404/j.cnki.issn1001-5523.2019.03.003.

[4] 贺新春，王超，李春烁. 国际大石油公司经营业绩及战略动向分析 [J]. 石油科技论坛,2017,36(06):43-48.

[5] 吴蔚林. 低碳环保背景下挪威国油更名的动因与思考 [J]. 低碳世界,2018(12):1-2.DOI:10.16844/j.cnki.cn10-1007/tk.2018.12.001.

[6] 孙一琳.2019 年欧洲海上风电发展概况 [J]. 风能,2020(02):54-57.

[7] 吴林强，张涛，徐晶晶，郭旺，黄林. 全球海洋油气勘探开发特征及趋势分析 [J]. 国际石油经济,2019,27(03):29-36.

[8] 陈震宇.GH 海上风电场运营风险管理研究 [D]. 南京师范大学,2018.DOI:10.27245/d.cnki.gnjsu.2018.000130.

[9]Offshore Wind Outlook 2019[R]. International Energy Agency, 2019.

[10] 海上可再生能源 & 海上风电 [R]. 克拉克森研究，2020.

[11] 全球海上风电报告 [R]. 彭博新能源财经,2021.

加氢油浆制备针状焦的应用研究

李 超

（中国石化茂名石化分公司）

摘要： 针状焦是人造石墨的重要原材料之一，具有结晶度高、热膨胀系数小、取向性好、导电性能及导热性能优异等特点，目前被广泛应用于电炉炼钢的超高功率石墨电极、特种炭素制品、锂离子电池负极等领域。其中，随着钢铁行业向绿色低碳方向转型升级，电炉炼钢将成为钢铁行业的重点发展方向之一。此外，近年来，锂离子电池行业的蓬勃发展也为针状焦带来了新的发展机遇。然而，目前有很多生产企业对针状焦油浆组分和生焦过程认识不够充分，难以生产高质量针状焦。因此，亟需深入研究相关内容，促进针状焦行业的发展。本文通过分析油浆组分和调整生焦工艺条件，寻找到最优的生焦制备路线，相信能为针状焦质量的提升提供参考。

关键词： 针状焦 人造石墨 石墨电极 特种炭素制品 锂离子电池

1 引言

随着能源危机和环境危机的不断加剧、以及人们环保意识的不断提升，全球清洁能源产业进入了一个黄金发展期。作为环保领域的典型代表，电炉炼钢、新能源等行业正得到快速发展。相应地，针状焦作为这些行业的优质原料正受到人们的追捧。当前，针状焦正用于生产高功率 (HP)、超高功率石墨电极 (UHP)、锂离子电池 (LIBs) 负极材料和高端碳素制品等产品，在商用和民用方面具有重要的价值。近年来，针状焦的产量正逐年上升。以中国的针状焦市场为例，截至 2022 年 4 月底，中国针状焦产能为 263 万吨 / 年，较 2021 年增加 19 万吨 / 年，其中油系针状焦产能为 152 万吨 / 年，占比达 57.79%，煤系针状焦产能 111 万吨 / 年，占比 42.21%。当前，针状焦主要在石墨电极和 LIBs 负极方面得到大量使用。在 2021 年，石墨电极对针状焦需求占比为 61%；锂电池负极材料对针状焦的需求占比达到 39%。目前，其他行业对针状焦也存在潜在需求，针状焦基产品有望在多个领域得到应用。

针状焦作为一种多孔碳材料，具有明显的流线型结构、较强的各向异性、良好的导电性和导热性、和低的热膨胀系数等特点，吸引了科研工作者的研究兴趣。针状焦的制备一般是通过液相炭化技术，将焦化原料逐渐热解和缩聚形成中间相小球。中间相小球再经充分长大、融并、定向，最后碳化成流线型结构的针状焦。其生产工艺分为原料优化、延迟焦化和煅烧三个部分。其中，延迟焦化得到的产品称为针状焦生焦。生焦在旋转窑中或者在回转床煅烧炉中进行煅烧（煅烧温度通常为 1500–1800 K）后得到针状焦煅后焦（也称熟焦）。在煅烧过程中，生焦的热处理能够进一步降低生焦中的挥发分。未经煅烧的生焦在碳制品生产过程中会发生结构收缩，使得产品在处理过程中产生微裂纹。针状焦按照原料的种类可分为油基针状焦（主要是渣油和沥青）和煤基针状焦（主要是煤焦油沥青或煤液化沥青）。虽然原料有所区别，但是这两种针状焦都是通过延迟焦化过程得到的。当前，由于原料的供给不稳定和部分企业技术不成熟，高质量的针状焦生产技术仅掌握在少数生产厂家手中。此外，随着近几年LIBs在电动汽车行业的大量应用，涌现了大量针状焦生产厂家。但是，由于技术不成熟，针状焦市场出现了产品不达标的问题，因此，迫切需要发展针状焦相关技术，帮助企业生产出高质量针状焦。其中，一个重要课题是认识油浆，理清生焦原理，寻找到一种可靠的生焦工艺流程。

基于此，本文详细分析了针状焦原料加氢油浆

的组成，重点研究了油浆焦化过程，制备的生焦具有流线型好、硬度高、石墨化程度高等特点。通过我们的工作，相信能够为针状焦的高质量发展和应用提供借鉴。

2 实验部分

2.1 实验药品和材料

实验所用药品和材料如表2.1所示。论文中所使用的药品都未经过进一步加工处理。

表2.1 实验所用药品与材料的重要信息。

药品或材料名称、规格	化学式或缩写	厂商
中性氧化铝	Al_2O_3	国药集团化学试剂有限公司(国药试剂)
正己烷、AR	C_6H_{14}	国药试剂
二氯甲烷、AR	CH_2Cl_2	国药试剂
无水乙醇、AR	C_2H_5OH	国药试剂
甲苯、AR	C_7H_8	Aladdin试剂
加氢油浆	–	茂名石化
聚偏二氟乙烯(PVDF)	$(CH_2CF_2)_n$	国药试剂
Super P	C	国药试剂
N-甲基-2-吡咯烷酮(NMP)	C_5H_9NO	国药试剂

2.2 实验仪器设备

实验中使用的主要仪器设备见表2.2。

表2.2 实验所用仪器设备的基本信息。

仪器设备名称、型号	厂家
拉曼光谱分析仪、LABRAM/HR800	Horiba Jobin-Yvon
扫描电镜、JSM-6700F	日本JEOL公司
X射线衍射仪、D/max-2500PC Rigaka	日本理学公司
X射线光电子能谱、ESCALAB MK II	英国VG Scientific Ltd.公司
热重分析、SDT 2960	美国TA设备公司

2.3 油浆分离实验

用铁架台固定直径为26mm、有效长度为385mm、干燥的具砂板层析玻璃吸附柱。取200-300目层析用中性氧化铝100g于真空干燥箱中活化。准备正己烷分析纯、二氯甲烷分析纯及无水乙醇分析纯试剂备用；准备5个50ml茄形瓶

用于收集样品，并全部准确称量质量，分别记为M1=35.5982g，M2=40.5673g，M3=38.9672g，M4=41.0034g，M5=35.7862g。将加氢油浆样品放在50℃烘箱加热5min为流动状态，充分搅拌均匀；称取2.0g搅拌均匀后的加氢油浆样品置于干净的样品瓶中备用。

在加氢油浆中加入 10ml 甲苯溶解，100ml 甲苯过滤，不溶物置于真空干燥箱中干燥，收集滤液，通过旋转蒸发法去除溶剂。取质量为 M1 的 50ml 茄形瓶，将上述可溶物除去溶剂后转移到茄形瓶中，放入 120℃真空干燥箱内，负压为 90Kpa 以下的条件下，保持 2h，取出放置于干燥器中冷却 30min 后，称量总体质量记为 m1=37.5932g。干法装柱，将准备好的中性氧化铝 70g 倒入层析柱中，通过离心泵使正己烷浸润、压实层析柱，用橡皮棒轻轻敲打层析柱使中性氧化铝紧实平整。将上述装有样品的茄形瓶加入 5ml 正己烷将样品溶解均匀。溶液倒入层析柱中，待全部溶剂进入吸附层，倒入海砂，使其高于中性氧化铝表面 2cm。加入 120ml 正己烷第一次冲洗层析柱得到饱和分溶液，用 M2 瓶收集，除去溶剂后，称量总体质量记为 m2=40.9739g。待上述正己烷全部进入层析柱后加入 30ml 正己烷：二氯甲烷 =4：3 第二次冲洗层析柱得到介于饱和分以及芳香分之间的中间组分溶液，用 M3 瓶收集，除去溶剂后，称量总体质量记为 m3=39.6463g。待上述混合溶液进入层析柱后加入 100ml 二氯甲烷第三次冲洗层析柱得到芳香分溶液，用 M4 瓶收集，除去溶剂后，称量总体质量记为 m4=41.8661g。待上述二氯甲烷进入层析柱后加入 50ml 二氯甲烷：无水乙醇 =1：2 第四次冲洗层析柱得到胶质组分溶液，用 M5 瓶收集，除去溶剂后，称量总体质量记为 m5=35.8328g。根据称量样品质量计算出各组分之间的具体含量：饱和分：$(m2-M2)/m \times 100\%$

$=20.31\%$；中间组分：$(m3-M3)/m \times 100\%=33.93\%$；芳香分：$(m4-M4)/m \times 100\%=43.10\%$；胶质分：$(m5-M5)/m \times 100\%=2.33\%$；沥青质：$[m-(m1-M1)]/m \times 100\%=0.30\%$。

2.4 针状焦生焦实验

将加氢油浆 50g 置于生焦反应釜，通过调节温度、压力、气体流速、升温速率等参数进行了生焦反应。

2.5 电池组装和电化学性能测试

按照质量比 8:1:1，将制备的材料、Super P 和聚偏二氟乙烯混合后，再加入一定量的 N- 甲基 -2-吡咯烷酮，研磨 40 min 后涂覆在铜箔上，最后放在 110℃的真空箱中维持 12h。将烘干后的铜片压制成小圆片（直径为 12mm）。再将小圆片压实以作为负极用电极片。为了进行 LIBs 的综合性能表征，在充满氩气的手套箱（$[O_2]< 1$ ppm，$[H_2O]< 1$ ppm）中进行纽扣电池（CR2016）组装，将含有活性物质的电极片作为工作电极，金属锂圆片作为对电极 / 参比电极，Celgard 2500 膜作为电池隔膜。此外，1M $LiPF_6$ 溶解在 1:1:1 的碳酸乙烯酯 : 碳酸二甲酯 : 碳酸乙酯中作为电池电解液。使用 Ivium-n-Stat 电化学工作站进行循环伏安测试，扫速为 $0.2mV\ s^{-1}$，电压设定在 1.0–3.0V。使用 LAND CT2001A 电池测试系统进行恒流充放电测试，电压设定在 1.0–3.0 V。使用 Ivium-n-Stat 电化学工作站进行电化学阻抗测试，频率范围为 100 kHz 到 10 mHz。

3　结果与讨论

表 3.1 加氢油浆的组成

	饱和分（占比）	中间组分（占比）	芳香分（占比）	胶质（占比）	沥青（占比）
加氢油浆	20.31%	33.93%	43.10%	2.33%	0.30%

我们通过五组分分离方法，得到加氢油浆的饱和分占比为 20.31%，中间组分占比为 33.93%，芳香分占比为 43.10%，胶质组分占比为 2.33%，沥青质组分为 0.30%(见表 3.1)。本次实验重复三次，结果为三次实验的平均数。从结果中可以发现，加氢油浆中沥青质、胶质和饱和分的含量相对较高，而芳烃含量相对较低，可能会导致生焦的石墨化程度较低。下一步工作可以从调整油浆组成中入手，提高芳烃含量，降低沥青质、胶质和饱和分的含量。

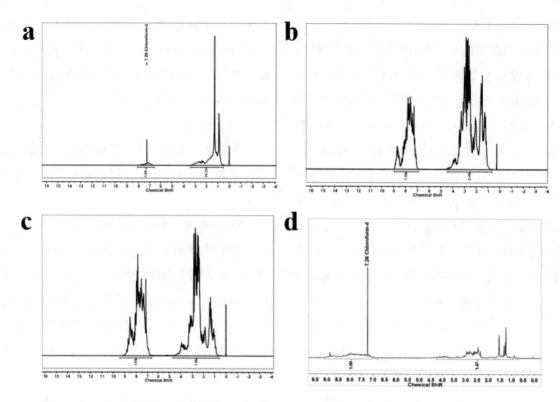

图1 (a) 加氢油浆中饱和分的核磁共振氢谱图。(b) 加氢油浆中中间组分的核磁共振氢谱图。
(c) 加氢油浆中芳香分的核磁共振氢谱图。(d) 加氢油浆中胶质组分的核磁共振氢谱图。

根据核磁共振氢谱的结果可以看出，饱和分、中间组分以及芳香分之间区别明显，饱和分中位于核磁高场 (<6.0 ppm) 的信号很强，且集中于化学位移为 1–2 ppm 位置，说明此组分中含有大量的脂肪烃 (见图 1a)；中间组分与饱和分有非常明显的区别，中间组分中位于核磁高场 (<6.0 ppm) 和低场 (>6.0 ppm) 的积分峰面积大，相比于饱和分，其化学位移为 2–4 ppm 位置的信号增强，而化学位移为 1–2 ppm 位置的信号明显减弱，化学位移为 2–4 ppm 的氢谱信号大部分来源于苯环上的 β–H，说明中间组分含有大量带支链或烷基取代基的小分子芳烃 (见图 1b)；芳香分中在低场 (>6 ppm) 有很强的信号峰以及积分峰面积较大，说明其含有大量芳烃，而化学位移为 1–2 ppm 的信号弱，说明几乎不含脂肪烃且苯环上的 γ–H 非常少，即此芳香分中几乎都是稠环芳烃 (见图 1c)；胶质组分中高场以及低场区域均无明显信号，因其各组分含量都很低，但相对而言，低场 (>9.0 ppm) 有信号，说明此组分中含有具 6 个苯以上的稠环芳烃，苯环数量过多并不利于反应的进行，因此具有 6 个苯环以上稠环芳

烃含量越低越有利于产生优质针状焦 (见图 1d)。以上证据表明此方法的分离效果好，重现性高。

表 3.2 加氢油浆在不同实验条件下进行生焦反应

批次	温度	压力
1	5 ℃ /min 升温到 350 ℃ 2 ℃ /min 升到 425 ℃ (保温 120 min) 2 ℃ /min 升到 470 ℃ (保温 360 min)	0.5 MPa
2	5 ℃ /min 升温到 350 ℃ 2 ℃ /min 升到 425 ℃ (保温 120 min) 2 ℃ /min 升到 480 ℃ (保温 360 min)	0.5 MPa
3	5 ℃ /min 升温到 350 ℃ 2 ℃ /min 升到 445 ℃ (保温 120 min) 2 ℃ /min 升到 480 ℃ (保温 360 min)	0.5 MPa
4	5 ℃ /min 升温到 350 ℃ 2 ℃ /min 升到 425 ℃ (保温 100 min) 2 ℃ /min 升到 480 ℃ (保 360 min)	0.5 MPa
5	5 ℃ /min 升温到 350 ℃ 2 ℃ /min 升到 425 ℃ (保温 80 min) 2 ℃ /min 升到 480 ℃ (保 360 min)	0.5 MPa

批次	温度	压力
6	5 ℃ /min 升温到 350 ℃ 2 ℃ /min 升到 425 ℃ (保温 60 min) 2 ℃ /min 升到 480 ℃ (保 360 min)	0.5 MPa
7	5 ℃ /min 升温到 350 ℃ 2 ℃ /min 升到 425 ℃ (保温 120 min) 2 ℃ /min 升到 490 ℃ (保 360 min)	0.5 MPa
8	5 ℃ /min 升温到 350 ℃ 2 ℃ /min 升到 435 ℃ (保温 120 min) 2 ℃ /min 升到 500 ℃ (保温 360 min)	0.5 MPa
9	5 ℃ /min 升温到 350 ℃ 2 ℃ /min 升到 435 ℃ (保温 120 min) 2 ℃ /min 升到 510 ℃ (保温 360 min)	0.5 MPa
10	5℃ /min 升温到 350℃ 2 ℃ /min 升到 435 ℃ (保温 120 min) 2 ℃ /min 升到 520 ℃ (保温 360 min)	0.5 MPa

如表 3.2 中所示，将同一种油浆在十种不同条件下进行生焦反应，来观察生焦的结果。在实验过程中，我们发现持续通入气体有助于生焦形成流线型结构。此外，考虑到生焦过程有中间相小球形成过程，因此，在低温段 (< 435℃) 保温时间较长可以增加生焦的流线型结构。值得注意的是，升高温度有利于提高生焦的机械强度，促进轻组分转变成碳材料，但是过高的温度，可能使结构中出现更多的无定型结构。

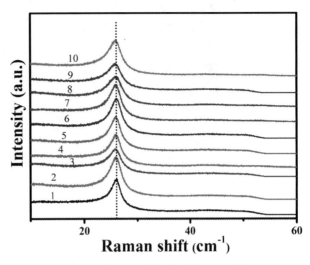

图 2　十个不同生焦样品的 XRD 图谱

图 2 为按照表 3.2 实验参数制备的十种生焦样品的 X 射线衍射分析 (XRD) 图谱。如图所示，2 号生焦具有更大的 Lc 值 (Lc 越大垂直方向的高度越高)。此外，2、4、5、6、7 样品的半峰宽较窄，表明生焦温度适中时生焦中石墨化结构多，过高的生焦温度容易导致非石墨结构增多。

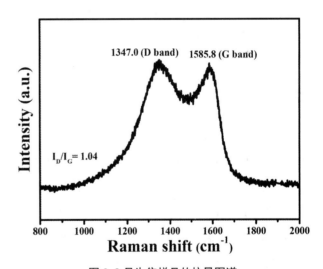

图 3　2 号生焦样品的拉曼图谱

我们以 2 号生焦为研究对象，进行了进一步表征。图 3 为 2 号生焦的拉曼光谱图，其中属于炭材料的两个特征峰分别位于 1347.0(D 带) 和 1585.8 cm^{-1}(G 带)。这两个特征峰的强度之比约为 1.04，表明生焦中含有大量的缺陷，有利于增加电化学反应的活性位点。

图4 2号生焦样品在不同放大倍数下的场发射电镜照片

图4为2号生焦的场发射电镜照片，可以看出来2号生焦在较低放大倍数下呈现不规则的块状结构，结构较为致密，晶粒边缘有突出的棱角，在较大放大倍数下可以明显看出来层层堆叠的结构。随后，我们将生焦样品石墨化后制成负极材料，进行LIBs半电池测试。结果表明，2号生焦表现出较高的容量 (358 mAh/g)，优于其他样品，在LIBs负极市场具有较高的应用潜力。

4　结论

目前阶段，生产高质量的针状焦不仅需要对原料油浆进行优化，也需要对生焦过程进行调控。然而这两个方面都存在着技术壁垒。本文通过油浆五组分分离方法详细分析了加氢油浆中的组成。其中茂名石化加氢油浆中饱和分占比为20.31%，中间组分占比为33.93%，芳香分占比为43.10%，胶质组分占比为2.33%，沥青质组分为0.30%。芳香分含量有待进一步提升，饱和分、胶质、沥青质组分有待进一步脱出。此外，不同实验条件下的生焦样品我们也进行了研究，温度区间适中时生焦效果较好，过高的温度容易导致非石墨结构增多，不利于生焦质量的提升。在LIBs测试过程中，2号生焦表现出较高的容量 (358 mAh/g)，远高于其他样品，在LIBs负极市场具有较高的应用潜力。

另一方面，LIBs行业的快速发展也为针状焦带来了新的发展机遇，相信未来针状焦的用量和生产必将大幅增加。与此同时，考虑到针状焦未来可能出现的产品过剩以及技术不成熟导致的产品质量不达标等问题，亟需发展新思路，促使针状焦向高附加值材料转变。针状焦能否在各个领域中得到应用，关键是要进行结构和形貌的精确调控、以及工作机理的深入探究。未来，随着技术升级和新建装置增多，如何利用好针状焦将是一项重要课题，需要从化学、生物学、材料学、物理学等多个学科领域进行高质量的合作研究。

参考文献：

[1]Guan, B. Y.; Yu, X. Y.; Wu, H. B.; Lou, X. W. D. Complex Nanostructures from Materials based on Metal−Organic Frameworks for Electrochemical Energy Storage and Conversion. Adv. Mater. 2017.

[2]Li, C.; Bi, A. T.; Chen, H. L.; Pei, Y. R.; Zhao, M.; Yang, C. C.; Jiang, Q. Rational design of porous Sn nanospheres/N−doped carbon nanofibers as an ultra−stable potassium−ion battery anode material. J. Mater. Chem. A 2021, 9, 5740−5750.

[3]Li, C.; Zhao, M.; Sun, C.; Jin, B.; Yang, C.; Jiang, Q. Surface−amorphized TiO$_2$ nanoparticles anchored on graphene as anode materials for lithium−ion batteries. J. Power Sources 2018, 397, 162−169.

[4]Wissler, M. Graphite and carbon powders for electrochemical applications. J. Power Sources 2006, 156, 142−150.

[5]Liu, J.; Shi, X.−m.; Cui, L.−w.; Fan, X.−y.; Shi, J.−h.; Xu, X.; Tian, J.−y.; Tian, Y.−c.; Zheng, J.−x.; Li, D. Effect of raw material composition on the structure of needle coke. Journal of Fuel Chemistry and Technology 2021, 49, 546−553.

[6]Jäger, H.; Frohs, W.; Sturm, F. v.; Vohler, O.; Weger, E. Polygranular Carbon and Graphite Materials. Industrial Carbon and Graphite Materials 2021, 1, 107−121.

基于不同阳极流道结构的 PEM 电解槽制氢性能优化模拟研究

陈晨霖[1]　张　朝[1]　刘　晔[1]　范楚晗[1]　马晓锋[2]　王智化[2,3]

（1. 中国石油天然气股份有限公司浙江油田分公司；

2. 浙江大学能源清洁利用国家重点实验室；3. 浙江省清洁能源与碳中和重点实验室）

摘要： 质子交换膜（PEM）电解槽在高电流密度的运行状态下，阳极侧的水会快速发生分解产生大量氧气，同时电流做功会产生大量热，长时间运行将造成 PEM 电解槽的阳极气体扩散层内积聚大量氧气，氧气气泡堵塞扩散层的孔隙，进而阻碍阳极流道内的水穿过扩散层到达催化层发生反应。上述现象会显著增加电解槽内的传质阻力和传热阻力，从而降低电解效率。本研究基于 PEM 电解槽的阳极流道结构优化，通过强化传质传热过程，促进电解产生的氧气和电流做功产生的热量快速排出电解槽。本文建立了多通道的 PEM 电解槽三维模型，研究了通道高度、堵块、脊宽度以及流场边界等流道结构对 PEM 电解槽性能的影响，通过比较达到相同工作电流密度所需的电解电压、阳极扩散层内的氧气质量分数分布、膜电极的平均温度等参数分析了流道结构对电解槽性能的影响。模拟结果显示，在研究设定的电解槽尺寸下最优的通道高度为 2mm，流道顶部设置堵块可使电解电压降低约 0.02V，而减小脊宽度及不设置流场边界可使工作电压降低约 0.04V。优化后的流场结构可使电解槽阳极扩散层内的氧气含量降低约 2.3 ~ 10.2%，膜电极平均温度降低约 1.7 ~ 7.2K，从而使 PEM 电解槽的效率和稳定性得以提升。

关键词： 电解水制氢　PEM 电解槽　流道结构　膜电极　电解电压

　　氢能作为零碳能源，具备清洁、可持续、便于大规模存储的优势，是推动全球能源转型的可行技术路线，被认为将和电能共同构成未来的能源网络，成为能源结构中的两大支柱，成为可再生能源之外实现"深度脱碳"的重要路径。氢能作为清洁低碳的能源载体，可实现富余风光等可再生能源时间与空间的跨越，以物质的形式将富余电力储存起来，将其应用于新型电力系统中，有助于实现"源－网－荷－储"一体化。电解水制氢技术，尤其是通过可再生能源发电制氢（绿电制氢），可以实现零碳排放，并有效解决我国可再生能源消纳及并网稳定性问题，因此成为当前清洁能源技术研究的重点方向，对我国未来新能源的高质量发展至关重要。其中，质子交换膜（Proton Exchange Membrane，PEM）电解水制氢技术相比于碱性电解水制氢（Alkaline Electrolyzer，ALK）、阴离子交换膜制氢（Anion Exchange Membrane，AEM）和高温固体氧化物制氢（Solid Oxide Electrolysis Cell，SOEC）具有产氢纯度高、动态响应速度快、负荷范围广、输出氢气压力高以及结构紧凑等众多优点。

　　PEM 电解水制氢系统由多种异质材料组件精密集成，包括由膜电极、扩散层、双极板以及密封件等组成的PEM电解槽，以及电源、冷却系统、氢气干燥纯化系统、去离子水循环系统等单元以及控制系统。PEM电解水过程是一个复杂的多物理场耦合系统，涵盖了电化学反应、多组分的流体流动、固体传热、流体传热、多孔介质传热等。目前，PEM电解水制氢技术的研究方向主要有：①研究阴阳极端板与流道的材料及镀层、流道结构优化，以降低电解槽成本、强化电解槽内部的传质传热、提升电解槽运行的稳定性；②研究阴阳极扩散层的材料、制备工艺、成型参数等，优化快速电子和质子的传输通道；③降低质子交换膜的制备成本，开发可代替的质子交换膜材料，研究高电导率、高强度、高稳定性的质子交换树脂及其薄膜的设计与成型工艺；④研究新型低铱催化剂或非铱催化剂，以及开发高一致性批量化的催化剂制备工艺；⑤大面积均一化膜电极的制备工艺及催化剂喷涂设备的制造等。

制氢成本和制氢系统的耐久性与PEM电解槽的每一个组件都是相关的，制约着PEM电解水制氢技术的进一步发展。因此，如何有效降低PEM电解水制氢系统的设备成本与运行成本，并显著延长其运行寿命，成为当前PEM电解水技术研究的核心重点内容。国内外学者针对PEM电解槽的优化设计展开了广泛且深入的研究，其中关于降低催化剂Pt负载量的研究投入较多，而相对而言，而针对双极板研究领域的投入则较少。在电解槽的构成中，双极板以其最大的体积和最重的质量占据着重要地位，并且为了抵御酸性的环境，通常采用价格较高的钛材，其成本在堆栈总成本中约占48%。双极板在PEM电解水制氢系统中扮演着至关重要的角色，因为它不仅是电解过程中反应物分配的首要阶段，还承担着多项基本功能，如为催化剂层供给反应物、为膜电极组件（MEA）提供机械支撑、为排水提供通道和保持反应物分离等。

在双极板结构中，流道的一个核心功能在于实现催化层上流体分布的均匀性，此均匀性对于确保催化剂材料的有效利用及提升整体产氢效率至关重要。流体分布的不均衡可能引发催化剂资源的不当

分配，进而导致装置性能未能充分达到预期水平。因此，流道几何形态的设计需精确无误，旨在实现反应物在催化剂界面上的均匀铺展。进一步地，当PEM电解槽在高电流密度条件下运行时，阳极侧会迅速发生水的电解反应，生成大量氧气。长时间操作下，阳极扩散层及流道内部易于积聚氧气。若无法及时排除这些氧气，其形成的气泡将阻塞阳极扩散层，进而阻碍水流通过该层进入催化剂层进行析氧反应，显著削弱电解槽的整体效能。此外，电流做功过程中释放的大量热能，在氧气高度聚集的情况下，会加剧电解槽内部的传质阻力，诱发局部过热现象。膜电极组件的温度上升不仅影响其运行性能，还可能缩短其使用寿命，极端情况下甚至会导致膜电极破裂，促使阳极与阴极气体相互渗透，构成严重的安全风险。故针对双极板阳极侧流道结构进行优化设计，以有效管理氧气积累、促进流体均匀分布及热管理，对于提升PEM电解槽的性能稳定性、延长使用寿命及确保设备安全运行至关重要。

关于PEM氢燃料电池的流道结构优化已有学者开展了大量研究，而专门针对PEM电解槽的流道结构的研究较少。Wen等设计了PEM电解槽圆角流道板，并与商用直角流道板进行了数值模拟对比，基于Navier-Stokes方程，利用计算机辅助优化软件分析了两者流体力学特性的差异。Majasan等通过电化学阻抗谱技术，发现高电流密度下流道深度对PEM电解槽性能有显著非单调影响，强调了优化流场尺寸与形状的重要性。He等采用Volume of Fluid方法模拟了单通道内流速、电流密度及阳极扩散层特性对氧气运输的影响，指出亲水性处理、增大流速及适度电流密度有利于氧气泡脱离，促进电解进程。Long等实验表明，钛网多孔气体扩散层时PEM电解池性能最优，并探讨了接触电阻与接触压力的关系。Shakhshir等研究了夹紧压力对PEM电解槽性能的影响，发现性能随夹紧压力增加而提升，归因于欧姆阻抗和活化阻抗的降低。Toghyani等对比了泡沫金属流道板与平行流场、单蛇形及双蛇形流场的PEM电解池性能，模

拟显示泡沫金属流道板在电流密度、温度、氢质量分数及压降分布上表现优异。Hiroshi Ito 等基于实验发现，流器孔径小于 10mm 且孔隙率适中时性能最佳，依据流型、气泡大小与集流器孔径的关系，强调了大孔产生的大气泡对供水的不利影响。

以往针对质子交换膜电解槽的阳极流道结构的研究大多数是围绕单通道流道的 PEM 电解槽展开的，并且没有考虑电解槽内部的传质和传热过程。本文基于 Comsol 模拟仿真平台，建立了耦合电化学反应、多组分的流体流动、固体流体传热、多孔介质传热的多通道全尺寸 PEM 电解槽三维模型，研究阳极流道结构对质子交换膜电解槽的性能和内部传质传热过程的影响，从而优化阳极流道结构设计，提高电解槽的性能。本章从多个维度对电解槽的阳极流道进行优化，包括流道的通道高度、堵块、脊宽度、流道边界四个方面，分析比较相同工作电流密度下电解槽的电解电压、阳极扩散层内氧气质量分数分布和膜电极的平均温度，为 PEM 电解槽流场结构及性能优化提供支撑。

1 模型与参数

1.1 模型假设

建立一个同时耦合电化学反应、多组分的复杂流体流动、固体流体传热多孔介质传热的多通道流道的 PEM 电解槽三维模型。该模型基于 Comsol 多物理场仿真软件进行建模分析，为简化计算，做如下假设：

①参与反应的液态水以及产生的气体均认为是不可压缩流体；

②只考虑阳极侧的液态水和氧气两相流体流动，且只在阳极侧有循环水供应，阴极侧的氢气产生后直接排出，不予考虑；

③关于模型中的电阻，不考虑不同界面间的接触电阻；

④质子交换膜只能透过氢离子，阳极侧的氧气和阴极侧的氢气不发生交叉扩散。

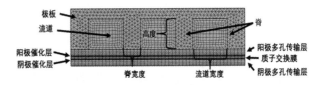

图 1 PEM 电解槽三维模型网格

1.2 数学模型

1.2.1 电化学模型

质子交换膜电解水制氢过程中的电解电压 E 主要由开路电压 E_{eq}、活化过电势 η_{act}、欧姆过电势三部分组成：

$$E = E_{eq} + \eta_{act} + \eta_{ohm} \tag{1}$$

开路电压在不同的温度和压力下有所差别，可以通过能斯特方程计算：

$$E_{eq} = E_{eq,ref}(T) + \frac{RT}{nF} ln\left(\frac{p_{O_2}^{0.5} p_{H_2}}{p_{H_2O}}\right) \tag{2}$$

其中 R 指一般气体常数，$8.314 J/(mol \cdot K)$，F 指法拉第常数，$96485 C/mol$，T 代表电解水时的工作温度，p_i（i 代表 O_2、H_2、H_2O）分别代表各自的平衡压力。$E_{eq,ref}(T)$ 可以通过下式计算：

$$E_{eq,ref}(T) = 1.229 - 0.9 \times 10^{-3}(T - 298.15) \tag{3}$$

活化过电势包括了阴阳两极的活化过电势 $\eta_{act,a}$ 和 $\eta_{act,c}$，可以通过 Butler-Volmer 方程计算：

$$i_a = \alpha_v i_{o,a}\left(exp\left(\frac{\alpha_a F \eta_{act,a}}{RT}\right) - exp\left(\frac{(1-\alpha_a)F\eta_{act,a}}{RT}\right)\right) \tag{4}$$

$$i_c = \alpha_v i_{o,c}\left(exp\left(\frac{\alpha_c F \eta_{act,c}}{RT}\right) - exp\left(\frac{(1-\alpha_c)F\eta_{act,c}}{RT}\right)\right) \tag{5}$$

其中 α_v 代表活性比表面积，α_a 和 α_c 代表电荷转移系数，而分别 $i_{o,a}$ 和 $i_{o,c}$ 代表阳极和阴极的交换电流密度；

当电子在电解槽之间转移时，会有一部分能量损失，也就是欧姆损失，主要由质子交换膜、催化剂层、扩散层、极板的电阻产生。本研究中将这几部分组件假设成各向同性的材料；只考虑温度对质子交换膜电阻的影响。电导率和总欧姆过电势计算式如下：

$$\sigma_m = 10 \times exp\left(1268\left(\frac{1}{303.15} - \frac{1}{T}\right)\right) \tag{6}$$

$$\eta_{ohm} = i\left(\frac{\phi_m}{\sigma_m} + \frac{\phi_s}{\sigma_s}\right) \tag{7}$$

其中 σ_m 和 σ_s 分别代表质子交换膜和电解槽固相组件的电导率，ϕ_m 代表电解质电势，ϕ_s 代表电子电势。

由于扩散过电势在电解槽电势组成占比不足千分之一，不予以考虑。

1.2.2 流体流动模型

电解池内部的流体流动主要通过质量守恒定律和动量守恒定律方程进行描述，本模型中定义流体为不可压缩的流体流动，通过 Maxwell-Stefan 方程描述电解槽内部各组分的对流和扩散，基于 Comsol 软件中的"自由和多孔介质流动"模块进行设定。

1.2.3 热量传递模型

PEM 电解槽的输入热量主要由水进入电解池所带来的热量和电流做功产生的热量两部分构成，输出的热量主要有电解池与外界环境的对流散热、辐射散热、电解水反应吸热以及电解产生的气体和未反应的水排出电解槽所带走的热量。通过能量守恒对电解池内部的热量分布进行描述，基于 Comsol 软件中的"固体和流体传热"模块进行设定，将水流入口、出口设为热通量，其余部分为热绝缘。

通过耦合上述三类模型，建立了完整的 PEM 电解槽数学描述模型。

1.3 模型验证

仿真模型的边界条件设定如下：初始状态下，流道内充满液态水，阳极和阴极出口均为大气压，在阳极极板外侧施加电压，因不考虑阴极侧的气体流动，阴极侧的扩散层接地，在阳极流道口输入液态水。电解槽模型几何参数见表1，模型物理参数见表2。

表 1 模型几何参数

参数名称	数值
流场板的边长 /mm	20
流场板的厚度 /mm	1
单流道的宽度 /mm	4
单流道的高度 /mm	3
脊宽度 /mm	2
质子交换膜厚度 /mm	0.2
扩散层厚度 /mm	0.6

表 2 模型物理参数

参数名称	数值
阳极传递系数	0.5
阴极传递系数	0.5
扩散层电导率	5000 S/m
扩散层孔隙率	0.4
质子交换膜热导率 /W·(m·K)$^{-1}$	0.67
氧气的热导率 /W·(m·K)$^{-1}$	0.204
氢气的热导率 /W·(m·K)$^{-1}$	0.0296
扩散层的热导率 /W·(m·K)$^{-1}$	15.2

对本模型网格加密后进行仿真计算，将仿真结果与相同尺寸的 PEM 电解槽的实验测试数据进行对比，发现仿真模型计算得到工作电流和工作电压与实验测得的数据基本一致，见图2，说明建立的模型基本正确。达到相同的工作电流时，仿真模型的电压略低，这主要是因为忽略了不同界面间的接触电阻等。

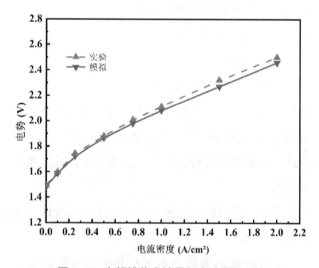

图 2 PEM 电解槽仿真结果与实验数据对比

2 结果与讨论

2.1 阳极流道高度对 PEM 电解槽性能的影响

在控制入口水流速相同和其他参数不变的情况下，设计不同高度的通道，研究通道高度对电解槽性能的影响。设计五种通道高度 1.5mm、2mm、2.5mm、3mm、3.5mm，阳极入水口的初始温度为 353.15K，电解槽的工作电流密度为 2A/cm²。仿真结果如图3和图4所示。

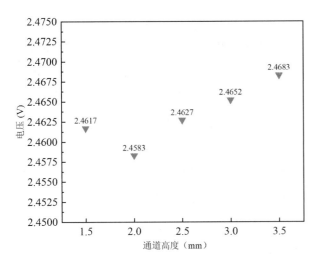

图 3　通道高度对 PEM 电解槽工作电压的影响

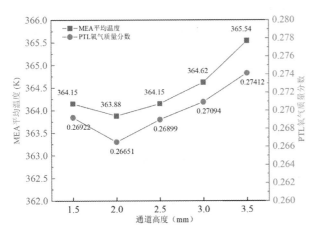

图 4　通道高度对 PEM 电解槽的 MEA 平均温度
和 PTL 平均氧气质量分数的影响

理论上，当入口水的流速不变时，随通道高度增加，总体的水流量越大，电解产生的氧气和电流做功产生的热量应该更快地被带走。但观察图 3 和图 4 可以发现，通道高度为 2mm 时，稳态运行时达到 2A/cm² 的工作电流密度所需的电解电压最低，膜电极的平均温度升高最小，阳极扩散层中的氧气质量分数最低，比其他高度的电解槽均低 0.3% 左右。证明阳极流道高度越小，越有利于及时排出电解产生的氧气，降低氧气气泡堵塞阳极扩散层孔隙的可能性，同时也越有利于带走电流做功产生的热量。而通道高度为 1.5mm 时，电解电压、膜电极的平均温度、阳极扩散层内的平均氧气质量分数均

上升，这可能是因为通道高度过低时，进入电解槽的总流量较小，不利于带走氧气和热量。当入口的水流速不变时，通过增大通道高度的方法以增大入口水流量时，大流量的水并不能强化传质传热，主要是因为入口流速不变时，离流道较远的那一部分液态水对电解槽的电解水反应参与度较低，反而会增大电阻。

综上，流道高度会影响 PEM 电解槽内的传质传热过程，进一步影响电解槽的电解电压。适当减小通道高度，有助于及时排出电解槽内的氧气和热量，降低电压损耗，提高 PEM 电解槽的电解效率，利于电解槽的长时间稳定运行。该尺寸模型下最佳的通道高度为 2mm。

2.2 阳极流道内不同形状的堵块对 PEM 电解槽性能的影响

通道的高度对 PEM 电解槽的性能影响较小，为了增强对流体的扰动效果，促进电解槽及时排出氧气和热量，本文研究在直行通道的顶部设置堵块，改变液态水流经流道时的运动方向，引导水流向阳极扩散层。堵块设置如图 5 所示。

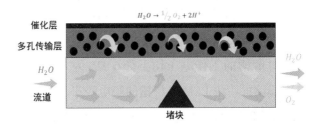

图 5　堵块设置示意图

在直行流道的基础上设置等间距的两个堵块，考虑到不同形状的堵块对流体的扰动程度可能不一致，本文设置三种不同形状的堵块，分别为半圆形、三角形和矩形。堵块的高度设定为通道高度的 50%，入口水流量为 8e-5 kg/s，入口水的温度为 353.15K，电解槽的工作电流密度为 2A/cm²。模型仿真计算结果见图 6 和 7。

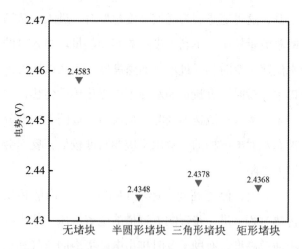

图 6 不同形状的堵块对 PEM 电解槽工作电压的影响

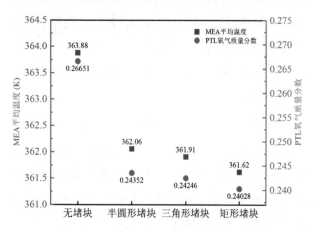

图 7 不同形状的堵块对 PEM 电解槽的 MEA 平均温度
和 PTL 氧气质量分数的影响

仿真结果表明，在通道的顶部设置堵块后，PEM 电解槽的工作电压均下降 0.02V 左右；在通道顶部设置堵块 PEM 电解槽的膜电极平均温度从363.88K 下降至 362K 左右，下降幅度约为 2K；扩散层内的氧气质量分数也从 0.2665 下降至 0.24 左右，证明设置堵块可以增加流体的扰动，促进水流向扩散层，使水流带出阳极扩散层内的氧气，减少氧气气泡堵住孔隙的可能性，进而降低水流向扩散层的阻力；同时也有利于带走电流做功产生的热量，降低膜电极的平均温度，维持 PEM 电解槽的长时间稳定运行。由图 7 可得电解槽膜电极的平均温度与阳极扩散层内的平均氧气质量分数成正相关性，这主要是由于液态水的导热能力明显优于氧气的导热能力。水流带走的氧气越多，进入阳极扩散层的液态水就越多，越能增强电解槽的传热过程，降低PEM 电解槽的整体温度。

比较设置不同形状的堵块对电解槽性能的影响发现，堵块形状对电解槽性能的影响差别不大。为了进一步研究流道内堵块数量对电解槽性能的影响，分别建立堵块数量为 3、4、5 的电解槽模型。计算结果显示增加堵块数量并不能进一步降低电解槽的电压、膜电极的平均温度和扩散层内的氧气质量分数，这是由于流道后半段内原本已经离开阳极扩散层进入流道的氧气再次进入扩散层，使阳极扩散层内的氧气积聚，反而会增大传质传热阻力和电压损耗。

2.3 阳极流道脊宽度对 PPEM 电解槽性能的影响

根据上述仿真结果可知，增加水流的扰动可以提高 PEM 电解槽的性能。本文在不改变流场通道总面积的情况下，研究减小单个通道和脊的宽度对 PEM 电解槽性能的影响。脊和单个通道的宽度尺寸参数见表 3。

表 3 脊和单个通道的尺寸参数

脊数量	脊宽度（mm）	单个通道宽度（mm）
4	2	4
5	1.6	3
8	1	1.71

设定入口水流量为 8e-5kg/s，入口水的初始温度为 353.15K，电解槽的工作电流密度为 2A/cm²，通道深度为 2mm，建立如上述尺寸参数的三种流道结构的 PEM 电解槽模型进行计算，见图 8 和 9。

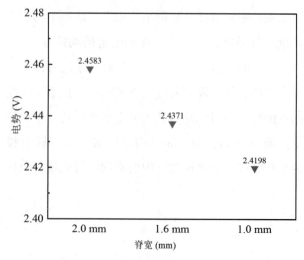

图 9 流场脊的宽度对 PEM 电解槽工作电压的影响

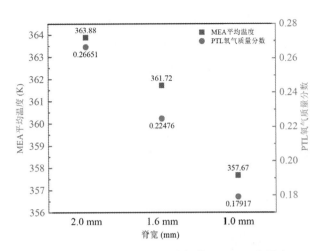

图 10　流场脊的宽度对 PEM 电解槽的 MEA 平均温度
和 PTL 氧气质量分数的影响

仿真结果表明，减小流场单个脊和单个通道的宽度（增加脊的数量），有利于提高 PEM 电解槽的性能。达到相同的电流密度，所需的工作电压降低，脊的宽度为 1mm 时比 2mm 的工作电压低 0.04V 左右；减小流场单个脊和单个通道的宽度，阳极扩散层中的平均氧气质量分数明显降低，脊宽 =1.6mm 的电解槽的扩散层平均氧气质量分数比 2mm 的电解槽的下降了 4% 左右，脊宽 =1mm 的电解槽下降将近 9%，稳态运行时 PEM 电解槽的膜电极的平均温度也随之下降，下降幅度最大达到 6K。

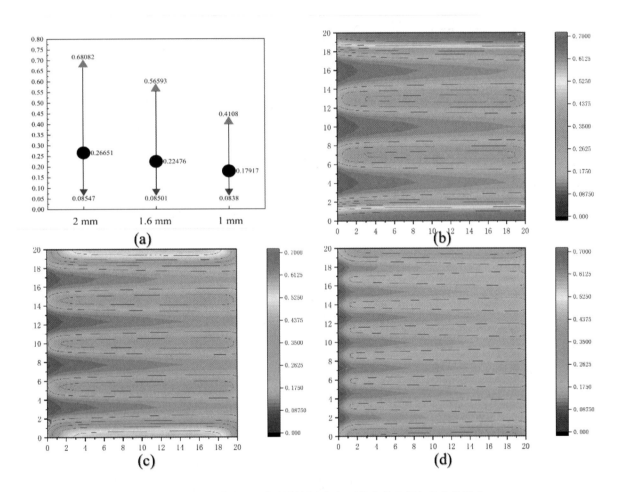

图 10　流场脊的宽度对阳极扩散层内氧气质量分数及氧气分布的影响
（a）氧气质量分数极值；　（b）脊 2mm- 氧气分布；　（c）脊 1.6mm- 氧气分布；　（d）脊 1mm- 氧气分布

由图 10 可知，阳极扩散层中的氧气质量分数分布的最大值也随着脊宽度的减小而下降，从 0.68 降低到 0.41。这是由于减小单个脊和单个通道的宽度可以促进未与水流直接接触部分的扩散层中氧气被水流带出，降低氧气在脊位置处的扩散层内发生

积聚的可能性，从而降低阳极扩散层内整体的氧气质量分数，降低电解槽的温度，利于电解槽长时间的稳定运行。

2.4 阳极流道边界对 PEM 电解槽性能的影响

图 11 为 PEM 电解槽稳态运行时阳极扩散层内

的氧气质量分数的分布情况，可见在未与水直接接触的部分会积聚大量的氧气，特别是流场的两侧边界处，其扩散层内的氧气质量分数最高高达0.682，

由于两侧边界不仅无法与水流直接接触，且不同于中间的区域，两边都可以与水接触排出氧气，这导致两侧边界处扩散层内的氧气质量分数较高。

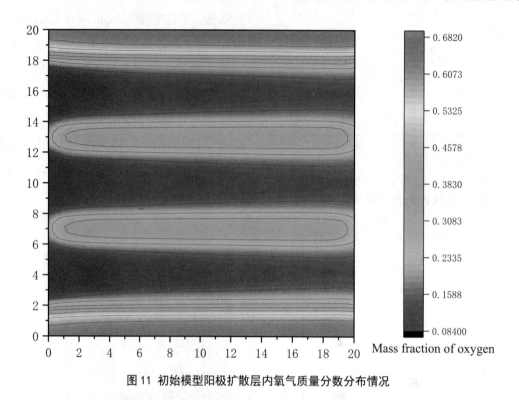

图11　初始模型阳极扩散层内氧气质量分数分布情况

在保证水与扩散层直接接触的总面积以及脊的总宽度不变的情况下，研究了取消流场边界的脊对

PEM电解槽性能的影响，建立如图12所示的两侧无边界的流道模型进行计算。

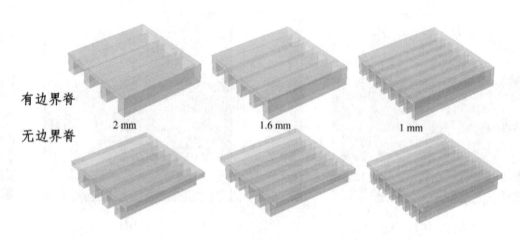

图12　流道结构示意图

设定入口水流量为8e-5kg/s，入口水初始温度为353.15k，电解槽的工作电流密度为2A/cm²，流道深度为2mm，建立图12中三种两侧无边界脊的

流道的质子交换膜电解槽模型进行计算，仿真结果见图13-15。

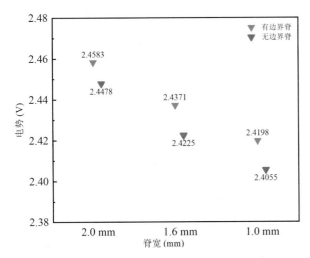

图 13 边界脊对 PEM 电解槽工作电压的影响

图 13 将三种无流场边界脊的电解槽模型仿真结果与前文有流场边界脊的电解槽模型仿真结果进行对比，显示在脊宽度相同的情况下，取消流场边界脊的电解槽模型的工作电压均低于两侧有流场边界脊的电解槽的工作电压，达到 2A/cm² 的平均工作电流密度时所需的工作电压均有不同程度的降低，脊的宽度为 2mm 时，取消流场边界后工作电压下降 0.01V 左右，脊宽度为 1.6mm 和 1mm 时，工作电压均下降 0.015V 左右，与初始模型相比下降约 0.05V。

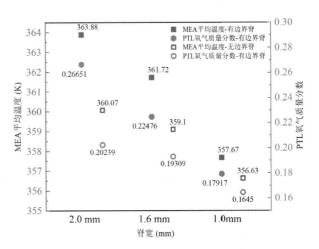

图 14 边界脊对 PEM 电解槽的 MEA 平均温度
和 PTL 氧气质量分数的影响

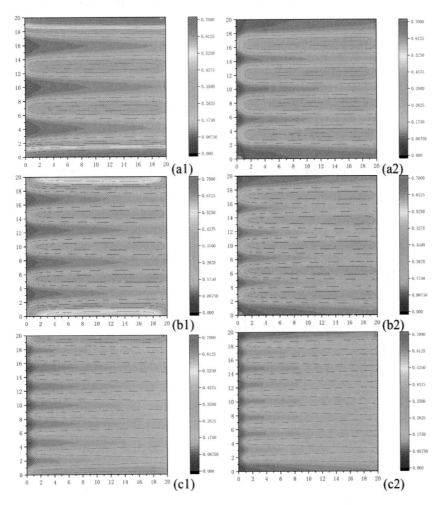

图 15 六种流道结构的氧气质量分数分布情况
（有边界脊：a1）脊 -2mm；b1）脊 -1.6mm；c1）脊 -1mm；无边界脊：a2）脊 -2mm；b1）脊 -1.6mm；c1）脊 -1mm）

图14、15表明，取消流场两侧的边界脊的电解槽稳态运行时扩散层内氧气质量分数更均匀，平均氧气质量分数也更低，与初始模型相比最多下降了约10%，膜电极的平均温度更低，与初始模型相比最多下降了约7K。由于不设置流场两侧边界与减小脊宽度具有有相同的作用，促进未与水流直接接触部分的扩散层内的氧气被水流带走，减少氧气在扩散层内的局部积聚，促进更多的水能穿过扩散层到达催化层发生电解水反应，降低高工作电流密度下电解槽内部的传质阻力，增强电解槽内的传热过程，降低电解槽的电压损耗，提高电解效率，同时有利于电解槽长时间的稳定运行。

3　结论

本文针对PEM电解槽的阳极流道结构优化设计进行模拟仿真研究，建立了包含电化学反应、流体流动、固体液体传热、多孔介质传热的多通道质子交换膜电解槽三维模型，考虑了通道之间的相互影响，模拟计算了电解槽稳态运行时电势、电流密度、分布阳极侧扩散层氧气质量分数、温度分布情况以及气液两相流动情况。主要结论如下：

（1）适当减小通道高度和设置流道内的堵块都促进水带走扩散层内氧气，降低阳极扩散层内的氧气含量，减小传质阻力，扩散层中水的含量越高，越能增强传热过程。但是过小的通道高度和过多的堵块会导致穿过扩散层进入流道的氧气再次进入扩散层，影响氧气随水流排出电解槽；

（2）减小流场中单个脊的宽度和取消两侧边界脊能增大未与水流未直接接触部分的扩散层内的氧气被水流带走的机会，增强传热，降低电压损耗，促进电解槽长时间的稳定运行。阳极流道结构优化可以提升PEM电解槽电解效率，降低电解水的单位产氢能耗。但是脊的宽度并不是越小越好，还需考虑流道极板加工的技术可行性和加工成本。

参考文献：

[1]Ayers K. The potential of proton exchange membrane－based electrolysis technology [J]. Current Opinion in Electrochemistry, 2019, 18: 9－15.

[2]Toghyani S., Afshari E., Baniasadi E. Metal foams as flow distributors in comparison with serpentine and parallel flow fields in proton exchange membrane electrolyzer cells [J]. Electrochimica Acta, 2018, 290: 506－19.

[3]Mu Rui, Ma Xiaofeng, Weng Wubin, et al. Simulation study on the effect of spiral flow field design on the performance of PEM electrolytic cells[J]. Advances in new and renewable energy, 2023, 11(4): 295－302.

[4]文明，何康昊，孙浩然. 质子交换膜电解电堆双极板流场优化设计 [J]. 2021.

[5]J.O Majasan M. M., I. Dedigama. Effect of Anode Flow Channel Depth on the Performance of Polymer Electrolyte Membrane Water Electrolyser [J]. ECS Transactions,, 2018: 85 (13) 1593－603.

[6]何旭，罗马吉，陈奔. 质子交换膜电解池内氧气泡输运过程特性 [J]. 江苏大学学报，2021.

[7]龙盼. 多孔扩散层对质子交换膜水电解池性能影响研究 [J]. 2020.

[8]S. Al Shakhshir S. F., S.K Kær. On the Experimental Investigation of the Clamping Pressure Effects on the Proton Exchange Membrane Water Electrolyser Cell Performance [J]. ECS Transactions,, 2017: 77 (11) 1409－21.

[9]Ito H., Maeda T., Nakano A., et al. Experimental study on porous current collectors of PEM electrolyzers [J]. International Journal of Hydrogen Energy, 2012, 37(9): 7418－28.

[10]Espinosa-López M., Darras C., Poggi P., et al. Modelling and experimental validation of a 46 kW PEM high pressure water electrolyzer [J]. Renewable Energy, 2018, 119: 160－73.

[11]Marangio F., Santarelli M., Cali M. Theoretical model and experimental analysis of a high pressure PEM water electrolyser for hydrogen production [J]. International Journal of Hydrogen Energy, 2009, 34(3): 1143－58.

[12]Awasthi A., Scott K., Basu S. Dynamic modeling and simulation of a proton exchange membrane electrolyzer for hydrogen production [J]. International Journal of Hydrogen Energy, 2011, 36(22): 14779－86.

[13]戴凡博. PEM电解水制氢催化剂及直接耦合光伏发电系统建模研究 [D]; 浙江大学，2020.

[14]Xu W., Scott K. The effects of ionomer content on PEM water electrolyser membrane electrode assembly performance [J]. International Journal of Hydrogen

Energy, 2010, 35(21): 12029−37.

[15]Chen Y., Mojica F., Li G., et al. Experimental study and analytical modeling of an alkaline water electrolysis cell [J]. International Journal of Energy Research, 2017, 41(14): 2365−73.

[16] 王华，马晓锋，何勇等. 流场结构对 PEM 电解槽性能影响模拟 [J]. 洁净煤技术, 2023, 29(3): 78−84.

[17]Olesen A. C., Rømer C., Kær S. K. A numerical study of the gas−liquid, two−phase flow maldistribution in the anode of a high pressure PEM water electrolysis cell [J]. International Journal of Hydrogen Energy, 2016, 41(1): 52−68.

[18]Toghyani S., Afshari E., Baniasadi E., et al. Thermal and electrochemical analysis of different flow field patterns in a PEM electrolyzer [J]. Electrochimica Acta, 2018, 267: 234−45.

[19]Olivier P., Bourasseau C., Bouamama P. B. Low−temperature electrolysis system modelling: A review [J]. Renewable and Sustainable Energy Reviews, 2017, 78: 280−300.

[20]Aubras F., Deseure J., Kadjo J. J. A., et al. Two−dimensional model of low−pressure PEM electrolyser: Two−phase flow regime, electrochemical modelling and experimental validation [J]. International Journal of Hydrogen Energy, 2017, 42(42): 26203−16.

[21]Hossain M., Islam S. Z., Pollard P. Investigation of species transport in a gas diffusion layer of a polymer electrolyte membrane fuel cell through two−phase modelling [J]. Renewable Energy, 2013, 51: 404−18.

新疆地区风光制氢可行性分析

徐　进　赵威翰

（中国绿发投资集团有限公司）

摘要： 新疆是我国重要的综合能源基地之一，近几年新能源发展迅猛，出现新能源大规模的装机现象，装机多自然就会产生多余电量，新疆的电力系统调节不够灵活，新能源电力在新疆的消纳空间逐渐变窄，但是电量又不能大量储存，致使多余的电量被废弃。本文对新疆新能源制备绿氢政策、技术路线、应用场景、经济性进行了分析。结果表明，当度电成本为 0.2 元 /kWh，氢气售价 31 元 /kg，具备投资可行性；当度电成本为 0.15 元 /kWh，氢气售价 26.8 元 /kg，具备投资可行性且该价格与高纯工业副产氢有竞争优势；当用弃电制备氢气时，氢气售价 14.5 元 /kg，具备投资可行性且该价格与各类灰氢、蓝氢具备竞争优势。

关键词： 氢能　新能源　经济性

1　氢能发展相关政策

1.1 国家层面

氢能作为清洁高效的二次能源载体，是推动传统化石能源清洁高效利用和支持可再生能源大规模发展的理想媒介，正逐步成为全球能源革命和能源转型的重要载体。我国也将氢能作为构建现代能源体系的重要方向和实现"双碳"目标的重要途径，相继出台氢能产业发展规划及相应的扶持政策，推动氢能产业发展。

2022 年 3 月 23 日，国家发改委和国家能源局联合对外发布"氢能产业发展中长期规划（2021-2035 年）"，这是国家层面首个氢能规划，是继 2019 年氢能被列入《政府工作报告》、2020 年《中华人民共和国能源法》将氢能纳入能源体系以及 2021 年能源工作指导意见提到开展氢能产业试点示范后又一重大举措。规划坚持绿色低碳为主，制储加用协同发展，明确了氢能三个五年发展目标，表 1 是三个五年规划具体情况。

表 1　三个五年规划具体情况表

序号	项目	到 2025 年	到 2030 年	到 2035 年
1	制氢	可再生能源制氢量达到 10-20 万吨 / 年，成为新增氢能消费的重要组成部分。	形成较为完备的清洁能源制氢体系，可再生能源制氢广泛应用。	可再生能源制氢在终端能源消费中的比重明显提升。
2	供氢	部署建设一批加氢站。	形成较为完备的氢能供应体系。	—
3	用氢	燃料电池车辆保有量约 5 万辆。	可再生能源制氢广泛应用，有力支撑碳达峰目标实现。	构建涵盖交通、储能、工业等领域的多元氢能应用生态。

2023 年国家标准委、国家发展改革委、工业和信息化部等 6 部门联合发布印发《氢能产业标准体系建设指南（2023 版）》，国家层面首个氢能全产业链标准体系建设指南，构建了氢能制、储、输、用全产业链标准体系，涵盖基础与安全、氢制备、氢储存和输运、氢加注、氢能应用五个子体系，明确了近国内国际氢能标准化工作重点任务。2024 年 11 月 8 日出台的《中华人民共和国能源法》中，氢能首次被明确纳入能源管理体系，与煤炭、石油、水能、风能、核能等一同作为能源进行管理，同时明确，积极有序推进氢能开发利用，促进氢能产业高质量发展。

1.2 新疆地区

新疆，地处亚欧大陆中心地带，是"一带一路"的核心区、枢纽地带。"疆电外送"是落实国家西部大开发战略、实现全国电站联网的重要工程。新疆丰富的风光资源优势，为绿氢制造提供了充足绿电。2023 年 4 月 24 日，新疆维吾尔自治区发改委发布《自治区氢能产业发展三年行动方案（2023—2025 年）》，到 2025 年，形成较为完善的氢能产业发展制度政策环境。初步构建以工业副产氢和可再生能源制氢就近利用为主的氢能供应体系，推动建立集绿氢制、储、运、加、用为一体的供应链和产业体系。建设一批氢能产业示范区，可再生能源制氢量达到 10 万吨 / 年，推广氢燃料电池车 1500 辆以上。适度超前部署建设一批加氢站。积极争取纳入国家氢燃料电池汽车示范城市群。以绿氢产业为主攻方向，推动能源结构实现清洁低碳绿色转型，为全方位推动高质量发展提供坚实保障，并在氢能设施布局、产业应用、装备制造及氢能科技创新、产业合作等方面提出了重点任务。2023 年 8 月，新疆 "氢十条" 发布专项支持自治区氢能产业示范区建设，"氢十条" 从支持氢能产业示范区发展、

企业培育壮大、优先配置风光资源、氢能储运、扩大氢燃料电池车辆应用、能源领域推广应用、支持氢能企业科技创新、强化金融政策支持、鼓励氢能人才引进培养、支持专业服务机构建设 10 个方面给予自治区氢能产业示范区专项支持，加强氢能基础设施建设，拓展多元化应用，鼓励创新研发和科技成果转化，培育区域经济新动能、新亮点。2024 年，新疆发改委发布《关于进一步发挥风光资源优势 促进特色产业高质量发展政策措施的通知》，给出 5 种通过配置新能源项目指标，促进氢能、绿色算力发展，推动绿电替代。这些政策措施不仅为氢能产业的发展提供了坚实的政策保障，还促进了氢能技术的研发和应用。

2　新疆地区新能源现状

截至 2023 年底，新疆全网总装机容量 14702 万千瓦，风电装机 3268 万千瓦，占总装机容量的 22.2%；光伏装机 3175 万千瓦，占总装机容量的 21.6%，新疆新能装机占比在大幅度增长。政府对新能源提供优厚的建设补贴，出现新能源大规模的装机现象，装机多自然就会产生多余电量，新疆的电力系统调节不够灵活，新能源电力在新疆的消纳空间逐渐变窄，但是电量又不能大量储存，致使多余的电量被废弃。自 2016 年新疆弃风率高达 38.4%，弃光率为 33%，远高于全国平均水平。从 2016 到 2020 年新疆弃风弃光率呈持续下降形态，但仍高于我国平均水平。

2022 年新疆全年风力发电量 558.4 亿千瓦时，弃风率 4.6%，弃风电量为 25.7 亿千万时；全年光伏发电量 163.66 亿千瓦时，弃光率 3.8%，弃光电量为 6.2 亿千万时。全年风电、光伏弃电量达 32 亿千万时。2020-2023 年新疆新能源发电和弃电情况见图 1。2020-2022 年的弃电量用于制备氢气，平均每年可制取 0.8 亿 kg 氢气，制氢潜力巨大。

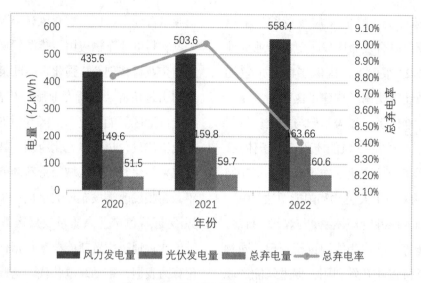

图1 新疆近年新能源发电弃电情况

整体看，新疆地区新能源装机在大幅度增长的同时也面临着消纳问题。近些年，新疆地区存在不同程度的弃风、弃光情况，如果能充分利用弃风、弃光资源转化为电能制氢，不但可以解决新能源消纳问题，充分利用能源，推动绿氢产业高速发展，加快实现"双碳"目标，同时助力新疆高质量发展。

3 绿氢制备技术方案

绿氢的制备技术通常有电解水制氢、太阳能光催化制氢法、燃料电池制取绿氢等。电解水制氢法是最常见的绿氢制备方法，该方法将水电解成氢和氧，其中产生的氢即为绿氢。电解水制氢要使用电力作为能源，更加适合利用新疆可再生能源的电力，可以达到真正的清洁生产。

3.1 弃风弃光水电解制氢

弃风弃光水电解制氢的原理是将本应限功率运行的风电场、光伏电站根据制氢所需电量，通过控制系统控制风电场、光伏电站在一定的功率下运行，将限制的电发出，通过水电解方式制取氢气，以解决新能源消纳问题，并将新能源资源以氢能方式进行存储，最终将氢能应用于化工、交通及其它领域，实现能源资源充分利用，技术框架如图2所示。

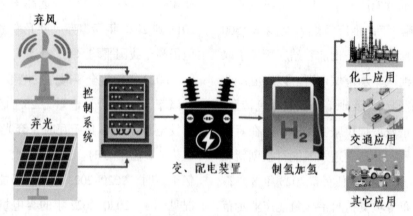

图2 弃风弃光水电解制氢技术框架图

3.2 光伏发电水电解制氢

采用光伏发电离网场内直流制氢方式，在这种情况下，光伏发电系统与制氢设备通过最大功率控制器、蓄电池、DC/DC转换器间接相连。其技术框架如图3所示。

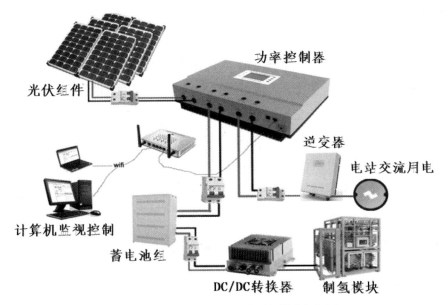

图3 光伏场站离网站内直流制氢技术框架图

其中最大功率控制器的作用是使光伏组件始终工作在最大功率点附件，蓄电池用于储能，消除光伏发电不稳定性对电解槽带来的影响，DC/DC 转换器用于调节输出满足制氢设备正常运行的电压、电流。优点是减少了多次直流 – 交流变换，以及场内变压器等设施，提高了电能转化效率。另需要逆变器，用于光伏电站及制氢场站内交流用电。

3.3 风力发电水电解制氢

电解水制取绿氢主要来源于以风电、光伏为主的可再生源电解水制氢，图4是大规模并网型风电场风电制氢技术原理图，整个技术模块包含四个部分：风力发电装置、电解水制氢装置、储氢装置以及氢气输送装置。根据并网型风电制氢模型可知，首先从 35kV 或 220kV 电网处取电，通过一系列电压转换器转换以及辅助系统控制后，输送到中压水电解槽中制氢，然后将所制得的氢气储存在中压储氢罐中，再经过 20MPa 氢气压缩机将氢气充满到氢气运输车上。

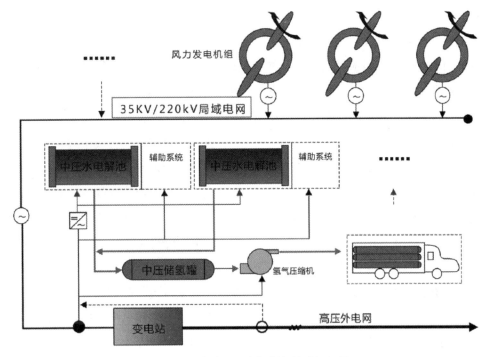

图4 风电并网水电解制氢技术框架图

4　绿氢应用场景分析

4.1　交通领域

对比目前市面上的纯电动公交车，氢燃料电池公交车充能更快、续航更长。纯电动公交车充满电一般需要1-2个小时，而氢燃料电池公交车补充氢燃料只需要十几分钟。在续航里程上，一辆满电的纯电动公交车根据不同车型一般可以行驶70-300公里不等，而氢燃料电池公交车的续航距离可达300-500公里。氢燃料还可以实现-40℃储存、-30℃低温启动，满足城市公交使用的各种工况。氢燃料电池车与燃油车相比，没有任何污染物排放，如果按氢气20元/kg，百公里消耗能源成本要低于燃油

车，优势明显。

目前，乌鲁木齐共有4523辆公交车，其中清洁能源公交车3103辆，新能源公交车1166辆，柴油公交车254辆，清洁能源及新能源公交车比例达94%。参照张家口市氢燃料公交车应用模式，在乌鲁木齐市开展氢能公交车、环卫车、市内物流车等场景示范应用。其中氢能采用风光＋电解水制氢形成的绿氢，充分利用乌鲁木齐周边风光资源，形成风电场、光伏电站场内制氢，通过长管拖车向市内运输，在应用终端建设加氢站，实现风电、光伏制氢＋运氢＋加氢＋用氢的一体化应用场景，技术框架图如图所示。

图5　氢能交通应用场景图

借助新疆地区煤炭资源优势，参照伊犁州伊宁市绿色氢能创新应用工程项目，深入调研准东、库拜、吐哈煤炭基地，选择某个煤炭基地建设光伏制氢、加氢、运氢、用氢一体化应用示范工程，形成绿色能源制氢，煤炭开采特种作业车、煤炭运输车辆用氢燃料电池车替代，围绕煤炭储运中心基地及周边各大煤矿，构建煤炭开采低碳化、煤炭运输低碳化、矿区用电低碳化的应用场景。

4.2　建筑应用

氢气可借助较为完善的家庭天然气管网，以一定比例掺入天然气中，用于建筑的能源需求。氢基能源可以通过燃料电池的形式参与建筑供能。氢基燃料电池热电联供系统是指通过能量梯级利用的方式，同时实现对建筑的供电和供热，将具有较高利用价值的高品位能量用于发电，而剩余的温度较低的低品位能量则用于供热，其系统综合能量利用率

可达80%-90%。基于氢基燃料电池搭建的热电联供系统采用在负荷中心建立分布式发电系统的形式，可以为楼宇、小区等民用用户以及工业用户提供热，并承担部分用电负荷，结合天然气管道掺氢，可以实现电、热、气三联供。

4.3　化工应用

氢气是合成氨、合成甲醇、石油精炼和煤化工行业中的重要原料，是我国氢能应用的重要方向，石油化工是新疆经济支柱性产业，堪称新疆工业经济"龙头"。2023年，新疆原油产量3270.1万吨、增长1.6%，天然气产量417.3亿立方米、增长2.5%，油气当量连续三年稳居全国首位。新疆石油化工行业氢气需求巨大，能够以规模效益来降低氢气供应链成本，而且氢气可作为燃料和化工原料帮助工业实现减碳。氢气在化工领域应用广泛，如氢气可以在高温高压下与空气中的氮气合成氨气，制造肥料

和尿素等，也便于运输。此外可以通过加氢裂化的方法把油砂或其他是有资源转化为合成油；在石油冶炼中，用于对原油的加氢处理，去除杂质；氢气可在加氢脱硫、加氢处理的化学反应中用作催化剂；氢气作为还原剂，在金属冶炼、提纯、还原等工艺中作用重大，如铜、镍冶炼。此外，氢气在半导体工艺中用于制造硅片。

4.3 其它应用

新疆地区风沙较大，光伏电站在此环境下长时间发电运营，光伏组件、电气设备及架空线路会逐渐出现故障，如光伏组件布满灰尘、电气设备失灵、架空线路故障等众多因素影响发电效率效益，而现阶段人工巡检及光伏组件清洗存在效率低、成本高等问题，尤其是针对新疆地区大型光伏电站的巡检及维护更需要智能化、高效化的运维方式，利用无人机智能巡检，智能化清扫，实现制氢，以氢能源为燃料动力的无人机巡检、清扫车清洗，一是充分消纳光伏资源，实现就地利用，二是实现大型光伏电站智能化、高效化的巡检，提高光伏电站的效率效益。该应用场景需要开发氢动力无人机智能巡检系统一套以及氢动力光伏组件清洗（扫）车一台，场内制氢系统一套以及储氢加氢设备，框架如下图所示。

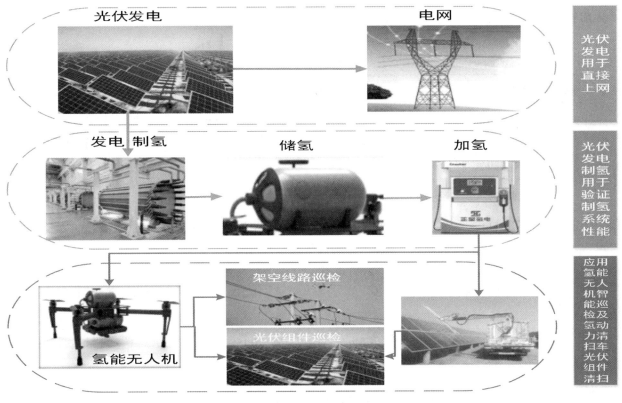

图 6 氢能综合利用框架图

5 经济性分析

5.1 项目建设

参照最新中标价格，单台产能 1000m³/h 碱性电解水制氢设备费用约 1000 万元，制氢厂配电系统费用约 1000 万元，设计、施工费用约 500 万元，制氢厂投资明细如表 2 所示。产能 2000 公斤/天（每天运行 8 小时）的制氢厂（不含土地）设备、配电系统、设计及施工费用合计约 4500 万元。

表2 制氢厂设备投资明细表

序号	名称	设备明细	价格
1	主要设备	包含电解设备、纯化设备、压缩机、储氢罐等	单台产能1000m³/h制氢设备约1000万元，共需3台设备
2	辅助设备	控制系统、过滤器、分离器、冷却器等辅助设备以及管件、阀门及电缆等	
3	配电系统	制氢电源、变压器、配电设施等	1000万元
4	设计及施工	设计费及制氢厂设备安装、调试、厂房建设	设计、施工费用约500万元
5		不含土地费用，制氢厂总投资合计	4500万元

建设产能2000公斤/天的制氢厂占地约10亩，工业用地约28万元/亩，土地费用约280万元，制氢厂总投资约4780万元。

5.2 项目运营

项目的经济性分析主要通过资本金内部收益率、全投资内部收益率和投资回收期3个指标进行评价，主要涉及项目投资现金流量表、资本金现金流量表等计算表格。制氢厂运营成本，主要有制氢用电、用水、辅助材料、人工费、运维费，制氢厂运营成本明细如表3所示。

表3 制氢厂主要成本表

成本	类别	单价	消耗量	成本费用	备注
原材料	电	0.20元/kWh	6kWh/Nm³	1.2元/Nm³	含制氢电耗和动力电
		0.15元/kWh		0.9元/Nm³	
		0元/kWh		0元/Nm³	
辅助材料	纯水	5.40元/吨	0.001t/Nm³	0.0054元/Nm³	
	KOH	10元/kg	0.0004kg/Nm³	0.004元/Nm³	
	冷却	5.40元/吨	0.001t/Nm³	0.0054元/Nm³	
人员成本		2万元/月	10人	0.278元/Nm³	3人/班，3班，1人管理
运维成本		45万元/年	每年按设备投资1%计算	0.156元/Nm³	

表3的制氢原材料电价分别取度电成本0.2元/kWh、0.15元/kWh、0元/kWh（弃电），工业用水取5.4元/吨，辅助材料KOH约10元/kg,人员成本2万元/月，运维成本按照设备投资的1%计算，约45万元/年，通过计算得出度电成本0.2元/kWh、0.15元/kWh、0元/kWh，制氢原料与人工成本分别约1.5288元/Nm³、1.2288元/Nm³、0.3288元/Nm³，项目运维成本约45万元/年。项目总运营成本还包含保险费、土地费及管理费，项目总运营成本如表4所示。

表 4 项目总运营成本表（万元）

序号	项目名称	合计	建设期	计算期				
			第 1 年	2 年	3 年	4 年	5-25 年	26 年
1	运维费	1125	45	45	45	45	⋯	45
2	保险费	222	9	9	9	9	⋯	9
3	管理费用	5000	200	200	200	200	⋯	200
4	原料人工	65434	1321	1321	1321	1321	⋯	1321
5	合计费用	71781	1575	1575	1575	1575	⋯	1575

项目现金流入主要来源为氢气销售收入，氢气的销售收入与氢气的产量和氢气的销售价格密切相关。现金流出主要为建设资金、经营成本、当期增值税及销售税金，其中当期增值税及销售税金由销售收入及营业收入确定，建设资金主要是除土地、经营之外的资金。不考虑运输费用，按照氢气销售 31 元 /kg 的出厂价格计算，项目全投资内部收益率 5.70%，项目投资回收期 12.89 年（含建设期 1 年）。项目投资现金流量如表 5 所示。

表 5 项目投资现金流量表（万元）

序号	项目	合计	建设期	计算期				
			第 1 年	2 年	3 年	4 年	5-25 年	26 年
1	现金流入	55420	2217	2217	2217	2217	⋯	2217
1.1	氢气销售收入（税前）	55420	2217	2217	2217	2217	⋯	2217
2	现金流出	50680	4780	1575	1653	1855	⋯	1855
2.1	建设资金	4780	4780	0	0	0	⋯	0
2.2	经营成本	39369	1575	1575	1575	1575	⋯	1575
2.3	当期缴纳增值税	5937	0	0	71	255	⋯	255
2.4	销售税金及附加	594	0	0	7	26	⋯	26
3	所得税前净现金流量	4741	−4780	642	563	362	⋯	362
4	所得税后净现金流量	3810	−4780	642	563	362	⋯	316

项目按照自有资金20%，银行贷款80%，贷款利率4.9%计算，现金流出主要有经营成本、资本金支出、偿还本金支出、偿还利息支出、增值税及税金等。通过现金流入与现金流出计算净现金流量，按照氢气销售价格31元/公斤计算，得到项目资本金内部收益率7.37%。项目资本金现金流量表如表6所示。

表6 项目资本金现金流量表（万元）

序号	项目	合计	建设期		计算期			
---	---	---	第1年	2年	3年	4年	5-25年	26年
1	现金流入	55420	2217	2217	2217	2217	…	2217
1.1	氢气销售收入（税前）	55420	2217	2217	2217	2217	…	2217
2	现金流出	53170	975	1948	2026	2228	…	1901
2.1	资本金支出	975	975	0	0	0	…	0
2.2	偿还借款本金	3899	0	182	191	200	…	0
2.3	偿还借款利息	1697	0	191	182	173	…	0
2.4	经营成本	39369	1575	1575	1575	1575	…	1575
2.5	当期增值税	5937	0	0	71	255	…	255
2.6	销售税金及附加	594	0	0	7	26	…	26
2.7	缴纳所得税	700	0	0	0	0	…	45
3	净现金流量	2250	-975	269	190	-12	…	316

按照以上计算方式，当度电成本分别为0.15元/kWh，制氢原料与人工成本为1.2288元/Nm^3，当氢气售价为26.8元/kg时，得出项目全投资内部收益率5.61%，项目投资回收期12.99年（含建设期1年），项目资本金内部收益率7.13%。制氢原料与人工成本为0.3288元/Nm^3，当氢气售价为14.5元/kg时，得出项目全投资内部收益率5.80%，项目投资回收期12.69年（含建设期1年），项目资本金内部收益率7.60%。具体如表7所示。

表7 不同度电成本制氢经济测算表

序号	度电成本	氢气售价	全投资收益率	资本金收益率	回收周期
1	0.2元/kWh	31元/kg	5.70%	7.37%	12.89年
2	0.15元/kWh	26.8元/kg	5.61%	7.13%	12.99年
3	0元/kWh	14.5元/kg	5.80%	7.60%	12.69年

工业副产氢的成本约为13-23元/kg。工业副产气体中除了氢气外含有较多的杂质，除去杂质提纯得到氢气是关键的工艺流程，因此提纯成本是除生产成本外较为重要的一项成本，提纯成本在1.12-5.6元/kg之间，高纯工业副产氢成本大约28元/kg。因此当度电成本为0.15元/kWh时，绿

氢售价 26.8 元 /kg 为高纯工业副产氢有竞争优势。700 元 / 吨煤炭价格下，蓝氢、灰氢成本在 11.86-16.26 元 /kg，若考虑碳税上涨带来的蓝氢、灰氢成本上升，当用弃电生产氢气时，此时绿氢售价 14.5元 /kg，绿氢与各类灰氢、蓝氢具备竞争优势。

6　结论

绿氢可以有效解决新能源增长面临的弃光、弃风问题，可以通过弃风弃光电解水制氢、光伏发电离网水电解制氢、风力发电并网水电解制氢等技术方案，实现新疆新能源电力的消纳。此外，绿氢可以在交通、化工等领域广泛应用，实现绿氢的消纳。电解水制氢经济性主要受到电费成本的影响，降低电价是提高经济性的关键因素。当度电成本低于 0.2 元 /kWh，氢气售价为 31 元，具备投资可行性。当度电成本为 0.15 元 /kWh，绿氢售价为 26.8 元 /kg，与高纯工业副产氢有竞争优势；当用弃电制备氢气时，氢气售价 14.5 元 /kg，绿氢与各类灰氢、蓝氢具备竞争优势。此外，在技术层面电解水制氢要想产业化应用，如何运输绿氢是一项十分关键的研究课题，应是研究者们需要关注的重点。

参考文献：

[1] 氢能产业发展中长期规划（2021-2035 年），国家发展改革委、国家能源局，2023.

[2] 氢能产业发展中长期规划（2021-2035 年），国家发展改革委、国家能源局，2023.

[3] 中华人民共和国能源法，第十四届全国人民代表大会常务委员会，2024.

[4] 自治区氢能产业发展三年行动方案（2023—2025 年，新疆维吾尔自治区发展和改革委员会．2023.

[5] 新疆自治区发展改革委．自治区支持氢能产业示范区建设的若干政策措施．2023; Available from: https://www.gov.cn/lianbo/difang/202308/content_6901213.htm.

[6]2024,关于进一步发挥风光资源优势 促进特色产业高质量发展政策措施，新疆自治区发展改革委、国网新疆电力有限公司．

[7] 王震，李钦伟，刘照晖，等．可再生能源制氢合成氨系统风光储氢容量配置方案研究 [J]. 电力勘测设计,2024,(S1):14-19.DOI:10.13500/j.dlkcsj.issn1671-9913.2024.S1.003.

[8] 刘文峰．双碳目标下新疆新能源发展的对策建议．2022;Available from: https://xjdrc.xinjiang.gov.cn/xjfgw/hgjj/202208/25e2ba4b54a940dfbaf2eb47cb70b51e.shtml.

[9] 徐进，丁显，宫永立，何广利 & 胡婷 .(2022). 电解水制氢厂站经济性分析 . 储能科学与技术 (07),2374-2385.doi:10.19799/j.cnki.2095-4239.2022.0062.

蒋珊．绿氢制取成本预测及与灰氢、蓝氢对比 [J]. 石油石化绿色低碳 ,2022,7(02):6-11.

熊港权 .(2022). 亚氧化钛基复合材料提高电解水析氢反应稳定性研究 (硕士学位论文 , 重庆大学). 硕士 https://link.cnki.net/doi/10.27670/d.cnki.gcqdu.2022.002425doi:10.27670/d.cnki.gcqdu.2022.002425.

RuNi 金属合金催化
N- 丙基咔唑高效加氢

陈玉明　　刘代明

（青岛科技大学）

摘要：碳中和背景下，为了应对日益严峻的环境污染和能源危机等问题，能源转型迫在眉睫。氢能具有燃烧热值高、来源广泛、可再生等优点，成为理想的绿色能源媒介。但是，氢能安全高效的储运问题限制了"氢能经济"规模化发展，有机液态储氢技术被认为是最有前途的氢储存和运输解决方案之一。有机液态储氢载体是一种具有完全可逆加氢 - 脱氢循环的储氢材料，基于化合物中不饱和键的可逆催化加 / 脱氢反应可实现氢气安全、高效的储存与释放。开发低成本、高活性的金属催化剂对有机液态储氢技术的发展具有重要意义。本文采用浸渍还原法在 Al_2O_3 载体上沉积 RuNi 合金纳米颗粒，用于催化 N- 丙基咔唑（NPCZ）的加氢反应。Ni 的加入对催化剂的性能有显著的促进作用，相较于 Ru 催化剂，RuNi 合金在 150℃下催化 NPCZ 的加氢效率高达 0.512 mol h^{-1} g^{-1}，其表观活化能低至 17.11kJ/mol，且具有良好的循环利用性。研究结果证实，RuNi 合金的形成有利于金属的还原且增强了电子传递能力，从而改善了整体的氢化转变。此外，本研究还探讨了催化剂用量、溶剂选择、温度和压力等因素对加氢反应的影响，优化了工艺条件。这项工作不仅为高活性金属催化剂的设计提供了新的途径，而且推动了高性能、低能耗的有机液态储氢体系发展，在其大规模应用中具有潜在的商业应用前景。

关键词：有机液态储氢载体　加氢　N- 丙基咔唑　RuNi 合金　运输

1　前言

《中华人民共和国能源法》对于能源有了明确定义：直接或者通过加工、转换而取得有用能的各种资源，其中包括氢气。氢能纳入《能源法》，即意味着氢能是能源，须作为能源管理，必然要建立起一套管理体系，并在全国综合能源规划、全国分领域能源规划、省市区有明确的发展规划。按照国家发展新质生产力"因地制宜"的口径，氢能产业发展将更加有序。氢能作为能源，也将建立起能源储备和应急体系，不太能出现长时间的区域性的"缺氢"现象。随着氢气的产量和需求逐年增加，氢能的储存和运输面临挑战，寻找一种高效且安全的储氢方式极其重要。

氢能具有来源广、热值高、无污染而且储运灵活等优点。氢气的常用储运方式包括：高压气态储氢、低温液化储氢、固态储氢和有机液态储氢等方式。高压储氢是在常温下通过压缩机将氢气压缩到储氢容器中，因其技术简单、经济实惠应用更加普遍，但当加压到 15MPa 时质量储氢密度小于 3wt.%，并且在整个过程中大约有 30% 的能量损失。低温液化储氢是氢气在温度 20K 左右液化储存，具有更高的储氢密度（>10wt.%），但其液

化能耗高 (15KWh/kg)，储存条件要求苛刻。固态储氢是指氢通过物理吸附或者化学吸附存储在固体中，但是大多数材料质量密度低（1–3wt%），放氢需要消耗大量热，对热交换装置要求高。有机液态储氢一种新型高效的储氢技术，质量储氢密度在 5–7.5wt%，在常温常压条件下可长时间储存，没有能量损失，与目前输油基础设施相兼容，是一项极具应用前景的储氢技术。

有机液态储氢基于有机化合物中不饱和键的可逆催化加氢和脱氢过程以实现氢气储存与释放。传统的液态储氢材料包括苯、甲苯、萘、二苄基甲苯等，然而脱氢温度均在 300℃以上，远远高于燃料电池的工作温度（100–300℃），限制了其实际应用；目前仍然存在易发生裂解、歧化等副反应导致生成的氢气纯度降低，在反复加脱氢过程中，可能会出现结构破坏、性能下降导致储氢容量逐渐降低等问题。新型液态储氢材料主要包括咔唑及其衍生物、喹啉及其衍生物和吲哚及其衍生物。咔唑在芳烃环上引入 N 原子降低了氢化反应热。其中，N – 丙基咔唑（NPCZ）的熔点较低（48℃），理论储氢量可达 5.43wt%，价格低廉，加氢效率高，分子结构稳定，可反复循环使用，被认为是最理想的储氢材料之一。Yang 等报道使用熔融状态下的 NPCZ，通过 Ru 基催化剂在 120–150℃下实现 60min 完全加氢。

贵金属基催化剂由于其合适的电子结构和对氢气的强吸附能力，加氢反应中具有较高的催化活性。Eblagon 等人研究了各种金属催化剂（Ru、Pt、Pd、Ni 和 Rh）在 N- 乙基咔唑（NECZ）加氢中的催化性能。结果表明，因其适宜的电子能级和最低的 d 带中心位置，Ru 具有最高的催化活性。然而，Ru 催化剂对完全氢化产物的选择性相对较差，导致中间产物大量积累。迄今为止，过渡金属 Ni 基催化剂丰富且价格低廉，在有机液态储氢技术中的应用也有较高的活性。Ding 等报道了负载为 70 wt.% 的 Ni/AlSiO 催化剂对 NPCZ、NECZ 和二苄基甲苯（DBT）加氢的催化活性。

通过结合两种或两种以上的金属来形成合金可以融合每各种金属的独特优势，已被证明是提升催化加氢性能的有效方法。Wan 等人制备的 Ni-Co/AC 催化剂对 NECZ 加氢具有显著活性。当 Ni/Co 比为 1 时，由于金属电子结构的重组，催化剂表现出最好的性能。Yu 等人报道在 $RuNi/TiO_2$ 催化剂上实现了高效的 NECZ 加氢，归因于金属纳米粒子的电子结构改变，Ru 和 Ni 的结合会导致更高的催化性能。Qin 等人研究发现，将 RuNi 合金可以促进碳载体的部分石墨化，增强电导率和电子传递能力，提高 NECZ 的加氢性能。Zhu 等人发现 $Ru_{2.5}Pd_{2.5}$ 对 NPCZ 加氢的催化活性远优于 $Ru_{2.5}$ 催化剂，在 150℃、7 MPa 条件下，1h 内 NPCZ 的吸氢率达到 5.43wt.%。研究结果表明 Ru 和 Pd 纳米粒子之间的正协同作用，增强了电子传递能力，进而提升了催化剂的加氢活性。

由鉴于此，本研究采用易浸渍 – 还原法制备 $RuNi/Al_2O_3$ 催化剂，用于 NPCZ 加氢反应。结果表明，该双金属催化剂的加氢性能优于 Ru/Al_2O_3 和 Ni/Al_2O_3 催化剂。Ni 的加入有利于 Ru^{4+} 的还原，且 Ru 和 Ni 之间的相互作用对改善整体氢化转变起着重要作用。

2　实验部分

2.1　材料

$RuCl_3 \cdot 3H_2O$、$NiCl_2 \cdot 6H_2O$ 和 C_6H_6 购买于阿达玛斯试剂有限公司；$\gamma-Al_2O_3$（99.9%）购买于淄博诺达化工有限公司；NPCZ（99%）购自和昌化工有限公司；$NaBH_4$、NaOH 和 HCl 购买于上海国药集团化学试剂有限公司。高纯 H_2（≥ 99.99%）和 N_2（≥ 99.99%）购买于青岛德海伟业公司。

2.2　催化剂制备

0.0614g $RuCl_3 \cdot 3H_2O$ 和 0.0962g $NiCl_2 \cdot 6H_2O$ 加入到 2mLHCl 中，超声 1h 使其充分溶解，在 600 rpm 下向溶液中加入 0.95g $\gamma-Al_2O_3$，连续搅拌 12h。在烘箱中 75℃干燥 10h 后研磨成粉末，使用 20ml NaOH 溶液（0.01mol/L）和 0.4g $NaBH_4$ 配置溶液，向盛有粉末的烧杯中缓慢滴加，600rpm 充分搅拌 1h，用清水离心洗涤三次，80℃ N_2 氛围下干燥，得到 $Ru_{2.5}Ni_{2.5}/Al_2O_3$ 催化剂。采用相同方法

制备的 $Ru_{2.5}/Al_2O_3$ 和 $Ni_{2.5}/Al_2O_3$ 作为对照组。

2.3 催化剂表征

采用 X 射线衍射（XRD, Rigaku MiniFlex600）对催化剂的晶体结构进行了分析。采用比表面积孔隙度分析仪（BSD-PS(M), Beishide）对催化剂的孔隙度进行分析。利用 X 射线光电子显微镜（XPS, Thermo Fisher Scientific K-Alpha）研究了催化剂的组成和化合态。采用透射电镜（TEM, JEM-F200）对催化剂的形貌进行了研究。采用程序升温氢还原法（H_2-TPR, AutoChem II 2920）获得催化剂中活性组分的还原程度。

2.4 催化加氢

取 1gNPCZ 溶于 15ml C_6H_6 中。在 NPCZ 溶液中加入 0.1g 催化剂。然后，将混合物转移到不锈钢反应器中（体积 ~ 80mL）。反应器配有温度和压力传感器，记录整个反应过程的实时数据。向体系内冲入 0.5 MPa 氢气，等待 2min 后釜压表示数未变，说明体系密封性较好。然后排空氢气，如此充放气循环 3 次，达到排除体系内空气的目的。将反应器置于加热装置中，设置反应温度为 130-160℃，等待体系升温至指定温度。调节转速为 600 r/min，待体系温度、转速稳定后，向体系充入 4-7 MPa 高纯氢气，开始计时加氢反应。按照设定的时间间隔定期取样，提取 0.5mL 液体样品，用 C_6H_6 稀释 1000 倍。采用气相色谱－质谱联用仪（GC-MS, Agilent 8890/5977B）分析其成分。

3　结果与讨论

3.1 催化剂的性质和结构

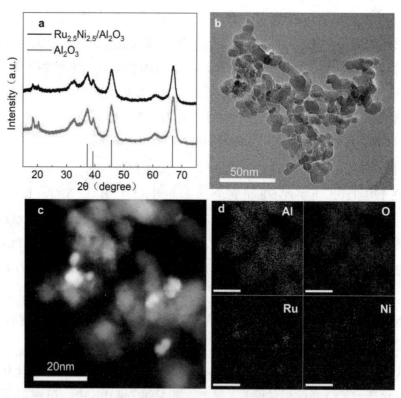

图 1. $Ru_{2.5}Ni_{2.5}/Al_2O_3$ 催化剂和 Al_2O_3 载体的 XRD 谱图，
（b，c）$Ru_{2.5}Ni_{2.5}/Al_2O_3$ 催化剂的 Al，O，Ru，Ni 的 TEM 图和 (d) EDS 元素映射图。

Al_2O_3 载体和 $Ru_{2.5}Ni_{2.5}/Al_2O_3$ 催化剂的 XRD 谱图如图 1a 所示。衍射峰位于 37.60°、39.49°、45.79° 和 66.76° 处，分别对应 γ-Al_2O_3（JCPDS: 00-001-1303）的（222）、（400）、（511）和（440）面。

在 $Ru_{2.5}Ni_{2.5}/Al_2O_3$ 催化剂的 XRD 谱图中没有发现明显的 Ru 和 Ni 的特征峰，这与它们的负载量极低（2.5 wt.%）有关。为了研究催化剂金属颗粒的形貌，对其进行了 TEM 表征。如图 1b 所示，Al_2O_3 呈颗粒状结构，粒径在 20nm 左右，且 Ru、Ni 金属颗粒粒径在 2-7nm，均匀地分散在 Al₂O₃ 表面。材料表面颗粒状明显，孔隙结构良好，催化剂可暴露更多的活性位点，有利于催化剂表面的传质过程。从图中 Ru$_{2.5}$Ni$_{2.5}$/Al₂O₃ 催化剂的 EDX 谱图可以看出，Ru 和 Ni 分布区域基本一致，证明金属纳米颗粒为合金。H₂-TPR 分析用于分析催化剂中的金属 - 载体相互作用。

如图 2a 所示，Ru$_{2.5}$Ni$_{2.5}$/Al₂O₃ 和 Ru$_{2.5}$/Al₂O₃ 催化剂在 H₂-TPR 曲线上呈现两个还原峰。对于 Ru$_{2.5}$/Al₂O₃，在 190℃时的峰值为自由 RuO₂ 纳米颗粒的还原峰。440℃处的 H₂ 消耗峰为 RuO₂ 的减少与载体强烈相互作用以及吸附在载体上的 Ru⁴⁺ 物质对应的还原峰。对于 Ru$_{2.5}$Ni$_{2.5}$/Al₂O₃ 催化剂，峰值还原温度分别降至 187℃和 425℃，表明 Ru-Ni 相互作用有利于金属阳离子的还原。峰位于 589℃处，是 NiAl₂O₄ 在制备过程中形成的。

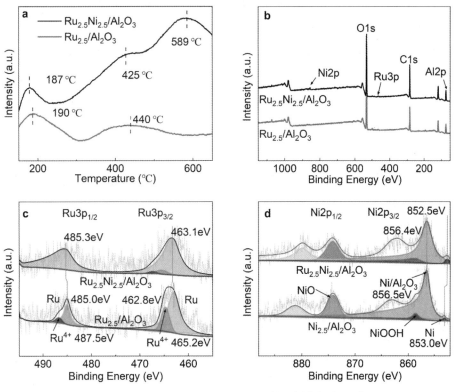

图 2. (a) Ru$_{2.5}$Ni$_{2.5}$/Al₂O₃ 和 Ru$_{2.5}$/Al₂O₃ 催化剂的 H₂-TPR 谱图，(b) XPS 全谱图，(c) XPS Ru3p 谱。(d) Ru$_{2.5}$Ni$_{2.5}$/Al₂O₃ 和 Ni$_{2.5}$/Al₂O₃ 催化剂的 XPS Ni2p 光谱。

图 2b 显示了 Ru$_{2.5}$Ni$_{2.5}$/Al₂O₃ 的 XPS 调查光谱，其中观察到 Al，O，Ru 和 Ni 元素的特征峰，证实了 Ru 和 Ni 在催化剂中的存在。图 2c 为 Ru$_{2.5}$Ni$_{2.5}$/Al₂O₃ 和 Ru$_{2.5}$/Al₂O₃ 的 Ru 3p XPS 扫描光谱。两个峰位于 462.8 和 485 eV，分别对应 Ru 3p3/2 和 Ru 3p1/2。与 Ru$_{2.5}$Al₂O₃ 相比，这些峰向高结合能移动，表明 Ru 在双金属催化剂中的电子密度较低。它揭示了从 Ru 原子到 Ni 原子的电子转移，即 Ni 的加入可以提高 Ru⁴⁺ 的还原性，这与 H₂-TPR 的结果一致。位于 465.2 和 487.5 eV 处的两个峰对应于 Ru⁴⁺，这是由于 Ru 在空气中不可避免

的氧化所致。与 Ru$_{2.5}$/Al₂O₃ 相比，这些峰在双金属催化剂中不太明显，表明 Ni 原子可以抑制 Ru 的氧化。图 2d 显示了 Ru$_{2.5}$Ni$_{2.5}$/Al₂O₃ 和 Ni$_{2.5}$/Al₂O₃ 的 Ni 2p XPS 光谱。Ni$_{2.5}$/Al₂O₃ 中存在 Ni 和 Ni/Al₂O₃，其中 Ni 2p3/2 峰分别位于 853.0 和 856.5 eV；872.8 eV 处的 Ni 2p1/2 峰归因于 NiO。在 Ru$_{2.5}$Ni$_{2.5}$/Al₂O₃ 中，Ni 和 Ni/Al₂O₃ 的峰向结合能较低的方向移动，表明 Ni 原子的电子密度增加，也就是说镍原子充当电子受体。此外，还注意到了 NiO 和 NiOOH 两种物质。NiO 是由 Ni 纳米颗粒在空气中氧化形成的，而 NiOOH 是在制备催化剂的还原反应中 Ni²⁺

与 NaOH 反应形成的。H_2-TPR 和 XPS 结果共同表明，Ru 和 Ni 之间的电荷迁移有利于 Ru^{4+} 的还原，抑制了 Ni 的氧化。

3.2 催化剂性能评价

NPCZ 在 $Ru_{2.5}Ni_{2.5}/Al_2O_3$、$Ru_{2.5}/Al_2O_3$ 和 $Ni_{2.5}/Al_2O_3$ 催化剂上的加氢性能如图 3a 所示。$Ni_{2.5}/Al_2O_3$ 催化剂对 NPCZ 加氢的催化活性极低，而 Ru 基催化剂对 NPCZ 加氢的催化效率较高。在 2 h 内，$Ru_{2.5}Ni_{2.5}/Al_2O_3$ 的吸收率为 5.43 wt.%，加氢速率为 0.512 $molh^{-1}g_{cat}^{-1}$，高于 $Ru_{2.5}/Al_2O_3$（4.36 wt.% 和 0.339 $molh^{-1}g_{cat}^{-1}$）和 $Ni_{2.5}/Al_2O_3$（0.16 wt.% 和 0.013 $molh^{-1}g_{cat}^{-1}$）。结果表明，Ru-Ni 协同作用能显著提高催化剂的加氢活性。同时研究了 Ni 含量对双金属催化剂加氢性能的影响。如图 3b 所示，随着 Ni 含量的增加，加氢性能先增强后降低。Ni 含量的增加可以改善 Ru-Ni 相互作用，从而提高它们的催化活性。Ru/Ni 比为 1 的双金属催化剂性能最好。而过量的 Ni 含量则不利于氢化性能。Ru 是在加氢反应中起重要作用的活性组分。过量的 Ni 会减少 Ru

位点的表面暴露，从而降低性能。

NPCZ 的加氢经过三个连续的反应阶段，如图 4 所示，首先生成中间产物 4H-NPCZ 和 8H-NPCZ 并依次达到最大值，之后含量降低最终全部转化为完全氢化产物 12H-NPCZ。为了研究加氢反应过程和中间体的过渡，采用气相色谱 - 质谱法对产物的分布进行了详细分析。图 3c 和图 3d 分别为 $Ru_{2.5}/Al_2O_3$ 和 $Ru_{2.5}Ni_{2.5}/Al_2O_3$ 催化的 NPCZ 加氢过程的时间中间产物分布。对于 $Ru_{2.5}/Al_2O_3$ 催化剂，在加氢 10min 时，4H-NPCZ 的最大富集量达到 32.62%。30min 时，NPCZ 和 4H-NPCZ 消失，8H-NPCZ 积累最多（56.02%）。随着反应的进行，8H-NPCZ 含量减少，而 12H-NPCZ 含量增加，说明 40min 后的加氢反应主要是由 8H-NPCZ 向 12H-NPCZ 过渡。60min 时，12H-NPCZ 和 8H-NPCZ 含量分别为 71.8% 和 28.2%。结果表明，$Ru_{2.5}/Al_2O_3$ 催化剂对全氢化产物的选择性较低，与前人的研究结果一致。同时也证实了 8H- 向 12H-NPCZ 的转化是加氢反应的限速步骤。

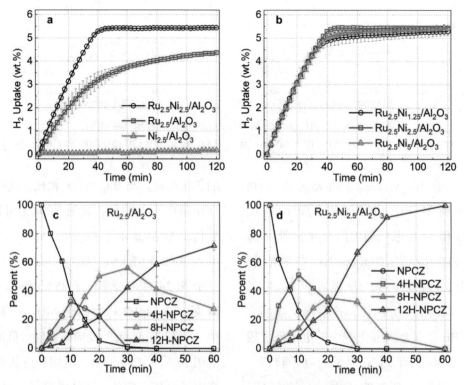

图 3. (a) $Ru_{2.5}Ni_{2.5}/Al_2O_3$、$Ru_{2.5}/Al_2O_3$ 和 $Ni_{2.5}/Al_2O_3$ 的 NPCZ 加氢曲线。
(b) 不同 Ru/Ni 比下 Ru-Ni 催化剂的加氢曲线。
(c, d) 分别由 $Ru_{2.5}/Al_2O_3$、$Ru_{2.5}Ni_{2.5}/Al_2O_3$ 催化的 NPCZ 加氢反应的中间产物分布。

值得注意的是，Ru$_{2.5}$Ni$_{2.5}$/Al$_2$O$_3$ 在反应初始阶段（10 min 内）产生的 4H-NPCZ 浓度高于 Ru$_{2.5}$/Al$_2$O$_3$，表明双金属催化剂在 NPCZ 转化为 4H-NPCZ 方面具有更强的催化活性。Ru$_{2.5}$Ni$_{2.5}$/Al$_2$O$_3$ 催化剂的 8H-NPCZ 最大富集量为 35.43%，显著低于 Ru$_{2.5}$/Al$_2$O$_3$ 催化剂的 56.02%。而 12H-NPCZ 的含量在 60 min 内可达到 100%。与 Ru$_{2.5}$/Al$_2$O$_3$ 相比，Ru$_{2.5}$Ni$_{2.5}$/Al$_2$O$_3$ 具有更高的催化能力，这是由于 Ni 有利于 8H- 向 12H-NPCZ 过渡，有利于饱和加氢。总体来说，Ni 的加入可以促进 NPCZ 向 4H-NPCZ 的转变，以及 8H- 向 12H-NPCZ 的转变，从而提高了整体的产氢性能。

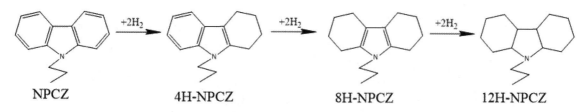

图 4. NPCZ 转化为 12H-NPCZ 的加氢过程。

如图 5a 所示，随着催化剂用量的增加，反应速率增强。大剂量可以提供更多的活性位点，从而提高加氢性能。图 5b 为溶解在十氢化萘和环己烷中的 NPCZ 的加氢曲线。与无溶剂条件相比，溶剂在加氢反应中起着重要的作用。这是因为溶剂使 NPCZ 与催化剂有效接触，提高了催化效率。催化剂的循环利用性对其实际应用至关重要。如图 5c 所示，在 5 个循环中没有观察到明显的变化，表明 Ru$_{2.5}$Ni$_{2.5}$/Al$_2$O$_3$ 催化剂具有良好的稳定性和循环利用性。如图 5d 所示，Ru$_{2.5}$Ni$_{2.5}$/Al$_2$O$_3$ 催化剂对 NPCZ、1,2- DMID 和 NECZ 表现出较高的加氢性能，在 2 h 内加氢吸收率分别为 5.43wt.%、5.23wt.% 和 5.0 wt.%，表明其对不同有机液态储氢载体的加氢具有良好的普适性。

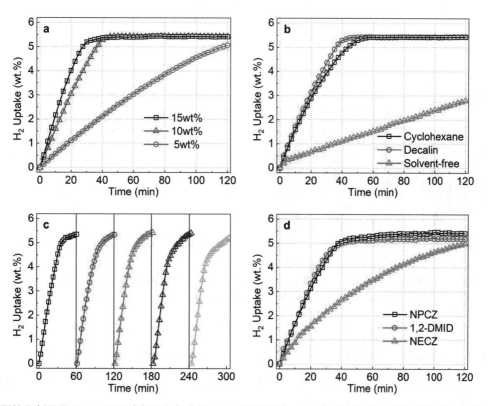

图 5.（a）不同催化剂用量和（b）不同溶剂的加氢曲线，（c）循环实验，（d）各种有机液态储氢载体的氢化曲线。所有氢化反应均在 Ru$_{2.5}$Ni$_{2.5}$/Al$_2$O$_3$ 上进行，温度为 150℃，压力为 6 MPa。

$Ru_{2.5}/Al_2O_3$ 和 $Ru_{2.5}Ni_{2.5}/Al_2O_3$ 的加氢曲线随压力的变化曲线如图6a 和6b 所示。$Ru_{2.5}Ni_{2.5}/Al_2O_3$ 的加氢率随压力的增加而增加，在4–7 MPa 下加氢率在2 h 内达到3.86–4.78 wt.%，而在4 和5 MPa下，$Ru_{2.5}Ni_{2.5}/Al_2O_3$ 的加氢率分别为4.57wt.% 和5.20wt.%。进一步提高压力至6 和7MPa，可实现饱和加氢（5.43wt.%）。考虑到加氢反应是体积递减反应，增加压力有利于加氢反应的增强。氢化过程的特点是焓变为负（ΔH<0），表明它是放热的。通常在较低的温度下进行该反应有利于加氢过程。然而，较低的温度也会降低分子的动能，从而减少反应物的扩散，影响传质，从而阻碍加氢反应。

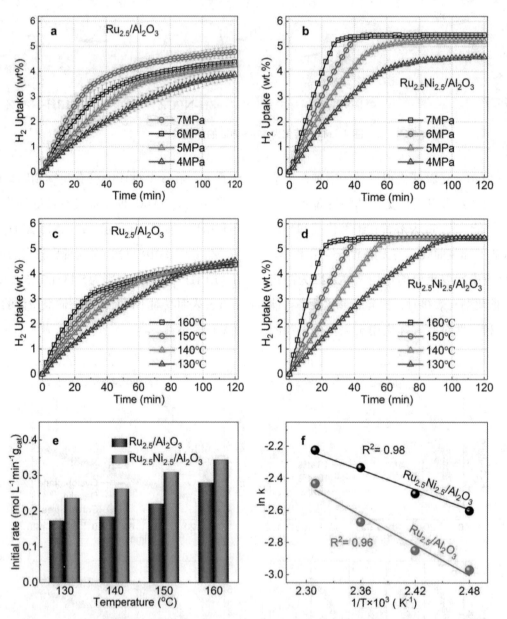

图6.（a–d）不同压力和温度下 $Ru_{2.5}Ni_{2.5}/Al_2O_3$ 和 $Ru_{2.5}/Al_2O_3$ 的加氢曲线和（e）计算的初始速率，（d）在130～160℃，催化剂测定NPCZ加氢活化能的Arrhenius图。

如图6c 和6d 所示，在130～160℃时 $Ru_{2.5}/Al_2O_3$ 的吸收率为4.36wt.%，未实现饱和加氢。而 $Ru_{2.5}Ni_{2.5}/Al_2O_3$ 在130、140、150 和160℃下的饱和加氢时间分别为90、60、40、20min。显然，温度的升高可以提高加氢速率，但不会改变最终的吸氢量。在130～160℃的整个温度范围内，$Ru_{2.5}Ni_{2.5}/Al_2O_3$ 的加氢性能优于 $Ru_{2.5}/Al_2O_3$。加氢反应在初始阶段（10min 内）遵循一级动力学，可以用式(1)表示：

$$\ln\left(\frac{C_t}{C_0}\right) = -kt \qquad （1）$$

式中，C_0 为初始反应物浓度，C_t 为 t=10min 时的浓度。k 是速率常数。初始速率可由式 (2) 计算：

$$v_{10} = \frac{k \times C_0}{W} \qquad (2)$$

式中，W 为催化剂用量。由图 6e 可知，$Ru_{2.5}/Al_2O_3$ 和 $Ru_{2.5}Ni_{2.5}/Al_2O_3$ 的随温度升高而增大，其中 $Ru_{2.5}Ni_{2.5}/Al_2O_3$ 的较大，在 160℃时达到最大值 0.34 $mol\ L^{-1}\ min^{-1}\ g_{cat}^{-1}$。根据 Arrhenius 方程，活化能 Ea 可由式 (3) 计算：

$$\ln k = -\frac{Ea}{RT} + \ln A \qquad (3)$$

R 是气体常数，T 是温度，单位是 K。如图 6f 所示，ln（1/k）与 1/T 呈良好的线性关系，计算得出 $Ru_{2.5}Ni_{2.5}/Al_2O_3$ 的 Ea 为 17.11 kJ/mol，低于 $Ru_{2.5}/Al_2O_3$ 的 25.94 kJ/mol 和商用 Ru_5/Al_2O_3 的 18.40 kJ/mol。较低的表观 Ea 表明 $Ru_{2.5}Ni_{2.5}/Al_2O_3$ 更容易激活 NPCZ 分子，促进加氢反应。

4　总结

综上所述，我们采用易浸渍还原法合成了一种 Ru-Ni 双金属催化剂。该合金催化剂在各种有机液态储氢载体的加氢反应中表现出优异的性能，具有吸氢率高、反应动力学快、稳定性好等特点。在 Ru 基催化剂中加入第二种非贵金属（Ni）可以调节吸附特性、电子构型和反应途径，从而提高整体加氢效率。两种或两种以上金属的合并不仅减少了对昂贵的贵金属的依赖，而且提高了催化效能，这对有机液态储氢技术的大规模商业应用具有重要意义。

参考文献：

[1]Luo W, Campbell PG, Zakharov LN, Liu SY. A single-somponent liquid-phase hydrogen storage material. Journal of the American Chemical Society 2011;133(48):19326-9.

[2]Jia Y, Sun CH, Shen SH, Zou J, Mao SS, Yao XD. Combination of nanosizing and interfacial effect: Future perspective for designing Mg-based nanomaterials for hydrogen storage. Renewable & Sustainable Energy Reviews 2015;44:289-303.

[3]Zhang B, Wu Y. Recent advances in improving performances of the lightweight complex hydrides Li-Mg-N-H system. Progress in Natural Science-Materials International 2017;27(1):21-33.

[4]Rusman NAA, Dahari M. A review on the current progress of metal hydrides material for solid-state hydrogen storage applications. International Journal of Hydrogen Energy 2016;41(28):12108-26.

[5]Preuster P, Papp C, Wasserscheid P. Liquid organic hydrogen carriers (LOHCs): Toward a hydrogen-free hydrogen economy. Accounts of Chemical Research 2017;50(1):74-85.

[6]Bourane A, Elanany M, Pham TV, Katikaneni SP. An overview of organic liquid phase hydrogen carriers. International Journal of Hydrogen Energy 2016;41(48):23075-91.

[7]Yang M, Dong Y, Fei SX, Pan QY, Ni G, Han CQ, et al. Hydrogenation of N-propylcarbazole over supported ruthenium as a new prototype of liquid organic hydrogen carriers (LOHC). Rsc Advances 2013;3(47):24877-81.

[8]Eblagon KM, Tam K, Yu KMK, Tsang SCE. Comparative study of catalytic hydrogenation of 9-ethylcarbazole for hydrogen storage over noble metal surfaces. Journal of Physical Chemistry C 2012;116(13):7421-9.

[9]Ding YH, Dong Y, Zhang HS, Zhao YH, Yang M, Cheng HS. A highly adaptable Ni catalyst for liquid organic hydrogen carriers hydrogenation. International Journal of Hydrogen Energy 2021;46(53):27026-36.

[10]Wang B, Li PY, Dong Q, Chen LQ, Wang HQ, Han PL, et al. Bimetallic NiCo/AC catalysts with a strong coupling effect for high-efficiency hydrogenation of N-ethylcarbazole. Acs Applied Energy Materials 2023;6(3):1741-52.

[11]Yu HE, Yang X, Wu Y, Guo YR, Li S, Lin W, et al. Bimetallic Ru-Ni/TiO₂ catalysts for hydrogenation of N-ethylcarbazole: Role of TiO₂ crystal structure. Journal of Energy Chemistry 2020;40:188-95.

[12]Qin YB, Bai XF. Hydrogenation of N-ethylcarbazole over Ni-Ru alloy nanoparticles loaded on graphitized carbon prepared by carbothermal reduction. Fuel 2022;307:121921.

[13]Zhu T, Yang M, Chen XD, Dong Y, Zhang ZL, Cheng HS. A highly active bifunctional Ru-Pd catalyst for hydrogenation and dehydrogenation of

liquid organic hydrogen carriers. Journal of Catalysis 2019;378:382−91.

[14]Abdel−Mageed AM, Widmann D, Olesen SE, Chorkendorff I, Biskupek J, Behm RJ. Selective CO Methanation on Ru/TiO$_2$ Catalysts: Role and Influence of Metal−Support Interactions. Acs Catalysis 2015;5(11):6753−63.

[15]Zhao YH, Li CG, Zhu YZ, Liu L, Zhu T, Dong Y, et al. Controlled electron transfer at the Ni−ZnO interface for ultra−fast and stable hydrogenation of N−propylcarbazole. Applied Catalysis B−Environment and Energy 2023;334:122792.

PEM 电解槽核心组件的
现状及国产化应用

唐仲旻[1]　张程鑫[1]　肖懿心[2]

（1、中国石油新疆油田分公司应急抢险救援中心；2、中石油克拉玛依石化有限责任公司）

摘要： PEM 电解槽在绿色制氢方面具有广阔的应用场景。本文综述了质子交换膜、电催化剂、膜电极（MEA）、气体扩散层（GDL）、双极板（BPs）及其设计机理等一系列关键组件的现状，并结合科研项目中纯国产化电解槽的实际应用，重点介绍参数设计、各组件制备工艺及失效成因分析。

关键词： PEM 电解槽　质子交换膜　膜电极　双极板　电催化剂

追求清洁和可再生能源一直是实现碳中和的公认途径，制氢的绿色转型是帮助促进其他行业逐步脱碳的必要前提。未来氢循环的一个关键要素是由光伏、风电和水力发电等可再生电力驱动电解水制氢。为此，迫切需要开发先进的电解槽技术，以提高电解水效率，降低氢气成本。

目前碱性电解槽和质子交换膜电解槽（PEMWE）已工业应用。然而，碱性电解槽需要较长的启动准备时间，并且对电力负荷的变化响应缓慢，导致难以适应可再生能源（例如阳光和风）的频繁变化。相比之下，PEMWE 是一种更先进的水电解技术（图

1（b）），它使用超薄质子交换膜（PEM）膜传输质子并隔离阴极/阳极电极，导致大电流密度（>2 $A \cdot cm^{-2}$），转化效率高（80%-90%），氢气纯度高（>99.99%）。更重要的是，PEMWE 在高动态运行条件下的高灵活性和快速响应性使该技术在与间歇性可再生能源集成方面具有显著优势。此外，阴离子交换膜电解槽（AEMWE）和固体氧化物电解槽（SOEC）仍处于实验室阶段，相对于其他三种水电解技术，PEMWE 在绿色制氢方面更具发展前景。

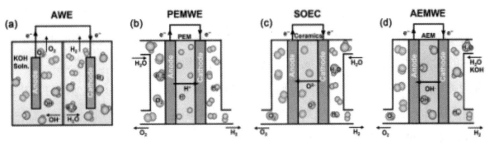

图 1（a）AWE、（b）PEMWE、（c）SOEC 和（d）AEMWE 的原理示意图

本文重点介绍了 PEM 电解槽核心组件的最新进展。与以往主要总结电催化剂设计与合成的综述不同，本文综述了质子交换膜、电催化剂、膜电极（MEA）、气体扩散层（GDL）、双极板（BPs）及其设计机理等一系列关键组件的现状，并结合科研项目中纯国产化电解槽的实际应用进行拓展分析。

1　PEM 电解槽的关键组件

PEM 电解槽由膜电极组件（包括膜、阳极和阴极电极）、气体扩散层、密封垫片、双极板、集流板、绝缘板和端板构成。PEM 电解槽的基本组成单元是由膜电极、气体扩散层、双极板和密封垫片构成的电解小室。

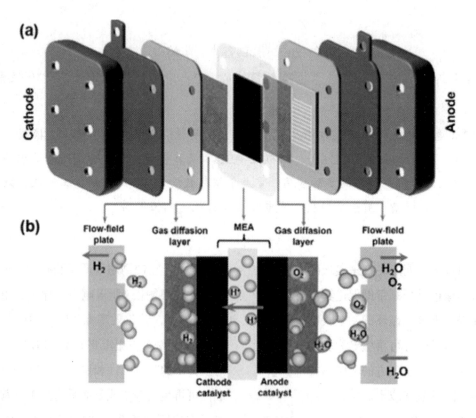

图 2　PEM 电解槽结构模型图

1.1　膜电极组件（MEA）

由 PEM、阴极和阳极电催化剂集成的 MEA 是 PEMWE 的核心，在很大程度上决定了水电解的性能。理想的 MEA 应该能够满足各种功能要求，包括低透气性、优异的质子导电性、良好的吸水性、低溶胀比、出色的化学 / 机械稳定性、低成本和高耐久性。目前全氟磺酸（PFSA）膜是 PEM 电解槽使用最广泛的商用膜，该膜具有疏水性特氟龙样主链和亲水性磺酸侧链。根据当量重量（EW）、侧链化学性质和长度，PFSA 可分为不同的膜，例如 nafion、aciplex、flemion、3M 和短侧链（SSC）。其中，杜邦生产的 nafion 系列膜就是一个代表性的类别：Nafion 117、115 和 112 是该系列中使用最多的膜，不同的数字代表不同的当量重量和厚度，这对电解槽的整体性能有重大影响。膜的厚度会影响 PEMWE 的离子电导率，通过实验验证出膜越薄，欧姆电阻越小，电解性能越好。

表 1　国际质子交换膜技术参数对比

厂家	模型号	厚度／μm	每摩尔磷酸盐基团的聚合物干重 E·W 值／(g·mol-1)	特点
杜邦	NafionTM 系列膜	25–250	1100–1200	全氟型磺酸膜，市场占有率高，高湿度下导电率高，低温下电流密度大，质子传导电阻小，化学稳定性强。
陶氏	XUS-B204 膜	125	800	含氟侧链短，难合成，价格高。
戈尔	GORE-SELECT® 复合膜	—	—	基于膨体聚四氟乙烯的专有增强膜技术形成的改性全氟型磺酸膜，具有超薄、耐用、高功率密度的特性，适用燃料电池。
旭硝子	Flemion® 系列膜	50–120	1000	支链较长，性能接近 Nafion 膜。
旭化成	Aciplex®-S 膜	25–1000	1000–1200	支链较长，性能接近 Nafion 膜。

但是，使用太薄的膜可能会给电解槽带来一些问题，例如透气性增加，氢气纯度降低，机械强度、耐久性降低以及潜在的安全隐患。需要注意的是，PEM 电解槽中的交叉互窜是致命的，一旦气体渗透，氢气就会与氧气反应释放出大量热量，这将破坏膜和整个电解小室。针对这些问题，有研究提出，从阴极侧渗透到阳极侧的氢气可以通过在负载催化剂的两膜之间使用含有 Pt 纳米颗粒的中间层与氧气重新结合，这可以显著减少氢气的渗透。综上所述，PEM 电解槽的发展离不开质子交换膜的技术进步，如何加强机械和化学稳定性并降低成本是膜的发展方向。

1.2 气体扩散层（GDL）

气体扩散层（GDL）是质子交换膜和极板（BP）之间的多孔介质。高性能 GDL 材料必须满足以下要求：（1）由于阳极 OER 的高过电位，氧气的存在以及水分解过程中产生的质子引起的高酸性环境，GDL 必须耐腐蚀；（2）GDL 需要导电电子，因此它们还必须具有良好的导电性和低电阻率；（3）GDL 还必须为膜提供机械支撑，特别是在工作压差的情况下，必须有效地排出气体，并且必须有效地逆流到催化层。

GDL 通常由碳（例如，碳纸和碳布）或金属材料（例如，钛和不锈钢）制成。目前，GDL 的优化主要集中在其孔隙和结构的调整上，GDL 的孔径和结构极大地影响了流体输送。大孔促进气体流动，但会降低电子传输效率并减少催化层中的水量，而小孔会阻碍气体流动并增加传质阻力。因此，大多数研究都集中在优化 GDL 的孔隙结构以获得良好的性能。传统的钛网 GDL，包括毛毡、编织网或泡沫，具有纤维／泡沫孔形态，会随机形成孔径和分布，这种随机和不均匀的结构使得传统的钛网 GDL 无法精确控制液体、气体、电子和热分布，故需要具有可调和受控孔形态的新型 GDL。

1.3 双极板（BPs）

双极板是 PEM 电解槽中的多功能组件，主要有两个基本功能：一是电连接电解槽中的相邻电解室，二是供应纯水和汇集气态产物（即 H_2 和 O_2）。其他功能还有质量传递和传热功能，这些功能必须在电解槽操作环境中的高压、氧化和还原条件下保持。以上这些特性要求 BP 具有高导电性、耐腐蚀性、不渗透性、低成本和足够的机械强度。

钛具有优异的耐腐蚀性、低初始电阻率、良好的机械强度和重量轻等特点，是目前双极板的最佳板材。但是在高电位、高湿度、富氧化环境中，钛板表面易钝化形成氧化膜，大大增加接触电阻。为了解决这个问题，需要使用贵金属或铂族金属涂层，以及合金方法来保护钛板。然而，双极板的涂层相当昂贵，因此降低成本的最有效方法是通过改进涂层成分或制备工艺来减少涂层材料中贵金属的量。

流道是双极板的组成之一，通常镌刻在双极板上。其具体功能之一是产生均匀分布在催化电极上的流场。流场板表面积上的不均匀流动分布可能导致昂贵的催化剂材料使用不均，影响装置的整体效率。对于大面积电解槽来说，流场的作用尤为重要，流场设计的不合理往往是电解槽性能下降的主要原因。目前，研究人员已经设计开发了多种流场结构，如点流场、多孔流场、蛇流场、组合流场结构等（图3所示）。在 PEM 电解槽中，流场的形状和几何形状直接影响反应物分布的均匀性和流道的热管理效率。研究结果表明，单路径蛇纹方案的氢摩尔分数和电流密度分布较好，具有最佳性能。

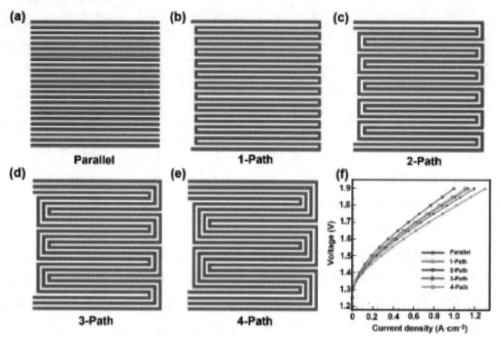

图3 双极板流道结构示意图

1.4 电催化剂

PEM 电解槽的商用催化剂基本上是 Ir 基催化剂（阳极侧）和 Pt 基催化剂（阴极侧）。为了降低催化剂的成本，研究的重点是降低催化剂中贵金属的含量或发现新的非贵金属催化剂，同时保持优异的活性和稳定性。

（1）析氢催化剂（HER）

由于出色的活性和长期稳定性，铂已被公认为 HER 的商用催化剂。但是铂的高成本和稀缺性严重限制了 PEM 电解槽的大规模商业化。目前，大多使用 40 wt% Pt/C 作为成熟 HER 催化剂，Pt 的负载量已降至 $0.4 \sim 0.6 \ mg \cdot cm^{-2}$，但当大规模应用时，成本依旧高昂。

为了在低铂负载下保持高活性，一种有效的策略是减小分散在载体中的铂基催化剂的尺寸。通常，催化剂的尺寸越小，暴露的活性位点就越多，这有利于提高催化剂的利用率。碳基材料因其结构多样性、高稳定性、大表面积和低成本而成为 HER 研究最广泛的载体。

（2）析氧催化剂（OER）

目前普遍认为，阳极催化剂的 OER 动力学反应缓慢，在高腐蚀性操作条件下的长期耐久性不足，这是 PEM 电解水制氢技术的主要障碍之一，由于 OER 涉及多种含氧中间体（例如 *OH，*O 和 *OOH），因此优化活性中间体的吸附成为提高催化剂性能的基础。而稳定性因素（酸和催化稳定性）排除了大多数材料选择，为满足合理活性的需求使得可用范围十分局限。Ir 基催化剂因其高活性和优异的稳定性而成为可行选择。金红石 IrO_2 自 1973 年首次报道以来，是应用最广泛的商业催化剂。然而，IrO_2 的 OER 性能在粒径、结晶度、形貌等多种因素影响下，通常由不同的合成条件或方法决定，因此精确控制合成 IrO_2 是优化 PEM 电解槽性能的关键部分。

为了建造更大规模的电解槽，必须降低 Ir 基催化剂的成本。然而，在 IrOx 高堆积密度的限制下，直接降低负载量会使催化剂层变薄并均匀化，导致不可逆转的性能损失。为了允许更好地电子、质子传导以及质量传递，催化剂层的最佳厚度为 4-$8\mu m$。因此，未来更多的研究将集中在构建低堆积密度和低铱含量的催化剂上，从而降低负载量。

2　PEM 电解槽的失效机理分析

与其他制氢方法相比，PEM 电解水制氢技术必须增加运行时间才具有经济竞争力。为了实现这一目标，有必要更好地了解降低电解槽性能的微观过程，并找到解决方案。在过去的十年中，人们为探索 PEM 燃料电池的失效机制做了很多研究工作，但是关于 PEM 电解槽失效机理的报道要少得多。本节将从膜电极中 PEM 膜和催化剂的降解失效开展分析。

2.2 PEM 膜降解

质子交换膜被认为是 PEM 电解槽长期运行中最可降解的成分。虽然膜变薄可能会增加质子传导，但膜的降解和失效会导致阴极和阳极催化剂层剥落（图 4（a）），层间短路以及产生氢氧互窜的风险。膜降解的机制通常包括机械降解、热降解和化学降解。在 PEM 电解槽运行的前 1000 小时内，故障通常是由机械退化引起的，例如穿刺，裂纹，机械应力和压差（图 4（b）、（c））。开裂更可能发生在局部应力集中区域，例如流场通道和膜之间的接触（图 4（d））。当 GDL 表面粗糙时，对膜电极的破坏会更加明显。在微观水循环过程中，缺水或介质分散不均匀可能导致电流分布不均匀，进而导致热量分布不均匀，最终在膜上出现热点。此外，H_2 和 O_2 的渗透也是放热过程，这些热点会加速降解。为防止膜的机械降解，应仔细设计夹具以提供适当的压力和均匀的压缩。另一种策略是用增强材料支撑膜以防止溶胀。

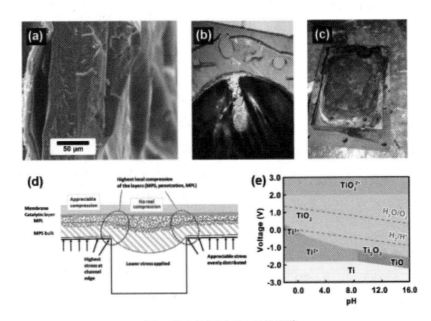

图 4　稳定性测试后 CCM 的图像

2.1 催化剂降解

由于 PEMWE 的操作环境复杂（例如高电位、强酸和频繁的气液冲洗），因此有许多过程会导致催化剂降解，包括催化剂溶解、催化剂颗粒的团聚和成熟、载体的钝化和腐蚀、催化剂层的剥落以及污染金属覆盖催化剂。特别是对于低铱含量的催化剂，这些不利的微观结构演变更为明显，这些因素最终导致电催化活性位点的降低和催化剂层与

GDL之间接触电阻的增加。

在PEM电解槽的实际运行中，由于金属成分腐蚀或催化剂组分溶解，循环水可能会引入金属离子，如Na^+、Ca^{2+}、Cu^{2+}、Ni^{2+}和Fe^{3+}等。一些还原电位高于H^+的金属阳离子，如Cu^{2+}，在阴极处还原为金属状态，覆盖催化剂颗粒并导致HER过电位增加。其他类型的阳离子，如Ca^{2+}和Ti^{4+}由于沉积电位太低，不能还原成金属，但它们也可能以$Ca(OH)_2$或$TiO2$的形式覆盖催化剂表面，导致催化失活。

2.3 双极板和气体扩散层退化

钛目前是电极板和GDL的主流材料，然而在恶劣的高电位和强酸性环境中，钛不可避免地会被钝化，虽然其形成的TiO_2保护层避免了进一步的腐蚀，但TiO_2的低电导率也明显增加了接触电阻。此外，全氟磺酸膜降解产生的离子会破坏钝化层并导致进一步腐蚀。对于阴极，长期暴露于饱和H_2的钛组件容易发生氢脆，即氢渗透到金属原子的间隙空间中引起裂纹并导致脆化和断裂。贵金属（如铂、金和Ir）涂层可以有效避免BPs腐蚀，降低接触电阻，但会增加成本，因此必须考虑性能和总体成本之间的平衡。

3 国产化PEM电解槽

在整个PEM电解水制氢系统中，PEM电解槽是系统最为核心的组件，也是实现制氢系统全国产化的关键。PEM电解槽能够在直流电作用下将纯水分解为氢气和氧气，对其的合理设计决定了整套系统的目标技术参数能否实现，包括产氢量、能耗、功率及压力等。

中国目前在PEM电解水制氢领域的发展和国外企业相比还有不小的差距。国内PEM电解槽厂家虽然具有槽体的设计和装配能力，但是PEM电解槽关键材料，例如质子交换膜、电催化剂、钛毡和双极板等，仍严重依赖于国外进口。本节将简要介绍国产化电解槽核心组件参数设计，制备工艺以及电解槽装配和失效成因分析等方面的研究。

3.1 电解槽关键参数设计

为实现PEM电解槽额定制氢量$\geq 50\ Nm^3/h$，

额定制氧量$\geq 25\ Nm^3/h$，直流电耗$4.5 \pm 0.2\ kW·h/Nm^3\ H_2$，电解效率$\geq 70\%$，0-120%负荷调节，最大供氢压力3MPa等技术指标，需对以上参数进行详细设计。

（1）额定电流密度

$$\eta = a + blogi$$

上述塔菲尔电化学方程式是塔菲尔于1905年提出的经验公式，其中a和b为两个常数，它们决定于电极材料、电极表面状态、温度和溶液组成等，a表示电流密度为单位数值（$1\ A/cm^2$）时的过电位值。

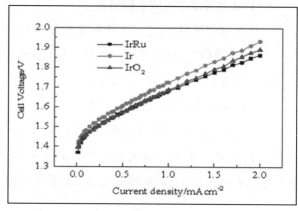

图5 电解小室电压与电流密度的关系

（2）电解小室有效面积

电解小室的有效面积由膜电极的催化层面积和双极板的流道面积共同决定。大的有效面积有利于减少PEM电解槽装配的节数，一定程度上降低PEM电解槽的成本。但是当运行过程中出现问题时，维护成本将会增加。综合考虑PEM电解槽成本因素和装配能力，本方案采用$500\ cm^2$作为电解小室面积。

（3）电解小室电压

电解小室的电压根据直流电耗$4.5 \pm 0.2kW·h/Nm^3\ H_2$和电解效率$\geq 70\%$两个技术指标来设计。

$$W = \frac{EI}{50\ Nm^3/h} = \frac{ENSi}{50\ Nm^3/h}$$

根据最高直流电耗$4.7kW·h/Nm^3\ H_2$，电解效率$\geq 70\%$：

$$E = \frac{50\ Nm^3/h \times W}{I} = \frac{50 \times 4.7}{120} = 1.958V$$

根据最低直流电耗 4.3kW·h/Nm³ H₂，电解效率 ≥ 70%：

$$E = \frac{50\,Nm^3/h \times W}{I} = \frac{50 \times 4.3}{120} = 1.792V$$

根据以上计算，电解小室在 1 A/cm² 电流密度运行条件下，电压应在 1.792–1.958 V。PEM 电解槽往往追求在更低的电解小室电压条件下，达到额定电流密度。因此，电解小室电压低于上述电压范围更佳，可以实现更低的直流电耗和更高的电解效率。

（4）电解小室节数

$$I = NSi$$

根据本方案选定的额定电流密度和电解小室有效面积，本方案电解小室节数为 240 节。通常而言，电解小室节数增加，一方面可能会导致 PEM 电解槽堆芯过高，水流分配的偏差增加，另一方面也可能导致 PEM 电解槽的密封出现更大的泄露风险。

因此，本方案选择冲压工艺制造的超薄金属双极板，厚度较传统蚀刻工艺制造的金属双极板可降低 1/3 以上，可以避免 PEM 电解槽堆芯由于过高导致的水流分配偏差。

3.2 核心组件制备、装配工艺

为解决关键材料的国产化，需要对高活性、高稳定性铂/铱基催化剂可控制备技术，高性能、低贵金属的膜电极制备技术和超薄钛基双极板精密制造技术进行研究。

（1）膜电极制备工艺

目前 PEM 膜电极普遍采用 CCM 结构，即将催化剂浆料涂覆在质子交换膜两侧，通过高稳定性浆料制备工艺以及高均一性的超声喷涂工艺，建立膜电极"气–水–电–热–力"多流场耦合关系与多界面输运机制，实现高性能长寿命膜电极以及批量制备技术。

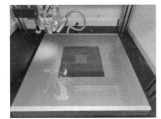

图 6 超声喷涂制备 CCM 过程

同时利用压敏胶或热敏胶，通过多次热压的工艺，将密封边框材料与 CCM 紧密贴合，以形成连续和平整的膜电极密封表面（如图 7），通过密封框与双极板紧密贴合，实现 PEM 电解槽的密封。

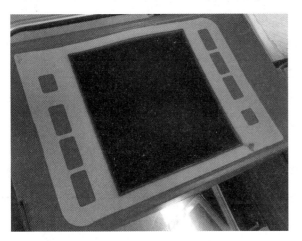

图 7 热压密封后的膜电极

（2）双极板制备工艺

针对超薄钛基双极板精密制造技术，基于成本考量，研究"一板两场"构型设计：①采用中心对称流场，采用旋转装配方式，保障流场配合的结构稳定性；②采用"进气格栅＋平板支撑"结构，保障腔口层越密封支撑效果，确保腔口进出结构密封可靠性。

为了保障钛网与膜电极紧密接触、高压下氢气无泄露，根据钛板结构，拟定采用 TA1 钛板进行制备。基于模具补偿及现有冲压装备，能够围绕 0.5 mm 钛板进行大反应面积冲压成形。

图 8 双极板实际冲压后的形状

（3）电解槽装配工艺

针对 PEM 电解槽在高均一性装配和耐高压封装方面存在的难题，开展研究单池内部机械应力分布与结构组件装配精度的映射关系，开发单池和 PEM 电解槽高均一性装配控制和耐高压封装技术，实现应力均衡分布；开展研究 PEM 电解槽封装载荷和结构匹配对电解槽传质、传热和电化学反应过程的影响，以形成最优的 PEM 电解槽结构方案。

具体地，面对 3 MPa 高压氢气需求的 PEM 电解槽装置的密封情况，需要采用良好工况耐受性的密封材料来保证槽内密封界面、材料本体在高压下不会产生泄露。现有的密封材料体系多以橡胶（如乙丙胶界面压缩后产生密封作用）为主。针对产氢要求，现阶段主要对于高硬度乙丙胶进行填料改型，增加室温、高温下界面接触应力，以最终突破耐高压封装技术，实现高压密封。

3.3 电解槽失效成因分析

许多研究探讨了 PEM 电解槽中各组件材料的降解衰减机理，发现催化剂和膜的脱落、水流量变化、供水管路腐蚀等会导致欧姆阻抗提高，膜电极结构被破坏后会诱发两侧气体渗透并造成氢气纯度降低，温度和压力变化、电流密度和功率负载循环也会影响组件的衰减速率。

在膜电极制造过程中，针孔会引发扩展裂纹，从而导致预期寿命的显著降低。膜电极被夹在双极板之间并承受着压缩力，流道边缘和反应物入口等局部应力集中区域更容易产生微裂纹断裂。因此可以在设计膜电极及其夹紧系统的时候，对其材料进行充分研究，并对实验装置进行装载实验。

4　总结

本文对 PEM 电解槽核心组件的现状、研究方向及失效机理进行了简要分析，同时针对国产化 PEM 电解的设计、工艺技术进行描述，得出以下结论：

（1）电催化剂贵金属材料攻关。PEM 电解槽的操作条件（即低 pH 值和高电流密度）限制电催化剂对稀有贵金属（例如 Pt 和 Ir）的选择，这阻碍了 PEM 制氢技术的大规模应用。为了平衡成本、活性和稳定性的结垢关系，电催化剂的设计思路可以总结为：①引入非贵金属组分；②开发高导电性和大表面积载体催化剂；③调节电催化剂的电子结构和局部环境；④揭示催化/失活机制，以改善稳定性问题。

（2）质子交换膜材料攻关。在实际应用中，PEM 的特性决定了 PEMWE 的操作条件（例如温度和压力）。未来 PEM 可以通过以下方式开发或改进：通过添加 PEM 夹层结构来降低膜的透气性；提高化学稳定性和机械性能，同时确保其水化程度；

提高其工作温度上限，增强其热稳定性；开发成本较低的膜（例如碳氢化合物基膜）。

（3）改进膜电极制备工艺。膜电极是水电解的"主战场"，因此，调整 MEA 的制备可以从根本上提高 PEMWE 的成本、性能和寿命。一般而言，MEA 的制备工艺可通过以下方式改进：①优化膜电极均一性；②进一步迭代涂覆工艺（如电化学沉积法、超声波喷涂法和转移印刷法）；③改造现有涂布设备，实现卷对卷涂布，满足工业需求。

（4）优化双极板材料及工艺。找到降低成本的解决方案是双极板开发的主要难点，最有效的方法是通过改进涂层成分或制备工艺来减少涂层材料中贵金属的含量。为了进一步降低成本，非贵金属涂层（例如 Zr 和 Nb 涂层）也在开发中。优化 BP 的另一个方向是合理设计其流场。目前，BPs 的流场设计主要包括以下三种类型：使用钛网作为平隔板，多孔钛烧结作为 GDL；使用带有蚀刻通道的厚钛板；使用冲压有通道的钛板。然而，上述流场要么加工成本高，要么造成应力变形，导致无法放大实际应用。因此，合理设计流场也是一个热点问题。

参考文献：

[1] 胡兵，徐立军，何山等 . 碳达峰与碳中和目标下 PEM 电解水制氢研究进展 [J]. 化工进展，2022，41(09):4595-4604.DOI:10.16085/j.issn.1000-6613.2021-2464.

[2] 马晓锋，张舒涵，何勇等 .PEM 电解水制氢技术的研究现状与应用展望 [J]. 太阳能学报 ,2022,43(06):420-427.DOI:10.19912/j.0254-0096.tynxb.2022-0360.

[3] 俞红梅，邵志刚，侯明，衣宝廉，段方维，杨滢璇 . 电解水制氢技术研究进展与发展建议 [J]. 中国工程科学，2021，23(2):146-152.

[4] 张海龙 . 中国新能源发展研究 [D]. 吉林大学，2014.

[5] 邵志刚，衣宝廉 . 氢能与燃料电池发展现状及展望 [J]. 中国科学院院刊，2019，34(4):469-477.

[6] 张永伟 . 中国氢能产业发展报告 2020[R], 2020.

[7] 罗佐县，曹勇 . 氢能产业发展前景及其在中国的发展路径研究 [J]. 中外能源，2020,25(2):9-15.

[8] YU M, WANG K, VREDENBURG H. Insights into low-carbon hydrogen production methods: Green,blue and aqua hydrogen [J]. International Journal of Hydrogen Energy, 2021, 46(41): 21261-21273.

[9] 曹军文，覃祥富，耿嘎，等 . 氢气储运技术的发展现状与展望 [J]. 石油学报 (石油加工):1-22.

[10] CARMO M, FRITZ D L, MERGEL J, et al. A comprehensive review on PEM water electrolysis [J].International Journal of Hydrogen Energy, 2013, 38(12):4901-4934.

[11] 丛琳，王楠，李志远，等 . 电解水制氢储能技术现状与展望 [J]. 电器与能效管理技术，2021, (7):1-7+28.

[12] 那桂兰，李向欣 . Nafion 全氟离子交换膜与 Aciplex-F 离子交换膜的比较 [J]. 氯碱工业，2000,(06):16-17.

氢燃料电池分布式供能
发展现状及油田应用展望

程士坚　戴丽娅　张成博

（中国石油新疆油田公司）

摘要： 本文综述了氢能产业的发展现状及展望。首先介绍了氢能产业在全球范围内的发展背景，包括应对环境污染和能源危机的需求以及实现"碳达峰"和"碳中和"目标的重要性。接着分析了国外燃料电池分布式供能的研究现状与政策规划，包括美国、欧盟、日本和韩国等国家在该领域的发展情况。然后详细阐述了我国燃料电池分布式供能的发展现状，包括政策规划、应用示范和技术标准等方面。此外，还深入探讨了燃料电池技术的发展现状，包括性能水平、寿命和成本等方面。最后对氢燃料电池及分布式供能技术在油田供能领域的拓展应用和发展趋势进行了展望，提出了产业链拓展设想。

关键词： 氢能产业　燃料电池　分布式供能　发展现状及展望

燃料电池分布式供能作为一种新兴的能源供应方式，正逐渐在能源领域崭露头角。其高效的能源转换效率，最高可达95%，远超天然气、风能、太阳能等传统能源形式。尤其是在微型CHP（<5kW）应用领域，如油田生活区、井场分布式供能等，效率优势尤为明显。同时，燃料电池分布式供能具有突出的环境效益，以天然气为原料，可显著减少二氧化硫、氮氧化物和颗粒物质的排放，相比天然气分布式系统的直接燃烧流程，排放指标更低。这种供能方式还具有负载弹性，相比风、光等可再生分布式能源具有更高的时间和输出可控性和可靠性，启停灵活、响应速度快，可以实现负荷跟随，减少储能成本。此外，其城市适应能力强，原料来自现有城市燃气网络，供能主体为燃料电池模组，模块化、规格化的产品特征使其无基础设施要求、建设周期短、扩容升级简单。这些优势使得燃料电池分布式供能在未来能源格局中具有巨大的发展潜力。

1　国外现状

美国、欧盟、日本和韩国在燃料电池分布式供能领域代表了目前世界先进技术水平，各国根据自身资源禀赋发展了多种燃料电池供能技术。其中，美国在2019年发布的《美国氢能经济路线图》中，将氢气需求规划到2030年预计达到1700万吨，到2050年预计达到6300万吨，主要用于交通及分布式供能等用氢场所。欧盟在2018年的《欧洲氢能路线图》中提出，氢能将在2030年和2040年分别满足约250万户和超过1100万户家庭供暖需求，到2040年还将部署超过250万套燃料电池分布式供能系统。日本在《国家新产业创新战略》中将燃料电池列为国家重点推进的七大新兴战略产业之首，2016年的《日本再复兴战略》大力普及家庭和工业用燃料电池，计划在2030年向市场投入530万台家用燃料电池热电联产设备。韩国在2008年的《低碳绿色增加战略》和2019年的《百万绿色家庭项目》中，为氢能燃料电池研发项目提供持续性投资。

技术层面，美国燃料电池分布式供能主要为电力单供方式，应用场景主要是分布式电站和大型电站。代表企业有BloomEnergy公司和FuelCellEnergy公司，主要燃料类型为天然气、氢气和沼气，发电效率高，综合效率可达到 90%。欧盟的燃料电池分布式供能主要发展小型 FC-CHP 技术，以单个家庭为单位自行发电供能。通过实施 Callux、KFW433、Ene.field、PACE 等项目，初步实现了 FC-CHP 产品的示范验证和市场化推广。燃料电池种类以 PEMFC 和 SOFC 为主，发电功率在 5kW 以下，综合效率为 80%-95%。日本的燃料电池分布式供能既包括小型家用燃料电池热电联产，也布局燃料电池电站。通过 ENE-FARM 项目，日本在燃料电池热电联供领域走在世界前列。代表企业有三菱重工，其研发的 SOFC- 微型燃气轮机混合动力发电系统，功率范围为 200-250kW，燃料类型包括天然气、氢气和沼气，发电效率为 50%-55%，总热效率为 70%-75%。韩国将大型燃料电池分布式供能电站作为缓解电力系统压力的途径之一。主要采用 PAFC 和 MCFC 两条技术路线，代表企业有斗山集团和 PocsoEnergy，发电效率为 40%-60%，综合效率大于 85%。

2　国内进展

近年来，国家陆续出台了多项政策，鼓励燃料电池行业发展与创新，包括补贴、税收优惠、研发资金、燃料基础设施建设等措施。例如，《氢能产业发展中长期规划 (2021-2035 年)》明确了低碳清洁氢的发展方向，为燃料电池分布式供能领域提供了广阔的市场空间和发展机遇。截至 2023 年底，

预计有超过 200 家企业涉足这一领域，其中广东省、江苏省、上海市和北京市仍然是主要的集聚地。例如，武汉理工氢电科技有限公司在燃料电池膜电极领域取得突出成绩，其膜电极产品在交通领域广泛运用。贝特瑞集团在燃料电池关键材料领域实现突破，其自主研发的多款关键材料为国内关键技术成果突破，目前已在氢燃料电池膜电极上使用。捷氢科技自研燃料电池技术，创建国产化核心部件产业链，积极参与国家燃料电池汽车示范应用活动。

自进入 2020 年代以来，国内燃料电池在技术研发方面取得了显著突破。以天津大学为例，其在燃料电池关键技术研究方面取得了多项成果，为国内燃料电池技术的发展提供了有力支持。中国一汽也在燃料电池研发方面投入大量资源，推出了多款燃料电池产品。武汉经开区向武汉理工大教授、武汉理工氢电科技有限公司首席科学家潘牧团队在燃料电池领域取得的突出成绩，实现了我国 CCM 型膜电极零的突破，并成功进行了成果转化，推动了我国燃料电池产业化进程。国产化进程的加速不仅降低了燃料电池的制造成本，还提高了我国燃料电池行业的自主创新能力和市场竞争力。据燃料电池行业分析的数据，中国氢燃料电池系统的价格从 2017 年的 16.4 千元 /KW 下降至了 2022 年的 4.8 千元 /KW，年平均降幅为 28%。以下为国内分布式燃料电池供能项目情况。

表 1　近期国内燃料电池分布式供能项目情况

项目	燃料电池类型	发电功率 kW	热电联供综合效率 %	燃料来源
国家电网台州大陈岛项目	–	150	>95	–
华电四川集团在东方锅炉德阳基地项目	PEMFC	100	>90	甲醇裂解制氢
嘉兴红船基地"零碳"智慧园区项目	PEMFC	20	>90	电解水制氢
贵阳市经开区新能源产业示范基地	PEMFC	100	~98	–
潍柴动力热电联供系统	SOFC	30	–	天然气
广东能源集团百千瓦级 SOFC 发电项目	SOFC	105	91.2	–
长江三峡集团冷热电联产系统	PEMFC	100	–	氢气
南方电网热电联供系统	–	100	>85	–
广州南沙"多位一体"微能源网示范工程	SOFC	60	–	氢气、天然气、沼气

3 技术发展现状

3.1 氢能制储技术

3.1.1 制氢技术

目前，全球大部分氢气是通过化石燃料重整生产的。这种方法虽然成本较低，但会产生大量的二氧化碳排放。随着可再生能源技术的发展，利用太阳能、风能等可再生能源通过电解水制氢的方法越来越受到关注。光伏驱动电解水制氢技术具有无污染、低能耗、结构简单等优点。根据相关研究，目前主流的电解水制氢技术包括碱性水电解槽制氢（ALK）、质子交换膜/阴离子交换膜电解槽制氢技术（PEMWE/AEMWE）和高温固体氧化物电解槽制氢技术（SOEC）。固体氧化物电解槽制氢操作温度可高达1000℃，显著降低了水分解的能垒，效率可达到90%。然而高温环境对材料的耐热性要求极为严格，目前仍处于实验室研究阶段。

ALK制氢技术在我国发展最为成熟，市场占有率约95%，但存在能耗较高、电解效率偏低等缺点。PEM制氢技术具有电流密度大、氢气纯度高、响应速度快等优点，但其设备对于价格昂贵的金属材料如铱、铂、钛等更为依赖，导致成本过高。国际氢能委员会预测2030年全球氢气需求总量约为14EJ，在各行业中，炼油化工、合成氨等的氢气需求量最大，而现如今，煤制氢仍是我国实现大规模制氢的首选技术，其二氧化碳排放量大，不利于"双碳"目标的实现。水电解制氢被认为是未来制氢的发展方向，PEM制氢技术更具潜力。

通过优化制氢技术，可显著提高制氢效率，降低能耗。采用PEM制氢技术，通过智能控制的正向耦合技术，使得功率波动下实现电流和供氢速率实时匹配，得到更低的极间电压，更高的电流密度，从而提高制氢效率。二是加强余热回收利用，通过循环水作为冷却液对氢制备装置的电解液进行冷却和余热回收，并作为液冷的冷却介质对反应电堆进行热管理，将余热用于采暖期直接加入供热系统中作为补充热源，或在非采暖期将热量储存于地下供冬季取热，可进一步提高能源综合利用率。三是建立直流微电网制氢系统模型，以提高制氢效率和安全性为目标，对PEM电解槽进行设计和品质提升、系统优化，实现制氢装置的经济安全运行。

3.1.2 氢气储存和运输

氢气的储存方式主要有高压气态储存、低温液态储存和固态储存等。高压气态储存是目前最常用的储存方式，但储存密度较低。低温液态储存可以提高储存密度，但需要消耗大量的能量来维持低温。固态储存是一种有前景的储存方式，如利用金属氢化物、碳纳米管等材料储存氢气，但目前技术还不够成熟。

氢气的运输方式主要有管道运输、压缩氢气运输和液氢运输等。管道运输适用于大规模氢气运输，但建设成本较高。压缩氢气运输和液氢运输适用于小规模氢气运输，但需要特殊的运输设备和安全措施。

3.2 燃料电池技术

氢能热电联产在能源综合利用方面具有高效性，通过氢能热电联产的方式，可将传统燃料电池的能源利用效率由40%提升至95%以上。相关技术目前已在西安国际港务区启用的全省首个氢能热电联产综合能源供暖系统，由制氢、储氢、燃料电池发电和电化学储能及余热吸收等五个系统组成，实现了能源的高效利用。

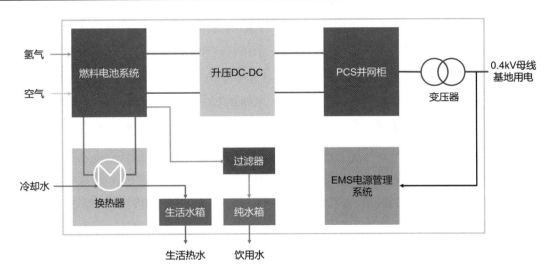

图 1　氢能燃料电池分布式供能系统示意图

在制氢过程中，可利用光伏、风电等新能源电力电解水制氢，将可再生能源转化为氢能进行储存；在发电过程中，氢燃料电池产生的电能可用于供电；同时，燃料电池发电过程中产生的热量可通过余热回收模式进行利用，提高能源综合利用率。此外，氢能热电联产系统还可以与其他能源系统进行耦合，如与电网和区域供冷系统备用，增加系统的电力和降温供应量，实现能源的综合利用。

3.2.1 PEMFC 技术进展

PEMFC 主要由质子交换膜、膜电极、催化剂和双极板组成。目前最常用的质子交换膜是美国杜邦公司的 Nafion 全氟磺酸膜，催化剂主要为 Pt/C 催化剂，气体扩散层已经实现商业化，双极板材料目前没有能同时满足气体抗渗性、导电性、机械强度、耐蚀性和低成本要求的。商业化的 PEMFC 实际发电效率在 34%-38% 之间，综合效率在 90% 以上，主要应用形式为 CHP，污染物排放少。国际先进 PEMFC 的寿命均大于 40000h，国内受限于技术，寿命只能到 10000h 左右。目前电池成本大约 4000 元 /kW，运行成本高主要是对氢气纯度要求严格。

3.2.2 SOFC 技术进展

SOFC 的电解质为固体氧化物，主要有阴极、阳极、电解质、连接体和密封材料组成。工作温度一般在 500-1000℃之间，对燃料中杂质含量耐受性强，可以直接以天然气、沼气或重整合成气为原料。SOFC 发展了多种类型的燃料电池，包括管式 SOFC、平板式 SOFC、扁管式、瓦楞式、锥管式和蜂巢式等多种类型，其中管式和平板式是应用最广泛的形式。根据重整位置的不同，SOFC 系统分为外重整、内重整和部分外重整。SOFC 是燃料电池中发电效率最高的一种，可达 50% 以上，考虑热量回收利用的综合效率可达 90% 以上，主要应用形式为 CHP 和固定式电站。目前 SOFC 已报道的寿命均在 30000h 以上，限制寿命的主要原因是运行过程中元素的毒化作用，如硫的毒化和铬毒化。SOFC 的电池成本约在 2000-5000 元 /kW 之间，运行成本受燃料价格影响较大，通过可再生能源制取燃料是降低成本的有效方法。

4　我国燃料电池分布式供能产业分析

4.1 政策规划

随着经济的持续增长，能源需求不断扩大。传统能源面临着资源有限、环境污染等问题，难以满足可持续发展的需求。氢能热电联产在满足能源需求中具有显著优势。首先，氢能作为一种清洁、高效的能源，能够有效减少碳排放，符合环保要求。其次，氢能热电联产系统能够实现能源的高效利用，提高能源综合利用效率。例如，通过余热回收利用，可将传统燃料电池的能源利用效率由 40% 提升至 95% 以上。

我国相继出台了燃料电池分布式供能国家政策和地方政策，以推动燃料电池分布式供能产业的发展。十四五"规划提出我国能源结构由集中式向集中式和分布式并重转变，《能源技术革命创新行动计划（2016-2030年）》和《氢能产业发展中长期规划（2021-2035年）》等政策明确了燃料电池分布式发电的发展方向。国家对氢能热电联产给予了诸多政策支持。例如，《氢能产业发展中长期规划（2021—2035年）》提出初步建立以工业副产氢和可再生能源制氢就近利用为主的氢能供应体系，为氢能热电联产提供了稳定的氢源保障。同时重点发展PEMFC和SOFC燃料电池及一体化设计和系统集成，以及开展相关配套技术研究。多地出台政策鼓励氢能热电联产项目建设，给予补贴支持。这些政策有力地推动了氢能热电联产产业的发展，一方面引导资金流入该领域，促进技术研发和项目建设，明确了产业发展方向，为企业提供了稳定的政策预期。

4.2 应用示范

目前，氢能热电联产市场规模虽处于起步阶段，但增长趋势明显。根据市场研究，随着氢能技术的不断进步和政策的支持，预计未来几年市场规模将持续扩大。一方面，氢能热电联产在建筑、工业等领域的应用逐渐增多，市场需求不断增长；另一方面，技术创新降低了成本，提高了效率，进一步推动了市场的发展。预计未来，氢能热电联产将成为能源领域的重要组成部分，市场规模有望实现快速增长。我国燃料电池分布式供能的发展起步较晚，整体处于研究示范阶段。目前已通过设立国家重大科研攻关项目来推动燃料电池分布式供能技术发展，连续把燃料电池发电技术列入重点研发计划项目。截止2022年10月，全国已有18个省、100多个市县出台了337项地方产业政策，推动燃料电池分布式供能技术发展。

目前已公布的典型燃料电池分布式供能示范项目包括国家电网在台州大陈岛示范运行的150kW级燃料电池热电联供系统、华电四川集团在东方锅炉德阳基地示范运行100kW级PEMFC热电联供系统等。我国示范园区也相继投运，包括全国首座"氢进万家"智慧能源示范社区——山东"氢进万家"

氢能示范园区。佛山市投运的氢能进万家智慧能源示范社区项目，目前已安装4台440kW斗山商用PAFC燃料电池热电联产设备，并计划安装394套家用热电联产设备。

不同地区氢能热电联产的发展情况存在较大差异。一些经济发达、能源需求大的地区，如东部沿海地区，氢能热电联产项目建设较为活跃。这些地区具有资金、技术和市场优势，能够更好地推动产业发展。而一些中西部地区，由于经济发展水平相对较低，基础设施不完善，氢能热电联产的发展相对滞后。区域差异的原因主要包括经济发展水平、能源资源禀赋、政策支持力度。

4.3 产业链分析

4.3.1 产业链发展情况

目前，我国在燃料电池技术、余热回收技术等方面取得了一定的进展。例如，提出基于智能控制的正向耦合技术，提高了制氢效率，降低了能耗；基于直流微网的PEM制氢系统建模及控制优化，实现了燃料电池余热综合利用与现有集中供热系统耦合。未来，中游技术将不断创新，提高系统的稳定性、可靠性和效率，降低成本。

氢能生产、储存等上游产业的现状与发展趋势对氢能热电联产至关重要。目前，我国氢气年产能约为4000万吨，年产量约为3300万吨，主要由化石能源制氢和工业副产氢构成，煤制氢和天然气制氢占比近八成，可再生能源制氢规模还很小。在储存方面，我国现阶段主要以高压气态长管拖车运输为主，管道运输仍为短板弱项。

预计十五五期间，上游产业将朝着清洁化、多元化、高效化的方向发展，加大可再生能源制氢的比例，完善储运体系，为氢能热电联产提供稳定、低成本的氢源。氢能热电联产核心技术的创新与突破是推动产业发展的关键。氢能热电联产在不同领域的应用场景不断拓展。除了建筑领域，还在工业、交通等领域具有广阔的应用前景。在工业领域，可用于工厂的供热和供电，提高能源利用效率，降低生产成本。在交通领域，可与氢燃料电池汽车相结合，为加氢站等设施提供能源。随着技术的不断进步和成本的降低，下游应用场景将更加广泛。

4.3.2 产业链整合分析

氢燃料电池分布式供能产业链整合程度与企业竞争力密切相关。国际企业在产业链整合方面也具有丰富经验。外企项目集中在燃料电池汽车及相关环节，包括燃料电池、氢气供应、燃料电池汽车、关键零部件等。各外资电解水制氢设备企业与各地区政府与企业进行积极洽谈，有望重构电解槽领域产业布局。且外企在国内更多与企业合作汽车产品而非承建项目，以产品销售、技术合作而非项目建设的形式进入中国市场，体现了其在产业链整合方面的策略选择。

国内企业中，联美控股积极整合优势资源，与北京燃气平谷公司建立全面战略合作关系，在分布式综合能源服务、加氢站、制氢及氢能热电联产等方面开展深入合作。通过整合双方优势资源，逐步投资技术研发及装备制造等相关产业，形成一条完整的氢燃料热电联产产业链。厚普股份的主要研发方向集中在加氢方向，拥有授权专利373件，其氢能方向专利共计35件，其中核心专利为加氢设备的设计和控制系统。

4.4 社会认知

目前，公众对氢能热电联产的认知程度相对较低。一方面，由于氢能热电联产属于新兴技术，公众对其了解有限。另一方面，传统能源在人们的生活中占据主导地位，公众对新能源的接受需要一定的时间。此外，一些公众对氢能的安全性存在疑虑，担心氢气泄漏等问题。根据相关调查显示，仅有约30%的公众对氢能热电联产有一定的了解，而大部分公众对其概念、原理和优势并不清楚。为提高社会对氢能热电联产的接受度，可以采取以下策略。首先，加强宣传教育。通过媒体、科普活动等多种渠道，向公众普及氢能热电联产的知识，介绍其环保、高效、安全等优势，提高公众对氢能热电联产的认知度。

4.5 挑战因素

政策的调整对氢能热电联产行业有着潜在的重大风险。国家对氢能产业的支持政策可能会随着经济形势、能源结构调整等因素而发生变化。例如，如果补贴政策退坡或取消，将对项目的盈利能力产生直接影响。环保政策的收紧可能会对氢能热电联产的技术标准提出更高要求，增加企业的运营成本。能源政策的调整可能会影响氢能的供应和价格，进而影响氢能热电联产的发展。

标准规范的调整也会带来一定的风险。随着技术的不断进步和行业的发展，氢能热电联产的标准规范可能会不断更新和完善。如果企业不能及时适应标准调整，可能会面临产品不符合标准、无法进入市场等问题。在燃料电池污染物排放标准提高的情况下，企业需要投入更多的资金进行技术改造，以满足环保要求。同时，中大型燃料电池标准的制定可能会改变市场格局，对企业的产品研发和生产布局产生影响。

市场竞争的加剧可能会给氢能热电联产企业带来多方面的风险。竞争可能导致价格下降，压缩企业的利润空间。随着越来越多的企业进入氢能热电联产领域，市场竞争将日益激烈，为了争夺市场份额，企业可能会降低产品价格，从而影响盈利能力。竞争可能促使企业加大技术研发和市场推广投入，增加企业的运营成本。此外，激烈的市场竞争还可能导致企业的市场份额下降

能源市场需求的波动对氢能热电联产也有较大影响。宏观经济形势的变化、产业结构的调整等因素可能会导致能源需求的不稳定。在经济下行期间，工业和商业领域的能源需求可能会下降，从而影响氢能热电联产的市场需求。新能源技术的发展和应用也可能会对氢能热电联产的需求产生影响。如果其他新能源技术的成本下降速度更快、效率更高，可能会替代氢能热电联产，导致市场需求减少。

5　燃料电池分布式供能发展趋势

5.1 油田分布式供能发展趋势

以矿权区优势风光资源为依托，各大油田企业将进一步加快新能源大基地建设，强化供能侧电力支撑。以油气低碳开发与绿电、绿氢融合思路为导向，分步实施清洁低碳氢能创新工程，促进高质量发展。目前，以中石油为代表的一批上游油

气企业已启动"氢电热联供"工业示范，旨在验证 200kW级PEM燃料电池组与50标方级PEM电解水制氢装置联动的技术可靠性，摸清PEM电解水

制氢及燃料电池多系统耦合等关键技术规律，为油田用氢场景开展先导性验证。

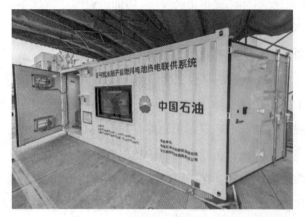

图2 中国石油深圳新能源研究院开发的200kW级燃料电池综合能源舱（左）；
中石油宝石机械公司开发的1.5MW井场分布式氢燃料电池供能系统（右）

针对油田用能较为涉及偏远、零散、波动性较大的难题，中国石油在该领域取得了长足进展，目前已经开发了200kW～1.5MW级的各类氢燃料电池综合能源供应系统，以满足油田开发过程中的存

在偏远、零散、波动性等特征的不同场景电－热－冷等用能需求，最终形成一套具备可持续性和商业化价值的油田可再生氢－燃料电池分布式供能全产业链体系，如下图所示。

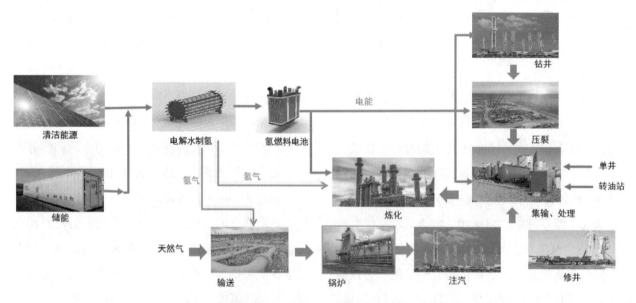

图3 油田可再生氢－燃料电池分布式供能全产业链体系

我国kW级小型燃料电池热电联产系统处于示范运行阶段，大型发电系统相关开发尚处于探索中，油田场景下的分布式燃料电池热电联供技术和相关产业更是处于萌芽期和起步阶段。参照我国分布式供能的主流应用场景，其主要应用领域为热电联产或冷热电水一体综合能源舱供应体系。随着

PEMFC和SOFC热电联产技术的成熟，会进一步推动大型燃料电池电站技术的发展。我国燃料电池用燃料类型正经历从氢气到氢气/天然气并行的转变过程。随着燃料电池应用的多元化，燃料种类必定会向着多元化、清洁化方向发展，因地制宜地发展氢气、掺氢天然气、沼气、天然气和可再生能源

等多元燃料类型是必然趋势。

针对相关技术的不断改进，油田企业应紧密跟踪燃料电池技术正朝着更高性能、更低成本的方向不断发展。在效率提升方面，通过持续优化电极材料、电解质和反应器设计，能量转换效率有望进一步提高，减少能量损失。例如，未来可能研发出新型的催化剂材料，能够在更低的温度下实现更高的反应活性，从而提高燃料电池的整体效率。

5.2 氢能基础设施对发展的影响

加氢站是燃料电池产业发展的关键基础设施，目前有大型公共加氢站和小型自制氢加氢站两种方案，而以前者为主。加氢站行业发展需要解决资金、法规、盈利模式三方面问题，目前都已经初步有了解决方案。加氢站设备方面，除部分核心零部件从国外进口外，基本都可以国产化。主要加氢站供应商包括富瑞氢能、华气厚普等，加氢站建设运营的有上海氢枫等企业。随着越来越多关键零部件的国产化，燃料电池成本迅速下降，经济性逐渐显现，行业爆发就在最近两年。基础设施的完善将为燃料电池分布式供能产业的发展奠定坚实的基础。

未来燃料电池分布式供能系统会向着更清洁、更高效、更灵活的方向发展。与碳捕集技术联用，可实现 CO_2 零碳排放和资源化利用；与可再生能源系统联用，使系统更清洁；并网联用，对电网进行削峰填谷，与其他供能技术联用，使供能系统更加灵活。

6　结语

燃料电池分布式供能技术已经成为未来分布式供能发展的关键技术，依托系列产业和补贴政策，已经实现了初步商业化应用。未来建议从加大政策引导力度、突破关键技术和完善标准规范等三个方面推进燃料电池分布式供能产业布局。与可再生能源系统联用，比如光照充足时通过光伏发电，接入分布式供能的电网之中供电，结合多能互补技术接入分布式供能系统为用户提供热/冷能，使系统用

能更清洁。燃料电池分布式供能系统并网联用，对电网进行削峰填谷，缓解电网压力，增强国家电网的稳定性。该技术还可以与其他供能技术联用，如燃气轮机、内燃机联用，使得燃料电池分布式供能系统的适用范围更加广泛，供能系统更加灵活。

对于油田企业而言，下一步将根据产业和技术发展的最新情况，适时开展基于油田全流程的燃料电池分布式供能和清洁替代技术攻关，并在钻井压裂、单井生产、集输处理、生活用能、油服用能等场景开展应用，形成产业链聚合，开拓氢能及燃料电池分布式供能的下游产业领域。

参考文献：

[1] 刘道平，马博，李瑞阳，等.分布式供能技术的发展现状与展望[J].能源研究与信息，2002,(01):1-9.

[2] 成欢.自愿减排交易下的分布式供能项目效益评估研究[D].华北电力大学,2015.

[3] 国际分布式供能发展和政策支持概览[J].上海节能,2012,(02):12-14.

[4] 王洪建，王冬冬，曹权，等.燃料电池分布式供能技术发展现状及分析[J].中国电机工程学报,2024,44(20):8113-8126.

[5] 中能智库等.你应该了解的分布式能源"技术奇点"分布式供能技术[J].农村电工,2018,26(04):58.

[6] 王楠，潘军松.分布式供能的发展与系统构成[J].电力与能源,2011,32(04):282-285.

[7] 张传升，周苏，陈凤祥.燃料电池分布式供能技术研究及应用[J].暖通空调,2009,39(08):75-78+138.

[8] 郭烈锦，赵亮.基于可再生能源的分布式多目标供能系统(一)[J].西安交通大学学报,2002,(05):441-445+451.

[9] 马增辉，赵益达，陈李刚，等.呼图壁储气库采气系统节能降耗技术[J].新疆石油天然气,2024,20(01):88-94.

[10] 邹俊刚，武占，汪加慧.基于磁悬浮热泵的油田节能技术[J].新疆石油天然气,2023,19(04):88-94.

[11] 曾洪瑜，史翊翔，蔡宁生.燃料电池分布式供能技术发展现状与展望[J].发电技术,2018,39(02):165-170.

海水直接制备绿氢技术
进展及其应用的思考

甘永豪　张元礼　吴东山

（广东石化有限责任公司）

摘要： 随着可再生能源技术的迅猛发展，绿色氢能作为一种清洁高效的二次能源，其重要性和潜在价值在全球范围内日益受到关注。绿氢不仅有利于缓解对化石燃料的依赖，降低温室气体排放，还能在交通、工业和电力等多个领域中发挥重要作用，已成为推动能源转型的关键因素之一。在本文中阐述了电解海水制取绿色氢气的技术原理，及其所面临的诸如盐度、矿物质沉积和微生物对设备腐蚀等复杂问题。因此，深入探讨该技术现阶段所面临的挑战及其可能的解决方案显得尤为必要。此外，本文还着重讨论了绿氢在二氧化碳（CO_2）选择性加氢反应中的应用。通过将绿色氢能与工业副产物二氧化碳结合，不仅可以生产出高附加值的化学品，还能进一步促进碳循环利用。

关键词： 绿氢　海水制氢　电解槽　二氧化碳加氢

随着全球对可持续能源需求的增长，绿色氢能作为清洁能源的不可或缺的部分，其生产和应用技术正在经历快速迭代的过程。氢能作为一种清洁能源载体，不仅能够有效缓解能源危机，还能促进经济可持续发展。从化石能源制灰氢向可再生能源制绿氢转变是大势所趋。预计中国绿氢的供应量在未来将显著增加，绿氢将成为主要的氢源，为可再生能源的应用开辟广阔的市场空间。利用太阳能、风能等可再生能源产生的绿电进行海水电解制氢，不仅能有效解决电解水制氢对淡水资源的依赖问题，还可以充分利用沿海地区的可再生能源发电优势，为可持续氢能源生产提供创新解决方案。然而，海水电解过程中存在诸多挑战，如氯离子的腐蚀、金属离子的沉积等，这些都需要通过相应的策略加以解决，比如抗氯电催化剂、金属氧化物阻挡层的应用等。此外，电解槽系统的设计也需要不断优化，以适应海水电解的特殊要求，例如使用双极膜电解槽等。

绿氢除了直接作为能源载体，氢气还可以与二氧化碳（CO_2）结合，通过催化转化生成甲烷、甲醇等化学品或燃料。这种方法不仅有助于减少温室气体排放，还能作为存储间歇性可再生能源的一种方式，为构建可持续发展的能源体系做出贡献。二氧化碳加氢技术在生产甲烷、甲醇及航空燃料方面有着显著的优势。甲烷的合成不仅有助于利用现有的天然气基础设施，而且可以作为低碳能源存储和分配的方式。甲醇则作为一种重要的化工原料和燃料替代品，其生产不仅能够减少 CO_2 排放，还能生成高附加值的产品。此外，通过二氧化碳加氢制备的可持续航空燃料（SAF）不仅能够显著降低航空业的碳足迹，还为循环经济的发展提供了新的契机。

这些技术的发展不仅在环境保护方面扮演着至关重要的角色，同时也为能源经济的可持续性铺平了新的道路。伴随着技术的进步和政策支持力度的增强，电解海水制氢及二氧化碳加氢技术正逐渐成为减少碳排放的重要手段。通过持续增加研发投资，不断改进催化剂性能，并辅以有效的政策激励措施，氢能及其相关技术为中国的绿色转型乃至全球的环境改善提供了坚实的基础。本文旨在探讨电解海水制氢技术所面临的挑战及其应对策略，并深入解析电解槽技术的最新进展。此外，文章还将讨论如何利用催化转化技术将氢气与二氧化碳结合，进而生成诸如甲烷、甲醇等高附加值的化学品或燃料。最后，我们将展望未来，分析海水制氢技术和二氧化碳加氢技术的发展趋势。

1　电解海水制氢的原理及挑战

绿氢作为一种潜力巨大的能源载体，受到各行业的青睐。海水占地球水资源储量的96.5%，是一种几乎无限的资源，对淡水资源有限的地区尤其有益。此外，沿海地区具有巨大的光伏发电和风力发电潜力，将海水电解与沿海地区的可再生能源发电相结合，为可持续制氢指明了一个可行的发展方向。一般水电解包括两个半反应，即阳极氧化生成氧气和阴极还原生成氢气，需要外部电压驱动反应[1]，相关反应如下：

在酸性介质中：

$$阳极：\quad 2H_2O - 4e^- \rightarrow 4H^+ + O_2 \,(E^0 = 1.23\,V) \tag{1}$$

$$阴极：\quad 2H^+ + 2e^- \rightarrow H_2 \qquad (E^0 = 0.00\,V) \tag{2}$$

在碱性介质中：

$$阳极：\quad 4OH^- - 4e^- \rightarrow 2H_2O + O_2 \,(E^0 = 0.40\,V) \tag{3}$$

$$阴极：\quad 2H_2O + 2e^- \rightarrow H_2 + 2OH^- \,(E^0 = -0.83V) \tag{4}$$

理论上，在酸性和碱性电解质中水分解所需的标准热力学电位均为1.23V。然而，在实际应用中，电解槽通常需要在高于1.23 V才能实现有效的电解水。另外，在接近中性的电解质条件下，阳极析氧反应（OER）更具挑战性，因为OH⁻浓度远低于碱性介质，生成OER过程中间体（OH*）需要额外的水吸附和解离步骤，从而需要更高电压驱动反应。

然而，海水的成分复杂（图1），其中 Cl⁻ 和 Na⁺ 的质量比例为分别为55%和31%，也存在其他阴离子和阳离子（如 SO_4^{2-}，Mg^{2+} 和 Ca^{2+} 等）以及微生物等。因此对高效和可持续的海水电解提出了更多的挑战，包括潜在的副反应，如氯离子/微生物的腐蚀，和金属离子的沉积等。首先，在阳极表面存在水氧化和氯氧化的竞争反应。Cl⁻ 在室温酸性或碱性条件下的氧化反应（ClOR）产生不同的物质：

$$2Cl^- - 2e^- \rightarrow Cl_2 (E^0 = 1.36\,V, pH = 0) \tag{5}$$

$$Cl^- + 2OH^- - 2e^- \rightarrow ClO^- + 2H_2O (E^0 = 0.89\,V, pH = 14) \tag{6}$$

研究表明在海水直接电解（DSE）中，动力学倾向于双电子 ClOR 过程，而不是较慢的四电子 OER 过程。此外，金属基电催化剂在海水电解中易受腐蚀，涉及极化、溶解和水解等步骤，例如海水中的氯离子会吸附并渗透到金属基电催化剂的表面，与金属离子发生配位作用，进而导致电催化剂上的活性金属离子溶解（图2）。值得注意的是尽管 ClOR 会产生诸如次氯酸盐、次氯酸和氯气等有价值的产物，但这些副产物会改变溶液的条件引发严重的电极腐蚀。氯气与金属（如电解槽的不锈钢）

以及某些有机化合物反应，对电解槽的结构和化学稳定性构成了威胁。另外，海水电解的另一个主要挑战是各种可溶性阳离子（Na^+，Mg^{2+}，Ca^{2+}等），细菌/微生物和固体杂质/沉淀物的存在，这些可能会毒害催化剂、电极和膜，缩短电解槽的使用寿命。最后，海水电解会导致阴极局部pH值升高，阳极局部pH值降低。当局部pH值超过9.5时，较大的pH波动可能导致催化剂降解和氢氧化物（如$Ca(OH)_2$、$Mg(OH)_2$等）在阴极表面沉淀堵塞活性位点，活性迅速降低。因此，预过滤/净化对海水电解槽非常重要，例如通过添加缓冲溶液（或添加剂）去除阳离子、海水淡化和设计合理的电解槽和膜。

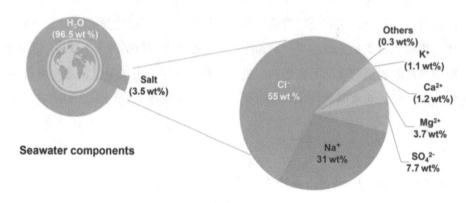

图1 海水的组成

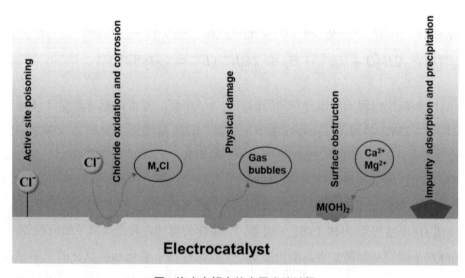

图2 海水电解中的金属腐蚀过程

2　海水电解的催化剂保护

在海水直接电解技术中，为解决催化剂因氯离子侵蚀而腐蚀的问题，研究者提出了综合保护策略：一方面，通过开发抗氯离子侵蚀且兼具高催化活性与耐久性的新材料、使用金属氧化物作为保护层以及遵循"碱性设计准则"来优化阳极环境；另一方面，在阴极表面涂覆既能良好导电又能有效隔绝腐蚀介质的保护膜，可能涉及特殊涂层或纳米级改性等技术。这些措施共同作用，旨在显著提高催化剂的稳定性和可靠性，促进海水直接电解技术的大规模应用。

2.1 阳极催化剂的保护

为了在含NaCl的海水环境中保护阳极电催化剂，研究人员提出了一系列策略。这些策略包括开发抗氯离子侵蚀的电催化剂、应用金属氧化物作为阻挡层以及遵循"碱性设计准则"。这些方法旨在提高催化剂在腐蚀性盐水环境中的稳定性和效率。

抗氯电催化剂可以通过调整催化剂的电子结构

或在其表面原位生成聚阴离子钝化层来实现。这种方法不仅促进了OER中间体在活性位点上的吸附，还有效地排斥了氯离子（Cl⁻），从而增强了催化剂在含氯环境中的稳定性。Wang等人的研究中，采用原子层沉积（ALD）技术将MoO₃引入到钴氧化物（CoO）阵列中，以实现直接电解海水制氢的应用。这一策略的关键在于MoO₃的引入能够显著抑制氯气（Cl₂）的生成，从而提高电催化体系在海水环境下的稳定性和效率。MoO₃作为一种有效的修饰剂，能够在催化剂表面形成一层保护膜，减少氯离子对催化剂的侵蚀，进而降低副产物氯气的生成量。Dai等人采用了硫化和电沉积相结合的策略，在泡沫镍基底上生长了NiFe/NiSₓ复合材料。在这一过程中，原位生成了一层硫酸盐聚阴离子钝化层。这层钝化层起到了关键作用，通过物理隔离的方式阻止了Cl⁻与电极表面直接接触，从而显著提升了电极的耐腐蚀性能。这种方法不仅增强了电极在含氯环境中的稳定性，还为设计适用于恶劣条件下的高性能电催化剂提供了新的思路。

另外，设计金属氧化物阻挡层来提高OER选择性和抑制氯离子在电催化剂上的腐蚀，对于本质上选择性较差的电催化剂是必要的。Koper等人通过在铱氧化物（IrOₓ）上包覆一层锰氧化物（MnOₓ）来保护催化剂，从而增强其稳定性和选择性。在pH值为0.9的含有Cl⁻的溶液中，未处理的IrOₓ催化剂的OER选择性较低，仅为14%。然而，经过MnOₓ修饰后的IrOₓ催化剂展现出了显著改善的性能，其OER选择性提升至90%以上。进一步的研究表明，MnOₓ层并未直接增强IrOₓ的电催化活性，而是作为一层惰性的屏障，有效阻止了Cl⁻向催化剂表面的迁移，从而减少了Cl⁻的腐蚀作用。这种屏障效应使得IrOₓ能够在富含Cl⁻的环境中保持较高的催化选择性，延长了催化剂的工作寿命并提高了其在实际应用中的可靠性。

另一种实用的方法是采用"碱性设计准则"，这种方法通过增加OER和ClOR之间的电位差来抑制氯氧化反应的发生，因为随着电位差的增大，在热力学上对氯离子氧化的副反应更为不利。此外，

通过向反应体系中添加碱性电解质，可以进一步提高电催化剂的活性和稳定性。这意味着，在碱性环境下工作的电催化剂不仅能够表现出更高的活性，还能缓解氯离子的腐蚀作用，从而延长催化剂的使用寿命。斯特拉瑟（Strasser）等人深入研究了在接近中性或碱性条件下不同pH值对OER和ClOR的影响。研究结果显示，在高碱性环境下，例如pH = 13的条件下，催化剂能够实现长时间稳定运行。在这样的条件下，电位不足以触发氯氧化反应（ClOR），并且即使存在氯离子，它们也不会对OER的活性造成负面影响。相反，在较为温和的碱性条件下，如pH = 9.2时，氯离子的存在能够显著降低催化剂的活性和稳定性，并且伴随着ClOR的发生。这意味着，在接近中性的pH值下，氯离子更易于参与竞争性反应，导致催化剂溶解，并缩短其使用寿命。这项研究强调了在设计用于海水或其他含氯离子环境的电催化剂时，选择合适的pH工作范围的重要性。特别是，它表明了在更高碱性条件下进行OER相较于接近中性的条件更为有利，因为这样可以避免氯离子带来的负面效应，从而确保催化剂的高效和稳定运行。

2.2 阴极催化剂的保护

海水中阴极还原反应（HER）的一个主要挑战是在电解过程中金属离子杂质（如Mg²⁺和Ca²⁺）会在阴极表面以氢氧化物或碳酸盐的形式沉积，导致活性催化位点被堵塞，从而降低阴极催化剂的耐久性。为了应对这一问题，一种常见的策略是在电催化剂表面涂覆一层保护层，以防止这些杂质的沉积，从而提高催化剂的稳定性和活性。Lee等人通过水热法和煅烧法制备了一种具有外层氧化石墨烯（GO）涂层的电催化剂GO@Fe@Ni-Co@NF。这种催化剂展示出优异的耐久性，主要归功于氧化石墨烯与电极之间形成的氧化碳层之间的紧密层间距，这种结构有效地保护了催化剂免受金属离子沉积的影响。GO层不仅提供了一个物理屏障，还可以通过其独特的化学性质，进一步增强催化剂在海水环境中的稳定性。另外，Simonsson等人提出了一种不同的保护阴极电催化剂的方法，即通过在电

解液中添加铬酸盐，在阴极催化剂表面形成一层 $Cr(OH)_3$ 薄膜。实验表明，这种薄膜厚度约为两个分子层，可以在相当长的时间内有效防止杂质的沉积，直至薄膜溶解。这种方法为工业应用提供了一种潜在的解决方案，通过在海水中加入铬酸盐来形成保护层，可以进一步提高析氢反应（HER）的稳定性。然而，值得注意的是，铬酸盐的使用需要谨慎处理，因为在实际应用过程中必须考虑到其可能泄漏所带来的环境风险。无论是采用氧化石墨烯涂层还是铬酸盐形成保护膜，这些方法都在不同程度上解决了海水中杂质离子沉积的问题，为提升电催化剂在海水中的稳定性和活性提供了有力的技术支持。然而，任何技术路线的选择都需要综合考量其经济效益和环境安全性，特别是在大规模工业化应用之前，必须进行全面的风险评估。

2.3 小结

海水直接电解技术在可持续能源转换中展现出巨大潜力，但催化剂在高盐度环境下的腐蚀问题限制了其广泛应用。为解决这一难题，研究者提出了从阳极和阴极两方面进行保护的综合策略。对于阳极，开发抗氯离子侵蚀的新材料、应用金属氧化物作为阻挡层以及遵循"碱性设计准则"以优化工作条件是主要手段；而对于阴极，则通过在其表面涂覆具有良好导电性和防腐性能的保护膜来增强稳定性。这些措施共同作用，旨在提高催化剂的整体稳定性和系统效率。尽管上述方法提供了有效的解决方案，但仍存在一些挑战和改进空间。首先，新型催化剂材料的研发需要进一步探索，以确保其实现成本效益的同时满足长期使用需求。其次，金属氧化物阻挡层的选择与设计需更加精确地匹配不同类型的催化剂，以达到最佳防护效果。此外，阴极保护膜的制备工艺还需简化，并且要保证其在实际操作条件下具有足够的耐用性。

3 电解槽系统

推动直接海水电解（DSE）技术的发展不仅依赖于催化剂的创新，还需要结合催化剂开发与设备组件的精密设计，包括优化催化剂层的均匀分布，选择适合的多孔传输层材料以保证亲水性和耐用

性，选用能够在 DSE 运行条件下保持高离子传导性和机械稳定性的膜，以及调整操作参数如温度和压力来提升系统效率。在电解槽内，膜起到选择性地传递阴离子或阳离子的作用，帮助维持电解质溶液中的电荷平衡。此外，膜还能有效防止阴极与阳极产物的混合，减少副产品的形成和分离过程中的困难。理想的膜应具有抗腐蚀性和对杂质的耐受性，从而确保生成的燃料（如氢气）和其他化学品的纯度与稳定性。目前电解槽系统包括商业上成熟的碱性电解槽（AEL）、质子交换膜电解槽（PEM）和阴离子交换膜电解槽（AEM）。其他新电解槽系统有双极膜电解槽（BPM）等。

3.1 碱性电解水电解槽

碱性电解槽（AEL）是一种常用的水电解技术，其工作原理是将两个电极浸没在 20-30% 浓度的氢氧化钾（KOH）溶液中。这两个电极由一个隔膜分开（如图3所示），隔膜的主要功能是通过物理隔离的方式提高电解效率并保障安全，防止生成的氢气和氧气直接混合。理想情况下，隔膜应允许氢氧根离子（OH^-）和水分子自由通过，从而维持电解过程中的电荷平衡。尽管如此，碱性电解槽面临着几个主要的技术挑战：首先，隔膜并不能完全阻止氢气和氧气的交叉混合。氧气扩散到阴极一侧会降低电解槽的整体效率，而氢气渗透到阳极一侧则可能对系统的安全性和效率造成负面影响。特别是在低负荷条件下，氧气的生成速率降低，导致氢气在阳极侧的积聚，可能会达到超过氢气爆炸下限（约 4 mol%）的安全隐患水平。其次，由于液体电解质及隔膜带来的较高欧姆电阻，在高电流密度下这种高电阻会消耗更多的能量，从而降低了电解槽在高电流密度下的操作效率。最后，碱性电解槽受限于本身性质，其在高压环境下的适应能力有限。这一限制意味着在需要高压氢气的应用场景中，碱性电解槽可能无法直接提供所需的压力水平，从而需要额外的压缩步骤来满足最终的应用需求。这种额外的处理不仅增加了设备的成本，也对整体的能源转换效率产生了负面影响。因此，虽然碱性电解槽在许多方面表现良好，但其固有的局限性仍然需要通

过技术创新来克服，以便更好地适应未来氢能经济的需求。

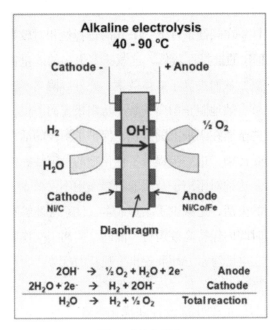

图3 碱性电解水

3.2 质子交换膜电解槽

在质子交换膜（PEM）电解槽中，阳极和阴极之间夹有一层聚合物电解质膜，该膜提供了高效的质子（H⁺）传导路径，同时有效地减少了气体交叉混合。这种设计不仅有助于系统的紧凑化，还支持高压操作。在电解过程中，阳极处发生的水氧化反应生成的质子（H⁺）通过浓度梯度驱动，穿过质子交换膜迁移至阴极，被还原成氢气（H_2）。质子交换膜因其优异的质子导电性能（0.1 ± 0.02 S/cm）而在水电解技术中展现出显著优势，这种高导电性有助于显著减少欧姆损耗，从而使得系统能够在更低的能量损失下运行。由于欧姆损耗的减少，质子交换膜能够支持更高的电流密度。相较于 AEL 电解槽，PEM 电解槽能在更高的电流密度下运行，通常能达到 2 A/cm² 以上，这对于提高水电解过程的效率至关重要，在高电流密度下运行不仅可以加快产氢速度，还能提升整个系统的产能，使其在工业规模应用中更具竞争力。此外，质子交换膜相比碱性电解槽所使用的隔膜要薄得多，这进一步促进了设备的小型化和效率提升。在PEM电解过程中，与较高操作压力相关的挑战也不容忽视。例如，随着操作压力的升高，气体交叉渗透的现象也会加剧。

当压力提升至100bar以上时，需要采用更厚的膜，虽然这样可以增强其机械强度，但同时也可能降低膜的导电性。此外，在这样的高压条件下，内部气体重组器变得至关重要，它们的作用是确保氢气在氧气中的含量保持在安全阈值（4vol.%）以下，以避免潜在的安全隐患。PEM 电解槽内的酸性环境具有腐蚀性，这要求所有组件都必须由能够承受这种恶劣条件的材料制成。这些材料不仅需要耐受低pH值（大约2）的强酸性条件，还需在高外加电压（约2V）下表现出稳定性，尤其是在高电流密度的情况下。对于包括催化剂、集流体以及隔板在内的所有材料，其耐腐蚀性都是一个关键的要求。这意味着从材料选择到设计制造，都需要特别注意，以确保整个系统的可靠性和长寿命。

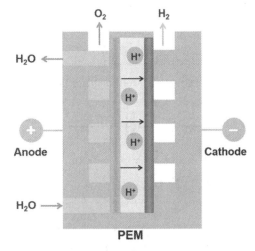

图4 质子交换膜电解水

3.3 阴离子交换膜电解槽

在阴离子交换膜（AEM）电解槽中，阴离子交换膜是核心组件之一，它不仅起到分离阴阳两极的作用，还在多个方面显著地优化了电极设计和气体管理过程。具体来说，这种膜能够有效地将生成的氢气（H_2）和氧气（O_2）隔离开来，从而避免两种气体混合引发的安全问题。此外，阴离子交换膜还允许氢氧根离子（OH⁻）和水分子透过，这对于平衡水分解反应所需的电荷和物质至关重要（图5）。在电解过程中，OH⁻ 离子从阳极向阴极迁移，帮助维持电荷平衡，并且水分子的传输也有助于保持电解质的均匀分布，从而保证了电极间的有效电流传导。这种特性使得 AEM 电解槽能够在更高的电流密度下稳定运行，提高产氢效率。通过形成三相边界区域，阴离子交换膜进一步优化了电极设计。三相边界是指气体、液体和固体催化剂三者接触的界面，在这里电化学反应最为活跃。通过设计合理的膜结构，可以增加三相边界的面积，从而提高电极表面的反应活性位点数量，增强催化剂的利用效率。这种优化有助于提升电解槽的整体性能，降低能耗，并提高产气速率。简化气体管理过程也是 AEM 电解槽的一大优点。由于膜的分离作用，气体管理变得更加简单和高效，无需复杂的气体分离装置即可实现氢气和氧气的有效分离，这对于提高电解槽的安全性和运行效率具有重要意义。相较于质子交换膜中质子的快速传输，OH⁻ 在 AEM 中的迁移速度较慢，这主要是由于其较大的质量和体积导致的较低迁移率。当阴离子交换膜吸收水分并发生膨胀时，其内部的亲水段与疏水段会分离，从而为 OH⁻ 提供了迁移的亲水通道。OH⁻ 的传导可以通过几种不同的机制来描述，包括 Grotthus 机制和 Vehicle 机制。

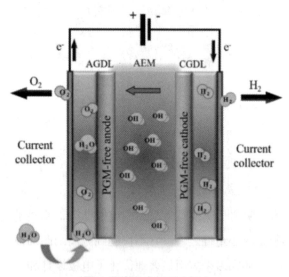

图 5　阴离子交换膜电解水

此外，值得注意的是，质子交换膜（PEM）对于金属离子的容忍度较低，这限制了它们在某些应用场景中的商业化进程。相比之下，在碱性环境下运行的阴离子交换膜（AEM）因其较高的金属离子耐受性，扩展了非贵金属催化剂的应用范围，这对于降低成本和提高经济效益具有重要意义。特别是在电解海水的应用中，这一点尤为重要，因为海水中含有多种金属离子，这些成分可能会干扰电解

过程，导致催化剂中毒或性能下降。阴离子交换膜电解槽的运行环境为碱性，这有助于减少氯氧化反应（ClOR）的发生，从而有利于增强海水电解的耐久性。在碱性条件下，OER 的选择性相对较高，而 ClOR 的选择性较低，这意味着更多的能量被用于产氢，从而提高了整体效率。此外，阴离子交换膜能够有效地阻止阳离子杂质从阳极流向阴极，减少这些杂质在阴极上的沉积，保护了阴极的活性位点免受污染，进一步提升了催化剂的稳定性和使用寿命。这种对阳离子杂质的阻挡作用不仅减少了催化剂的失活，还减少了维护成本，使系统能够在较长的时间内保持高效运行。因此，阴离子交换膜电解槽在电解海水方面展现出了独特的优势，为可持续和经济高效的氢气生产提供了坚实的基础。通过结合高效的催化剂设计和优化电解条件，AEM 电解槽有望在未来的氢能经济中发挥关键作用，尤其是在需要处理复杂水质条件的应用场景中。

3.4 双极膜电解槽

双极膜（BPM）是一种由聚合物阳离子交换层（CEL）和阴离子交换层（AEL）组成的特殊膜材料。这种膜设计使得 H⁺（质子）能够通过酸性的阳离子交换层，而 OH⁻（氢氧根离子）则能通过碱性的阴离子交换层，从而从膜内部分别传输到阴极和阳极（如图 6 所示）。这一独特的结构设计使得双极膜能够在单个电解槽内耦合不同的 pH 环境，并为每个半反应选择最适宜的 pH 条件，从而优化电化学反应的效率。由于阴极电解质和阳极电解质的 pH 值不同，在双极膜的两个交换层之间的连接区域内，水分子可以解离成 H⁺ 和 OH⁻，以保持电解槽内的电荷平衡和稳定性。这种设计对于提高电解槽的性能和效率至关重要。在阳极一侧，双极膜的应用可以创造出局部碱性环境。这种环境有助于显著减少 Cl⁻ 的氧化，从而避免了 Cl₂ 的生成和相关的沉淀问题。这对于海水或含盐水的电解尤其重要，因为氯离子的氧化会导致副产物的生成，影响电解槽的效率和稳定性。而对于阴极一侧，双极膜可以有效阻断钙离子（Ca²⁺）和镁离子（Mg²⁺）的运输，从而防止这些阳离子在阴极上的沉积。这种

阻断作用不仅保护了阴极表面，避免了因金属离子沉积造成的活性位点堵塞，还降低了系统维护成本，延长了电解槽的使用寿命。因此，双极膜的设计在优化电解槽性能方面展现了显著的优势，特别是在处理含盐水的情况下。通过为不同半反应提供最佳的 pH 条件，并有效管理电解质中的杂质离子，双极膜为提高电解效率和系统稳定性提供了重要的技术支持。这一技术的应用有助于推动海水直接电解技术的进步，为未来的氢能生产和海水淡化等领域提供了新的可能性。

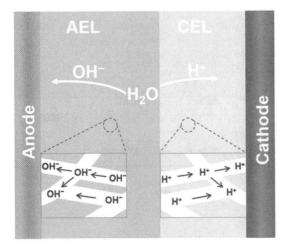

图 6　双极膜电解水

3.4　小结

尽管当前的电解槽系统，包括成熟的碱性电解槽、质子交换膜电解槽、阴离子交换膜电解槽以及新兴的双极膜电解槽等，在推动海水直接电解制氢技术方面取得了显著进展，但要实现高效、稳定且经济可行的氢气及其他化学品生产，仍面临诸多挑战。首先，膜材料是电解槽的核心组成部分，其性能直接影响整个系统的效率和寿命。理想的膜材料应能够抵抗海水中的氯离子和其他腐蚀性物质的侵蚀，同时保持良好的导电性和选择透过性。然而，现有的膜材料在长期运行中可能会出现性能下降或损坏，因此开发新型抗腐蚀、高耐久性的膜材料成为当务之急。其次，除了膜材料外，电解槽的其他组成部件，如电极材料、密封件和结构材料等，也需要具有优异的耐腐蚀性。这些组件在高盐度环境下容易受到腐蚀，从而影响整个系统的可靠性和使用寿命。因此，研究者们还需致力于寻找和开发适

合海水环境的高性能材料，以提高电解槽的整体耐久性。此外，为了从根本上解决这些问题，不仅要在材料科学领域进行深入探索，还需要加强对海水直接电解制氢基础理论的研究。通过深化对电解过程机理的理解，可以更好地识别和克服电解过程中遇到的各种挑战。例如，研究电解反应的动力学、界面现象、传质过程等，可以帮助优化电解槽的设计，提高能量转换效率，并减少副反应的发生。总之，通过综合性的研究方法，结合材料科学和基础理论的深入探讨，可以逐步解决现有技术的局限性，开发出更加高效、稳定且经济可行的海水直接电解系统。这种跨学科的合作将有助于推动该技术向更成熟的方向发展，并最终实现大规模商业化应用，为可持续能源的发展做出重要贡献。

4　绿氢的应用

海水电解制氢技术与二氧化碳的综合利用是当前绿色能源领域中一个极具前景的研究方向。这一技术通过结合先进的碳捕获方法与可再生能源驱动的海水电解技术，实现了二氧化碳减排和清洁能源的有效利用。具体来说，该过程首先从发电厂、化工厂以及其他产生大量二氧化碳的工业过程中，采用物理或化学吸收、吸附等技术手段来捕获二氧化碳。随后，利用太阳能、风能等可再生能源进行海水电解，从而生产出清洁的氢气。得到的氢气与捕获到的二氧化碳在适当的催化剂作用下，可以通过一系列化学反应转化为多种高附加值产品，例如甲烷（CH_4）、甲醇（CH_3OH）以及航空煤油等。这些产品不仅能够作为替代传统化石燃料的清洁能源，还可以用于化工原料，促进相关产业的发展。这种方法不仅有助于降低温室气体排放，还能作为存储间歇性可再生能源的一种方式，为构建可持续发展的能源体系做出贡献。

4.1　二氧化碳甲烷化

二氧化碳（CO_2）的催化转化生成高价值化学品是一种前景广阔的减排策略，这一过程通常依赖于大量的氢气作为原料。风能和太阳能等可再生能源产生的绿电，可用于制取绿氢，从而支持低碳转化过程。因此，催化转化二氧化碳与清洁风能及太

阳能的利用相结合，成为一种可行且环保的方法。在选择 CO_2 转化的目标产品时，应考虑其体积能量密度高、储存安全、运输便捷以及市场需求量大等因素。甲烷因其高能量密度和现有的天然气基础设施兼容性而被视为 CO_2 转化的理想产物之一。研究显示，在约350℃的条件下，二氧化碳加氢生成甲烷的产率可达80%以上。这表明将 CO_2 转化为甲烷不仅是实现碳中和目标极具潜力的途径，也为现有的天然气网络提供了潜在的补充资源。预计

到2030年，二氧化碳转化为甲烷的市场规模将显著扩大，可能增长至40亿至650亿立方米。这一趋势不仅预示着对环境友好的能源解决方案的增长潜力，同时也为全球能源转型和减少温室气体排放提供了坚实的基础。

Sabatier的研究显示在高温条件下，当有 $\gamma-Al_2O_3$ 负载的镍催化剂存在时，H_2 和 CO_2 可以生成甲烷（CH_4）和水（H_2O）。这是一个放热反应，其化学方程式如下：

$$CO_2 + 4H_2 \rightarrow CH_4 + 2H_2O(\Delta H_{298k} = -165\ kJ\ mol^{-1}) \qquad (7)$$

由于二氧化碳（CO_2）是一种结构极为稳定的分子，其活化与转化在技术层面上极具挑战性。一方面，CO_2 的甲烷化反应是一个放热过程，放热量为165kJ mol^{-1}；从热力学角度来看，较低的温度更有利于提高 CO_2 的转化率。另一方面，CO_2 甲烷化涉及到8个电子的转移过程，而 CO_2 分子本身的惰性要求较高的温度来克服其活化所需的壁垒。这一矛盾表明，在实际操作中需要仔细权衡温度的选择，以便在促进反应速率的同时，尽可能地提升 CO_2 的转化效率。与此同时，CO_2 甲烷化的反应途径和高性能催化剂的开发受到越来越多的重视。理解反应机制是合理设计催化剂的基础，对于 CO_2 甲烷化的反应路径，目前提出了两种主要机制：CO_2 分子的缔合反应和解离反应。缔合反应机理（图7a）涉及 CO_2 分子与吸附在催化剂表面的H原子键合生成甲酸盐，然后甲酸盐加氢生成甲烷。解离机理认为，CO_2 首先在催化剂表面解离形成一氧化碳（CO）中间体（如图7b所示），随后再发生加氢反应。研究表明，在 CO_2 甲烷化过程中，两类金属可作为高效催化剂：一类是过渡金属，例如铁、钴和镍；另一类则是贵金属，如钌、铑和铂。镍在 CO_2 甲烷化中的活性和选择性相较于贵金属 Ru 而言略显不足。然而，通过制备镍基合金及调整载体材料，能够改变镍的电子结构和催化剂形态，进而提升其催化性能。因此，鉴于其成本效益和可调性，镍成为了 CO_2 加氢制甲烷过程中最为广泛应用的

活性金属。

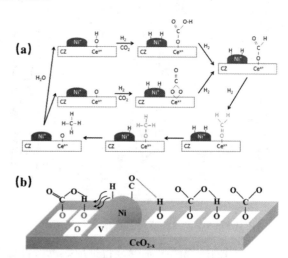

图7（a）缔合反应机理；（b）解离机理

尽管近几十年来 CO_2 甲烷化催化剂领域取得了快速发展，但这一研究方向仍然面临着若干重大挑战。首先，反应的具体机理尚未达成共识，需要进一步的研究。其次，对于催化结构与其活性之间的关系理解仍然有限，这要求科学界继续深入探索以揭示其中的奥秘。此外，从工业化应用的角度来看，要在较低的反应温度（小于200℃）条件下实现高效的甲烷化过程，当前氢气成本高昂与催化剂活性不足的问题构成了显著的技术壁垒。然而，随着科学研究的不断推进和技术的进步，我们有理由相信这些挑战将逐步被克服。新型催化剂的设计与开发，结合先进的表征技术和理论模拟方法的应用，有望加速对催化机理的理解，并促进高性能催化剂的研发。这不仅能够推动 CO_2 甲烷化技术走向成

熟，还可能为其他绿色能源技术的发展提供宝贵的参考，助力全球向更加可持续的能源未来迈进。

4.2 二氧化碳甲醇化

人为二氧化碳排放量的不断增加对环境造成了巨大影响。在"液体阳光"愿景中，二氧化碳的选择性加氢制甲醇是其实现的第一个重要目标，这一过程不仅有助于有效减少 CO_2 排放，还能生成高附加值的化学品和燃料，从而在应对气候变化的同时，推动可持续能源经济的发展。通过这种创新的方法，我们有望将环境挑战转化为经济机遇，促进绿色技术的进一步进步。

在分子层面上深入理解二氧化碳转化为甲醇的过程，对于设计高效、高选择性及高稳定性的催化剂具有重要的指导意义。在当前的工业实践中，甲醇的生产通常依赖于含有二氧化碳的合成气，且普遍认为 CO_2 是甲醇生产中的主要碳源。在一氧化碳（CO）通过水煤气变换（Water Gas Shift, WGS）反应转化为 CO_2 的过程中，不仅有效地去除了水副产物，还消除了对催化剂活性位点具有抑制作用的氧气成分。CO_2 作为甲醇合成主要碳源的角色已经被同位素示踪实验所证实。依据前人的研究，CO_2 加氢生成甲醇的过程的具体反应机理可以总结（图8）如下：

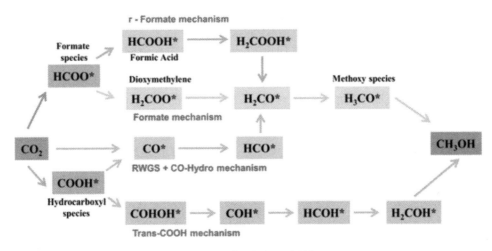

图8 二氧化碳加氢制甲烷的机理

（1）HCOO 机制：CO_2 通过 Eley–Rideal（ER）或 Langmuir–Hinshelwood（LH）机理与催化剂表面预吸附的 H 原子形成 HCOO*，并通过二氧亚乙烯（H_2COO^*）、甲醛（H_2CO^*）、甲氧基（CH_3O^*）等中间体过程最后得到甲醇（CH_3OH）。对于甲酸路线，$HCOO^*/H_2COO^*$ 的氢化或相应的 C–O 键解离被认为是甲醇合成中的速率决定步骤。研究表明，与传统的 Cu(111) 表面相比，Cu_{29} 纳米颗粒（NPs）展现出了更高的催化活性。这归因于 Cu_{29} NPs 所具有的低配位数边缘位点的活性及其结构上的灵活性，这些特性有利于形成稳定的中间体，并降低了速率决定步骤的能量壁垒。另外，整个甲醇合成反应的速率受到 $HCOO^*$ 和 H_2COO^* 加氢步骤的限制，其中 H_2COO^* 的加氢被认为是反应速率限制步骤。

（2）r- HCOO 机制：有研究针对 HCOO 机制提出了相应的修正得到 r- HCOO 机制。首先 CO_2 与催化剂表面预吸附的 H 原子形成 HCOO*。接着 HCOO* 优先氢化成甲酸（HCOOH*）而不是二氧亚甲基（H_2COO^*）。然后 HCOOH* 氢化成 H_2COOH^*，H_2COOH^* 的 C–O 键分裂生成 H_2CO^* 和 OH，H_2CO^* 通过甲氧基（CH_3O^*）中间体氢化成甲醇。

(3) 逆水煤气变换（RWGS）+ 一氧化碳加氢（CO-Hydro）机制：在 RWGS+CO-Hydro 途径中，RWGS 反应首先将 CO_2 通过羧基（COOH*）中间体转化为一氧化碳（CO*）。随后，CO* 经过甲酰基（HCO*）、甲醛（H_2CO^*）和甲氧基（H_3CO^*）等中间体阶段，最终生成甲醇。另外，CO_2 直接解离可以产生 CO（CO_2^* CO^* + O^*），不含中间体 $COOH^*$，经 HCO^*、H_2CO^* 和 H_3CO^* 中间体加氢生成甲醇。

(4) Trans–COOH 机制：实验中观察到的甲酸类可能不是活跃的反应中间体，而仅仅是一个稳定的"旁观者"。有研究者提出了以羧基（$COOH^*$）为第一个氢化基团的 trans–COOH 机理。羟基途径是一种由 H_2O 介导的机制；被吸附的二氧化碳与 H_2O 提供的 H 原子形成 $COOH^*$。$COOH^*$ 进一步氢化成 $COHOH^*$，随后 $COHOH^*$ 解离生成 COH^*，最后甲醇通过 $HCOH^*$ 和 H_2COH 中间体逐步加氢生成。

甲醇作为一种前景广阔的能源存储介质、燃料替代品及碳氢化合物和石化产品原料，在工业应用上展现出极大的潜力。因此，将 CO_2 选择性加氢转化为甲醇，不仅能够有效减少 CO_2 排放，对抗全球变暖趋势，还能生产出高附加值的替代燃料和化工品。尽管在此领域已有大量研究工作，但要实现 CO_2 基甲醇合成的大规模工业化生产，仍面临着诸多挑战亟待克服。

4.3 二氧化碳加氢制航空燃料

目前，航空运输所产生的二氧化碳（CO_2）排放量约占全球总排放量的 2% 至 3%，并且预计随着航空运输需求的增长，这一数值将会继续上升，未来航空运输量的年平均二氧化碳排放增长率预计将达到 4.5% 至 4.8%。由于航空业依赖化石燃料，大量的 CO_2 被排放到大气中，这对全球气候治理构成了挑战，也促使各国积极寻求低碳解决方案。为了应对这一挑战，许多国家正在推动向低碳或无碳能源的转变。基于实现碳中和的目标，欧盟通过其排放交易体系(EU ETS)引入了航空碳税(Aviation Carbon Tax, ACT)，以此作为激励机制来促进更清洁的航空燃料的开发与应用。此外，一种新兴的技术——二氧化碳加氢，正逐渐受到关注。该技术通过将捕获的 CO_2 与氢气反应，转化成合成燃料，如可持续航空燃料（SAF），不仅能够显著降低航空业的碳足迹，还能促进循环经济发展，使得航空业能够在减少温室气体排放的同时，保持其运营效率和发展潜力。

关于利用二氧化碳加氢制备航空煤油的研究已有诸多报道。例如，Wei 等研究人员采用了一种纳米级的 $ZnCr_2O_4$/Sbx–H–ZSM–5 催化剂（其中 Sbx 表示沿 b 轴方向的短通道，而 H–ZSM–5 指的是质子形式的 ZSM–5 沸石），成功实现了从 CO_2 或 CO 开始选择性地合成碳链长度在 C_8 至 C_{12} 范围内的单环芳香族化合物。这些化合物可以作为煤油基航空燃料的前体物质。该团队利用 CO_2 加氢制航空煤油的反应机理如图 9 所示，CO_2 首先在 $ZnCr_2O_4$ 催化剂上解离，然后加氢生成 C_1 含氧物种（H/C ≤ 4，即甲氧基和甲酸物种、醛类、酮类、甲醇等）。由于 $ZnCr_2O_4$ 和 Sbx–H–ZSM–5 接近，C_1 含氧物种迅速扩散到 ZSM–5 中，在 ZSM–5 中通过醛醇反应途径转化为复杂的醛醇缩合物（C_{2+} 种）混合物。然后，醛醇类在 Sbx–H–ZSM–5 的空间约束通道内通过分子间 / 分子内醛环化反应迅速转化为环状氧合物（即酚类、酮类、环醛类等）。此外，加氢/脱氢和脱水使这些环氧化合物在 Sbx–H–ZSM–5 孔内通过醛醇 – 苯酚 – 芳香循环（醛醇 – 芳香机制）转化为单环多甲基苯（C_8 ~ C_{12}）。在这个过程中，一个有趣的发现是在环氧化物的形成阶段，还产生了一些关键的物质，比如甲基叔丁基过氧化物（MTBP）和二叔丁基过氧化物（DTBP）的异构体。由于空间位阻效应，这些特殊的同分异构体无法通过 H–ZSM–5 的狭窄通道扩散。然而，这些特定的同分异构体能够作为中间体或启动子，提供额外的活性位点，从而有助于形成更多的芳香烃化合物。这种机制增加了目标产物的选择性和产量，进一步提高了催化剂系统的效率和实用性。因此，反应平衡倾向于向芳香族化合物的形成方向移动，导致总体二氧化碳（CO_2）的转化率高于诱导阶段的转化率。在这一过程中，醛和醇类产物会经历裂解或脱羧反应，而芳香烃则会通过脱烷基化反应生成烯烃，随后，这些烯烃进一步氢化成为石蜡（碳链长度从 C_2 到 C_5）。然而，由于热力学因素的影响，芳香烃形成的倾向性使得石蜡的产率依然保持在一个较低水平。

这项研究不仅展示了通过化学途径有效将 CO_2 转化为高价值化学品的可能性，也为开发可持续航空燃料提供了一条潜在的新路径。通过这种方法制备的燃料有望帮助航空业减少对传统化石燃料的依赖，并降低整体的碳排放水平。随着技术的进步和政策支持的加强，二氧化碳加氢技术有望成为航空业减少碳排放的关键手段之一。通过持续的研发投入，不断优化催化剂性能，并结合有效的政策激励措施，有望加速可持续航空燃料的大规模商业化进程，从而助力航空业迈向更为环保的运营模式和发展目标。

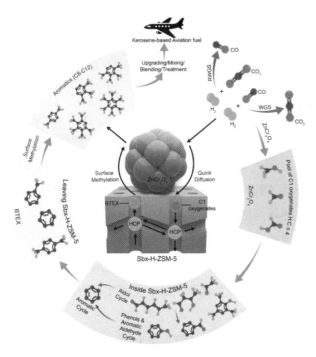

图 9　二氧化碳加氢制可持续航空燃料的机理

4.4 二氧化碳加氢的其他产品

二氧化碳的催化加氢不仅可以帮助实现碳减排目标，还能转化为多种高附加值的产品，这些产品广泛应用于能源、化工等多个领域。除了甲烷、甲醇及航空燃料油外，还有以下几种重要产品：

（1）甲酸和甲酸盐：甲酸是一种重要的化工原料，广泛应用于皮革加工、橡胶制造等行业。甲酸盐则是多种化学制品的前体，在医药、农药和食品添加剂等领域有广泛应用。

（2）二甲醚（DME）：二甲醚是最简单的醚类，沸点为 −25℃，无毒，但在室温下相对较低的压力下（ ≈ 0.5MPa）为液体。二甲醚的化学和物理性质与液化石油气（LPG）接近。二甲醚也是一种重要的化学中间体，用于生产广泛使用的化学品，如硫酸二乙酯、醋酸甲酯以及汽油等。

（3）低烯烃：包括乙烯、丙烯在内的低级烯烃是石化工业的基础，可用于生产塑料、合成橡胶和其他化学品。

（5）芳烃：如苯、甲苯和二甲苯（BTX）等芳烃是重要的化工原料，广泛应用于溶剂、塑料、染料和医药等领域。

（6）淀粉：虽然通常认为淀粉是植物通过光合作用产生的，但在实验室条件下，通过生物工程手段也有可能将 CO_2 转化为淀粉。这种技术如果成熟并广泛应用，将会对食品生产和储存带来革命性的变化。

（7）其他化学品：除了上述产品，CO_2 催化加氢还能生成其他化学品，如醇类（除甲醇外还包括乙醇、丙醇等）、酮类、醛类以及其他有机酸等。这些化学品是许多工业流程中的基础原料。

每种产品的形成都依赖于特定的催化剂和反应条件。研究者们正在努力开发更高效、更具选择性的催化剂，以提高 CO_2 加氢过程的经济效益和环境效益。此外，通过结合生物技术和化学工程技术，未来可能会出现更多创新的方法来利用 CO_2。

4.5 小结

将碳捕获技术与海水直接电解制氢技术相结合，不仅有助于实现二氧化碳减排和清洁能源的高效利用，还能创造经济价值，符合发展新质生产力的理念。通过二氧化碳选择性加氢合成多种高附加值绿色产品，如绿色甲醇和绿色航空燃料等，已经取得了一系列的研究成果，并在多个示范项目中展示了阶段性的成功。例如，绿色甲醇示范项目和绿色航空燃料示范项目已经在实验室和小规模生产中证明了其可行性和潜在的市场价值。

然而，在现有技术条件下，这些绿色低碳产品的成本仍然较高，限制了其在市场上的竞争力。为了解决这一问题，需要进行多方面的研究。首先，开发高性能催化剂是关键，因为高效的催化剂可以显著降低生产过程中的能耗和原料消耗，从而减少整体生产成本。其次，利用人工智能技术可以深入分析二氧化碳选择性加氢的反应机理，快速筛选出最优的催化剂和反应路径，优化工艺条件。具体来说，人工智能可以通过机器学习模型预测不同催化剂在特定条件下的性能，通过大数据分析识别潜在的催化剂组合和反应条件，利用计算化学和分子动力学模拟来理解催化剂的行为，并通过自动化实验平台实现高通量实验，从而加速新材料的发现和工艺优化。此外，通过人工智能辅助探索新的二氧化碳基高附加值化工产品也是重要方向。扩展产品线不仅可以拓宽应用领域，还能增加经济效益。除了技术和产品层面的改进，工艺优化和系统集成同样至关重要。通过优化整个生产工艺流程，包括碳捕获、电解水制氢以及后续的加氢反应步骤，可以进一步提高系统的整体效率。这包括改进反应器设计、优化操作参数和提高能量回收利用率。政府和相关机构可以通过提供财政补贴、税收优惠和政策支持来鼓励企业和研究机构投资于这项技术。建立稳定的市场需求和价格机制也是促进技术商业化的重要因素。例如，通过碳交易市场和绿色认证体系，为企业提供额外的收入来源。通过这些综合措施，不仅可以提高二氧化碳选择性加氢技术的经济可行性，还能促进其在工业上的广泛应用，最终实现环境保护与经济发展双赢的局面。这种跨学科、多方位的研究方法对于构建更加清洁、高效的能源体系具有重要意义，并将为未来的可持续发展提供强有力的支持。

5　总结

在本综述中，我们详细探讨了电解海水制氢的基本原理、所面临的挑战及其潜在的解决方案，并对当前电解海水制氢所采用的不同电解槽技术进行了全面的评估，比较了它们各自的优缺点。此外，本文还特别关注了绿氢与二氧化碳结合生成高附加值化学品和绿色燃料（如甲烷、甲醇及航空燃料等）的应用，旨在推动实现"碳达峰"与"碳中和"的目标。尽管在海水电解制氢及二氧化碳选择性加氢领域已经进行了大量的研究工作，但在这些技术向工业化应用迈进的过程中，依然存在诸多亟待解决

的问题：

在电解海水制氢方面：

1. 能耗较大：电解海水的过程相较于纯水电解需要消耗更多的能量。这是因为海水中含有较高的盐分，导致电解所需的电压增加。为了有效降低能耗，需要进一步优化催化剂的设计，以提高电化学反应的效率。未来的研究方向可能会集中在开发新型催化剂和改进电解槽设计上，以实现更低的能耗和更高的效率。

2. 腐蚀问题：海水中存在的盐分会加速电解槽内部材料的腐蚀，尤其是在高电流密度下操作时，腐蚀现象尤为严重。这对电解槽的设计提出了更高要求，需要使用耐腐蚀材料，并且要定期进行维护保养。未来的发展趋势将是研发新型抗腐蚀材料，以及设计更高效的电解槽结构，从而延长设备的使用寿命。

3. 副产品的处理：在电解过程中，除了氢气外，还会产生氯气等副产品。这些副产品的存在不仅降低了氢气的纯度，而且如果处理不当，还可能导致环境污染。因此，必须开发出有效的副产品回收利用技术，确保整个过程的环境友好性。未来，副产品的再利用技术将得到进一步发展，如氯气可用于消毒或制备其他化学品，从而实现资源的最大化利用。

在二氧化碳选择性加氢方面：

1. 催化剂稳定性：虽然已经发现了一些能够促进 CO_2 加氢反应的催化剂，但找到能够在长时间内保持高活性和稳定性的催化剂依然是一个未完全解决的问题。催化剂在使用过程中可能会因为积炭、中毒或其他副反应而失去活性，这要求催化剂设计不仅要考虑初始活性，还要重视其长期稳定性。未来的催化剂研究将更加注重开发具有长寿命和高稳定性的材料，以及探索新型催化机制。在此过程中，人工智能技术将发挥重要作用。通过先进的机器学习算法，研究人员可以快速筛选潜在的催化剂材料，预测其性能与稳定性，从而显著加速新材料的设计与优化过程。

2. 选择性：在实际操作中，将 CO_2 高效地转化

为单一目标产物（如甲醇或甲烷）而不产生多种副产物，是一个技术上的挑战。提高目标产物的选择性需要精确调控反应条件，并开发出具有高度选择性的新型催化剂。未来的工作将聚焦于催化剂的选择性改进，以及反应机理的深入理解，以期达到更高的产物选择性。人工智能的应用将为此提供强有力的支持，通过数据分析，人工智能可以从大量实验数据中识别影响选择性的关键因素，优化反应条件，并通过模拟预测不同条件下催化剂的行为，指导实验设计，从而大幅提升目标产物的选择性。

3. 经济性：目前，二氧化碳加氢技术的成本相对较高，特别是当考虑到大规模工业化应用时，如何降低成本、提高经济效益是必须面对的一个重要课题。这不仅涉及催化剂的成本，还包括反应器设计、操作条件优化等方面的综合考量。随着技术的不断进步，预计未来将出现更多成本效益高的解决方案，使得 CO_2 加氢技术更加商业化可行。在这个过程中，引入智能化系统可以对生产流程进行实时监控和自动调节，确保最优化的操作参数；基于大数据分析的供应链管理也能够有效降低运营成本。这些措施共同推动了 CO_2 加氢技术向更具经济性的方向发展。

尽管存在上述挑战，但随着科研人员对电解海水制氢和二氧化碳加氢技术深入研究，相关领域的技术瓶颈正在逐步被突破。未来，随着技术的进步和成本的有效控制，这些技术有望在构建可持续能源体系中发挥重要作用，为实现全球碳减排目标做出贡献。特别是在全球气候变化日益严峻的背景下，这些技术的发展将为人类社会向低碳经济转型提供强有力的支持。

参考文献：

[1]CHU S, MAJUMDAR A. Opportunities and challenges for a sustainable energy future [J]. Nature, 2012, 488(7411): 294−303.

[2]CHEN L, YU C, DONG J, et al. Seawater electrolysis for fuels and chemicals production: fundamentals, achievements, and perspectives [J]. Chemical Society Reviews, 2024,53: 7455−7488.

[3]KE SC, CHEN R, CHEN GH, et al. Mini review on electrocatalyst design for seawater splitting: recent progress and perspectives [J]. Energy & Fuels, 2021, 35(16): 12948−12956.

[4]ZHOU L, GUO D, WU L, et al. A restricted dynamic surface self−reconstruction toward high−performance of direct seawater oxidation [J]. Nature Communications, 2024, 15(1): 2481.

[5]VOS J G, WEZENDONK T A, JEREMIASSE A W, et al. MnOx/IrOx as selective oxygen evolution electrocatalyst in acidic chloride solution [J]. Journal of the American Chemical Society, 2018, 140(32): 10270−10281.

[6]LIU D, CAI Y, WANG X, et al. Innovations in electrocatalysts, hybrid anodic oxidation, eelectrolyzers for enhanced direct seawater electrolysis [J]. Energy & Environmental Science, 2024,17:6897−6942.

[7]ZHAO J, TENG YL, DONG BX. Thermal reduction of CO_2 with activated alkali metal aluminum hydrides for selective methanation [J]. Energy & Fuels, 2020, 34(9): 11210−11218.

[8]HU F, YE R, LU ZH, et al. Structure−activity relationship of Ni−based catalysts toward CO_2 methanation: recent advances and future perspectives [J]. Energy & Fuels, 2021, 36(1): 156−169.

[9]ZHONG J, YANG X, WU Z, et al. State of the art and perspectives in heterogeneous catalysis of CO_2 hydrogenation to methanol [J]. Chemical Society Reviews, 2020, 49(5): 1385−1413.

[10]ARSLAN M T, TIAN G, ALI B, et al. Highly selective conversion of CO_2 or CO into precursors for kerosene−based aviation fuel via an aldol−aromatic mechanism [J]. ACS Catalysis, 2022, 12(3): 2023−2033.

[11]HUSSAIN I, ALASIRI H, KHAN W U, et al. Advanced electrocatalytic technologies for conversion of carbon dioxide into methanol by electrochemical reduction: Recent progress and future perspectives [J]. Coordination Chemistry Reviews, 2023, 482: 215081.

[12]KHATUN S, HIRANI H, ROY P. Seawater electrocatalysis: activity and selectivity [J]. Journal of Materials Chemistry A, 2021, 9(1): 74−86.

[13]ZHANG J, ZHANG Q, FENG X. Support and interface effects in water−splitting electrocatalysts [J]. Advanced Materials, 2019, 31(31): 1808167.

[14]WU Z P, LU X F, ZANG S Q, et al. Non−

noble - metal - based electrocatalysts toward the oxygen evolution reaction [J]. Advanced Functional Materials, 2020, 30(15): 1910274.

[15]BAI Y, WU Y, ZHOU X, et al. Promoting nickel oxidation state transitions in single-layer NiFeB hydroxide nanosheets for efficient oxygen evolution [J]. Nature Communications, 2022, 13(1): 6094.

[16]VOS J G, LIU Z, SPECK F D, et al. Selectivity trends between oxygen evolution and chlorine evolution on iridium-based double perovskites in acidic media [J]. ACS Catalysis, 2019, 9(9): 8561-8574.

[17]XIA DH, JI Y, ZHANG R, et al. On the localized corrosion of AA5083 in a simulated dynamic seawater/air interface—Part 1: Corrosion initiation mechanism [J]. Corrosion Science, 2023, 213: 110985.

[18]ZHANG S, WANG Y, LI S, et al. Concerning the stability of seawater electrolysis: a corrosion mechanism study of halide on Ni-based anode [J]. Nature Communications, 2023, 14(1): 4822.

[19]ZANG W, SUN T, YANG T, et al. Efficient hydrogen evolution of oxidized Ni - N_3 defective sites for alkaline freshwater and seawater electrolysis [J]. Advanced Materials, 2021, 33(8): 2003846.

[20]SUN JP, ZHAO Z, LI J, et al. Recent advances in electrocatalytic seawater splitting [J]. Rare Metals, 2023, 42(3): 751-768.

[21]YU L, ZHU Q, SONG S, et al. Non-noble metal-nitride based electrocatalysts for high-performance alkaline seawater electrolysis [J]. Nature Communications, 2019, 10(1): 5106.

[22]KUANG Y, KENNEY M J, MENG Y, et al. Solar-driven, highly sustained splitting of seawater into hydrogen and oxygen fuels [J]. Proceedings of the National Academy of Sciences, 2019, 116(14): 6624-6629.

[23]SAKASHITA M, SATO N. The effect of molybdate anion on the ion-selectivity of hydrous ferric oxide films in chloride solutions [J]. Corrosion Science, 1977, 17(6): 473-486.

[24]GAYEN P, SAHA S, RAMANI V. Selective seawater splitting using pyrochlore electrocatalyst [J]. ACS Applied Energy Materials, 2020, 3(4): 3978-3983.

[25]SURENDRANATH Y, DINCA M, NOCERA D G. Electrolyte-dependent electrosynthesis and activity of cobalt-based water oxidation catalysts [J].

Journal of the American Chemical Society, 2009, 131(7): 2615-2620.

[26]ESSWEIN A J, SURENDRANATH Y, REECE S Y, et al. Highly active cobalt phosphate and borate based oxygen evolving catalysts operating in neutral and natural waters [J]. Energy & Environmental Science, 2011, 4(2): 499-504.

[27]DIONIGI F, REIER T, PAWOLEK Z, et al. Design criteria, operating conditions, and nickel - iron hydroxide catalyst materials for selective seawater electrolysis [J]. ChemSusChem, 2016, 9(9): 962-972.

[28]JADHAV A R, KUMAR A, LEE J, et al. Stable complete seawater electrolysis by using interfacial chloride ion blocking layer on catalyst surface [J]. Journal of Materials Chemistry A, 2020, 8(46): 24501-24514.

[29]LINDBERGH G, SIMONSSON D. The effect of chromate addition on cathodic reduction of hypochlorite in hydroxide and chlorate solutions [J]. Journal of The Electrochemical Society, 1990, 137(10): 3094.

[30]SUN F, HE D, YANG K, et al. Hydrogen production and water desalination with on - demand electricity output enabled by electrochemical neutralization chemistry [J]. Angewandte Chemie International Edition, 2022, 134(31): e202203929.

[31]ZHANG Z, HUANG X, CHEN Z, et al. Membrane electrode assembly for electrocatalytic CO_2 reduction: principle and application [J]. Angewandte Chemie International Edition, 2023, 135(28): e202302789.

[32]CARMO M, FRITZ D L, MERGEL J, et al. A comprehensive review on PEM water electrolysis [J]. International Journal of Hydrogen Energy, 2013, 38(12): 4901-4934.

[33]LINDQUIST G A, XU Q, OENER S Z, et al. Membrane electrolyzers for impure-water splitting [J]. Joule, 2020, 4(12): 2549-2561.

[34]OENER S, ARDO S, BOETTCHER S. Ionic processes in water electrolysis: the role of ion-selective membranes [J]. ACS Energy Letters, 2017, 2(11): 2625-2634.

[35]SMOLINKA T, GüNTHER M, GARCHE J. Stand und entwicklungspotenzial der wasserelektrolyse zur herstellung von wasserstoff aus regenerativen energien: NOW-Studie: kurzfassung des abschlussberichts [M].

Fraunhofer ISE, 2011.

[36]SCHRöDER V, EMONTS B, JANßEN H, et al. Explosion limits of hydrogen/oxygen mixtures at initial pressures up to 200 bar [J]. Chemical Engineering &Technology: Industrial Chemistry - plant Equipment - process Engineering - biotechnology, 2004, 27(8): 847−851.

[37]MAURITZ K A, MOORE R B. State of understanding of Nafion [J]. Chemical Reviews, 2004, 104(10): 4535−4586.

[38]SLADE S, CAMPBELL S, RALPH T, et al. Ionic conductivity of an extruded Nafion 1100 EW series of membranes [J]. Journal of the Electrochemical Society, 2002, 149(12): A1556.

[39]MILLET P, NGAMENI R, GRIGORIEV S, et al. Scientific and engineering issues related to PEM technology: Water electrolysers, fuel cells and unitized regenerative systems [J]. International Journal of Hydrogen Energy, 2011, 36(6): 4156−4163.

[40]BAGLIO V, ORNELAS R, MATTEUCCI F, et al. Solid polymer electrolyte water electrolyser based on nafion - tio2 composite membrane for high temperature operation [J]. Fuel Cells, 2009, 9(3): 247−252.

[41]KIM Y S. Polymer electrolytes with high ionic concentration for fuel cells and electrolyzers [J]. ACS Applied Polymer Materials, 2021, 3(3): 1250−1270.

[42]LIM K L, WONG C Y, WONG W Y, et al. Radiation−grafted anion−exchange membrane for fuel cell and electrolyzer applications: A mini review [J]. Membranes, 2021, 11(6): 397.

[43]HIBBS M R, HICKNER M A, ALAM T M, et al. Transport properties of hydroxide and proton conducting membranes [J]. Chemistry of Materials, 2008, 20(7): 2566−2573.

[44]CHEN C, TSE YL S, LINDBERG G E, et al. Hydroxide solvation and transport in anion exchange membranes [J]. Journal of the American Chemical Society, 2016, 138(3): 991−1000.

[45]HUA D, HUANG J, FABBRI E, et al. Development of anion exchange membrane water electrolysis and the associated challenges: a review [J]. ChemElectroChem, 2023, 10(1): e202200999.

[46]DRESP S, THANH T N, KLINGENHOF M, et al. Efficient direct seawater electrolysers using selective alkaline NiFe−LDH as OER catalyst in asymmetric electrolyte feeds [J]. Energy & Environmental Science, 2020, 13(6): 1725−1729.

[47]PARK Y S, LEE J, JANG M J, et al. High−performance anion exchange membrane alkaline seawater electrolysis [J]. Journal of Materials Chemistry A, 2021, 9(15): 9586−9592.

[48]OENER S Z, FOSTER M J, BOETTCHER S W. Accelerating water dissociation in bipolar membranes and for electrocatalysis [J]. Science, 2020, 369(6507): 1099−1103.

[49]VON DER ASSEN N, VOLL P, PETERS M, et al. Life cycle assessment of CO_2 capture and utilization: a tutorial review [J]. Chemical Society Reviews, 2014, 43(23): 7982−7994.

[50]YANG H B, HUNG SF, LIU S, et al. Atomically dispersed Ni (i) as the active site for electrochemical CO_2 reduction [J]. Nature Energy, 2018, 3(2): 140−147.

[51]BENGAOUER A, BEDEL L. 20. CO_2 hydrogenation to methane [J]. Volume, 2019, 2: 385−412.

[52]HU F, JIN C, WU R, et al. Enhancement of hollow $Ni/CeO_2−Co_3O_4$ for CO_2 methanation: From CO_2 adsorption and activation by synergistic effects [J]. Chemical Engineering Journal, 2023, 461: 142108.

[53]ZHU Q, SUGAWARA Y, LI Y. Exploration of CO movement characteristics on rutile $TiO_2(110)$ surface [J]. Colloids and Surfaces A: Physicochemical and Engineering Aspects, 2023, 656: 130402.

[54]ESTEVEZ R, AGUADO−DEBLAS L, BAUTISTA F M, et al. A review on green hydrogen valorization by heterogeneous catalytic hydrogenation of captured CO_2 into value−added products [J]. Catalysts, 2022, 12(12): 1555.

[55]MA L, YE R, HUANG Y, et al. Enhanced low−temperature CO_2 methanation performance of Ni/ZrO_2 catalysts via a phase engineering strategy [J]. Chemical Engineering Journal, 2022, 446: 137031.

[56]WANG Z, WANG L, CUI Y, et al. Research on nickel−based catalysts for carbon dioxide methanation combined with literature measurement [J]. Journal of CO_2 Utilization, 2022, 63: 102117.

[57]BACARIZA M C, GRAÇA I, BEBIANO S S, et al. Magnesium as promoter of CO_2 methanation on Ni−based USY zeolites [J]. Energy & Fuels, 2017, 31(9):

9776-9789.

[58]SHARMA S, SRAVAN KUMAR K B, CHANDNANI Y M, et al. Mechanistic insights into CO_2 methanation over Ru-substituted CeO_2 [J]. The Journal of Physical Chemistry C, 2016, 120(26): 14101-14112.

[59]CHEN H, MU Y, SHAO Y, et al. Coupling non-thermal plasma with Ni catalysts supported on BETA zeolite for catalytic CO_2 methanation [J]. Catalysis Science & Technology, 2019, 9(15): 4135-4145.

[60]ALDANA P U, OCAMPO F, KOBL K, et al. Catalytic CO_2 valorization into CH_4 on Ni-based ceria-zirconia. Reaction mechanism by operando IR spectroscopy [J]. Catalysis Today, 2013, 215: 201-207.

[61]LEE S M, LEE Y H, MOON D H, et al. Reaction mechanism and catalytic impact of Ni/CeO_{2-x} catalyst for low-temperature CO_2 methanation [J]. Industrial &Engineering Chemistry Research, 2019, 58(20): 8656-8662.

[62]MEBRAHTU C, KREBS F, PERATHONER S, et al. Hydrotalcite based Ni-Fe/(Mg, Al)O$_x$ catalysts for CO_2 methanation - tailoring Fe content for improved CO dissociation, basicity, and particle size [J]. Catalysis Science & Technology, 2018, 8(4): 1016-1027.

[63]GARBARINO G, CAVATTONI T, RIANI P, et al. Support effects in metal catalysis: a study of the behavior of unsupported and silica-supported cobalt catalysts in the hydrogenation of CO_2 at atmospheric pressure [J]. Catalysis Today, 2020, 345: 213-219.

[64]LIANG C, YE Z, DONG D, et al. Methanation of CO_2: Impacts of modifying nickel catalysts with variable-valence additives on reaction mechanism [J]. Fuel, 2019, 254: 115654.

[65]LE SACHé E, PASTOR-PEREZ L, HAYCOCK B J, et al. Switchable catalysts for chemical CO_2 recycling: A step forward in the methanation and reverse water - Gas shift reactions [J]. ACS Sustainable Chemistry &Engineering, 2020, 8(11): 4614-4622.

[66]YANG Y, LIU J, LIU F, et al. Reaction mechanism of CO_2 methanation over Rh/TiO_2 catalyst [J]. Fuel, 2020, 276: 118093.

[67]WANG Y, ARANDIYAN H, SCOTT J, et al. Single atom and nanoclustered Pt catalysts for selective CO_2 reduction [J]. ACS Applied Energy Materials, 2018, 1(12): 6781-6789.

[68]MEDFORD A J, LAUSCHE A C, ABILD-PEDERSEN F, et al. Activity and selectivity trends in synthesis gas conversion to higher alcohols [J]. Topics in Catalysis, 2014, 57: 135-142.

[69]STUDT F, BEHRENS M, KUNKES E L, et al. The mechanism of CO and CO_2 hydrogenation to methanol over Cu - based catalysts [J]. ChemCatChem, 2015, 7(7): 1105-1111.

[70]BART J, SNEEDEN R. Copper-zinc oxide-alumina methanol catalysts revisited [J]. Catalysis Today, 1987, 2(1): 1-124.

[71]KUNKES E L, STUDT F, ABILD-PEDERSEN F, et al. Hydrogenation of CO_2 to methanol and CO on $Cu/ZnO/Al_2O_3$: Is there a common intermediate or not? [J]. Journal of Catalysis, 2015, 328: 43-48.

[72]CHORKENDORFF I, NIEMANTSVERDRIET J W. Concepts of modern catalysis and kinetics [M]. John Wiley & Sons, 2017.

[73]KIM Y, TRUNG T S B, YANG S, et al. Mechanism of the surface hydrogen induced conversion of CO_2 to methanol at Cu (111) step sites [J]. ACS Catalysis, 2016, 6(2): 1037-1044.

[74]BOWKER M, HADDEN R, HOUGHTON H, et al. The mechanism of methanol synthesis on copper/zinc oxide/alumina catalysts [J]. Journal of Catalysis, 1988, 109(2): 263-273.

[75]YANG Y, EVANS J, RODRIGUEZ J A, et al. Fundamental studies of methanol synthesis from CO_2 hydrogenation on Cu (111), Cu clusters, and Cu/ZnO (0001 [combining macron]) [J]. Physical Chemistry Chemical Physics, 2010, 12(33): 9909-9917.

[76]GRABOW L, MAVRIKAKIS M. Mechanism of methanol synthesis on Cu through CO_2 and CO hydrogenation [J]. ACS Catalysis, 2011, 1(4): 365-384.

[77]RODRIGUEZ J A, EVANS J, FERIA L, et al. CO_2 hydrogenation on Au/TiC, Cu/TiC, and Ni/TiC catalysts: Production of CO, methanol, and methane [J]. Journal of Catalysis, 2013, 307: 162-169.

[78]TANG QL, HONG QJ, LIU ZP. CO_2 fixation into methanol at Cu/ZrO_2 interface from first principles kinetic Monte Carlo [J]. Journal of Catalysis, 2009, 263(1): 114-122.

[79]ZHAO YF, YANG Y, MIMS C, et al. Insight into methanol synthesis from CO_2 hydrogenation on Cu (1

1 1): Complex reaction network and the effects of H_2O [J]. Journal of Catalysis, 2011, 281(2): 199−211.

[80]YANG Y, MIMS C A, MEI D, et al. Mechanistic studies of methanol synthesis over Cu from $CO/CO_2/H_2/H_2O$ mixtures: The source of C in methanol and the role of water [J]. Journal of Catalysis, 2013, 298: 10−17.

[81]WHY E S K, ONG H C, LEE H V, et al. Renewable aviation fuel by advanced hydroprocessing of biomass: Challenges and perspective [J]. Energy Conversion and Management, 2019, 199: 112015.

[82]ANGER A. Including aviation in the European emissions trading scheme: Impacts on the industry, CO_2 emissions and macroeconomic activity in the EU [J]. Journal of Air Transport Management, 2010, 16(2): 100−105.

[83]WANG M, DEWIL R, MANIATIS K, et al. Biomass−derived aviation fuels: Challenges and perspective [J]. Progress in Energy and Combustion Science, 2019, 74: 31−49.

[84]GUTI é RREZ−ANTONIO C, G ó MEZ−CASTRO F I, DE LIRA−FLORES J A, et al. A review on the production processes of renewable jet fuel [J]. Renewable and Sustainable Energy Reviews, 2017, 79: 709−729.

[85]ENTHALER S, VON LANGERMANN J, SCHMIDT T. Carbon dioxide and formic acid—the couple for environmental−friendly hydrogen storage? [J]. Energy & Environmental Science, 2010, 3(9): 1207−1217.

[86]SU X, YANG XF, HUANG Y, et al. Single−atom catalysis toward efficient CO_2 conversion to CO and formate products [J]. Accounts of Chemical Research, 2018, 52(3): 656−664.

[87]LIU Q, YANG X, LI L, et al. Direct catalytic hydrogenation of CO_2 to formate over a Schiff−base−mediated gold nanocatalyst [J]. Nature Communications, 2017, 8(1): 1407.

[88]CATIZZONE E, BONURA G, MIGLIORI M, et al. CO_2 recycling to dimethyl ether: State−of−the−art and perspectives [J]. Molecules, 2017, 23(1): 31.

[89]OJELADE O A, ZAMAN S F. A review on CO_2 hydrogenation to lower olefins: Understanding the structure−property relationships in heterogeneous catalytic systems [J]. Journal of CO_2 Utilization, 2021, 47: 101506.

[90]NI Y, CHEN Z, FU Y, et al. Selective conversion of CO_2 and H_2 into aromatics [J]. Nature Communications, 2018, 9(1): 3457.

[91]CAI T, SUN H, QIAO J, et al. Cell−free chemoenzymatic starch synthesis from carbon dioxide [J]. Science, 2021, 373(6562): 1523−1527.

第二篇　氢能储输与数智融合篇

国内输氢管道全流程现状及存在问题

蒲　明　王晓峰　王长有　王印泽　郭　杰　陈嘉琦

（中国石油天然气股份有限公司规划总院）

摘要： 管道输氢是实现氢气大规模、长距离输送的经济可行的方式。国内氢气管道建设起步较晚，目前仅建成三条几十公里长的氢气长输管道，且国内尚未形成完善的氢气长输管道标准体系。鉴于氢气与天然气输送具有一定的相似性，氢气管道设计可一定程度上参考天然气管道。但是氢气具有氢致失效、易泄漏、着火能量低、爆炸极限宽等特性，导致氢气和天然气长输管道设计在管材选择、压缩机选型、站场设计等方面有明显差异。通过对比分析，得出了氢气管道区别于天然气管道的一些设计建议，为后续氢气管输技术研究和工程设计提供一定的参考。

关键词： 输氢管道　管材选择　压缩机选型　站场设计

氢能是一种理想高效的清洁能源，具有能量密度大、热值高、储量丰富、来源广泛、转化效率高等特点。近年来，随着"双碳"目标的提出，我国氢能产业迅速起步，国家和地方政府积极支持氢能源产业发展，氢能产业规划、扶持政策相继出台，氢能产业发展进入快车道。可以预见，在能源结构转型的大背景下，未来十年将是中国氢能产业发展的黄金十年。

当前，氢能产业的快速发展对氢能安全、高效、经济输送提出了需求。管道输氢具有成本低、能耗小等突出优点，是输氢的优势技术路线。但目前国内已建或在建的氢气管道总里程仅约100km，管道输氢技术尚不成熟，一些核心技术还需要开展系统的研究。另外，国内尚未形成完整的氢气管道标准体系，在氢气管道的设计、建设、施工、运行等方面也存在诸多问题。

1 氢气管道现状

1.1 国外氢气管道现状

国外氢气管道建设相对比较成熟，其中美国氢气管道规模最大，总里程超过2700公里，在墨西哥湾沿岸建有全球最大的氢气供应管网，全长约965公里，连接22个化工企业，输氢量达到$150 \times 10^4 Nm^3/h$。欧洲也已建成超过1500公里的输氢管道，管道运行压力基本在5MPa以下，管径在100mm～500mm之间，负责将氢气从上游供应商输送至下游工业用户，用作工业原料。国外典型氢气管道统计情况见表1。

表1　国外典型氢气管道统计情况表

序号	地区	建成时间	管道长度（km）	管径（mm）	设计压力（MPa）	材质	输量范围（10⁴t）
1	德国鲁尔	1938年	208	168～273	2.5	钢（SAE 1016）	
2	法国	1966年	290	多种管径	6.5～10	碳钢	
3	美国休斯敦	1969年	100	114～324	0.3～5.5	—	
4	加拿大阿尔伯塔	1987年	3.7	273	3.8	Gr.290（5LXX42）	0.3～7.5
5	美国路易斯安那	—	48.3	102～305	3.4	ASTM 106	
6	美国德克萨斯	20年以上	8	114	5.5	钢（原为天然气管道）	
7	美国德克萨斯	20年以上	19	219	1.4	钢	
8	美国德克萨斯	1997年	45	273	3～4	5LX42	

1.2 国内氢气管道现状

国内氢气管道建设起步较晚，目前已建或在建的氢气输送管道总里程约100km，包括金陵－扬子氢气管道、巴陵－长岭氢气提纯及输送管线、济源－洛阳氢气管道、玉门油田输氢管道等。国内典型氢气管道统计情况见表2。

表2　国内典型氢气管道统计情况表

序号	管道名称	建成时间	管道长度（km）	管径（mm）	设计压力（MPa）	材质	设计输量（10⁴t）
1	金陵－扬子氢气管道	2007年	32	325	4	20#	4
2	巴陵－长岭氢气提纯及输送管线	2014年	42	457	4	20#	4.4
3	济源－洛阳氢气管道	2015年	25	508	4	L245NS	10
4	玉门油田输氢管道	在建	5.7	219	2.5	L245NS	0.7

2　国内输氢管道全流程现状

2.1 标准规范

国外氢气管道标准体系相对比较成熟，已颁布的标准规范包括美国机械工程师协会编制的ASME B31.12-2019 Hydrogen Piping and Pipe-lines（《氢气管道系统和管道》）、美国压缩气体协会编制的 CGA G-5.6—2005（R2013）Hydrogen Pipeline Systems（《氢气管道系统》）等，可用于指导氢气输送管道的设计、施工、运行及维护。

国内氢气管道标准体系尚不完善，更缺少氢气长输管道标准。目前，国内氢气管道设计主要参考 ASME B31.12-2019 Hydrogen Piping and Pipe-lines、GB50251-2015《输气管道工程设计规范》

及国内其它氢气管道相关标准规范。国内与氢气管道相关的标准规范主要包括 GB 50177-2005《氢气站设计规范》、GB 4962-2008《氢气使用安全技术规程》、GB/T 34542《氢气储存输送系统》等。

《氢气站设计规范》（GB 50177）适用于氢气站、供氢站及厂区内部的氢气管道设计。《氢气使用安全技术规程》（GB 4962）适用于气态氢生产后的地面作业场所。以上两项标准均不适用于氢气长输管道。

《氢气储存输送系统》（GB/T 34542）适用于工作压力不大于140MPa，环境温度不低于-40℃且不高于65℃的氢气储存系统、氢气输送系统、氢气压缩系统、氢气充装系统及其组合系统，共包含8个部分：第1部分 通用要求；第2部分 金属材料与氢环境相容性试验方法；第3部分 金属材料氢脆敏感度试验方法；第4部分 氢气储存系统技术要求；第5部分 氢气输送系统技术要求；第6部分 氢气压缩系统技术要求；第7部分 氢气充装系统技术要求；第8部分 防火防爆术要求。其中，第1～3部分已经正式实施，第4～8部分还在起草中。

2.2 工程设计

目前国内已建的几条氢气管道，运行压力均低于4MPa，钢级基本为L245或同等级别，且管道长度较短（小于50公里），通常为"一站到底"的模式（仅设置首末站，中间无增压站）。有的氢气管道目前已运行多年，未发生安全事故。因此，低压力、低钢级、短距离的氢气管道在工程设计方面已经没有太大的技术壁垒。对标国外氢气管道建设，国内氢气管道在高压力、高钢级等技术指标方面存在差距。目前国外已大规模应用X42、X52钢级输氢管道，同时欧美国家也已经开展了提高运行压力的相关研究。我国对于高压力、大口径（高钢级）、长距离氢气管道输送技术研究仍处于起步阶段，尚未对关键技术进行系统的研究。

氢气输送与天然气输送类似。但是与天然气相比，氢气分子量小、易引发材料氢脆、易泄漏、具有更低的点火能和更宽的爆炸极限，因此氢气管道输送较天然气管道输送危险性更高。氢气管道设计区别于天然气管道主要体现在以下几个方面：

1）管材

氢气易导致材料氢脆，主要失效形式包括氢致开裂、氢鼓泡、机械性能劣化等，以上特性使氢气管道管材选择与天然气管道相比更加严格。氢气管道运行压力越高、材料强度越高，氢脆现象就越明显。所以目前国内外氢气管道运行压力基本在5MPa以下，且优先选择X52及以下的低钢级钢管。参考ASME B31.12-2019，氢气管道壁厚计算公式与天然气相比增加了"材料性能系数"，钢管计算壁厚会相对增大，有利于增加氢气长输管道的安全性。另外，考虑氢脆对焊缝区域的影响，氢气管道用钢管一般选择无缝钢管、高频电阻焊管或直缝埋弧焊管，不建议使用螺旋埋弧焊管。

2）压缩机

氢气管道用压缩机基于输量、压比、压缩效率等因素考虑，一般采用往复式压缩机。由于氢气分子量小，往复式压缩机比离心式压缩机更高效。国内往复式压缩机单机功率一般在10MW以下，制造技术比较成熟，主要应用业绩为石化等工业领域。国外往复式氢气压缩机功率等级更高，部分厂家最大单机功率可达33MW。随着输氢技术的进步和氢气管道规模的扩大，大排量高功率的氢气压缩机将成为未来的发展趋势。

3）阀门及其它机械设备

氢气管道阀门选型与天然气管道类似，主要阀门类型包括球阀、截止阀等。两者的主要区别在于阀门材质的选择。GB 50177-2005《氢气站设计规范》中对阀门选材做出了规定，具体如下。

表3　GB 50177-2005 中关于阀门选材的相关规定

设计压力（MPa）	材料
< 0.1	阀体采用铸钢 密封面采用合金钢或与阀体一致
0.1 ~ 2.5	阀杆采用碳钢 阀体采用铸钢 密封面采用合金或与阀体一致
> 2.5	阀体、阀杆、密封面均采用不锈钢

其它机械设备如过滤器、收发球筒等与天然气管道类似，但临氢环境对材质、焊接、检验等方面的要求更高，导致设备造价较天然气管道更高。

4）碳钢中氢气最大流速限制

GB 50177-2005《氢气站设计规范》中对站内及厂间氢气管道的流速作出了规定，设计压力3MPa以上的碳素钢管中氢气最大流速不超过10m/s。国内已建输氢管道大多参考该规范选择了较为保守的氢气流速，大规模氢气管道还缺乏应用实践，经济流速尚有待探讨。相关研究认为，该流速限定对小

管径小输量适用，但在大管径规模化氢气输送场景下则偏保守，建议适当提高氢气的管内流速，有利于减小管径，降低建设投资。

5）最小覆土层厚度及最小间距

ASME B31.12-2019 Hydrogen Piping and Pipelines 中对管道最小覆土层厚度和管道与其它地下管道及建构筑物的最小间距做出了规定（详见表4），比天然气管道（GB50251-2015《输气管道工程设计规范》中规定）数值更大，有利于避免第三方破坏。

表4　ASME B31.12-2019 中关于最小覆土层厚度及最小间距的相关规定

名称	最小覆土层厚度（mm）	与其它埋地管道、建构筑物最小间距（mm）
正常地段	914	457
岩石地段	610	若不满足，应采取保护
农田地段	1219（已建管线转换为氢气输送时，覆土层厚度不低于914mm）	措施，如安装套管、桥接或隔热材料等。

6）预防氢气积聚

氢气在PE管和钢管中的扩散系数远高于天然气，易造成泄露。但氢气在空气中的扩散系数也远大于天然气，在开放空间不容易造成扩散后的聚集。但是对于相对密闭的空间，为防止氢气积聚，需要采取通风措施。参考GB 4962-2008《氢气使用安全技术规程》中要求，机械通风的建筑物进风口宜设置在建筑物下方，排风口设在上方，使氢气使用区域通风良好，保证空气中氢气最高含量不超过1%（体积）。另外，氢气站场一般尽量避免管道或设备处于密闭空间，例如氢气压缩机厂房经常设置为有棚无墙式结构。

7）预防遇明火爆炸

由于氢气爆炸范围广，点火能量小，具有较高的自燃概率，因此氢气放空管的管口处通常设阻火设施，接至用氢设备的支管一般设切断阀，有明火的用氢设备通常设阻火设施。

2.3　建设、验收、运营

鉴于氢气管道较天然气管道危险性更高，所以

在建设、验收、运行等方面要求更为严格。

（1）建设

需要确保管线、管件、设备及其它管道附件的质量（例如管道内、外表面无锈蚀、损伤，阀门、法兰等的密封性能、设备安全可靠等）；选择合理的焊材及焊接方式（例如碳钢管道可采用氩弧焊打底、低氢型焊条，手工焊焊接方式等），保证每道焊缝质量；严格进行焊接检验（例如采用100%的射线照相检验，再用超声波探伤仪对所选取的焊缝全周长进行100%复验）；严格把控施工质量，施工人员考核合格后方准上岗，杜绝粗暴施工造成管道破坏；充分发挥监理的现场监查、信息掌握记录、检查督促施工质量及落实安全措施等职责；可参照智能管道建设进行设计、采办、施工、运行数据采集及智能化管理。

（2）验收

在参照天然气管道验收的基础上，可结合氢气管道失效分析及定性定量风险评价，进行氢气管道竣工验收。

（3）运营

针对氢气管道特性，修正、完善完整性管理及事故应急预案；建立健全管道运行管理制度（包括日常巡检、风险查勘、管道维护、运行监测、完整性管理、事故应急、质量体系完善等），保证管道运行安全。

2.4　建设及输送成本

氢气管道建设成本远高于天然气管道。以美国为例，现有的一些研究表明，氢气管道造价为 31 ~ 94 万美元 / 公里，而天然气管道的造价仅为 12.5 ~ 50 万美元 / 公里，氢气管道的造价是天然气管道造价的 2 倍多。

氢气管道输送成本也高于天然气管道，除了较高的建设成本外，还受到以下因素的影响：

（1）由于氢脆问题对管道材质和设计压力带来的限制，目前国内氢气管道基本均为低压力小口径管道，由此限定了大输量下的输送效率。

（2）氢气体积能量密度低（同等条件下天然气能量密度约为氢气的 3.3 倍），意味着输送同等能量的氢气相比天然气需要更大的管径和更多压缩能耗，也就意味着更高的运输成本。

（3）氢气流速也是影响运输成本的一个重要因素。目前国内最大流速选取较为保守，氢气管道的经济流速还有待进一步研究。

3　存在问题及建议

3.1　标准规范

目前，国内尚没有专门针对氢气长输管道的标准规范用以指导氢气管道的设计、施工、运行及维护。建议加快完善氢气管道标准体系的建立，加强标准的实施与监督。

3.2　工程设计

目前，国内对于低压力、低钢级、短距离的氢气管道已有工程实例，在工程设计方面也没有太大的技术壁垒。但是对于高压力、大口径（高钢级）、长距离氢气管道方面的研究仍处于起步阶段，需要对关键技术进行系统的研究。

1）临氢环境下不同因素对高钢级管材性能影响的定量分析

包括：管材氢脆机理研究；氢气管道不同影响因素（材料组分、材料微观组织、氢气压力、温度、焊缝、环境应力等）对管道氢脆的影响及定量分析；氢气环境下管材力学性能基础数据库（具备条件的情况下，需要建立全尺寸测试装置，模拟服役状态下不同因素对氢脆敏感性的影响）；研究预防氢脆的措施（管材的选择、管材中化学元素的控制或添加、热处理工艺、阻氢涂层、焊接工艺等）。

2）氢气管道失效后果及防控措施研究

研究管道失效后果（可通过泄露扩散数值模拟、泄漏喷射火试验、定量风险评价分析、与天然气管道设计对比分析等方式），制定相应的防控措施（明确管道影响范围及防火间距、提出防控管道腐蚀、泄露等危险有害因素的措施）。

3.3　建设、验收、运营

目前，国内缺少专门针对氢气管道的完整性管理技术，需要结合临氢环境的特殊性进行完善和修正。

3.4　建设及输送成本

氢气管道建设及输送成本较高，是制约氢气管道发展的关键因素。未来，成本的下降主要源于技术的进步。采用更先进更经济的管材，在保证安全的情况下进一步提升输氢压力和管内流速，有助于降低输氢成本。

参考文献：

[1] 中国氢能联盟 . 中国氢能源及燃料电池产业白皮书 [M]. 北京 : 中国标准出版社 ,2019:26-28.

[2] 中国标准化研究院 , 全国氢能标准化技术委员会 . 中国氢能产业基础设施发展蓝皮书 [M]. 北京 : 中国标准出版社 ,2016:16-18.

[3] 黄宣旭 . "碳中和"背景下中国"氢矿"资源分析 [J]. 油气与新能源 ,2021,33(2):71-77.

[4] ZHANG B, WAN H, XU K Z, et al. Hydrogen Energy Economy Development in Various Countries[J]. Int Pet Econ, 2017, 25: 65-70.

[5] 李星国 . 氢气制备和储运的状况与发展 [J]. 科学通报 ,2022,67(Z1):425-436.

[6] 王晓峰 . 氢气与天然气长输管道设计对比探讨 [J]. 油气与新能源 ,2022,34(5):21-26.

[7] BROWN A. Hydrogen Transport[J]. The Chemical Engineer, 2019, 6:936.

[8] 吴全. "双碳"背景下氨在氢能规模化储运中的发展前景浅析 [J]. 油气与系能源 , 2022(5):5.

[9] 戴文松 . 炼油企业氢气管道的流速选择兼谈国标 GB 50177-2005《氢气站设计规范》对氢气管道流速的要求 [J]. 标准科学 , 2020(1):6.

[10]Khan, M.A., Young, C. and Layzell, D.B. (2021). The Techno-Economics of Hydrogen Pipelines. Transition Accelerator Technical Briefs ［R］ Vol. 1, Issue 2, Pg. 1-40. ISSN 2564-1379.

[11]R.K. Ahluwalia, D.D. Papadias, J-K Peng, and H.S. Roh. System Level Analysis of Hydrogen Storage Options [EB/OL]. In U.S. Department of Energy 2019 Annual Merit Review and Peer Evaluation Meeting, 2019.

[12] 毛宗强 . 氢能知识系列讲座（4）将氢气输送给用户 [J]. 太阳能 ,2007(4):18-20.

[13] DRIVE U S. Hydrogen Delivery Technical Team Road-map[R]. California: Hydrogen Delivery Technical Team, 2017: 14-16.

[14] 翟建明 , 徐彤 , 寿比南 , 等 . 高压临氢环境中材料氢脆测试方法讨论 [J]. 中国特种设备安全 ,2017,33(10):1-6.

[15] 韩勇 , 陈兴阳 , 周成双 , 等 . 极端临氢环境金属材料力学性能数据库开发及应用 [J]. 科技导报 ,2016,34(8):89-95.

氢气与天然气长输管道设计对比探讨

王晓峰　蒲　明　宋　磊　陈嘉琦　郭　杰　孙骥姝

（中国石油天然气股份有限公司规划总院）

摘要： 管道输送是实现氢气大规模、长距离输送经济可行的方式。中国氢气管道建设起步较晚，目前仅建成3条几十公里长的氢气长输管道，且国内尚未形成完善的氢气长输管道标准体系。鉴于氢气输送与天然气输送具有一定的相似性，氢气管道设计可一定程度上参考天然气管道。通过对比分析，得出了氢气管道在输气工艺、管材选择、压缩机选型、站场设计等方面区别于天然气管道的一些设计建议，为后续氢气管输技术研究和工程设计提供一定的参考。

关键词： 氢气　长输管道　输气工艺　管材选择　压缩机选型　站场设计

氢能是一种清洁能源，对促进能源结构转型和降低碳排放具有重要意义。目前，随着能源低碳转型加速，各发达国家均出台相应政策，将发展氢能提升到国家能源战略高度；中国自"30·60"战略目标提出后，国内氢能产业也进入了快速发展阶段。氢能产业发展对大规模、长距离输氢提出了需求。管道输送是一种可实现氢能大规模、长距离输送的经济可行的方式，对降低氢能储运成本、提高可再生能源制氢利用率具有重大意义。

国外氢气管道建设起步较早，距今已有80余年历史。国内氢气管道建设相对滞后，储运技术及标准体系尚不完善。鉴于氢气与天然气输送具有一定的相似性，目前阶段氢气管道设计可一定程度上参考天然气管道。但由于两者物性的差别，天然气管道与氢气管道在设计方面也存在一些不同之处。本文通过对相关文献及标准规范的研究，并结合已有工程实践，从输气工艺、管材选择、压缩机选型、站场设计等方面，对氢气和天然气长输管道设计进行对比分析，以期为后续氢气管输技术研究和工程设计提供一定的参考。

1　氢气管道现状

1.1　国外氢气管道现状

国外氢气管道发展相对成熟。最早的氢气长输管道于1938年在德国鲁尔工业区建成，总长度约208km，管径为168～273mm，设计压力2.5MPa，连接18个生产厂和用户。美国氢气管道规模最大，总里程超过2 700km，最高运行压力达到10.3MPa。美国墨西哥湾沿岸建有全球最大的氢气供应管网，全长超过900km，连接22个化工企业，输氢量达到113×10^4t/a。另外，欧洲也已建成超过1500km的输氢管道，管径规模为100～500mm，负责将氢气从上游供应商输送至下游工业用户。国外典型氢气管道统计情况见表1。

表 1 国外典型氢气管道统计情况

国家及地区	建成时间 / 年	管道长度 /km	管径 /km	设计压力 /MPa	材质	输量 / (10⁴t · a-1)
德国鲁尔工业区	1938	208	168 ~ 273	2.5	钢（SAE 1016）	
法国	1966	290	多种管径	6.5 ~ 10	碳钢	
美国休斯敦市	1969	100	114 ~ 324	0.3 ~ 5.5	—	
加拿大阿尔伯塔省	1987	3.7	273	3.8	Gr.290（5LXX42）	0.3 ~ 7.5
美国路易斯安那州	—	48.3	102 ~ 305	3.4	ASTM 106	
美国德克萨斯州	> 20	8	114	5.5	钢（原为天然气管道）	
美国德克萨斯州	> 20	19	219	1.4	钢	
美国德克萨斯州	1997	45	273	3 ~ 4	5LX42	

同时欧美国家也形成了较为完善的标准体系。美国机械工程师协会编制的 ASME B31.12–2019 Hydrogen Piping and Pipe-lines（《氢气管道系统和管道》）、美国压缩气体协会编制的 CGA G–5.6—2005（R2013）Hydrogen Pipeline Systems（《氢气管道系统》）均适用于氢气长输管道。这些标准可用于指导氢气输送管道的设计、施工、运行及维护。

1.2 中国氢气管道现状

中国氢气管道起步较晚，目前已建成的氢气输送管道总里程约 100km，包括金陵—扬子氢气管道、巴陵—长岭氢气提纯及输送管道、济源—洛阳氢气管道等。另外，玉门油田输氢管道已于今年 7 月主体贯通，目前尚未正式投用。中国典型氢气管道统计情况见表 2。

表 2 中国典型氢气管道统计情况

管道名称	建成时间 / 年	管道长度 /km	管径 /km	设计压力 /MPa	材质	设计输量 / (10⁴t·a-1)
金陵—扬子氢气管道	2007	32	325	4	20#	4
巴陵—长岭氢气提纯及输送管道	2014	42	457	4	碳钢	4.4
济源—洛阳氢气管道	2015	25	508	4	L245	10
玉门油田输氢管道	在建	5.7	219	2.5	L245	0.7

中国氢气管道标准体系尚不完善，更缺少氢气长输管道标准。目前，中国与氢气管道相关的标准规范主要有：GB50177—2005《氢气站设计规范》、GB4962—2008《氢气使用安全技术规程》、GB/T34542《氢气储存输送系统》等。其中，GB50177—2005《氢气站设计规范》适用于氢气站、供氢站及厂区内部的氢气管道设计；GB4962—2008《氢气使用安全技术规程》适用于气态氢生产后的地面作业场所。这两项标准均不适用于氢气长

输管道。GB/T34542《氢气储存输送系统》适用于工作压力不大于 140MPa，环境温度不低于 -40℃且不高于 65℃的氢气储存系统、氢气输送系统、氢气压缩系统、氢气充装系统及其组合系统，该标准共包含 8 个部分：第 1 部分 通用要求；第 2 部分金属材料与氢环境相容性试验方法；第 3 部分金属材料氢脆敏感度试验方法；第 4 部分氢气储存系统技术要求；第 5 部分氢气输送系统技术要求；第 6 部分氢气压缩系统技术要求；第 7 部分氢气充

装系统技术要求；第8部分防火防爆技术要求。其中，第1到第3部分已经正式实施，第4到第8部分还在起草中。目前，由于国内没有专门针对氢气长输管道的标准规范，通常参照天然气管道标准进行设计。

2　氢气管道和天然气管道设计对比

2.1　输气工艺

天然气输送工艺常用的状态方程有SRK、BWRS、PR等，其中BWRS状态方程适用范围更广，精确度更高。目前，常用的天然气工艺系统分析软件如SPS、TGNET等，大多采用BWRS状态方程。

氢气输送工艺与天然气类似，常用的状态方程包括SRK、BWRS、PR、GS、PRSV等。目前，尚未有实验数据证实各状态方程的准确性。现有的一些研究表明，管输压力小于12MPa时，GS方程精确度较高；管输压力为12～35MPa时，SRK方程计算精确度较高；压力大于35MPa时，PRSV的计算精确度较高。氢气工艺系统分析也可以采用SPS、TGNET等软件。由于氢气输送与天然气输送相比其密度更小，因而同体积流量、同条件下管道沿程摩阻更低，管输压降更小。

2.2　管材选择

氢气环境下易导致金属材料失效，主要失效形式包括氢脆、脱碳（氢腐蚀）等形态。氢脆是由于氢原子进入到金属内部，在位错和微小间隙处聚集而达到过饱和状态，使位错不能运动，阻止滑移进行，降低钢材晶粒间的原子结合力，造成钢材的延伸率和断面收缩率降低，强度也出现变化。氢鼓泡是氢原子进入到金属的间隙、夹层处，并在其中复合成分子氢，产生较高的压力而使夹层鼓起。脱碳也称氢腐蚀，是氢原子渗入钢内部，与钢中不稳定的碳化物发生反应生成甲烷，使钢脱碳，导致管材机械强度受到永久性的破坏。这些特性使氢气管道管材选择与天然气管道相比有更高的要求。

天然气长输管道可选用API SPEC 5L *Specification for Line Pipe*（《管线钢管规范》）中的所有钢管，一般大口径管道优先选择高钢级钢管，以减少钢管壁厚，降低工程投资。常用的钢管类型有无缝钢管、高频电阻焊管、直缝埋弧焊管、螺旋缝埋弧焊管等。常用的管线材质包括L245、L360（X52）、L415、L485（X70）、L555（X80）等。根据ASME B31.8-2020 *Gas Transmission and Distribution Piping Systems*(《天然气输配管道系统》)，天然气管道壁厚计算公式见式（1）。

$$P = \frac{2St}{D}FET \qquad （1）$$

式中：P——设计压力，MPa；S——规定的最小屈服强度，MPa；t—公称壁厚，mm；D——钢管公称直径，mm；F——设计系数；E——纵向焊缝系数；T——温度折减系数。

氢气长输管道用钢管在钢管类型、钢级、合金元素、操作压力等方面相比于天然气管道存在一定的限制。对于氢气管道，运行压力越高、材料强度越高，氢脆现象就越明显。同时，C、Mn、S、P、Cr等元素会增强低合金钢的氢脆敏感性；另外，焊接缺陷、残余应力等也易导致氢致失效。因此，ASME B31.12-2019中限定了API SPEC 5L中的钢管可用类型（见表3），并禁止使用炉焊管，推荐采用API SPEC 5L PSL2级X42、X52钢管，且规定必须考虑氢脆、低温性能转变、超低温性能转变等问题。在实际工程中，氢气长输管道一般优先选择低钢级（如API SPEC 5L PSL2 X52及以下）无缝钢管。

表3　ASME B31.12-2019 中规定的氢气可用钢管类型

项目	钢级								
	A	B	X42	X52	X56	X60	X65	X70	X80
钢管类型	电阻焊管、双缝埋弧焊管	电阻焊管、无缝钢管、双缝埋弧焊管							
最小屈服强度 /MPa	—	241	290	359	386	414	448	483	552

根据 ASME B31.12-2019，氢气管道壁厚计算公式见式（2），式（2）H_f 中为材料性能系数。氢气管道壁厚计算增加了"材料性能系数"，材料性能系数指氢气对碳钢管道机械性能产生的不利影响。ASME B31.12-2019 规定的材料性能系数取值见表4（考虑了壁厚负公差及裕量）。增加材料性能系数后，钢管计算壁厚会相对增大，有利于增加氢气长输管道安全性。另外，针对不同钢管类型，式（1）和式（2）涉及的纵向焊缝系数、设计系数取值也稍有区别，氢气管道壁厚计算公式中对纵向焊缝系数和设计系数的要求相对更严格，纵向焊缝系数、设计系数取值分别见表5和表6。

$$P = \frac{2St}{D} FETH_f \qquad (2)$$

表4　ASME B31.12-2019 中规定的材料性能系数取值

抗拉强度 /MPa	屈服强度 /MPa	设计压力 /MPa						
		≤ 6.9	13.8	15.2	16.6	17.9	19.3	20.7
≤ 455	≤ 359	1.0	1.0	0.954	0.910	0.880	0.840	0.780
≤ 517	≤ 414	0.874	0.874	0.834	0.796	0.770	0.734	0.682
≤ 566	≤ 483	0.776	0.776	0.742	0.706	0.684	0.652	0.606
≤ 621	≤ 552	0.694	0.694	0.662	0.632	0.610	0.584	0.542

表5　ASME B31.12-2019 和 ASME B31.8-2020 中规定的纵向焊缝系数取值

ASME B31.12-2019			ASME B31.8-2020			
无缝钢管	电阻焊钢管	双直缝埋弧焊钢管	无缝钢管	电阻焊钢管	埋弧焊管（直缝或螺旋缝）	连续炉焊管
1	1	1	1	1	1	0.6

表6　ASME B31.12-2019 和 ASME B31.8-2020 中规定的设计系数取值

地区等级		ASME B31.12-2019		ASME B31.8-2020
		规范化设计方法采用的设计系数	基于管材性能设计方法采用的设计系数	
一级地区	一类	—	—	0.80
	二类	0.50	0.72	0.72
二级地区		0.50	0.60	0.60
三级地区		0.50	0.50	0.50
四级地区		0.40	0.40	0.40

注：参考 ASME B31.12 PL-3.2.2 (a)(1)，一级一类地区不适用于氢气环境，该规范不认可该分区。

ASME B31.12-2019 中规定输氢管道可采用两种不同的设计方法，分别为规范化设计方法和基于管材性能的设计方法。规范化设计方法与天然气管道设计方法基本相同，但氢气管道设计公式中的设计系数取值较小，目的是为了增加氢气管道的安全性。基于管材性能的设计方法依据 ASME BPVC. VIII.3-2019 *ASME Boiler and Pressure Vessel Code - SECTION VIII Rules for Construction of Pressure Vessels - Division 3 Alternative Rules for Construction of High Pressure Vessels*（《锅炉及压力容器规 第八卷：压力容器 第三册：高压容器建造的另一规则》）中的相关试验要求，规定材料必须开展室温氢环境下材料应力强度因子门槛值的测试试验，要求试验压力不得小于设计压力，当测得的大于等于临界裂纹尺寸存在时的断裂韧度值，且数值不小于 50ksi·in1/2（约55MPa·m1/2）时，材料满足要求。基于管材性能的设计方法中的设计系数与天然气管道设计系数基本相同。

2.3 压缩机选型

中国在役的具有增压功能的天然气长输管道管径均在610mm以上，输量均超过 30×10^8 m³/a。天然气长输管道与氢气长输管道相比，输量更大、增压比较低（不超过2），故一般采用离心式压缩机。离心式压缩机的优点是排量大、结构紧凑、占地面积小；缺点是压缩机的压力、流量有一定适用范围，小流量时易发生喘振，且投资较高。离心式压缩机又分为电驱和燃驱种类型，不同机型的燃驱离心式压缩机功率在 7 ~ 43MW 之间，电驱离心式压缩机功率一般小于20MW。

国内外氢气管道运行压力通常在5MPa以下，管径为 100 ~ 500mm，输量通常小于 10×10^4t/a（11×10^8m³/a）。参考 GB 50177—2005《氢气站设计规范》对于压缩机的分类，氢气压缩机分为低压、中压和高压压缩机。低压压缩机指输出压力小于 1.6MPa 的氢气压缩机，经常用于上游制氢后的增压、储存（如低压储氢球罐）；中压压缩机指输出压力大于或等于 1.6MPa，小于 10.0MPa 的氢气压缩机，经常用于管道输氢等场合；高压压缩机指

输出压力大于或等于 10.0MPa 的氢气压缩机，通常用于下游高压储氢（如高压储氢罐）、输氢（如长管拖车）或用氢（如加氢站）。氢气长输管道用压缩机属于中压压缩机，基于输量、压比、经济性等因素考虑，氢气管道用压缩机通常采用往复式压缩机。由于氢气分子量较小，采用往复式压缩机压缩氢气更为高效；离心式压缩机的工作原理是通过离心力的作用，压缩密度较小的氢气则能耗较高。

往复式压缩机具有排气量及压力适用范围广、投资低但结构复杂、外形尺寸大的特点。经了解，国内往复式压缩机单机功率一般在 10MW 以下，制造技术比较成熟，主要应用业绩为石化等工业领域。。国外往复式氢气压缩机功率等级更高，部分厂家最大单机功率可达 33MW。氢气往复式压缩机选型主要影响因素包括：气质组分，流量，压力，入口温度，最终排气压力，级间冷却要求及环境条件，是否有高清洁度要求（有油或无油）等。未来，随着输氢技术的进步和氢气管道规模的扩大，大排量高功率的氢气压缩机将成为未来的发展趋势。

2.4 站场设计

天然气长输管道站场设计已趋成熟。站场主要功能包括：清管、过滤、增压、加热、计量、调压、放空、排污等。按站场在管道中所处的位置，分为首站、末站和中间站 3 大类，中间站根据其自身功能又分为压气站、分输站、清管站等。目前，天然气管道站场设计基本实现了标准化。

目前国内氢气管道输量较小、长度较短，一般只设置首站和末站。其站场功能与天然气站场类似，主要包括清管、过滤、增压、计量、放空、排污等功能。由于氢气分子量小，着火能量低，燃烧速度快，与空气、氧气混合燃烧爆炸极限宽，因此相比天然气，氢气具有质量轻、易泄漏、易致材料损伤、易燃易爆等特点。参考 GB 50251—2015《输气管道工程设计规范》、ASME B31.12-2019 *Hydrogen Piping and Pipe-lines*、GB 50177—2005《氢气站设计规范》、GB 4962—2008《氢气使用安全技术规程》等规范要求，并结合已有项目设计经验，氢气管道与天然气管道站场设计的主要特点总结如下：

一是防止氢气积聚方面。参考 GB 50251—2015《输气管道工程设计规范》，天然气站场工艺过程不能完全做到密闭时，建筑物内应采取局部通风或全面通风措施，可燃气体报警界限浓度一般为该气体爆炸下限浓度的 20% 或 25%。参考 GB 4962—2008《氢气使用安全技术规程》，氢气使用区域应通风良好，保证空气中氢气最高体积含量不超过 1%，采用机械通风的建筑物进风口设置在建筑物下方，排风口设在上方。由于氢气爆炸极限范围宽（4% ~ 75.6%），氢气站场一般尽量避免管道或设备处于密闭空间，如压缩机厂房经常设置为有棚无墙式结构；而天然气站场的燃气发电机房、锅炉房、压缩机厂房等一般均为密闭厂房结构。

二是控制氢气腐蚀、泄漏方面。天然气站场用钢管根据管径的不同可选择无缝钢管、直缝埋弧焊钢管、高频电阻焊钢管等不同类型，无需氩弧焊打底；阀门球体、阀座等通常采用锻钢；法兰密封面形式一般为 RF（突面）。氢气站场用钢管尽量选择无缝钢管，碳钢管焊接时宜采用氩弧焊做底焊，不锈钢管一般采用氩弧焊；参考 GB 50177—2005《氢气站设计规范》中相关规定，设计压力大于 2.5MPa 的阀门，阀体、法兰、球体、阀盖宜采用不锈钢（如锻造 F316L 不锈钢），法兰密封面宜采用 MFM（凹凸）或 TG（榫槽）面。

三是防止遇明火发生爆炸方面。由于氢气爆炸范围广，点火能量小，具有较高的自燃概率，因此氢气放空管的管口处通常设阻火设施；连接至用氢设备的支线管道一般设切断阀，有明火的用氢设备通常设阻火设施。而天然气一般不会自燃，因此可以不设置阻火设施。

3　结论

由于氢气具有氢致失效、易泄漏、着火能量低、爆炸极限宽等特性，导致氢气和天然气长输管道设计在输气工艺、管材选择、压缩机选型、站场设计等方面有明显差异。通过对比分析，总结了氢气管道设计的一些建议，可为后续氢气管输技术研究和工程设计提供一定的参考。主要结论如下：

氢气输送工艺与天然气输送工艺类似，适用的状态方程在不同压力下有所不同。当氢气输送压力小于 12MPa 时，GS 方程精确度较高；当管输压力为 12 ~ 35MPa 时，SRK 方程计算精确度较高；当管输压力大于 35MPa 时，PRSV 的计算精确度较高。同体积流量及相同压力、温度条件下氢气管输压降较天然气管输压降更小。

由于氢脆的影响，氢气长输管道一般优先选择低钢级（如 API SPEC 5L PSL2 X52 及以下）无缝钢管。同时，氢气管道壁厚计算中增加了"材料性能系数"，以保障氢气管道安全性。

氢气管道用压缩机一般选择往复式压缩机。

为防止氢气积聚、氢气腐蚀及泄漏、氢气遇明火发生爆炸等问题，在参考天然气管道站场设计基础上，氢气管道的站场设计可采取一系列措施，如：尽量避免管道或设备处于密闭空间，在有可能发生氢气积聚的建筑物内采用机械通风并将进风口设置在建筑物下方，设置固定式可燃气体检测报警仪；站场用钢管尽量选择无缝钢管，设计压力大于 2.5MPa 的阀门，阀体、法兰、球体、阀盖宜采用不锈钢，法兰密封面宜采用 MFM 或 TG 面；放空管的管口处或连接有明火的用氢设备宜设阻火设施。

参考文献：

[1] 徐东，刘岩，李志勇，等. 氢能开发利用经济性研究综述 [J]. 油气与新能源,2021,33(1):50-56.

[2] 黄宣旭，练继建，沈威."碳中和"背景下中国"氢矿"资源分析 [J]. 油气与新能源,2021,33(2):71-77.

[3] ZHANG B, WAN H, XU K Z, et al. Hydrogen Energy Economy Development in Various Countries[J]. Int Pet Econ, 2017, 25: 65-70.

[4] SPEIGHT J G. Lange's Handbook of Chemistry:15th Ed.[M]. New York: McGraw-Hill, 1999.

[5] ACAR C, DINCER I. Review and Evaluation of Hydrogen Production Options for Better Environment[J]. J Clean Prod, 2019, 218: 835 - 849.

[6] MELAINA M W, ANTONIA O, PENEV M. Blending Hydrogen into Natural Gas Pipeline Networks: A Review of Key Issues[R]. Golden: National Renewable Energy Laboratory, 2013: 1-16.

[7] NATHAN P. Using Natural Gas Transmission Pipeline Costs to Estimate Hydrogen Pipeline Costs[R]. California: Institute of Transportation Studies, 2004: 15−38.

[8] TZIMAS E, CASTELLO P, PETEVES S. The Evolution of Size and Cost of a Hydrogen Delivery Infrastructure in Europe in the Medium and Long Term[J]. International Journal of Hydrogen Energy,2007,32(10−11) : 1369−1380.

[9] 中国氢能联盟.中国氢能源及燃料电池产业白皮书[M].北京：中国标准出版社,2019:26−28.

[10] 高慧,杨艳,赵旭,等.国内外氢能产业发展现状与思考[J].国际石油经济,2019,27(4):9−17.

[11] MARTA M−B, AGNOLUCCI P, PAPAGEORGIOU L G. Towards a Sustainable Hydrogen Economy: Optimisation−based Framework for Hydrogen Infrastructure Development[J]. Computers & Chemical Engineering, 2017,102:110−127.

[12] MESSAOUDANI Z L, RIGAS F, BINTI H M D, et al. Hazards, Safety and Knowledge Gaps on Hydrogen Transmission via Natural Gas Grid: A Critical Review[J]. International Journal of Hydrogen Energy, 2016,41(39): 17511−17525.

[13] 李星国.氢气制备和储运的状况与发展[J].科学通报,2022,67(Z1):425−436.

[14] 沈显超,马斌.中美氢气标准对比分析[J].化工生产与技术,2014,21(4):52−54.

[15] 刘自亮,熊思江,郑津洋,等.氢气管道与天然气管道的对比分析[J].压力容器,2020,37(2):56−63.

[16] 中国标准化研究院,全国氢能标准化技术委员会.中国氢能产业基础设施发展蓝皮书[M].北京：中国标准出版社,2016:16−18.

[17] 张俊峰,欧可升,郑津洋,等.我国首部氢系统安全国家标准简介[J].化工机械,2015(2):157−161.

[18] 毛宗强.氢能知识系列讲座（4）将氢气输送给用户[J].太阳能,2007(4):18−20.

[19] DRIVE U S. Hydrogen Delivery Technical Team Road−map[R]. California: Hydrogen Delivery Technical Team, 2017: 14−16.

[20] BROWN A. Hydrogen Transport[J]. The Chemical Engineer, 2019, 6:936.

[21] 李建勋.标准氢基本状态方程和热物性参数计算[J].煤气与热力,2020,40(4):18−20,45.

[22] 丁延鹏,李玉星,张帆,等.状态方程选取对天然气瞬变管流数值模拟的影响[J].石油化工高等学校学报,2011,24(4):64−68,74.

[23] 罗祎青,袁希钢,刘春江.饱和氢的状态方程[J].化学工程,2003,31(2):66−70.

[24] 翟建明,徐彤,寿比南,等.高压临氢环境中材料氢脆测试方法讨论[J].中国特种设备安全,2017,33(10):1−6.

[25] 蒋庆梅,张小强.氢气与天然气长输管道线路设计ASME标准对比分析[J].压力容器,2015,32(8):44−49.

[26] HARDIE D, CHARLES E A, LOPEZ A H. Hydrogen Embrittlement of High Strength Pipeline Steels[J]. Corrosion Science,2006,48(12): 4378−4385.

[27] GRUNE J, SEMPERT K, FRIEDRICH A, et al. Detonation Wave Propagation in Semi−confined Layers of Hydrogen Air and Hydrogen−oxygen Mixtures[J]. International Journal of Hydrogen Energy,2017,42(11):7589−7599.

[28] REU M, GRUBE T, ROBINIUS M, et al. A Hydrogen Supply Chain with Spatial Resolution: Comparative Analysis of Infrastructure Technologies in Germany[J]. Applied Energy, 2019, 247: 438−453.

[29] 周池楼.140 MPa高压氢气环境材料力学性能测试装置研究[D].杭州：浙江大学,2015.

[30] 韩勇,陈兴阳,周成双,等.极端临氢环境金属材料力学性能数据库开发及应用[J].科技导报,2016,34(8):89−95.

[31] 刘延雷,徐平,郑津洋,等.管道输运高压氢气与天然气的泄漏扩散数值模拟[J].太阳能学报,2008,29(10):1252−1255.

[32] 赵博鑫,朱明,彭莹,等.基于PHAST软件模拟氢气、天然气管道泄漏[J].石化技术,2017,24(5):48−50.

[33] 李静媛,赵永志,郑津洋.加氢站高压氢气泄漏爆炸事故模拟及分析[J].浙江大学学报（工学版）,2015,49(7):1389−1394.

[34] 郑津洋,胡军,韩武林,等.中国氢能承压设备风险分析和对策的几点思考[J].压力容器,2020,37(6):39−47.

[35] 贾文龙,温川贤,杨明,等.掺氢天然气输送管道阀室泄漏扩散规律研究[J].油气与新能源,2021,33(5):75−82.

土壤特性对埋地掺氢天然气管道微小泄漏扩散特性分析

彭世垚[1]　刘罗茜[1]　张瀚文[1]　柴　冲[1]　薛仕龙[2]　张小斌[2]　支树洁[1]

（1. 国家管网集团科学技术研究总院分公司；2. 浙江大学制冷与低温研究所）

摘要： 土壤的孔隙率、颗粒直径、温度分布、相对湿度及埋管深度对掺氢天然气管道泄漏气体的扩散特性有重要影响。本文假设土壤为各向同性多孔介质，考虑土壤温湿度影响建立了气体扩散数值模型。首先通过土壤中天然气扩散实验验证了数值模型，然后系统分析了小泄漏量情况下，土壤参数对掺氢 (H_2) 天然气（CH_4）在土壤中的扩散传播特性。发现 H_2 在泥土中传播最快，沙地次之，沃土最慢；在泄漏点正上方，H_2 含量随着时间先急剧增加后变为缓慢升高，但是对距离远的点，含量变化逐渐统一变为缓慢上升，更远的点甚至出现较长时间的等待时间；泄漏扩散到地面的时间对泄漏孔埋地深度非常敏感；土壤温度对扩散速度总体上不敏感，但对泄漏口正上方，发现温度越高 H_2 含量升高速度越慢；土壤相对湿度对 H_2 扩散速度的影响可忽略不计。研究结果对掺氢天然气埋地管道泄漏的预测及预防提供理论依据。

关键词： 掺氢天然气　土壤　管道泄漏　扩散

1 引言

为缓解全球变暖、应对温室效应、完成"碳达峰"和"碳中和"目标，低碳清洁能源的利用至关重要。其中，氢气凭借其较高的单位质量热值以及零碳排放的特性，被视为目前促进能源改革的关键手段。氢气的运输方式众多，对于长距离的氢气运输，当属管道运输最为高效、成熟。氢气管道的建设需要同时考虑时间成本、经济效应以及安全因素，于是众多学者提出将氢气掺入已有天然气管道进行运输，以此填补氢气管道建设时期的过渡阶段。天然气管道最为常见的铺设方式为埋地管道，管道经常受到各种损害，如第三方活动、腐蚀、机械或材料故障以及自然危害等。并且，由于埋地管道泄漏的隐蔽性，泄漏难以及时检测，可能出现如喷射火等危险情况，因此，对于埋地管道的泄漏问题应当引起重视，以研究手段了解、预测并做好防范措施。

地下管道的安全管理，除了评估管道材料的长期可靠性外，事先评估掺氢天然气在土壤中的扩散行为（如扩散范围和时间等）也极为重要，此举能够帮助确定产生影响的周边区域并提供应急响应措施，是安全设施设计和维护需要考虑的基本因素。

天然气管道的建设较为成熟，因此对于天然气工质的埋地管道泄漏问题有众多研究可供参考。张鹏基于 Fick 定律建立了埋地天然气管道泄漏的三维稳态扩散模型，计算中应用量纲分析法进行求解，通过实例分析天然气浓度分布随管道埋深、土壤类型、孔径大小的变化特性，并且通过计算式获取天然气在地面达到燃爆极限所需时间；程淑娟对于土壤含水率变化因素展开研究，研究发现含水率的增加意味着土壤的渗透率减小，天然气的扩散范围缩小，积聚效应明显，因此达到燃爆极限的时间缩短。Iwata 等所搭建的 10m × 10m × 3m 实验台用以验证不可渗透界面对土壤中气体扩散的影响，在此基础上，Okamoto 和 Gomi 将实验台中的土壤用沥青、碎石、坑沙、原生土壤的分层结构代替，用以模拟城镇中的土壤结构变化，实验中应用甲烷与丙烷气体，以此验证 Fick 定律与 Darcy 定律在埋地管道气体泄漏中的适用性。在谢昱姝等搭建的 4 × 4 × 2m 的天然气埋地管道实验系统中，GasClam 对甲烷浓度进行实时监测，管道压力为中低压，埋深 0.8m，泄漏口模拟了因腐蚀而形成的位于管道正上方的 2mm 直径小孔，实验结果表明，水平方向上的浓度关于泄漏口对称分布，而垂直方向上在初始动能的影响下呈椭圆分布。Yan 搭建了 5 × 5 × 3m 的全尺度天然气埋地管道泄漏实验台，因安全起见，实验中所用工质为 97.5vol% 空气与 2.5vol% 甲烷混合物，泄漏气体低压释放，实验中改变泄漏量和泄漏方向，长时间持续通入气体以获取甲烷在土壤中达到饱和的时间与浓度。Jiang 等进行的实验中改变泄漏孔直径与管道压力，进行高压埋地管道的小孔泄漏实验，管内压力最高达 4MPa，并通过实验数据建立高压管道小孔泄漏模型。

考虑到管道泄漏实验的危险性，众多学者运用数值模拟的方式对该问题展开研究与讨论。李朝阳对比甲烷在空气中泄漏与在土壤中泄漏的情况，考虑了持续泄漏与瞬时泄漏所造成的影响。应用有限容积法，陈云涛和官学源分别模拟了存在覆土层时的天然气管道穿孔泄漏与小孔泄漏场景，相较于土壤中的扩散，二者更为关心土壤中扩散的甲烷对地表造成的影响；周立峰研究了土壤中障碍物的存在对甲烷扩散聚集的影响，结果表明，障碍物的存在使得燃气的扩散受到阻碍，燃气聚集效应更加明显，危险区域增加；程猛猛与葛岚等研究了泄漏孔直径的变化对天然气扩散的范围影响，获知扩散范围随着泄漏口的增大而变大的规律。

随着掺氢天然气工质投入管网运输，部分学者已然开展掺氢天然气的土壤扩散特性研究。Zhu J 等搭建的实验还原了高压埋地管道掺氢天然气泄漏扩散情况，实验中探究管道压力、泄漏方向以及掺氢比对掺氢天然气在土壤中扩散造成的影响，实验验证了小孔泄漏质量流量模型的适用性，证明了氢气和甲烷存在携带作用，氢气的混入使得甲烷达到饱和的时间缩短。此外，经过对实验数据的定量分析，作者得出掺氢天然气达到爆炸下限时的距离与扩散范围之间的定量关系。胡玮鹏建立了埋地纯氢 / 掺氢天然气管道的三维泄漏模型，探究不同埋深、泄漏口特征、土壤条件、管道压力以及掺氢比对泄漏气体扩散的影响，模拟中纯氢管道泄漏时间为 15 分钟，掺氢天然气泄漏时间为 5 分钟，模拟显示，随着掺氢比的升高，同一点达到燃爆极限的时间缩短。Su 的模型考虑了管道压力、泄漏孔直径、泄漏方向以及掺氢比，重点研究不同掺氢比下达到燃爆极限所需的时间。

可见，针对埋地掺氢天然气管道泄漏的的相关研究较少，对不同土壤条件的影响机理研究不够深入，特别是土壤温湿度的影响机理尚未报道。本文建立了考虑能量方程的多组分输运数值模型，主要研究了土壤特性对氢气达到地面过程相对含量随时间的变化特性，研究的土壤特性包括孔隙率、管道深度、土壤温度以及相对湿度，以期阐明土壤特性对掺氢天然气扩散过程的影响机理，并为确定周边影响区域大小，制定相应的应急响应措施提供数据支撑与指导。

2 数学模型

假设土壤为各向同性的扩孔介质，同时假设流体和固体结构之间存在局部热力学平衡。则土壤中掺氢天然气的对流扩散过程，可通过联合求解质量、动量、能量守恒方程及组分输送方程求得，控制方程分别如下：

质量守恒方程

$$\frac{\partial \varepsilon_g \rho_g}{\partial t} + \nabla \cdot (\varepsilon_g \rho_g \overline{v}) = 0 \qquad (1)$$

动量守恒方程

$$\frac{\partial \varepsilon_g \rho_g \overline{v}}{\partial t} + \nabla \cdot (\varepsilon_g \rho_g \overline{v}\,\overline{v}) = -\varepsilon_g \nabla P + \nabla \cdot (\varepsilon_g \tau) + F_i + \varepsilon_g \rho_g g_i \tag{2}$$

$$\tau = \left[(\mu + \mu_t)(\nabla \overline{v} + \nabla \overline{v}^T) - \frac{2}{3} \nabla \cdot \overline{v} I \right] \tag{3}$$

能量守恒方程

$$\frac{\partial \left[\varepsilon_g \rho_g C_{(p,g)} T + (1 - \varepsilon_g) \rho_s C_{(v,s)} T \right]}{\partial t} + \nabla \cdot \left[\varepsilon_g \overline{v}(\rho_g E_g + P) \right] =$$
$$\nabla \cdot \left[(\varepsilon_g k_g + (1 - \varepsilon_g) k_s) \nabla T \right] \tag{4}$$

组分守恒方程

$$\frac{\partial \varepsilon_g \rho_g Y_g i}{\partial t} + \nabla \cdot (\varepsilon_g \rho_g \overline{v} Y_g i) = -\nabla \cdot \left[\varepsilon_g \left(\rho_g D_{i,g} + \frac{\mu_t}{Sc_t} \right) \nabla Y_g i + \varepsilon_g D_{T,i} \frac{\nabla T}{T} \right] \tag{5}$$

理想气体方程

$$Pv = RT \tag{6}$$

式中，下标 g，s 分别代表气体和固体，下标 t 表示湍流，下标 i 代表气体混合中的组分 i；ε_g 表示气体孔隙率；ρ 为密度，kg/m³；k 为导热系数，W/(m·K)；$C_{p,g}$ 和 $C_{v,s}$ 分别代表气体混合物定压比热和固体比热，J/(kg·K)；$Y_{g,i}$ 表示气体混合物中组分 i 的质量分数；$D_{i,g}$ 表示层流组分 i 扩散系数，m²/s；Sc_t 表示湍流 Schmidt 数，无量纲；D_t 为湍流扩散系数，m²/s。公式 (4) 等式右边第一项表示浓度梯度引起的质量扩散，第二项表示温度梯度引起的分子热扩散。Sc_t 衡量由湍流引起的动量和质量相对扩散能力，由于 Sc_t 是一个对分子流体性质相对不敏感的经验常数，因此在我们的模拟中采用了默认值 Sc_t=0.7。层流扩散系数 $D_{i,g}$ 以及二元扩散系数 D_{ij} 采用 Kinetic-theory 计算，表达式如下：

$$D_{i,g} = \frac{1 - X_i}{\sum_{(j,j \neq i)} (X_j / D_{ij})} \quad D_{ij} = 0.00186 \frac{\left[T^3 (1/M_{w,i} + 1/M_{w,j}) \right]^{1/2}}{P_{\text{abs}} \sigma_{ij}^2 \Omega_D} \tag{7}$$

上式中，X_i 是组分 i 的摩尔分数；D_{ij} 为二元质量扩散系数，cm²/s；M_w 为摩尔质量，g/mol；P_{abs} 为绝对压力，atm；Ω_D 为扩散碰撞积分，为温度的函数，具体计算式可见文献，无量纲；$D_{T,i}$ 为热扩散系数，同样基于 Kinetic-theory 进行计算：

$$D_{T,i} = -2.59 \times 10^{-7} T^{0.659} \left[\frac{M_{w,i}^{0.511} X_i}{\sum_{i=1}^{N} M_{w,i}^{0.511} X_i} - Y_i \right] \left[\frac{M_{w,i}^{0.511} X_i}{\sum_{i=1}^{N} M_{w,i}^{0.489} X_i} \right] \tag{8}$$

式中，Y_i 是组分 i 的质量分数。

动量方程（2）中的动量源项 F_i 代表多孔介质的气流阻力，由粘性损失项和惯性损失项两部分组成，表达式如下：

$$F_i = -\left(\frac{\mu}{\alpha}\overline{v} + C_2 \frac{1}{2}\rho_g |\overline{v}|\overline{v}\right) \tag{9}$$

式中，α 和 C_2 分别代表穿透率和惯性阻力系数。

考虑到泄漏点附近气体喷出速度相对较大，为高雷诺数（Re）区，而远离泄漏点的土壤中气体流动扩散过程速度小，为低 Re 区，因此湍流模型采用 SST k-ω 模型，该湍流模型在远离边界层的高 Re 区采用 standard k-ε 二方程模型，而在低 Re 区通过修正湍流粘度 μ_t 从而修正了湍流效应，并且考虑了主湍流剪切应力的输运效应。

计算过程，混合物密度按照公式（6）计算，气体混合物比热、导热系数和动力粘度都按照质量含量权重的混合定律计算：$\phi_p=$。垂直方向考虑了重力的影响。

计算流体力学软件 Ansys Fluent2021 被用于求解上述守恒方程组，其中压力、密度、动量以及组分离散方式为二阶迎风格式，湍流动能、比耗散率以及能量方程的离散采用一阶迎风格式。时间离散格式为隐式一阶迎风，为加快非稳态计算速度，选择无迭代时间推进方法（NITA）。

3　物理模型与模型验证

文献报道了埋地低压天然气 (CH_4) 管道微小泄漏过程，土壤中不同测量点甲烷随时间的变化，实验中管道直径为 0.02 m，泄漏孔直径为 5 mm，泄漏孔离地面垂直距离 0.8 m。泄漏气体为 CH_4 和空气的混合物。根据实验场景构建的数值模型如图 1 所示，如上所述假设土壤为各向同性，因此数值计算中将模型简化为二维轴对称，对称轴为 z 轴，正方向垂直向下，水平方向为 x 轴。边界条件与实验一致，泄漏率为标准条件下 6 L/min，泄漏方向垂直向上，其中甲烷体积含量为 2.5%（质量含量为 1.395%），入口温度为 298K。计算域顶边为压力出口条件，相对压力为 0，同时在 Fluent 中设置操作压力为 101325Pa，重力加速度为 9.8 m/s²。计算域右边和底边都为 wall 边界条件。

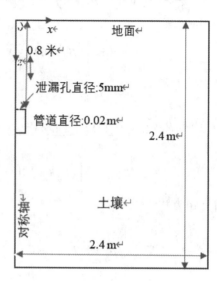

图1　基于文献实验条件的数值计算模型

实验时土壤平均孔隙率为 0.133，方程（8）中的粘性和惯性阻力系数通过 Ergun 公式计算得到

$$\alpha = \frac{d_p^2 \varepsilon_g^3}{150(1-\varepsilon_g)^2} \quad C_2 = \frac{3.5(1-\varepsilon_g)}{d_p \varepsilon_g^3} \tag{10}$$

这里 d_p 为泥土平均颗粒直径。实验中，土壤经过筛选去除了大块的石头和粘土，保证颗粒的均匀性，对于沃土，文献报道 $d_p=0.05mm$，代入上式得到：

$$\frac{1}{\alpha} = 1.917 \times 10^{13} \ (m^{-2}); C_2 = 2.58 \times 10^7 \ (m^{-1})$$

测量发现土壤温度随深度 (z 坐标) 线性下降，拟合表达式为 T=289.79–2.514z (K)。因此数值过程中，根据上述公式对土壤温度进行初始化。土壤中原始气体组分包含空气和水蒸气，假设 14℃时达到饱和温度，则水蒸气饱和压力为 1583.5Pa，水蒸气体积含量为 ~ 1.56%，也在土壤条件初始化时输入。

计算过程中，选择了文献实验中三个典型的不同深度传感器位置作为对比，坐标分别如下：点 2：$x=0.1, z=2$；点 4：$x=1.5, z=0.8$；点 13：$x=0.8, z=0.3$。首先对计算域进行网格独立性检验，采用泄漏孔 5 个网格、共 101160 个网格（方案一），以及泄漏孔 8 个网格，共 125680 个网格（方案二）

两种方案进行计算后发现，点 2 的 CH_4 浓度随时间变化曲线两者几乎重合，因此接下来的计算基于方案一的网格方案。图 2 给出了三个点计算的 CH_4 含量随时间变化与实验对比。可以发现两者变化趋势基本吻合，误差主要来自三个方面：一是实际土壤的孔隙率并不是常数，二是 CH_4 传感器存在浓度下限阈值，特别是在起始阶段，发现

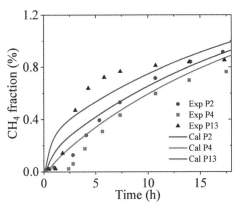

图 2 计算的 CH_4 含量随时间变化与实验对比

计算值要远大于测量值，三是数值模型中的粘性与惯性阻力系数与实际存在误差。因此综上评估，认为构建的数值模型能够获得可接受的土壤中浓度变化趋势，因此接下来基于此模型开展了掺氢天然气泄漏过程溢出地面时间的影响特性分析。

4 结果分析

4.1 土壤孔隙率的影响

对掺氢天然气在典型的三类土壤类别：沙地（sandy）、沃土 (loam) 及泥土 (Clay) 的扩散行为进行了数值分析，三类土壤的计算参数如表 1 所示，表中粘性阻力系数和惯性阻力系数由公式 (10) 计算得到。计算模型、边界条件和物性设置等与上述模型验证相同，其中泄漏气体速度为 3.492m/s，H_2 体积含量为 10%，CH_4 体积含量为 90%，温度为 289K。土壤初始条件如下：假设初始时土壤温度线性分布，T=16.79–2.514z（℃），即地表温度为 16.79℃时，深 2.4 米处温度为 10.76℃，同时假设气体中水蒸气质量含量为 0.974%，相应的空气质量含量为 99.026%。计算中动态监测了离地面深度 z=1 cm，不同水平距离（x 坐标）的三个点，分别为 x=0.01 m(P1 点)、1 m（P2 点）和 2 m（P3 点）。泄漏口离地面距离为 0.8 m，直径为 5 mm。

表 1 气体扩散过程三种土壤的计算参数

Case	土壤类别	颗粒直径 (mm)	孔隙率	粘性阻力系数 1/α (1/m²)	惯性阻力系数 C_2(1/m)
1	沙地	0.5	0.25	2.16×10^{10}	3.36×10^5
2	沃土	0.05	0.43	2.45×10^{11}	5.02×10^5
3	泥土	0.1	0.30	2.72×10^{13}	9.07×10^6

图 3 给出了 12 小时内各监测点氢气相对含量随时间的变化。首先可以发现，相同深度时，离泄漏点水平距离的大小影响十分明显。P1 ~ P3 三点深度相同，但是距离泄漏点水平距离相差约 1 m，在三种土壤类型下都是垂直上方的点（P1）H_2 相对含量升高最快，距离远的点（P3）升高最慢，达到相同 H_2 含量的时间差约为 8 h。每个点 H_2 相对含量上升速率近似可分为两段，刚开始的时候上升速率最快（线性化斜率最高），经过某个时间点后上升速率减慢（斜率变小）。但是随着测量点距离的变大，前后两段的斜率差逐渐减小，到 P3 点的时候，可认为两段合为一段，整个时间范围内 H_2 相对含量变化为单调线性增加。

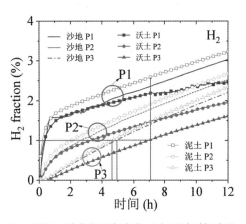

图 3 不同土壤条件下氢气相对含量随时间变化

其次，相比不同土壤种类，H_2 到达相同含量的时间，也是差异明显，以图中 H_2 到达 1% 为例，所有土地类型 P1 点不到 0.5h，但 P3 点对泥土和沙地和约需 4.8h 和 5h，对沃土长达约 7 h，这主要是沃土的的孔隙率（0.43）远大于沙地（0.25）和泥土（0.3）。另外，相同时间点，H_2 含量从大到小依次为泥土、沙地和沃土，即泥土中传播 H_2 最快，沙地次之，沃土最慢。而且随着时间的延长，沙地和泥土中各点的 H_2 相对含量差几乎不变，但是沃土中各点越来越小于沙地和泥土。可见，孔隙率是影响 H_2 扩散速度的主要因素。但同时，对比沙地和沃土，发现土壤颗粒直径引起的粘性阻力系数和惯性阻力系数也有不可忽视的影响，在孔隙率接近的情况下，阻力系数越大，泄漏点附近 H_2 相对含量上升越快。

图 4 给出了三种土壤条件下计算得到的三个监测点 CH_4 相对含量随时间的变化。发现即使 12 小时后各点 CH_4 浓度也远未达到泄漏孔含量大小（90%），这是因为在微漏条件下 CH_4 的输送以分子扩散为主，对流输送相对较弱，一般扩散速度远远小于对流速度。Jiang 实验测量了 100%CH_4 埋土（孔隙率约 34.7%）管道，泄漏孔为 0.5mm、1mm 及 1.5mm，泄漏压力最大为 4MPa 变泄漏率时，不同位置的浓度随时间的变化。发现根据距离泄漏点位置的远近，CH_4 浓度变化存在潜伏期、急剧增加、缓慢增加和稳定四个阶段。相比之下，图 4 只展现了其中的潜伏和缓慢增长两个阶段，分析原因认为主要受泄漏孔径、测试点位置和泄漏速度等的影响，Jiang 实验的泄漏孔处速度达到了音速，远大于本文计算值（6L/min），因此实验中在约 200s 左右就达到了稳定，而本文计算由于关注微漏情况，在泄漏孔上方的测点在 12h 后才逐渐达到稳定。另外，对比图 3 和图 4，发现土壤条件对 CH_4 和 H_2 的扩散特性影响一致，泥土类阻力相对小，沙地次之，沃土类阻力最大。

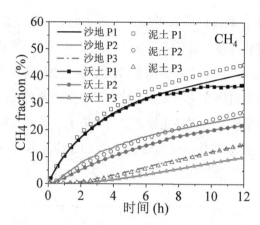

图 4 不同土壤条件下 CH_4 相对含量随时间变化

4.2 埋地深度的影响

研究了泄漏孔距地面 $z=0.8$ m、$z=1.1$ m 和 $z=1.5$ m 时 H_2 在土壤中的扩散特性，其他条件和 3.1 节相同，这里选取表 1 中泥土作为研究对象。图 5 给出了三个监测点 H_2 相对含量随时间的变化。由图可见，对 P1 点，深度的影响非常明显，18 小时后，$z=0.8$m、1.1m 和 1.5m 处漏点 H_2 含量分别达到了 3.75%、3.2% 和 2.75%，含量与漏点深度近似线性反比例关系。从另一个角度，当以 18 小时为观察点，发现随着探测点距离泄漏孔水平增加，不同泄漏口深度下的 P1、P2 和 P3 三点间浓度差将减小，如图所示，P2 点三种深度下的浓度差相比 P1 点要小，而 P3 点的浓度差比 P2 点更小，但减小的趋势减缓。

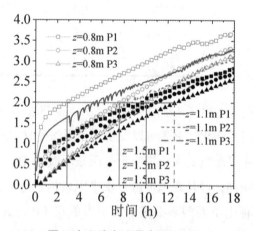

图 5 在土壤中泄漏孔不同深度时 H_2 相对含量随时间变化

从图 3 和图 5 可知，在泄漏孔正上方的探测点（P1），相对其他点 (P2 和 P3) 对气体泄漏最敏感。相同深度的传感器，即使水平距离相差 1 米，探测到相同 H_2 浓度的时间差明显，以图 5 计算结果为例，当泄漏孔深度为 0.8m 时，到达地面时 H_2 含量为 2%

（泄漏处含量一半）的时间，P1、P2 和 P3 点分别约为 3h、7h 和 12h。随着泄漏孔深度增加，达到相同浓度的时间差减小，如当泄漏孔深度为 1.5m 时，地面上达到 H_2 含量 2% 的时间，P1、P2 和 P3 点分别约为 9.5h、11h 和 12.5h。可见，泄漏孔埋地深度对泄漏扩散到地面的时间非常敏感，提前预知扩散时间，同时准确布置氢气传感器位置，对及时发现泄漏险情非常必要。

4.3 土壤温度的影响

对于气体微小泄漏，组分的传播以扩散为主。扩散过程由于土壤和泄漏气体的换热，气体温度与土壤温度逐渐趋于一致，因此由公式（7）可知，土壤温度对组分扩散系数造成影响。选取表 1 中泥土作为研究对象，设计了三种土壤初始温度分布，分别为：T_1：$T=289.79-2.514z$，T_2：$T=299.79-2.514z$ 和 T_3：$T=309.79-2.514z$，即温度依次提高 10℃，但深度方向线性分布斜率不变，泄漏气体初始温度也不变（298K）。图 6 给出了不同温度下的 H_2 扩散特性，发现距离最近的 P1 点，土壤温度的影响相对较明显。一个有意思的现象是，温度越高，根据公式（7）扩散系数越大，各点到达相同 H_2 含量的时间应该更小，但泄漏口上方 P1 点 H_2 含量却发现温度越高时间越长，以 H_2 含量 2% 为例，温度最高的 T_3 分布约需 4 小时，而温度最低的 T_1 分布只需要约 3 小时。分析原因是 H_2 泄漏率没变，由于扩散系数提高，往各个方向的扩散速率增加，从而往竖直方向的扩散量相对减小。离泄漏点更远的 P2、P3 点含量受温度影响几乎可忽略不计，这也是扩散系数增加的结果。

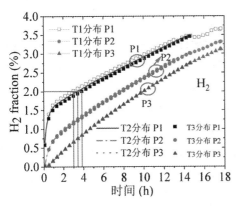

图 6 土壤温度对氢气扩散特性的影响

4.4 土壤湿度的影响

如公式（6）所示，土壤湿度对气体扩散的影响主要体现在混合物对单一组分扩散系数的影响，气体中水蒸气含量的增加将使得 H_2 在混合物中的扩散系数 D_{im} 减小。因此，设计了三种土壤初始湿度，分别为：Hu1：水蒸气质量含量 0.974%，Hu2：水蒸气质量含量 1.4% 和 Hu3：水蒸气质量含量 0.735%，土壤温度分布保持和表 1 中 case3 相同（T1 分布），三个湿度值均没有达到饱和状态，因此计算未考虑液态水的出现。图 7 给出了不同土壤湿度下三个测试点 H_2 体积分数随时间的变化。发现水蒸气含量对 H_2 的扩散几乎没有影响，这可能是因为水蒸气含量很小因此对其他组分的扩散系数的影响可忽略不计。

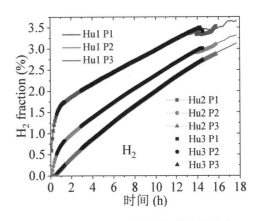

图 7 土壤湿度对氢气扩散特性的影响

5 结论

本文基于数值方法研究了掺氢天然气微小泄漏率时，在土壤中的传播特性，揭示了具有不同颗粒直径和孔隙率的三种土壤种类、土壤温度、湿度和埋地管道深度对 H_2 扩散到地面时间的影响规律。基于研究得出如下结论：

（1）构建的数值模型能够较准确的建模组分气体在土壤中非稳态扩散特性；

（2）相同泄漏条件下，H_2 在泥土中传播最快，沙地次之，沃土最慢，孔隙率是影响 H_2 扩散速度的主要因素，土壤颗粒直径引起的粘性阻力系数和惯性阻力系数也有不可忽视的影响，在孔隙率接近的情况下，阻力系数越大，附近 H_2 相对含量上升越快；

（3）土壤对 CH_4 和 H_2 的扩散特性影响一致，泥土类阻力相对小，沙地次之，沃土类阻力最大；

（4）泄漏孔埋地深度对泄漏扩散到地面的时间非常敏感，H_2 到达地面的时间近似与埋地深度成正比；

（5）土壤温湿度对扩散速率的影响几乎可以忽略不计。

另外，H_2 扩散速率除了受土壤侧条件影响外，也与管道压力、泄漏孔直径和方向、掺氢比等条件紧密相关，下一步将开展这些因素的影响特性研究。

参考文献：

[1] ZHAO B, LI S, GAO D, et al. Research on intelligent prediction of hydrogen pipeline leakage fire based on Finite Ridgelet neural network [J]. International Journal of Hydrogen Energy, 2022, 47(55): 23316−23.

[2] HAFSI Z, ELAOUD S, MISHRA M. A computational modelling of natural gas flow in looped network: Effect of upstream hydrogen injection on the structural integrity of gas pipelines [J]. Journal of Natural Gas Science and Engineering, 2019, 64: 107−17.

[3] WANG B, LIANG Y, ZHENG J, et al. An MILP model for the reformation of natural gas pipeline networks with hydrogen injection [J]. International Journal of Hydrogen Energy, 2018, 43(33): 16141−53.

[4] ZHOU D, LI T, HUANG D, et al. The experiment study to assess the impact of hydrogen blended natural gas on the tensile properties and damage mechanism of X80 pipeline steel [J]. International Journal of Hydrogen Energy, 2021, 46(10): 7402−14.

[5] FROELING H A J, DRöGE M T, NANE G F, et al. Quantitative risk analysis of a hazardous jet fire event for hydrogen transport in natural gas transmission pipelines [J]. International Journal of Hydrogen Energy, 2021, 46(17): 10411−22.

[6] LIU C, HUANG L, DENG T, et al. Influence of bottom wall on characteristics of jet diffusion flames under cross−wind [J]. Fuel, 2021, 288.

[7] LI X, TENG L, LI W, et al. Numerical simulation of the effect of multiple obstacles inside the tube on the spontaneous ignition of high−pressure hydrogen release [J]. International Journal of Hydrogen Energy, 2022, 47(77): 33135−52.

[8] Hideki Okamoto, Yasushiro Gomi. Empirical research on diffusion behavior of leaked gas in the ground. Journal of Loss Prevention in the Process Industries 24 (2011) 531−540.

[9] 张鹏, 程淑娟. 埋地天然气管道小微孔泄漏规律研究 [J]. 中国安全科学学报, 2014, 24(2): 52−58.

[10] CHENG S J. Studies of the small leakage in buried gas pipeline under the condition of soil properties [J]. Applied Mechanics and Materials, 2014, 501−504: 2266−70.

[11] IWATA T, HAMAIDE G, FUCHIMOTO K. Development of analytical methods for the behavior of underground leakage gas from low−pressure mains [J]. In Proceedings of the International Gas Research Conference, 1992.

[12] OKAMOTO H, GOMI Y. Empirical research on diffusion behavior of leaked gas in the ground [J]. Journal of Loss Prevention in the Process Industries, 2011, 24(5): 531−40.

[13] 谢昱姝, 汪彤, 吕良海, 等. 城市管道天然气在土壤中扩散行为全尺度实验 [J]. 天然气工业, 2015, 35(8): 106−113.

[14] YAN Y, DONG X, LI J. Experimental study of methane diffusion in soil for an underground gas pipe leak [J]. Journal of Natural Gas Science and Engineering, 2015, 27: 82−9.

[15] JIANG Hongye, XIE Zhengyi, LI Youlv, et al. Leakage and diffusion of high−pressure gas pipeline in soil and atmosphere experimental and numerical study [J]. Energy Sources, Part A: Recovery, Utilization, and Environmental Effects, 2023, 45(4): 10827−10842.

[16] 李朝阳, 马贵阳. 埋地与架空输气管道泄漏数值模拟对比分析. 天然气工业, 2011, 31 (7):90−93.

[17] 陈云涛, 陈保东, 杜明俊, 等. 埋地输气管道穿孔泄漏扩散浓度的数值模拟. 石油工程建设, 2010, 36 (4): 1−3.

[18] 官学源, 刘德俊, 王秋莎, 等. 埋地天然气管道泄漏危险区域的数值模拟 [J]. 当代化工, 2012, 41 (10): 1101−1103.

[19] 周立峰. 埋地天然气管道泄漏爆炸区域数值模拟 [J]. 当代化工, 2013, 42 (6): 874−876.

[20] 程猛猛, 吴明, 赵玲, 等. 城市埋地天然气管道泄漏扩散数值模拟 [J]. 石油与天然气化工, 2014, 43 (1): 94−98.

[21] 葛岚, 吴明, 赵玲, 等. 埋地天然气管道泄漏

扩散数值模拟 [J]. 辽宁石油化工大学期刊社 , 2014, 34 (5): 19−22, 27.

[22] ZHU J, PAN J, ZHANG Y, et al. Leakage and diffusion behavior of a buried pipeline of hydrogen−blended natural gas [J]. International Journal of Hydrogen Energy, 2023, 48(30): 11592−610.

[23] 胡玮鹏 , 陈光 , 齐宝金 , 等 . 埋地纯氢 / 掺氢天然气管道泄漏扩散数值模拟 [J]. 低碳与新能源 , 2023, 42(10): 1118−1128.

[24] SU Yue, LI Jingfa, YU Bo, et al. Modeling of hydrogen blending on the leakage and diffusion of urban buried hydrogen−enriched natural gas pipeline.pdf [J]. Computer Modeling in Engineering & Sciences, 136(2): 1315−1337.

[25] Reid, R.C., J.M. Prausnitz, and B.E. Poling, 1987, The Properties of Gases & Liquids, Fourth Edition, McGraw−Hill, Inc.

[26] BU F, LIU Y, LIU Y, et al. Leakage diffusion characteristics and harmful boundary analysis of buried natural gas pipeline under multiple working conditions [J]. Journal of Natural Gas Science and Engineering, 2021, 94.

循环氢压缩机轴瓦巴氏合金剥落研究分析与对策

马 旭 潘 强 黄 洁

（中石油克拉玛依石化有限责任公司）

摘要： 本文针对中石油克拉玛依石化有限责任公司150万吨/年柴油加氢改质装置循环氢压缩机轴瓦巴氏合金剥落失效问题，从失效部位和运行工况两方面着手开展研究分析，发现造成巴氏合金剥落失效的主要原因是运行中缺少有效的监测手段和运行寿命相关的经验数据，导致轴瓦超期服役，最终在轴瓦承载部位离润滑远端的巴氏合金因疲劳剥落。在此基础上提出一系列有效的应对措施，进一步完善了大机组检维修策略，并提出在企业条件成熟时增设大机组油液在线监测系统的建议，及时推送异常监测数据，为大机组安稳长满优运行保驾护航。

关键词： 循环氢压缩机 巴氏合金 剥离脱落 油液监测

中石油克拉玛依石化有限责任公司150万吨/年柴油加氢改质装置设置2台往复式循环氢压缩机组K-3102/AB，是公司关键设备，运行条件一开一备，主要维持加氢反应的氢气循环和带走反应热。查阅相关文献，当今国内外往复式压缩机的发展方向主要集中在压缩机实际运行工况下性能的提高和运行可靠性的提高两个方面。本文对往复式压缩机轴瓦巴氏合金剥落失效的研究，提高了压缩机运行的可靠性，研究所取得的关键性技术，对整个压缩机行业的发展意义重大。

1 循环氢压缩机简介

表1 机组基本参数

项目	基本参数
机组型号	MW-43.6/106-131-X
结构形式	固定水冷对置式四列一级少油润滑往复式活塞压缩机
工作介质	循环氢（含硫化氢）
进气压力,MPa	11.0
排气压力,MPa	13.0
机组排量,Nm³/H	270000
电机型号	TAW2700-20/2600W
电机功率,kW	2700
公称容积流量,m³/min	43.6

150万吨/年柴油加氢改质装置循环氢压缩机K-3102/AB为往复式机组，为装置的关键设备，共设2台，一开一备，由无锡压缩机股份有限公司制造，选用2700KW增安型无刷励磁同步电动机驱动。机组设计参数如表1：

2　问题概况

该机组K-3102/A在2023年8月8日至2023年8月21日进行预防性大修，本次大修对5副曲轴主轴支撑瓦和4副连杆瓦进行了全面拆检，发现如下问题：

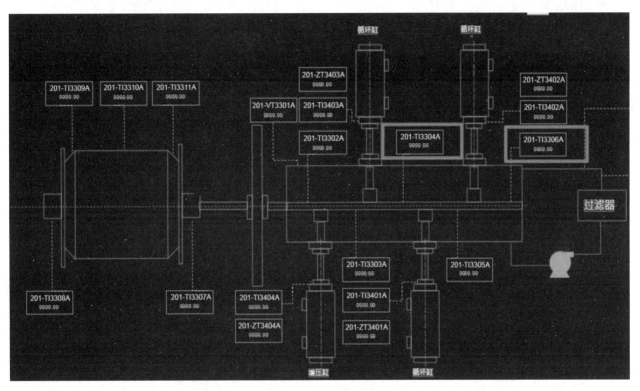

图1　压缩机平面布置简图

（1）曲轴主轴支撑瓦201-TI3304A上瓦巴氏合金剥离脱落见图2，该轴瓦在压缩机中的分布位置见图1。

（2）曲轴箱主轴支撑瓦201-TI3306A上瓦巴氏合金剥离脱落见图3，该轴瓦在压缩机中的分布位置见图1。

（3）右一缸连杆大头瓦巴氏合金剥离脱落，见图4。

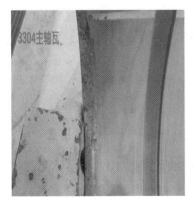

图2　3304A上瓦巴氏合金剥离脱落

图3　3306A上瓦巴氏合金剥离脱落

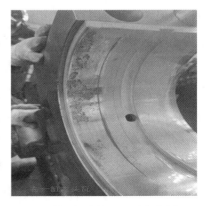

图4　右一缸连杆瓦巴氏合金剥离脱落

巴氏合金剥落部位呈现局部疲劳剥落现象，剥落坑深浅不一，剥落区域主要分布在轴瓦边缘，离轴瓦进油孔较远部位，说明剥落部位润滑不良或油膜厚度不足。巴氏合金与基层金属没有大面积脱层，说明巴氏合金与基层金属浇筑结合良好。

机组润滑油严格按照制度规范每次中修或是大修时更换，且每月做一次润滑油5项指标分析和一次油液铁谱分析，结论均是合格的。同一位号的机组K-3102/B在2022年11月大修时也有2副主轴支撑瓦出现过类似的巴氏合金剥落问题，K-3102/AB机上均出现，说明这不是个例。

3 原因分析

该机组于2011年12月开始投用，目前已使用12年时间，5副曲轴箱主轴支撑瓦使用时间和机组运行时间相同为12年，本次巴氏合金剥离脱落的右一缸连杆大头瓦为2016年3月更换过，使用时间有7年多，其余三个连杆瓦使用时间和机组运行时间相同均为12年。根据运行时间统计，轴瓦巴氏合金剥落与使用时间长短没有直接对应关系。

通过压铅丝法测量五个支撑瓦顶间隙都在0.25-0.30mm之间，大头瓦水平位置间隙（剖分面位置）0.22-0.26mm之间，垂直位置（相对于水平位置）0.29-0.33mm之间，大头瓦位置曲轴直径φ279.90mm，测量数据表明轴瓦安装间隙均控制在良好指标范围内，巴氏合金剥离脱落和轴瓦安装没有直接关系。

该机组轴瓦日常运行的有效监测手段还有油液铁普分析，但调取最近两月该机组油液铁普分析报告结论为：摩擦副属于正常磨损阶段，设备润滑及油品过滤情况良好，设备可以继续使用。本文对此进一步分析认为油液铁普监测分析未能发现本次巴氏合金剥落的主要原因是本次剥落的巴氏合金尺寸较大，剥落后即掉入曲轴箱内，没有参与油液循环，所以油液取样点取不到巴氏合金颗粒。如果是巴氏合金正常磨损剥落成细小的颗粒状并随着油液一起循环，这种情况下铁普分析才能监测到。

本文根据上述情况，从轴瓦巴氏合金失效部位和运行工况两方面着手开展研究分析，得出以下几点原因：

3.1 巴氏合金疲劳剥落

该机组轴瓦均为国产轴瓦，由于缺乏国产轴瓦运行寿命的参照数据，轴瓦运行的好坏主要参考DCS上轴瓦温度、润滑油5项化验分析和油液铁普分析数据，简单地认为这三方面数据无异常即认为轴瓦运行良好，导致轴瓦使用时间较长，最长的有12年，短的也有7年多，加之该机组设计负荷较大，活塞力设计63T，轴瓦在长期超龄服役过程中，承载部位远离润滑远端的巴氏合金疲劳剥落，这是轴瓦巴氏合金剥离脱落的直接原因。

3.2 润滑油粘度选型偏低

该机组运行负荷较大，曲轴箱润滑油设计牌号为L-DAB68，存在润滑油粘度偏低造成润滑油膜抗冲击能力差进而引起巴氏合金疲劳剥落的可能，这是轴瓦巴氏合金剥离脱落的间接原因。

3.3 润滑油总管油压偏低

该机组轴瓦巴氏合金剥落部位呈现局部疲劳剥落现象，剥落坑深浅不一，剥落区域主要分布在轴瓦边缘，离轴瓦进油孔较远部位，说明剥落部位润滑不良或油膜厚度不足，该机组润滑油总管油压为0.28MPa，与大多数机型压缩机润滑油压相比略为偏低，一般油压宜控制在0.3-0.35 MPa，适当提高润滑油总管油压可改善远端轴瓦部位润滑条件，这是轴瓦巴氏合金剥离脱落的次要原因。

3.4 检维修策略缺乏指导性

查看该机组检维修策略，仅有对滚动轴承运行32000小时更换的标准，缺少对机组轴瓦使用寿命的检修更换标准，该机组检维修策略不能精确地指导机组检修，需要进一步完善，这是轴瓦巴氏合金剥离脱落管理方面的原因。

4 对策

4.1 明确轴瓦更换标准

该类型机组国产轴瓦服役10年（实际运行时间5年）大修时作为重点检查，轴瓦如有缺陷，直接更换轴瓦，如果轴瓦检查正常，可继续观察至下一个大修周期再检查，日常运行中继续做好压缩机运行参数、振动参数的趋势监控和分析，做好润滑油分析和监控。

4.2 提高润滑油粘度

参考该机组制造厂家的合资机型,可考虑将润滑油牌号 L-DAB68 更换为 L-DAB100 提高其粘度指数,调研无锡压缩机厂家近年生产的大型往复式压缩机曲轴箱均使用 L-DAB100,运行效果良好。

4.3 提高润滑油总管油压

该机组润滑油总管油压为 0.28MPa,与大多数机型压缩机相比略为偏低,将润滑油总管油压由 0.28MPa 提至 0.35 MPa,以改善远端轴瓦承载部位润滑条件。

4.4 完善检维修策略

在该机组检维修策略中增加轴瓦服役 10 年(实际运行时间 5 年)重点检查,轴瓦如有缺陷,直接更换轴瓦的维修策略,同时和该机组制造厂家沟通,国产轴瓦通常寿命在 50000 小时左右可进行更换,以上原则维修时可重点参考。

5　结论及建议

本文对克拉玛依石化公司 150 万吨 / 年柴油加氢改质装置循环氢压缩机轴瓦巴氏合金剥落失效问题开展相关研究分析,发现造成巴氏合金剥落失效的主要原因是轴瓦运行中缺少有效的监测手段和运行寿命相关的经验数据,导致轴瓦超期服役,最终在离轴瓦承载部位润滑远端的巴氏合金因疲劳剥落。本文对此提出一系列有效的对策措施,并进一步完善了检维修策略来精确指导设备检修,使得问题圆满解决。为进一步提高压缩机轴瓦运行的可靠性,本文建议在企业条件成熟的时候,可增设压缩机油液在线监测系统,实时对压缩机油液进行监测分析,及时推送异常监测数据以发现压缩机运行中的问题,为大机组的安稳长满优运行保驾护航。

参考文献:

[1] 郑津洋,桑芝富 . 过程设备设计 [M]. 北京 : 化学工业出版社 ,2010 : 50-70.

[2] 朱振华 . 过程装备制造技术 [M]. 北京 : 化学工业出版社 ,2011 : 49-59.

[3] 李云,姜培 . 过程流体机械 [M]. 北京 : 化学工业出版社 ,2008 : 53-55.

[4] 崔天生 . 压缩机的安装维护与故障分析 [M]. 西安 : 西安交通大学出版社 ,1993 : 36-39.

[5] 郁永章 . 容积式压缩机技术手册 [M]. 北京 : 机械工业出版社 ,2000 : 34-38.

[6] 黄成 . 大型空压机驱动电机轴瓦磨损分析与处理 [J]. 压缩机技术 , 2013, 239(3): 26-28..

大规模地下储氢（盐穴）
技术的研究展望

张佳敏　孙连忠

（中石化石油工程技术研究院有限公司）

摘要：随着我国"双碳"目标的持续推进，传统化石能源向着可再生清洁能源转变已经成为了一个发展趋势。氢能作为一种来源广泛、能量密度高、清洁高效的能源，已成为了未来能源的主要形式。而盐穴储氢技术因具备储氢规模大、综合成本低的优势，得到了社会各界的广泛关注。基于此，本文首先介绍了盐穴储氢技术的优势，然后针对盐穴储氢技术的国内外发展现状进行了归纳，最后简要展望了盐穴储氢技术的未来发展方向。

关键词：地下储氢　盐穴储氢技术　研究展望

进入新世纪以来，全球能源体系正从化石能源向可再生清洁能源过渡的重大转型期，氢能作为一种公认可再生的清洁高效能源，具有调节周期长、储能容量大的优势，已经成为了未来能源发展的一个主要方向。近年来，我国氢气的需求量不断增加，预计到 2060 年，需求量将会达到 1.3 亿吨 / 年，占据我国能耗总量的 29%。在这一发展背景下，随着氢气需求量的增长和氢气产业化条件的日趋成熟，氢能已经成为了当今的能源热潮。而储氢技术作为连接氢气生产和使用环节的桥梁，是推动氢能产业化发展的关键技术。从整体上来看，现阶段的氢气储存技术主要为高压气态储氢、低温液态储氢、固态储氢及有机物液体储氢四种，由于受制于高成本和空间，地面储氢的规模相对较小，而地下储氢则在储存规模和成本方面具有显著优势，其

中盐穴储氢就是地下储氢技术的一种。相较于地面储氢，地下盐穴储氢不仅存储量大，且密封性更强，还可以减少对土地资源的依赖，优化土地使用现状，因此在大规模储氢方面发挥出了重要作用。

1　地下储氢（盐穴）技术的优点

地下储氢是一种利用地下地质构造来进行大规模能量存储的技术，即将多余的能源转化成氢气注入并储存在不同深度的盐穴、枯竭油气藏和含水层等地下地质构造中，可以提供足够的储存能力来储存大量的氢能。依据储氢地质结构的不同，地下存储可以分为人工地下空间储氢和天然多孔岩石储氢两种，其中人工地下空间储氢即盐穴储氢。而天然多孔岩石储氢则主要指的是枯竭油气藏、含水层等。地下储氢能源系统如下图 1 所示。

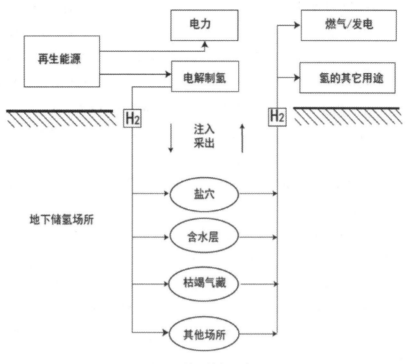

图 1　地下储氢示意图

1.1 储能规模大

盐穴储氢的存储容量巨大，可以满足大规模氢能储存的需求。盐穴储氢库通常利用盐层开采后形成的空腔，通过向其中注入氢气进行储存。这些空腔体积小的可达几万立方米，而大的则有几百万立方米之巨。这种体积规模不仅为氢气的长期、大量储存提供了可能，而且对于氢能的大规模储能和灵活调峰也具有重要作用。

1.2 储存周期长

盐穴储氢具备较长的储存周期主要得益于其地质特性和设计结构。在地质特性方面，盐穴体积庞大且结构稳定，能够为氢气的长期储存提供充足的空间。同时盐岩还具备低渗透性和高密封性，确保了氢气在储存过程中不易泄漏，有效延长了氢气的储存周期。除此之外，盐穴储氢库采用了双层井筒结构，进一步增强了储氢库的密封性能，进一步延长了氢气的储存周期。

1.3 储能成本低

相较于其他氢能储存方式，盐穴储氢的综合成本较低。盐穴本身是废弃的地下空间，这些空腔无需额外投入资源进行建设，从而极大减少了初期的资本投入。除此之外，盐穴储氢在运营成本上也具备显著优势。盐穴的地质结构极为稳定，具备良好的密封性和低渗透性，氢气在储存过程中不易泄漏，有效延长了氢气储存的时间，从而大大降低了对储存设备进行维护保养的费用。除此之外，盐穴储氢系统的运行也无需复杂的监控和调节措施，进一步削减了日常运营的人力成本和技术投入。由此可以看出，采用盐穴储氢可以有效降低氢气储存的成本投入。

1.4 安全性高

盐穴储氢技术还具备较高的安全性，这主要得益于盐穴较为稳定的地质结构和较高的密封性，使得其能够承受较高储存压力，为氢气的安全、高效存储提供了条件。具体来讲，盐穴的主要构成材料为盐岩，其在高压氢气的作用下能够发生适度的形变，这种形变不仅不会导致结构的破坏，而且可以形成一种稳定的应力场，有效地分散和平衡氢气储存过程中产生的压力。这种独特的力学特性，使得盐穴储氢库在面对高压环境时，能够保持结构的完整性和稳定性，避免了因压力集中而可能引发的安全隐患。除此之外，盐穴储氢库在长时间的使用过程中，也可以保持稳定的形态，避免了因地质活动或时间推移导致的结构退化，一直保持安全的运行状态。

2　地下储氢（盐穴）技术研究现状

关于地下岩层储氢的研究最早始于上世纪70年代，美国天然气技术研究院于1979年发表了一项关于大量地下储存气态氢的研究报告，证实了地下岩层储氢在经济和技术方面的可行性。自此之后便拉开了地下储氢研究的序幕。进入新世纪以来，随着全球化石能源的枯竭和温室效应的加剧，针对地下储氢技术的研究迎来了爆发期，欧盟设定了明确的大气气候保护目标，确定2020年温室气体（GHG）排放量减少20%，可再生能源在能源结构中占比20%的份额，一次能源消费减少20%，并呼吁欧洲能源体系进行转型和脱碳。在这一背景下，欧盟于2012年启动了HyUnder（Hydrogen Underground Storage in Europe）研发项目，针对欧洲大规模地下储氢的潜力、参与方和商业模式，项目还涉及工程和经济问题进行了系统评估。2021年，在欧盟资助下，Geostock Group牵头组织相关机构承担了为期两年HyStorIES（Hydrogen Storage in European Subsurface）项目，旨在探索在地下含水层或枯竭油气藏中储存纯氢的主要技术可行性。

当前阶段，德国是开展地下储氢研究项目做多的国家，近十年间，德国开展了H2STORE、InSpEE、ANGUS、HyINTEGER、HyCAVmobil等项目来研究地下储氢技术；法国也是开展地下储氢研究较多的国家，先后启动了STOPILH2、HyPSTER和HyGéo等项目；英国是开展地下盐穴储氢最早的国家，近年也启动地下储氢研究，如爱丁堡大学牵头的HyStorPor项目；美国是目前运行地下盐穴储氢设施最多的国家，在得克萨斯州有3个盐穴储氢库。最近美国启动了SHASTA、GeoH$_2$22研究项目，目前正在执行中。

相比欧美等国家，我国对盐穴储氢技术的研究起步较晚，但近年来已经取得了显著的进展。我国拥有丰富的盐矿资源，为盐穴储氢技术的发展提供了有力支持。目前，我国已经开展了多个盐穴储氢项目的前期研究和示范工作，并取得了一定的成果。中盐金坛盐化有限责任公司是我国盐穴储氢技术研究的重要单位之一。该公司利用自身的盐矿资源和

技术优势，开展了大量的盐穴储氢实验和研究工作。同时，该公司还与国内外多家科研机构和企业合作，共同推动盐穴储氢技术的发展和应用。此外，我国还积极推动氢能产业的发展，制定了长期的氢能发展战略和计划。其中，盐穴储氢技术被视为实现氢能大规模储存和运输的关键技术之一，得到了国家层面的重点支持和关注。

3　地下储氢（盐穴）技术面临的挑战

3.1　氢气泄露

氢气具有较高的扩散性和渗透性，这使得它能够穿透地下空间内极为微小的孔隙和错综复杂的裂缝，从而泄漏至地表或者周围的自然环境中。因此，在利用盐穴进行氢气储存的过程中，采取相应的措施进行密封尤为重要。但从现实情况来看，尽管在对盐穴储氢库进行密封时采用了一系列先进的密封材料与工艺，但从整体上来看，现有密封技术手段仍然具有一定的缺陷和不足，难以完全适应盐穴内部复杂多变的地质结构变化，密封效果的监测与评估技术也有待提升，采用盐穴储氢让然具有氢气泄露的可能。

3.2　金属腐蚀

氢气是一种具有极强还原性的气体，这种特性使得它极易与多种金属元素发生还原反应，从而导致金属出现腐蚀，尤其是在储存条件较为苛刻的盐穴储氢环境中，氢气的存在无疑会对储氢设施的金属部件构成严峻的挑战。例如，盐穴储氢库中的井筒、管道和阀门等关键金属部件，长期暴露在含有高浓度氢气的环境中，就会受到腐蚀的侵蚀，不仅会降低金属部件的机械强度和密封性能，还会引发泄漏风险，对储氢系统的整体安全性和稳定性构成严重威胁。尤其是在高压、低温或含有腐蚀性杂质的情况下，会导致这些金属部件腐蚀率进一步加快，进而影响到盐穴储氢库的性能和使用寿命。

3.3　储氢效率低

盐穴储氢作为一种高效、安全的氢气储存方式，其储氢效率的高低直接关系到氢能利用的经济性，但从实际情况来看，盐穴储氢的储氢效率并非一成不变，而是受到多种复杂因素的影响。具体来看，

首先，压力是影响盐穴储氢效率的关键因素之一。在一定范围内，提高储氢压力可以增加单位体积内氢气的储存量，从而提高储氢效率，但过高的压力也可能对储氢设施造成额外的负担，甚至引发安全隐患。因此，在保证安全的前提下，只有科学设定储氢压力，才能够实现储氢效率的最大化。其次，温度。低温条件下，氢气的密度增大，有利于提高储氢效率，但从实际应用效果来看，过低的温度会导致能耗和成本增加，对储氢设施的材料性能也有着更高要求，因此选择合适的温度也是提升储氢效率的主要途径之一。最后，储氢库形状也会影响到氢气的分布和储存容量，紧而又影响到储氢效率。从目前来看，针对影响盐穴储氢效率的压力、温度、储氢库形状等方面的研究还存在着一定不足，这也导致储氢效率较低，成为了盐穴储氢技术应用所面临的一大挑战。

3.4 项目建设周期长

地下天然气储存项目需要相当长的建设周期，盐穴和枯竭储层需要 5 至 10 年，含水层储存需要 10 至 12 年。对于储氢项目，可能会存在有更大的时间滞后，由于实践经验有限，而且只有一种盐穴技术。虽然使用现有的天然气储存设施可以在允许的情况下快速运行，但盐洞的冲洗时间为 2 到 5 年。

4　地下储氢（盐穴）技术未来发展展望

地下储氢作为一种大规模能源存储技术，具有储能容量大、储存时间长、储能成本低、储存更为安全等优势，被视为实现氢能大容量长期储存的有效途径，具有广阔的应用前景。然而，现阶段从整体上来看，地下储氢技术确实仍然处在发展的初级阶段，在未来的一段时间内，要使其成为可行的、技术上成熟的储能方式，还需突破多重障碍。具体来看，首先，应取得技术上的突破，强化对新型密封材料和工艺的应用开发，提高盐穴储氢系统的密封性能和稳定性；深入研究储氢压力、储氢温度、储氢时间和储氢库几何形状等因素对储氢效率的影响，优化储氢工艺和参数，提高储氢效率。其次，推动盐穴储氢技术的规模化应用，推动更多的盐穴储氢项目将落地实施，形成一批具有示范意义的盐穴储氢基地，打造出氢能生产、储存、运输和应用等环节将形成完整的产业链体系，推动氢能产业的快速发展。最后，给与盐穴储氢技术更多的政策和资金支持，出台更多有利于氢能产业发展的政策措施，将盐穴储氢技术打造成氢能产业发展的重要支撑。

结语：

综上所述，地下盐穴储氢是一项充满发展潜力的大规模储能技术，其对于氢能是否能够在大范围内应用有着至关重要的影响。但从整体上来看，盐穴储氢技术的发展仍处于初期阶段，距离大规模实践应用还面临着许多的挑战，这就需要我国应结合自身实际状况，学习国外成功案例经验，强化技术创新和政策支持，从而打造出适合我国发展国情的盐穴储氢发展机制，为实现"双碳"目标打下坚实基础。

参考文献：

[1] 关慧心，赵明辉，黄瑞芳，等．海下地质储氢技术研究进展及挑战 [J/OL]．热带海洋学报，1-17[2024-11-20]．

[2] 张俊法，曾大乾，陈诗望，等．地下储氢技术现状及在中国加快发展的可行性 [J]．世界石油工业，2024, 31 (04): 114-119．

[3] 王浩，徐俊辉，陆佳敏，等．大规模地质储氢工程现状及应用展望 [J/OL]．中国地质，1-31[2024-11-20]．

[4] 潘松圻，邹才能，王杭州，等．地下储氢库发展现状及气藏型储氢库高效建库十大技术挑战 [J]．天然气工业，2023, 43 (11): 164-180．

[5] 朱振涛，吴丘驰，张焱，等．考虑容量优化的光伏制氢盐穴储氢系统经济性分析 [J]．电力建设，2024, 45 (04): 26-36．

[6] 黎富炀，姚行顺，李春杰，等．地下储氢技术：存储机理、泄漏风险及存在问题 [C]// 中国地质大学（武汉），西安石油大学，陕西省石油学会. 2023 油气田勘探与开发国际会议论文集 II. 中国石油大学华东，石油工程学院；非常规油气开发教育部重点实验室（中国石油大学（华东））;, 2023: 11．

[7] 方琰蕾，侯正猛，岳也，等．一种应用于氢能产业一体化的新型多功能盐穴储氢库 [J]．工程科学与技术，2022, 54 (01): 128-135．

地下液氢存储容器
——液氢井的设计与研究

靳晓光　　崔晓杰　　胡昕怡

（中石化石油工程技术研究院有限公司）

摘要： 人类社会经济活动导致了二氧化碳的大量排放，由此产生的全球变暖、冰川融化、海平面上升等问题对社会稳定、经济发展和人类健康产生了严重的负面影响。氢能作为一种二次清洁能源，可以利用风电、光电等弃电电解制备，能够有效地调节能源结构，促进各行业深度脱碳，是推进我国能源转型的重要力量。目前，国内加氢站的建设主要为新建加氢站和已有加油（气）站改建为加氢站，受限于现有的氢气存储工艺、加氢工艺流程和安全规程需要，氢气需要较大的存储区域，而已有加油（气）站通常建筑面积有限，无法满足改建需求，且加油（气）站多位于人口密集区，对储氢设施安全性要求较高。因此，基于上述加氢站的储氢需求，本研究设计了一种占地面积小、存储容量大和安全性能高的地下液氢存储设施——液氢井。研究了不同真空变密度多层绝热结构对液氢井的绝热性能影响，并从占地面积、日蒸发率和稳定性与安全性等角度对比研究了液氢井和其他地面液氢存储设施。经过 COMSOL 模拟计算，绝热结构 D 具有最好的绝热性能，热流密度仅为 $0.42W/m^2$。在存储容积为 $20m^3$ 时，液氢井的占地面积仅为常规地上储氢容器的 5% ~ 10%。当采用绝热结构 D 时，液氢井的日蒸发率为 1.58%，高于地面液氢存储容器。但是，对于地面液氢存储容器，环境温度会随着季节变化而存在较大变化，模拟计算结果表明当热端温度增长为 360K 时，绝热结构的热流密度增至 $0.493W/m^2$，较热端温度为 300K 时增大了 17.4%；而液氢井由于存储主体位于地下，环境温度随季节变化较小，常年稳定在 300K 左右，安全性和稳定性优于地面液氢存储容器。液氢井作为一种新型的地下液氢存储设施，具有占地面积小、存储容量大和安全性能高等优点，可有效推进液氢的推广应用，促进我国氢能产业的发展。

关键词： 氢能存储　液氢井　多层绝热　占地面积

背景

随着工业化的快速发展，人们对化石能源的消耗导致了二氧化碳的大量排放，由此产生的全球变暖、冰川融化、海平面上升等问题对社会稳定、经济发展和人类健康产生了严重的负面影响。作为负责任的大国，我国在 2020 年提出了"二氧化碳排放力争 2030 年前达到峰值，力争 2060 年前实现碳中和"的双碳战略目标，大力发展新型清洁能源是

实现我国各产业深度脱碳，达成这一战略目标的有效方法。其中氢能作为一种二次清洁能源，可以利用风电、光电等弃电电解制备，能够有效地调节能源结构，是推进我国能源转型的重要力量。

在氢能应用中，液氢储氢密度高、工作压力低、安全性好、储运运量更大、纯度高、充装更快、占地更小，成为面对未来更大加氢需求下的更优选择。液氢的体积能量密度约为 35MPa 高压气氢的 3 倍，

70MPa 高压气氢的 1.8 倍。液氢储运的储重比可超过 10%。20MPa 高压气氢的平均制取成本比液氢平均制取成本约低 10.5 元/kg，在百公里运输成本增量方面，运输距离每增加 100km，高压气氢储运成本增加 4.63 元/kg，液氢则为 0.4 元/kg。20MPa 管束车卸车时间数小时，甚至要等待 1～2d，而液氢罐车装卸时间短，一般 0.5～1.0h，大大提高了转运效率。液氢技术路线在整个产业链环节中压力等级较低，一般不超过 1MPa，相对来说安全风险较低，使用更安全。与 70MPa 高压储氢单个储罐一般不超过 5m³ 相比，液氢的储存压力低，使得单个罐的容积可以做到非常大，这非常适合大规模的储能应用。同时，液氢加氢站因储罐高效紧凑，占地面积更小，建设投资更小。因此，推进液氢的发展和利用有助于促进氢能产业的发展。

氢能利用过程中包括"制、储、运、用"四个重要环节，加氢站作为氢能的重要存储单元是沟通氢能制备和利用的关键环节。一个大气压下，液氢的沸点为 20.4K（–252.8℃），密度为 70.9kg/m³，汽化潜热为 0.91kJ·mol/L，在存储中稍有热量从外界渗入容器，即可导致液氢蒸发为氢气，造成液氢的损失，因此液氢存储容器不仅要耐氢脆，具有优异的低温性能，还应具备出色的绝热性能。此外，我国目前加氢站的建设主要为新建加氢站和已有加油（气）站改建为加氢站，受限于现有加氢工艺流程和安全规程需要，氢能存储和加注区域需要较大的占地面积，而已有加油（气）站通常建筑面积有限，无法满足改建需求，且加油（气）站多位于人口密集区，对储氢设施安全性要求较高。因此，基于上述加氢站的储氢需求，亟需设计了一种占地面积小、存储容量大和安全性能液氢存储设施。

针对液氢存储设施绝热性能要求高和目前加氢站对储氢设施的需求，本研究提出了一种地下液氢存储设施——液氢井。研究了不同变密度真空多层绝热绝热结构对液氢井绝热效率的影响。同时，从占地面积、日蒸发率和安全性与稳定性多角度，对液氢井和已有的地面储氢设施进行了对比分析，探讨了液氢井的应用潜力和未来的研究方向。

1　液氢井结构设计

液氢井可用于液氢的地下存储，其结构主要由井筒、绝热系统、支撑装置和井口装置组成，液氢井可以通过新建或大口径气态储氢井改建。本文以 φ508mm 的大口径气态储氢井改建液氢井为例，如图 1 所示液氢井主要由井筒、绝热结构、支撑装置和井口装置构成。

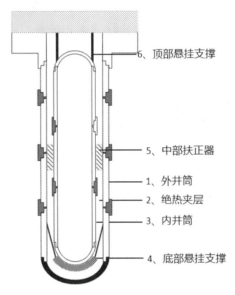

图 1　液氢井结构示意图

图中标注：
6、顶部悬挂支撑
5、中部扶正器
1、外井筒
2、绝热夹层
3、内井筒
4、底部悬挂支撑

1.1　井筒

液氢井井筒由外井筒、和内井筒构成。外井筒为 φ508mm 钢制的大口径套管，每根套管之间通过丝扣连接密封，底部套管使用盲管密封。内井筒为 φ339.7mm 小尺寸套管，每根套管之间通过丝扣连接密封，内井筒底部和顶部使用盲管密封，顶部留有液氢加注口、检测器等接口。内井筒为液氢存储部位，需采用低温性能优异和防氢脆的铬镍奥氏体不锈钢。液氢容器的外壳由于不与氢气接触所以不需要考虑氢脆的问题，钢板应具有良好的可焊性、足够的冲击强度和冲击韧性。

1.2　支撑装置

支撑结构主要指内胆和外壳之间的支撑，是为了避免内胆和外壳之间直接接触引起的热传递造成的液氢蒸发。支撑结构也是重要的漏热途径，研究表明该部分的导热漏热量往往超过总漏热量的 30%，减少支撑结构的漏热和导热可有效地减少液氢的蒸发。如图 1 所示，液氢井的支撑装置主要由顶部悬挂、中部扶正器和底部悬挂支撑3部分组成。顶部悬挂是由绳索连接内井筒和外井筒，为主要的承重结构，由8根绳索构成，采用高强度和低导热材料，为了保证受力均匀和结构稳定，8根绳索均匀分布且长度保持一致。中部扶正器主要作用是保证内井筒能居中处于外井筒内部，采用高强度低导热率的玻璃钢材质，玻璃钢用隔热纸和铝箔包裹，减少固体导热和辐射传热。液氢井底部悬挂支撑结构如图2所示，由8根悬挂绳索和承重托构成，8

根绳索的长度一致，一端固定在外井筒内壁上，另一端固定在承重托上，采用高强度和低导热材料。承重托上部与内井筒直接接触，采用高强度和低导热的玻璃钢材质。同时，承重托具有一定的内凹弧度，防止内井筒滑动。承重托与内井筒接触部分包裹有多层隔热性能良好的尼龙布，用来减少承重托和内井筒之间的热传导；承重托靠近外井筒侧不仅包裹有多层尼龙布纸，还包裹有铝箔，用以反射外井筒的热辐射，减少高温侧的辐射传热。

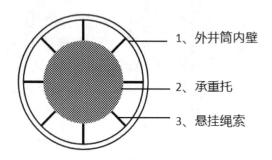

1、外井筒内壁
2、承重托
3、悬挂绳索

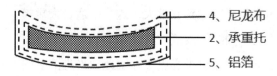

4、尼龙布
2、承重托
5、铝箔

图2　液氢井支撑装置结构示意图

1.3 绝热系统

液氢的存储温度为−253℃，与环境存在巨大温差，且液氢的汽化潜热仅为0.91kJ·mol，对液氢井的绝热效率要求很高。根据已有的研究和报道，结合站用液氢存储需求，内井筒和外井筒之间需要构建高效的被动绝热，绝热方式选择绝热效率较高

的变密度真空多层绝热，其结构如图3所示，其中辐射屏采用铝箔材质，隔热层可采用涤纶、尼龙或碳纸等材质中的一种。在靠近外井筒侧使用较大的层密度来减少辐射换热，在靠近内井筒侧使用较小的层密度来减少固体材料之间的导热从而实现高效绝热，同时真空度应保证不低于10^{-3}Pa。

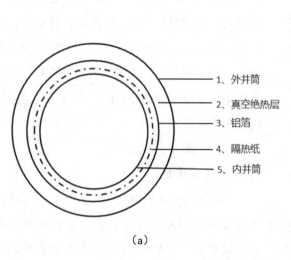

1、外井筒
2、真空绝热层
3、铝箔
4、隔热纸
5、内井筒

（a）

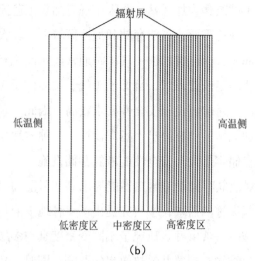

辐射屏

低温侧　　　　　　　　　高温侧

低密度区　中密度区　高密度区

（b）

图3　（a）液氢井绝热结构示意图，（b）变密度真空绝热结构示意图

2　研究方法

液氢井的具体结构参数如表1所示，液氢井外井筒采用 φ508mm 的大口径套管，壁厚18mm，内井筒采用 φ339.7mm 的套管，壁厚25mm，井深设计为303m，有效水容积为20m³。绝热结构采用变密度真空多层绝热，辐射屏采用铝箔，厚度为10μm，铝箔导热率很高，不考虑其固体导热，仅考虑其辐射传热，其发射率 ε 为0.03；层间隔热材料采用涤纶，厚度为100μm，参与固体导热，导热系数如公式1所示。

$$\lambda_s = C_2 f k \qquad (1)$$

式中 C_2 为经验常熟，与间隔物材料的种类有关，对于涤纶间隔物，C_2 取0.08；f 表示间隔物的稀松程度，为其相对于固体材料的层密度，一般取0.02；k 为间隔材料的热导率，涤纶的热导率可由经验公式2计算。

$$k = 0.017 + 7 \times 10^{-6} \times (800 - T) + 0.0288\ln(T) \qquad (2)$$

式中 T 为间隔物材料的温度，K。

表1　液氢井结构参数

外井筒尺寸 mm		内井筒尺寸 mm		井深 m	液氢井容积 m³	铝箔厚度 μm	涤纶厚度 μm
直径	壁厚	直径	壁厚				
508	18	339.7	25	303	20	10	100

绝热结构采用变密度真空多层绝热结构，绝热层总厚度设定为1.8cm，反射屏层数为60层，每个密度区厚度约为0.6cm，各密度区区间的参数如表2所示。冷边界温度设定为20K，热边界温度设定为300K，使用 Comsol 软件对不同结构的变密度真空多层绝热进行建模分析。同时，从日蒸发率、占地面积、安全性与稳定性多角度，对液氢井与传统地面液氢存储设施（如液氢罐和液氢球罐）进行对比分析。

表2　变密度多层绝热材料参数

结构	低温段层数	中温段层数	高温段层数
A	20	20	20
B	16	20	24
C	12	20	28
D	8	20	32

3　结果与讨论

3.1 绝热结构设计对绝热效率的影响

使用 Comsol 软件对不同结构的变密度真空多层绝热结构进行建模分析。不同变密度真空多层绝热结构的温度分布如图4所示。图中结果表明，不同变密度多层绝热结构沿反射屏位置的温度分布趋势一致，温度都沿着反射屏位置由冷端向热端逐渐增加。为了进一步详细对比分析不同变密度真空多层结构的绝热效果，将不同多层绝热结构沿反射屏位置的温度分布绘图，结果如图5所示。在相同反射屏位置处，不同变密度多层绝热结构的温度不同，按照 A、B、C、D 的顺序温度逐渐降低。

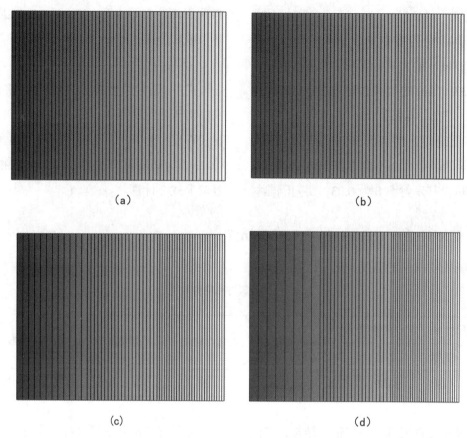

图4　（a）绝热结构A的温度分布图；（b）绝热结构B的温度分布图；

（c）绝热结构C的温度分布图；（D）绝热结构D的温度分布图

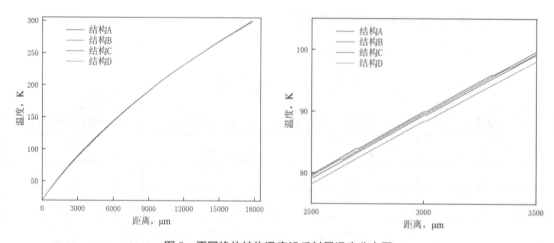

图5　不同绝热结构温度沿反射屏温度分布图

对不同绝热结构的热流密度进行计算，结果如表3所示，结构D的热流密度最小，仅为0.42W/ m²，表明其绝热效果最好。已有的研究表明低温侧主要以固体导热为主，较低的层密度可以降低低温侧的固体导热，而高温侧以辐射导热为主，较高的层密度可以减少辐射导热，而结构D的低温侧层密度最低，高温侧层密度最高，因此其热流密度也最小。上述结果表明当真空多层绝热结构辐射屏数量和总体厚度一定时，通过科学合理的调整不同温区的辐射屏分布也可进一步提高变密度真空多层绝热结构的绝热效果。

表3　不同绝热结构的热流密度

	结构 A	结构 B	结构 C	结构 D
热流密度，W/m²	0.436374157	0.432890605	0.42877565	0.420028274

3.2 液氢井与地面液氢存储设施对比分析

现有的液氢存储容器多以地面存储设施为主，如图6所示主要有液氢球罐、卧式储罐和立式储罐3种。下面将从日蒸发率、占地面积和安全性3个角度对液氢井和上述液氢存储容器进行对比分析，讨论液氢井的可行性。

 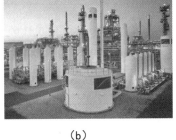 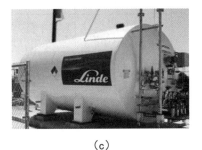

（a）　　　　　　　　　（b）　　　　　　　　　（c）

图6　（a）液氢球罐；（b）立式液氢储罐；（c）卧式液氢储罐

3.2.1 日蒸发率

液氢汽化潜热较小，仅为 0.91kJ·mol，极易吸热汽化造成液氢存储容器压力的升高和液氢的损失。因此，液氢存储容器对绝热系统的绝热效率要求较高，液氢的日蒸发率是衡量液氢存储容器效率的关键指标。液氢的日蒸发率是指一天（24h）内蒸发的数量与储液容器的公称容积之比：

$$\alpha = \frac{g}{M} \times 100\% \quad （3）$$

式中，g 为24h内液氢的蒸发量，kg；M 为液氢存储容器满容积时液氢的质量，kg。其中 g 和 M 可分别由公式4和5计算可得：

$$g = \frac{Q}{\gamma} \quad （4）$$

$$M = \rho \times V \quad （5）$$

式中，Q 为液氢存储容器24h的漏热量，kJ/d；γ 为液氢的汽化潜热，kJ/kg；为液氢的密度，kg/m³；V 为液氢存储容器的公称容积，m³。

以液氢存储容积20m³为准，分别考察液氢井、液氢球罐、卧式液氢储罐和立式液氢储罐的日蒸发率，除液氢井外其余3种容器的内外壁的间隔均暂不考虑壁厚和夹层厚度，不同液氢存储容器的详细结构参数如表4所示。不同液氢存储容器均采用上述的变密度真空多层结构D，根据表中参数对4种液氢存储容器的日蒸发率进行计算，结果显示液氢井具有最大的日蒸发率为1.58%，球罐的日蒸发率最低，为0.2%。这种差异性的主要原因是不同储罐具有不同的换热面积，在同样的存储容积下，球形具有最小的换热面积，而液氢井由于为细长的圆柱形结构，其换热面积较大。

表4　不同液氢存储容器的结构参数及日蒸发率

液氢存储容器	结构参数 m	公称容积 m³	换热面积 m²	占地面积 m²	日蒸发率 %
液氢井	外井筒直径：0.508 外井筒壁厚 :0.018 内井筒直径 :0.3397 内井筒壁厚 :0.025 井深：303 井口直径：0.8	20	275.6	0.50	1.58
液氢球罐	容器半径：1.68	20	35.62	8.86	0.2
立式液氢储罐	容器半径：1.26 储罐高度：4	20	41.65	4.99	0.24
卧式液氢储罐	容器半径：1.26 储罐长度：4	20	41.65	10.08	0.24

3.2.2　占地面积

目前加氢站的建设主要是新建加氢站和已有加油（气）站改建，其中已有加油（气）站面积有限，氢气存储容器由于安全规定和配套设施等原因，具有较大的占地面积，是已有加油（气）站改建为加氢站的重要限制因素。因此，对4种液氢存储容器的占地面积进行了计算，在液氢储量为20m³的条件下，液氢井仅需占地0.5m²，立式液氢储罐次之为4.99m²，液氢球罐和卧式液氢储罐则分别达到8.86m²和10.08m²。液氢井在占地面积上具有显著的优势，仅为常规地上储氢容器的5%～10%。此外，液氢井仅需增加井深即可增加其存储容量，这表明随着液氢存储容量的增大，液氢井占地面积小的优势会更加明显。

3.2.3　稳定性与安全性

液氢井液氢存储主体位于地下，环境稳定，环境温度受季节和天气影响小，稳定在20℃左右。地上存储容器暴露于空气中，环境随天气和季节变化显著，尤其夏季需要面对高温，光照直射下，金属储罐的外壳温度能达到50～70℃。温度的变化不仅会对容器的机械性能等产生一定影响，还会影响液氢储罐的绝热效果。采用Comsol对不同热端温度下的绝热结构D的温度分布进行模拟，结果

如图7所示。为进一步研究不同热端温度对绝热结构绝热效果的影响，对变密度真空多层绝热结构位置与温度的变化进行绘图，结果如图8所示，结果表明随着高温侧温度的升高，绝热结构相同处的温度都呈现增大的趋势，这表明随着高温侧温度的升高，变密度真空多层绝热结构的绝热效果呈现出一定的下降。为进一步量化这种变化，分别计算了4种高温侧温度下绝热结构的热流密度，结果如表5所示。当热端温度为360K时，绝热结构的热流密度增至0.493W/m²，较热端温度为300K时增大了17.4%。因此，保持热端温度的稳定有助于保持液氢存储容器的液氢蒸发率维持在恒定的速率，提高液氢存储的稳定性。

同时，已有的加油（汽）站多位于人口稠密区域，在进行加氢站改建时，除了需要考虑相应的安全规定，也需要考虑周围居民的接受意愿。已有的实际建设案例中也出现过，地面储氢容器建设位置符合安全规定距离，但是因居民投诉而需重新选址的实际情况。相较于地面储氢容器，液氢井存储主体位于地下，周围环境更加稳定，自身安全性也更高，同时地面仅保留液氢井井口，占地面积很小，视觉冲击也更小，周围居民也更容易接受，有利于未来加油（汽）站的改建。

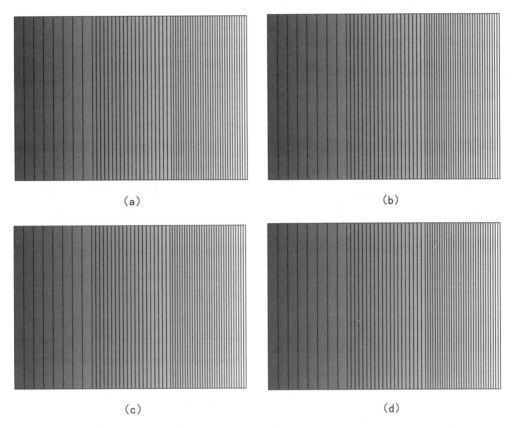

图 7　不同高温侧温度下温度分布图：（a）300K，（b）320K，（C）340K 和（d）360K

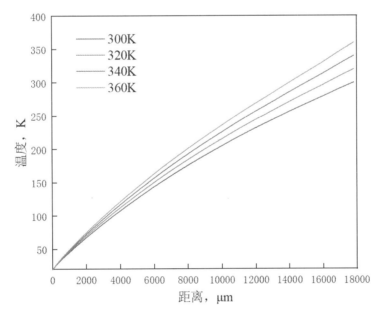

图 8　不同高温侧温度下温度沿反射屏温度分布图

表 5　不同高温侧温度下绝热结构的热流密度

	结构 A	结构 B	结构 C	结构 D
热流密度，W/m²	0.420028274	0.444501833	0.468683528	0.492506728

4　结论与展望

本研究设计了一种地下液氢存储容器——液氢井。采用 Comsol 软件模拟分析了不同辐射屏分布的变密度多层绝热结构的绝热效率，确定结构 D 具有最小热流密度，仅为 $0.42W/m^2$。同时，从日蒸发率、占地面积、稳定性与安全性多角度对液氢井、液氢球罐、卧式和立式液氢储罐进行对比分析。相较于地面储氢设施，液氢井的占地面积仅为地上储氢设施的 5%～10%，且随着存储容积的增大，这种优势会更加明显。液氢井的存储主体位于地下，周围环境恒定，热端温度变化小，液氢蒸发速率变化小，安全性高等。但是由于液氢井的换热面积较大，其日蒸发率为 1.58%，高于地面液氢存储容器。

液氢井占地面积小、存储容量大、安全性能高，是具有潜力的站用液氢存储容器。为了推进液氢井的应用和建设，需要进一步提高液氢井的绝热效率，降低其日蒸发率。未来可通过增大液氢井直径、优化绝热结构设计、开发绝热效果更好的绝热材料或者增加主动绝热部件等多角度进一步提高液氢井的绝热效果，推进液氢井的建设和应用。

参考文献：

[1] 张震, 解辉, 苏嘉南, 等．"碳中和"背景下的液氢发展之路探讨 [J]. 天然气工业, 2022(004):042.

[2]Ahluwalia, R.K. and J.K. Peng, Dynamics of cryogenic hydrogen storage in insulated pressure vessels for automotive applications. International Journal of Hydrogen Energy, 2008. 33(17): p. 4622−4633.

[3] 张振扬, 解辉. 液氢的制, 储, 运技术现状及分析 [J]. 可再生能源, 2023, 41(3):298−305.

[4] 朱琴君, 祝俊宗. 国内液氢加氢站的发展与前景 [J]. 煤气与热力, 2020, 40(7):6.

[5] 丁镠, 唐涛, 王耀萱, 等. 氢储运技术研究进展与发展趋势 [J]. 低碳化学与化工, 2022, 47(2).

[6] 杨晓阳, 李士军. 液氢贮存, 运输的现状 [J]. 化学推进剂与高分子材料, 2022(004):020. 7. [7] 郭志钒, 巨永林. 低温液氢储存的现状及存在问题 [J]. 低温与超导, 2019, 47(6):9.

[8]Hastings, L.J., A. Hedayat, and T.M. Brown, Analytical Modeling and Test Correlation of Variable Density Multilayer Insulation for Cryogenic Storage. 2004.

[9]McIntosh and G.E.J.A.i.C. Engineering, Layer by Layer MLI Calculation Using a Separated Mode Equation. 1994. 39B: p. 1683−1690.

[10] 迟晓婷. 低温推进剂储箱多层绝热结构的传热特性研究 [D]. 哈尔滨工业大学, 2019.

[11] 陈国邦, 张鹏. 低温绝热与传热技术 [M]. 科学出版社, 2004.

氢能储运的发展与思考

亢燕丽　张　帆

（中国石油大学（北京））

摘要： 随着"碳达峰、碳中和"目标的提出，"可再生能源＋氢能"的供给体系将不仅改变现有能源供应的格局，而且对降低油气对外依存度、大幅推进绿色低碳发展将发挥巨大的作用。低成本高效率地储氢运氢是实现氢能利用的关键。本文针对氢气的高压气态储运、低温液态储运、有机液态储运、"掺氢"等管道输送和固态储运等技术进行了对比；分析了各自的适应性和经济性。探讨了依托现有天然气管网进行掺氢输送及地下储存的应用和需要攻克的技术难关；利用地下盐穴储库大规模储存纯氢，利用枯竭的油气藏作为大型生化反应器制甲烷和储存可在生天然气等。从传统石油公司转型角度，对制氢、运氢、储氢、用氢各产业链的协同发展的"制－储－用"的多元化储运技术发展进行了思考。

关键词： 氢能源　储运方式　适用性　经济性

2019 年氢能被写进政府工作报告，2020 年 4 月氢被定义为能源，以及 2021 年 4 月《中国氢能源及燃料电池产业白皮书 2020》的正式公布，"可再生能源＋氢气"将会成为未来能源的主流。我国作为全球最大的光伏和风电制造国，也是可再生能源装机最大的国家，"可再生能源＋氢能"的供给体系不仅能解决我国的弃电消纳问题，并且将打破原有能源资源的垄断格局；而以"电气化＋电动车"的应用体系将颠覆性地替代化石能源。并且氢能可作为可再生能源电力的有效补充，将在重工业、中重型运输、建筑供暖这些难以脱碳的行业里发挥关键的作用。在降低油气对外依存度、可再生能源电力输电线路和掺氢／纯氢管网将在保障能源安全方面以及化工、冶金等工业领域大幅推进绿色低碳发展发挥着巨大的作用。

从制氢、储存、运输到终端使用环节，氢气的储运贯穿整个产业链。氢气终端价格过高的原因在于氢气的储运成本过高，使其一直未能实现产业化和实用化。如何降低储运成本和提高储运技术是世界各国都一直面临的难题。

1　氢气的储运方式及发展趋势

从氢气的储运方式来讲，世界各国积极研究探索高压气态储运、低温液态储运、有机液态储运和固态储运技术等，开展天然气管道掺氢技术的应用等。日、韩等国重点开展气态储运、远洋液态运输以及有机液态运输。德国等天然气管网设施完善的国家，依托现有的天然气管网进行非纯氢掺氢输送，积极开展国内的纯氢管道布局以及大规模地下储存等技术。澳大利亚利用褐煤制氢，实现大规模液氢海运出口。

未来氢能运输环节的发展路径：在氢能市场渗入前期，氢的运输将以长管拖车、低温液氢、管道运输方式因地制宜、协同发展。中期（即 2030 年），氢的运输将以高压、液态氢罐和管道输运相结合，针对不同细分市场和区域同步发展。远期（即 2050 年）氢气管网将密布城市、乡村，成为主要运输方式。

1.1 高压氢气长管拖车运输

目前，我国氢气主要通过高压氢气长管拖车进行运输，但单车装载低、供给效率低、全周期能耗高且高压氢气运费接近2.8元/公斤/100公里。以中集安瑞科为代表的公司，未来将致力于发展50MPa复合氢瓶大长管束实现氢气的高压储运，与Hexagon Purus HK等国外公司合作，未来将实现国内车载70MPaIV型瓶批量生产，致力于实现经济规模效应。

1.2 液氢（LH₂）运输

而液氢可以有效解决高压氢气运输的缺点。欧、美、日等地区和国家，液氢技术的发展已经相对成熟，液氢储运等环节已进入规模化应用阶段。而我国液氢技术起步较晚，但目前已经相对成熟，液氢应用已经到了临界点。液氢领域的三项相关标准的完善，使液氢民用有标可依，为氢能产业高质量发展提供了重要的标准支撑。北京中科富海低温科技有限公司掌握了氦气体轴承透平膨胀机等氢液化核心工艺和技术，打破了国外的垄断。未来选择可再生能源制氢以及扩大液氢工厂液氢生产规模，可进一步降低液氢成本。液氢运费有望达到0.4元/公斤/100公里，并且可大幅度提升氢气的纯度，大幅度提升下游的直接利用率。

1.3 LOHC（液态有机物储氢技术）

另外一种被采用的液态储氢方式是LOHC（液态有机物储氢技术），典型代表公司是中国氢阳能源控股有限公司、日本千代田化工建设公司和德国Hydrogenious Technologies公司。在我国，该技术随着大连物化所的相关项目落地兰州新区化工园区正式启动，并且该技术已经逐步进入工业化阶段。可再生能源制氢+二氧化碳加氢合成甲醇的方式可以最大程度上解决能量的存储和运输问题，可降低运输工程中的高压或液化成本，并且甲醇可以直接供燃料电池使用，排放的二氧化碳可实现循环利用。

1.4 管道"掺氢"（HCNG）/纯氢输送技术

管道"掺氢"和纯氢管道输送将是国际贸易和长途运输的主要渠道，可有效降低运输成本。从氢能市场发展到成熟的过渡阶段，天然气管道"掺氢"输送是最为经济的输送方式。

从气源上来讲，未来不同地区可根据区域自身的特点选择不同的气源和运输方式，以此来化解客观存在的成本约束。例如上海、武汉、山东等重工业城市可大幅度生产灰氢，进行管道掺氢输送；内蒙、山西等地利用煤化工/天然气资源制取氢气具有优势，而成渝地区和西北地区的光伏制取绿氢在成本上更具有优势。我国用氢与产氢地区距离较远，尤其是可再生能源制氢的运输需要从西北地区输送至华南、华东、华中等地区。所以，未来长距离运氢在所难免。目前，我国的济源—洛阳的氢气输送管道、乌海—银川焦炉煤气输气管线等已实现200多公里输氢运行，但与美国2400km和欧洲1500km还有非常大的差距。

现阶段，在管道"掺氢"的研究过程中，氢气对管道会产生氢损伤，并且氢损伤的程度与氢气浓度、输送压力、管道材料性能等存在一定的联系，氢体积分数较低的混合气与现有管网系统较好地兼容，而采用氢体积分数较高的气体则需更换部分设施，因此需选用含炭量低的材料作为运氢管道。世界各国因天然气气质等多方面存在差异，所评估的掺氢比例也各不相同。意大利公司Snam公司、澳大利亚天然气网络公司、已成功将掺氢比例达10%；英国HyDeploy示范项目已经成功向天然气管网中掺入20%的氢气；德国能源巨头意昂的子公司Avacon计划在"掺氢"输送方面尝试掺混20%的氢气；法国目前虽然掺氢上限为6%左右，但部分天然气运营商未来将会尝试20%的掺氢比例；俄国致力于向欧洲大陆输送含有最高20%氢气比例的混合气。我国在天然气管道"掺氢"输送方面，"朝阳可再生能源掺氢示范项目第一阶段工程"中的掺氢比例为5%，与国外相比还有很大的差距，仍需进一步试点和研究。

未来随着氢能的上中下游一体化发展，市场不断成熟，氢气管网将会同现在的天然气管网一样，密布城市、乡村，成为主要运输方式。

1.5 不同储运方式的经济性

氢气运输与天然气运输具有相似的规模经济性。当用氢规模小于 500 公斤 / 天以下时，高压气态储运较为经济，但当用氢量达到 500 公斤 / 天以上时，液氢储运的经济优势增大，且随着距离的增加，液氢运输具有规模经济性。300km 以上运输距离情况下，运输成本排序为 LOHC ＜ LH2 ＜氢气管道＜管束车；50km 以内，氢气管道的运输成本较低，但随着输送距离的增加需要更多的增压站，是管道输送成本迅速提高。LOHC 和 LH$_2$ 成本最具优势，且适合于国际氢供应链的跨洋船运，但上游和下游分别需要加氢、脱氢和液化、气化设施，更适合长距离、大规模氢气运输。无论是从规模效应还是距离效应上来讲，管道运输氢气是最为经济的，也是未来氢气运输的趋势。除了这些大规模储氢技术之外，还有固态储氢和其他介质吸附储氢，不同的储氢方式适用于不同的使用规模和输送距离。

2 大规模地下储存为"制－储－用"一体化产业发展提供可能性

未来我国所需的战略电能储备巨大，而氢气由于其分子量小，能量密度高等特点，所以在能源储存领域具有巨大的优势和潜力。与地上储存相比，地下储存技术更具安全性、经济性、储量大、节约土地资源及环保性等优点，氢能大规模地下储存将为"制－储－用"一体化产业发展提供可能性。

2.1 纯氢地下盐穴储库储存及利用方式

对于氢的大规模储存、转换和综合利用来说，电解水制得的纯氢最佳的储存方式是利用地下盐穴储库。应用方式主要有三种：

1. 可输送至应用端直接供给燃料电池或者其他方式使用；

2. 可以与铺集的二氧化碳或氧气的混合气体在地面合成甲烷使用或者氢气或甲烷富氧燃烧发电；

3. 直接在地下盐穴中储存合成甲烷，用于除发电外的其他用途。

英、美、德等多个国家的氢气地下储库已成功运行 25 年以上，地下盐穴储存可再生能源（电转气）的潜力巨大。我国盐穴分布广泛，资源丰富，可支撑电力系统对于大规模储能的需求。但同时我国的盐层较薄，杂质含量高以及夹层较多的问题，是无法照搬欧美经验的，这是我国需要需要攻克的技术难关。

2.2 非纯氢地下枯竭油气藏储存及利用方式

对于非纯氢来说，可利用枯竭的油气藏作为大型生化反应器制甲烷和储存可在生天然气，地下二氧化碳和氢气的注入与微生物制甲烷的结合有助于加速碳中和循环和发展碳循环经济，实现我国氢能"制－储－用"一体化产业发展。综合考虑过剩可再生能源的分布，二氧化碳高排放源、甲烷高消耗源，含二氧化碳铺集设施以及油气盆地的分布，发现四川省可以作为试点开展枯竭油气藏合成甲烷和可在生天然气的非纯氢储存的研究和技术攻关。

3 传统石油公司的能源转型及思考

国内外很多传统能源企业都在布局氢能源，国际市场上，BP、壳牌、法液空、空气产品、林德等，国内除中石化外，国电投、东方电气集团、中石油、宝武集团、国家能源集团、中船重工、中车集团等中央企业也纷纷布局氢能产业，抢占市场先机。

以中石化为例的传统石油公司，在氢能领域具有先天的优势。从上游制造端来讲，应利用在化工材料方面的技术研发优势，投资储氢的核心材料，如 48K 大丝束碳纤维，助力液氢大规模发展；大幅提升检测技术，提升氢气应用的可靠性。从中游供给端来讲，加强与可再生能源企业合作，发展不同路径的制氢项目，进行高效、多方位的大规模地下储氢技术攻关和研究，以及非纯氢掺氢输送、纯氢管道建设和改造等，有望实现能源使用的多板块智能耦合系统，真正实现数字能源。从下游应用端来讲，在重点地区建设油气混建加氢站降低制造成本，投资燃料电池龙头企业；与下游应用端进行战略性合作，培育氢气应用的市场；充分发挥内部电网的消纳优势和营销网络的优势，可以借助氢能在整个清洁能源体系的构建中占据主导地位。实现上中下游制氢、运氢、加氢产业链的协同健康发展，大幅助力我国能源转型，实现我国氢能"制－储－用"一体化产业发展。

参考文献：

[1] 中国氢能联盟.《中国氢能源及燃料电池产业白皮书2020》[EB/OL]. (2021-03-23)[2021-05-28]. http://www.h2cn.org/dynamics_detail/799.html.

[2] 金雪, 庄雨轩, 王辉, 等. 氢储能解决弃风弃光问题的可行性分析研究[J]. 电工电气, 2019,（04）: 63-68.

[3] 王学磊, 马国民. 氢气储存方法及发展[J]. 科技经济导刊, 2018, 26（20）: 137.

[4] 李敬法, 苏越, 张衡, 等. 掺氢天然气管道输送研究进展[J]. 天然气工业, 2021, 41（04）: 137-152.

[5] 北极星氢能网. 中集安瑞科与Hexagon Purus成立氢能合营公司[EB/OL]. (2021-03-03)[2021-05-28]. https://chuneng.bjx.com.cn/news/20210303/1139333.shtml

[6] 第1元素网. 中科富海朱诚：液氢应用已到了临界点[EB/OL]. (2020-09-02)[2021-05-28]. http://www.h2media.cn/store/2606.html

[7] 国际能源网. 三项国家标准获批, 液氢应用规模化正式开启[EB/OL]. (2021-05-10)[2021-05-28]. https://www.in-en.com/article/html/energy-2304102.shtml

[8] 国际新能源网. 德国：世界首个最大LOHC绿氢存储项目工厂开始建设运营[EB/OL]. (2021-03-08)[2021-05-28]. https://newenergy.in-en.com/html/newenergy-2402082.shtml

[9] 化工网. 兰州新区：全力打造千亿级绿色化工园区[EB/OL]. (2020-05-02)[2021-05-28]. http://news.chemnet.com/detail-3364629.html

[10] 新型氢气储运技术将工业化[J]. 低温与特气, 2020, 38（02）: 10.

[11] 中国气体网. 中国氢气储运技术与成本分析 管道输氢或是最优运输方式[EB/OL]. (2019-07-10)[2021-05-28]. http://www.china-gases.com/article/item-2059.html

[12] IEA.The Future of Hydrogen: Seizing Today's Opportunities[EB/OL]. (2019-06-14)[2021-05-28]. https://www.iea.org/events/the-future-of-hydrogen-seizing-todays-opportunities

[13] Energy Storage NEWS.Australia pilots using renewables to produce hydrogen for long-term energy storage[EB/OL]. (2018-10-22)[2021-05-28]. https://www.energy-storage.news/news/australia-pilots-using-renewables-to-produce-hydrogen-for-long-term-energy

[14] ITM Power.HyDeploy: UK Gas Grid Injection of Hydrogen in Full Operation[EB/OL]. (2020-01-02)[2021-05-28]. https://www.itm-power.com/news/hydeploy-uk-gas-grid-injection-of-hydrogen-in-full-operation

[15] FuelCellsWorks.Hydrogen Levels In German Gas Distribution System To Be Raised To 20 Percent For The First Time[EB/OL]. (2020-01-02)[2021-05-28]. https://fuelcellsworks.com/news/hydrogen-levels-in-german-gas-distribution-system-to-be-raised-to-20-percent-for-the-first-time/

[16] fin2me.French gas networks could mix in green hydrogen in future: operators[EB/OL]. (2019-11-16)[2021-05-28]. https://fin2me.com/economy/french-gas-networks-could-mix-in-green-hydrogen-in-future-operators/

[17] 北极星氢能网. 国内首个电解制氢掺入天然气项目已进入试验阶段[EB/OL]. (2021-05-11)[2021-05-28]. https://chuneng.bjx.com.cn/news/20210511/1151940.shtml

[18] 北极星火力发电网. 国内首例！国家电投天然气掺氢示范项目第一阶段工程圆满完工[EB/OL]. (2019-10-15)[2021-05-28]. https://news.bjx.com.cn/special/?id=1013148

[19] 尚娟, 鲁仰辉, 郑津洋, 等. 掺氢天然气管道输送研究进展和挑战[J]. 化工进展, 1-8.

[20] 北极星氢能网. 制氢、储运和加注全产业链氢气成本分析[EB/OL]. (2020-08-27)[2021-05-28]. https://chuneng.bjx.com.cn/news/20200827/1100093.shtml

[21] juser.Large-Scale Hydrogen Underground Storage for Securing Future Energy Supplies[EB/OL]. (2010-05-16)[2021-05-28]. https://juser.fz-juelich.de/record/135539

[22] Sebastian Schiebahn, Grube Thomas, Robinius Martin, et al. Power to gas: Technological overview, systems analysis and economic assessment for a case study in Germany[J]. International Journal of Hydrogen Energy, 2015, 40（12）: 4285-4294.

[23] springer.Underground Storage of Hydrogen: In Situ Self-Organisation and Methane Generation[EB/OL]. (2010-06-05)[2021-05-28]. https://link.springer.com/article/10.1007%2Fs11242-010-9595-7

湿硫化氢环境下石油化工设备与管道的腐蚀研究进展

杨汉章

（中国石化塔河炼化有限责任公司）

摘要：文章简述了湿硫化氢腐蚀的机理和影响因素，介绍了石油化工设备与管道在湿硫化氢环境下的腐蚀开裂类型，从腐蚀实验、腐蚀监测、腐蚀防护三个角度对湿硫化氢腐蚀的研究现状进行了详细论述，发现：湿硫化氢环境下，H_2S 浓度对 16MnR 钢的应力腐蚀敏感性影响最大，pH 值次之；管线钢 X52 的腐蚀产物主要有四方硫铁矿、立方晶系硫化亚铁、陨硫铁、黄铁矿；微观结构为贝氏体或马氏体的管线钢具有优异的抗氢致开裂和硫化物应力腐蚀开裂性能；2.25Cr−1Mo−0.25V 钢在 0.05mol/L 硫化氢溶液中的腐蚀临界应力强度因子为 58.98 MPa•m$^{0.5}$，在 0.1mol/L 硫化氢溶液中的腐蚀临界应力强度因子为 56.66 MPa•m$^{0.5}$。

关键词：湿硫化氢　腐蚀　防护

湿硫化氢腐蚀是指硫化氢和液相水共存时硫化氢所引起的电化学腐蚀。近年来，石油化工设备与管道中的湿硫化氢腐蚀越发频繁，而硫化氢是剧毒化学品，一旦发生事故，往往造成较大的经济损失和灾难性的后果。本文对湿硫化氢腐蚀机理和影响因素进行了简单论述，介绍了石油化工设备与管道在湿硫化氢环境下的腐蚀开裂类型，并详细阐述了湿硫化氢腐蚀的研究现状，指出了湿硫化氢腐蚀的发展趋势。

1　湿硫化氢腐蚀概述

1.1　湿硫化氢腐蚀机理

首先，硫化氢遇水发生水解：$H_2S \rightleftharpoons H^+ + HS^-$

$$HS^- \rightleftharpoons H^+ + S^{2-}$$

其次，金属在硫化氢的水溶液中发生电化学腐蚀：

阳极反应：$Fe \rightarrow Fe^{2+} + 2e$

$$Fe^{2+} + S^{2-} \rightarrow FeS \downarrow$$

$$Fe^{2+} + HS^- \rightarrow FeS \downarrow + H^+$$

阴极反应：$2H^+ + 2e \rightarrow 2H \rightarrow H_2 \uparrow$

$$\downarrow$$

$$2H（渗透到金属材料中）$$

1.2　湿硫化氢腐蚀开裂类型

湿硫化氢环境除了可以造成石油化工设备与管道的均匀腐蚀（如酸性水腐蚀）外，更重要的是引起一系列与钢材渗氢有关的腐蚀开裂，具体有以下四种形式：

（1）氢鼓包（HB）：腐蚀过程中产生的氢原子向钢中扩散，在钢材的非金属夹杂物、分层和其他不连续处，聚集形成氢气，由于氢气不能扩散，就会积累形成巨大内压，引起钢材表面鼓包甚至破裂，这种现象称为氢鼓包。氢鼓包的发生与材料的缺陷密切相关，缺陷越多，发生氢鼓包的可能性越大。

（2）氢致开裂（HIC）：在氢气压力的作用下，

不同层面上的相邻氢鼓包裂纹相互连接，形成阶梯状特征的内部裂纹称为氢致开裂。与氢鼓包类似，氢致开裂的发生无需外加应力，一般与钢中高密度的大平面夹杂物或合金元素在钢中偏析产生的不规则微观组织有关。

（3）硫化物应力腐蚀开裂（SSCC）：腐蚀过程中产生的氢原子渗入钢的内部，固溶于晶格中，使钢的脆性增加，在外加拉应力或残余应力作用下形成的开裂，叫做硫化物应力腐蚀开裂。SSCC通常发生在中高强度钢中或焊缝及其热影响区等硬度较高的区域。

（4）应力导向氢致开裂（SOHIC）：在应力引导下，夹杂物或缺陷处因氢聚集而形成的小裂纹叠加，沿着垂直于应力的方向发展导致的开裂称为应力导向氢致开裂。其典型特征是裂纹沿"之"字形扩展。

1.3 湿硫化氢腐蚀的影响因素

湿硫化氢腐蚀的影响因素主要有以下三个方面：（1）硫化氢浓度：硫化氢浓度越高，水解反应向正向进行趋势越大，溶液中 HS^- 和 S^{2-} 越多，湿硫化氢腐蚀越严重；（2）硫化氢水溶液的PH值：硫化氢溶于水，呈酸性，硫化氢含量越高，酸性越强，PH越小，则湿硫化氢腐蚀越严重；但是如果外加酸性物质，调整体系的PH值，则酸性越大，PH越小，H^+ 越多，反而会抑制硫化氢的水解，抑制湿硫化氢腐蚀。（3）介质温度：温度升高，均匀腐蚀速率升高，HB、HIC和SOHIC的敏感性增加，但SSCC的敏感性下降。SSCC发生在常温的几率最大，而在65℃以上则很少发生。

2 腐蚀实验

腐蚀实验主要是指对现有材料进行腐蚀研究，从而为不同环境下的材料选择提供依据。常见的腐蚀实验方法有：浸泡实验、拉伸实验、电化学实验、挂片实验等。

翟建明等将45#钢浸泡在不同浓度的 H_2S 溶液中，浸泡一定时间后，通过测试浸泡后45#钢的硬度，发现45#钢在 H_2S 溶液中浸泡后会受到两种影响：一是材料直接与溶液接触的部分发生阳极反应，导致材料发生腐蚀破坏；二是阴极反应析出的氢原子会在硫离子的毒化作用下渗透到金属内部，导致氢脆。

卢志明等采用慢应变速率拉伸试验，对16MnR钢在湿硫化氢环境中的应力腐蚀开裂敏感性进行了研究，发现 H_2S 浓度对16MnR钢的应力腐蚀敏感性影响最大，pH值次之，而氯离子浓度与16MnR钢的应力腐蚀敏感性则没有显著相关性。Shuqi Zheng等通过腐蚀模拟实验和拉伸实验研究了两种A350LF2钢在湿硫化氢环境下扩散氢和夹杂物对材料的拉伸性能及断裂行为的影响。随着扩散氢浓度的增加，材料的拉伸强度和塑性均出现下降；夹杂物尺寸越大，材料的拉伸强度损失越严重；受腐蚀的材料出现脆性断裂，氢浓度越大，准解理特征的裂纹越多，而在低氢和低硫含量条件下，材料表层则会出现剥离现象。Pengpeng Bai等通过SEM、XRD、TEM等手段对管线钢X52在湿硫化氢环境下的腐蚀产物进行分析和表征，发现腐蚀产物主要有四方硫铁矿、立方晶系硫化亚铁、陨硫铁、黄铁矿。Rogerio Augusto Carneiro等研究了材料的微观结构对低碳管线钢的氢致开裂和硫化物应力腐蚀开裂的影响，结果显示经过均匀淬火和回火处理，微观结构为贝氏体或马氏体的管线钢具有优异的抗氢致开裂和硫化物应力腐蚀开裂性能。

南广利采用恒定位移法对车用天然气气瓶常用材料34CrMo4钢在湿硫化氢环境下的应力腐蚀进行研究，发现34CrMo4钢在200ppm和2000ppm湿硫化氢环境下具有明显的应力腐蚀倾向；34CrMo4钢在200ppm和2000ppm湿硫化氢环境下腐蚀临界应力强度因子分别问 $19.4MPa \cdot m^{0.5}$ 和 $11.6\ MPa \cdot m^{0.5}$。刘长海等采用慢应变速率法和恒定位移法对2.25Cr-1Mo-0.25V的湿硫化氢应力腐蚀进行研究，发现2.25Cr-1Mo-0.25V钢在0.05mol/L硫化氢溶液中的腐蚀临界应力强度因子为 $58.98\ MPa \cdot m^{0.5}$，在0.1mol/L硫化氢溶液中的腐蚀临界应力强度因子为 $56.66\ MPa \cdot m^{0.5}$。

程姗姗等采用浸泡实验分析了4种常用钢（20#钢、1Cr18Ni9Ti钢、316L钢、TA2钢）在湿硫化氢环境下的均匀腐蚀行为，采用电化学实验分析了这 4 种常用钢在湿硫化氢环境下的点蚀行为，结果发现：4 种常用钢在饱和硫化氢溶液中的耐腐蚀能力由 20# 钢、1Cr18Ni9Ti 钢、316L 钢、TA2 钢依次增强，其中 1Cr18Ni9Ti 钢在饱和硫化氢溶液中表现出明显的钝化趋势，采取相关的阳极极化措施可达到很好的防腐效果；316L 钢和 20# 钢在饱和硫化氢溶液中的阴极极化率较大，采用阴极保护措施可以达到防腐的目的。

3　腐蚀监测

腐蚀监测是指对石油化工设备与管道进行在线监测，实时了解设备与管道的腐蚀情况，降低腐蚀的同时，预防和避免事故的发生。

欧阳跃军等利用化学渗氢原理，设计一种以钯合金为敏感材料的氢传感器，监测氢渗透的稳态电流密度，根据 16MnR 钢的腐蚀速率随稳态氢渗透电流密度变化方程，计算设备内部湿硫化氢腐蚀速率。现场试验证该监测系统可用于监测丙烷储罐的硫化氢腐蚀速率和评估设备的安全运行状态。张万岭等采用声发射技术对常温下饱和硫化氢溶液中 16MnR 钢试样的电解充氢过程进行监测，采集到的幅度 >38dB 的信号就是 16MnR 钢在饱和硫化氢溶液中因腐蚀电解而产生的声音信号。此种方法操作简单，但需要排除机械噪声等的干扰，对实际检验具有一定的参考作用。任建勋采用时域分析、频域分析、小波分析这三种电化学噪声技术对 L450 管线钢在饱和 H_2S 水溶液环境下的电化学噪声进行测试，发现通过电化学噪声测试可以很好的判定 L450 钢所处的应力腐蚀开裂阶段：裂纹诱导期，噪声波动呈现高频、低幅特性，伴随电位噪声整体的正移现象，对应频率 0.125–1Hz 的高频范围；裂纹形成、扩展期，噪声出现暂态峰，对应频率范围 7.8125×10^{-3}–3.125×10^{-2}Hz 的中频范围；临界裂纹形成期，噪声出现单一的、较大的暂态峰，且一个大的裂纹对应一个显著的噪声暂态峰，频率同样在 7.8125×10^{-3}–3.125×10^{-2}Hz 的中频范围。

商剑峰等以普光气田为例，采用电感探针监测和失重挂片监测对高含硫净化厂各工艺管线进行了

腐蚀监测。现场应用结果表明，电感探针监测和失重挂片监测是管线监测的良好手段，成本低，数据可靠，能够满足各种服役工况管线的腐蚀监测。腐蚀监测的方法很多，除了上面所述的钯合金传感器氢监测法、声发射监测法、电感探针监测法、失重挂片监测法这 4 种方法，还有线性极化法、电阻法、离子含量分析法等多种方法，需要根据现场的工况来选择最合适的方法。

4　腐蚀防护

腐蚀防护是指在特定工况下，为了预防或减少腐蚀所采取的措施，比如选择合适的材料、添加缓蚀剂、电化学保护等。

高硫原油加工装置设备和管道设计选材导则（SH/T3096–2012）和高酸原油加工装置设备和管道设计选材导则（SH/T3129–2012）均指出：湿硫化氢腐蚀环境，腐蚀严重时可采用抗 HIC 钢。王菁辉等制备了一种可用于炼油装置的湿硫化氢防护的咪唑啉类缓蚀剂，当缓蚀剂用量为 20mg/L 时，缓释率为 95%。郝兰锁等开发出一种兼具缓释和杀菌双重功效的缓释杀菌剂，这种缓释杀菌剂不仅使该高硫化氢油田管汇处的挂片腐蚀速率保持在 0.05mm/a 以下，而且还有效抑制了硫酸盐还原菌的快速滋生。

5　结束语

腐蚀实验，尤其是不同材料的对比实验，可以对材料的抗腐蚀性能有一个直观的认识，为石油化工设备与管道的选材提供依据，对于存在严重湿硫化氢腐蚀的设备和管道，可以选用抗 HIC 钢；腐蚀监测不仅可以实时监测设备与管道的腐蚀情况，还可以及时采取措施，减少腐蚀，避免事故发生；当腐蚀将要发生或预计会发生时，则可以采用缓蚀剂、电化学保护等防护措施，来延缓或者避免腐蚀的发生。鉴于湿硫化氢腐蚀危害性大、存在范围广的现状，开发新的材料和更加有效的腐蚀监测方法将是未来的发展趋势。

参考文献：

[1] 冯秀梅，薛莹 . 炼油设备中的湿硫化氢腐蚀与防护 [J]. 化工设备与管道,2003,6(40):57 ~ 62.

[2] 刘伟, 蒲晓林, 白小东等. 油田硫化氢腐蚀机理及防护的研究现状及进展 [J]. 石油钻探技术, 2008, 36(1):83 ~ 88.

[3] 翟建明, 李晓阳, 吴明耀, 等. 45号钢在硫化氢水溶液中的腐蚀行为 [J]. 腐蚀与防护, 2013, 34(11):1013 ~ 1018.

[4] 卢志明, 朱建新, 高增梁. 16MnR钢在湿硫化氢环境中的应力腐蚀开裂敏感性研究 [J]. 腐蚀科学防护技术, 2007, 19(6):410 ~ 414.

[5] Shuqi Zheng, Yameng Qi, Changfeng Chen, et al. Effect of hydrogen and inclusions on the tensile properties and fracture behavior of A350LF2 steels after exposure to wet H_2S environments [J]. Corrosion Science, 2012, 60(7):59 ~ 68.

[6] Pengpeng Bai, Shuqi Zheng, Hui Zhao, et al. Investigations of the diverse corrosion products on steel in a hydrogen sulfide environment [J]. Corrosion Science, 2014, 87(10):397 ~ 406.

[7] Rogerio Augusto Carneiro, Rajindra Clement Rantnapuli, Vanessa de Freitas Cunha Lins. The influence of chemical composition and microstructure of API linepipe steels on hydrogen induced cracking and sulfide stress corrosion cracking [J]. Materials Science and Engineering, 2003, 357(1):104 ~ 110.

[8] 南广利. 34CrMo4钢在湿硫化氢介质环境下的应力腐蚀试验研究 [D]. 杭州:浙江工业大学, 2011:47 ~ 65.

[9] 刘长海, 邓文彬, 高军, 等. 2.25Cr-1Mo-0.25V钢的硫化氢应力腐蚀试验研究 [J]. 压力容器, 2014, 31(2):9 ~ 14.

[10] 程姗姗, 王金刚, 王治国. 油气田金属设备硫化氢腐蚀行为研究 [J]. 石油钻探技术, 2011, 39(1):32 ~ 37.

[11] 欧阳跃军, 余刚, 吴运东等. 丙烷储罐湿硫化氢腐蚀监测技术 [J]. 湖南大学学报(自然科学版), 2007, 34(1):60 ~ 65.

[12] 张万岭, 李丽菲, 沈功田. 湿硫化氢环境中16MnR钢腐蚀的声发射试验研究 [J]. 无损检测, 2008, 30(1):42 ~ 45.

[13] 任建勋. L450钢硫化氢应力腐蚀开裂的电化学噪声特性研究 [D]. 成都:西南石油大学, 2013:40 ~ 72.

[14] 商剑峰, 李坛, 刘元直等. 高含硫天然气净化厂管线腐蚀监测方法的优选与应用 [J]. 天然气工业. 2014, 34(1):134 ~ 139.

[15] 王菁辉, 赵文轸. 炼油厂湿硫化氢腐蚀介质缓蚀剂的研究 [J]. 精细石油化工, 2007, 24(6):40 ~ 45.

[16] 郝兰锁, 谢日彬, 李锋等. 高硫化氢油田的腐蚀控制实践 [J]. 工业水处理, 2011, 31(9):90 ~ 93.

氢气站场放空系统
紧急放空自燃特性研究

李万莉

（中石化石油工程设计有限公司）

摘要： 大力开发氢能是推动中国能源绿色低碳转型和实现"双碳"目标的重要战略途径之一，管道放空系统是输气站场安全设施的重要组成部分，放空气体膨胀波引起压力急剧变化，过大超压易造成管道破裂，且高压氢气在放空过程中，具备在没有点火源的情况下自燃和爆炸的条件，引发严重后果。本文针对高压氢气放空过程可能产生的自燃风险进行研究，采用 Fluent 建立对应的纯氢管道泄放模型，分析研究管内气体自燃过程中物理参数变化规律。

关键词： 氢气　放空　自燃　管道　安全

氢能具有较高的单位质量能量密度、零碳排放量、转换效率优异等显著优点，大力开发氢能是推动中国能源绿色低碳转型和实现"双碳"目标的重要战略途径之一。氢能产业的大规模发展与其储运技术的突破密不可分，管道输送是实现大规模、远距离、低成本氢能转运的重要手段。

目前，天然气管道掺氢技术已被初步应用于工程实际，伴随掺氢比例进一步提高，现有站场设备及工艺是否能够适用于氢气输送，能否保证工程及用气安全是能源行业亟待解决的问题之一。管道放空系统是输气站场安全设施的重要组成部分，放空气体膨胀波引起压力的急剧变化，过大的超压易造成管道破裂，且高压氢气在放空过程中，可以在没有任何点火源的情况下出现自燃和爆炸现象，引发严重后果。

1　氢气

1.1　欠膨胀射流

管输高压氢气在泄放过程中，经限流孔板节流后在管道内形成高压欠膨胀射流，在高速流动中继续膨胀为超声速流动。气流流动过程中压力下降直至形成正激波，此时射流区域为超声速区。形成正激波的平面上马赫数为1，称为马赫盘。马赫盘下游气流转变为亚声速流。而环绕射流核心区的边界层内将形成复杂的压缩波，边界层区内的气流在马赫盘下游一段较远的距离内都保持超声速流动，典型的高压欠膨胀射流激波结构如图1所示，利用纹影系统拍摄的相应激波结构如图2所示。

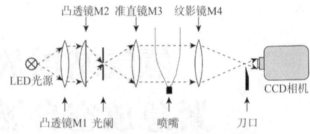

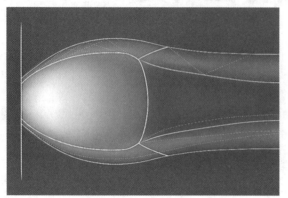

图1　高压欠膨胀射流激波结构

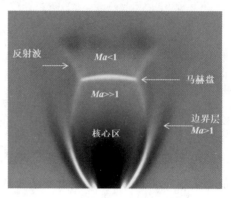

图2　纹影系统拍摄照片

1.2　氢气燃烧

氢气本身无色无味，氢气的泄漏和聚集不容易被人察觉。

氢气可以以各种形式燃烧，如闪火，喷射火焰，爆燃和爆轰等。而纯净的氢气火焰也没有颜色，且不产生烟雾，肉眼在日日光下很难观察到。此外相对于碳氢化合物的燃烧，氢气火焰不会产生很强的热辐射，人体更难感受到火焰的热量。因此氢气的燃烧不容易被人感知，容易直接接触火焰而严重灼伤。

高压氢气在放空过程中，可以在没有任何点火源的情况下出现自燃和爆炸现象。

Dryer等通过实验的手段完成了高压氢气放空过程的观测采样，结果表明当氢气带压储存在承压容器内，经射流释放后的氢气与空气混和后，能够自发进行燃烧，其后果和特征受到激波和边界层的相互作用影响。

Bragin等利用CFD软件完成了高压氢气射流泄放过程的模拟，经流动通道释放后的氢气，在壁面边界层开始自燃，与氧气相互作用生成 H_2O。

Kim等为了进一步观测氢气在受限空间内的自燃现象，选择纹影系统与高速摄像结合的方式，通过连续拍摄记录了透明管道内氢气的射流及自燃过

程，通过分析结果可知氢气的自燃现象最初发生在混合区前缘，并在冲击波的推动作用下沿着射流中心向下移动，该研究结果符合之前参考文献的理论描述及模拟结果。

2　模型建立

2.1　典型放空管道模型

如图3所示，天然气站场紧急放空时通过BDV和限流孔板共同作用，将高压气体泄放至放空管道，最终进入放空立管完成压力泄放，限流孔板为主要节流元件。

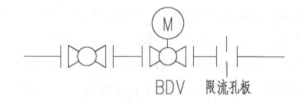

图3　天然气站场放空系统设置方式

2.2　物理模型

结合实际工程完成管道模型的简化，如图4所示。建立放空支管DN200，长度为500 mm，孔板开孔尺寸15mm，厚度为20mm，孔板后管道设置为长60m,，公称直径为DN350的放空总管。初始条件设置也与工程实际一致，孔板内部与下游放空

管被空气充满，放空管内空气的初始温度与压力设置和外界大气环境一致。

上游管内气体为氢气，初始压力设置为 8MPa。上游管道入口定义为压力入口，下游放空管出口设定为压力出口：1个标准大气压，约 0.1MPa。

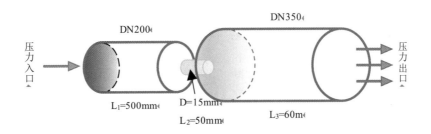

图 4　管道简化模型图

2.1 网格划分

对于含有壁面的几何模型，贴壁处的网格划分要使 y+ 的值在合适的范围内。采用结构化网格划分计算域，并在阀门通道和管轴进行网格加密。

阀门通道壁面的第一层网格高度为 0.1mm，第一层网格的无量纲高度 y+ 约为 30，时间步长设置为 1×10^{-6}s。

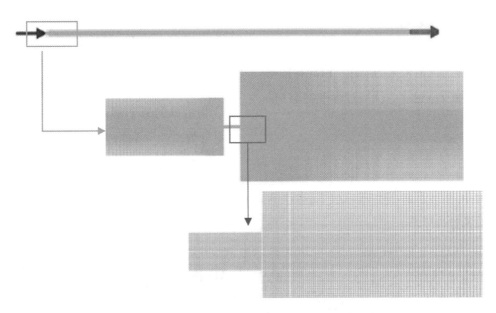

图 5　模型网格划分示意图及局部加密示意图

2.3 控制方程

非稳态的可压缩气体湍流流动，用非定常雷诺时均纳维—斯托克斯（RANS）方程进行描述：

$$\frac{\partial \rho}{\partial t} + \frac{\partial (\rho \overline{v}_i)}{\partial x_i} = 0 \tag{1}$$

$$\frac{\partial (\rho \overline{v}_i)}{\partial t} + \frac{\partial (\rho \overline{v}_i \overline{v}_j)}{\partial x_j} = -\frac{\partial \overline{p}}{\partial x_i} + \mu \frac{\partial}{\partial x_j}\left(\frac{\partial \overline{v}_i}{\partial x_j}\right) + \frac{\partial \tau_{ij}}{\partial x_i} + \rho g_i \tag{2}$$

式中下标 i、j 表示坐标轴分量（i、j=1、2）；ρ 表示混合气体密度，kg/m³；t 表示流动时间，s；μ 表示混合气体的动力黏度，Pa·s；$\bar{v}$ 表示混合气体的时均流速，m/s；τ_{ij} 表示雷诺应力，Pa；$\bar{p}$ 表示气体压强，Pa；g_i 表示重力加速度在坐标轴 i 上的分量，m/s²。

利用 Realizable k-ε 双方程湍流模型对 RANS 方程组进行封闭：

$$\frac{\partial(\rho k)}{\partial t}+\frac{\partial(\rho k \bar{v}_i)}{\partial x_i}=\frac{\partial}{\partial x_i}\left[\left(\mu+\frac{\mu_t}{\sigma_k}\right)\frac{\partial k}{\partial x_i}\right]+G_k+G_b+\rho\varepsilon-Y_M \tag{3}$$

$$\frac{\partial(\rho\varepsilon)}{\partial t}+\frac{\partial(\rho\varepsilon \bar{v}_i)}{\partial x_i}=\frac{\partial}{\partial x_i}\left[\left(\mu+\frac{\mu_t}{\sigma_\varepsilon}\right)\frac{\partial\varepsilon}{\partial x_i}\right]+\rho C_1 S\varepsilon-\rho C_2\frac{\varepsilon^2}{k+\sqrt{v\varepsilon}}+C_{1\varepsilon}\frac{\varepsilon}{k}C_{3\varepsilon}G_b \tag{4}$$

其中 $C_1=\max\left[0.43,\frac{\eta}{\eta+5}\right]$，$\eta=S\frac{k}{\varepsilon}$，$S=\sqrt{2S_{ij}S_{ij}}$，$S_{ij}=\frac{1}{2}\left(\frac{\partial\overline{v_i}}{\partial x_j}+\frac{\partial\overline{v_j}}{\partial x_i}\right)$

式中 k 表示湍动能，m²/s²；ε 表示湍动能耗散率，m²/s³；μ_t 表示涡黏系数；Y_M 表示可压缩湍流中的膨胀对总耗散速率的贡献；G_k、G_b 表示平均速度和浮力产生的湍流动能，m²/s²；$C_{1\varepsilon}$、C_2、$C_{3\varepsilon}$ 表示常数，分别取 1.44、1.90 和 0.09；σ_k、σ_ε 表示湍流普朗特数，分别取 1.0 和 1.2。

选用单步反应的有限速率模型计算反应热，以保守估算爆轰、爆燃反应带来的风险。由涡耗散模型求解流场的燃烧反应速率，反应过程中物质 j 的生成速率（R_j）为：

$$R_j=v'_j M_{w,j} A\rho\frac{\varepsilon}{k}\min(\frac{Y_R}{v'_R M_{w,R}}) \tag{5}$$

$$R_j=v'_j M_{w,j} AB\rho\frac{\varepsilon}{k}\frac{\sum_P Y_P}{\sum_P^N v''_P M_{w,P}} \tag{6}$$

式中 v'_j 表示反应物 j 的化学计量系数；$M_{w,j}$ 表示反应物 j 的分子量；A、B 表示经验常数，分别取 4.0、0.5；Y_R 表示某一反应物组分的质量分数；v'_R 表示反应物组分的化学计量系数；$M_{w,R}$ 表示反应物组分的分子量；Y_P 表示某一生成物组分的质量分数；v''_P 表示生成物组分的化学计量系数；$M_{w,P}$ 表示生成物组分的分子量。

3　后果分析

3.1 管内射流特性研究

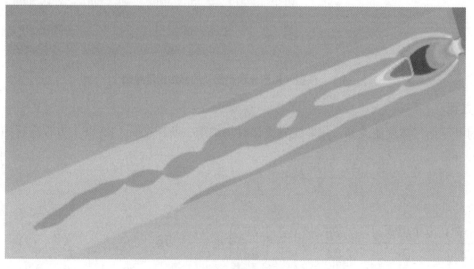

图6　孔板节流后气云示意图

　　高压氢气节流放空后在管道有限空间内产生的激波云图模拟结果如图6所示。从展示的云图中可以观察到清晰、呈圆桶状的核心射流区域、包围在核心区外围的边界层以及明显的马赫盘。边界层的气流进入受限空间后，迅速与环境气体混合继续保持高速流动，向下游前进，该高速混合气流将会对马赫盘下游的氢气扩散产生重要影响。

　　如图7所示，在孔板尺寸相同时，随着初始压力的增大，氢气沿射流轴向和径向的扩散距离都增大，马赫盘出现位置明显后移，直径增大，射流的整体浓度轮廓、云图分布十分相似。

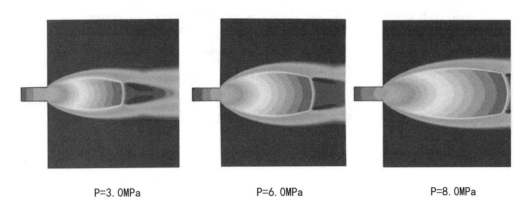

P=3.0MPa　　　　　P=6.0MPa　　　　　P=8.0MPa

图7　不同压力下射流中心线气流马赫数变化曲线

分别绘制初始压力为3MPa、5MPa、6MPa、8MPa时的马赫数变化曲线，如图8所示：

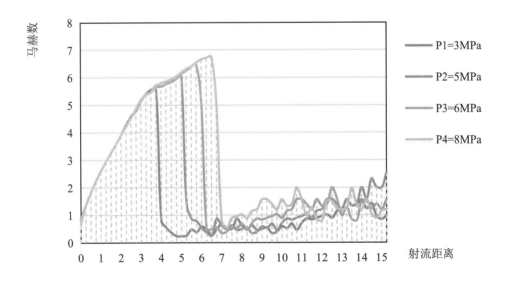

图8　不同压力下射流中心线气流马赫数变化曲线

　　沿射流中心线的气流马赫数在马赫盘产生位置存在显著的突降，气流在此处从超声速突变为亚声速，气流在到达马赫盘之前的最高马赫数随压力比的增大而升高，马赫盘后一段距离内，边界层区内的超声速气流向射流核心区扩散，使得中心线速度小幅增加。

3.2 管内自燃特性研究

　　通过对比高压氢气射流压力波的模拟结果与文献中提供的纹影实验结果，对比结果如图9所示。可知本次研究采用的数值模拟方法可以准确地计算气体在泄压过程中的温度、浓度和速度变化。

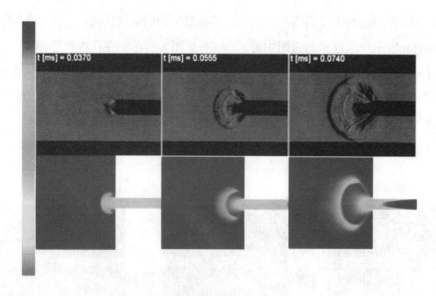

图9　压力波传播过程云图与纹影实验对比图

图 10(a) 给出了纯氢气管道放空时孔板通道内压力波的传播过程：

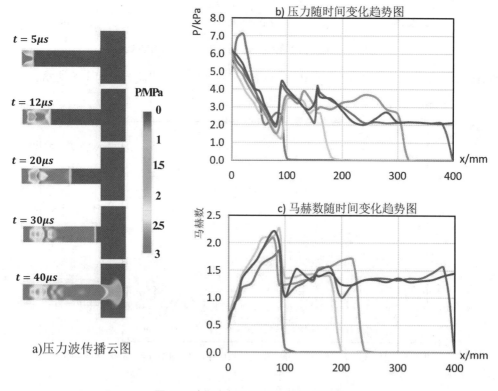

a)压力波传播云图

图10　孔板内部重要参数变化示意图

如图 10(b)(c) 所示，压力及马赫数变化曲线清晰体现了孔板内部轴线上氢气的变化趋势。氢气刚进入孔板时压力波面的速度最大，Ma>1 达到超音速，而最大压强位于波面后方的轴线流核区，且关于轴线对称分布。随后压力波触碰阀壁并反弹，在轴线处形成了第二个压强极值区。如此反复，直至压力波从阀门通道传出，此时可以清晰地看到氢气进入放空管的膨胀波。孔板内的流场在经过足够长时间后得到充分发展，压力和速度均达到动态平衡，形成马赫环，这是由于气体在孔板通道内以正压力波的形式传播，当波面与阀壁碰撞后被反射产生斜压力波，正压力波与斜压力波不断叠加形成马赫环结构，轴线压力最终维持在 1.8 ~ 2.0MPa 范围内波动。

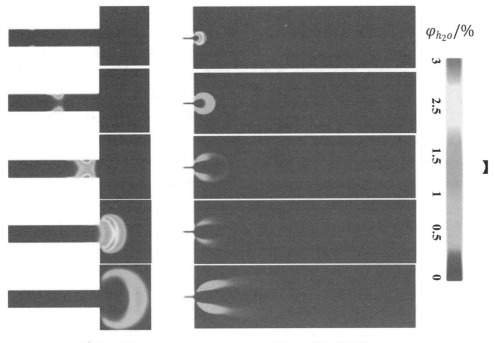

a) 孔板通道内水的体积分数　　　　　b) 放空管道内水的体积分数

图 11　H_2O 随时间变化趋势图

分析图 11 云图规律可知，氢气自燃生成的产物水最先出现在孔板通道壁面，正处于射流压力波第一次碰撞阀壁反弹后与正压力波的叠加过程，叠加作用于空气导致空气压缩升温，经计算可得最高温度高达 1200K，达到氢气自燃所需温度，引发管内自燃。

气体欠膨胀射流产生的壁面边界层与压力波共同作用，再次引发壁面升温，导致温升效率显著提高，这也是产物水最先出现在阀门壁面的主要原因。伴随压力波不断向前推进，不断加热气流前方空气，引发温升后与氢气燃烧，不断生成产物水。随着时间推移，产物水逐渐过渡至充满管道横断面。

4　结论

1）高压气体放空时，气体在阀门通道内以激波的形式传播并不断叠加形成马赫环结构，压缩空气引起温度升高。压力波在阀门通道和阀门出口以超声速传递，在氢气逆焦耳—汤姆逊效应的作用下，氢气在阀门通道内温度均达到自燃温度，出现爆燃现象，进入放空管后能量迅速衰减，压力波面的马赫数降至小于 1。随着压力波在放空管中的继续传播，由其压缩气体引起的温升值越来越低，当气体温度低于自燃点后，不再继续燃烧。因此，爆燃现象仅在阀门通道和刚进入放空管时存在。

2）同一管道长度下，初始释放压力较低时，氢气泄漏不会发生自燃现象，只有当初始释放压力超过某一临界值后，氢气泄漏后才会发生自燃。氢气射流的膨胀冷却作用会导致氢–空气混合区域温度低于其自燃温度，这是导致初始释放压力较低时氢气泄漏后不易发生自燃的主要原因。

3）氢气自燃生成的产物水最先出现在孔板通道壁面，正处于射流压力波第一次碰撞阀壁反弹后与正压力波的叠加过程，叠加作用于空气导致空气压缩升温，达到氢气自燃所需温度，引发管内自燃。

4）气体欠膨胀射流产生的壁面边界层与压力波共同作用，再次引发壁面升温，导致温升效率显著提高，这也是产物水最先出现在阀门壁面的主要原因。伴随压力波不断向前推进，不断加热气流前方空气，引发温升后与氢气燃烧，不断生成产物水。随着时间推移，产物水逐渐过渡至充满管道横断面。对比的激波与燃烧波可知此时燃烧波与激波并不重合，属于复合波形式。因此，阀门内氢气的自燃属于爆燃现象。

参考文献：

[1] 刘慧，张大为. 广东燃气轮机发电用气量及成本测算 [J]. 当代石油石化，2018,26(11):43−46.

[2] 赵晋云，周兴涛，刘冰，等. 国内外输气管道放空系统设计标准分析 [J]. 油气储运,2013,32(3):274−278.

[3]ASTBURY G R, HAWKSWORTH S J. Spontaneous ignition of hydrogen leaks: A review of postulated mechanisms[J]. International Journal of Hydrogen Energy, 2007, 32(13): 2178−2185.

[4]DRYER F L, CHAOS M, ZHAO Zhenwei, et al. Spontaneous ignition of pressurized releases of hydrogen and natural gas into air[J]. Combustion Science and Technology, 2007, 179(4): 663−694.

[5]BRAGIN M V, MOLKOV V V. Physics of spontaneous ignition of high−pressure hydrogen release and transition to jet fire[J]. International Journal of Hydrogen Energy, 2011, 36(3): 2589−2596.

[6]KIM Y R, LEE H J, KIM S, et al. A flow visualization study on self−ignition of high pressure hydrogen gas released into a tube[J]. Proceedings of the Combustion Institute, 2013, 34(2): 2057−2064.

[7]ZHANG Jibao, ZHANG Xin, HUANG Wenwei, et al. Isentropic analysis and numerical investigation on high−pressure hydrogen jets with real gas effects[J]. International Journal of Hydrogen Energy, 2020, 45(39): 20256−20265.

[8]MOGI T, KIM D, SHIINA H, et al. Self−ignition and explosion during discharge of high−pressure hydrogen[J]. Journal of Loss Prevention in the Process Industries, 2008, 21(2): 199−204.

[9]GOLOVASTOV S V, BOCHARNIKOV V M, SAMOILOVA A A. Experimental investigation of influence of methane additions on spontaneous self−ignition of pulsed jet of hydrogen[J]. International Journal of Hydrogen Energy, 2016, 41(30): 13322−13328.

[10] 任志安，郝点，谢红杰. 几种湍流模型及其在 FLUENT 中的应用 [J]. 化工装备技术，2009, 30(2): 38−40.

[11]GAO Zhenxun, JIANG Chongwen, LEE C H. On the laminar finite rate model and flamelet model for supersonic turbulent combustion flows[J]. International Journal of Hydrogen Energy, 2016, 41(30): 13238−13253.

内蒙古乌兰察布至京津冀地区
输氢管道焊接工艺研究

姜欢欢　汤海东　徐　鹏　韩欣欣

（中石化胜利油建工程有限公司）

摘要：为提高输氢管道焊接质量和焊接效率，更好的指导内蒙古乌兰察布至京津冀地区输氢管道工程的焊接施工。针对输氢管道 L245M φ610×15.9mm 和 L360M φ610×14.3mm 进行了 7 种焊焊接工艺的研究。通过进行合理的接头设计，选择合适的焊接材料、焊接设备和焊接工艺参数进行焊接试验。焊后经过了外观检查、无损探伤、焊后热处理和各项力学性能试验。通过分析对比焊接设备操作性能、焊接速度、经济效益和试验数据等优选出主线、连头（金口）和返修的焊接工艺。为我公司未来进行内蒙古乌兰察布至京津冀地区输氢管道的焊接施工提供了有力的技术支撑。

关键词：输氢管道　全自动氩弧焊接　氢致开裂

1 前言

近年来，国家大力倡导"节能减排，2030 年前碳达峰，2060 年前碳中和的"绿色发展道路"。氢能源替代石化能源的比例将逐年递增，氢气管道建设也势在必行。2023 年中石化集团公司计划建设"西氢东送"输氢管道，该管道起于内蒙古自治区乌兰察布市，终于北京市燕山石化，管道全长 400 多公里，建成后将是中国首条跨省区、大规模、长距离的输氢输送管道。但是输氢管道焊接易发生氢脆、氢致开裂、氢腐蚀等问题，对焊缝质量要求高。传统手工钨极氩弧焊根焊＋焊条电弧焊填充盖面焊接效率低、成型差、安全风险高，远不能满足长距离输氢管道对焊接质量和效率的要求。因此我公司积极进行先进全自动焊接工艺、组合自动焊焊接工艺和气保护药芯焊丝焊接工艺技术研究，对提高输氢管道焊接技术水平，填补公司的技术空白具有十分重要的意义。

2 焊接工艺试验

2.1 试验管材

由于氢气对管道具有腐蚀性，容易形成氢致开裂和氢脆。而焊缝内部夹杂物等缺陷明显高于母材，极易造成氢腐蚀。氢脆对钢材的强度较为敏感，钢级强度越高，越容易发生氢脆，因此本试验采用强度较低的 L245M 电阻焊管（沙市钢管厂），规格 φ610×15.9mm 和 L360M 电阻焊管（沙市钢管厂），规格 φ610×14.3mm 两种强度级别的钢管进行工艺对比研究。两种管材化学成分和力学性能如下表所示。

表 1 L245M　钢的化学成分（质量分数）（%）

成分	C	Si	Mn	P	S	Cr	Mo	Ni
含量	0.04	0.13	1.05	0.008	0.001	0.029	0.003	0.016
成分	Nb	Al	Cu	Ti	N	B	CEpcm	
含量	0.025	0.038	0.038	0.017	0.003	0.0002	0.10	

表 2　L245M 钢的力学性能

屈服强度（MPa）	抗拉强度（MPa）	延伸率（%）
360	490	37

表 3　L360M　钢的化学成分（质量分数）（%）

成分	C	Si	Mn	P	S	Cr	Mo	Ni
含量	0.04	0.14	1.05	0.008	0.001	0.029	0.006	0.014
成分	Nb	Al	Cu	Ti	N	B	CEpcm	
含量	0.024	0.032	0.022	0.002	0.004	0.0002	0.10	

表 4　L360M 钢的力学性能

屈服强度（MPa）	抗拉强度（MPa）	延伸率（%）
480	545	38

2.2 焊接工艺的确定

为保证满足输氢管道工程主线、特殊地段连头、返修各焊接工艺的需要，本试验共确定了 7 种焊接工艺方法。包括全自动焊工艺方法 4 种，组合自动焊工艺方法 1 种，气保护药芯焊丝半自动焊工艺方法 1 种，手工焊工艺方法（用于返修）1 种。

焊接设备选用了熊谷全自动氩弧焊机、熊谷单枪和双枪全自动焊机、熊谷全自动内焊机、安意源全自动焊机以及熊谷半自动焊接设备。焊接材料主要采用了 ESAB 焊丝、ESAB 焊条，以及京雷气保护药芯半自动焊丝。L245M 管和 L360M 管试验焊接工艺相同。具体制定的各焊接工艺方法、所用焊接材料、焊接设备如下表 3 所示。

为开展热处理与未经热处理的焊接接头理化性能差异技术研究。采用全自动氩弧根焊 + 单枪自动焊填充盖面焊接工艺焊接 Ø610 × 15.9 L245M 两个试件，试件编号为 PQR-SQGD-01-1 和 PQR-SQGD-01-2。试件 PQR-SQGD-01-1 进行焊后热处理，试件 PQR-SQGD-01-2 不进行焊后热处理。其他管圈试件全部进行焊后热处理。

表 5　制定的焊接工艺方法及所选用的焊材、焊接设备

序号	试件编号	钢管 钢级	钢管 管径(mm)	钢管 壁厚(mm)	焊接工艺	焊材 根焊	焊材 热焊	焊材 填充盖面	焊接设备 根焊	焊接设备 热焊	焊接设备 填充盖面
1	PQR-SQGD-01-1（做热处理） PQR-SQGD-01-2（不做热处理） PQR2023-SQGD-01	L245M L360M	D610 D610	15.9 14.3	GTAW↑+GMAW↓ 全自动氩弧根焊+单枪自动焊填充盖面	AWS A5.18 ER70S-3 Φ1.0mm	AWS A5.18 ER70S-3 Φ1.0mm	AWS A5.18 ER70S-3 Φ1.0mm	熊谷 A-305T+MCT-400Pro	熊谷 A305+DPS-500A	熊谷 A305+DPS-500A
2	PQR-SQGD-02 PQR2023-SQGD-02	L245M L360M	D610 D610	15.9 14.3	GTAW↑+GMAW↓ 全自动氩弧根焊+双枪自动焊填充盖面	AWS A5.18 ER70S-3 Φ1.0mm	AWS A5.18 ER70S-3 Φ1.0mm	AWS A5.18 ER70S-3 Φ1.0mm	熊谷 A-305T+MCT-400Pro	熊谷 A-610+DPS-500P	熊谷 A-610+DPS-500P
3	PQR-SQGD-03 PQR2023-SQGD-03	L245M L360M	D610 D610	15.9 14.3	GTAW↑+GMAW↓ 全自动氩弧根焊+单枪自动焊（安意源）	AWS A5.18 ER70S-3 Φ1.0mm	AWS A5.18 ER70S-3 Φ1.2mm	AWS A5.18 ER70S-3 Φ1.2mm	安意源 T300+EC502	安意源 PIPESTARE521+EC501	安意源 PIPESTARE521+EC501
4	PQR-SQGD-04 PQR2023-SQGD-04	L245M L360M	D610 D610	15.9 14.3	GTAW↑+FCAW-G↑ 组合自动焊 手工钨极氩弧焊根焊热焊+单枪自动焊填充盖面	AWS A5.18 ER70S-3 Φ2.4mm	AWS A5.18 ER70S-3 Φ2.4mm	AWS A5.29 E71T1-GM-H4	熊谷 MPS-500	熊谷 A-305+DPS-500A	熊谷 A-305+DPS-500A
5	PQR-SQGD-05 PQR2023-SQGD-05	L245M L360M	D610 D610	15.9 14.3	GTAW↑+SMAW↑ 手工焊（氩电联焊）	AWS A5.18 ER70S-3 Φ2.4mm	AWS A5.18 ER70S-3 Φ2.4mm	AWS A5.1 E7018-1H4R Φ3.2mm	熊谷 MPS-500	熊谷 MPS-500	熊谷 MPS-500
6	PQR-SQGD-07 PQR2023-SQGD-07	L245M L360M	D610 D610	15.9 14.3	GTAW↑+FCAW-G↓ 手工钨极氩弧焊根焊热焊+气保护药芯半焊填充盖面	AWS A5.18 ER70S-3 Φ2.4mm	AWS A5.18 ER70S-3 Φ2.4mm	京雷 E71T5-GC Φ1.6mm	熊谷 MPS-500	熊谷 MPS-500	熊谷 MPS-500+XG90LN
7	PQR-SQGD-08 PQR2023-SQGD-08	L245M L360M	D610 D610	15.9 14.3	GMAW↓ 全自动内焊机根焊+双枪全自动焊填充盖面	AWS A5.18 ER70S-3	AWS A5.18 ER70S-3	AWS A5.18 ER70S-3 Φ1.0mm	熊谷 SA-500+A-804	熊谷 A-610+DPS-500P	熊谷 A-610+DPS-500P

2.3 焊接设备

本试验主要采用了熊谷自动焊机（包括全自动氩弧焊接、内焊机、全自动双枪焊接设备、全自动单枪焊机设备）、安意源全自动焊接设备、以及熊谷半自动焊接设备。全自动焊机由焊接电源、焊接机头、机头控制系统、供气系统、编程器和轨道组成。主要采用的全自动焊接设备如下图所示。

1）熊谷全自动氩弧焊根焊焊接设备

2）熊谷单枪全自动焊机 DPS-500A+A305

3）　熊谷内焊机 A-804 和双枪自动焊机 A-610

图 1　全自动焊接设备

2.4 焊接材料

焊接材料主要采用实心焊丝 ESAB ER70S-3 Ø1.0，保护气体为 100%Ar 或 80%Ar+20%CO$_2$。具体 ER70S-3 化学成分见表 6，力学性能见表 7。

手工钨极氩弧焊采用实心焊丝 ESAB ER70S-3 Ø2.4，保护气体为 100%Ar。化学成分见表 8，力学性能见表 9。

表 6　ER70S-3 Ø1.0 焊丝化学成分（质量分数）（%）

成分	C	Si	Mn	P	S	Ni	Cr	Mo	Cu	Al	V
含量	0.08	0.59	0.99	0.012	0.016	0.01	0.05	0.01	0.09	< 0.01	< 0.01

表 7　ER70S-3 Ø1.0　焊丝力学性能

屈服强度（MPa）	抗拉强度（MPa）	延伸率（%）	-30℃冲击韧性（J）
420	515	26	90

表 8　ER70S-3 Ø2.4 焊丝化学成分（质量分数）（%）

成分	C	Si	Mn	P	S	Ni	Cr	Mo	Cu	Al	V
含量	0.08	0.55	1.00	0.014	0.013	0.02	0.04	0.01	0.14	< 0.003	< 0.01

表 9　ER70S-3 Ø2.4 焊丝力学性能

屈服强度（MPa）	抗拉强度（MPa）	延伸率（%）	-30℃冲击韧性（J）
420	515	26	90

2.5 坡口加工与组对

坡口形状全自动焊采用 U 形，单枪自动焊和气保护药芯焊丝自动焊、手工焊采用 V 型型坡口，U 型坡口主要采用了专用坡口机加工，坡口形式如图 2 所示。

各工艺都采用了内对口器进行管口组对。组对前应用机械方法将坡口两侧 150mm 范围内的铁锈等污物清理干净，并将内外表面坡口两侧 25mm 范围内清理至显现出金属光泽。管口组对参数根据不同的工艺确定。

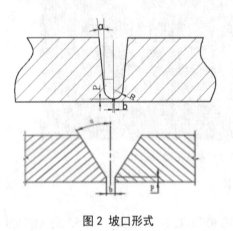

图 2 坡口形式

2.6 预热

L245M 试件焊前无进行预热。但为去除管线因受潮存在的水分，减少氢进入到焊缝中，利用火焰加热

方法将焊接区域进行了加热，加热后测量管口温度 40-50℃。焊接过程中层道间温度控制为 80 ~ 150℃。焊接时当温度低于层间温度时必须再加热。

L360M 试件进行了预热，预热温度控制在 81-120℃。层道间温度控制在 85 ~ 125℃。减缓焊缝冷却速度，有利于氢从焊缝金属中逸出。

图 2　焊前预热

2.7 组对、焊接

焊接前，根据各工艺的特点，确定了焊接工艺参数，并编制了预焊接工艺规程。

焊接前，应保证焊接区域无任何污物和水分。自动焊施焊前检查线路，并调试自动焊设备，保证焊接电路正常。检查焊接轨道，确保小车行走通畅。检查气瓶压力和保证气路畅通。将焊接工艺参数存入自动外焊机小车控制盒内，进行根焊、热焊、填充焊和盖面层的焊接。焊接过程中，每层焊道用角向砂轮机清理飞溅及焊渣后再进行下一层接。

图 3 焊接过程

2.8 焊后热处理

焊接完成后，经过外观检查合格后对各管圈进行焊接热处理。焊后热处理目的消除焊接残余应力，改善焊接接头组织，加快焊缝及热影响区域中氢的溢出，能有效防止焊接裂纹的产生。

热处理采用电加热法，按照《酸性环境可燃流体输送管道焊接规程》(SH/T3611–2012) 规定，将焊接接头热处理温度定为 625±5℃。

热处理工艺为将焊接接头加热至 400℃后，400～625℃升温速度不大于 220℃/h，625±5℃保温时间为 1h，然后降温，625℃至 400℃时降温速度不大 280℃/h，400℃以下自由冷却。热处理过程及热处理温度曲线如图 3 所示。

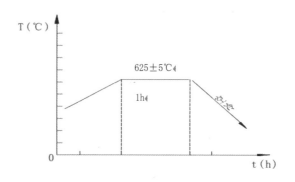

图 3 热处理过程及热处理曲线

热处理时布置了 4 个测温点，具体见图 6。加热时，保证内外壁和焊缝两侧温度均匀。恒温时在加热范围内任意两点间的温度差应低于 20℃。

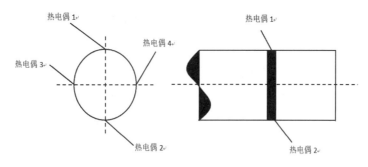

图 4 热电偶测温计安装

3 试验结果与分析

3.1 无损检验

根据 SY/T4109-2020 标准要求进行射线检测（RT）和相控阵超声波检测 (PAUT)，结果合格。

3.2 力学性能试验

按照 GB/T31032-2014《钢质管道焊接及验收》规定制备拉伸、弯曲、冲击、刻槽锤断试样，并按该标准规定的方法进行试验。

按 GB/T26955-2011《金属材料焊缝破坏性试验 焊缝宏观和微观检验》和 GB/T13298-2015《金属显微组织检验方法》的规定进行宏观金相和微观纤维组织检测。

按 GB/T 4340.1-2009《金属维氏硬度试验 第1部分：试验方法》标准规定进行硬度试验。检测部分均为侧剖面。

氢致裂纹开裂（HIC）试验按 GB/T 8650-2015《管线钢和压力容器钢抗氢致开裂评定方法》进行试验。试验结果得出裂纹敏感率 CSR%、裂纹长率 CLR% 和裂纹厚度率 CTR%。

各本试验各管圈试验项目和取样个数如下表所示。

表 10　试验项目和取样个数

试验项目	拉伸	侧弯	刻槽	（-10℃）冲击试验	宏观金相	微观检测	硬度试验	HIC
取样个数	4个	4个	2个	18个（6组）	1个	1个	1个	3个

3.3 理化试验结果分析

3.3.1 拉伸试验结果分析

L245M 所焊接的 8 个试验管圈，拉伸抗拉强度在 457-495MPa，均在母材处断裂。抗拉强度大于管材规定的最小抗拉强度 415MPa.

L360M 所焊接的 7 个试验管圈，拉伸抗拉强度在 510-550MPa，均在母材处断裂。抗拉强度大于管材规定的最小抗拉强度 460MPa.

3.3.2 侧弯和刻槽锤断试验结果分析

L245M 所焊接的 8 个试验管圈，除 PQR-SQGD-01-1 、PQR-SQGD-03 和 PQR-SQGD-04 三个试样各出现一个合格范围内的缺陷外，其他弯曲面均完好，无任何缺陷出现。试验合格

L360M 所焊接的 7 个试验管圈，除 PQR2023-SQGD-02、PQR2023-SQGD-03、PQR2023-SQGD-08 三个试样各出现1各合格范围内缺陷外，其他弯曲面均完好，无任何缺陷出现。试验合格。

L245M 和 L360M 两种材质管圈的刻槽试验都合格，没有发现缺陷。

3.3.2 冲击试验结果分析

采用组合自动焊工艺（焊丝采用气保护药芯焊丝 E71T1-GM-H4）的两个管圈（PQR-SQGD-O4 和 PQR2023-SQGD-O4）冲击韧性低，数值不稳定，PQR-SQGD-O4 和 PQR2023-SQGD-O4 焊缝 -10℃℃冲击值最低分别为 26.7J 和 25.8J，均值最低为 43.1J 和 53J。

其他管圈各项常规试验数据都符合标准要求，焊缝位置冲击值都超过 133J，平均值超过 156J。试验结果满足标准要求。

3.3.3 宏观金相和微观检测分析

各管圈焊缝宏观金相试验合格，微观检测两种结果：一种为共析铁素体、贝氏体和少量珠光体；一种为先共析铁素体沿柱状晶界析出，晶内为贝氏体、块状铁素体。微观组织良好。

3.3.4 氢致裂纹开裂（HIC）试验结果分析

按 GB/T 8650-2015《管线钢和压力容器钢抗氢致开裂评定方法》进行试验。各个管圈氢致裂纹试验都性能优良。裂纹敏感率 CSR%、裂纹长率 CLR% 和裂纹厚度率 CTR% 平均值均为 0。

3.4.5 硬度试验分析

按 GB/T 4340.1-2009《金属维氏硬度试验 第1部分：试验方法》标准规定进行硬度试验。检测部分均为侧剖面。硬度测定压痕点位置如图 5 所示。试验结果如表 11 所示。硬度测定点 HV10 硬度值

都不大于 200，硬度试验合格。

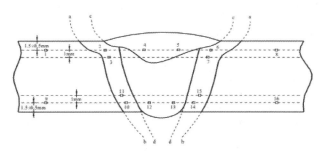

图 5　硬度测定压痕点位置

表 11　各管圈硬度试验结果平均值

工艺编号	钢级	规格	焊接工艺	硬度均值
PQR-SQGD-01-1	L245M	D610×15.9mm	自动氩弧（熊谷）+单枪（热处理）	167.5
PQR-SQGD-01-2	L245M	D610×15.9mm	自动氩弧（熊谷）+单枪（不热处理）	185.6
PQR-SQGD-02	L245M	D610×15.9mm	自动氩弧+双枪	165.4
PQR-SQGD-03	L245M	D610×15.9mm	自动氩弧（安意源）+单枪	162.9
PQR-SQGD-04	L245M	D610×15.9mm	组合自动焊	157.9
PQR-SQGD-05	L245M	D610×15.9mm	氩电联焊	168.9
PQR-SQGD-07	L245M	D610×15.9mm	半自动焊	159.4
PQR-SQGD-08	L245M	D610×15.9mm	内焊机全自动焊	167.3
PQR2023-SQGD-01	L360M	D610×14.3mm	自动氩弧（熊谷）+单枪（热处理）	179.7
PQR2023-SQGD-02	L360M	D610×14.3mm	自动氩弧+双枪	182.1
PQR2023-SQGD-03	L360M	D610×14.3mm	自动氩弧（安意源）+单枪	182.9
PQR2023-SQGD-04	L360M	D610×14.3mm	组合自动焊	161.3
PQR2023-SQGD-05	L360M	D610×14.3mm	氩电联焊	169
PQR2023-SQGD-07	L360M	D610×14.3mm	半自动焊	166
PQR2023-SQGD-08	L360M	D610×14.3mm	内焊机全自动焊	181.1

3.4.6　做热处理与不做热处理管圈试验性能对比分析

3.4.6.1　冲击韧性对比

焊后做热处理的 PQR-SQGD-01-1 相比不做

热处理的 PQR-SQGD-01-2，焊缝位置冲击韧性好。冲击功均值比不做热处理的要高 10J ~ 71J。

表 12　冲击韧性值对比

序号	编号	平焊缝内表面			均值	立焊缝内表面			均值	平焊缝外表面			均值	平焊缝熔合线外表面			均值	立焊缝焊缝外表面			均值	立焊缝熔合线外表面			均值
1	PQR-SQGD-01-1（热处理）	149	201	177	176	142	196	156	165	170	176	214	187	223	237	230	230	167	233	188	196	268	280	284	277
2	PQR-SQGD-01-2（不做热处理）	135	76.6	102	105	195	80.8	176	151	151	167	217	178	233	255	220	236	157	152	126	145	225	280	246	250

3.4.6.2 抗拉强度结果对比

焊后做热处理的 PQR-SQGD-O1-1 相比不做热处理的 PQR-SQGD-O1-2，做热处理的拉伸试验抗拉强度比不做热处理的拉伸试验抗拉强度平均值高 19MPa。如下表所示。

表 13　抗拉强度值对比

试件编号	钢级	规格	抗拉强度（Mpa）	平均值
PQR-SQGD-01-1 做热处理	L245M	D610×15.9mm	486　481　490　493	487.5
PQR-SQGD-01-2 不做热处理	L360M	D610×14.3mm	470　471　457　474	468

3.4.6.3 硬度试验 (HV10) 值对比

焊后做热处理的 PQR-SQGD-O1-1 的硬度试验均值为 167.5，不做热处理的 PQR-SQGD-O1-2 的硬度试验均值为 185.6。不做热处理硬度值稍高，但也符合标准要求。如下表所示。

表 14　硬度值对比

工艺编号	钢级	规格	焊接工艺	硬度均值
PQR-SQGD-01-1（热处理）	L245M	D610×15.9mm	自动氩弧（熊谷）+ 单枪	167.5
PQR-SQGD-01-2（不热处理）	L245M	D610×15.9mm	自动氩弧（熊谷）+ 单枪	185.6
PQR-SQGD-02	L245M	D610×15.9mm	自动氩弧 + 双枪	165.4
PQR-SQGD-03	L245M	D610×15.9mm	自动氩弧（安意源）+ 单枪	162.9
PQR-SQGD-04	L245M	D610×15.9mm	组合自动焊	157.9
PQR-SQGD-05	L245M	D610×15.9mm	氩电联焊	168.9
PQR-SQGD-07	L245M	D610×15.9mm	气保护药芯半自动焊	159.4
PQR-SQGD-08	L245M	D610×15.9mm	内焊机全自动焊 + 双全	167.3
PQR2023-SQGD-01	L360M	D610×14.3mm	自动氩弧（熊谷）+ 单枪	179.7
PQR2023-SQGD-02	L360M	D610×14.3mm	自动氩弧 + 双枪	182.1
PQR2023-SQGD-03	L360M	D610×14.3mm	自动氩弧（安意源）+ 单枪	182.9
PQR2023-SQGD-04	L360M	D610×14.3mm	组合自动焊	161.3
PQR2023-SQGD-05	L360M	D610×14.3mm	氩电联焊	169
PQR2023-SQGD-07	L360M	D610×14.3mm	气保护药芯半自动焊	166
PQR2023-SQGD-08	L360M	D610×14.3mm	内焊机全自动焊 + 双枪	181.1

3.4.6.4 其他试验对比

两种强度级别的各个管圈氢致裂纹试验性能优良，裂纹率均为 0。

宏观金相检测结果都为合格，无裂纹和未熔合缺陷，未发现气孔、夹渣缺陷。

微观检测结果均未共析铁素体和贝氏体和少量珠光体。

刻槽试验均合格，断裂面完全焊透和熔合，未发现气孔、夹渣和白点缺陷。

4　各焊接工艺焊接效率对比

为更全面研究各焊接工艺焊接效率，在进行试件的施焊时，对每个试件的焊接时间进行了记录。各管圈的焊接时间如下表所示。

表 15 各焊接工艺管圈焊接所用时间（包括焊道间打磨时间）

序号	试件编号	钢级、规格	焊接方法	根焊时间	填盖时间	整体焊接完成时间（焊接时间+焊道间打磨时间）
1	PQR-SQGD-01-1	L245M D610×15.9	自动氩弧（熊谷）+单枪	31分	1小时15分	130分
2	PQR-SQGD-01-2	L245M D610×15.9	自动氩弧（熊谷）+单枪	30分	1小时10分	125分
3	PQR-SQGD-02	L245M D610×15.9	自动氩弧+双枪（熊谷）	33分	57分	110分
4	PQR-SQGD-03	L245M D610×15.9	自动氩弧（安意源）+单枪	32分	1小时16分	131分
5	PQR-SQGD-04	L245M D610×15.9	组合自动焊（熊谷）	40分5秒	1小时20分	160分
6	PQR-SQGD-05	L245M D610×15.9	氩电联焊	45分	135分	220分
7	PQR-SQGD-07	L245M D610×15.9	气保护药芯半自动焊	41分	72分	142分
8	PQR-SQGD-08	L245M D610×15.9	内焊机全自动焊	1分30秒	15分05	40分10秒
9	PQR2023-SQGD-01	L360M D610×14.3	自动氩弧（熊谷）+单枪	28分05秒	70分	125分
10	PQR2023-SQGD-02	L360M D610×14.3	自动氩弧+双枪（熊谷）	31分	55分	105分
11	PQR2023-SQGD-03	L360M D610×14.3	自动氩弧（安意源）+单枪	30分	1小时12分	130分
12	PQR2023-SQGD-04	L360M D610×14.3	组合自动焊（熊谷）	44分	1小时15分	150分
13	PQR2023-SQGD-05	L360M D610×14.3	氩电联焊	41分	120分	210分
14	PQR2023-SQGD-07	L360M D610×14.3	气保护药芯半自动焊	40分	70分	140分
15	PQR2023-SQGD-08	L360M D610×14.3	内焊机全自动焊	1分30秒	15分	40分20秒

5 组合自动焊更换焊丝试验

组合自动焊工艺（焊丝采用气保护药芯焊丝 E71T1-GM-H4）焊接的两个管圈（PQR-SQGD-04 和 PQR2023-SQGD-04）冲击韧性值低。考虑是由于药芯焊丝本身性能问题原因。与焊材厂家沟通，更换药芯焊丝，采用无缝气保护药芯焊丝（E71T1-12C-J），继续焊接了 L245M Φ610*15.9mm 和 L360M Φ610*14.3mm 各1个管圈，并进行了焊缝内外表面12点、3点和5点3个位置的冲击试验。L245M Φ610*15.9mm 管圈冲击范围值在136-256J；L360M Φ610*14.3mm 管圈冲击范围值在121J～213J。冲击韧性值有了明显改善。

表 16 冲击韧性值

PQR-SQGD-09 L245M, Φ610*15.9mm	12点焊缝外表面			均值	3点焊缝外表面			均值	5点焊缝外表面			均值
	201	181	189	190	152	160	163	158	155	183	168	169
	12点焊缝内表面			均值	3点焊缝内表面			均值	5点焊缝内表面			均值
	136	163	160	153	158	156	172	162	256	163	213	211
PQR2023-SQGD-09 L360M, Φ610*14.3mm	12点焊缝外表面			均值	3点焊缝外表面			均值	5点焊缝外表面			均值
	221	187	213	207	168	181	181	177	159	148	145	151
	12点焊缝内表面			均值	3点焊缝内表面			均值	5点焊缝内表面			均值
	151	167	157	158	121	167	171	153	137	160	152	150

6　结论

6.1 通过对输氢管道进行全自动焊工艺试验，结果表明，将全自动焊焊接方法移植到输氢管道中应用，焊接速度快（约为手工焊的1.6-2倍），减少了人为影响焊缝质量的因素，同时降低了人工劳动强度，具有良好的经济效益。

6.2 输氢管道采用全自动氩弧根焊工艺，具有焊接电弧稳定，热输入小，成型质量好的优点。氩弧焊接采用自动焊的方式达到单面焊双面成型的目的，能够有效解决根部烧穿、内凹和未焊透等缺陷。该根焊技术较易为焊工掌握，焊缝焊接质量稳定，根焊焊接效率较手工氩弧焊稍快，根焊效率提高不明显，但坡口较窄，填盖的层道数较组合自动焊大大减少，填充盖面的焊接效率较组合自动焊提高了约1倍。

6.3 根据内蒙古乌兰察布至京津冀地区输氢管道工程的施焊环境，分析各焊接设备性能情况及焊接效率等，推荐一般线路选用全自动氩弧根焊＋单枪实芯向下焊接工艺和组合自动焊（手工氩弧打底＋单枪向上无缝气保护药芯焊丝）2种工艺，连头及特殊地段选用自动焊（手工氩弧打底＋单枪向上无缝气保护药芯焊丝）和手工氩电连焊工艺，焊缝返修选用手工氩电工艺。

6.4 通过实验数据对比，焊后进行热处理和未经热处理管圈理化试验数据有差距，但未经热处理的管圈试验数据也高于标准要求。下一步进一步焊接试验管圈，研究不进行热处理工艺管圈的理化性能。

6.5 全自动焊接工艺在长输尤其管道施工今年得到了充分应用，施工管理、技术储备逐渐成熟，已成为大口径、长距离管道建设的主要焊接技术。因此在不断总结经验，提高焊接质量和效率的目标上，将全自动焊接技术应用在输氢管道焊接中是必然的。

6.6 下一步将继续针对输氢全自动焊进行研究，不断改进工艺，摸索更适合的焊接工艺参数。进一步探索全自动双枪填充盖面工艺，以提高焊接效率。

参考文献：

[1] 韩秀林，孙宏，李建一等.输氢管道钢管研究进展[J].钢管,2023

[2] 靳红星.长输管道自动焊接工艺研究[J].天津大学,2007

临氢环境下 X80 管道
环焊缝氢致开裂相场法模拟

徐涛龙[1]　韩浩宇[1]　冯　伟[2]　毛　建[2]　过思翰[1]　李又绿[1]

（1 西南石油大学；2 国家石油天然气管网集团有限公司西气东输分公司）

摘要： 将氢气以一定比例掺入天然气中，利用现有的天然气管网输送被认为是一种十分经济有效的氢气输送方式。然而，由氢脆导致管道失效是掺氢输送的一大障碍，而管道环焊缝又是管道中的薄弱点。因此，以 X80 管道环焊缝为研究对象，建立 CT 模型，使用相场法研究了 X80 管道环焊缝在不同氢浓度下的韧性退化规律，得到了 X80 管道环焊缝由韧性断裂转变为脆性断裂的关键氢浓度。基于此，建立了含裂纹的 1/4 管道模型，耦合相场法以及氢扩散模型，研究不同因素对 X80 管道环焊缝氢致开裂的影响。在相同内压及氢浓度情况下，焊缝中心处损伤程度最高。随着内压上升，在静水应力的作用下，热影响区的氢聚集最为明显。

关键词： 相场法　氢脆　X80 管线钢　多场耦合　氢致弱键理论

近年来，随着全球各国碳计划的实施，氢气作为一种清洁、可再生的能源受到广泛关注，利用旧有的天然气管道输送天然气具有较高的经济效益。然而，管道输氢过程中，氢原子易扩散至管材内部，使得管材的塑性下降、形成鼓泡、甚至直接开裂，该现象被称为氢脆现象。目前而言，氢脆失效理论并没有统一的定论，被人们广泛接受的理论有三类：第一类为氢压理论（HPT），该理论认为氢原子会在金属微孔隙中聚集形成氢分子，造成微孔隙氢原子浓度降低，由于化学势梯度的影响，氢原子会源源不断的扩散至微孔隙当中，而氢压与氢浓度的关系成正比，使得微孔隙周围发生塑性应变甚至开裂；第二类为氢致弱键理论（HEDE），该理论认为裂纹形核是通过原子键的断裂实现的，而氢使得金属原子之间的键合力下降，导致金属断裂韧性下降；第三类为氢致局部塑性变形理论（HELP），该理论认为氢原子的屏蔽作用降低了位错运动的阻力，促进了位错运动从而使得金属断裂韧性下降。

目前，对于金属氢致开裂现象的研究，国内外的研究人员从试验及数值模拟两方面开展了多项工作。Xue 等采取充氢、电化学氢渗透和表面表征等手段分析了 X80 管线钢氢致开裂对微观结构的敏感性，结果表明，在不存在外载荷是时，钢也会氢致开裂现象，主要原因在于钢中的夹杂物。李玉星等利用高压气相氢环境下的原位拉伸实验对 X52、X80 管线钢钢掺氢工况下的力学行为进行研究，认为氢分压增大会使管线钢的塑性逐渐下降，氢脆程度加剧。在数值模拟方面，Olden 采用内聚力法模拟了 X70 管线钢焊缝区域的断裂力学性能，结果表明，热影响区具有更高的氢脆敏感性。Jiang 等人通过密度泛函理论（DFT）计算得出了铁基材料的氢损伤系数。Emilio Martínez-Pañeda 等人建立了一个氢辅助开裂的相场模型，该模型耦合了裂纹的扩展及氢的扩散，与试验吻合度高。

本研究基于上述研究以及 Gergely Molnár 所提供的相场法模型，针对 X80 管线钢的环焊缝区域，研究了X80管线钢环焊缝的不同区域由韧性断裂转变脆性断裂的关键氢浓度以及影响X80管线钢氢致开裂的各种因素。

1 方法论概述

1.1 相场法模拟断裂

相场法通过引入一个标量场 d 来描述裂纹扩展情况，考虑一根无限长的沿 x 轴的一维杆，其横截面积为 Γ，如图1所示。在 $x=0$ 处存在一条贯穿裂纹，使用相场量 $d=1$ 来表示杆完全断裂，$d=0$ 表示杆完好无损。引入一个长度参数（l_c），由此将尖锐的裂纹转换为弥散裂纹。图1展示了这种转换。

$$d(x) = \begin{cases} 1 & if\ x=0 \\ 0 & if\ x \neq 0 \end{cases} \tag{1}$$

不光滑裂纹相场（1）可以通过指数函数来近似：

$$d(x) = e^{\frac{x}{l}} \tag{2}$$

式（2）表示弥散裂纹拓扑，如图1（b）所示，长度参数 l 控制裂纹区域的弥散程度，即裂纹的"宽度"。当 $l_c \to 0$ 时，式（2）等同于式（1），表征了尖锐裂纹的扩展情况。

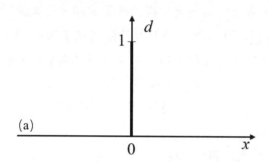

图1 尖锐裂纹和弥散裂纹拓扑图 （a）尖锐裂纹 （b）弥散裂纹拓扑

式（2）为下式（3）齐次微分方程的解：

$$d(x) - l^2 d''(x) = 0 \tag{3}$$

该微分方程满足Dirichlet边界条件（1），该微分方程就是变分形式的欧拉方程：

$$d = \mathrm{Arg} \left\{ \inf_{d \in W} I(d) \right\} \tag{4}$$

$$I(d) = \frac{1}{2} \int_{-\infty}^{+\infty} \left\{ d^2 + l^2 d'^2 \right\} \mathrm{d}x \tag{5}$$

式（5）为一维时的情况，在三维空间中，式（5）应转化为下式（6）：

$$I(d) = \frac{1}{2} \int_{\Omega} \left\{ d^2 + l^2 \nabla d^2 \right\} \mathrm{d}V \tag{6}$$

由于 $\mathrm{d}V = \Gamma \mathrm{d}x$，得出式（7）：

$$I\left(d(x) = e^{\frac{x}{l}} \right) = l\Gamma \tag{7}$$

联立式（6）及式（7），得：

$$\Gamma(d) = \frac{1}{2l} \int_{\Omega} \left\{ d^2 + l^2 (\nabla d)^2 \right\} \mathrm{d}V \tag{8}$$

根据Griffith理论，由于形成裂纹所需的断裂能为：

$$\int_{\Gamma} g_c \mathrm{d}\Gamma \approx \int_{\Omega} g_c \gamma(d, \nabla d) \mathrm{d}\Omega = \int_{\Omega} \frac{g_c}{2l} \left(d^2 + l^2 (\nabla d)^2 \right) \mathrm{d}\Omega \tag{9}$$

式中：false 为断裂能密度；false 为临界能量释放率，N/m²。

由于材料损伤导致材料力学性能退化的函数如式（10）所示：

$$g(d)=(1-d)^2+k \tag{10}$$

式中：k 为一个极小的正数以避免出现奇异性。

在忽略惯性力的情况下，材料内部总势能为：

$$\Pi = \int_{\Omega} \frac{g_c}{2l}\left(d^2 + l^2(\nabla d)^2\right)\mathrm{d}\Omega + \int_{\Omega}\left[(1-d)^2+k\right]\psi_e\mathrm{d}\Omega \tag{11}$$

式中：false 为没有损伤时系统中的应变能密度，J/m³。

式（11）的变分形式为：

$$\int_{\Omega}\frac{g_c}{l}\left(d\delta d + l^2\nabla d\nabla\delta d\right)\mathrm{d}\Omega + \int_{\Omega}-2(1-d)\delta d\psi_e\mathrm{d}\Omega = 0 \tag{12}$$

导出相场的控制方程为：

$$-2(1-d)\psi_e + \frac{g_c}{l}\left(d - l^2\Delta d\right) = 0 \tag{13}$$

1.2 金属材料临界能量释放率与氢浓度的关系

第一性计算表明，金属临界能量释放率与氢覆盖率之间存在线性关系：

$$\frac{g_c\left(\theta\right)}{g_c\left(0\right)} = 1 - \chi\theta \tag{14}$$

式中：false 为氢覆盖率为零时金属材料的临界能量释放率；false 为氢损伤系数，Jiang 等人通过 DFT 计算得出铁基材料的氢损伤系数为 0.89。

氢覆盖率 false 如下所示：

$$\theta = \frac{C}{C + \exp(\frac{-\Delta g_b^0}{RT})} \tag{15}$$

式中：C 为氢浓度，ppm；T 为温度，K；Δg_b^0 为吉布斯自由能，kJ/mol；R 为气体常数。

1.3 氢扩散

材料中氢的扩散依靠化学梯度势 $\nabla\mu$ 的驱动，氢的质量通量满足线性的 Onsager 关系：

$$\boldsymbol{J} = -\frac{DC}{RT}\nabla\mu \tag{16}$$

由于外载荷影响的化学梯度式为：

$$\mu = \mu^0 + RT\ln\frac{\theta_L}{1-\theta_L} - \overline{V}_H\sigma_H \tag{17}$$

式中：false 为标准状态下的化学梯度势；θ_L 为晶格位点的占有率；V_H 为氢的偏莫尔体积；σ_H 为静水应力，MPa。

联立式（16）及（17），得到在外载荷下的氢通量表达式为：

$$\boldsymbol{J} = -\frac{DC}{(1-\theta_L)}\left(\frac{\nabla C}{C} - \frac{\nabla N}{N}\right) + \frac{D}{RT}C\overline{V}_H\sigma_H \tag{18}$$

由于通常而言金属中晶格位点的占有率低（θ_L），式（18）可简化为：

$$\boldsymbol{J} = -D\nabla C + \frac{D}{RT}C\overline{V}_H\sigma_H \tag{19}$$

根据质量守恒定律，氢在材料中的扩散满足下式：

$$\int_{\Omega}\frac{dC}{dt}\mathrm{d}V + \int_{\partial\Omega}\boldsymbol{J}\cdot\boldsymbol{n}\mathrm{d}S = 0 \tag{20}$$

利用散度定理得出对于任意体的强形式为：

$$\frac{\mathrm{d}C}{\mathrm{d}t} + \nabla\cdot\boldsymbol{J} = 0 \tag{21}$$

对于任意体而言，连续的氢浓度标量场 δC 的变分形式为：

$$\int_{\Omega} \delta C \left(\frac{dC}{dt} + \nabla \cdot \boldsymbol{J} \right) dV = 0 \qquad (22)$$

使用散度定理，得到其弱形式为：

$$\int_{\Omega} \left[\delta C \left(\frac{dC}{dt} - J \cdot \nabla \delta C \right) \right] dV + \int_{\partial \Omega_q} \delta C q dS = 0 \qquad (23)$$

$$q = \boldsymbol{J} \cdot \boldsymbol{n} \qquad (24)$$

2 有限元模型

2.1 X80管线钢环焊缝CT试样氢致开裂模拟

基于所建立的相场法模型以及氢覆盖率与金属临界断裂能释放率与氢覆盖率的关系，对X80管线钢环焊缝的CT试样进行了氢致断裂的模拟。在ABAQUS中建立了CT试样的半模型，CT试样尺寸如图2所示，试样宽度W为40mm、侧槽净厚度B0为15.5mm、预制裂纹长度a为2mm。建立模型如图3所示。网格采用了自定义的UEL网格，将单元分为了位移单元、相场单元以及用于可视化的UMAT单元，单元总数为35842个。为了使得应力应变分析足够精确，在裂纹扩展区域的网格进行了加密处理。裂纹区域单元长度为0.05mm，长度参数设置为单元长度的10倍，为0.5mm。通过赋予材料不同的材料属性模拟X80管线钢环焊缝不同区域（母材、焊缝中心、热影响区）的氢致开裂情况。X80管线钢环焊缝区域材料参数根据参考文献进行设置，如表1所示。

表1 X80管线钢环焊缝区域材料属性

环焊缝区域	弹性模量（GPa）	屈服应力（MPa）	极限强度（MPa）	泊松比	断裂韧性（N/mm）
焊缝中心	180.30	668.52	714.62		288.9
母材	190.48	570.19	637.05	0.3	438.2
热影响区	202.01	598.72	669.30		330.1

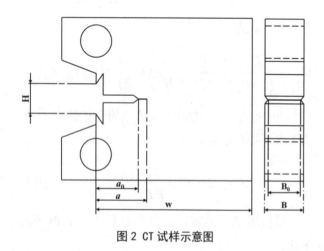

图2 CT试样示意图

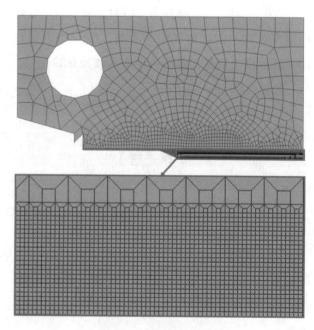

图3 CT试样有限元模型

计算模型使用了氢致弱键理论 (HEDE)，即氢使得金属的临界能量释放率 G_c 降低，计算时未直接耦合入模型，而是编译 Python 脚本计算 X80 管线钢环焊缝区域不同氢浓度时的临界能量释放率，作为模型的初始参数直接输入。图 4 为计算 X80 管线钢母材不同氢浓度时 CT 模型加载到 5mm 时的相场云图。

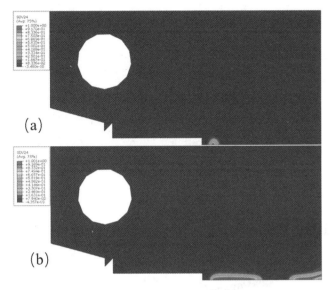

图 4　X80 管线钢母材（a）未充氢及

（b）充氢 1ppm 时加载点位移达到 5mm 时的相场值

由图 4 可以看出，在相同加载点加载位移时，在氢浓度为 1ppm 时，CT 试样的裂纹扩展明显加长。由图 5 可以看出，未充氢时的模拟数据与试验数据吻合度较好，最大误差不超过 10%。由图 5 ~ 图 7 可以看出，X80 管线钢环焊缝充氢 1ppm 时可以看到明显的韧性退化，材料由韧性断裂转脆性断裂。环焊缝不同区域由韧性断裂转变为脆性断裂所需氢浓度不相同，热影响区及焊缝中心由于较低的断裂韧性在氢浓度为 0.5ppm 时就发生了较为明显的韧性退化，在氢浓度为 1ppm 时完全表现为脆性断裂，而母材则在氢浓度 1ppm 时才表现为脆性断裂。

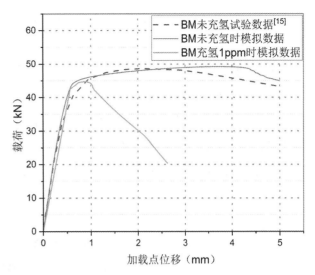

图 5　X80 管线钢母材在不同氢浓度时的载荷－位移曲线

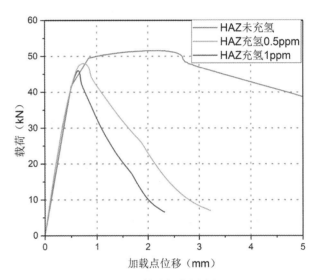

图 6　X80 管线钢热影响区

在不同氢浓度时的位移－载荷曲线

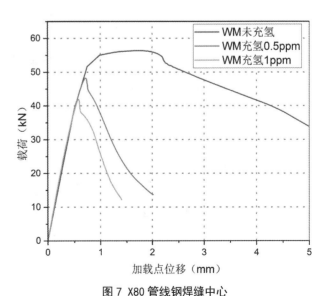

图 7　X80 管线钢焊缝中心

在不同氢浓度时的位移－载荷曲线

2.2 含裂纹的1/4管道模型氢致开裂相场法模拟

根据现场X80输气管道的尺寸（外径D=1219mm，壁厚t=18.4mm），建立了含裂纹X80管道的1/4模型，如图8所示。根据3.1节的模拟模拟结果，X80管道环焊缝区域的力学性能在氢的影响下出现了明显下降，且在氢浓度1ppm时，X80管道环焊缝各区域由韧性断裂转变为脆性断裂。因此，氢浓度采用1ppm作为起始值。模拟所采用的参数如表1所示，网格使用自定义的UEL网格，分析步采用Coupled Temperature-displacement分析步。此外，在研究时采用了相场–氢扩散耦合的方法，所采用的X80管道环焊缝区域的氢扩散系数参考文献中通过电化学氢渗透法所测量得到的数据，如表2所示。

表2　X80管道环焊缝区域氢扩散系数

Table 2 Hydrogen diffusivity of X80 welded zone

位置	$D/(10^{-6}\mathrm{cm}^2\mathrm{s}^{-1})$
母材	3.302
热影响区	4.990
焊缝中心	5.315

图8　X80管道模型示意图

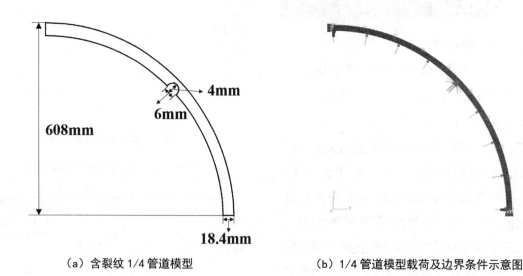

（a）含裂纹1/4管道模型　　　　　　　（b）1/4管道模型载荷及边界条件示意图

图8　X80管道模型示意图

3.2.1 氢浓度的影响

为了研究氢浓度对于X80管道环焊缝区域氢致开裂的影响，保持其他条件不变，将内压设置为8MPa，模拟了X80管线钢环焊缝不同区域在氢浓度为1ppm、1.5ppm、2ppm时的破坏情况。

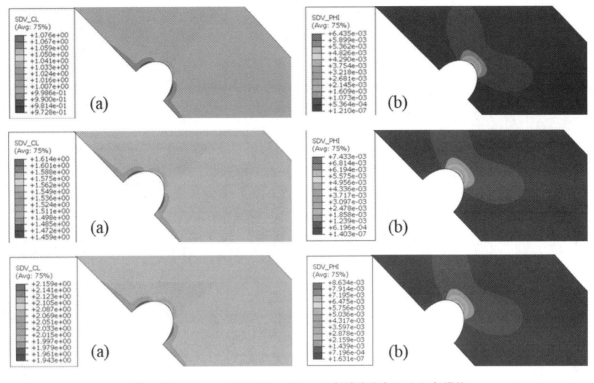

图 9　母材在 8MPa 内压下裂纹处的（a）氢浓度分布及（b）相场值

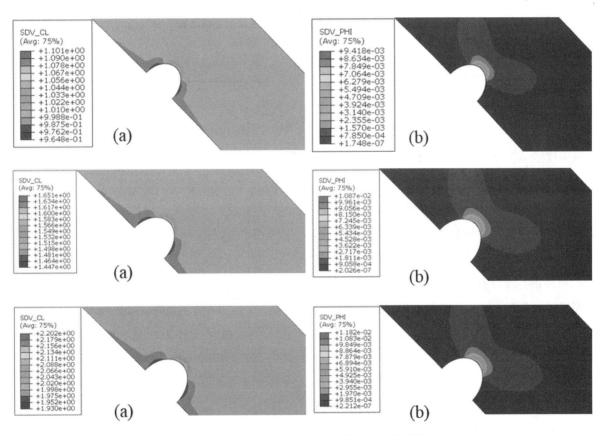

图 10　热影响区在 8MPa 内压下的氢浓度及相场值

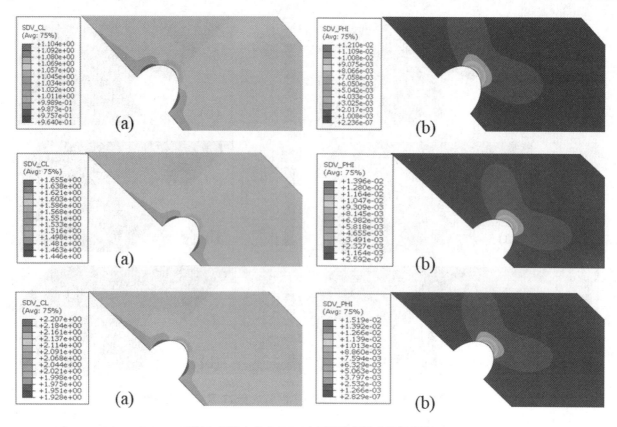

图 11 焊缝中心在 8MPa 内压下的氢浓度及相场值

图 9 ~ 图 11 显示了 X80 管线钢环焊缝区域在不同氢浓度时的破坏情况，总体而言，随着氢浓度的上升，裂纹处的损伤程度上升。相比较而言，在相同氢浓度的情况下，焊缝中心裂纹处损伤程度最高，热影响区裂纹处次之，母材裂纹处损伤程度最小。一方面这是由于母材的断裂韧性最高而焊缝中心的断裂韧性最低，另一方面则是由于焊缝中心氢扩散系数相比母材及热影响区更高，氢在焊缝中心处更容易聚集。可以看到，在 2ppm 氢浓度的情况下，焊缝区域受静水应力影响而聚集的最高氢浓度为 2.207ppm，而母材最高氢浓度为 2.159ppm。

3.2.2 管道内压的影响

为了研究管道内压对于 X80 管道环焊缝区域氢致开裂的影响，保持其他条件不变，将内压分别设置为 6MPa，8MPa，10MPa。模拟了 X80 管线钢环焊缝不同区域在不同内压时的氢浓度分布情况。

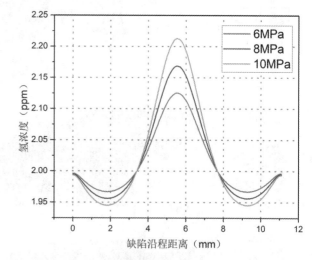

图 12 母材裂纹处氢浓度沿程分布图

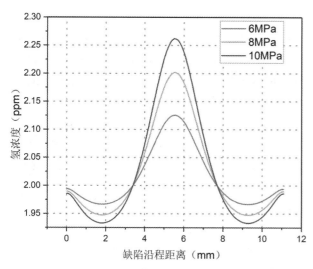

图 13　热影响区裂纹处氢浓度沿程分布图

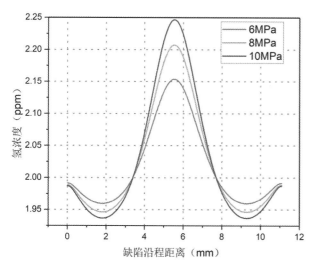

图 14　焊缝中心裂纹处氢浓度沿程分布图

图 12 ～ 图 14 展示了 X80 管线钢环焊缝区域在不同内压时裂纹处的氢浓度分布情况。由于内压升高静水应力上升，X80 管线钢环焊缝区域 10MPa 的内压时裂纹最高氢浓度相较于 6MPa 内压时裂纹最高氢浓度平均高出 4.94%。而从环焊缝不同区域分别来看，母材 10MPa 时最高氢浓度相较于 6MPa 时高出 4.08%，热影响区 10MPa 时最高氢浓度相较于 6MPa 时高出 6.44%，焊缝中心 10MPa 时最高氢浓度相较于 6MPa 时高出 4.31%。热影响区氢浓度分布受内压变化最为明显。

3　结论

1) X80 管线钢环焊缝不同区域由韧性断裂转变为脆性断裂所需的关键氢浓度不同，在氢浓度为 0.5ppm 时，焊缝中心的韧性退化就十分明显，材料表现为脆性断裂，而母材则在 1ppm 时表现为脆

性断裂。

2) X80 管线钢环焊缝不同区域的临界能量释放率不同，加之静水应力使得氢聚集，焊缝中心处在相同工况时损伤程度最高。

3) 管道内压对于管道环焊缝不同区域氢浓度分布的影响程度不同，内压的上升使得管道环焊缝不同区域的最大氢浓度都有不同程度的上升。其中，内压上升对热影响区氢浓度分布影响最大，热影响区 10MPa 时最高氢浓度相较于 6MPa 时高出 6.44%。

参考文献：

[1] 程玉峰 . 高压氢气管道氢脆问题明晰 [J]. 油气储运 ,2023, 第 42 卷 (1): 1−8.

[2] 尚娟，鲁仰辉，郑津洋，孙晨，花争立，于文涛，张一苇 . 掺氢天然气管道输送研究进展和挑战 [J]. 化工进展 ,2021, 第 40 卷 (10): 5499−5505.

[3] Zapffe, CA;Sims, CE. Hydrogen embrittlement, internal stress and defects in steel[J].TRANSACTIONS OF THE AMERICAN INSTITUTE OF MINING AND METALLURGICAL ENGINEERS,1941,Vol.145: 225−261.

[4] Oriani, R.A., Josephic, P.H. View Correspondence (jump link).Equilibrium aspects of hydrogen−induced cracking of steels[J].Acta Metallurgica,1974,Vol.22(9): 1065−1074.

[5] C.D.Beachem.A new model for hydrogen− assisted cracking (hydrogen "embrittlement")[J]. Metallurgical Transactions,1972,Vol.3(2): 441−455.

[6] Xue, H.B.;Cheng, Y.F..Hydrogen permeation and electrochemical corrosion behavior of the X80 pipeline steel weld(Article)[J].Journal of Materials Engineering and Performance,2013,Vol.22(1): 170−175.

[7] 李玉星，张睿，刘翠伟，王财林，杨宏超，胡其会，张家轩，徐修赛，张慧敏 . 掺氢天然气管道典型管线钢氢脆行为 [J]. 油气储运 ,2022, 第 41 卷 (6): 732−742.

[8] Vigdis Olden;Antonio Alvaro;Odd M. Akselsen. Hydrogen diffusion and hydrogen influenced critical stress intensity in an API X70 pipeline steel weldedjoint − Experiments and FE simulations[J].International Journal of Hydrogen Energy,2012,Vol.37(15): 11474−11486.

[9] D. E. Jiang;Emily A. Carter.Diffusion of interstitial hydrogen into and through bcc Fe from first

principles[J].Physical Review. B,2004,Vol.70(6): 064102.

[10] Martínez-Pañeda, Emilio(mail@empaneda. com);Golahmar, Alireza;Niordson, Christian F..A phase field formulation for hydrogen assisted cracking. [J].Computer Methods in Applied Mechanics & Engineering,2018,Vol.342: 742-761.

[11] Molnár, Gergely;Gravouil, Anthony;Seghir, Rian;Réthoré, Julien. An open-source Abaqus implementation of the phase-field method to study the effect of plasticity on the instantaneous fracture toughness in dynamic crack propagation.[J].Computer Methods in Applied Mechanics & Engineering,2020,Vol.365: 113004.

[12] A. Valverde-González;E. Martínez-Pañeda;A. Quintanas-Corominas;J. Reinoso;M. Paggi. Computational modelling of hydrogen assisted fracture in polycrystalline materials[J].International Journal of Hydrogen Energy,2022,Vol.47(75): 32235-32251.

[13] Díaz, A.(adportugal@ubu.es);Alegre, J.M.;Cuesta, I.I..Coupled hydrogen diffusion simulation using a heat transfer analogy[J]. INTERNATIONAL JOURNAL OF MECHANICAL SCIENCES,2016,Vol.115: 360-369.

[14] Yang, YH (Yang, Yonghe);Shi, L (Shi, Lei);Xu, Z (Xu, Zhen);Lu, HS (Lu, Hongsheng);Chen, X (Chen, Xu);Wang, X (Wang, Xin).Fracture toughness of the materials in welded joint of X80 pipeline steel(Article)[J]. Engineering Fracture Mechanics,2015,Vol.148: 337-349.

[15] 王炜.基于内聚力模型的高钢级管线钢裂纹扩展多尺度研究[D].西南石油大学,2019.

[16] MCNABB, A;FOSTER, PK.A NEW ANALYSIS OF DIFFUSION OF HYDROGEN IN IRON AND FERRITIC STEELS[J].TRANSACTIONS OF THE METALLURGICAL SOCIETY OF AIME,1963,Vol.227(3): 618.

掺氢管道用 X52MS 钢级
Φ457×8.8mm 螺旋埋弧焊管的性能

孙　宏[1,2]　孙志刚[1,2]　李建一[1,2]　宗秋丽[1,2]　陈　楠[1,2]　张晨鹏[1,2]　周　晶[1]

（1. 华油钢管有限公司 2. 河北省高压管线螺旋焊管技术创新中心）

摘要：氢会对碳钢等钢管造成氢脆等损伤，主要是降低钢的塑性和韧性，是钢制管道的预期使用寿命下降。为研制出掺氢管道用螺旋埋弧焊管，采用低应力成型工艺，开发出了用于某掺氢天然气管道工程用 X52MS 钢级 Φ457mm×8.8mm 螺旋埋弧焊管。结果表明：该产品进一步降低了 C、Mn、S 等合金含量，生产的 X52MS 钢级 Φ457mm×8.8mm 螺旋埋弧焊管完全满足技术规范要求，具有较高的断裂韧性，$-10℃$ 的 CTOD 试验结果大于 0.254mm。抗 HIC 性能优异，CSR、CLR 及 CTR 均为 0。该产品已经实现了批量供管。

关键词：X52MS　螺旋埋弧焊管　掺氢管道　断裂韧性　慢应变速率拉伸试验

氢能作为一种新兴清洁绿色能源，由于其近乎零碳排放的优点，近几年受到了的国内外的广泛关注。氢能对于保障国家能源安全、应对全球气候变化的脱碳愿景具有重要意义。由于风、光等可再生能源的波动性导致其难以直接并网大规模利用，国家发改委明确将氢能纳入新型储能方式。管道运输是大输量的氢气运输的最佳方式，而应用现有的天然气管道进行天然气和氢气的混合输送则是国内外重要的研究方向之一。混氢天然气技术被认为是一种实现氢低成本输送的方法。乌海—银川焦炉煤气输气管道的掺氢（氢气）比例达 68%，采用了 API 5L L245NB 直缝埋弧焊钢管。宁夏银川宁东天然气掺氢管道示范平台，将现有天然气管道天然气中添加氢气的比例逐步提高到 24%。本文从化学成分、微观组织、强度、断裂韧性、抗氢致开裂（Hydrogen-Induced Cracking，HIC）性能等方面简要叙述了为某输气管道工程（掺氢比例 10%）开发的 X52MS 钢级 Φ457mm×8.8mm 螺旋埋弧焊管的主要技术特点。

1　输氢螺旋埋弧焊管的成分设计和显微组织

1.1　成分设计

钢中过高的 Mn，可降低钢的韧性，导致出现严重的带状组织，增加各向异性，恶化抗 HIC 性能。钢中的 S 和 Mn 容易形成偏析或夹杂物，虽然 MnS 夹杂物的 HIC 敏感性的看法并未统一，应尽可能降低其含量。硬质的氮碳化物和 Al，Si 氧化物也会加速钢中氢致裂纹的萌生。X52MS 钢级参考 API 5L 附录 H 酸性服役条件 PSL2 钢管的订购 H.4.1 化学成分的要求。并在此基础上进一步降低 C、Mn 及、P、S、CE_{pcm} 的含量上限。对 H.4.1 补充规定如下：$CE_{Pcm} ≤ 0.17\%$，$C ≤ 0.07\%$，$S ≤ 0.0015\%$，$P ≤ 0.010\%$。与同一钢厂的相同壁厚的 X52M 钢级相比，掺氢管道用 X52MS 钢级的 C、Mn、CE_{Pcm} 进一步降低，Si 和 Cr 含量则有显著提高，并添加了适量的 Ni 和 Cu，残留元素 P 和 S 的含量也显著降低。其中掺氢管道用 X52MS 钢的 C 比常规 X52M 低 0.036%，有利于降低 CE_{Pcm} 及减少珠光体的体积分数，掺氢管道用 X52MS 钢级（Φ457mm×8.8

mm 螺旋埋弧焊管）与常规 X52M 钢级典型化学成分对比见表 1。

表 1　掺氢管道用 X52MS 钢级与常规 X52M 钢级典型化学成分对比（wt%）

钢级	C	Si	Mn	P	S	Cr	Ni、Cu	Nb+Ti+V	CE_{Pcm}
掺氢管道用 X52MS	0.032	0.26	0.97	0.0036	0.0007	0.24	适量	0.077	0.11
常规 X52M	0.068	0.14	1.40	0.016	0.0024	0.022	/	0.059	0.15

1.2 显微组织

掺氢管道用 X52MS 钢级卷板严格控制了非金属夹杂物的尺寸和形态、偏析和带状组织，夹杂物尺寸不超过 1.0 级，形态控制合理。管体非金属夹杂物、晶粒度、显微组织检验结果见表 2。未见明显的碳化物团和夹杂物聚集分布区。板材表面和壁厚中心组织基本均匀，壁厚中心的晶粒尺寸略大于表面，显微组织为 F+B+P，如图 1a）和 b）所示。而常规 X52M 钢级卷板表面和壁厚中心的显微组织则有显著差异，其表面以 B 为主，而壁厚中心则以 PF 为主，卷板表面的碳化物呈小颗粒弥散分布，见图 2a），卷板壁厚中心除了 F 的晶粒尺寸更大以外，出现了明显的 P 组织，且有带状分布的趋势，见图 2b）。

表 2　卷板金相检验结果

非金属夹杂物（级）								带状组织（级）	晶粒度（级）
A		B		C		D			
薄	厚	薄	厚	薄	厚	薄	厚		
0.0	0.0	0.0	0.0	0.0	0.0	1.0	0.0	1.0	10.0

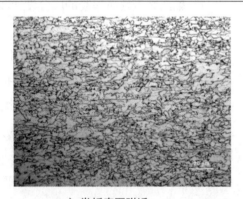
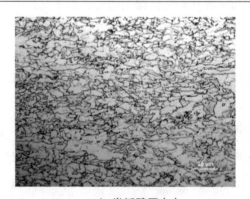

a）卷板表面附近　　　　　　　　　　　　b）卷板壁厚中心

图 1　掺氢管道用 X52MS 卷板金相照片

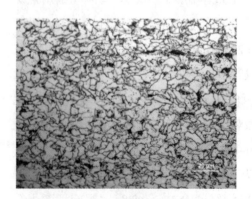

a）卷板表面附近　　　　　　　　　　　　b）卷板壁厚中心

图 2　常规 X52M 卷板金相照片

X52MS 钢级 Φ457×8.8mm 螺旋埋弧焊管外焊道的显微组织为先共析 F+IAF，先共析 F 为粗大的柱状晶形态，如图 3a）所示。内焊道的显微组织为 F+P，如图 3b）所示。显然，照相部位所示的内焊道受到了外焊道的热影响，IAF 基本消失，铁素体晶粒总体上为等轴晶形态。热影响区的显微组织为 B，如图 3c）所示。

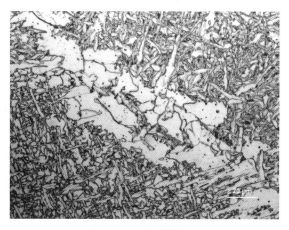

a）外焊道

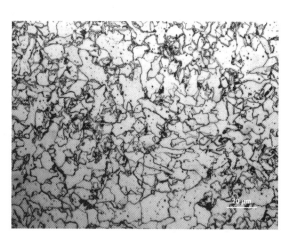

b）内焊道

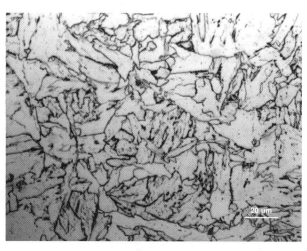

c）热影响区

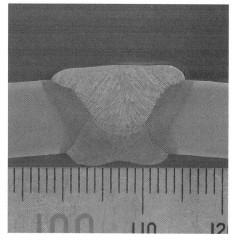

d）低倍形貌

图 3　X52MS 钢级螺旋埋弧焊管焊接接头显微组织及低倍照片

2　输氢螺旋埋弧焊管的力学性能

2.1 拉伸性能

钢管管体横向焊接接头横向拉伸试验结果见表 3。管体横向及焊接接头均采用标距 50mm，宽度 38.1mm 的板状试样。

表 3　拉伸试验结果

取样位置	$R_{t0.5}$ (MPa)	R_m (MPa)	A_{50mm} (%)	$R_{t0.5}/R_m$	断口位置
管体横向	470	555	43	0.85	/
焊接接头横向	/	585	/	/	热区

2.2 夏比冲击性能

夏比冲击试验采用 7.5mm×10mm×55mm、缺口深度 2mm 夏比 V 型缺口冲击试样。缺口位置包括，管体横向、焊缝及热影响区，冲击功不小于 100J，剪切面积均为 100%，具有较高的韧性水平。夏比冲击试验结果见表 4。

表4 夏比冲击试验结果

缺口位置	温度（℃）	夏比冲击功（J）				剪切面积（%）			
		1	2	3	平均	1	2	3	平均
管体横向	−10	284	301	298	294	100	100	100	100
焊缝	−10	182	170	174	175	100	100	100	100
HAZ	−10	281	276	277	278	100	100	100	100

2.3 维氏硬度

对于输氢管道钢管，通常对钢管的硬度上限有更严苛的要求，该项目钢管技术规范要求：管体≤230HV10，焊缝和热影响区≤240 HV10，ASME B31.12:2019 对输氢管道钢管的焊接接头的硬度要求为不超过 235 HV10。硬度测定位置图见图4。维氏硬度试验方法为 ASTM E92。焊接接头的维氏硬度检验结果见表5，焊接接头硬度分布见图3，表5和图5的压痕位置编号规则为焊接接头横截面的每一行压痕位置均从最左侧的压痕按 1 至 11 进行编号。焊接接头的最大维氏硬度值（统计平均）为 195 HV10，位于外焊道。对于焊缝区域，硬度从近外表面（平均值 195 HV10）、壁厚中间（平均值 189HV10）至内表面（平均值 176 HV10）依次降低，表5和图3表明，外焊道的硬度值显著大于其余区域。内焊道部位的硬度值显著低于外焊道部位的原因如前所述，是外焊道对内焊道的热影响所致，内焊道的显微组织也说明了这一点。对于维氏硬度指标而言，热影响区的硬度平均值（172 HV10）略小于母材平均值（174 HV10），但是可见热影响区的硬度值呈梯度变化，在靠近母材的细晶区存在一定程度的热影响区软化。另外，包括母材和热影响区的焊接接头区域与氢接触的内表面的硬度值波动很小，极差为 12 HV10。

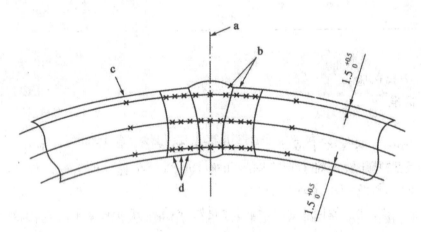

a—焊缝中心线；　b—距熔合线 0.75mm 处；　c—距熔合线处 1t；　d—可见热影响区间隔 1.0mm

图4 硬度测定位置图

表5 维氏硬度试验结果（HV10）

压痕位置	1	2	3	4	5	6	7	8	9	10	11
	管体	热区				焊缝			热区		
外表面	178	171	176	180	195	194	195	178	175	171	175
壁厚中心	169	163	170	173	189	190	189	172	171	168	171
内表面	175	168	174	177	180	173	175	173	173	169	176

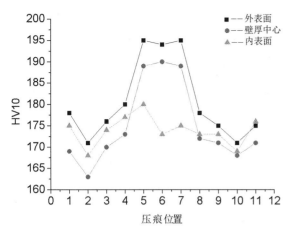

图 5　焊接接头硬度分布

2.4　断裂韧性

裂纹尖端张开位移 (Crack Tip Opening Displacement，CTOD) 是指张开型裂纹的尖端在外力作用下所张开的距离，其大小反映了材料抵抗裂纹非稳定扩展的能力，为评价管线钢结构安全可靠性的判据之一。对于断裂韧性，钢管技术规范要求在 –10℃下进行 CTOD 试验，试验结果应不低于 0.254mm。CTOD 试验取样位置为管体横向、焊缝及热影响区，试验方法为 ISO 12135:2021，试样类型为三点弯曲试样（Single Edged Bending，SEB）。焊缝中心的 CTOD 值最低。CTOD 试验结果见表 6。将 CTOD 试验结果 δ_0 与夏比冲击试验结果进行拟合发现，δ_0 与夏比冲击 AKV 值呈非线性的正相关关系。文献指出，材料夏比冲击韧性和断裂韧性（K_{IC}）的试验条件不同。K_{IC} 的试样要求与 δ 或 J 一致。图 6 为缺口位置在焊缝的 CTOD 试验（三点弯曲）的 F–V 曲线。

表 6　CTOD 试验结果（–10℃）

δ_0/mm	管体横向	焊缝中心	HAZ
最大值	1.800	1.307	1.372
最小值	0.959	0.280	0.600
平均值	1.297	0.559	0.971
标准差	0.187	0.210	0.193

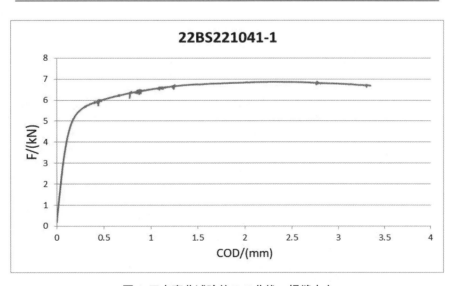

图 6　三点弯曲试验的 F–V 曲线 – 焊缝中心

氢对不同强度等级钢的焊缝和 HAZ 的断裂韧性的影响不同。在 13.8 MPa 的氢气中，A106B 级焊缝和 HAZ 有较高的断裂韧性（分别为 111 和 91 MPa·m$^{1/2}$）高于母材（81 MPa·m$^{1/2}$）。相反，X80 的焊缝和 HAZ 以及 X42 的 HAZ 的断裂韧性明显低于母材。在 6.9MPa 氢气中，X60 的 HAZ 与母材的断裂韧性相同。

2.5　抗 HIC 性能

对管体横向（包括距焊缝 90° 和 180° 位置）及焊缝横向位置取样分别进行抗 HIC 性能试验。

试验方法为 NACE TM0284-2016，试样脱脂方法为丙酮，试验溶液采用 A 溶液，A 溶液的试剂为用于除氧的氮气、硫化氢气体、氯化钠、冰乙酸和去

离子水，试验持续时间为 96 h。CSR、CLR 及 CTR 均为 0，HIC 性能检验结果见表 6。

表 6 HIC 试验结果

取样位置	CLR（%）	CTR（%）	CSR（%）
母材（距焊缝 90°）	0	0	0
母材（距焊缝 180°）	0	0	0
焊缝	0	0	0

2.6　氢环境慢应变速率拉伸试验性能

采用高压充氢方式，进行了氢环境慢应变速率拉伸试验。氢分压为 0.63 MPa，拉伸试样采用直径 3mm 光滑圆棒试样，拉伸试验的应变速率为 $2 \times 10^{-6}\,s^{-1}$（GB/T 34542.2-2018《氢气储存输送系统 第 2 部分：金属材料与氢环境相容性试验方法》规定，光滑圆棒试样标距段的应变速率应不超过 $2 \times 10^{-5}\,s^{-1}$）。试验结果表明，氢环境与空气环境中的慢应变速率拉伸试验性能基本一致，母材和焊

缝均如此。氢环境与空气环境中的慢应变速率拉伸试验性能结果见表 7。氢环境与空气环境中的慢拉伸应力 - 应变曲线见图 7。通常采用断面收缩率的损失计算氢脆系数 (F_H) 评定金属氢脆敏感性的影响。其中热影响区的 F_H 最大，为 4.98%。实验中也发现，不同试样的性能值分散性较大，典型试验结果见表 7。根据经验判断，当氢脆系数不超过 25% 时，材料在服役环境中基本不会发生氢致失效。

表 7 氢环境与空气环境中的慢应变速率拉伸试验性能结果

取样位置	气体环境	$R_{t0.5}$/MPa	R_m/MPa	A/%	Z/%	F_H/%
母材	空气	481	558	23.8	81.2	/
	氢气	479	555	23.4	81.1	0.12
焊缝	空气	494	559	16.0	80.6	/
	氢气	501	563	15.8	79.3	1.61
热影响区	空气	486	568	15.1	80.3	/
	氢气	493	562	15.1	76.3	4.98

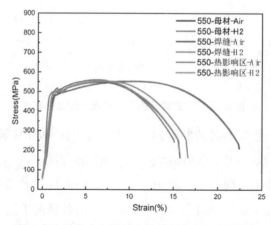

图 7 氢环境与空气环境中慢拉伸应力 - 应变曲线

3　螺旋焊管的残余应力

足够的三向应力是构件产生氢脆断裂必须具备三个基本条件之一。相比天然气管道，输氢管道的应力水平更应予以关注。张体明等针对 X80 钢螺旋焊管的研究表明，接头残余应力和组织不均匀性均会导致氢扩散的发生，其中残余应力的影响大于组织不均匀性的影响。有限元模拟计算发现，焊接残余应力梯度越大的区域氢富集程度越高，焊后热处理可以明显降低焊接接头处的残余应力，有效降低材料在氢环境下开裂的敏感性。

钢管残余应力与切口张开量（弹复量）成正比关系，径向错位量和轴向错位量对残余应力的计算结果影响很小，在进行残余应力计算时，可以只考虑切口张开量。按照 Saudi Aramco 公司的 Materials System Specification 01-SAMSS-035 给出的式（1）（同理论推导计算公式）计算残余应力。该管道工程技术规范规定，在螺旋缝埋弧焊管成型焊接后选取长度为 200mm 左右的管段按技术规范要求采用切环法进行了钢管残余应力检验，具体要求在距焊缝 100mm 处沿钢管纵向切开，然后测量管段周向张开量，最大切口张开量要求为 80mm。对所生产钢管的周向张开量统计分析发现，X52MS 钢级 Φ457mm×8.8mm 螺旋埋弧焊管的平均切口张开量为 −12.8mm，对应残余应力为 −34.34MPa，即钢管的周向总体表现为压应力，有利于降低或消除焊管应力造成的氢脆敏感度。

$$\sigma_{\mathrm{r}} = \frac{ETC}{12.566R^2} \quad\quad （1）$$

式中：σ_{r}—残余应力，MPa；

E—弹性模量，2.0×10^5MPa；

T—名义壁厚，mm；

C—沿轴向切开后环向增加量，mm；

R—钢管公称半径，mm。

4　结语

用于掺氢管道的 X52MS 钢级 Φ457 mm×8.8 mm 螺旋埋弧焊管的主要性能特点如下：

1）钢中的 C、Mn、P、S、CE_{pcm} 含量进一步降低，C ≤ 0.04%、Mn ≤ 1.0%、P ≤ 0.005%、S ≤ 0.001%、CE_{Pcm} ≤ 0.12%。管体的显微组织主要由块状铁素体和贝氏体组成，外焊道多边形铁素体，内焊道主要为等轴多边形铁素体和碳化物。

2）焊管的低温冲击韧性良好，且具有较高的断裂韧性，−10℃的 CTOD 试验结果（δ_0）大于 0.254 mm。抗氢致开裂性能方面，CSR、CLR 及 CTR 均为 0。氢环境与空气环境中的慢拉伸性能基本一致，未见明显氢环境下性能劣化。

3）焊管的周向平均切口张开量为 −12.8mm，对应残余应力为 −34MPa，即钢管的周向总体表现为压应力，有利于降低焊管的氢脆敏感度。

参考文献：

[1] 鲁仰辉，赵建福．氢进万家专题序（Ⅱ）-氢进万家，助力"双碳"目标实现，服务生态文明建设 [J]．力学与实践，2022, 44(4):753−754.

[2] 徐硕，余碧莹．中国氢能技术发展现状与未来展望 [J]．北京理工大学学报（社会科学版），2021,23(6):1−12.

[3] 韩秀林，孙宏，李建一，等．输氢管道钢管研究进展 [J]．钢管，2023,52(1):1−7.

[4] 周承商，黄通文，刘煌，等．混氢天然气输氢技术研究进展 [J]．中南大学学报（自然科学版), 2021, 52(1): 31−43.

[5] 蒋庆梅，王琴，谢萍，等．国内外氢气长输管道发展现状及分析 [J]．油气田地面工程,2019,38(12):6−8,64.

[6] 央视网．我国长距离输氢技术获突破 氢能产业发展潜力逐渐释放 _ 新闻频道 _ 央视网 (cctv.com)[EB/OL].(2023−04−16)[2023−11−20].https://news.cctv.com/2023/04/16/ARTIT9Z4c3zoCOHqPAb2OwIU230416.shtml

[7] 刘宇，张立忠，高维新．管线钢的历史沿革及未来展望 [J]．油气储运，2022, 41(12):8.

[8] 陈林，董绍华，李凤，等．氢环境下压力容器及管道材料相容性研究进展 [J]．力学与实践,2022,44(3):503−518.

[9] 胡亮，陈健，汪兵，等．电化学充氢条件下夹杂物对管线钢氢致开裂敏感性的影响 [J]．机械工程材料,2015,39(9):25−31.

[10] 李凤，董绍华，陈林，等．掺氢天然气长距离管道输送安全关键技术与进展 [J]．力学与实

践,2023,45(2):230-244.

[11] 倪子涵,曹能,储双杰,等.X70M管线钢焊接接头CTOD断裂韧性研究[J].宝钢技术,2016(6):7.

[12] 许昌淦,余刚.冲击韧性与断裂韧性间关系的探讨[J].航空学报,1990,11(4):182-187.

[13] 臧启山,姚戈.工程断裂力学简明教程[M].中国科学技术大学出版社,2014.

[14] 张体明,赵卫民,蒋伟,等.X80钢焊接残余应力耦合接头组织不均匀下氢扩散的数值模拟[J].金属学报,2019.

[15] 王荣.失效机理分析与对策[M].北京:机械工业出版社,2020.

[16] 蒋文春,巩建鸣,唐建群,等.焊接残余应力对氢扩散影响的有限元模拟[J].金属学报,2006(11):1221-1226.

[17] 王诗鹏.钢管残余应力分析计算[J].焊管,2012,35(5):58-61.

X80 管线钢环焊缝
氢扩散多场耦合模拟研究

过思翰[1]　徐涛龙[1]　郭　磊[2]　韩浩宇[1]　李又绿[1]

（1 西南石油大学；2 国家石油天然气管网集团有限公司西气东输分公司）

摘要： 利用现有的 X80 现役管道掺氢是最经济的氢气输送方式，但管道环焊缝区间氢渗透扩散导致氢脆失效是当前规模化掺氢输送的主要障碍。基于此，研究通过建立 X80 管线钢环焊缝区域三维模型，考虑组织不均匀性的影响，利用多场顺序耦合模拟技术分析氢在残余应力场、氢浓度场共同作用下扩散过程。为进一步明确环焊缝区多场耦合诱导下氢原子的空间分布规律，利用多道焊接过程的温度场模拟获得焊缝区的残余应力场，并以此作为载荷诱导，再结合氢扩散控制方程与化学位梯度氢扩散本构方程，得到氢在环焊缝多区模型中的分布状态。

关键词： 环焊缝区　残余应力　多场顺序耦合　氢扩散　X80 管线钢

氢气已成为最具发展前景的新能源之一，利用现有的 X80 管道掺氢是最经济的氢气输送方式，但管道环焊缝区间氢渗透扩散导致氢脆失效是当前规模化掺氢输送的主要障碍。截止目前，氢气诱导开裂的精确机制仍未统一，并且不同氢致开裂理论的模型都有各自的实验结果支持。目前可以达成共识的是，氢气诱导裂纹产生与几个关键因素有关，应力诱导下氢原子的聚集就是其中之一。管道环焊缝区域存在焊接残余应力，氢原子容易在残余应力的诱导下发生富集，当局部浓度达到阈值时易于引发氢致裂纹的出现，从而引发安全事故。因此，对于管线钢环焊缝区中的氢浓度扩散分布进行模拟计算具有重要的理论意义和工程价值。

目前，金属中扩散氢含量的现场测试方法主要包括水银法和气相色谱法。水银法测量装置须严格密封，且会对实验人员和环境造成一定的危害，气相色谱法检测速度快且准确度高，但需要持续加热至一定温度提取氢气。因此氢气在焊缝内的扩散无法通过实验方法在现场进行测量，有限元分析可能是预测氢气浓度演变的唯一有效手段。针对环焊缝区氢脆失效行为的耦合分析模型的建立，

Mochizuki 与蒋文春从低维度着手，提出了轴对称焊接模型模拟残余应力，并耦合氢浓度扩散场进行了模拟研究，但在计算过程中没有考虑焊缝区域的组织不均匀性。在此基础上，张体明开始在三维应力 – 浓度模型中引入了组织不均匀性的影响，结合焊接残余应力对焊接区域的氢扩散过程进行了模拟研究。Gobbi 等基于前人工作，分三步实现弱耦合，模拟了氢在钢中的扩散行为、氢在裂纹尖端富集规律以及导致断裂扩展区内聚力降低而引发氢脆断裂的现象。

在以上研究的基础上，本工作选用 X80 钢环焊缝焊管为研究对象，基于多道焊接过程的温度场模拟获得焊缝区的残余应力场，并以此作为载荷诱导，同时结合环焊缝区域组织不均匀性特征，得到氢在环焊缝多区模型中的分布状态，为临氢焊接管线的安全评定奠定基础。

1　管线钢材料属性及残余应力测定

试验材料为 X80 在役管线钢，通过透射电镜进行微观组织形貌及 EBSD 分析后，获得其化学成分见表 1，图 1 所示为焊缝中心（WM）、热影响区（HAZ）、母材（BM）的显微组织形貌。由图

1 可知，X80 管线钢环焊缝区域主要由晶粒细小的铁素体和粒状贝氏体组成，同时在焊缝区域以及热影响区能见到明显的缺陷部分或夹杂物，容易形成氢陷阱并进一步导致氢致开裂。

表 1　X80 管线钢环焊缝区域化学组分（质量分数，%）

C	O	F	Ne	Al	Si	P	S	Mn	Fe
23.61	2.65	9.1	1.24	0.44	0.87	0.5	0.67	1.94	50.21

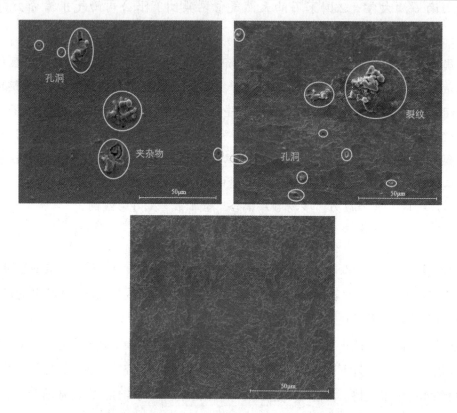

图 1　X80 管线钢组织金相：（a）焊缝中心；（b）热影响区；（c）母材

在焊接过程中，X80 管线钢焊接热物性参数如图 2 所示。BM（母材）、HAZ（热影响区）和 WM（焊缝中心）的氢扩散系数与溶解度参考张体明等通过电化学渗透技术测量得到的数据，如表 3 所示。

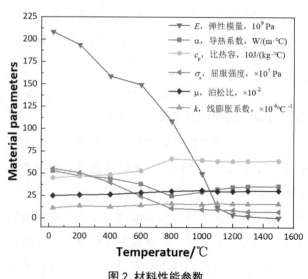

图 2　材料性能参数

表 3　X80 钢环焊缝区域氢扩散系数

区域	扩散系数 D/ $(10^{-8} \mathrm{mm^2 s^{-1}})$	吸附氢浓度 C_0/10^{-6}	溶解度 S/ $(10^{-4} \mathrm{mmN^{-1/2}})$
母材	3.302	0.02350	4.797
热影响区	4.990	0.01752	3.576
焊缝中心	5.315	0.01665	3.399

选取 X80 在役管道使用盲孔法进行残余应力检测实验，实验装置如图 3 所示，使用实验获取的 X80 钢管道环焊缝区域实际残余应力分布情况来验证残余应力模拟结果。如图 4 所示，分别在距焊缝中心 0mm，15mm，30mm，60mm 处布置 4 个测点，从焊缝中心向母材方向编号依次为 B1、B2、B3、B4，获取 X80 钢在役管道环焊缝残余应力测试数据。

图 3　盲孔法实验设备

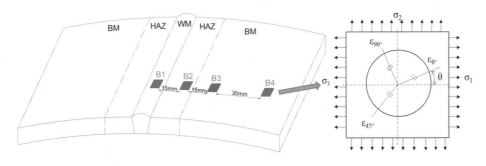

图 4　盲孔法测试点位

2　氢扩散数值模拟

2.1　氢扩散基本理论

根据扩散阶段质量守恒原理，氢扩散控制方程的积分形式为：

$$\int_v \frac{dc}{dt}dV + \int_s n \cdot J dS = 0 \tag{1}$$

其微分方程形式为：

$$\frac{dc}{dt} + \nabla \cdot J = 0 \tag{2}$$

在大多数情况下，扩散过程受到外部环境的影响，例如：化学势梯度、温度梯度、机械载荷等。因此，扩散的驱动力可能是单个或多个因素共同作用的结果。而如果同时考虑这些驱动力，问题将变得复杂且难以求解。因此可以将所有的驱动力都考虑为化学势梯度，以简化问题的求解。

根据传质理论，在非均匀介质中，由化学位梯度引起的氢扩散的本构方程为：

$$J = -SD \cdot \left[\frac{\partial \varphi}{\partial x} + k_s \frac{\partial}{\partial x} \left[\ln(\theta - \theta_z) \right] + k_\sigma \frac{\partial \sigma}{\partial x} \right] \quad\quad （3）$$

式中：J为扩散通量，kg/（m^2·s）；D为扩散系数，m^2/s；c为浓度，kg/m^3；φ为氢活度，$\varphi = c/s$；S为溶解度，kg/m^3；k_s为"Score"效应系数；θ为温度，$\theta = 293.15K$；θ_z为绝对零度；k_σ为等效应力梯度系数，m^2/N；σ为等价压应力，$\sigma = -(\sigma_{xx} + \sigma_{yy} + \sigma_{zz})/3$。

当不存在温度梯度时，公式(3-3)简化得到：

$$J = -SD \cdot \left(\frac{\partial \varphi}{\partial x} + k_\sigma \frac{\partial \sigma}{\partial x} \right) \quad\quad （4）$$

其中，应力梯度系数的表达式为：

$$k_\sigma = \frac{c}{S} \cdot \frac{V_H}{R(\theta - \theta_z)} \quad\quad （5）$$

2.2 有限元模型

针对多场耦合作用下的氢扩散分析的数值计算过程可分为4步：

第1步，建立管道多道环向对接焊的三维实体模型。选取外径为114mm、壁厚12mm的管道进行分析计算，焊缝开V型坡口，焊缝坡口角度设置为60°，其几何形状如图5所示。进行温度场与浓度场分析时网格类型选用三维八节点单元DC3D8，进行残余应力场分析时网格类型选用三维八节点单元C3D8R。同时，为了模拟焊接的真实情况，采取生死单元方法对焊接区域进行删除和再激活。

图5 有限元模型

第2步，对焊接温度场进行计算，焊接热源采用半椭球模型，编写DFLUX子程序施加移动热源模拟焊接过程，实现热源在管道环面逐层加载的过程。

第3步，实现温度场与焊接应力场的耦合计算。采用间接式的顺序耦合技术实现温度场与应力场耦合，即先利用热传递单元得到温度场，再导入温度场开展三维应力分析。

第4步，实现残余应力场中氢扩散的耦合计算。提取焊接残余应力场的静水应力结果，结合氢扩散本构方程，实现残余应力诱导下环焊缝区域氢的渗透过程的模拟。

3 有限元结果分析

3.1 焊接残余应力场

管道的等效残余应力云图如图6所示。管道焊接完毕后在焊缝及热影响区产生应力集中现象，其最大等效应力值为607MPa。

图6 残余应力模拟云图

将获得的等效残余应力结果与X80在役管道盲孔法残余应力检测实验结果进行对比，以验证残余应力模拟结果。与检测实验方法相同，分别在距焊缝中心0mm，15mm，30mm，60mm处取残余应力结果进行对比，结果如图7所示。

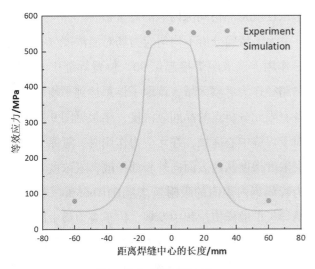

图 7　残余应力结果对比

将数值分析所得到的焊接残余应力与盲孔法实验所测定的等效应力残余应力进行比较，观察图 7 可知，模拟与盲孔法测定的焊接残余应力分布趋势基本吻合。实验值相较于模拟值整体偏高，其原因可能是当使用盲孔法测量残余应力时，在前期打磨管道对测点产生了一定的机械外力，但相同的分布趋势说明这里采用的数值模拟方法能较准确地反映焊接残余应力分布规律。

3.2 氢浓度扩散场

将获取的残余应力场作为氢扩散的预定义场进行应力场与浓度场的耦合计算，由此获得的环焊缝区域晶间氢浓度 C_L 分布情况如图 8 所示。

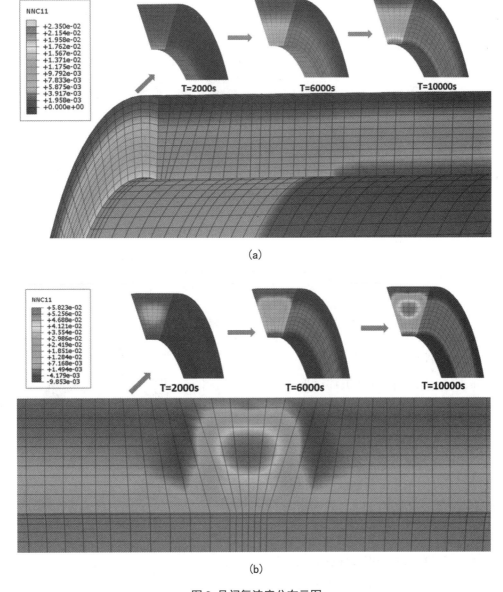

图 8　晶间氢浓度分布云图
（a）无残余应力；（b）存在残余应力

当不考虑残余应力时，观察图 8a 中管道轴截面氢浓度可得，晶间氢浓度值 C_L 沿管道内表面至外表面逐渐减小。晶间氢浓度沿管道轴向方向呈均匀分布状态，管道母材区的晶间氢浓度高于焊缝中心与热影响区，热影响区晶间氢浓度略高于焊缝中心，这主要是因为扩散氢在不同区域的溶解度存在差异，即母材的氢溶解度最高，其次为热影响区，焊缝中心的氢溶解度最低；当考虑残余应力的诱导作用以后 (图 8b)，晶间氢在焊缝中间部位即静水应力最大的区域发生富集。由于在设定温度环境下氢化物的析出或溶解速度远远大于其扩散速度，模拟时没有考虑固溶氢与氢化物的相变，这里提到的

氢浓度就是晶格间隙内氢的总含量。

为了精确分析不均匀应力场对氢浓度分布的诱导作用，选取距焊接起点 90° 位置焊缝中心的径向路径作为考察区域，读取了体系达到平衡浓度时各有限元分析点的晶间氢浓度，结果见图 9 所示。对于焊缝中心区域，在无应力作用时，氢原子稳定沿浓度梯度从内表面向外表面扩散，氢浓度最高值为管线钢内表面的吸附氢浓度 0.01665‰。在应力诱导氢扩散模拟过程中发现，位于应力集中区域的晶间氢原子浓度远高于应力较低处的晶间氢浓度，氢的最高浓度可达 0.058‰，相比于原始状态增加了 3.5 倍，出现明显的氢聚集现象。

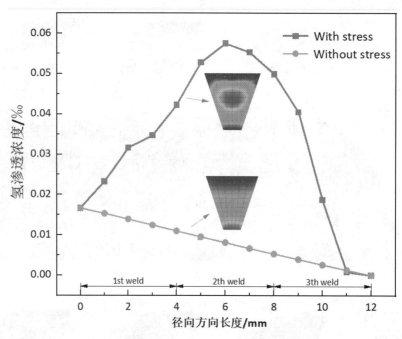

图 9 有无残余应力诱导下晶间氢浓度对比

在焊缝中心考察路径上沿厚度方向选取 2cm、4cm、6cm、8cm、10cm 点，按时间历程读取各点氢浓度变化情况，如图 10 所示。从图中可以看出，焊接残余应力较为集中的第一道焊缝与第二道焊缝处容易引起氢的聚集，氢浓度增长速度明显高于残余应力较低处。结合晶间氢浓度及静水应力沿径向路径变化可以推测，残余应力促进了氢在管道钢中的聚集，其诱导氢原子向应力集中区域扩散，且残余应力梯度对氢扩散的影响大于浓度梯度对氢扩散的影响，此模拟结果也符合应力诱导氢扩散的相关理论。

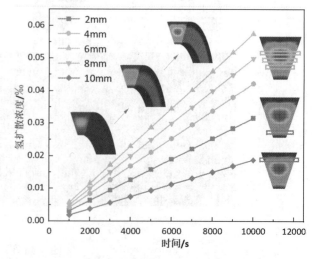

图 10 不同时刻下管道径向晶间氢浓度分布

为了考察环焊缝不同区域组织不均匀性与残余应力场对氢扩散的协同作用，在距焊接起点 90°径向位置读取了环焊缝各区域的晶间氢浓度分布情况。图 11 为环焊缝不同区域应力诱导下径向路径晶间氢浓度分布最大值。在仅考虑环焊缝不同区域组织不均匀性时，各区域的最高晶间氢浓度即为管线钢内表面的吸附氢浓度；加入残余应力的诱导作用之后，除母材外环焊缝各区的最高晶间氢浓度均出现不同程度的增加。在不考虑焊接残余应力的情况下，焊缝中心的晶间氢浓度最低；在加入残余应力场的诱导后，环焊缝区域的最高晶间氢浓度出现在焊缝中心区域。由此可以推测，X80 钢环焊缝区域的组织不均匀性和残余应力均在氢扩散过程中起着重要作用，其中，对于晶体间隙处的氢扩散来说，残余应力的影响大于组织不均匀性的影响。

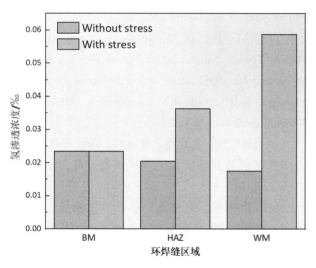

图 11 环焊缝不同区域最高晶间氢浓度

3.3 管线钢材料性能劣化情况

对于管道环焊缝区域而言，氢致失效裂纹极易萌生于氢富集区域，因此，在通过数值模拟确定环焊缝区域氢富集情况之后，在此基础上进行裂纹扩展相关参数的研究，可以从侧面考察氢富集对材料劣化的影响。

氢对裂纹扩展的影响使用氢覆盖率 θ 表示，氢覆盖率与氢浓度关系如下：

$$\theta_H = \frac{C}{C + \exp\left(\Delta G_b^0/RT\right)} \quad (6)$$

其中，G_b^0 为吉布斯自由能差，30kJ/mol；R 为理想气体常数，8.314Pa · m³ · mol⁻¹ · K⁻¹；C 为氢浓度质量分数，‰；T 为实际温度。

同时，对于高强度管线钢，Serebrinsky 等通过对表面能的计算发现，氢覆盖率和临界氢依赖内聚应力之间存在以下关系：

$$\frac{\Phi_c(\theta_H)}{\Phi_c(0)} = 1 - 1.0467\theta_H + 0.1687\theta_H^2 \quad (7)$$

其中，$\Phi_c(0)$ 表示无氢影响的断裂能；$\Phi_c(\theta_H)$ 表示受氢覆盖率影响的断裂能。结合上节中多场耦合下环焊缝不同区域最高晶间氢浓度的模拟结果，可计算 X80 管线钢环焊缝区域氢覆盖率及内聚力强度降低因子，如表 4 所示。

表 4 X80 管线钢环焊缝区域内聚力强度降低情况

位置	晶间氢浓度分布最大值 /‰	氢覆盖率	内聚力强度降低因子
BM	0.0235	0.004255	0.99555
HAZ	0.03635	0.006566	0.993135
WM	0.05877	0.010572	0.988953

由表 4 可知，环焊缝区域的最高氢覆盖率为 0.010572，主要分布在焊缝中心区域；从内聚力强度降低情况来看，环焊缝各区域的降幅均在 1% 左右，降幅最大值出现在焊缝区域，相较于氢扩散之前降低了约 1.11%。

4　结论

1) 不均匀应力场对环焊缝区域的晶体间隙中的氢浓度分布存在显著影响，且残余应力梯度对氢扩散的影响大于浓度梯度对氢扩散的影响。存在不均匀应力场情况下，晶间氢浓度分布与静水应力分布趋势一致，氢的最高浓度相比于原始状态增加了3.5倍，在应力集中处出现明显的氢聚集现象。

2) 对于晶体间隙处的氢扩散过程来说，残余应力的影响大于组织不均匀性的影响；在不考虑焊接残余应力的情况下，焊缝中心的晶间氢浓度最低，在加入残余应力场的诱导后，环焊缝区域的最高晶间氢浓度出现在焊缝中心区域。

3) 从管线钢力学性能劣化程度来看，考虑残余应力场与组织不均匀性的影响后，环焊缝各区域的内聚力强度降幅均在1%左右，降幅最大值出现在焊缝区域，相较于氢扩散之前降低了约1.11%。

参考文献：

[1] GHOSH T K, PRELAS M A. Energy resources and systems: renewable resources (volume 2) [M]. Columbia: Springer, 2011.

[2] 秦朝葵，谢依桐. 氢能：城市燃气行业的挑战与机遇 第一部分 氢能发展大观：制氢技术、氢能输送、氢能应用［J］. 城市燃气，2020（10）：2-8.

[3] 马建新，刘绍军，周伟，等. 加氢站氢气运输方案比选［J］. 同济大学学报（自然科学版），2008(5)：615-619.

[4] MAZLOOMI K, GOMES C. Hydrogen as an energy carrier: prospects and challenges[J]. Renewable & Sustainable Energy Reviews, 2012, 16(5): 3024-3033.

[5] 李守英，胡瑞松，赵卫民，等. 氢在钢铁表面吸附以及扩散的研究现状［J］. 表面技术，2020，49(8)：15-21.

[6] DENG Q, ZHAO W, JIANG W, et al. Hydrogen embrittlement susceptibility and safety control of reheated CGHAZ in X80 welded pipeline[J]. Journal of Materials Engineering and Performance, 2018, 27 (4): 1654-1663.

[7] Lynch, S. Hydrogen embrittlement phenomena and mechanisms. Corros. Rev. 2012, 30, 105–123.

[8] Beachem, C.D. A new model for hydrogen assisted cracking (hydrogen embrittlement). Metall. Mater. Trans. B 1972, 3, 441–455.

[9] Kirchheim, R.; Somerday, B.; Sofronis, P. Chemomechanical effects on the separation of interfaces occurring during fracture with emphasis on the hydrogen−iron and hydrogen−nickel system. Acta Mater. 2015, 99, 87–98.

[10] Xie, D.; Li, S.; Li, M.; Wang, Z.; Gumbsch, P.; Sun, J.; Ma, E.; Li, J.; Shan, Z. Hydrogenated vacancies lock dislocations in aluminium. Nat. Commun. 2016, 7, 13341.

[11] Zheng, W.J.; Liu, Y.; Gao, Z.L.; Yang, J.G. Just−in−time semi−supervised soft sensor for quality prediction in industrial rubber mixers. Chemom. Intell. Lab. Syst. 2018, 180, 36–41.

[12] Saini, N.; Pandey, C.; Mahapatra, M.M. Effect of diffusible hydrogen content on embrittlement of P92 steel. Int. J. Hydrogen Energy 2017, 42, 17328–17338.

[13] Chakraborty, G.; Rejeesh, R.; Albert, S.K. Study on hydrogen assisted cracking susceptibility of HSLA steel by implant test. Def. Technol. 2016, 12, 490–495.

[14] Abe, M.; Nakatani, M.; Namatame, N.; Terasaki, T. Influence of dehydrogenation heat treatment on hydrogen distribution in multi−layer welds of Cr−Mo−V steel. Weld. World 2012, 56, 114–123.

[15] Mochizuki Masahito, Hayashi Makoto, Hattori Toshio. Numerical Analysis of Welding Residual Stress and Its Verification Using Neutron Diffraction Measurement[J]. Journal of Engineering Materials and Technology,2000,122(1): 98−103.

[16] 蒋文春，巩建鸣，唐建群，等. 焊接残余应力下氢扩散的数值模拟［J］. 焊接学报，2006(11):57−60, 64, 115−116.

[17] 张体明，赵卫民，蒋伟，王永霖，杨敏. X80钢焊接残余应力耦合接头组织不均匀下氢扩散的数值模拟 [J]. 金属学报,2019,55(02):258−266.

[18] Gobbi G, Colombo C, Miccoli S, et al. A weakly coupled implementation of hydrogen embrittlement in FE analysis[J]. Finite Elements in Analysis and Design, 2018, 141: 17−25.

[19] 郭杨柳，马廷霞，刘维洋，等. 基于ABAQUS 的 X80 管线钢焊接残余应力数值模拟［J］. 金属热处理，2018，43(9)：218−222.

[20] CRANK J. The Mathematics of Diffusion[M]. Oxford: Clarendon Press, 1956.

[21] Gorban A N, Sargsyan H P, Wahab H A. Quasichemical models of multicomponent nonlinear diffusion[J]. Mathematical Modelling of Natural Phenomena, 2011, 6(5): 184−262.

[22] 张显，国凤林. 氢扩散与裂纹尖端应力场耦合效应的有限元分析 [J]. 表面技术,2018,47(06):240−

245.DOI:10.16490/j.cnki.issn.1001-3660.2018.06.034.

[23] 褚武扬, 乔利杰, 李金许等 . 氢脆和应力腐蚀——基础部分 [M]. 北京 : 科学出版社 , 2013: 37

[24] Toribio J, Kharin K, Lorenzo M, et al. Role of drawing-induced residual stresses and strains in the hydrogen embrittlement susceptibility of prestressing steels[J]. Corros. Sci., 2011, 53:

[25] 张兰 . X80 管线钢氢致应力腐蚀开裂行为研究 [D]. 西南石油大学, 2019.

[26] Serebrinsky S, Carter E A, Ortiz M. A quantum-mechanically informed continuum model of hydrogen embrittlement[J]. Journal of the Mechanics & Physics of Solids, 2004, 52(10):2403-2430.

地下构造空间与地面储罐协同的储氢调控策略研究

王子恒　高云丛　潘松圻

（中石油深圳新能源研究院有限公司）

摘要： 本文研究地下构造空间与地面储罐协同的氢气制储输用系统，旨在解决传统地面储罐占地面积大、储量有限等问题，实现氢气的大规模、高效储存与灵活供应。通过SCILAB的Xcos仿真工具，模拟24小时内系统的运行情况，重点监控了地面储罐储氢量变化、压缩机工况、地下储氢库储量变化、制氢端制氢量、管道输氢速率及高纯度氢气销售端需求量变化等关键参数。仿真结果显示，地面储罐在预设条件下，仅根据用氢需求的随机变化改变工况4次，未发生启停情况，有利于压缩机和纯化装置的寿命延长。地面储罐的储量变化在40%到70%之间进行调整，未触发保护机制。地下储氢库的容量变化幅度较小，24小时内发生2次注采转换，符合盐穴储氢的工程实践。系统能够有效调节氢气供需，在地面储罐容量仅为千公斤级加氢站的十分之一的情况下，满足高纯度氢气销售需求，未发生启停。结果表明，该系统能够高效稳定地调节氢气供需，显著提高储存和供应的灵活性和经济性，为氢能社会的发展提供可靠的技术支持和实践参考。

关键词： 新能源　氢能　能源管理　地下储氢库　SCILAB

1 引言

氢能作为一种清洁、高效的二次能源，在全球能源转型和碳中和目标的实现过程中扮演着重要角色。随着氢能技术的不断发展，氢气的生产、储存和利用方式也在不断创新。

地下储氢技术利用地下构造如盐穴、矿洞等天然或人工形成的储存空间，将氢气注入其中进行大规模储存。相比于地面储氢罐，地下储氢具有储量大、占地面积小等优点，适用于大规模、长期的氢气储存需求。然而，地下储氢的注采转换时间较长，难以满足快速响应的需求。地面储氢罐则具备响应迅速的特点，能够在短时间内调节氢气供需波动，但其储量有限，占地面积较大，不适合大规模氢气储存。

本文设计了一种结合地下构造空间和地面储罐的氢气制储输用系统，该系统可以显著降低地面占地，提供更高的储氢容量和灵活的氢气供应方式。具体而言，本文设计的系统利用100kg容量的地面储罐与地下构造空间协同工作，并结合500标方站内制氢系统，即可实现非站内制氢1000kg地面储罐同等效果。此外，利用地下构造空间的大容量优势，该系统可以实现15000kg甚至更高的长周期储量，适合作为区域性供氢中心，同时满足管道输氢和高纯度氢气销售需求。通过SCILAB中的Xcos仿真系统验证了该调控策略的有效性。

2 地下构造空间与地面储罐协同的氢气制储输用系统

2.1 系统整体流程

地下构造空间与地面储罐协同的氢气制储输用系统结合了地下储氢和地面储氢的优点，旨在提供高效、灵活的氢气储存和供应解决方案。如图1，该系统主要包括电解水制氢装置、流量调节装置、地面储氢罐、地下构造空间储氢、氢气纯化装置、压缩机和缓冲罐等多个部分。

系统首先通过电解水制氢技术生产氢气，电解水制氢装置作为系统的核心氢气生产单元，通过电解反应将水分解为氢气和氧气，产生的氢气作为系统的主要输入。电解水制氢的氢气纯度较高，不经过处理的氢气纯度一般在99%以上，可以直接进入管道进行掺氢运输。在氢气从电解水制氢装置输出后，首先进入流量调节装置，该装置根据系统需求将氢气分配到不同的储氢单元，包括地面储氢罐和地下构造空间。

制氢端，技术最为成熟的碱性电解水槽的负载功率范围一般为相对于额定功率的25%～115%之间，冷启动时间1～2小时，热启动时间1～5分钟，而质子交换膜电解槽抗电源波动性较好，但是成本较高，体现在负载功率范围宽，一般为5～120%，冷启动时间5～10分钟，热启动时间小于10秒。近年来，实际工程中可以通过按比例组合碱性电解水槽和质子交换膜电解槽，实现成本和抗电源波动性方面的均衡，如挪威的 Nel 公司，正在探索在同一设施中结合使用不同电解槽技术，以优化性能。这种组合方式可以在项目生命周期内节省大量成本。据 Nel 公司首席执行官 Hakon Volldal 介绍，通过同时部署碱性和 PEM 电解槽，最多可以节省数亿美元。

地面储氢罐具有快速响应能力，用于平衡系统中短期氢气需求波动。在氢气进入地面储氢罐之前，通过缓冲罐和氢气压缩机进行压力调节，压缩后的氢气储存在地面储氢罐中。燃料电池尤其是目前最为成熟的质子交换膜燃料电池则需要高纯度氢气，需要纯度在99.999%甚至更高，否则会发生催化剂中毒现象，对发电效率造成不可逆的影响。因此，针对不同需求，本系统设计的地面储氢罐进行储存，通过氢气纯化装置进行高纯度氢气的销售。由于纯化装置和隔膜压缩机的特性，地面储罐部分的氢气需要尽可能确保少启停、小波动。

地下构造空间如盐穴或矿洞，提供了大规模、长周期的氢气储存空间，氢气通过压缩机注入地下构造空间进行储存。地下储氢具有储量大、占地面积小的优势，但其注采转换时间较长。地下储氢库类型为盐穴或矿洞，内部为空腔，可以满足99%纯度的氢气储存需求，与管道输氢端相连无需纯化。

高纯度氢气销售端的氢气纯化装置用于将储存的氢气进行前置纯化处理，以满足高纯度氢气销售的需求，纯化后的氢气通过加氢机或者长管拖车等方式销售。隔膜式压缩机用于将氢气加压，以便储存在高压储氢罐或地下储氢空间中，而缓冲罐用于调节氢气的流量和压力，确保氢气在不同储存单元之间的平稳传输。该系统的设计充分利用了地面和地下储氢单元的特点，实现了储氢容量的最大化和地面占地面积的最小化。通过合理的流量调节和控制策略，系统能够灵活应对不同的氢气需求场景，包括管道掺输氢和高纯度氢气销售的用氢需求，确保系统的稳定运行和氢气的高效供应。

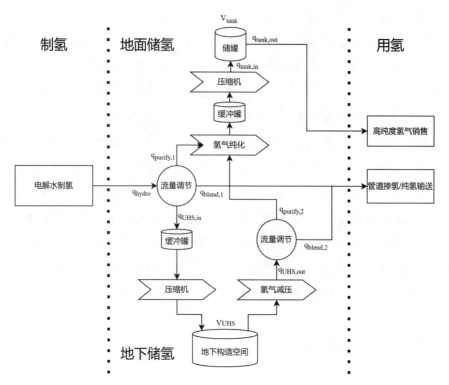

图1　地下构造空间与地面储罐协同储氢的氢气制储输用系统流程图

2.2 制氢储氢调控策略与工况判定方法

在地下构造空间与地面储罐协同的氢气制储输用系统中，制氢储氢的调控策略和工况判定方法是确保系统高效运行的关键。图示展示了系统的具体控制逻辑，包括制氢量的确定、储氢的调配以及工况的判定方法。具体流程如图2所示

首先进行前置条件检查：系统首先检查地下储氢库的当前存储容量是否已达到或超过最大设计容量的90%至95%。如果是，系统会停止氢气的生产以防止过量储存。如果否，则继续检查当日剩余地下储氢库容量与当日最佳产氢量 $Q_{optimal}$。如果地下储氢库剩余容量小于当日最佳产氢量，则当日产氢量改为地下储氢库剩余容量。否则，输入当日最佳产氢量。

系统根据当前氢气生产、储存和使用的实际情况，通过以下工况进行判断和调整：

工况1：如果地下储氢库未满且 $Q_{optimal}$ 大于氢气需求量 $q_{blend}+q_{gun}$，则系统增加地下储氢库的入口流量 $q_{UHS,in}$，以增加储存量。

工况2：如果地下储氢库未满且 $Q_{optimal}$ 小于氢气需求量，系统增加地下储氢库的出口流量 $q_{UHS,out}$，以填补需求缺口，确保氢气供应的平衡。

工况3：当地下储氢库接近满时，如果最优产氢量 $Q_{optimal}$ 仍然大于用氢量，系统会降低氢气的生产量，使其等于当前需求量，避免过量生产导致储存压力过大。

工况4：如果地下储氢库接近空，且最优产氢量 $Q_{optimal}$ 小于用氢量，系统则提高氢气的生产量，超过最优制氢量以满足需求，防止因氢气不足影响供应。

同时，系统还需要监控地面储气罐（Tank）的容量。当地面储气罐容量过低时，系统会增加氢气入罐流量 $q_{Tank,out}$；当容量过高时，系统则增加氢气出罐流量 $q_{Tank,out}$，以防止氢气过量储存或供应不足。此外，系统根据高纯度氢气销售（Gun）的实时使用情况动态调整氢气生产量和储存流量，确保需求得到满足，同时考虑到制氢速率波动和储存容量的限制。

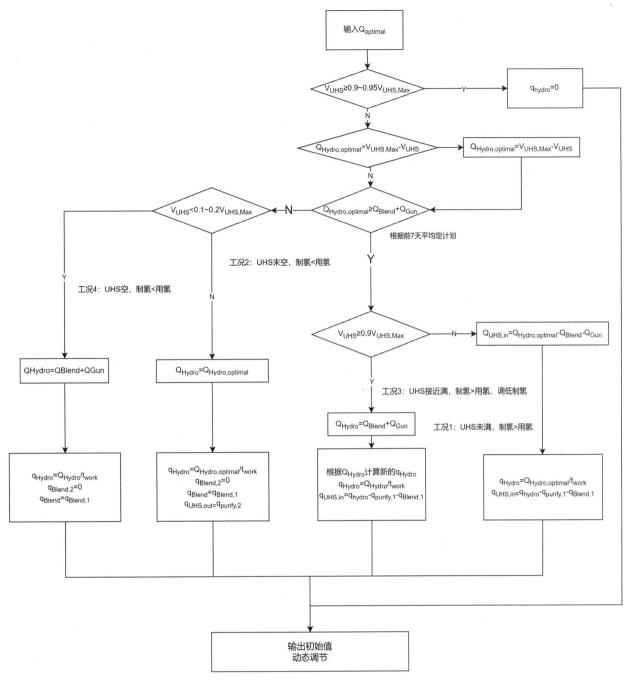

图2　最优制氢量初始值计算过程及工况设计

3　基于 Xcos 的系统模拟运行仿真

3.1 仿真系统设计

本设计旨在保障氢气供应满足需求，并充分利用地下构造空间与地面储罐的各自优势，致力于提供高效、稳定和经济的氢气供应解决方案。如图3，

整体系统由制氢子系统、储氢库、用氢子系统和控制子系统构成。制氢子系统、储氢库中的控制器及用氢子系统分别与控制子系统通信连接，仿真模型输入参数如表1所示。

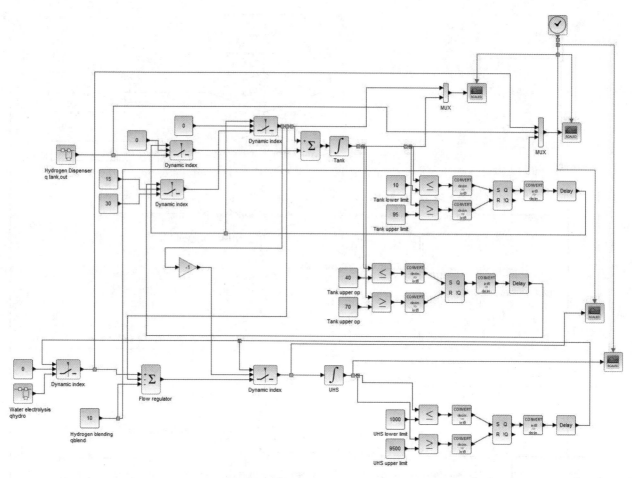

图 3 地下构造空间与地面储罐协同的氢气制储输用 Xcos 仿真系统流程图

控制子系统根据当前计划制氢量、储氢库的当前氢气存量及用氢子系统的当前氢气需求量，确定目标制氢量和氢气调配方式，生成相应的氢气调配指令和制氢指令。制氢指令发送至制氢子系统，而氢气调配指令则发送至储氢库中的控制器和用氢子系统。当前计划制氢量基于当前分时制氢成本确定，该成本表征每个时段制氢所需的成本；氢气调配方式表征目标制氢量在储氢库与用氢子系统之间的分配方式，或储氢库当前氢气存量在储氢库与用氢子系统之间的分配方式。

表 1 仿真系统参数

子系统	参数	数值
制氢端	电解水制氢速率	500 Nm³/h
	负载功率范围	25% ～ 115%
储氢端	地面储罐最大容量	100 kg
	地下构造空间最大容量	10000 kg
	地面储罐压缩机工况	0、15、30 kg/h
	地下构造空间压缩机工况	0 ～ 30 kg/h
用氢端	高纯度氢气销售	0 ～ 40 kg/h
	管道输氢	0、10 kg/h

制氢子系统根据制氢指令生成氢气，储氢库根据氢气调配指令，从制氢子系统获取并存储氢气；用氢子系统根据氢气调配指令，从制氢子系统和/或储氢库获取氢气，并将获取的氢气提供给用氢设备。当制氢量大于或等于当前氢气需求量，且当前氢气存量大于预设氢气存量阈值时，控制子系统确定当前氢气需求量为目标制氢量；若当前氢气存量小于或等于预设氢气存量阈值，则确定当前计划制氢量为目标制氢量。

用氢子系统包括高纯氢销售模块和掺氢模块，当前氢气需求量为两者需求量之和。控制子系统在确定氢气调配方式时，根据高纯氢销售模块和掺氢模块的需求量进行分配。在该系统中，管道输氢的需求的优先级高于高纯氢气销售，主要原因是管道输氢的成分变化会导致计量复杂，影响数据的准确性和可靠性，必须提前计划和稳定成分；另一方面，高纯氢气销售在供应链短暂中断时，可以通过排队等候来管理需求，具有一定的灵活性和缓冲空间，不会对整体供应链造成重大影响。

当制氢量小于当前氢气需求量，且当前氢气存量大于或等于预设氢气存量阈值时，控制子系统根据高纯氢销售模块和掺氢模块的需求量进行合理分配，并由储氢库提供未满足的剩余需求量。

控制子系统还用于在根据当前计划制氢量、储氢库的当前氢气存量及用氢子系统的当前氢气需求量确定目标制氢量和氢气调配方式之前，当当前氢气存量未达到第三预设氢气存量阈值时，若当前计划制氢量大于储氢库的当前剩余容量，则更新当前计划制氢量。当达到第三预设氢气存量阈值时，将目标制氢量更新为0。

本系统的氢气生产供应系统通过多子系统的协同工作，确保氢气供应的高效性、稳定性和经济性，同时地下构造空间储氢的应用，大幅降低了地面占地需求。

3.2 仿真结果分析

在仿真过程中，系统的仿真时长为24小时（系统内时间），分别对地面储罐储氢量变化与压缩机工况、地下储氢库储量变化、制氢端制氢量、管道输氢速率以及高纯度氢气销售端需求量变化、地下储氢库注入（>0）采出（<0）速率曲线进行了监控。以下是各项仿真结果的具体分析。

地面储罐在预设条件下，如图4所示，仅根据用氢需求的随机变化，改变工况4次，未发生启停情况。这对于压缩机的稳定运行是有利的，尤其是地面储罐这一条线路需要进行氢气纯化，频繁的启停会对纯化装置和压缩机的寿命造成不利影响。仿真结果表明，地面储氢罐的储量变化在40%到70%两个节点进行调整，并在10%和95%两个节点分别关闭需求端和注入端。24小时的运行中，储量变化未触发保护机制，表明系统在预设条件下能够稳定运行。

地下构造空间的容量变化相对于其最大库容来说，变化幅度较小，主要用于调节较长时间范围（周到月）的氢气供需变化。如图图5所示，在24小时的运行过程中，共发生2次注采转换。参考盐穴压缩空气储能工程实践，每日2次注采转换是在合理范围内的，这表明地下构造空间的储氢系统能够在保证储量稳定的同时，适应短期的需求波动。

在制氢端、用氢端波动的情况下，系统能够通过地下构造空间与地面储罐的协同调节，稳定氢气的供需平衡。仿真结果显示，即使地面储罐容量仅为常见1000kg加氢站的十分之一，该系统也能够满足高纯度氢气销售的需求，并且在模拟时间范围内未发生启停情况。这表明系统设计有效，能够在高效利用地下储氢容量的同时，保证地面储氢的灵活性和响应速度。

仿真过程中，如图6所示，地下构造空间储氢子系统共发生了2次注采转换，这与实际工程中盐穴地下储氢的注采频率相符。每日2次的注采转换频率既能满足短期需求波动的调节，又不会对地下储氢库的稳定性造成过大压力，表明该系统在实际应用中具有良好的可操作性和可靠性。

仿真结果表明，地下构造空间与地面储罐协同的氢气制储输用系统能够在满足多样化氢气需求的同时，保证系统的高效、稳定运行。如图7所示，通过合理的调控策略和工况判定方法，系统在24小时内实现了氢气的稳定生产、储存和供应，验证了系统设计的有效性和工程可行性。

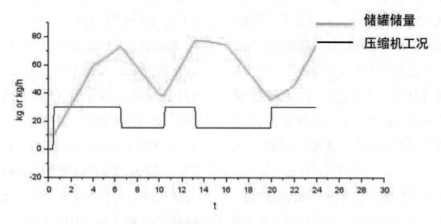

图 4　地面储罐储氢量变化与压缩机工况

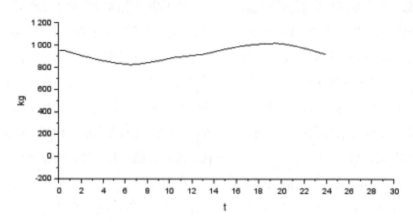

图 5　地下储氢库储量变化

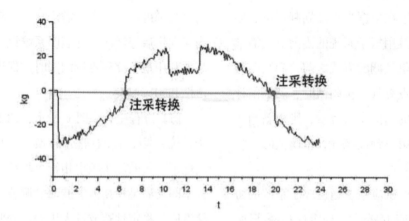

图 6　地下储氢库注入（>0）采出（<0）速率曲线

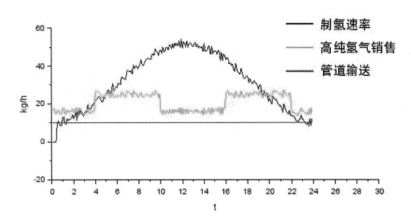

图 7 制氢端制氢量、管道输氢速率及高纯度氢气销售端需求量变化

4 结论

通过对地下构造空间与地面储罐协同的氢气制储输用系统的研究和仿真，本文设计了一种高效、灵活的氢气储存和供应方案。在系统中，结合了地下构造空间大容量和地面储罐快响应的优势，实现了制氢和用氢波动性的均衡。通过合理的储氢调控策略和工况判定方法，地面储罐和地下储氢库能够高效协同工作，分别满足短期和长期的氢气储存需求。仿真结果表明，系统在 24 小时内实现了氢气的稳定生产、储存和供应，地面储罐的储量变化未触发保护机制，地下储氢库的注采转换频率合理，系统整体运行稳定可靠。系统设计优先保障管道输氢需求，为区域性供氢中心的建设提供了坚实的技术支持和理论基础，展示了地下构造空间与地面储罐协同储氢技术在未来氢能社会中的广阔应用前景。

参考文献：

[1] 邹才能，张福东，郑德温，等. 人工制氢及氢工业在我国"能源自主"中的战略地位 [J]. 天然气工业，2019, 39(01): 1-10.

[2] 邹才能，马锋，潘松圻，等. 世界能源转型革命与绿色智慧能源体系内涵及路径 [J]. 石油勘探与开发，2023, 50(03): 633-647.

[3] 邹才能，李建明，张茜，等. 氢能工业现状、技术进展、挑战及前景 [J]. 天然气工业，2022, 42(04): 1-20.

[4] 潘松圻，邹才能，王杭州，等. 地下储氢库发展现状及气藏型储氢库高效建库十大技术挑战 [J]. 天然气工业，2023, 43(11): 164-180.

[5] 刘翠伟，洪伟民，王多才，等. 地下储氢技术研究进展 [J]. 油气储运，2023, 42(08): 841-855.

[6] Abdelrahman-S Emam, Hamdan Mohammad-O, Abu-Nabah Bassam-A, et al. A review on recent trends, challenges, and innovations in alkaline water electrolysis[J]. International Journal of Hydrogen Energy, 2024, 64599-625.

[7] 何泽兴，史成香，陈志超，等. 质子交换膜电解水制氢技术的发展现状及展望 [J]. 化工进展，2021, 40(09): 4762-4773.

[8] Energy Oxford. Cost-competitive green hydrogen: how to lower the cost of electrolysers[J]. Oxford Energy, 2022.

[9] Hakon Volldal. Developers to mix and match electrolysers for big projects[J]. PEMedia Network, 2023.

[10]Eva Wallnöfer-Ogris, Grimmer Ilena, Ranz Matthias, et al. A review on understanding and identifying degradation mechanisms in PEM water electrolysis cells: Insights for stack application, development, and research[J]. International Journal of Hydrogen Energy, 2024, 65381-397.

[11] 刘海利. 质子交换膜燃料电池用氢气的质量控制 [J]. 石油库与加油站，2022, 31(01): 17-22.

[12] 邹铖. 车用加氢站氢气压缩机技术水平评价及改进建议 [D]. 西华大学，2023.

[13]Wei Liu, Zhang Zhixin, Chen Jie, et al. Feasibility evaluation of large-scale underground hydrogen storage in bedded salt rocks of China: A case study in Jiangsu province[J]. 2020, 198.

[14]Tianji Peng, Wan Jifang, Liu Wei, et al. Choice of hydrogen energy storage in salt caverns and horizontal cavern construction technology[J]. Journal of Energy

Storage, 2023, 60106489.

[15]Bahman Amini Horri, Ozcan Hasan. Green hydrogen production by water electrolysis: Current status and challenges[J]. Current Opinion in Green and Sustainable Chemistry, 2024, 47100932.

[16] 黄宗响，谢淑贤，张荣顺，等 . 常用氢气纯化技术及其在电解水制氢工艺中的应用 [J]. 山东化工，2023, 52(19): 182-185.

[17] 陈如意，简建明 . 大型氢气隔膜压缩机的开发及应用 [J]. 压缩机技术，2014, (03): 47-50.

[18] 王麟 . 变工况注气压缩机在储气库中的应用 [J]. 压缩机技术，2023, (02): 34-36.

粗氢与高纯氢协同储存的
氢稳定供应系统

张晨齐　王子恒　宴　宾　丁圣琪　谭　婷

（中石油深圳新能源研究院有限公司）

摘要： 氢气具有原料与能源的双重属性，不同下游氢气利用技术对于氢气的纯度要求不同，上游电解水制氢系统可以直接生产的粗氢（纯度 >99%），并通过氢气提纯装置制得高纯氢（纯度 >99.999%）。石化企业生产场景下，粗氢可掺入天然气管网燃烧，高纯氢可作为加氢反应原料。本文研究粗氢与高纯氢协同的氢气制储输用系统，旨在解决绿氢生产的波动性问题，实现氢气的绿色制取、高效储存与稳定供应。通过 SCILAB 的 Xcos 仿真工具，模拟 30 天内系统的运行情况，重点监控了氢气储罐储氢量变化、压缩机工况、制氢端制氢量、管道输氢速率及高纯度氢气需求量变化等关键参数。仿真结果显示，在预设条件下，高纯氢提纯装置及压缩机仅根据用氢需求的临时变化改变工况 2 次，未发生启停情况，有利于压缩机和纯化装置的寿命延长。储罐的储量变化在 40% 到 70% 之间进行调整，未触发保护机制，系统能够有效调节氢气供需。结果表明，该系统能够高效稳定地调节氢气供需，显著提高储存和供应的灵活性和经济性，为氢能的发展提供可靠的技术支持和参考。

关键词： 新能源　氢能　能源管理　新能源波动性　SCILAB

1 引言

氢能作为一种清洁、高效的二次能源，在全球能源转型和碳中和目标的实现过程中扮演着重要角色。随着氢能技术的不断发展，氢气的生产、储存和利用方式也在不断创新。

本文设计了一种结合粗氢和高纯氢协同的氢气制储输用系统，该系统可以显著降低储氢容量，提供更高的储氢容量和灵活的氢气供应方式。具体而言，本文设计的系统利用 1000kg 容量的高纯氢储罐与 1500kg 容量的粗氢储罐协同工作，并结合 300kg/h 站内制氢系统，即可实现氢气稳定供应。同时满足粗氢和高纯度氢气需求。通过 SCILAB 中的 Xcos 仿真系统开展了 30 天测试，验证了该调控策略的有效性。

2 粗氢与高纯氢储罐协同的氢气制储输用系统

粗氢与高纯氢储罐协同的氢气制储输用系统结合了粗氢储氢和高纯氢储氢的优点，旨在提供高效、灵活的氢气储存和供应解决方案。如图 1，该系统主要包括电解水制氢装置、流量调节装置、高纯氢储氢罐、粗氢储氢、氢气纯化装置、压缩机和缓冲罐等多个部分。

系统首先通过电解水制氢技术生产氢气，电解水制氢装置作为系统的核心氢气生产单元，通过电解反应将水分解为氢和氧气，产生的氢气作为系统的主要输入。电解水制氢的氢气纯度较高，不经过处理的氢气纯度一般在 99% 以上，可以直接进入管道进行掺氢运输。在氢气从电解水制氢装置输出后，首先进入流量调节装置，该装置根据系统需求将氢气分配到不同的储氢单元，包括高纯氢储氢罐和粗氢。

制氢端，技术最为成熟的碱性电解水槽的负载功率范围一般为相对于额定功率的 25% ~ 115%之间，冷启动时间 1 ~ 2 小时，热启动时间 1 ~ 5分钟，而质子交换膜电解槽抗电源波动性较好，但是成本较高，体现在负载功率范围宽，一般为5 ~ 120%，冷启动时间 5 ~ 10 分钟，热启动时间小于 10 秒。近年来，实际工程中可以通过按比例组合碱性电解水槽和质子交换膜电解槽，实现成本和抗电源波动性方面的均衡，如挪威的 Nel 公司，正在探索在同一设施中结合使用不同电解槽技术，以优化性能。这种组合方式可以在项目生命周期内节省大量成本。据 Nel 公司首席执行官 Hakon Volldal 介绍，通过同时部署碱性和 PEM 电解槽，最多可以节省数亿美元。

高纯氢储氢罐具有快速响应能力，用于平衡系统中短期氢气需求波动。在氢气进入高纯氢储氢罐之前，通过缓冲罐和氢气压缩机进行压力调节，压缩后的氢气储存在高纯氢储氢罐中。针对不同需求，本系统设计的高纯氢储氢罐进行储存，通过氢气纯化装置进行高纯度氢气的销售。由于纯化装置和隔膜压缩机的特性，高纯氢储罐部分的氢气需要尽可能确保少启停、小波动。

高纯度氢气销售端的氢气纯化装置用于将储存的氢气进行前置纯化处理，以满足高纯度氢气原料需求，纯化后的氢气可应用于汽油加氢、蜡油加氢等装置。隔膜式压缩机用于将氢气加压，以便储存在高压储氢罐或粗氢储氢空间中，而缓冲罐用于调节氢气的流量和压力，确保氢气在不同储存单元之间的平稳传输。该系统的设计充分利用了高纯氢和粗氢储氢单元的特点，实现了储氢容量的最大化和高纯氢占地面积的最小化。通过合理的流量调节和控制策略，系统能够灵活应对不同的氢气需求场景，包括管道掺输氢和高纯度氢气原料的用氢需求，确保系统的稳定运行和氢气的高效供应。

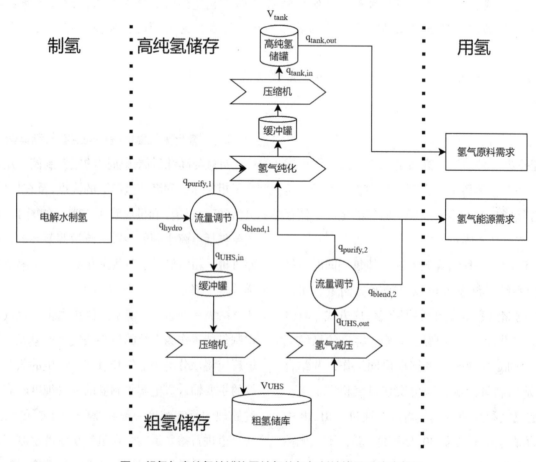

图 1 粗氢与高纯氢储罐协同储氢的氢气制储输用系统流程图

3　基于 Xcos 的系统模拟运行仿真

3.1 仿真系统设计

本设计旨在保障氢气供应满足需求，并充分利用粗氢与高纯氢储罐的各自优势，致力于提供高效、稳定和经济的氢气供应解决方案。如图2，整体系统由制氢子系统、储氢库、用氢子系统和控制子系统构成。制氢子系统、储氢库中的控制器及用氢子系统分别与控制子系统通信连接，仿真模型输入参数如表1所示。

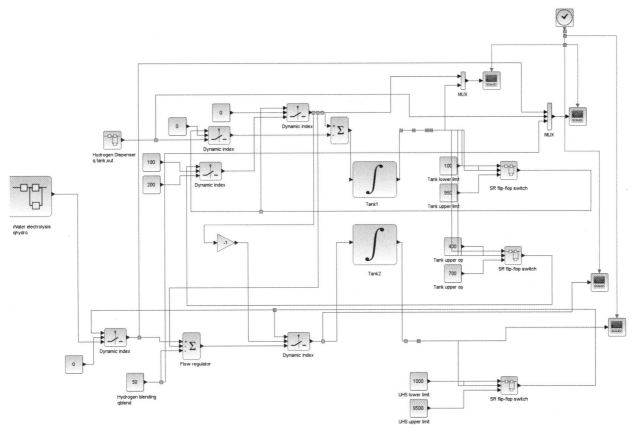

图 2　粗氢与高纯氢储罐协同的氢气制储输用 Xcos 仿真系统流程图

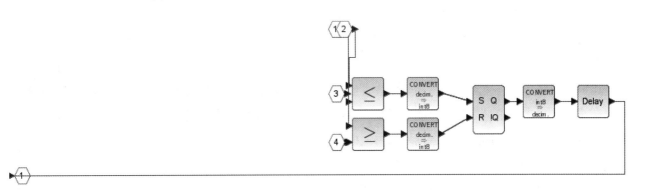

图 3 基于 SR Flip-Flop 模块的控制器内部流程

控制子系统根据当前计划制氢量、储氢库的当前氢气存量及用氢子系统的当前氢气需求量，确定目标制氢量和氢气调配方式，生成相应的氢气调配指令和制氢指令。制氢指令发送至制氢子系统，而氢气调配指令则发送至储氢库中的控制器和用氢子系统。当前计划制氢量基于当前分时制氢成本确定，该成本表征每个时段制氢所需的成本；氢气调配方式表征目标制氢量在储氢库与用氢子系统之间的分配方式，或储氢库当前氢气存量在储氢库与用氢子系统之间的分配方式。

系统设计考虑了负载功率范围从 0 到 115% 的灵活性，以及高纯氢压缩机工况从 0 到 200kg/h 和粗氢宽工况压缩机工况从 0 到 30kg/h 的调节能力。高纯度原料氢的供应范围为 100 到 150kg/h，而管道掺氢燃烧的需求量为 50kg/h。通过这些参数的合理配置，系统能够高效地响应不同的氢气需求，实现氢气的绿色制取、高效储存和稳定供应。

表1 仿真系统参数

子系统	参数	数值
制氢端	电解水制氢速率	300 kg/h
	负载功率范围	0、25 ~ 115%
储氢端	高纯氢储罐最大容量	1000 kg
	粗氢储罐最大容量	1500 kg
	高纯氢压缩机工况	0、100、200 kg/h
	粗氢宽工况压缩机工况	0 ~ 300 kg/h
用氢端	高纯度原料氢需求	100 ~ 150 kg/h
	管道掺氢燃烧需求	50 kg/h

制氢子系统根据制氢指令生成氢气，储氢库根据氢气调配指令，从制氢子系统获取并存储氢气；用氢子系统根据氢气调配指令，从制氢子系统和 / 或储氢库获取氢气，并将获取的氢气提供给用氢设备。当制氢量大于或等于当前氢气需求量，且当前氢气存量大于预设氢气存量阈值时，控制子系统确定当前氢气需求量为目标制氢量；若当前氢气存量小于或等于预设氢气存量阈值，则确定当前计划制氢量为目标制氢量。

用氢子系统包括高纯氢模块和掺氢模块，当前氢气需求量为两者需求量之和。控制子系统在确定氢气调配方式时，根据高纯氢销售模块和掺氢模块的需求量进行分配。当制氢量小于当前氢气需求量，且当前氢气存量大于或等于预设氢气存量阈值时，控制子系统根据高纯氢销售模块和掺氢模块的需求量进行合理分配，并由储氢库提供未满足的剩余需求量。

控制子系统还用于在根据当前计划制氢量、储氢库的当前氢气存量及用氢子系统的当前氢气需求量确定目标制氢量和氢气调配方式之前，当氢气存量未达到第三预设氢气存量阈值时，若当前计划制氢量大于储氢库的当前剩余容量，则更新当前计划制氢量。当达到第三预设氢气存量阈值时，将目标制氢量更新为 0。

本系统的氢气生产供应系统通过多子系统的协同工作，确保氢气供应的高效性、稳定性和经济性，同时粗氢储氢的应用，大幅降低了地面占地需求。

3.2 仿真结果分析

在仿真过程中，系统的仿真时长为 30 天（系统内时间），分别对高纯氢储罐储氢量变化与压缩机工况、粗氢储量变化、制氢端制氢量、管道输氢速率以及高纯度氢气需求量变化进行了监控。以下是各项仿真结果的具体分析。

高纯氢储罐在预设条件下，如图 4 所示，仅根据用氢需求的随机变化，改变工况 2 次，未发生启停情况。这对于压缩机的稳定运行是有利的，尤其是高纯氢储罐这一条线路需要进行氢气纯化，频繁的启停会对纯化装置和压缩机的寿命造成不利影响。仿真结果表明，高纯氢储氢罐的储量变化在 40% 到 70% 两个节点进行调整，并在 10% 和 95% 两个节点分别关闭需求端和注入端。30 天的运行中，储量变化未触发保护机制，表明系统在预设条件下能够稳定运行。

　　在制氢端、用氢端波动的情况下，系统能够通过粗氢与高纯氢储罐的协同调节，稳定氢气的供需平衡。仿真结果显示，该系统能够满足高纯度氢气销售的需求，并且在模拟时间范围内未发生启停情况。这表明系统设计有效，能够在高效利用粗氢储氢容量的同时，保证高纯氢储氢的灵活性和响应

速度。

　　仿真结果表明，粗氢与高纯氢储罐协同的氢气制储输用系统能够在满足多样化氢气需求的同时，保证系统的高效、稳定运行。通过合理的调控策略和工况判定方法，系统在30天内实现了氢气的稳定生产、储存和供应，验证了系统设计的有效性和工程可行性。

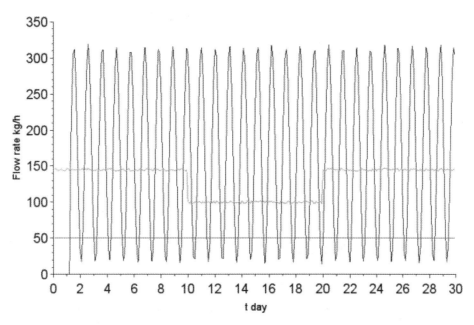

图 4 制氢端波动（黑线）、高纯氢需求变化（绿线）及粗氢管道掺氢（红线）

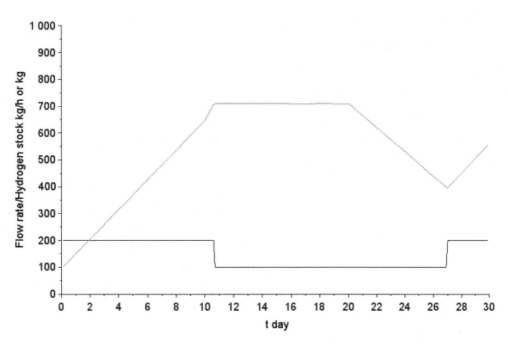

图 5 高纯氢储量变化（绿线）及高纯氢压缩机流量（黑线）

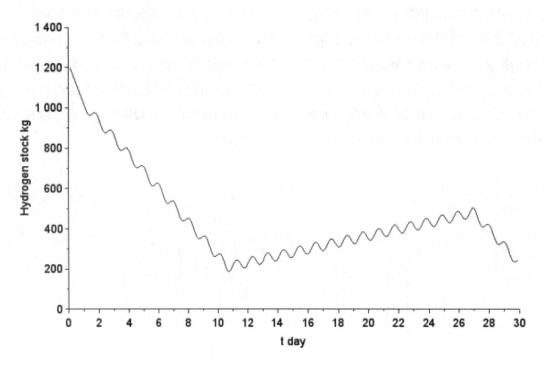

图 6 粗氢储罐储量变化

4 结论

通过对粗氢与高纯氢储罐协同的氢气制储输用系统的研究和仿真，本文设计了一种高效、灵活的氢气储存和供应方案。在系统中，结合了粗氢大容量和高纯氢储罐快响应的优势，实现了制氢和用氢波动性的均衡。通过合理的储氢调控策略和工况判定方法，高纯氢储罐和粗氢储氢库能够高效协同工作，分别满足短期和长期的氢气储存需求。仿真结果表明，系统在30天内实现了氢气的稳定生产、储存和供应，高纯氢储罐的储量变化未触发保护机制，粗氢储氢库的注采转换频率合理，系统整体运行稳定可靠。系统设计优先保障管道输氢需求，为区域性供氢中心的建设提供了坚实的技术支持和理论基础，展示了粗氢与高纯氢储罐协同储氢技术在未来氢能社会中的广阔应用前景。

参考文献：

[1] 邹才能，张福东，郑德温，等．人工制氢及氢工业在我国"能源自主"中的战略地位 [J]．天然气工业，2019，39(01)：1-10．

[2] 邹才能，马锋，潘松圻，等．世界能源转型革命与绿色智慧能源体系内涵及路径 [J]．石油勘探与开发，2023，50(03)：633-647．

[3] 邹才能，李建明，张茜，等．氢能工业现状、技术进展、挑战及前景 [J]．天然气工业，2022，42(04)：1-20．

[4] Abdelrahman-S Emam, Hamdan Mohammad-O, Abu-Nabah Bassam-A, et al. A review on recent trends, challenges, and innovations in alkaline water electrolysis[J]. International Journal of Hydrogen Energy, 2024, 64599-625.

[5] 何泽兴，史成香，陈志超，等．质子交换膜电解水制氢技术的发展现状及展望 [J]．化工进展，2021，40(09)：4762-4773．

[6] Energy Oxford. Cost-competitive green hydrogen: how to lower the cost of electrolysers[J]. Oxford Energy, 2022.

[7] Hakon Volldal. Developers to mix and match electrolysers for big projects[J]. PEMedia Network, 2023.

[8] 邹铖．车用加氢站氢气压缩机技术水平评价及改进建议 [D]．西华大学，2023．

[9] 黄宗响，谢淑贤，张荣顺，等．常用氢气纯化技术及其在电解水制氢工艺中的应用 [J]．山东化工，2023，52(19)：182-185．

[10] 陈如意，简建明．大型氢气隔膜压缩机的开发及应用 [J]．压缩机技术，2014，(03)：47-50．

[11] 王麟．变工况注气压缩机在储气库中的应用 [J]．压缩机技术，2023，(02)：34-36．

珠三角氢能产业发展及制约因素分析

唐旭东

（中国石化广州分公司）

摘要：分析了国内外氢能产业发展现状、战略布局和珠三角地区发展过程中遇到的制约因素，预测到 2030 年我国氢能车将实现规模化应用，氢能产业会进入成熟期；到 2050 年或可承担全国超 15% 的能源需求。珠三角需在强化顶层设计，提高自身技术的成熟度，降低氢气成本、提高燃料电池车性能，完善产业布局上下功夫。

关键词：珠三角　氢能发展　制约因素　分析

1　前言

氢能是一种能量密度高、无污染、来源广泛且清洁高效的能源；被誉为未来世界能源架构的核心，21 世纪最具发展潜力的清洁能源。氢以燃料电池方式将化学能高效转化为电能，可广泛用于交通（汽车、船等）和储能等能量提供体系，以及应用于二氧化碳转化、清洁能源等低碳减排，特别是氢燃料电池汽车作为一种理想的车型，将迎来发展的广阔空间，并对交通能源的生产与消费产生较大影响。发展氢能经济能够减少温室气体和细颗粒物的排放，实现能源多元化，全球各国家地区纷纷将氢能源视为未来新能源的战略发展方向。

对于我国而言，存在经济发展造成能耗增加与 CO_2 减排绿色环保的深层次矛盾。发展氢能符合能源结构转型要求，有利于实现我国能源转型，有利于实现绿色发展目标，有利于提高我国能源安全。因此，珠三角也和长三角和京津冀等区域一样，各级地方政府纷纷出台规划和鼓励政策，大力抢占氢能发展制高点，区域内企业特别是石化和汽车行业纷纷投入，整个产业呈现勃勃生机。

2　国内外氢能产业发展现状与珠三角未来方向

目前全球用氢量约 1.15 亿吨，其中约 61% 用于炼油和生产化肥等，39% 用于生产甲醇和其他化学品以及燃料等。国际氢能源委员会（Hydrogen Council）预计到 2050 年，氢能将承担全球 18% 的能源需求，氢能产业将减少 60 亿吨 CO_2 排放，氢能汽车将占全球车辆的 25%，氢能产业将创造 3000 万个就业岗位，创造 2.5 万亿美元的市场价值。

2.1　国外氢能产业

美日欧等主要工业国均将氢能列入国家能源发展战略，氢能产业的发展已初具规模，但发展重点有所不同。德国已完成《国家氢能发展战略》制定，将氢能与大力发展可再生能源战略相结合，大力推进低碳转型发展；美国能源部 2019 年提出了《国家氢能发展路线图》，规划到 2040 年全面完成向氢能社会的过渡，重点发展领域：一是燃料电池系统研发，二是布局建设加氢站。日本加速建设和发展"氢能社会"，计划 2040 年完成零碳氢燃料供给体系建设，实现氢燃料汽车的普及，建立起零碳排放的供氢体系，使氢加入传统的"电、热"系统构建全新的二次能源结构。韩国政府发展氢能的目标是通过发展氢经济减少对石油进口的依赖，同时将氢技术与汽车、航运和石油化工等传统制造业联系起来，形成新的经济增长点。目前，国际上大的气体公司如美国 Air Products 公司、法国 Air Liquide 公司、德国 Linde 公司、日本岩谷公司等，都对氢能基础设施建设非常重视。

截止2018年底，全球共有369座加氢站，其中欧洲152座，亚洲136座，北美78座。燃料电池乘用车保有量达到1.12万辆，燃料电池叉车已有2.5万辆投入运行，燃料电池公交车已有400多辆用于示范项目。一些国家也开始尝试在铁路、船舶、航空等领域使用氢能。全球加氢站中Air Products公司、Air Liquide公司和Linde公司建设的加氢站占全球加氢站总量的60%左右，是当前氢能基础设施建设的主力军。

2.2 我国氢能产业发展的趋势

中国在《巴黎协定》中承诺，到2030年中国非化石能源在总能源中的比例要提升到20%左右，且中国的CO_2的排放要达到峰值，并且争取尽早达到峰值。这意味着必须有革命性先进技术的突破和大规模产业化应用才能推动能源体系低碳化转型。2019年政府工作报告首次写入"推动加氢设施建设"，由此确定了我国发展氢能源产业的基调。截至2020年2月，我国在建和已建的加氢站有130多座，其中64座已建成，52座已投入运营，有40个地区出台了相关的氢能规划。2019年国内燃料电池汽车运行总量超过6千辆。

我国制氢的工业基础雄厚，2020年以能源形式利用的氢气产能规模达到720亿Nm^3；氢作为催化剂、还原剂得到大量应用，制氢能力名列前茅。未来开发氢气潜力巨大，市场巨大，商业用车、港口用的卡车、物流车、乘用车，数量加起来都是很大的。2020年已建成加氢站将达到100座；燃料电池车辆达到1万辆；氢能轨道交通车辆达到50列；行业总产值达到3000亿元。目前已有20个省市正在做氢能和氢燃料汽车的发展规划，已形成了华东、华中、华南、华北、东北、西南六个氢能和氢燃料电池汽车的产业集群，涌现出像佛山、广州、上海、如皋、张家口、武汉等有代表性的城市。据不完全统计，未来10年内国内氢燃料电池汽车规划推广数量约200万辆，加氢站建设规划已超过7 000座。我国氢能联盟发布的白皮书预计：到2050年，氢能在中国能源

体系中占比约为10%，氢气需求量接近6000万吨，年经济产值将达到12万亿元，全国的加氢站达到一万座以上，交通运输、工业领域将实现氢能的普及应用，燃料电池车达到520万辆/年，固定式发电装置每年2万台套，燃料电池系统产能550台套/年。6000万吨氢利用，可减排约7亿吨二氧化碳。

受国家整体政策、产业环境的推动，中国氢能与燃料电池产业逐步形成了三大重点区域：京津冀区域、长三角区域和珠三角区域。在各地资源禀赋、产业基础和技术优势差异的基础上，各地区氢能发展的重点及路径也不同。例如长三角地区的产业政策、规划及产业链覆盖范围要领先于其他两个地区；京津冀地区主要以氢能源应用推广以及氢燃料电池商用车的示范应用为主；而珠三角地区特点是打造完整的燃料电池产业链。在市场方面，全国燃料电池汽车运营主要集中在长三角（上海、如皋）和珠三角地区（佛山、云浮）。

2.3 珠三角地区氢能产业

2.3.1 发展现状

佛山2015年引进了加拿大巴拉德公司9SSL生产线并消化吸收商用车技术，是最早出台并实施专门的氢能产业扶持优惠政策和拥有最多加氢站的地级市和区域，现正式投入运营的有16座加氢站，是目前国内较具权威性的中国氢能产业创新标准基地，2018年3月经过国家市场监管总局的技术标准委员会的批准，正式成为中国的唯一的氢能产业标准创新基地，已有1500多台商用车在大街小巷上穿梭运营。2020年5月，南海区启动仙湖氢谷十大项目，包括佛山仙湖实验室、氢能学院、氢能公交等，涵盖研发、教育、交通以及应用、生产等多个方面，总投资达120亿元。中国石化在广东等地积极探索启动油/氢合建站建设，2019年在佛山樟坑建设了国内首座油氢合建加氢站。

深圳市现有超60家氢能与燃料电池产业相关企业，部分核心技术已处于全国领先水平，并通过摸索与实践已初步形成协同合作的集群效应，共同开拓市场进行应用示范。优势领域主要为：长距离、

大载重的交通运输领域；分布式、大规模、可再生能源系统化高效利用的固定式发电领域；以及特定场景下的区域性氢能网络搭建。主要集中在燃料电池电堆、系统集成、制氢、上游制造装备、下游交通和无人机应用领域，且大部分处于研发或商业初期，接近一半拥有自主知识产权。

广州市及其周边地区具有较好的氢源条件，年制氢量约10万吨，目前已有广州石化、普莱克斯、广州发展集团、空气化工、广钢林德气体等产氢企业。以氢能产业为主营业务的企业包括广州鸿基创能、雄川氢能、智氢科技、重塑、舜华等，已形成氢能环卫车、专用车年产能可达1000辆以上。位于黄埔区的广州石化公司现有7套产氢装置，总产氢能力约14万吨/年，该公司已建设了氢燃料电池供氢中心项目一期装置，二期装置也在规划中，预计三年内氢能车用氢气产能规模可达约0.4万吨/年。2019年中，广州黄埔区（也是广州开发区）政府专门出台政策推进了黄埔氢能产业建设和氢能产业发展规划。2020年7月，首批15辆氢燃料电池公交车落地广州开发区，首条氢燃料电池公交示范线在广州公交集团三汽公司388路投入运营，已建成投运知识城、西区2座加氢站，正在推动建设科学城、东区、永和等5座加氢站建设。

2.3.2 未来发展

佛山市规划将氢能源产业发展成为新兴产业的重要支柱。力争到2025年将其打造成国内知名的氢能产业典范城市，到2030年通过不断扩大氢能源产品在城市各个领域的应用与示范，将该市建设成国际知名的氢能生态城市。到2025年，氢能源及相关产业累计产值达到500亿元；到2030年，建成氢能源产业集群，实现氢能源及相关产业累计产值1000亿元。2025年，培育氢能及燃料电池企业超过100家、龙头企业6家、投资总规模达到300亿元；到2030年，培育氢能及燃料电池企业超过150家、龙头企业8家、累计投资总规模达到500亿元，形成具有国际竞争力的氢能源产业集群。到2025年氢能源产品推广应用累计超过11,000套，加氢站达到43座，到2030年累计约30,000套，加氢站达到57座，实现氢能源及相关产业累计产值1000亿元。

广州规划将其建成我国南部地区氢能枢纽，成为大湾区氢能研发设计中心、装备制造中心、检验检测中心、市场运营中心、国际交流中心，构建氢能全产业链，形成氢能规模化应用，实现氢能产业关键零部件、核心装备的自主研发、设计与制造，面向全国、全球输出氢能成套装备和关键零部件。规划布局黄埔氢能产业创新核、南沙氢能枢纽、番禺乘用车制造及分布式发电研发基地、从化商用车生产基地等；打造广州石化制氢、储氢、供氢基地，在法规、安全、经济等可行条件下尝试通过敷设管网输氢至加氢站，实现区域内输氢管网建设的突破。到2030年，规划建成集制取、储运、交易、应用一体化的氢能产业体系，氢能与电力、热力等共同支撑二次能源供给。大湾区氢能研发设计中心、装备制造中心、检验检测中心、市场运营中心、国际交流中心。在核心部件、电堆、系统集成、测试认证服务、整车开发等环节形成一批具有竞争力的企业。储能、备用电源、分布式能源和冷热电联供、调峰电站等领域的装机量累计5万套，在汽车、轨道交通、船舶、航空等领域的装机量累计超过10万套。具体情况见表1。

表1 广州市氢能产业发展路线图（2022-2030）

时间	2022	2025	2030
加氢站，座	20	50以上	100以上
氢电调峰电站，座	/	4以上	10以上
实现产值，亿元	200	600	2000

广州黄埔区规划依托现有氢能产业基础，打造辐射粤港澳大湾区的氢能产业创新基地和核心材料、重要零部件生产基地，引领粤港澳大湾区氢能产业发展。区政府重点规划了湾区氢谷和氢能创新创业中心。中国石化销售有限公司与该区签订战略合作协议，规划新建20座以上的加氢、加油、充电、非油、光伏发电等"五位一体"综合能源销售站，打造"中国氢谷"，预计营收将超100亿元；计划2020年建成2座，2021年建成2～4座。

另外，珠三角周边如东莞氢能高端装备产业集聚区和惠州、茂名氢能制储运产业集聚区也在推进，全区域氢能产业链正日趋完整，未来将成为全国乃至国际上重要的氢能应用中心。

3　制约珠三角氢能产业发展的主要因素分析

3.1　珠三角氢能基础设施建设举步维艰，亟待顶层设计方案出台

一直以来，氢能在制取、存储、运输与应用过程中尚属危化品分类，在进行如加氢站等基础设施建设过程中缺少标准法规与政策体系，审批流程也不畅。氢能及燃料电池行业一直呼吁将氢气归类为能源而不是危化品管理。在2020年4月国家发布的《中华人民共和国能源法（征求意见稿）》中，氢能首次与煤炭、天然气、原油、电力、生物燃料等一起进入能源之列。我国氢能源发展已经进入关键期，前期基础的产业化配套能力已具备，现需要的是加强氢能在各个领域的规模化应用，从而拉伸产业链配套能力，提高整个产业的成熟度，氢能源汽车产业便是需要如此。

珠三角近几年氢能产业发展很快，但基础设施都不够完备，最主要表现在加氢站设施配套建设不及时，加氢站的选址、审批、监管等环节依然困难重重，制约着燃料电池公交车应用规模的扩大。加氢站主要面临四个问题，一是土地难，二是审批难，三是管理难，四是赚钱难。加氢站的行政审批有四个关键性的许可：一是消防审批许可、第二是特种设备充装许可、三是氢气销售经营许可、第四是氢气化工园区生产许可。这四个许可涉及到住建部门、市场监管部门，尤其还有应急部门，这三大部门在

地方政府中一般由不同副市长分管，协调难度大，需要经常多次协调。赚钱难是根本问题和燃眉之急。加氢站设备现状是，进口设备及零部件占绝对主导地位；关键设备缺乏市场竞争导致价格昂贵；国产设备性能不佳，缺乏使用经验，急需优化。

在行政审批方面，佛山市专门成立氢能领导小组，做了一些有益的尝试。该市率先借鉴天然气的行政审批的模式，建立了以住建牵头行政审批的模式，突破加氢站审批流程空白：一是消防审批，由住建局负责；二是充装许可，由市场监管局负责；三是加氢站经营许可，由住建局负责。另外，如若涉及氢气生产，还有一个重要的行政许可，是应急管理部门负责的化工园区氢气生产许可。建议各地方探索理顺相关管理程序，推进加氢站、氢油电综合能源补给站和液氢站建设，为产业发展做好环境优化工作。

3.2　安全问题备受公众关注，需要加强法规建设，给用户以信心

氢能作为一种新的能源系统要得到推广和应用，其安全性是应该首先被关注的。2020年4月7日上午，美国北卡州朗维尤（Long View）的OneH2氢燃料电池工厂发生了爆炸事故。该公司是美国东海岸唯一的燃料电池工厂，主要为叉车和半卡车提供动力。这次爆炸震毁了附近60处房屋的窗户，幸运的是该工厂的44名员工均未受伤，具体原因目前还在调查。另外，2019年5月韩国江原道氢燃料储存罐爆炸，2019年6月美国加州圣塔克拉拉储氢罐泄露爆炸，2019年6月10日挪威首都奥斯陆地铁站附近的KJØRBO加氢站发生着火爆炸。近期，东莞某公司氢能装车台一辆氢气高压管束车，充装过程中发生火灾。一年内这几起与氢气相关事件，对刚刚萌芽的氢能产业造成了巨大的负面影响。

氢气安全特性包括：易燃易爆；密度小极易扩散；分子小容易泄露；金属的氢脆等。理论上，与常规能源相比，氢能具备一定的安全属性。一是氢气的扩散系数和浮力更大,泄漏时浓度可迅速降低；二是氢气的爆炸范围很宽，单位体积或单位能量的

爆炸能很低，点火能不高，不产生浓烟和灰霾；三是泄漏速度快于常见燃料，但泄漏总能量不高。笔者认为，只要相关企业在生产装置设计、建造、生产、运输、应用等各个环节中严格按照相关法规和标准实施，氢能的安全性就能够得到保障。但由于对氢气使用的经验不够丰富，诸如驾驶员等在使用氢燃料电池汽车时，心理上难免存在着较大的疑虑。这些都需要时间去接受。

近日，张家口市出台了全国首个《氢能产业安全监督和管理办法》，明确了行政审批、市场监管、生态环境、交通运输、住建、城市管理、应急管理等 13 个监督管理部门在氢能产业链中的各自分工和监管职责，确保氢能产业安全平稳高效运行。这些都值得珠三角各地政府借鉴。

3.3 珠三角生产的大部分氢气均非"绿氢"，需要加强电解水技术攻关

在氢气的获取方面，根据二氧化碳的排放量，氢可以分为灰氢、蓝氢、绿氢，其中，通过可再生能源制取、零碳排放的氢被称作"绿氢"，发展氢能就是为了实现能源的"去碳化"，而只有通过无碳能源生产的"绿色的氢"，才能实现这一目标。绿氢作为能源产品进入国际贸易将成为改变世界能源格局的一种趋势。

氢气来源主要包括：电解水制氢、甲醇裂解制氢、天然气重整制氢、化工企业的驰放气、煤气化制氢、光催化分解水制氢、生物制氢等等，生产 1kg 氢伴生的二氧化碳重量各不相同，煤制氢约为 11kg，天然气制氢约为 5.5kg，轻油制氢约 7kg。目前，珠三角几乎全部氢气来自化石能源制氢。作为温室气体的二氧化碳的排放将会征收高额碳税。需要加强电解水技术攻关，广泛收集弃风弃电和海上发电，上岸制氢，降低氢气成本。

3.4 珠三角地区氢能汽车尚未成为新能源汽车主力车型，核心技术待突破

采用非常规的车用燃料作为动力来源的新能源汽车包括纯电动汽车、氢燃料电池汽车等。经过这些年的发展，充电电动汽车已成为其中的主力车型，国内纯电动车已经发展到了第四阶段，预计在

2025 年纯电动车达到第五阶段，那时的纯电动汽车综合性价比将会超过燃油车，达到纯电动车"大发展"的时代。为此，前几年各地政府都大力推广电动汽车。如广州市计划在 2020 年完成全部燃油公交车更换为电动汽车的工作，而深圳市借助当前"新基建"之风，大力发展充电桩建设，力争在"十四五"期间推进充电电动汽车在私家车市场的更大发展。一般地，充电电动公交车寿命为 8 年，当在运公交车被充电电动车型占据时，氢燃料汽车车型在公交和公务车等市场空间受到挤压。

同样"零排放"的纯电动车和氢燃料电池车对比，最大的区别是，要获得 500km 以上的续航能力，前者需要 5 小时以上，而后者只需要加氢 3 分钟即可。所以，在能量充装速度方面，氢燃料电池车具有明显优势。

目前，珠三角在氢能与燃料电池相关的质子交换膜、碳纸、低铂催化剂、金属双极板、氢循环部件、空压机、固体氧化燃料电池集成、固态储氢等方面核心技术尚未实现完全突破，一些产品的关键技术指标与国际先进水平仍存在较大差距。氢燃料电池车在质量与性能、购置和运营成本等方面存在问题，短期内，跟电动汽车、传统燃料汽车相比没有优势，推广应用仍面临较大挑战。另外，在氢纯化制取燃料电池车用氢气系列技术中，氢气品质检测与在线监测技术也尚在攻关之中。需要政府引导加大氢燃料电池基础科研投入，突破核心材料和关键部件的技术瓶颈，促进产品国产化。

3.5 珠三角地区用氢成本高企，输氢管道建设滞后

氢的输送是氢能利用的重要环节，高压气态输氢是现阶段最为成熟的输氢方式。安全高效的输氢技术是氢能大规模商业化发展的前提，利用管道输送是最为高效的方式。管道输氢成本约 0.7 元/kg/100km，只是 20MPa 长管拖车运输费用的 10%。问题在于相较成熟的天然气管网体系，氢气管道建设量非常少。当前，20MPa 长管拖车运输是珠三角氢气运输最主要运输方式，但装卸车耗时长，运量小，运输半径有限，较国外采用 45MPa

长管拖车以及液氢槽车成本高。据估算，20MPa长管拖车每车运氢量约250kg，成本约 6 ~ 8 元/kg/100km。

加氢站方面，目前珠三角地区基本采用高压气态储氢，储量有限，无目前国外采用的液氢储存加氢站。佛山采用"制氢–加氢"一体化站建设和"子母站"的方式进行制备氢气，突破化工园区制氢限制和长距离运输导致氢气价格偏高问题，全市 16 座加氢站，规划建有 5 座天然气重整制氢的母站，配备 11 座天然气子站，用子母站模式协调解决目前氢气昂贵的问题（目前约 40 元/kg）。

运营车方面，珠三角车载储氢瓶压力主要采用 35MPa，国外多为 70MPa。储运环节成本较高，加氢站数量少，盈利难。

珠三角高压气态储运氢要实现大规模、长距离储运技术的商业化仍需要解决成本与技术的平衡问题，整体技术仍落后于国际先进水平。在储运氢方面，氢能储运将按照"低压到高压"、"气态到多相态"的技术发展方向，逐步提升氢气的储存和运输能力，使储氢密度达到 6.5wt%。

3.6 珠三角地区氢能产业标准体系需优化，过度依赖财政补贴

综合考虑各类供氢技术的投资、运行费用与运行周期，对珠三角地区加氢站技术经济性分析，站内制氢成本约 4.5 ~ 6.0 元/Nm^3，而工厂集中制氢的成本约 1.5 ~ 2.0 元/Nm^3，当运输半径在 50Km-200Km 的范围时，外供氢气的技术经济性要优于站内制氢。此外，按照目前加氢站 500kg/d（230Nm^3/h）的用氢规模，小气量的分布式制氢方式将会造成更大的资源浪费，并形成分布式污染源。

近几年，各地政府对加氢站补贴约为 20 元/kg氢，补贴时限都不长。2020 年 5 月，佛山南海区就把氢气销售价格为每公斤 40 元及以下的补贴年限从 2018-2019 年度修改为 2018-2021 年度；将每公斤氢气销售价格标准 35 元及以下修改为 36 元及以下，并把加氢补贴年限从 2020-2021 年度修改为 2022 年度。同时，每公斤补贴价格从 14 元修改为 18 元。

我国已初步建立氢能标准体系。珠三角地区现行的氢能标准包括产品、安全使用、氢氧站设计、制氢储氢等方面的测试方法和技术条件等国标和行标，仍有一系列国标在修订，主要涉及氢能的燃料电池及氢能汽车标准。在燃料电池汽车领域，其加氢枪、加氢站等标准以及燃料电池电动汽车发动机、空气压缩机、车载氢系统等关键部件标准的制定尚不完善，氢气的分析和计量方法也有许多缺陷。需要加强标准顶层设计，多渠道开辟制定标准工作路径。

由于顶层设计仍然不够明确，安全问题备受公众关注，产氢非"绿氢"，氢能汽车尚未成为新能源汽车主力车型，用氢成本高，氢能产业标准体系未形成，且过度依赖财政补贴，很大程度上制约了珠三角氢能产业发展。面临的挑战就是资金缺乏和产业链的完整性不够，最核心的问题还是自身技术的成熟度不够。

4 结束语

氢能是各国能源竞争必须抢占的"制高点"。发展氢能产业有助于珠三角地区优化能源结构，产业前景可期。预计到 2022 年，珠三角地区氢能基础设施建设和各类标准更加完善；到 2030 年燃料电池商用车将实现规模化应用，用氢需求快速提升，产业进入成熟期；再经若干年的发展，氢能产业或可承担区内超过 15% 的能源需求。珠三角地区氢能产业必将迎来大发展。

建议珠三角地区完善氢能立法顶层设计，成立区域产业联盟，将氢能发展明确纳入广东"十四五"规划，统筹协调氢能与其他能源协同发展，打破行业壁垒，避免资源低效配置，形成一体化全区域性氢能产业链布局，带动氢能相关行业健康、有序发展，支撑国民经济增长。并加强氢电综合技术科研及产业支持力度，对清洁能源制氢及氢燃料电池进行专项科技及政策支撑，降低电制氢成本，利用氢燃料电池技术进步拓展氢能需求，完善氢能供需体系建设，实现清洁低碳、安全高效的能源目标。

参考资料：

[1] 国际能源署. 氢的未来：抓住今天的机遇 [R/OL]. 2019-06-18[2019-12-30].

[2] 程一步, 王晓明, 李杨楠等. 中国氢能产业步入快速发展机遇期石化企业可大有作为 [J]. 石油石化绿色低碳, 2020,5(1),1-9

[3] 佛山市氢能产业发展规划（2018-2030）, 佛府函〔2018〕191 号,2018 年发布

[4] 广州黄埔区开发区促进氢能产业发展办法, 穗埔府规 [2019]14 号,2019 年发布

[5] 史利民. 我国新能源汽车产业现状及发展趋势 [J]. 电器工业,2011,7,16-20

[6] 韦树礼, 李程武. 简析新能源汽车分类及性能 [J]. 汽车实用技术,2019,2,15-16,40.

氢能与太阳能、风能、
传统能源融合发展展望

田建锋

（中国石油青海油田公司）

摘要： 随着全球气候问题、环境污染问题和能源问题的日益严峻，人类更加深刻的认识到传统高碳化石能源消费对环境的影响，因此急需寻求一种便于获取，环境友好，可再生的清洁能源来逐步替代传统化石能源。基于双碳目标的提出，世界各国对于清洁能源的需求不断增长以，对环境保护的日益重视。氢能作为一种清洁、高效、可持续的能源形式，受到了广泛关注。本文简要介绍了我国能源消费和能源分布的特点，介绍了氢能的特点和世界各国氢能的发展趋势和政策支持，介绍了我国双碳目标提出后太阳能、风能、氢能发展的优势和存在的问题。从氢能获取方面着重讨论了太阳能、风能转化为氢能的获取方法和太阳能、风能与氢能融合发展的模式，优势和面临的挑战、从用氢方面，讨论了传统炼化企业生产中氢气获取方式，阐述了炼化生产中绿氢替代灰氢的重要意义，和绿氢结合二氧化碳回收技术回收利用二氧化碳对企业降低碳排放的促进作用，并对未来的发展前景进行了展望。

关键词： 太阳能　风能　氢能　融合　碳排放

1　前言

我国是个能源消费大国，随着工业化和城市化进程的加剧，经济的快速发展推动了能源需求的不断增加，我国能源消费总量一直保持增长态势。2000 年以来，我国逐渐成为世界上最大的能源消费国之一。在我国的能源消费结构中，煤炭、石油、天然气等不可再生化石能源仍占据主导地位，太阳能、风能等清洁能源占比较低，于此同时，我国能源的现状呈现出能源总量丰富，人均占有量低，能源分布地域性强，能源结构不合理的特点，能源结构的不合理一方面带来能源的极大浪费，另一方面也带来了严重的环境问题。

随着"双碳"目标的提出，在应对气候变化和能源转型的背景下，风能、太阳能、氢能等清洁能源的发展成为全球关注的焦点。其中氢能具有高能量密度、零排放、可储存等优点，被认为是未来能源体系的重要组成部分。然而，氢能的生产、储存和运输等环节仍面临一些技术和成本上的挑战。通过与其他清洁能源的融合发展，可以充分发挥各自的优势，提高能源利用效率，降低成本，推动清洁能源的广泛应用。

2　我国能源现状

传统能源生产保持稳定，煤炭仍然是我国重要的能源资源，产能稳步提升。2024 年前三季度，我国煤炭生产在能源供给中发挥着基础作用，受市场需求、环保政策等因素的综合影响略有波动，但总体保持在较为稳定的水平。原油生产平稳增长，国内原油产量维持在一定规模，对石油的需求持续增加，原油进口量仍处于较高水平。2024 年 1—5 月份，规上工业原油产量同比增长 1.8%，而进口原油量也较为可观。天然气生产稳定增长，2024年1–5月份，规上工业天然气产量同比增长5.2%，进口天然气量也保持了较快的增长速度。可再生能源发展迅速，风电装机容量快速增长，海上风电和陆上风电齐头并进。截至9月底，全国风电累计并网装机容量4.8亿千瓦，同比增长19.8%，风电技术不断进步，发电效率逐步提高。光伏发电发展迅猛，成本不断降低，装机容量和发电量快速增长。全国光伏发电装机容量达到7.7亿千瓦，同比增长48.4%，成为可再生能源领域的重要增长点。

能源消费方面，能源需求总量大且持续增长，工业生产、交通运输、建筑等领域对能源的需求旺盛，尤其是对电力、石油、天然气等能源的依赖度较高。能源消费结构逐步优化，近年来，随着可再生能源的快速发展和能源转型的推进，非化石能源消费占比不断提高。

能源政策方面，积极推动能源转型，国家制定了一系列政策，大力推动可再生能源的发展，提高可再生能源在能源消费中的比重，减少对传统化石能源的依赖，以实现能源的绿色低碳转型。我国积极加强能源储备体系建设，提高能源供应的稳定性和安全性。

能源技术方面，技术创新取得突破，我国在能源技术领域取得了一系列重要突破，例如在风电、光伏、储能等领域的技术不断进步，提高了能源的利用效率和可再生能源的发电稳定性。同时，智能电网、能源互联网等技术的应用，也为能源的高效传输和分配提供了支持。

但仍面临技术挑战，例如在高效储能技术、氢能技术等方面，还需要进一步加强研发和创新。

3　清洁能源状况

清洁能源发展呈现出良好的态势，我国幅员辽阔，西北地区拥有丰富的太阳能资源，尤其是新疆、青海、甘肃等地，日照时间长、太阳辐射强度高，为太阳能光伏发电提供了优越的自然条件，青海海西地区为例，详见表1，图1.

表1

月份	直接辐射量（kWh/m²）
1	182.4
2	182.4
3	197.2
4	198.8
5	166.1
6	117.7
7	119.5
8	130.4
9	127.1
10	180.9
11	143.7
12	209.8
合计	1955.8

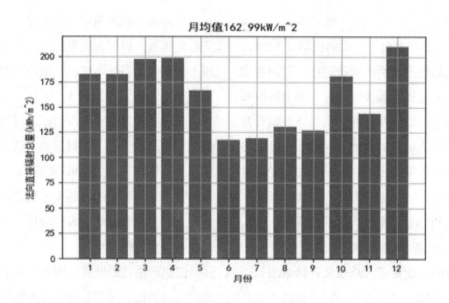

图1　代表年逐月直接辐射量统计图

统计站址区年总太阳直接辐射量约为1955.8kWh/m2，根据中国电力行业标准（DL/T 5158-2012）中对太阳直接辐射量的等级划分标准，站址区域属于太阳能资源较丰富带，非常适合太阳能光热项目。

例如，格尔木市积极融入国家大型风电光伏基地建设，拥有乌图美仁光伏光热园区等新能源园区。截至2024年11月，全市新能源并网装机906.3万千瓦，占全省新能源总装机的22.3%。已建成并网光伏发电装机353.4万千瓦、储能83.15万千瓦、光热5万千瓦；在建的乌图美仁光伏光热园区规划装机3475万千瓦，已建成新能源并网装机容量365万千瓦，在建项目装机容量145万千瓦，为打造大型风电光伏基地奠定了坚实基础。另外，在青海的塔拉滩等地，也都建成了大规模的光伏电站，为当地及周边地区提供了大量的清洁电力。

我国西北甘肃、新疆、宁夏、青海等地区处于我国的风能富集带，风速大且稳定，具备良好的风能开发潜力。大型风电场在西北地区广泛分布，风力发电装机容量不断增长。国家电网西北分部的数据显示，截至2024年9月底，西北电网新增清洁能源装机4151万千瓦，清洁能源装机容量达到2.97亿千瓦，占总装机容量的60.74%。今年以来，国家电网西北分部累计服务3596万千瓦清洁能源并网发电，同比增长34%。西北地区清洁能源主要以风电和和太阳能发电为主。一些地区的风电场还与周边的产业相结合，如与制氢产业协同发展，推动了清洁能源的多元化利用。

不过，西北地区清洁能源发展也面临一些挑战，由于西北地区经济发展相对落后，地广人稀，工业基础比较薄弱，因此本地消纳能力有限、外送通道建设仍需加强、部分地区的技术和管理水平有待提高等问题。总体而言，西北地区清洁能源的发展前景广阔，未来将在我国能源转型中发挥重要作用。

4　氢能的特点和发展趋势

氢能具有能量密度高、燃烧产物清洁、来源广泛、可再生、利用形式多样的特点。氢气燃烧热值很高，为1.43×10^8J/kg。是除核燃料外，氢的发热值是所有化石燃料、化工燃料和生物燃料中最高的，是汽油发热值的3倍，能够为设备提供高效的能量输出。氢气燃烧后主要生成水，不会像传统化石燃料一样产生二氧化碳、氮氧化物等污染物，对环境很友好。氢气可以通过水电解、化石燃料重整、生物质气化等多种方式制取氢气，在地球上资源丰富。如果利用可再生能源（如太阳能、风能）电解水制取氢气，从长远看是一种可再生的能源载体。既可以通过燃烧产生热能，也能用于燃料电池，将化学能直接转化为电能，应用于交通运输、分布式发电等多个领域。

由于氢能的诸多优势和发展氢能对全球减碳的积极意义，世界各国都十分重视氢能和制氢技术的发展，尤其是绿氢产业的发展。据统计和预测，2022 年全球氢气消费量超 9500 万吨，其中化石能源制氢 + 副产氢合计超过 99%，低碳氢占比 0.7%，而电解水制氢占比仅 0.1%（近 10 万吨），可再生能源制氢比例更低。2030 年全球氢能需求达到 1.5 亿吨，其中化工、冶金、炼化合计占比超过 70%，发电、交通合计 3800 万吨；2050 年氢能需求达到 4.3 亿吨，其中交通、发电合计 3.3 亿吨，占比超过 60%。2030 年全球低碳氢产量达到 7000 万吨，其中电解水制氢 5100 万吨；2050 年低碳氢产量 4.2 亿吨，其中电解水制氢 3.27 亿吨（近 80%）。在氢能需求的催动下，世界各国纷纷调整氢能政策，美国、日本等国加和地区均调整提高了氢能需求指标，其中美国由 2050 年氢能需求 4100 万吨提高至 5000 万吨，日本由 2050 年氢能需求 1000 万吨提高至 2000 万吨。我国 2022 年 3 月《氢能产业发展中长期规划（2021-2035 年）》明确：氢能作为未来国家能源体系的重要组成部分、用能终端实现绿色低碳转型的重要载体，氢能产业 作为战略性新兴产业和未来产业重点发展方向的清晰定位。重点发展可再生能源制氢、工业副产氢，2025 年可再生能源制氢产量达到 10-20 万吨，燃料电池汽车保有量 5 万辆。2023 年 6 月《新型电力系统发展蓝皮书》：推动可再生能源制氢，研发先进固态储氢材料，着力突破大容量、低成本、高效率电氢转换技术装备，开展大规模氢能制备和综合利用示范应用。

由于目前制氢技术下氢能成本较高，各国为鼓励支持氢能产业发展先后启动了氢能产业支持政策，欧盟委员会今年 3 月发布"欧洲氢银行"计划（融资工具），设计固定溢价拍卖，向中标商 生产的每公斤绿氢给与固定补贴，最多持续 10 年。今年秋季第一批拍卖补贴总规模约 8 亿欧元。英国 2022 年 9 月推出类似的电解水制氢示范项目竞争性补贴，今年 8 月确定了第一批受支持的 20 个

项目低碳氢项目。美国《通胀削减法案》对清洁氢生产给予补贴 10 年期生产税抵免（PTC），或者 30% 投资补贴（ITC），补贴封顶最高 3 美元 /kg H2。补贴额度与碳强度挂钩，0.45kg CO2/kg 以内，补贴 3 美元 /kg。燃料电池汽车补贴 7500 美元 / 辆，取消每家车企 20 万辆补贴上限。装备制造方面，《通胀削减法案》（IRA）对先进能源装备制造、储能、替代燃料加注站的补贴，也覆盖氢能装备制造、氢储能、加氢站。

5　氢能与太阳能、风能的融合 -- 制氢

氢能与太阳能、风能融合发展前景广阔。太阳能、风能可以通过光伏发电、风力发电将太阳能、风能转化为电能，再通过电解水制氢，将不稳定的太阳能、风能转化为化学能储存于氢气中。这种融合能减少对传统能源的依赖，在能源供应方面更加灵活、清洁。而且在交通运输、分布式发电等领域应用潜力巨大，有助于推动全球能源转型。

5.1 融合模式

（1）太阳能、风能制氢：利用太阳能光伏发电和风力发电产生的电能进行电解水制氢，是目前氢能与太阳能、风能融合的主要方式。这种方式可以将太阳能、风能转化为氢能，并且转换过程清洁、安全、高效，实现了能源的储存和运输。例如，在光照充足、风资源丰富的地区建设太阳能光伏电站和风力电厂，并配套电解水制氢设备，生产的氢气可以用于燃料电池汽车、分布式发电等领域。

（2）太阳能热化学制氢：主要是利用太阳能聚集产生的高温热来推动热化学反应制取氢气。其基本原理是利用太阳能集热器把太阳能聚焦，产生高温环境，让合适的化学反应在这种高温下发生，使水或者其他含氢化合物分解，释放出氢气。例如，氧化铁（Fe_2O_3）和氧化锌（ZnO）在高温下可以和水发生反应，产生氢气，反应完成后，金属氧化物还可以循环利用。与传统电解水制氢相比，太阳能热化学制氢可以利用太阳能的热能部分，在理论上有更高的能量转换效率，并且能够更有效地存储和利用太阳能，对于实现大规模、低成本的氢能源生产有重要意义。利用太阳能聚光产生的高温热能，

驱动化学反应进行制氢。这种方法具有较高的制氢效率，但技术难度较大，目前仍处于研究阶段。

5.2 优势

太阳能、风能利用最大的问题在于其能量的间歇性和不稳定性，要实现太阳能、风能的高效利用储能尤为关键，而氢能可以作为一种储能介质，能将太阳能、风能在富余时转化为氢气储存起来，在需要时再释放出来，实现能源的稳定供应。太阳能、风能和氢能都是可再生能源，相互融合可以减少对化石能源的依赖，降低碳排放，有助于实现可持续发展。通过将太阳能、风能转化为氢能，可以提高能源的利用效率，同时氢气的高能量密度也使得其在运输和使用过程中更加高效。也可以在在太阳能、风能电力充裕时段将富余的电能转化为氢气储存起来，在电网负荷低谷时将氢气转化为电能，实现风电的稳定并网和消纳。

5.3 挑战

太阳能、风能制氢成本较高，目前太阳能、风能制氢主要是利用光伏发电和风力发电将太阳能、风能转化为电能，再通过电解水制氢技术将电能转化为氢能，光伏电厂、风力电站和电解水制氢设备和技术的成本较高，限制了其大规模应用。需要进一步降低太阳能光伏电池和房里发电设备的成本、提高电解水制氢的效率，降低电解水制氢电耗以降低整个系统的成本。太阳能热化学制氢技术还不够成熟，需要加强研发和示范，提高技术的可靠性和经济性。

风电场和制氢设备的选址需要综合考虑风能资源、水资源、土地资源等因素，合理规划布局，以降低建设和运营成本。目前，氢能与风能融合的技术标准和规范还不完善，需要加强制定和推广，确保系统的安全、可靠运行。

6　氢能与传统炼化的融合 -- 用氢

氢气对与传统炼化企业至关重要，如：汽油醚化、催化重整、航煤加氢等装置均需要补充大量氢气，实现油品质量和产量的提升。以某炼化企业为例，目前全厂生产用氢量约17000Nm³/h，氢气主要产自甲醇装置的驰放气（供氢10000Nm³/h）和炼油瓦斯气，用氢性质为灰氢。

在双碳目标的大背景下，为实现传统炼化企业减碳，氢能的利用显得尤为重要，其中主要体现在两个方面：

绿氢替代灰氢降低炼化企业灰氢生产过程碳排放，炼化企业传统的灰氢生产工艺一般包括天然气重整制氢。这是最常用的方法之一，通过天然气（主要成分是甲烷）与水蒸气在高温（700 - 1000℃）和催化剂（如镍基催化剂）的作用下发生反应，生成氢气和一氧化碳。化学反应式为 $CH_4 + H_2O \rightarrow CO + 3H_2$。部分氧化法制氢，将烃类（如重油、渣油等）与氧气或富氧空气进行部分氧化反应，反应温度很高（1200 - 1500℃），生成氢气和一氧化碳，反应式以甲烷为例：$2CH_4 + O_2 \rightarrow 2CO + 4H_2$。这种方法对原料的适应性较强。还有生产过程中副产的氢气，如：加氢改质低分气、加氢精制低分气和柴油液相加氢干气混合组分（含氢量70%）催化重整装置产氢（含氢量79.3%）。通过以上制氢工艺虽然能够满足炼化企业用氢需求，但在制氢过程中存在大量的碳排放，如：某炼化企业甲醇装置驰放气提氢10000Nm³/h，同时生产甲醇7万吨/年，碳排放达到约4万吨/年。灰氢的生产不利于企业降低碳排，与双碳目标的大背景相违背。

通过太阳能、风能等绿色科再生能源发电再电解水制取绿氢，通过绿氢替代传统灰氢，氢生产过程绿色、环保、零污染是最理想的氢能获取方式。以绿氢替代灰氢停用灰氢生产装置可以有效降低碳排放，对企业的绿色可持续发展有积极的推动作用。

绿氢+CCUS技术实现碳捕集利用，众所周知，炼化企业一直以来都是排碳大户，但是受炼化企业生产性质和生产工艺的限制碳排放在所难免，绿氢+CCUS技术可以有效捕集排放的二氧化碳，实现二氧化碳加氢制甲醇，制航煤等产品。实现二氧化碳的回收利用，降低企业碳排放的同时实现回收利用创造效益。

7　结论

氢能与其他清洁能源的融合发展是未来能源转型的重要方向。通过与太阳能、风能、氢能的融合，以及绿氢对传统灰氢的替代和绿氢在碳捕集回收中的重要意义，可以充分发挥各自的优势，提高能源利用效率，降低成本，降低碳排放，推动清洁能源的广泛应用。然而，目前氢能与其他清洁能源的融合发展仍面临一些技术、成本和政策等方面的挑战，

需要加强研发和示范，完善技术标准和规范，制定相关政策支持，促进氢能与其他清洁能源的融合发展。相信在未来，随着技术的不断进步和政策的不断完善，氢能与其他清洁能源的融合发展将取得更加显著的成果，为实现可持续发展做出重要贡献。

浅谈氢能未来发展趋势

李　强　　文生英

（中国石油青海油田公司）

摘要： 氢能作为一种极具潜力的绿色能源，其储量丰富、零排放、能量密度大以及转化效率高的特点，使其在全球范围内备受瞩目。为实现"碳达峰"和"碳中和"目标，氢能作为新能源供给革命的关键一环，正逐步展现出其广阔的发展前景。氢能的优势显著，来源广泛，可通过多种途径制取，包括化石燃料制氢、电解水制氢以及生物制氢等。同时，氢气燃烧后的最终产物仅为水，无污染，且其能量密度远高于传统化石燃料，具有清洁高效的特性。然而，氢能的发展也面临着一些挑战，如氢气的存储和运输难度大，以及使用成本相对较高，这些问题限制了氢能的广泛应用。近年来，我国氢能产业取得了显著进展，已初步形成较完整的氢能产业链，并在全国范围内落地了一批规模化示范项目。从上游的制氢环节，到中游的储运环节，再到下游的用氢环节，氢能产业链各环节均取得了不同程度的突破。同时，我国还出台了一系列氢能产业政策，逐步完善了氢能产业标准化体系，为氢能产业的健康发展提供了有力保障。在技术进展方面，我国在制氢、储运以及应用技术等方面均取得了重要突破。特别是在制氢技术方面，我国已掌握了多种制氢方法，这些技术的突破为氢能产业的进一步发展奠定了坚实基础。未来，我国氢能将在交通、化工、能源系统等多个领域发挥重要作用。特别是在交通领域，氢能汽车将成为推动绿色转型的重要力量。同时，在化工领域，氢能也将成为化工行业深度减碳的利器。此外，在能源系统中，氢能还将与传统能源系统形成互补，共同构建绿色低碳的能源体系。本文从氢能的优缺点、产业现状、技术进展以及未来应用等方面，粗浅地探讨了氢能的未来发展趋势，旨在为我国氢能产业的发展提供参考。

关键词： 氢能　制氢技术　氢能应用　氢能产业　清洁能源

1　引言

在全球气候变化和能源转型的大背景下，氢能作为一种清洁能源被寄予厚望。2020年，国家主席习近平在第七十五届联合国大会一般性辩论上表示，中国将提高国家自主贡献力度，采取更加有力的政策和措施，二氧化碳的碳排放力争于2030年前达到峰值，努力争取到2060年前实现"碳中和"。氢能作为实现这一目标的关键途径之一，其开发和利用已成为国家能源战略的重要组成部分。

2　氢能的优缺点

2.1　优势

（1）来源广泛：氢能可以通过多种途径获得，包括化石燃料制氢、电解水制氢、生物制氢等。

（2）清洁高效：氢气燃烧的最终产物为水，无污染，且其质量能量密度高达142MJ/kg，远高于传统化石燃料。

2.2　劣势

（1）不便存储：氢气密度低、扩散性强，压缩储存难度大，导致氢气输送成本较高。

（2）使用成本高：化工副产氢纯化成本高，电解水制氢能耗高，限制了氢能的广泛应用。

3　氢能产业现状

3.1　产业链发展

氢能作为一种来源丰富、绿色低碳、应用广泛的二次能源，正逐步成为全球能源转型发展的重要载体之一。氢能产业链较长，氢能产业的快速发展有望带动全球就业、促进经济发展、减少二氧化碳排放、保障国家能源安全等。根据国际氢能委员会（Hydrogen Council）预测，到 2050 年，氢能产业将创造 3000 万个工作岗位，减少 60 亿吨二氧化碳排放，创造 2.5 万亿美元产值，在全球能源中所占比重有望达到 18%。

氢能产业链主要由上游制氢、中游储运以及下游用氢部分组正。其中上游制氢基本分为化石燃料制氢、电解水制氢、工业副产制氢、生物质、光解水等新兴技术制氢；氢气在中游储运中目前常用的储存方式为高压气态、低温液氢、固体材料、有机液态，运输则使用常规的公路、铁路运输以及管道运输；氢能在下游应用阶段传统的使用方式多用于合成氨、精炼石油，以及作为化工原料，在新能源领域用于制作燃料电池、储能发电、热电联供以及工业燃料。氢能产业链中，制氢成本占比高达 55%，储运氢成本占 30%，加注氢气占比 15%，目前氢能产业还不具有经济性。

我国已初步形成较完整的氢能产业链，包括京津冀、华东、华南、华中、华北、东北六大产业集群，并在全国范围内落地了一批规模化示范项目。氢能产业链的制、储、运、加各环节尚未完全打通，成为制约氢能大面积普及应用的重要因素。2021 年为我国氢能产业规模示范元年，中国氢能产业已经开启在交通、工业、建筑、储能领域多场景应用。

3.2 政策推动

在减少碳排放、能源安全、促进经济增长等因素的驱动下，我国紧跟国际步伐，制定并发布了一系列氢能产业政策。早在 2006 年，我国《"十一五"科学技术发展规划》将氢能与燃料电池技术列入超前部署的前沿技术，并开展重点研究。之后，在"十二五"、"十三五"《国家战略性新兴产业发展规划》中多次提出将可再生能源制氢、燃料电池技术创新发展作为重点发展内容。2019 年两会期间，氢能被首次写入《政府工作报告》。随后氢能产业政策密集出台，工信部、

国务院、发改委等多部门陆续发布支持、规范氢能产业的发展政策。2020 年 9 月，财政部、工业和信息化部、科技部、国家发展改革委、国家能源局印发《关于开展燃料电池汽车示范应用的通知》（以下简称《通知》），决定将燃料电池汽车的购置补贴政策调整为燃料电池汽车示范应用支持政策，对符合条件的城市群开展燃料电池汽车关键核心技术产业化攻关和示范应用给予奖励，争取用 4 年左右时间，逐步实现关键核心技术突破，构建完整的燃料电池汽车产业链，为燃料电池汽车规模化产业化发展奠定坚实基础。

根据《通知》，中央财政通过对新技术示范应用以及关键核心技术产业化应用给予奖励，加快带动相关基础材料、关键零部件和整车核心技术研发创新。奖励资金由地方和企业统筹用于燃料电池汽车关键核心技术产业化，人才引进及团队建设，以及新车型、新技术的示范应用等，不得用于支持燃料电池汽车整车生产投资项目和加氢基础设施建设。中央财政将采取"后补助"方式，以结果为导向，依据验收评估和绩效评价结果核定并拨付奖励资金。牵头城市要组织确定中央财政奖励资金在示范城市间的分配方案。对工作进度慢、未按进度完成任务的示范城市群，经专家委员会审定，将视情况采取调整实施方案、扣减或暂停拨付奖励资金、暂停或取消示范资格等措施。

2022 年 3 月，国家能源局发布《氢能产业发展中长期规划（2021–2035 年）》，明确了氢能的战略定位，并提出氢能产业 2030 年和 2035 年发展目标，为加快推动能源革命、科技革命和产业变革注入了新动能。

2023 年 8 月，国家多部委联合印发了《氢能产业标准体系建设指南 (2023 版)》，为氢能产业规划建设提供了标准。2025 年 1 月 1 日即将施行的《中华人民共和国能源法》通过确立氢能的法律地位、规划产业发展、支持技术创新与研发、规范市场准入与监管以及鼓励国际合作与交流等方面，为氢能产业提供了全面的法律支持和保障。

4　技术进展

4.1　制氢技术

中国是世界上最大的制氢国，2022年我国氢气产能约为4100万吨/年，产量为3781万吨/年。预测在2030年碳达峰愿景下，我国氢气的产量预期将超过5000万吨/年。目前我国氢制取几乎都来自化石能源制氢和工业副产氢，这两种制氢路径技术成熟、产量大且产能分布广、成本低，但是大多属于碳基能源制取的灰氢，其碳排放比较高。根据国际能源署汇总数据，在中国生产氢气各种不同技术路径的成本、碳强度为：煤制氢成本最低，但是排放很高，可再生能源制氢无碳排放，其成本是煤制氢的三倍氢按照制取过程及碳排放可以分为"灰氢""蓝氢"和"绿氢"。"灰氢"指采用化石燃料制取的氢气，如石油、天然气、煤炭制氢等，制氢过程中有大量的碳排放。"蓝氢"指采用化石燃料制取，但过程中采用了碳捕捉及封存技术（CCS）的氢气。"绿氢"指采用可再生能源（如风电、水电、太阳能等）通过电解制氢，制氢过程完全没有碳排放。引用我国工业和信息化部原部长、中国工业经济联合会会长李毅的观点，同样也是行业共识：灰氢不可取，蓝氢可以用，绿氢是方向。

目前，氢的制取主要有以下三种较为成熟的技术路线：一是以煤炭、天然气为代表的化石能源制氢；二是以焦炉煤气、氯碱尾气、丙烷脱氢为代表的工业副产气制氢；三是以碱性电解水、酸性质子交换膜电解水为代表的电解水制氢。其他制氢方式，例如微生物直接制氢和太阳能光催化分解水制氢等，仍处于实验和开发阶段，尚未达到工业规模制氢要求。

（1）化石燃料制氢

①煤制氢：我国煤炭资源丰富，煤在能源结构中占比高达70%，煤制氢综合成本最低，短期内煤制氢是条具有中国特色的制氢路线。然而，煤制氢需要大型的气化设备，装置投资成本较高，只有规模化生产才具有经济效益，因此，煤制氢不适合分布式制氢，适合于中央工厂集中制氢。以煤为原料制取 H2 的方法主要有两种：一是煤的焦化

（或称高温干馏），是指煤在隔绝空气条件下，在 900～1000℃制取焦炭，副产品为焦炉煤气；二是煤的气化，是指煤在高温常压或加压下，与气化剂反应转化成气体产物。

以下为煤的气化反应过程：

造气反应：$C+H_2O \rightarrow CO+H_2$

水气变换：$CO+H_2O \rightarrow CO_2+H_2$

总反应：$C+2H_2O \rightarrow CO_2+2H_2$

②天然气制氢：天然气制氢是通过 CH_4 和水蒸气、氧气介质在高温下反应，生成合成气，再经过化学转化与分离，制备氢气。

蒸汽重整制氢（SMR）在天然气制氢技术中发展较为成熟、应用较为广泛。其生产过程需要将原料气的硫含量降至1ppm以下，以防止重整催化剂的中毒，因此制得氢气的杂质浓度相对较低。中国天然气资源供给有限且含硫量较高，预处理工艺复杂，导致国内天然气制氢的经济性远低于国外。

（2）电解水制氢

电解水制氢是在直流电作用下将水进行分解进而产生氢气和氧气的一项技术，该技术可以采用可再生能源电力，不会产生 CO_2 和其他有毒有害物质的排放，从而获得真正意义上的"绿氢"。电解水理论转化效率高、获得的氢气纯度高。电解水制氢技术主要分为碱性电解水（ALK）、酸性质子交换膜电解水（PEM）、高温固体氧化物电解水（SOEC）以及其他电解水技术。固体氧化物电解水需在800℃以上进行，高温反应需要热源以维持反应的进行，并且材料的耐受性仍需进一步探索，因此目前仍处于研究阶段。碱性电解水和质子交换膜电解水工艺的操作温度较低，但质子膜电解水工艺采用的膜成本较高且需要贵金属催化剂，因而制氢成本较高，碱性电解水可采用非贵金属催化剂从而降低制氢成本。综上来看，碱性电解水的操作条件易实现、投资费用低、使用寿命长、维护费用也更低，因此，也是目前工业应用化最多的一种技术。但同时碱性电解水也存在电解效率低，需要使用具有强腐蚀性的碱液等缺点，也亟需进一步优化解决。

（3）太阳能制氢

①太阳能电解水制氢：将太阳能转换成电能，再利用电能电解水制氢。

②太阳能热解水制氢：利用高聚焦太阳炉加热水至2000℃，热解水制氢。

③太阳能热化学制氢：在水中加入催化剂，降低水的分解温度至1000℃。

④太阳能光化学制氢：利用太阳能直接分解水中的乙醇得到氢气。

⑤太阳能直接光催化制氢：在水中加入光催化剂，吸收光能使水分解。

优点：环境友好，原料丰富。

缺点：尚未实用化，转化率低，成本高。

（4）生物质制氢

①生物质热化学法制氢

气化制氢：以生物质为原料，以空气、水蒸气为气化剂，在高温条件下将碳氢化合物转化为含氢可燃气体，提纯得到氢气。

热解重整法制氢：在隔绝氧气的条件下，对生物质热解生成的油、气产物进一步热解并提纯分离出氢气。

超临界水制氢：在超临界条件下将生物质和水反应，生成含氢气体和残炭，然后继续将气体分离得到氢气。

②生物质微生物法制氢

光解水产氢：藻类在厌氧条件下通过光合作用分解水产生 H_2。

光合细菌产氢：厌氧细菌通过光合作用将有机物中 H^+ 还原成 H_2。

发酵细菌产氢：在黑暗厌氧条件下，分解有机物（发酵）产生 H_2。

优点：无污染、可再生，原料成本低。

缺点：产氢效率低，产氢稳定性和连续性差。

4.2 储运技术

由于氢在常温常压下为气态，密度仅为空气的1/14，所以提高氢的储运效率是产业发展的关键。根据氢的物理特性与储存行为特点，可将各类储氢方式分为：压缩气态储氢、低温液态储氢、有机液态储氢和固态储氢等。

（1）高压气态储氢以气罐为储存容器，其优点是成本低、能耗相对小，可以通过减压阀调节氢气的释放速度，充放气速度快，动态响应好，能在瞬间开关氢气。现阶段，我国推广的氢燃料电池车大多采用公称工作压力为35MPa的Ⅲ型车载储氢瓶，70MPa Ⅲ型储氢瓶已开始逐渐推广，但是受制于高端碳纤维技术不够成熟，我国目前采用的Ⅲ型高压储氢瓶，其储氢压力、密度与国外的Ⅳ型瓶有一定差距，并且关键零部件仍依赖进口。Ⅳ型储氢气瓶因其内胆为塑料，质量相对较小，具有轻量化的潜力，比较适合乘用车使用，目前丰田公司的燃料电池汽车 Miria 已经采用了Ⅳ型气瓶的技术，并且正在积极研发全复合材料的无内胆储罐（Ⅴ型）储氢瓶。Ⅴ型储氢瓶是指不含任何内胆、完全采用复合材料加工而成的压力容器，长期以来Ⅴ型压力容器一直被认为是压力容器行业产品和技术的制高点。

Ⅴ型瓶的技术目前市场上尚在起步阶段，各行业都在密切关注Ⅴ型瓶的技术的发展和机会。而我国目前Ⅳ型储氢瓶还处于初步量产水平，与国际先进水平差距较大。

（2）液氢是一种高能、低温的液态燃料，沸点为 -252.65℃，密度为 $0.07g/cm^3$，其密度是气态氢的845倍。通常，低温液态储氢是将氢气压缩后冷却到 -252℃以下，使之液化并存放在绝热真空储存器中。与高压气态储氢相比，低温液态储氢的储氢质量和体积储氢能量密度都有大幅度提高。仅从质量和体积储氢密度分析，低温液态储氢是比较理想的储氢技术，是未来重要的发展方向，它的运输能力是氢气运输的十倍以上，可配合大规模风电、水电、光电或核电电解水制氢储运。但是，液态储氢技术成本高、易挥发、存在运行安全隐患等问题，商业化难度大，还需向着低成本、低挥发、质量稳定的方向发展。我国液氢技术主要应用在航天领域，民用领域尚处于起步阶段，氢液化系统的核心设备仍然依赖于进口。

（3）液态氢化物储氢是通过不饱和烃类（如苯、

甲苯、萘类等）和对应的饱和烃类（如环己烷、甲基环己烷、四氢或十氢萘等）与氢气发生可逆反应（加氢与脱氢反应）来实现储放氢气。该技术先将液体有机氢能载体催化加氢储能，再将加氢后的液体输送至各站点分发，最后输入脱氢反应装置中发生催化脱氢反应，将释放的氢气供应给用户。相比其他储氢方式，该技术储氢量大、能量密度高，且在常温常压下即可稳定存在，储存设备简单，同时还具有多次循环使用等优点。但目前还存在着脱氢能耗大、高效低成本脱氢催化剂技术等瓶颈有待突破。

液氨储运氢：氨作为富氢分子，用它作为能量载体，是氢气运输的另一种方式。氨可以在 -33℃ 的温度下进行液化，也可以在20℃环境温度和约0.9MPa 的压力下液化。在常规的氨运输中，通常选择冷却和加压存储的组合。液氨的氢体积密度是液化氢本身的 1.5 倍。因此较之于液氢，同等体积的氨可以输送更多的氢。目前海上运输或管道进行工业级的氨运输已经发展得很成熟，在全球大约有 120 个港口设有氨进出口设施，如美国的 NuStar 氨系统管道，全长约 3200km、俄罗斯的 Togliatti-Odessa 氨管道，全长约 200 km。但氨是有毒的化学物质，皮肤摄入、吸入或接触后，即使剂量很小，也具有破坏性或致死性。氨用作氢载体时，其总转化效率比其他技术路线要低，因为氢必须首先经化学转换为氨，并在使用地点重新转化为氢。两次转化过程的总体效率约为 35%，与液化氢 30% ~ 33% 的转化效率基本接近。

固态储氢是一种通过吸附作用将氢气加注到固体材料中的方法，储氢密度约是同等条件下气态储氢方法的 1000 倍，而且吸氢、放氢速度稳定，可以保证储氢过程的稳定性。与高压气态储氢和液态储氢相比，固体储氢技术储氢密度高、安全性好，应用前景良好，但这种储氢方式的发展和应用需要依赖储氢材料的开发和利用，我国仍然处于试验阶段。

在氢能运输方面，适用于大规模氢能运输的技术方案主要有高压气氢拖车、液氢槽车、管道输氢

三种方式。我国目前主要采取高压气氢拖车运输的方式，液氢槽车运输方式相较于高压气氢拖车，可使单车储运量提高约九倍，还能提高氢气纯度，但是氢气液化过程的能耗和固定投资较大，液化过程的成本占到整个液氢储运环节的 90% 以上，还不适合应用于我国民用市场。管道输氢方式，包括纯氢（气氢和液氢）管道输送和天然气掺氢管道输送。目前我国氢气输送管网建设里程不足，仅仅只有 400km，尚未建成完善的氢气管道输送体系。天然气掺氢管道输送方面，目前还处于探索示范阶段，2019 年，国家电投在辽宁省朝阳市开始实施首个电解制氢掺入天然气示范项目，2020 年，国家电投中央研究院在河北张家口启动"天然气掺氢关键技术研发及应用示范"项目，预计每年可向张家口市区输送氢气 440 万立方米。从经济性角度考虑，采用管网大规模、长距离输送氢气比高压气氢拖车、液氢槽车输送氢气更显优势，但是在技术层面上，管道输氢还面临管材评价、安全运行、工艺方案及标准体系等方面诸多关键难题亟待解决，未来还需展开大量研究工作。

4.3 应用技术

氢气目前主要应用于能源及石化、化工领域，但随着技术的发展，应用场景逐渐扩展到交通、化工、钢铁冶金、储能、建筑、发电、天然气掺氢等领域，未来将逐步实现产业化。

（1）交通领域

氢能汽车在续航、环保等方面具有优势，未来将成为交通领域的重要发展方向。随着加氢站等基础设施的完善，氢能汽车将逐步普及，成为推动交通领域绿色转型的重要力量。

案例分析：浙江嘉兴氢能产业发展

浙江嘉兴港乍浦港区是氢能应用的示范区域。在港区，氢能叉车、氢能重卡、氢能公交车等氢能交通工具广泛应用于码头、堆场及市区间运输。嘉兴港区通过构建以绿色化工新材料、航空航天、氢能产业为核心的"1+2"产业格局，吸引了国内外氢能头部企业落户，形成了完整的氢能产业发展生态。截至 2023 年，港区已累计落地 10 辆氢能公交

车、166 辆 49 吨氢能重卡、30 辆 18 吨氢燃料电池物流车、5 辆 12 米氢燃料电池客车。

（2）化工领域

氢能是化工行业深度减碳的利器。通过绿氢与化工行业的耦合，可以显著降低碳排放，推动化工行业绿色转型，实现可持续发展。

案例分析：合成氨生产中的氢能应用

合成氨是化工领域的重要产品，传统生产方法依赖于化石燃料，碳排放量大。通过引入绿氢替代灰氢，可以显著减少碳排放。例如，宝丰能源在宁东建立的全国最大光伏制氢耦合煤化工项目，每年可减少煤炭资源消耗约 38 万吨、二氧化碳排放约 66 万吨。

（3）能源系统

氢能是未来国家能源体系的重要组成部分，将与传统能源系统形成互补，共同构建绿色低碳的能源体系。随着氢能技术的不断进步和成本的降低，氢能将在能源系统中发挥越来越重要的作用。

（4）储能调峰

大规模可再生能源发电并网加剧了电力系统供需波动性，氢能作为一种高效的储能介质，将在储能调峰方面发挥重要作用。通过氢能储能系统，可以有效平衡电力供需，提高电力系统的稳定性和可靠性。

5 我国氢能产业发展存在的问题和挑战

5.1. 产业发展初期阶段的问题

（1）经济性：全产业链的成本相较于传统能源仍然较高，影响了氢能产业的商业化进程。

（2）基础设施建设滞后：加氢站等基础设施尚不完善，制约了氢能汽车的推广和应用。

5.2 技术瓶颈与挑战

（1）核心技术自主研发能力有待提高：与国际先进水平相比，我国在氢能领域的关键技术方面仍有差距。

（2）技术难题待攻克：在质子交换膜、高压运输和加氢以及固态、液态氢等方面仍有很多技术难题需要攻克。

5.3 政策与市场环境

（1）政策体系尚不完善：缺乏长远战略和长期规划，可能导致政策不确定性。

（2）市场竞争激烈：需要不断提升自身竞争力以应对国内外市场的挑战。

5.4. 产业链协同与整合

（1）产业链上下游协同发展不足：影响了氢能产业的整体效率和竞争力。

（2）资源整合与优化配置能力有待提升：需要进一步加强资源整合和优化配置能力。

6 结论

氢能作为一种清洁高效的能源，具有广阔的发展前景。未来，随着技术的不断进步和政策的持续推动，氢能将在交通、化工、能源系统等领域发挥重要作用，为实现"碳达峰"和"碳中和"目标贡献力量。然而，氢能产业的发展仍面临诸多挑战，如成本高、储运难度大、技术瓶颈等。为了推动氢能产业的持续健康发展，需要政府、企业和社会各界共同努力，加强技术创新、完善政策体系、优化市场环境、促进产业链协同发展。通过各方共同努力，我国氢能产业必将迎来更加广阔的发展前景。

参考文献：

[1] 经济日报记者 李景 .（日期）. 浙江嘉兴加速布局氢能全产业链 一氢多能应用渐成新赛道 . 经济日报 .

[2] 金正纵横 中国氢能产业发展蓝皮书（2023）.

[3] 第十五届中国国际航空航天博览会 .（日期）. 剧透航展 | 六院布局完成氢能全产业链研究应用 .

[4] 中国氢能联盟 .（2022）. 中国氢能源及燃料电池产业发展报告 2022.

[5]IEA.（2023）. 2050 年净零排放：全球能源行业路线图 .

[6] 国家发展改革委、国家能源局 .（2022）. 氢能产业发展中长期规划（2021-2035 年）.

多元场景下的氢储能
分析及氢利用前景展望

康　荣　白小平　王　昊　李春保

（中国石油青海油田公司）

摘要： 氢能被视为未来国家能源体系的重要组成部分，有助于推动能源结构的优化调整。氢能产业的发展将促进异质能源跨地域和跨季节优化配置，推动氢能、电能和热能系统融合，形成多元互补融合的现代能源供应体系。在国家双碳政策下，油田大力开展新能源部署，积极开展能源转型，油田风光气电站等新能源也步入了快速发展的行列，油田风光电站的建设规模不断扩大，如何有效储存和利用风能、太阳能产生的电能成为关键问题。氢具有能量大，使用过程无污染，是国际公认的适应减碳目标的能量储存介质和工业原料，氢作为一种高效的储能方式，将新能源与氢能优势互补，结合发展，在油田风光电站建设中具有广阔的应用前景。此外，氢能还可以实现油气行业深度脱碳，主要方式为应用氢能革新型工艺，大规模使用"绿氢"替代"灰氢，通过富足新能源电力制得的氢来替代传统高碳高排放能源化石燃料，在钢铁、化工等高耗能、高排放行业中，氢可作为还原剂替代传统的碳密集型方法，大幅减少碳排放。本文主要探讨在油田发展新型电力系统的新形势下氢能利用以及氢储能发展优化方法和发展过程中遇到的瓶颈，以及在油田发展新能源的多元场景下氢能的综合利用，发挥油田自身资源和体量优势，依托油田新能源产业的快速发展，研究发展绿氢产业，稳步推进油田风光气氢一体化发展。

关键词： 氢储能　绿氢　调峰　氢利用　甲醇

伴随全球"碳中和"浪潮的兴起，能源转型已成为应对气候变化、环境污染等挑战的全球共识，亦是我国"双碳"发展的根本途径与必然选择。过去二十年间，世界见证了可再生能源的技术快速进步与产业规模化发展，其发展速度以及对全球产业经济、生态环境的影响超出了学界和业界的预期，深刻影响着电力、交通等高耗能高排放部门的发展模式。当前，我国正处于全面融入全球能源转型的初级阶段，也是高质量发展战略下以市场配置能源资源为主的深化改革阶段，更是构建以新能源为主体的新型电力系统的攻坚阶段。以储能、氢能为代表的颠覆性能源技术取得重大突破，为实现零排放

的能源转型提供了重要支撑。二者的快速发展将继可再生能源规模化后形成又一轮技术创新引领，在这一背景下，氢作为一种清洁、高效的能源载体，其在能源系统中的作用日益凸显。氢储能技术，即通过将氢作为能量存储介质，为解决可再生能源的间歇性和不稳定性提供了一种新的解决方案。同时，氢的多样化利用，如在交通、工业和发电等领域的应用，为构建低碳经济提供了广阔前景。

（1）氢能的重要性

氢能作为一种清洁能源，具有零排放、高能量密度和快速充放能量的特点。在全球范围内，氢能被视为实现能源结构优化和减少温室气体排放的关

键技术之一。氢的可再生性，即通过水电解或生物质转化等途径，可以从可再生能源中获得，使其成为连接不同能源形式的桥梁。

（2）氢储能技术的发展

氢储能技术通过将电能转化为氢气进行储存，再通过燃料电池等方式释放能量，具有储能密度高、储存时间长、环境适应性强等优点。随着技术的进步和成本的降低，氢储能正逐步成为电网调峰、季节性能源平衡和大规模可再生能源整合的重要手段。

（3）氢的多元化利用

氢的利用不仅限于能源存储，其在交通、工业生产、建筑供暖等多个领域的应用前景同样广阔。氢燃料电池汽车、氢气发电和氢能供暖系统等技术的发展，为氢能的商业化和规模化应用奠定了基础。

（4）面临的挑战与机遇

尽管氢能具有巨大的潜力，但其发展仍面临技术成熟度、成本效益、基础设施建设等多方面的挑战。此外，氢能的安全存储和运输、氢燃料的生产和纯化技术也是当前研究的重点。然而，随着政策的支持和市场的推动，氢能产业正迎来快速发展的机遇。

（5）研究展望

本文将对氢储能技术的最新进展、氢能多元化利用的现状与趋势进行分析，并探讨氢能在实现油田能源转型和碳中和目标中的作用。

1 背景与意义

油田积极开展业务转型升级，大力发展新能源业务，风光电站等新能源快速发展，对氢能的综合利用和油田新能源的发展有重要作用，对于油田，氢在油田炼化过程中具有重要的作用，传统炼化用氢需要用天然气制备，与当下减碳政策不符，绿氢的生产过程中不产生温室气体排放，可再生能源是无限的，使用这些能源制氢可以保证氢能供应的长期可持续性，通过油田风光电站制备绿氢来代替传统灰氢，，可以大大减少对化石燃料的依赖，提高能源供应的多样性和安全性。随着技术的发展，电解水制氢的成本正在逐渐降低，使得绿氢在经济上更具竞争力。长远来看进行绿氢替换将为油田带来巨大的效益。在风光电站储能方面氢储能相较于其他储能技术而言，其在能量转化、响应时间、空间利用性等方面具有突出优势，是建设未来电网规模储能以及新型电力系统的关键技术；同时，其涵盖的"电－氢－电"转换模式也是支撑"源网荷储"一体化建设和多能互补协调运营的重要选择。我国发展氢储能具有先天优势，例如，国家新型储能发展实施方案明确了氢储的创新与示范引领作用，可再生能源装机量全球第一为绿色低碳的氢能供给提供了巨大潜力，较为完备的制－储－输－用氢链条在交通运输、工业原料等行业已经得到了应用。在新能源制氢达到一定规模后，富足的氢可与回收炼化后产生的 CO_2 用来制备甲醇。油田新能源绿氢耦合制甲醇的成本可以与传统煤制甲醇成本相当。绿色甲醇合成技术有助于解决氢能的"制储运加"难题，提供了一种安全高效的氢能源应用路径，有助于实现"碳达峰、碳中和"目标。中国科学院大连化物所开发的低温、高效、长寿命的二氧化碳催化加氢制甲醇技术，为绿色甲醇的大规模应用奠定了基础。国家发展改革委发布的《产业结构调整指导目录（2024年本）》中，将电解水制氢和二氧化碳催化合成绿色甲醇纳入新能源鼓励类产业，为氢能产业的发展提供了政策支持。作为理想的未来燃料，尽早布局，研究开发使用氢燃料代替传统化石燃料，为节能增效和碳中和出一份力。

2 油田多元场景下新能源绿氢利用

2.1 氢储能

风光发电具有强波动性，并网产生的波动，会使电力系统供电的稳定性与可靠性降低；同时，由于风光发电不能储存，会造成大量弃电，制约其发展和应用。此外，风光发电具有很强的反调峰特性，会使电力系统的调峰压力进一步增大。对此，可快速充电、放电的氢储能被广泛考虑，其可以有效消纳新能源发电和稳定风光电并网。氢能作为能源存储和转换的重要参与者，对于环境保护、节能减排具有重要意义。

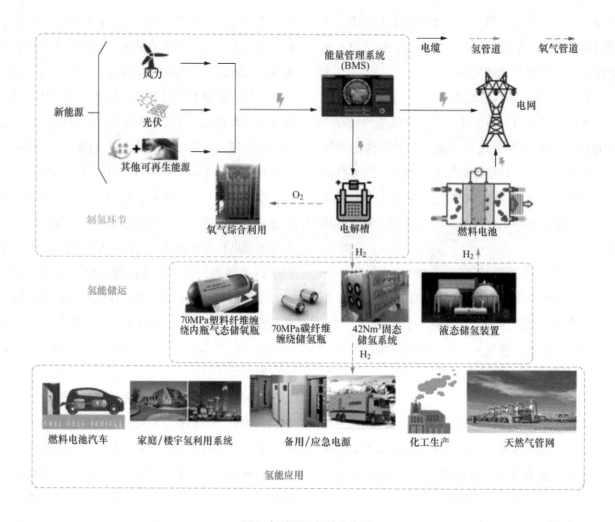

图 1　氢储能及氢综合利用

2.1.1 氢储能与电力系统耦合结构

氢储能在新型电力系统中的作用包括长周期、大规模、可跨季节和空间储存，在新型电力系统的"源网荷"中具有多维度、多空间的应用场景。

2.1.2 "源"侧氢储能

风力发电和太阳能发电等可再生能源发电具有随机性、波动性和间歇性，这种不稳定性电力直接并网会对电力系统产生较大冲击。氢储能的快速响应能力可有效对这种不稳定电力进行平抑，因此可实现风光氢储友好并网，同时，所产生的氢气可以衍生开发，用于合成氨或者甲醇，便于更多开发利用，可让化工行业实现碳减排。根据耦合系统所含要素种类不同，其可分为风氢系统、光氢系统以及风光氢系统。

2.1.2.1 燃氢电厂惯量支撑

火电机组承担调节电网的作用，大量火电机组

快速地退出可能会导致系统惯量缺失，从而促使电力系统出现不稳定的情况。按照响应时间划分，电力系统频率调整阶段可分为惯性响应、一次调频、二次调频、三次调频等，如图 5 所示。当系统受到扰动之后，同步机将释放存储在发电机旋转质量中的动能，降低频率变化速度，减少同步机转速，直至调速器开始动作进行一次调频，以抬升频率，约 30s 后二次、三次调频控制介入恢复频率，达机组最优调度。惯性常数取决发电机的于物理大小和设备类型，氢燃气轮机是旋转发电设备，有着燃气轮机的相似性，可弥补火电机组退出以及风电、光电接入电网引起的系统惯量大幅下降。

2.1.2.2 风—光—氢—燃气轮机一体化氢电耦合系统模型

风—光—氢—燃气轮机一体化氢电耦合系统，由发电部分和氢储能两部分组成，发电部分由风电

模块、光伏模块、掺氢燃气轮机联合循环模块组成，氢储能由电解槽、储氢模块组成，如图2所示。

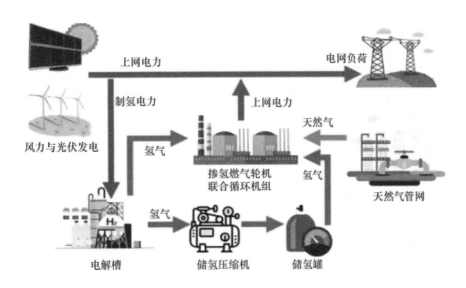

图2　氢电耦合系统

风—光—氢—燃气轮机一体化氢电耦合系统供电来源为风电、光伏、燃气轮机联合循环。系统优先进入电网负荷工况，并优先选择可再生能源上网，燃气轮机联合循环根据负荷波动调节输出。当电网负荷下探超过燃气轮机联合循环调节范围时，多余电力可用于制氢。极端情况下，如果制氢电力超过制氢或储氢单元容量最大限制，则出现弃电。

2.1.3　"网"侧氢储能

氢储能在电网侧的应用价值主要体现在参与电网辅助服务、氢储能季节性电量平衡、缓解输配线路阻塞等方面。

2.1.3.1　参与电网辅助服务

由于风光发电具有不确定性，波动性与反调峰性在并网过程中对配电网稳定运行造成巨大冲击，而大幅增加配网调峰压力的问题，在调频辅助服务方面，新型电力系统惯量的降低会产生扰动，进而发生频率变化率和偏移量较大，导致切机、甩负荷等问题，从而引发大规模停电事故。氢储能作为一种新型能量存储技术，兼具低碳清洁、储存时间长和响应速度较快，具有秒级调频能力等优势，是解决光伏并网调频调峰问题的优选方案之一，下垂控制是一种常见的控制方法。此外，有学者在制绿氢参与调峰辅助服务、电力系统次同步振荡抑制方面

作了研究。针对配电网调峰问题，以及光伏并网带来的电网波动问题，张开鹏等提出将光伏发电与氢储能相结合，建立了光伏－氢储能混合储能调峰双层优化模型。首先，将氢储能模块分为平抑模块和调峰模块，前者降低光伏并网的功率波动量，后者减少系统调峰压力。与单一储能方式相比，氢储能模块化在保证光伏消纳率的同时，减少了系统光伏并网的波动量，确保电网稳定运行。其次，提出的混合储能模型中考虑了氢储能的运行特性，与传统储能相比，该模型提高了氢储能利用率，降低了系统总投入成本。这种方案可有效平抑光伏功率波动，缓解高峰时期用电压力，促进光电消纳，避免弃光现象，降低了系统综合成本。针对含电－氢混合储能的源网荷储系统，为提高新能源的消纳水平并降低系统运行成本，姜智雯等提出了考虑SOC优化设定的电－氢混合储能系统的运行优化方法，实现系统的日前－实时优化调度。首先提出了大容量储能系统SOC优化设定的方法，以确定储能系统日前的始末SOC优化设定值。随后，基于双延迟深度确定性策略梯度算法，提出了一种日前－实时优化调度模型训练方法。结合储能SOC的优化设定值和日前运行数据，建立了源－网荷－储系统的实时优化调度模型，实现日前和实时综合优

化调度。表面大容量储能系统的SOC优化设定方法可以有效提高系统收益。文献针对风电的随机性和波动性，建立了考虑全寿命周期经济成本的风-氢混合储能系统，从而改善电能质量，提高风电经济效益。提出风氢混合储能系统的全寿命周期评估方法，以满足平滑风电输出功率波动条件分析系统的潜在价值。文献通过制氢系统的电解水来利用电网无法消纳的风电，建立了氢储能参与火电机组调峰的容量配置优化模型。文献提出的氢储能优化模型中考虑了热能动态平衡，该模型可有效消纳冗余风电，降低系统综合运行成本。

2.1.3.2 氢储能季节性电量平衡

由于太阳能、风能等可再生能源存在随机性、间歇性，按现有的运行模式，电力系统的稳定性和安全性将受到严重威胁。氢储能具有调节秒级，储能时间长，储存容量大等特性，可有效消化新能源，并在现季节性电量方面发挥作用，因此，在新型电力系统中的氢储能，可以作为季节性电量平衡的重要选择之一。文献提出考虑光伏季节性的电氢混合储能模型，将春夏富足的太阳能资源进行储能，在秋冬光照不足时进行释放。通过智能算法寻优得到最优解，并通过能量梯级利用、季节性分析、关键影响因素分析等形式体现出混合储能的应用价值和前景。

2.1.3.3 缓解输配线路阻塞

新能源可导致输配电系统发生拥挤阻塞，因为其不稳定导致发电不稳定，当不稳定的电力输入电网过多，超过电力需求的上限，就会发生电力系统阻塞，从而危害电网安全和稳定。氢储能的特征优势是调节迅速、大容量且长时间储存，因此，可以用作"虚拟输电线路"。具体原理是在输配电系统阻塞段的潮流下游安装好"虚拟输电线路"，这样就可以一定程度上解决配电系统阻塞。当电力需求低峰时，电能被存储在没有输配电阻塞的区段；在电力需求高峰时，氢储能系统释放电能，从而减少输配电系统容量的要求。

2.1.4 "荷"侧氢储能

对于单体建筑结构，包含单一供电和电—热两种形式；在单一供电中，风电和光能作为系统能量输入端，作为电力的源头，配置功率型电池储能与能量型氢储能协同运行，可以有效解决"源—荷"电力电量实时不匹配。对于电—热供能形式中，燃料电池与电解槽运行提供热量，当其不能满足最低热负荷需求时，电制热设备补充供热将发挥作用。

但当前，氢能与氢储有限的市场规模证明了该技术与传统能源相比仍具有较为明显的劣势，如能源转换效率低、系统成本远高于常见的电化学储能等，这与光伏与风电产业发展初期的特征相近，但规模经济带动的规模扩张超出了多数研究的预期。因此，加速氢储部署不仅仅涉及技术装备的突破与示范应用，也与产业、市场、政策引导的规模经济、供需交互、价格机制等密切相关。

2.1.5 氢储能发展态势与瓶颈问题

2.1.5.1 技术成熟度与成本竞争性不足，供需侧规模化潜力亟待挖掘

其一，全产业链氢能技术多处于研发示范阶段，未来技术路线亟待理清。我国在化石能源制氢、氢燃料电池规模化应用等方面具有明显优势，但伴随全球碳中和发展态势，可再生能源制氢被认为是具有巨大规模效应的技术。由于油田新能源处于起步阶段，当前其产业规模占比小、成本竞争性弱、带动下游用氢环节的产业经济效益不确定，在风光电站建设中氢储能系统技术有待发展突破，所以大规模应用的技术路线有待进一步设计明确。其二，可再生能源电解水制氢的规模效应凸显。2021年，电解水制氢的产量仅占全球氢产量的0.1%，但作为新兴技术其发展增速迅猛，相对2020年产量提高70%。预计2030年电解槽装机量将达到61.3GW，相比2021提高近7倍，其中中国装机量占比36.4%，油田在积极推动发展风光气氢项目，制氢能力将快速提升，发展产生的规模效应能够推动可再生能源制氢成本快速下降，并进一步带动中下游储运、用氢阶段的系统成本下降。因此如何量化制氢技术规模效应，把控技术进步速度与应用规模，对于未来氢能产业规划以及用氢产业碳中和潜力评估至关重要。

2.1.5.2 电－碳市场机制逐步完善,氢储减排效益亟待释放

一方面,电力体制改革有利于氢储发展,但支持性价格机制尚未建立。氢储技术的优势在于能够促进可再生能源消纳、服务电网调峰、支持微电网建设等。伴随我国电力体制改革的不断深化,现货交易市场、电力辅助服务市场等逐步建立,并成为氢储技术发挥优势的重要载体。但可再生能源制氢的支持性电价机制、氢储的储能价格机制存在空白,氢储技术难以借助市场机制将自身技术优势转化为经济效益。另一方面,碳价覆盖范围有限,氢储替代难以实现减排效益。当前我国碳交易市场仅在电力行业施行,而工业、交通等行业是用氢的主要领域,氢储替代在这些行业的减排经济效益难以通过碳价进行准确核算,氢储技术的成本竞争性被削弱,此外,我国"温室气体自愿减排项目"处于起步阶段,加之多数氢储技术尚处于示范阶段,其减排能力以及参与碳排放权抵消的方式、时限等尚不明确,进一步削弱了氢储的经济性与减排效益。

2.1.5.1 氢储多元化示范应用稳步推进,政策与保障体系存在空白

一方面,氢储多元化应用场景逐步形成,商业运营模式亟待拓展。近年来,氢储技术已形成风光氢储一体化、虚拟电厂、储能集成商等多元化应用模式,有效推动了技术研发向市场化的过渡。但当前激励政策主要聚焦于技术示范项目与交通行业应用场景,并以地方补贴手段为主要方式,而针对电力、工业等行业的氢储投资、运营等缺乏商业模式创新,银行业金融机构、产业投资基金等难以按照商业可持续性原则或市场化原则给予金融支持,难以保障未来产业持续性部署,亦容易导致如可再生能源补贴似的财政缺口。另一方面,政策引导作用不断加强,创新政策体系亟待建立。《氢能产业发展中长期规划(2021-2035年)》提出要"打造氢能产业发展1+N政策体系",强化政策对氢储产业的激励引导作用。但目前包括金融、税收、奖励等扶持政策尚存在空白,以往针对新兴产业的传统激励策略(如补贴、减免税等)对技术演化与产业

部署的影响程度亦难以准确评估,亟需针对氢储在交通、储能、电力、工业等不同领域的替代作用与减排效益,以及从技术装备创新到基础设施建设运营再到示范项目商业化转型设计多级政策体系。

2.1.5.3 氢储全产业链部署发展,风险防控能力亟待提升

氢储能产业链涉及制氢、储运、应用等多个环节,各环节事故风险诱因复杂、多样。目前我国已加强氢气泄露检测、储运与应用终端风险报警等关键安全技术研发,但随着产业核心技术的市场渗透不断提升,不同地区依据自身资源禀赋与技术优势形成的产业链各不相同,所引发的宏观层面社会经济、环境健康等风险多样。因此,为落实属地管理责任,风险防控不仅需要检测、报警等安全技术的保障,更需要加强本地全产业链的安全风险测度与监测,动态识别产业规模化发展中的潜在风险诱因,提升事故预防能力。此外,氢能产业安全事故属于突发公共事件,具有不确定性高、影响广泛、危害严重等特征,因此,如何借助大数据、人工智能等先进技术手段,模拟事故发生全过程并对各时段的风险演化规律进行研判,是及时有效应对各类氢能安全风险的重要基础。

2.2 石油炼化

在全球碳中和共识和我国"双碳"目标指导下,能源体系正在加速向清洁化转型,产自可再生能源的低碳电力将成为首选的能源载体。但在石油炼化行业,要想实现脱碳,仅靠电气化难以做到,可通过可再生能源电解水生产的绿氢加以解决,绿氢作为清洁低碳的新能源,绿氢作为清洁低碳的新能源,将使大量可再生能源从电力部门引向终端使用部门,炼化企业利用可再生能源生产绿氢、用绿氢替代化石能源生产灰氢将成为深度脱碳的重要手段,实现碳减排的目标。目前,绿氢炼化已列入《"十四五"全国清洁生产推行方案》中,文件明确提出石化化工行业实施绿氢炼化降碳工程。国内首次规模化利用光伏发电直接制氢某项目,生产的绿氢为炼化提供氢源。对于油气企业,也可通过新能源风光电站制备和储存的绿氢用于石油加氢裂

化，某油田炼厂原油加工能力为150万吨/年，主要有常减压蒸馏、重油催化裂化、甲醇等23套炼油化工装置。炼油厂目前全厂氢气主要由两套PSA提氢装置供给，两套装置共产氢14900Nm3/h，炼厂加工耗氢总计14500Nm3/h，目前炼油厂制氢与用氢处于基本平衡状态。青海地区风光资源较好，绿电制氢成本较低，并且油田风光电站无法消纳的电能可以用来电解水制氢，制得的氢可以用来替换传统炼油用氢，进一步落实国家持续提升油气净贡献率和综合能源供应保障能力的要求，推动利用绿氢替代现有天然气制氢。用绿氢弥补炼化生产氢气空缺，将大大推动油田减碳目标的实现。

2.3 替代化石能源燃料

交通运输领域的碳排放是世界及我国碳排放的主要排放源之一，石油企业既是产能大户，也是耗能大户，在油气能源及石油产品生产过程中，同时需要消耗大量的天然气、原油、汽油、柴油等。减少交通运输领域的碳排放也是实现油田降碳目标的重要措施之一。在大力发展绿色能源的前提下积极应用氢燃料车逐步替代现有化石燃料商用车。目前，适用短途运输的120～130kW氢能车已较普遍，用于长途重载的200kW车也已投入生产，最大达到了240kW。氢能车与电动车相比具有明显优势：充能时间短，在10min以内即可充满；可用于低温环境，已实现-30℃低温启动；续航里程长，重型卡车配置10个储氢罐，可驱动载重31t的车运行约400km，能满足油田日常生产使用。

对于外部市场，也可提前布局加氢站网络，在这方面石油企业具有强大的先发优势。除了雄厚的资金支持，还有成熟完善的销售网络，这意味着，现有遍布各地的加注站可以就地改造，升级为石化共建站或是综合能源站，这极大降低了前期建设成本。

2.4 制备甲醇

甲醇是全球公认的新型清洁可再生能源，具有安全高效、排放清洁、可再生的特点，常温常压下为液态，运输及使用安全便捷，也被称为液态的"氢"、液体的"电"，目前在全球已经得到广泛

应用。用于汽车燃料时，相比于电、氢等其他能源形式，甲醇燃料的环保性、适用性、可靠性等优势明显，更适合汽车使用。油田可采取风光电制绿氢与二氧化碳合成制取，可以立足国内资源保障供给。

CO_2加氢制甲醇作为一种绿色化工技术，不仅能减少CO_2排放，提高资源利用率，还能储存无法消纳的新能源电力所制得的氢，依托甲醇产品体系发展绿色化工产业，具有显著的减排效果和产业价值。特别在全球大力发展氢能背景下，可再生能源制氢规模不断壮大，成本不断下降，为发展CO_2加氢制甲醇提供有力的支撑。

国外CO_2加氢制甲醇产业发展较早，规模普遍较小。国外相关企业技术成熟，商业化应用广泛。目前，国外加快CO2加氢制甲醇产业，在规划建设的CO2加氢制甲醇项目约8项。

国内起步较晚，但发展迅速。我国自主研发的CO_2加氢制甲醇示范项目建成3套，并试验成功。2023年11月，中国石油寰球北京公司承担的两个风光氢耦合生物质甲醇可研项目完成专家评审及意见的修改。两个项目均采用该公司自主创新研发的甲醇合成技术和新能源发电—制氢—用氢一体化配置软件，标志着该公司的自主技术在新能源领域推广应用的突破。

油气炼化企业可以通过回收炼厂废气中的CO_2和风光电站制得的绿氢制甲醇，实现清洁能源综合利用。如某油田新能源项目提供绿氢7000-9000Nm3/h，替代PSA-A套甲醇驰放气产氢，停运以天然气为原料的10万吨/年甲醇装置，每年减少天然气用量1.1亿方。2026年前完成二氧化碳耦合绿氢制甲醇一期工程。利用炼厂已有二氧化碳回收单元，回收催化烟气中的二氧化碳470吨/日，利用油田新能源项目提供绿氢30000Nm3/h，利用10万吨甲醇装置合成精馏单元，建成以二氧化碳和绿氢为原料的10万吨/年甲醇装置。2030年前扩大二氧化碳耦合绿氢制甲醇规模。回收油田30万千瓦电厂和工业园区二氧化碳等资源，利用油田新能源项目以及后续增量项目提供绿氢，新建二氧化碳回收装置，利用甲醇装置合成精馏单元，增加

绿色甲醇规模至 50 万吨 / 年。根据市场实际需求，调整扩大绿色甲醇中心供应规模。2035 年前实现绿色甲醇规模化发展，产能达 100 万吨。油田开发绿色甲醇有良好的前景和效益。

3　油田氢能多元化发展前景与方向

第一，石油化工工业耦合绿氢降碳是我国石化工业实现碳中和的必然要求。石化企业碳排放量大，政府也出台了相关政策引导石油化工产业降碳发展，2023 年 3 月，在国家能源局发布的《加快油气勘探开发与新能源融合发展行动方案（2023—2025 年）》中明确指出，长庆、大庆、胜利、新疆、塔里木、青海、玉门等油田积极推进风电和光伏发电的集中式开发，支撑油气勘探开发生产清洁用能转型，推进实现燃料替代，这为氢能在石油生产中的应用提供了充分的政策依据和方向指引。在风、光资源丰富地区，石油企业在油气生产矿区及周边区域积极进行风电和光伏发电开发，开展利用可再生能源制氢示范，探索清洁用能替代和绿色转型发展，逐步提升"绿氢"在石油生产终端能源消费中的比重。第二，氢能在油田发展具有可行性。一是西部矿区可再生能源资源潜力大。油田新能源产业是未来油田转型升级的重要支柱，未来风光发电大发展将为绿氢生产奠定坚实的资源基础。二是石油风光气氢一体化综合利用具有经济可行性。我国已有多个万吨级绿氢与石油化工产业化示范项目在建设和试运行。油田也在积极探索推进新能源和氢能融合发展，对风光气氢项目进行规划和建设。

在我国尚未建立以可再生能源为主体的新型电力系统的当下，石油新能源和氢能产业处于工业化示范阶段，但石油化工与风光气氢新能源产业结合发展是未来油田高质量发展和转型升级的方向，前景广阔，未来范围和内涵可能会逐渐拓展到绿氢 +绿氧 + 绿电、绿氢 + 绿氧 + 绿电 +CCUS 等降碳的更大范畴。可以发挥油田自身资源和体量优势，依托油田新能源产业的快速发展，研究发展绿氢产业，稳步推进油田风光气氢一体化发展。

4　总结

氢能是具有良好发展前景的清洁能源，在氢能的生产和利用过程中，不会产生和排放二氧化碳、氮氧化物等污染物。随着制氢、氢储能系统及燃料电池等技术的进步，氢能得到了世界上很多国家和大多数石油公司的高度重视，氢能的规模化推广应用是满足能源转型需要、快速实现碳中和目标的重要举措。我国可再生能源的资源十分丰富，根据国家能源局的总体部署，石油企业正在积极建设和发展风能、太阳能等新能源。新能源发电为"绿氢"的生产奠定了良好的资源基础，通过实现油田绿氢的综合利用，包括氢储能，代替灰氢石油炼化，制备甲醇，代替交通化石燃料等，能够有效实现"双碳"背景下的石油工程技术革命，积极推动氢能在石油生产现实场景中的多用途应用，有利于自主消纳新能源发电、替代化石燃料、减少生产耗电，对于助推石油企业的新能源发展，促进油气产业转型升级和降低二氧化碳排放都具有重要作用。

参考文献：

[1] 姜书鹏，乔颖，徐飞，等 . 风储联合发电系统容量优化配置模型及敏感性分析 [J]. 电力系统自动化，2013，37（20）：16-21.

[2]TAKAHASHI A，GOTO A，MACHIDA Y，et al. A power smoothing control method for a photovoltaic generation system using a water electrolyzer and its filtering characteristics[J].Electrical Engineering in Japan，2019，206（2）：25-32.

[3] 曹蕃，郭婷婷，陈坤洋，等 . 风电耦合制氢技术进展与发展前景 [J]. 中国电机工程学报，2021，41（6）：2187-2200.

[4]KAMAL T，HASSAN S Z，LI Hui. Energy management and control of grid-connected wind/fuel cell/battery hybrid renewable energy system[C]//2016 International Conference on Intelligent Systems Engineering . Islamabad：IEEE，2016：161-166.

[5] 蔡国伟，彭龙，孔令国，等 . 光氢混合发电系统功率协调控制 [J]. 电力系统自动化，2017，41（1）：109-116.

[6] 李军舟，赵晋斌，曾志伟，等 . 具有动态调节特性的光伏制氢双阵列直接耦合系统优化策略 [J]. 电网技术，2022，46（5）：1712-1720.

[7] 孔令国，蔡国伟，李龙飞，等 . 风光氢综合能源系统在线能量调控策略与实验平台搭建 [J]. 电工

技术学报, 2018, 33（14）: 3371-3384.

[8] WOGRIN S, TEJADA-ARANGO D, DELIKARAOGLOU S, et al. Assessing the impact of inertia and reactive power constraints in generation expansion planning[J]. Applied Energy, 2020, 280: 115925.

[9] ULBIG A, RINKE T, CHATZIVASILEIADIS S, et al. Predictive control for real-time frequency regulation and rotational inertia provision in power systems[C]//52nd IEEE Conference on Decision and Control. Firenze: IEEE, 2013: 2946-2953.

[10] KUNDUR P, BALU N J, LAUBY M G. Power system stability and control[M]. New York: McGraw-Hill, 1994: 1176.

[11] 李永毅, 王子晗, 张磊, 等. 风—光—氢—燃气轮机一体化氢电耦合系统容量配置优化[J/OL]. 中国电机工程学报, 1-13[2024-03-06].

[12] SAMANI A E, D'AMICIS A, DE KOONING J D M, et al. Grid balancing with a large-scale electrolyser providing primary reserve[J]. IET Renewable Power Generation, 2020, 14（16）: 3070-3078.

[13] TUINEMA B W, ADABI E, AYIVOR P K S, et al. Modelling of large-sized electrolysers for real-time simulation and study of the possibility of frequency support by electrolysers[J]. IET Generation, Transmission & Distribution, 2020, 14（10）: 1985-1992.

[14] ALSHEHRI F, SUÁREZV G, TORRES J L R, et al. Modelling and evaluation of PEM hydrogen technologies for frequency ancillary services in future multi-energy sustainable power systems[J].Heliyon, 2019, 5（4）: e01396.

[15] VIOLA L, DA SILVA L C P, RIDER M J. Optimal operation of battery and hydrogen energy storage systems in electrical distribution networks for peak shaving[C]//2019 IEEE PES Innovative Smart Grid Technologies Conference-Latin America. Gramado: IEEE, 2019: 1-6.

[16] 赵强, 张雅洁, 谢小荣, 等. 基于可再生能源制氢系统附加阻尼控制的电力系统次同步振荡抑制方法[J]. 中国电机工程学报, 2019, 39（13）: 3728-3735.

[17] 张开鹏, 杨雪梅, 张宏甜, 等. 考虑"光伏-储能"耦合参与调峰的配电网氢储能优化配置[J]. 电网与清洁能源, 2023,39(10):95-103+112.

[18] 姜智霖, 郝峰杰, 袁志昌, 等. 考虑SOC优化设定的电-氢混合储能系统的运行优化[J]. 电力系统保护与控制, 2024,52(08):65-76.DOI:10.19783/j.cnki.pspc.231371.

[19] 王战栋, 陈洁, 张保明, 等. 风氢-混合储能系统全寿命周期经济性研究[J]. 电网与清洁能源, 2019, 35（11）:66-73. WANG Zhandong, CHEN Jie, ZHANG Baoming, et al. Research on life cycle economy of wind-hydrogen-hybrid energy storage system[J]. Power System and Clean Energy, 2019, 35（11）:66-73.

[20] 曹炜, 钟厦, 王海华, 等. 制氢系统参与火电辅助调峰的容量配置优化[J]. 分布式能源, 2020, 5（2）:15-20.

[21] 初壮, 赵蕾, 孙健浩, 等. 考虑热能动态平衡的含氢储能的综合能源系统热电优化[J]. 电力系统保护与控制, 2023, 51（3）:1-12.

[22] 王永利, 向皓, 郭璐, 等. 面向多能互补的分布式光伏与电氢混合储能规划优化研究[J]. 电网技术, 2023（2）: 1-13.

[23]GlobalHydrogenReview2022[EB/OL].[2023-11-05]. https://www.iea.org/reports/global-hydrogen review-2022.

[24]Yang X, Nielsen C, Song S, et al. Breaking the Hard-to-abate Bottleneck in China's Path to Carbon Neutrality with Clean Hydrogen[J]. Nature Energy,2022,7:955-965.

[25] Devlin A, Kossen J, Goldie-Jones H,et al. Global Green Hydrogen-based Steel Opportunities Surrounding High Quality Renewable Energy and Iron Ore Deposits[J]. Nature Communications,2023,14:2578.

[26]Odenweller A, Ueckerdt F, Nemet G, et al. Probabilistic Feasibility Space of Scaling up Green Hydrogen Supply[J]. Nature Energy,2022,7:854-865.

[27] 凌文, 刘玮, 李育磊, 等. 中国氢能基础设施产业发展战略研究[J]. 中国工程科学,2019,21(3):76-83.

新能源在传统含油气盆地 转型发展中的地位和作用

李士祥

（中石油深圳新能源研究院有限公司）

摘要： 在全球气候变化、碳中和共识和能源转型的背景下，新能源已成为各个国家实现能源安全和绿色转型发展的重点方向。能源行业的科技革命、市场革命、数字革命和绿色革命加速了能源转型，低成本风能、太阳能、储能将支撑全球能源转型，新能源生产与利用进入快速发展时期。中国的新能源革命，正在推动由基于地下资源禀赋的现行能源体系走向基于技术创新的新型能源体系，在中国"洁煤、稳油、增气、强新，多能互补、智慧协同"的能源战略中起着举足轻重的作用。传统含油气盆地的化石能源为推动社会进步和人类发展做出了巨大贡献，在气候变化和能源转型的背景下，构建兼顾能源生产与碳中和的能源系统是转型方向。能源转型与能源安全同等重要，能源转型具有长期性、曲折性和艰巨性，能源安全具有科学性、灵活性和储备性。在加快构建新型能源体系框架下，以巨量地下煤炭 / 石油 / 天然气 / 地热与地上丰富风光能源资源高度叠合、化石能源与新能源融合协同开发利用的区域性智慧用能系统构成的"超级能源系统"，与以碳循环为主线的碳中和系统相融合，建成兼顾能源生产与碳中和的能源盆地，是传统含油气盆地转型发展之路。"煤炭＋石油＋天然气＋新能源 +CCUS（碳捕集、利用与封存）/CCS（碳捕集与封存）"融合发展理念与模式下，盆地区域内基本实现碳中和，进一步夯实能源生产保供能力，助力"双碳"目标实现，建立现代能源产业体系，推动地区绿色可持续发展。在中国新能源革命的引领下，传统含油气盆地加快向能源生产与碳中和的能源盆地转型，对实现"双碳"目标、构建新型绿色能源体系与建立绿色生态地球意义重大。

关键词： 新能源　能源革命　能源转型　碳中和　新型能源体系　能源系统　超级能源盆地

全球经济格局、政治格局和科技格局发生了重大变化，百年未有之大变局加速演进，气候变化和碳中和共识下，全球能源战略和供需格局已进入深度调整变革期，世界能源转型步伐加快提速，碳基化石能源向零碳基新能源转型是必然趋势。全球能源经历了两场革命：美国黑色页岩油气革命，是碳基能源的"黑天鹅"事件；中国风、光、氢、储的绿色新能源革命，是零碳基能源的"灰犀牛"事件。能源行业的科技革命、市场革命、数字革命和绿色革命加速了能源转型，能源转型与能源安全同等重要，能源转型具有长期性、曲折性和艰巨性，能源安全具有科学性、灵活性和储备性（邹才能等，2024）。

实现"碳达峰、碳中和"（"双碳"）是一场广泛而深刻的社会变革，是发展新质生产力的具体体现。科技创新正在加速推动油气行业绿色化、低碳化和智能化发展，新能源新兴产业迎来发展的重大机遇期。新能源肩负着传统的资源属性，是实现碳中和新战略目标的重要途径，承担着能源转型＋能源安全＋能源独立＋能源强国的新使命。

中国新能源的进一步发展壮大，力争通过新能源"技术独立"，使煤炭、石油等化石能源更多回归化工材料属性，主要依靠本土化新能源实现中国"能源独立"。能源接续发展，支持国家强盛，能源从化石能源到化石能源＋新能源融合，再到风能＋光能＋氢能＋储能＋智能等不可再生的有限"碳基"能源越采越少，可再生的无限"零碳"新能源越用越多，化石能源支撑中国由能源小国变为能源大国，新能源支撑中国由"能源强国"力争实现"能源独立"。

在"本世纪末控制全球温度升高 1.5 ℃"（MASSON-DELMOTTE V, et al. 2022）全球倡议目标下，超级盆地能源生产必须向低碳化和零碳化发展，向油气和新能源融合发展（邹才能等，2023；邹才能等，2021）。构建兼顾能源生产与碳中和的"超级能源系统"是超级含油气盆地的转型方向（邹才能等，2016）。加快规划建设"绿色＋智慧能源体系"的新型能源体系，由高碳基能源向低碳基能源和零碳基能源发展，建设以新能源为主、新电力为主、新储能为主、新智能为主的"四新为主"新型能源体系，为人类绿色生活、绿色地球建设，提供绿色动能。

中国油气企业面临保供和低碳化转型的双重压力，坚持"先立后破"的能源转型方针，在"碳中和"前相当长的一段时间里，中国能源转型必须坚持"油气与新能源融合发展"（邹才能等，2020；潘松圻等，2021）。传统含油气盆地正向新型碳中和"超级能源盆地"升级，以同时满足规模化能源供给和低碳减排要求。建设新型碳中和"超级能源盆地"，对践行"油气与新能源融合发展"有较强的示范效应，对于国家和地方能源转型以及相关能源企业转型发展有重大战略意义。

本文分析了新能源在中国能源战略中的角色、地位与内涵，研究了新能源高质量发展的作用路径，揭示了在能源转型"四轮驱动"下化石能源从"不可能正三角"向新能源"可能斜三角"转变的

可能性，剖析传统超级含油气盆地和新型超级能源盆地特点，揭示超级能源盆地未来绿色协同发展方向和趋势，以期为高质量发展新能源和含油气盆地能源生产与碳中和目标的实现提供科学指导与技术支撑。

1　碳中和下的能源转型

碳中和下新能源赋予新地位，是世界能源转型的方向、能源科技创新的前沿、能源强国建设的主力、绿色地球建设的动能，担负起能源转型、能源安全和能源独立的新使命。全球化石能源低碳化提速、新能源规模化提速、能源管理智慧化提速"三化提速"同步进行时，推动高质量绿色低碳转型。

1.1 化石能源低碳化提速

2022 年，全球一次能源消费结构中煤炭、石油、天然气、新能源占比分别为 26.7%、31.6%、23.5%、18.2%；中国一次能源消费结构中煤炭、石油、天然气、新能源占比分别为 56.2%、17.9%、8.6%、17.3%。世界化石能源消费占比仍高达 82%，但已形成煤、油、气、新能源"四分天下"新格局：煤炭发展进入"转型期"，石油发展步入"稳定期"，天然气发展迈入"鼎盛期"，新能源发展跨入"黄金期"。世界化石能源资源总体充足，由纯碳的煤，到中碳的油，再到低碳的气，未来能源消费中低碳化石能源占比快速提高。虽然全球已探明煤炭储量可再开采 130 年以上（BP，2022；），但煤炭发展已进入转型期，未来能源消费占比快速降低，化石能源消费向油气等低碳化能源提速。

1.2 新能源规模化提速

2022 年，世界新能源消费 26.2×10^8t 油当量，在一次能源消费中占比 18.2%；中国新能源产量 6.52×10^8t 油当量，在一次能源消费中占比 17.3%。目前，世界正处于油气向新能源转型期，新能源"浪花"已经汇聚成"浪潮"，新能源发展速度和发展规模逐年提升，一场席卷全球新能源浪潮已拉开大幕，2050 年新能源消费占比预计将达到 50%（图 1），新能源规模化提速发展势在必行。

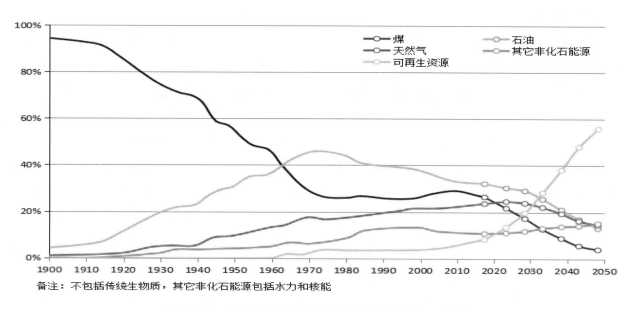

备注：不包括传统生物质，其它非化石能源包括水力和核能

图 1　世界一次能源份额预测（快速转型情景）[据 BP 文献]

1.3　能源管理智慧化提速

构建煤炭 + 油气 + 新能源协同高效利用的智能微网，风电、光伏、煤炭、油气等协同供电、供热、供气，储电、储热、储气联动形成多能互补、供需互动、循环利用的智慧化网络，为居民、办公、工厂、公共服务设施和数据中心等提供能源。把相对平行与独立的老煤炭、老油气、老电网，未来构建成为风电 + 光电 + 储能的"新煤炭"、氢燃料 + 电池 + 电机的"新油气"、智能 + 电网 + 物联网的"新电网"，实现能源管理的高效化和智慧化（邹才能等，2021b；邹才能等，2016）。

2　新能源在中国能源战略中的地位

新能源代表着科技革命和产业变革的方向，在中国能源战略中起着重要作用，以新能源为主构建的新型能源体系，持续引领新能源革命，实现碳中和目标，保障能源安全，奋力建设"能源强国"。

2.1　中国新能源取得的成就

在"四个革命、一个合作"能源安全新战略的指引下，中国能源发展取得历史性成就。

新能源装机规模稳居世界第一：连续多年稳居世界第一，约占全球的 40%。截 2024 年 3 月底，全国累计发电装机容量约 29.9 亿千瓦（国家能源局发布 1-3 月份全国电力工业统计数据，2024），同比增长 14.5%。其中，太阳能发电装机容量约6.6 亿千瓦，同比增长 55.0%；风电装机容量约 4.6 亿千瓦，同比增长 21.5%。新能源发电装机达 16.0 亿千瓦，比重 53.3%，历史性超过火电装机。储能累计装机规模 5000 万千瓦，其中抽水蓄能占比 85.6%，熔盐储热占比 1.2%，新型储能装机规模 $666 \times 104kW$，占比 13.2%，全国已投运的新型储能装机 3139 万千瓦。

新能源已成为全国新增电力装机主体：2012 年以来，我国风电增长了 6 倍，年均增长 20% 左右；光伏增长了 184 倍，年均增长 60% 左右。从 2016 年开始，我国新能源和可再生能源新增装机占全国新增电力总装机的比重超过 50%，2023 年达到 85%，成为我国新增电力装机的主体。新型储能 2023 年新增装机约 2260 万千瓦，是此前历年总和的 2.6 倍。

新能源高水平消纳利用：2023 年风电、光伏平均利用率分别为 97.3%、98%。2023 年可再生能源年发电量约 3 万亿千瓦时，约占全社会用电量 1/3。其中风电光伏发电量 1.43 万亿千瓦时，占全社会用电量 15.8%，高于 13% 全球平均水平。

新能源技术水平全球处于领跑地位：风电和光伏开发成本十年来分别下降了 60% 和 80%，风电平均度电成本降至 0.26 元、光伏度电平均成本降至 0.31 元，实现平价上网。制氢技术形成自身优势，海洋能技术也正在积极探索。

新能源产业已建成先进完备、具备国际竞争优势的全产业链体系：风电光伏产品已覆盖全球200多个国家和地区，已成为名副其实的全球新能源产业中心。产业发展壮大，带动了一大批新能源企业参与国际合作，成为共建"一带一路"合作的亮点。

新能源减碳贡献多：2022年，我国单位GDP可再生能源发电装机约663瓦/万美元，是全球平均水平的2.1倍、美国的4.8倍。2022年我国新能源发电量相当于减少碳排放约22.6亿吨，出口的风电光伏产品为其他国家减少碳排放约5.7亿吨，合计减排约占全球的41%。煤炭消费比重年均下降超过1个百分点，单位GDP能耗累计下降约27%，降幅超过同期世界平均水平的两倍。

2.2 新能源在能源安全中的作用

中国新能源产业的发展，由于行业属性导致其前期投入高、回报周期长。早些年，市场上涌现了很多先行者，虽然前期政府给予了大力支持，但很多仍然倒在了黎明前。近两年，量变的积累终于实现了质变的突破，风电、太阳能等产业可以不依靠政府补贴实现盈利，行业的"奇点"时刻就此到来。"奇点临近"将大大改变人类的本质和智力的发展方式，使人类经历深刻而颠覆性的能力变化，为生产力的提升提供新的动力，甚至使生产力的发展出现跨越层级式发展的可能。

新能源肩负着传统的资源属性，是实现碳中和新战略目标的重要途径，承担着能源转型＋能源安全＋能源独立＋能源强国的新使命，新资源风光无限，新能源无限风光。。

中国新能源新兴产业的进一步发展壮大，力争通过新能源"技术独立"，使煤炭、石油等化石能源更多回归化工材料属性，主要依靠本土化新能源实现中国"能源独立"。能源接续发展，支撑国家强盛，能源从化石能源到化石能源＋新能源融合，再到风能＋光能＋氢能＋储能＋智能等不可再生的有限"碳基"能源越采越少，可再生的无限"零碳"新能源越用越多，化石能源支撑中国由能源小国变为能源大国，新能源支撑中国由"能源强国"力争实现"能源独立"。

2.3 新型能源体系促进建设能源强国

在应对气候变化的大背景下，全球能源战略和供需格局已进入深度调整变革期。新能源产业中发挥主导作用的是科技创新，具有高科技、高效能和高质量特征，碳中和背景下能源转型正在全球加速推进，由高碳基能源向低碳基能源和零碳基能源发展，构建以新能源、新电力、新储能、新智能"四新"为主的新型能源体系，是新能源新兴产业高质量发展的主要路径，已成为全世界共识和新一轮能源革命不可逆转的必然趋势。以"风、光、气、热、氢、储、智"互补一体化为代表的新能源占比不断提升，未来新型能源体系向着绿色、经济、科技、智能方向发展。

新能源是重要的新兴产业，在中国"洁煤、稳油、增气、强新，多能互补、智慧协同"的能源战略中起着举足轻重的作用。主要路径是化石能源清洁化、清洁能源规模化、集中分散协同化、多能管理智慧化的"四化发展"。煤炭是压舱石能源，石油是战略保持能源，天然气是最为重要的过渡性能源，风光绿电、核电、水电、生物质发电、可控核聚变等是接替性能源，大力发展新能源是出路。中国已初步形成较为完备的天然气管网、石油管道、电网工程、储能系统等基础设施，支撑形成了以化石能源为主、可再生能源为辅的"资源主导"单向闭环链型现行能源体系。新型能源体系以可再生能源与不可再生能源多元供给、"技术主导"跨界融合开放能源体系运行机制为特征，依托制造能力、基建能力和数字化能力，推动基于地下资源禀赋的现行能源体系走向基于技术创新的新型能源体系。

新质生产力引领下的新型能源体系，以可再生能源与不可再生能源多元供给，技术主导跨界、融合、开放的能源体系运行机制为特征，依托制造能力、基建能力和数字化能力，推动能源体系由基于地下资源禀赋向基于技术创新转变。能源"不可能正三角"寓意能源的清洁、廉价、稳定三者难以共存，新能源新兴产业必须向着破解化石能源"不可能正三角"矛盾的方向发展（杜祥琬，2022）。新型能源体系同时具备了安全性、经济性、清洁性3个属性，实现以"技术创新＋'双碳'目标"前轮牵引、以"能源经济＋能源安全"后轮驱动的碳中和能源转型"四轮驱动"。这就成功破解了一直困扰能源领域的"不可能三角"矛盾，发展形成新能源引领下箭头向前的新能源"可能斜三角"（邹才能等，2024），助力建设能源强国。

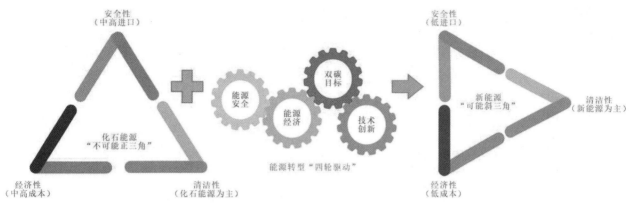

图2　化石能源"不可能正三角"在能源转型"四轮驱动"下向新能源"可能斜三角"转变

3 "超级能源系统"引领含油气盆地绿色转型发展

传统含油气盆地是全球油气供应的主体，在碳中和与绿色发展的大势下，传统含油气盆地也是能源转型发展的主战场，必须向拥有丰富油气资源、可获得低成本新能源、具备规模化碳捕集和储存能力的新型碳中和"超级能源盆地"升级转型。

3.1 碳中和"超级能源盆地"的内涵

"超级能源系统"（邹才能等，2024）内涵是指达到界定资源量规模的地下煤炭、石油、天然气、地热、伴生矿产与地上风能、光能高度耦合，化石能源与新能源融合协同开发利用的区域性智慧用能系统。能源生产利用过程中产生的 CO_2，通过 CCUS/CCS、碳汇等措施实现碳中和。能源属性具有"三性"特征，煤炭资源的有限性与高碳性、油气资源的短缺性与稀缺性、新能源的无限性与绿色性。"超级能源系统"涵盖了一次能源、二次能源和三次能源（图3），是以一次能源的地下能源和地上能源、二次能源的过程性能源和含能体能源、三次能源的数字世界能源和终极能源等多种能源组成的系统。并且在人类进步与能源发展过程中，产生以及即将产生诸多的能源工业，一次能源的地下能源产生了煤炭工业、石油工业、天然气工业、地热工业，一次能源的地上能源产生了新能源工业，二次能源产生了煤电工业、绿电工业、绿氢工业，三次能源将产生数字世界工业、人造太阳能工业。碳中和系统是指一个组织、团体或个人，在一段时期内 CO_2 的排放量，通过森林碳汇、人工转化、地质封存等技术，实现以 CO_2、CH_4 等为主的温室气体"净零排放"（邹才能等，2021b）。

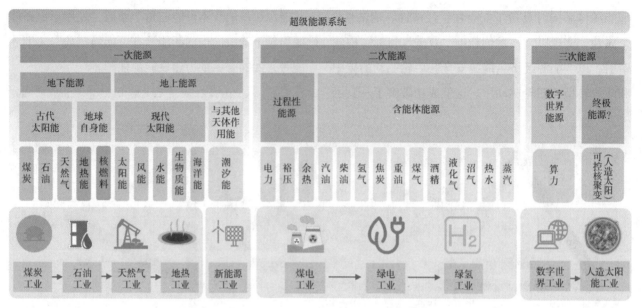

图3　超级能源系统及能源工业变革框架图［据邹才能等，2024］

基于对"超级能源系统"与碳中和系统的理解，以某超级盆地为单元，分析地下煤炭、石油、天然气、地热及多种伴生能源，地上风能、太阳能、水能、电力、氢气等多种能源融合协同开发利用的区域性智慧用能系统，并以碳循环为主线，以化石能源和新能源利用与CCUS/CCS绿色、协同、可持续发展为目标，提出了碳中和"超级能源系统"。

碳中和"超级能源系统"是指达到界定资源量规模的地下煤炭、石油、天然气、地热、伴生矿产与地上风能、光能高度耦合，化石能源与新能源融合协同开发利用的区域性智慧用能系统，区域系统内以碳循环为主线，能源生产利用、CO_2利用与封存达到"净零排放"，实现能源安全供给、碳排放与碳吸收之间的动态平衡。

3.2 碳中和"超级能源盆地"的建设意义

3.2.1 进一步夯实化石能源生产保供能力

在国内传统能源盆地中，中国油气产量主要来自鄂尔多斯、松辽、四川等大盆地。2022年，鄂尔多斯盆地生产原油 $3\,763 \times 104\,t$、天然气 $694 \times 108\,m3$，油气当量 $9\,290 \times 104\,t$（图4），占中国2022年原油产量（$2.05 \times 108\,t$）、天然气产量（$2\,178 \times 108\,m3$）的比例分别为18%和32%。根据各大盆地近40年来已探明技术可采油气储量，结合各大盆地资源潜力分析，初步预测2050年前的一

段时期内，鄂尔多斯盆地每年石油和天然气探明技术可采储量占几大主要产油气盆地的比例分别约27% ～ 39%和22% ～ 42%，平均分别约31%和26%，在国内油气供给中处于重要地位。进一步夯实鄂尔多斯盆地油气生产能力，有助于提升油气净贡献率和综合能源供应能力，保障国家能源安全。

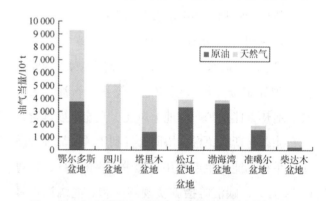

图4　2022年中国陆上主要含油气盆地油气产量汇总图

3.2.2 通过CCUS/CCS助力"双碳"目标实现

中国行业碳排放量中，能源活动、工业过程、农业及其他占比分别为85.5%，15.4%，-0.9%。碳排放来自于化石能源燃烧的能源活动中，发电、钢铁、建材、交通和其他行业碳排放占比分别为44%，19%，14%，14%，9%；碳排放来自于$CaCO_3$分解等的工业过程中，水泥石灰、钢铁化工和其他行业碳排放占比分别为53%，31%，16%。中国一次能源生产过程碳排放结构中，化石能源产

生 CO_2 排放量占总排放量的 83.6%（共研产业研究院，2023），能源低碳化零碳化是实现"双碳"目标的重要环节。

实施 CCUS 项目注入 2 ～ 3t CO_2 可多采出 1 t 原油（邹才能等，2022），可实现碳封存与提高原油采收率双重效益。2022 年底，中国累计注 CO_2 超 760×10^4t，埋存率 50% ～ 80%。中国石油已累计注 CO_2 563×10^4t，占全国的 74%；中国石化已累计注 CO_2 182×10^4t。

如果不采取减碳措施，依据温室气体排放核算方法进行统计和核算，预测鄂尔多斯盆地年碳排放总量为 $10\,069.47 \times 10^4$t（中国石油长庆油田公司，2022）。初步估算，鄂尔多斯盆地低渗—致密油层、深部不可采煤层、深部咸水层、枯竭油气藏的 CO_2 封存潜力超 150×10^8t。高浓度碳源量大质优，现阶段可捕集量约 1×10^8t/a，具备建成规模 CCUS/CCS 产业潜力，是盆地内化石能源生产碳减排的重要途径。外部机构预测到 2060 年，中国约有 20×10^8t 必要的 CO_2 排放，需要通过林业碳汇和地下埋存消除，CCUS/CCS 将成为实现碳中和的"兜底"技术（邹才能等，2023）。鄂尔多斯盆地的 CCUS/CCS 产业发展实践将助力"双碳"目标实现（汪芳等，2023）。

3.2.3 推动现代能源产业体系建立

推进能源科技自立自强，突破能源清洁开发利用技术，以新能源及负碳的"自用"推动化石能源产业绿色发展，以新能源及负碳的"他用"以及化石能源深加工推动油气、煤炭生产向综合能源开发利用和新材料制造基地转型发展，形成传统化石能源与新能源新产业融合、多能互补的发展新格局，持续优化能源供应结构，逐步构建清洁高效能源供应体系。

3.2.4 推进地区绿色可持续发展

探索建立现代能源产业体系，将以能源发展为纽带，实现企业与地方政府共建能源项目、共享发展成果，带动省区之间、城乡之间的协调发展。通过能源产业的集群式发展，以及大力发展绿色低碳负碳产业，强化"在发展中保护"与"在保护中发展"的理念，实现生态环境保护和能源产业发展同

频同步，产生较强的正外部性，并可通过能源外输实现更大的绿色经济效益，助力该地区乃至其他地区绿色可持续发展。

3.3 碳中和"超级能源盆地"勘探开发理念与模式

碳中和"超级能源盆地"兼顾能源生产和碳中和，拥有丰富的油气资源、可获得低成本新能源、具备规模化 CO_2 封存能力，提供煤炭、石油、天然气等化石能源和风电、光电、地热等清洁能源，充分利用地下空间开展 CO_2 利用和埋存。

超级盆地具备较完善的油气基础设施，涵盖油气、风光、地热等多种能源资源，在自然条件合适的情况下，就近生产清洁、可再生能源为油气田生产供能，增加清洁能源供给，实施绿色协同转型发展，是传统超级盆地脱碳的有效解决方案。

未来能源系统的发展可概括为"两新三行动"。"两新"为新型能源体系和新型油气资源，新型能源体系强调"洁煤、稳油、增气、强新，多能互补、智慧协同"，加快"化石能源与新能源融合发展、绿色低碳转型发展"两个发展；新型油气资源聚焦中低熟页岩油、富油煤、煤炭气化的人造油气藏。"三大行动"为面向 2035 年稳油增气提升行动、页岩煤岩油气革命行动、天然气支撑新能源行动。

基于此，从理念上形成一个碳中和"超级能源盆地"的概念，这是中国式"煤炭 + 石油 + 天然气 + 新能源 +CCUS/CCS"融合发展模式，具有全球性意义。未来蓝图中，打造世界级碳中和"超级能源盆地"是一个具有代表性的方向与模式，强调新型能源体系是以"新能源、新电力、新储能、新智能"的"四新"为技术主导的绿色智慧能源体系。而以鄂尔多斯等盆地为代表的碳中和"超级能源盆地"理念与模式（图 5），伴随地下煤炭、石油、天然气、地热、伴生矿产与地上风能、光能融合协同开发利用，盆地区域内能源生产利用、CO_2 利用与封存达到"净零排放"，盆地区域系统内基本实现碳中和，将在中国率先建成世界级碳中和"超级能源系统"示范盆地，将重塑未来"超级能源系统"、碳中和"超级能源系统"发展理念与模式，对全球

"碳中和"下能源革命具有重大意义。

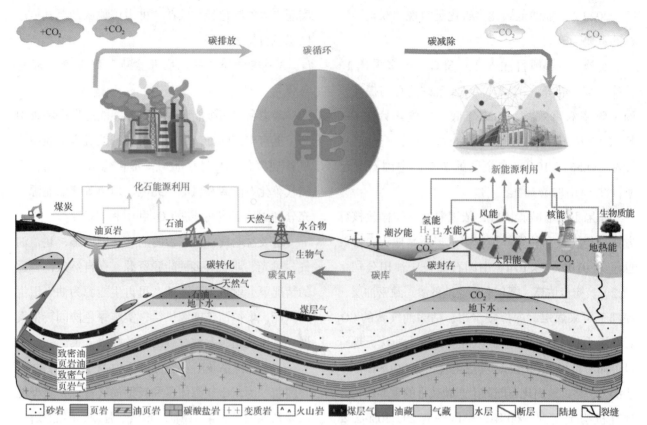

图5　碳中和"超级能源盆地"能源利用示意图［据邹才能等，2023］

4　结论

新能源是未来重要的新兴产业，在中国"洁煤、稳油、增气、强新，多能互补、智慧协同"能源战略中起着举足轻重的作用。中国已初步形成的天然气管网、石油管道、电网工程和储能系统等基础设施，支撑形成了以化石能源为主、可再生能源为辅的"资源主导"单向闭环链型现行能源体系，在制造能力、基建能力和智慧化能力推动下，正在向以可再生能源与不可再生能源多元供给、"技术主导"跨界融合开放能源体系运行机制为特征的，基于技术创新的新型能源体系转变。

新质生产力促进了新能源新兴产业的高质量发展，碳中和目标下能源转型具有"技术创新＋双碳目标"前轮牵引、"能源经济＋能源安全"后轮驱动的"四轮驱动"特性，化石能源结构稳定的"不可能正三角"，在碳中和能源转型"四轮驱动"下，已发展成为新能源引领箭头向前的新能源"可能斜三角"，将成功破解一直困扰能源领域的"不可能三角"矛盾，主要依靠本土化新能源资源，奋力新

能源实现"技术独立"，有望实现中国"能源独立"。

"超级能源系统"指达到界定资源量规模的地下煤炭、石油、天然气、地热、伴生矿产与地上风能、光能高度耦合，化石能源与新能源融合协同开发利用的区域性智慧用能系统。碳中和"超级能源系统"指区域系统内以碳循环为主线，能源生产利用、CO_2利用与封存达到"净零排放"，实现能源安全供给、碳排放与碳吸收之间动态平衡的系统。碳中和"超级能源系统"可应用于超级含油气盆地等特定区域内的动态系统平衡研究。

兼顾能源生产与碳中和的碳中和"超级能源盆地"是含油气盆地转型的发展方向。"煤炭＋石油＋天然气＋新能源＋CCUS/CCS"融合发展理念与模式下，伴随地下煤炭、石油、天然气、地热、伴生矿产与地上风能、光能融合协同开发利用，盆地区域内能源生产利用、CO_2利用与封存达到"净零排放"，盆地区域系统内基本实现碳中和，碳中和"超级能源系统"发展理念与模式，对全球"碳中和"下的能源革命具有重大意义。

参考文献：

[1] 邹才能，李士祥，熊波，等. 碳中和"超级能源系统"内涵、路径及意义：以鄂尔多斯盆地为例 [J]. 石油勘探与开发，2024, 51(4): 1-13.

[2]MASSON-DELMOTTE V, ZHAI P, PÖRTNER H O, et al. Global warming of 1.5 ℃ [R]. Cambridge: Cambridge University Press, 2022.

[3] 邹才能，马锋，潘松圻，等. 世界能源转型革命与绿色智慧能源体系内涵及路径 [J]. 石油勘探与开发，2023, 50(3): 633-647.

[4] 邹才能，何东博，贾成业，等. 世界能源转型内涵、路径及其对碳中和的意义 [J]. 石油学报，2021a, 42(2): 233-247.

[5] 邹才能，赵群，张国生，等. 能源革命：从化石能源到新能源 [J]. 天然气工业，2016, 36(1): 1-10.

[6] 邹才能，潘松圻，赵群. 论中国"能源独立"战略的内涵、挑战及意义 [J]. 石油勘探与开发，2020, 47(2): 416-426.

[7] 潘松圻，邹才能，李勇，等. 重大生物事件与化石能源形成演化：兼论地球系统框架下能源学发展 [J]. 石油勘探与开发，2021, 48(3): 498-509.

[8]BP. Statistical review of world energy 20222023[R/OL]. (202023-06-25)[2024-05-01]. https://www.energyinst.org/statistical-review.

[9] 邹才能，薛华庆，熊波，等. "碳中和"的内涵、创新与愿景 [J]. 天然气工业，2021b,41(8): 46-57.

[10] 国家能源局. 国家能源局发布1-3月份全国电力工业统计数据 [EB/OL]. (2024-04-22)

[2024-05-24]. https://www.nea.gov.cn/2024-04/22/c_1310772067.htm.

[11] 杜祥琬. 能源高质量发展应实现"可能三角" [N/OL]. 中国能源报，2022-01-17[2024-04-07]. http://paper.people.com.cn/zgnyb/html/2022-01/17/content_25899243.htm.

[12] 邹才能，李士祥，熊波，等. 新能源新兴产业在推动新质生产力中的地位与作用 [J]. 石油学报，2024，45(6)：1-11.

[13] 邹才能，李士祥，熊波，等. 碳中和"超级能源系统"内涵、路径及意义：以鄂尔多斯盆地为例 [J]. 石油勘探与开发，2024, 51(4): 1-13.

[14] 共研产业研究院. 2022年中国二氧化碳排放量、排放结构及成交量情况分析 [EB/OL]. (2023-11-23)[2024-01-01]. https://baijiahao.baidu.com/ s?id=1783337840957363950&wfr=spider&for=pc.

[15] 邹才能，熊波，张国生，等. 碳中和学 [M]. 北京：地质出版社，2022.

[16] 中国石油长庆油田公司. 长庆油田 CCUS 油田发展规划 [R]. 西安：中国石油长庆油田公司，2022.

[17] 邹才能，吴松涛，杨智，等. 碳中和战略背景下建设碳工业体系的进展、挑战及意义 [J]. 石油勘探与开发，2023, 50(1): 190-205.

[18] 汪芳，马建国，李明卓，等. 基于碳排放核算的 CCUS 源汇匹配和部署研究 [J/OL]. 石油科技论坛：1-10[2023-12-26]. http://kns.cnki.net/kcms/detail/11.5614.G3.20231219.1421.002.html.

基于碳纳米管改性镁基储氢材料的吸放氢动力学与热力学性能研究

翟思铭　田　欣

（中国石油抚顺石化公司）

摘要： 本项研究的核心目标是深入探讨和分析通过碳纳米管对镁基储氢材料进行改性，从而显著提升其吸放氢动力学性能和热力学性能。具体而言，研究团队致力于揭示碳纳米管的引入如何有效改善镁基材料在吸放氢过程中的性能表现。镁基材料因其高储氢容量而成为研究热点，然而，其吸放氢动力学性能的不足严重制约了其在实际应用中的广泛推广。为了解决这一问题，研究者们尝试将碳纳米管与镁基材料进行复合，以期通过这种复合材料显著提升其吸放氢动力学性能，进而有效提高整体储氢效率。研究结果表明，碳纳米管的引入对镁基材料的性能提升具有显著效果。首先，碳纳米管能够显著改善镁基材料的导电性和热导性，这对于氢气的吸附和解吸过程至关重要。其次，碳纳米管的加入为镁基材料提供了更多的活性位点，这些活性位点能够有效促进氢气的吸附和解吸过程，从而提高储氢材料的性能。此外，碳纳米管的加入还能够显著提高镁基材料的机械强度和抗粉化能力，这不仅有助于提高材料在循环使用中的稳定性，还能够增强其可靠性。综上所述，通过碳纳米管改性镁基储氢材料，不仅可以有效解决镁基材料吸放氢动力学性能较差的问题，还能为开发高效、稳定的储氢材料提供新的思路和方法。这一研究不仅在学术上具有重要意义，而且在实际应用中也具有巨大的潜力，为未来储氢技术的发展开辟了新的道路。

关键词： 碳纳米管　改性镁基储氢材料　吸放氢动力学　热力学　性能

1　引言

随着能源危机的日益加剧和对环境保护的重视，开发高效、清洁的新型能源存储技术成为研究热点。氢作为一种高能量密度的清洁能源载体，其存储技术是氢能应用的关键环节。镁基储氢材料由于具有储氢容量高（理论储氢量高达 7.6%）、资源丰富且价格低廉等优点而备受关注。然而，镁基储氢材料存在吸放氢动力学性能差、吸放氢温度高等缺点，严重限制了其实际应用。碳纳米管具有独特的物理和化学性质，如高比表面积、良好的热导率和优异的电子传导能力等，将碳纳米管用于改性镁基储氢材料有望改善其吸放氢性能。本研究旨在深入探讨碳纳米管改性镁基储氢材料的吸放氢动力学与热力学性能，为高性能储氢材料的开发提供理论依据和技术支持。

2　碳纳米管改性镁基储氢材料的制备方法

2.1　机械球磨法

机械球磨是一种常用的制备方法。将镁粉和碳纳米管按一定比例混合后放入球磨罐中，加入适量的球磨介质（如不锈钢球），在一定的转速下球磨一定时间。在球磨过程中，镁粉颗粒不断被细化，碳纳米管在球磨力的作用下均匀分散在镁粉中，同时镁粉和碳纳米管之间可能会发生一定程度的物理吸附或化学键合。这种方法简单易行，但球磨时间过长可能会导致镁粉和碳纳米管的团聚，影响材料的性能。

2.2 化学沉积法

通过化学沉积的方式，可以在碳纳米管表面沉积镁。例如，可以利用合适的镁盐溶液，在一定的还原剂和反应条件下，使镁离子在碳纳米管表面还原成镁原子并沉积。这种方法能够使镁在碳纳米管上均匀分布，并且可以通过控制反应条件来调节镁的沉积量。但化学沉积法需要严格控制反应条件，包括溶液浓度、反应温度、反应时间等，否则容易出现副反应或沉积不均匀的问题。

3　吸氢动力学性能研究

3.1 实验方法

采用 Sieverts 型氢气吸附测试仪对碳纳米管改性镁基储氢材料进行吸氢动力学实验。将样品在一定温度和压力下暴露于氢气环境中，实时测量样品的吸氢量随时间的变化。通过改变实验温度、氢气压力等参数，研究这些因素对吸氢动力学的影响。

3.2 吸氢动力学模型分析

常用的吸氢动力学模型包括扩散控制模型和界面反应控制模型等。对于碳纳米管改性镁基储氢材料，其吸氢过程可能是由氢气在材料表面的吸附、氢气在材料内部的扩散以及镁与氢气的化学反应等多个步骤组成。通过对实验数据进行拟合分析，发现碳纳米管的加入可以显著提高氢气在材料中的扩散速率。这是因为碳纳米管为氢气提供了快速扩散的通道，减少了氢气在材料内部扩散的阻力。同时，碳纳米管与镁之间的相互作用可能改变了镁表面的电子结构，促进了氢气在镁表面的吸附和反应。

3.3 影响吸氢动力学性能的因素

随着碳纳米管含量的增加，吸氢速率先增加后趋于稳定。当碳纳米管含量较低时，其在镁基材料中的分散性较好，能够有效改善吸氢动力学性能。但当碳纳米管含量过高时，可能会出现团聚现象，反而阻碍氢气的扩散和吸附。

温度对吸氢动力学有显著影响。在一定范围内，升高温度可以加快吸氢速率。这是因为温度升高，氢气分子的运动速度加快，同时材料内部的扩散系数也增大。但过高的温度可能会导致镁的氧化等副反应，影响材料的吸氢性能。

4　放氢动力学性能研究

4.1 实验方法的详细描述

为了深入研究材料的放氢动力学特性，我们采用了 Sieverts 型氢气吸附测试仪进行实验。首先，确保样品在氢气环境中达到饱和吸氢状态。随后，通过逐步升温的方式，对样品进行加热，并精确测量在不同温度下放氢量随时间的变化情况。为了全面了解放氢动力学的机制，我们精心设计了实验参数，包括改变升温速率和初始氢气浓度等关键因素。通过这些参数的调整，我们能够详细探究不同条件下的放氢动力学行为。

4.2 放氢动力学模型分析的扩展

放氢动力学过程可以通过多种模型进行描述和分析，其中 Johnson – Mehl – Avrami（JMA）模型是较为常用的一种。通过深入分析，我们发现碳纳米管的存在对放氢反应的活化能产生了显著影响。具体来说，碳纳米管在材料中起到了促进成核和降低界面能的作用，这使得镁氢化物的分解过程变得更加容易，从而显著加快了放氢速率。这一发现为优化储氢材料的性能提供了重要的理论依据。

4.3 影响放氢动力学性能的因素的详细探讨

在研究放氢动力学性能时，我们发现不同结构的碳纳米管对材料的放氢性能有着不同的影响。例如，单壁碳纳米管由于其管径较小、比表面积较大，可能在促进放氢方面具有更大的优势。相比之下，多壁碳纳米管虽然结构更为复杂，但在某些情况下也能提供独特的放氢促进作用。

此外，我们在碳纳米管改性的镁基储氢材料中添加了催化剂，如过渡金属元素，以进一步改善放氢动力学性能。这些催化剂与碳纳米管协同作用，能够有效降低放氢反应的活化能，从而提高放氢速率。通过这种复合改性策略，我们有望开发出性能更加优异的储氢材料，为氢能源的实际应用提供强有力的支持。

5　热力学性能研究

5.1 吸放氢热力学参数计算

通过测量不同温度和压力下的吸放氢量，可以计算出碳纳米管改性镁基储氢材料的吸放氢热力学参数，如焓变（ΔH）、熵变（ΔS）和自由能变（ΔG）。这些参数可以反映吸放氢过程的热效应和自发程度。

5.2 碳纳米管对热力学性能的影响

碳纳米管的加入对吸放氢热力学性能有一定的影响。从焓变角度来看，碳纳米管与镁之间的相互作用可能改变了镁与氢气反应的能量状态，使得吸氢反应的焓变略有变化。从熵变角度分析，碳纳米管的高比表面积和独特的结构可能增加了体系的混乱度，从而影响熵变。这些热力学参数的变化综合起来影响了吸放氢过程的自由能变，进而影响吸放氢的平衡条件和反应自发性。

6 结论

通过对碳纳米管改性镁基储氢材料的吸放氢动力学与热力学性能研究，发现碳纳米管能够有效地改善镁基储氢材料的吸放氢性能。在吸氢动力学方面，碳纳米管为氢气扩散提供了通道，提高了吸氢速率；在放氢动力学方面，降低了放氢反应的活化能，加快了放氢速率。在热力学性能方面，对吸放氢的焓变、熵变和自由能变都有一定的影响。然而，在材料制备和性能优化过程中，还需要进一步优化碳纳米管的含量、结构以及考虑与其他添加剂的协同作用，以进一步提高碳纳米管改性镁基储氢材料的综合性能，为其在氢能存储领域的实际应用奠定更坚实的基础。同时，本研究为新型储氢材料的设计和开发提供了有价值的参考，未来可进一步探索不同类型纳米材料对镁基储氢材料性能的影响以及多种改性方法的结合。

参考文献：

[1] 王瑞欣, 杨瑞宁, 尚磊, 等. 大分子受阻酚功能化碳纳米管改性聚氨酯网状泡沫塑料的制备及性能研究 [J]. 塑料科技, 2024,52(09):32-37.DOI:10.15925/j.cnki.issn1005-3360.2024.09.006.

[2] 周杰, 何相明, 耿闻, 等. 碳纳米管改性热固性树脂的研究进展 [J]. 广州化工, 2024,52(14):11-13.

[3] 胡和丰, 陶金, 俞鸣明, 等. 碳纳米管改性聚丙烯腈纳米纤维膜制备工艺及性能 [J]. 高分子材料科学与工程, 2023,39(12):1-7.DOI:10.16865/j.cnki.1000-7555.2023.0237.

输氢站场氢泄漏扩散风险区域研究

王雅杰　孙秉才　储胜利

（中国石油集团安全环保技术研究院有限公司）

摘要： 安全高效的输氢系统是氢能广泛应用的重要前提，由于氢气自身的易燃易爆且扩散速度极快的物理特性，给输氢站场带来很大隐患。本研究针对高压输氢管道站场的氢气泄漏扩散风险，采用数值模拟方法确定和预测在不同条件下的氢泄漏事件的扩散风险，详细分析了气象条件、管道操作参数和站场地理布局的复杂交互作用对于氢泄漏扩散的影响。研究发现，高压输氢管道站场发生氢泄漏后，其扩散范围受风速、障碍物、运行压力等多种因素的影响，且障碍物的合理设置能够很好地抑制氢泄漏扩散。基于数值模拟分析结果可以得到，泄漏点顺风向扩散距离随风速的增大而增大，逆风向扩散距离随风速的增大而减小；泄漏点孔径越大，氢气泄漏量越多，其扩散浓度峰值越高；管道运行压力增大使氢气泄漏初始动能加大，加快氢气泄漏的扩散速度；随着障碍物高度的提升，氢气沿障碍物竖直方向攀升的状态和尖端射流区与越明显；障碍物与泄漏点之间的间距越大，涡流现象明显。以上结论可指导风险缓解措施和安全管理策略的建立，为高压输氢管道站场的安全管理提供科学依据和实践指南，特别是在风险预测、区域安全规划和应急响应策略方面的制定，也为氢能基础设施的安全标准制定和和政策制订提供重要参考。

关键词： 输氢站场　泄漏扩散　影响因素　数值模拟　危险区域

1 介绍

在当前全球能源转型与气候变化的背景下，氢能作为一种清洁、高效的替代能源，正日益受到国际社会的广泛关注。氢能的利用不仅可以减少对化石燃料的依赖，降低碳排放，还有助于提高能源安全和经济的可持续性。输氢管道站场作为实现氢气分输、配气及储氢调峰等功能的重要工艺环节，保障其安全、高效运行，是推广氢能应用必须首先解决的关键问题。氢作为分子量最小的气体，具有易扩散、燃烧范围宽、点火能低的特点，在泄漏时难以被察觉，一旦发生泄漏，在一定条件下极易引发燃烧或者爆炸，对人员安全和设施完整性构成严重威胁。因此，对输氢管道站场的氢气泄漏扩散行为进行系统的研究，不仅可以深化我们对氢气泄漏动态的理解，还能够提升现有安全防护措施的科学性和有效性。

目前，国内外学者对于氢泄漏扩散行为的研究开展了大量的工作。考虑到实验中的成本和潜在的安全隐患，大多数氢泄漏研究都采用了数值模拟方法的形式开展，Cui 等采用计算流体动力学（CFD）软件研究了不同泄漏角、风向、屋顶形状、泄漏孔径、温度和湿度等对加氢站发生微孔泄漏后的扩散行为，以提高应急措施的安全性和有效性。Tanaka 等通过 CFD 和实验比较，研究了不同泄漏孔径对氢泄漏扩散距离的影响，利用数值模拟分析了可燃氢气云意外点火后的过压值，结果表明，过压水平与点火时间和点火距离有显著的相关性，爆破壁能有效降低过压水平。Skjold 等使用氢风险评估模型（hydrogen risk assessment model, HyRAM）估计了由于密封失效导致加氢站泄漏的概率，并利用 CFD

软件生成了爆炸后超压和热辐射的三维风险轮廓，此项研究对氢探测器的布局有指导意义。Sun 等利用 Fluent 软件研究了储气压力、泄漏高度、泄漏角度、泄漏方向和风向等对液氢加氢站的氢泄漏后可燃区域演化的影响，结果表明，增加屋顶温度可以有效降低可燃氢气云的体积。Han 等模拟了不同的泄漏孔径、压力和通风条件对氢气充电站发生氢泄漏后的氢扩散规律，探讨了泄漏后可燃氢气的演化过程和爆炸后的超压值。Kim 等研究了韩国的一个实际的加氢站，并利用 FLACS 模拟了氢喷射在不同压力和泄漏孔径下的扩散行为，推到了加氢站的安全距离，分析了爆炸压力的分布和爆炸方向，有助于规范加氢站的安全设计。Li 等对具有不同甲烷－氢浓度比的封闭容器的泄漏进行了模拟，结果发现，在低氢含量（20%及一下），甲烷－氢混合物的泄漏和扩散更接近纯甲烷，在此含量下，储存和运输更安全。Zhu 等建立了全面实验系统给，研究了不同掺氢比（0，10%，20%，30%）、泄漏压力（4MPa，5.8MPa）和泄漏方向下埋地掺氢管道的泄漏扩散行为和浓度分布，确定了不同掺氢比管道的泄漏特征。Song 等通过实验和数值模拟研究了住宅建筑内气体泄漏后爆炸的风险区域分布，并给出了推荐玻璃的最小排气面积比和最大破碎压力，以降低气体爆炸风险指数。

基于以上内容，本研究通过数值仿真分析手段，探究风速、障碍物、运行压力等多种因素对高压输氢管道站场中氢气泄漏扩散的影响，为制定相应的安全防控措施提供科学依据。

2 模型建立

2.1 模型假设

对于高压输氢管道站场中发生氢泄漏后，氢气在泄漏点扩散并与外界空气混合，对于站场中氢泄漏扩散模型做如下假设：

氢气与空气均为理想气体，不与其他物质发生化学反应，均满足理想气体的状态方程；

输氢管道站场中泄漏氢气为连续性泄漏状态，暂不考虑管道内氢气的流动情况；

对于氢气连续泄漏过程中，泄漏点氢气的质量流量与速度大小保持恒定。

2.2 控制方程

高压输氢管道站场的氢泄漏扩散具有不规则运动的特点，符合气体湍流运动的特征。目前，针对湍流数值模拟一般使用直接模拟、大涡模拟（LES）以及 Reynolds 时均方程模拟等手段。对于输氢管道站场，氢气在泄漏扩散过程中遵循流体运动的质量守恒定律、动量守恒定律和能量守恒定量，所对应的方程如下。

连续性方程：

$$\frac{\partial \rho}{\partial t} + \frac{\partial(\rho u_i)}{\partial x_i} = 0 \tag{1}$$

其中，ρ 为流体密度，kg/m^3；u_i 为 x,y 方向的速度，m/s，t 为时间，s。

动量方程：

$$\rho\left(\frac{\partial u_i}{\partial t} + u\nabla u\right) = -\nabla p + \mu\nabla^2 u + \rho f \tag{2}$$

其中，f 为单位质量力矢量，m/s^2；u 为速度，m/s；μ 为动力黏度，$Pa\cdot s$；为 p 流体微元上的压力，Pa。

能量方程：

$$\frac{\partial(\rho E)}{\partial t} + \nabla\left[u_i(\rho E + p)\right] = \nabla\left[\left(k_{eff} + \frac{c_p\mu_t}{P_{rt}}\right)\frac{\partial T}{\partial x_j} + u_i\left(T_{ij}\right)_{eff}\right] \tag{3}$$

其中，E 为流体微团总能，J；k_{eff} 为有效传导系数，cm^2/kg；c_p 为定压比热容；μ_t 为湍流黏度；P_{rt} 为湍流普朗特数；T 为温度，K；$(T_{ij})_{eff}$ 为有效偏应力张量。

气体状态方程：

$$PV = ZRT \qquad (4)$$

其中，P 为绝对压力，Pa；V 为气体体积，m^3；R 为理性气体常数，$J/(kmol \cdot K)$；T 为热力学温度，K；Z 为气体压缩因子。

组分运输方程：

$$\frac{\partial}{\partial t}(\rho Y_i) + \nabla(\rho v Y_i) = -\nabla J_i \qquad (5)$$

其中，Y_i 为第 i 中物质的质量分数，无量纲；v 为速度适量，m/s；J_i 为湍流中第 i 中物质的扩散速率，m/s。

2.3 氢泄漏扩散模型

参考现有某天然气站场，选取了实际站场中的部分区域并建立输氢管道站场氢泄漏物理模型，如图 1 所示，其空间区域范围为 30m × 30m × 30m。其中，输氢管道直径为 800mm，内壁 15mm，设计压力为 8MP-12MP，泄漏点为圆形孔，孔径分别为 10mm、20mm、30mm，属于小孔泄漏的规则。

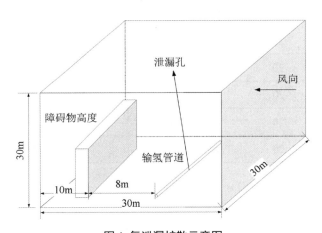

图 1 氢泄漏扩散示意图

2.4 边界条件及参数设置

对于输氢管道站场而言，初始状态时，计算区域被空气填充，氢气的初始条件为 0，初始压力为标准大气压。计算域的边界条件主要包括压力入口、速度入口、压力出口、壁面边界。其中，泄漏点设置为压力入口，压力值与管道压力相同，计算域右侧为速度入口，计算域周围为压力出口，设置为大气压力，管道、地面及建筑物为壁面。

根据氢气自身的物理特性可知，氢气的爆炸极限为 4%–75.6%，对模拟结果进行分析时，以氢气爆炸下限扩散的半径作为氢气危险范围的评价尺度，考虑到氢气爆炸下限为 4%，因此，仅对含氢量超过爆炸下限的氢泄漏扩散危险半径分析。图 2 和图 3 分别为风速为 4m/s，运行压力 10MPa，泄漏扩径 20mm，有无障碍物条件下的氢泄漏水平扩散云图。由图可知，氢泄漏后受到风力作用及障碍物的影响，氢气向下风向扩散的速度与距离均匀小于没有障碍物阻挡得情况。

为了更好地分析站场发生氢泄漏后气体的扩散规律，我们对不同影响因素进行数值仿真分析。根据站场的气象条件确定风速分别为 4m/s，6m/s，8m/s，为了更好地确定输氢管道站场管道发生氢泄漏时影响扩散的主要因素，分别对风速、泄漏孔经、障碍物高度、泄漏孔径与障碍物间距以及管道运行压力等参数进行分析，具体场景参数如表 1 所述，设定 Case1 为参考场景。

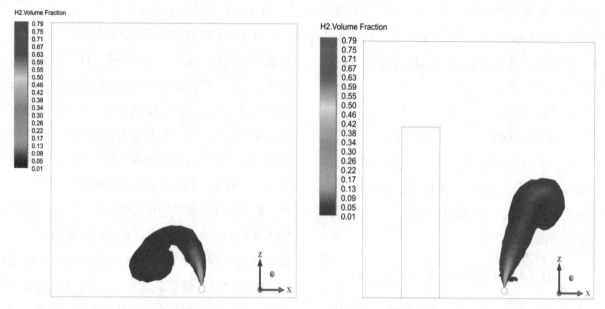

图2 无障碍物作用下氢泄漏扩散水平云图　　　　　　　　图3 障碍物作用下氢泄漏扩散水平云图

表1 场景案例

Case	Wind(m/s)	Hole Diameter(mm)	Building height(m)	Spacing(m)	Pressure(Pa)
1(参考)	4	20	20	8	10
2	6	20	20	8	10
3	8	20	20	8	10
4	4	10	20	8	10
5	4	30	20	8	10
6	4	20	15	8	10
7	4	20	25	8	10
8	4	20	20	12	10
9	4	20	20	14	10
10	4	20	20	8	8
11	4	20	20	8	6

3　高压输氢管道站场氢气泄漏扩散规律

3.1 风速对氢气泄漏扩散规律的影响

图4为Case1至Case3在不同风速下氢气泄漏扩散100s后的水平扩散云图。由于氢气的密度小于空气密度,在风升力作用下影响氢气扩散范围,

当风速由4m/s上升至8m/s过程中,受风力及障碍物影响,泄漏点顺风向扩散距离随风速的升高而增大,泄漏点逆风向扩散距离随风速的升高而缩短,且水平方向的风速越小,对氢气横向扩散的影响越大,如图5所示。

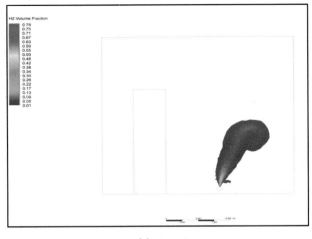

(a) Case1

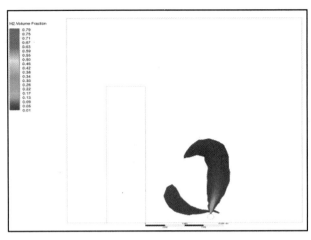

(b) Case2

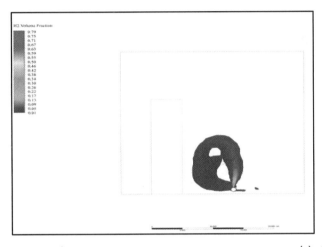

(c) Case3

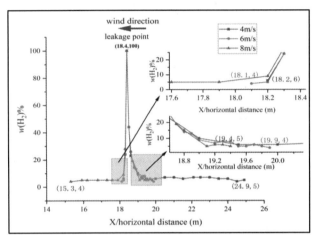

图 4 不同风速下氢气泄漏水平扩散云图 (a)，(b)，(c)　　图 5 不同风速下氢泄漏水平扩散距离浓

度分布图

3.2 泄漏孔径对氢气泄漏扩散规律的影响

图 6 为 Case4 和 Case5 在不同泄漏孔径下氢气泄漏扩散 100s 后的水平扩散云图。由于扩散时气流具有不同的初始动能，由图 6 和图 7 可知，泄漏孔越大，竖直方向扩散趋势越明显。在障碍物作用下，底部积聚区的氢气浓度和形成的射流区域随着孔径的增大而增大。在不同孔径下，泄漏点至上方 3.5m 距离的氢气浓度分布随着泄漏孔径的增大而增大，且扩散范围也越广，在遇到最低点火能时，危险区域倍增。

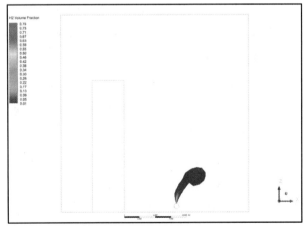

(a) Case4

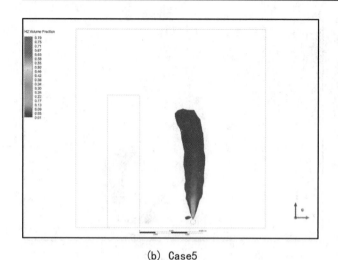

（b）Case5

图 6　不同泄漏孔经下氢气泄漏水平扩散云图

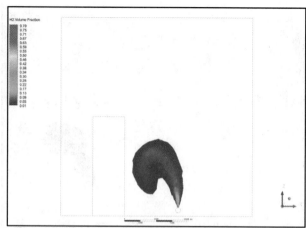

（a）Case6

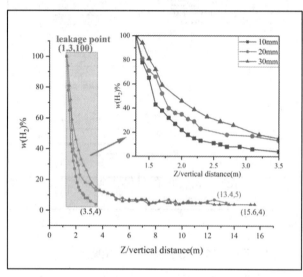

图 7　不同泄漏孔径氢泄漏竖直扩散距离浓度分布图

3.3 障碍物高度对氢气泄漏扩散规律的影响

图 8 为 Case6 和 Case7 在不同高度障碍物附近氢气泄漏扩散 100s 后的水平扩散云图。在障碍物作用下，当发生氢泄漏扩散时，随着障碍物高度的升高，氢气沿障碍物竖直向上攀升的状态和尖端射流区域越明显，且初始动能逐渐衰减。障碍物的阻挡抑制了氢气扩散，使得障碍物两侧形成巨大的浓度差，在具有相同浓度的氢气扩散高度峰值随着障碍物高度的增加而增大（如图 9），氢泄漏水平扩散范围明显缩减，降低了风险发生时的危害程度。

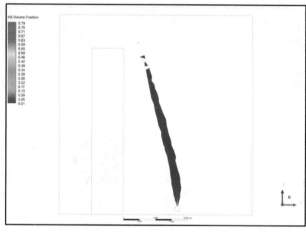

（b）Case7

图 8　不同障碍物高度附近氢气泄漏水平扩散云图

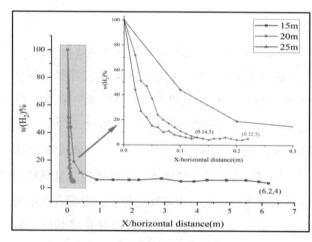

（a）水平距离

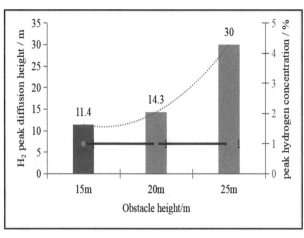

（b）竖直高度

图 9 不同障碍物高度氢泄漏（a）水平扩散距离浓度示意图

及（b）氢气扩散竖直高度峰值变化图

3.4 泄漏点与障碍物间距对氢气泄漏扩散规律的影响

图 10 为 Case8 和 Case9 在泄漏点与障碍物不同间距下氢气泄漏扩散 100s 后的水平扩散云图。当间距为 8m 时（Case1），氢气受障碍物沿反向扩散，积聚并产生涡流区；当间距为 12m（Case8）时，涡流区面积明显增大；当间距为 14m（Case9）时，由于扩散作用造成能量损失及空间变化，涡流现象明显，但氢气的浓度聚集程度明显降低。因此，对于站场管道建设规划时，必须确保管道与附近建筑物保持合理的安全距离，保证积聚区浓度低于爆炸极限。图 11 为不同障碍物间距下氢泄漏扩散水平和垂直距离浓度分布图，随着间距增加，水平和垂直扩散距离也随之增加，导致危险区域范围增大。

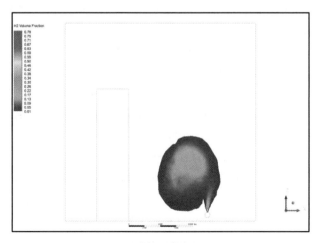

（a）Case8

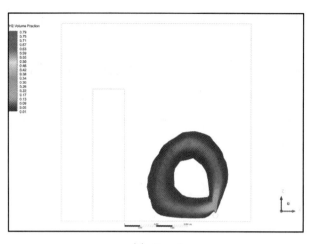

（b）Case9

图 10 不同障碍物间距下氢气泄漏扩散云图

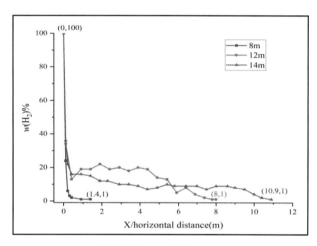

（a）Horizontal distance

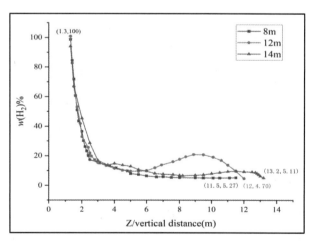

（b）vertical distance

图 11 不同障碍物间距下氢泄漏扩散水平

和垂直距离浓度分布图

3.5 管输压力对氢气泄漏扩散规律的影响

图 12 为 Case10 和 Case11 在不同管道运行压力下氢气泄漏扩散 100s 后的水平扩散云图。当发

生氢气泄漏扩散时，随着管道运行压力的升高，氢扩散范围随之增大，氢气扩散浓度越高（图13，氢气上升至同一高度），压力的升高使氢气泄漏初始动能加大，加快了氢泄漏扩散的速度。

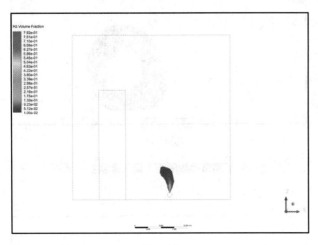

Case10

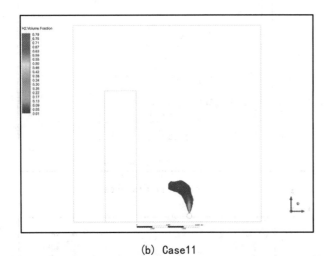

（b）Case11

图12 不同管道运行压力下氢泄漏扩散云图

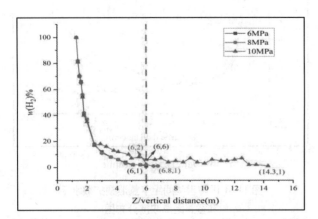

图13 不同管道运行压力下氢泄漏扩散垂直距离浓度分布图

结论

本文采用数值模拟的方法研究了高压输氢管道

站场氢泄漏扩散的过程，并评价了不同风速、泄漏孔径、障碍物高度、障碍物与泄漏孔经间距、管道运行压力对氢气泄漏扩散的影响规律。本研究的主要观察结果可以总结如下：

（1）风速作为氢气泄漏过程中不稳定的外部影响因素，受风力及障碍物作用下，泄漏点顺风向扩散距离随风速的增大而增大，逆风向扩散距离随风速的增大而减小，且水平方向的风速越小，对氢气横向扩散的影响越大；

（2）输氢管道站场泄漏点孔径越大，氢气泄漏量越多，其扩散浓度峰值越高，在障碍物作用下，底部积聚区的氢气浓度和形成的射流区随着孔径的增大而增大，在竖直方向扩散范围越广；

（3）输氢管道运行压力越大使氢气泄漏初始动能加大，加快氢气泄漏的扩散速度，扩散的氢扩散范围；

（4）随着障碍物高度的提升，氢气沿障碍物竖直方向攀升的状态和尖端射流区与越明显，氢泄漏水平扩散范围明显缩减，抑制了氢气的水平扩散，降低风险发生的危害程度；

（5）随着障碍物与泄漏点之间的间距增大，使得涡流现象明显，且氢气的浓度聚集程度明显降低，但水平和垂直方向的扩散距离随着间距的增加而变大，扩展了危险区域范围。

参考文献：

[1]B.E. Lebrouhi, J.J. Djoupo, B. Lamrani, et al.. Global hydrogen development-A technological and geopolitical overview. International Journal of Hydrogen Energy, 2022,47:7016-7048.

[2]Xiaobo Shen, Guangli Xiu, Sizhe Wu. Experimental study on the explosion characteristics of methane/air mixtures with hydrogen addition. Applied Thermal Engineering, 2017,120:741-747.

[3]D.Apostolou, G. Xydis. A literature review on hydrogen refuelling stations and infrastructure. Current status and future prospects. Renewable and Sustainable Energy Reviews, 2019,113:109292.

[4]Lei Peng, Chenxu Wang, Mengxing Han, et al.. A study on the characteristics of the deflagration of hydrogen-air mixture under the effect of a mesh

aluminum alloy. Journal of Hazardous Materials, 2015,299:174−180.

[5]Xiaobo Shen, Qingsong Wang, Huahua Xiao, et al.. Experimental study on the characteristics stages of premixed hydrogen−air flame propagation in a horizontal rectangular closed duct. International Journal of Hydrogen Energy, 2012,37:12028−12038.

[6]Makoto Hirayama, Hiroki Shinozako, Naoya Kasai, et al.. Comparative risk study of hydrogen and gasoline dispensers for vehicles. International Journal of Hydrogen Energy, 2018,43:12584−12594.

[7]Weiyi Cui, Yupeng Yuan, Liang Tong, et al.. Numerical simulation of hydrogen leakage diffusion in seaport hydrogen refueling station. International Journal of Hydrogen Energy, 2023,48:24521−24535.

[8]T.Tanaka, T.Azuma, J.A. Ecans, et al.. Experimental study on hydrogen explosions in a full−scale hydrogen filling station model. International Journal of Hydrogen Energy, 2007,32:2162−2170.

[9]T.Skjold, D.Siccama, H. Hisken, et al.. 3D risk management for hydrogen installations. International Journal of Hydrogen Energy, 2017,42:7721−7730.

[10]Ruofan Sun, Liang Pu, Haishuai Yu, et al.. Modeling the diffusion of flammable hydrogen cloud under different liquid hydrogen leakage conditions in a hydrogen refueling station. International Journal of Hydrogen Energy, 2022,47:25849−25863.

[11]Ukmin Han, Jinwoo Oh, Hoseong Lee. Safety investigation of hydrogen charging platform package with CFD simulation. International Journal of Hydrogen Energy, 2018,43:13687−13699.

[12]Eunjung Kim, Jaedeuk Park, Jae Hyun Cho, et al.. Simulation of hydrogen leak and explosion for the safety design of hydrogen fueling station in Korea. International Journal of Hydrogen Energy, 2013,38:1737−1743.

[13]Xiangyu Shao, Shenyin Yang, Yongliang Yuan, et al.. Study on the difference of dispersion behavior between hydrogen and methane in utility tunnel. International Journal of Hydrogen Energy, 2022,47:8130−8144.

[14]Hao Li, Xuewen Cao, Huimin Du, et al.. Numerical simulation of leakage and diffusion distribution of natural gas and hydrogen mixtures in a closed container. International Journal of Hydrogen Energy, 2022,47:35928−35939.

[15]Jianlu Zhu, Jun Pan, Yixiang Zhang, et al.. Leakage and diffusion behavior of a buried pipeline of hydrogen−blended natural gas. International Journal of Hydrogen Energy, 2023,48:11592−11610.

[16]Kang Cen, Bin Song, Wenling Jiao et al.. Quantitative risk assessment of gas leakage and explosion accidents and its security measures in open kitchens. Engineering Failure Analysis, 2021,130:105763.

[17]Bin Song, Wenling Jiao, Kang Cen, et al.. Quantitative risk assessment of gas leakage and explosion accident consequences inside residential buildings. Engineering Failure Analysis, 2021,122:105257.

[18]Michael R Swain, Patrick Filoso, Eric S Grilliot, et al.. Hydrogen leakage into simple geometric enclosures. International Journal of Hydrogen Energy, 2003,28:229−248.

泰普龙芳纶纤维
在氢能储运中的潜力及优势

秦鹏华　唐士博　钱友三　韩心悦　刘　翼　夏海涛

（泰和新材集团股份有限公司）

摘要： 氢能作为清洁零碳能源，是实现碳达峰、碳中和的重要途径，也是各国能源生产可再生化、能源供应清洁化的战略选择。全球各国都在加快推动氢能的发展及布局氢能的全产业链。从全球范围看，我国的氢能起步发展的时间较晚，氢能布局的规模、产品的更新及相关的规范都还有待完善。因此在 2021 年，我国出台了《国务院关于印发 2030 年前碳达峰行动方案的通知》，明确了氢能是战略性新兴产业的重点方向，是构建绿色低碳产业体系、打造产业转型升级的新增长点；并明确到 2030 年，要形成较为完备的氢能产业技术创新体系、清洁能源制氢及供应体系，有力支撑碳达峰目标实现。氢能产业发展的关键环节之一是氢能的储运，氢能储运技术是限制氢能大规模产业化发展及应用的重要瓶颈，也是打通氢能源制备到氢能源市场的重要方式。目前，氢能储运可分为高压气态储运、低温液态储运和固态储运，高压气态储氢由于技术成熟度高、成本相对较低等优势，是目前氢能储存中应用最为广泛的方法。泰普龙对位芳纶是一种高强高模、高韧性、耐冲击、耐腐蚀、质轻的高性能纤维，广泛用于复合材料的增强增韧及工业防护等。为了提高氢能储运过程中的安全性及高效性，我们使用泰普龙对位芳纶对储氢瓶及柔性 RTP 管进行增强，结果显示：使用芳纶纤维缠绕储氢瓶可以达到与碳纤维缠绕储氢瓶同等的爆破性能，且芳纶纤维的韧性高使得储氢瓶在储氢瓶安全储氢上展现出高的优势及潜力；我们也使用泰普龙芳纶增强热塑性聚乙烯 RTP 柔性管，芳纶增强的 RTP 管爆破压力比规定爆破压力提高 60%，这均表明芳纶的高强高韧、耐冲击等优势可以显著增强氢能储运稳定性及安全性，也为后续更高压力下高效率的氢能储运提供可能。

关键词： 泰普龙对位芳纶纤维　氢能储运　储氢瓶　柔性 RTP 管

随着国际经济格局动荡，能源市场供求关系的变化以及能源的快速消耗，传统的石化能源储量急剧锐减，尤其是在疫情后经济飞速反弹以及俄乌战争等多种因素的作用下，能源市场逐渐收紧，局势急剧升级为一场全新的全球能源危机；此外，世界各国对于绿色清洁、低碳环保的要求日趋严格，进一步催生了新型清洁能源的开发及使用。其中，氢能源具有来源广泛、无污染、储能密度高等优势，是真正意义上的清洁能源，被认为是"21 世纪最理想的新型能源"，对构建全球清洁低碳安全高效的能源体系、实现碳达峰碳中和目标具有战略意义。2021 年，我国就出台了《国务院关于印发 2030 年前碳达峰行动方案的通知》，明确氢能是战略性新兴产业的重点方向，是构建绿色低碳产业体系、打造产业转型升级的新增长点；并且提出了氢能产业到 2025 年，可再生能源制氢量达到 10–20 万吨 / 年，实现二氧化碳减排 100–200 万吨 / 年；到 2030 年，形成较为完备的氢能产业技术创新体系、清洁能源制氢及供应体系，有力支撑碳达峰目标的实现。

然而，由于氢气的活性较高，在储运过程中存在泄漏爆炸的风险，因此要为实现氢能持续稳定的大规模推广、安全高效的商业化应用，需要对氢能源储运工艺进行优化，并对储运流程进行有效监管。

作为三大高性能纤维之一，对位芳纶纤维是指聚对苯二甲酰对苯二胺（PPTA）通过干喷湿纺工艺制备而成的线性芳香纤维。从结构上来说，纤维分子链沿着轴向的高度取向，并且通过分子间氢键相互交联，使得分子结构呈直线网状；此外，分子链中的刚性苯环及规整的结构使其在纺丝过程中进一步形成完善的结晶结构。这些性能优势共同赋予了对位芳纶纤维高强高模、耐酸碱、耐高温、耐冲击、耐疲劳等特点。本文系统性分析了泰普龙对位芳纶纤维在氢能储运过程中关键应用领域及研究现状，总结了技术的优缺点及面临的问题，并对芳纶纤维在氢能发展过程中的关键技术发展方向进行了展望。

1、泰普龙芳纶在氢能存储上的潜力

氢气小分子密度小（0.09g/L），储运效率低，为了有效提高氢气能量储存密度、降低运输成本、提高运输效率，通常将氢气高压压缩气态储存，即通过对氢气施加压力，将氢气压缩成高密度的气体形式。高压气态储氢技术提升了氢气密度，实现了高效的氢能储运效率，是目前最成熟、最普遍采用的氢能存储方式。高压储氢瓶根据材质和性能差别可分为四种类型，分别是Ⅰ型、Ⅱ型、Ⅲ型、Ⅳ型，如表1所示。Ⅰ型、Ⅱ型由于储氢密度低，已经逐渐被Ⅲ型、Ⅳ型储氢瓶取代。

表1. 储氢瓶分类及特点

类型	Ⅰ型	Ⅱ型	Ⅲ型	Ⅳ型
材质	纯钢制金属瓶	钢制内胆纤维缠绕	铝制内胆纤维缠绕	塑料内胆纤维缠绕
介质相容性	脆性、腐蚀性			
压力（MPa）	17.5-50	26.3-30	30-70	>70
储氢密度（%）	1	1.5	2.5-4	2.5-6
体积储氢密度（g/L）	14.28-17.23	14.28-17.23	35-40	38-40
使用寿命	15	15	15-20	15-20
应用领域	加氢站	加氢站	燃料电池汽车	燃料电池汽车
成本	低	中等	高	高

高性能纤维是纤维复合材料缠绕气瓶的主要增强体，常用的增强纤维有碳纤维、玻璃纤维、对位芳纶纤维等。其中，对位芳纶纤维具有高强高模、高韧性及质轻等优势，在储氢瓶增强防护的过程中可大量吸能避免脆断，并能有效减重。在此基础上，我们对比了泰普龙对位芳纶和碳纤维在Ⅲ型储氢瓶上的性能及优势。将泰普龙对位芳纶和碳纤维经过湿法缠绕在9L的铝质内胆表面，按照爆破压力为78.75MPa（使用压力35MPa，爆破压力是2.25倍使用压力）进行爆破测试，结果如图1所示：两种增强纤维的储氢瓶在规定的爆破压力下均可通过测试，但是芳纶纤维比碳纤维韧性高，这说明泰普龙对位芳纶在储氢瓶增强、储氢安全上具有性能上的优势，但由于对位芳纶价格较高，目前还未批量化使用对位芳纶缠绕增强储氢瓶。

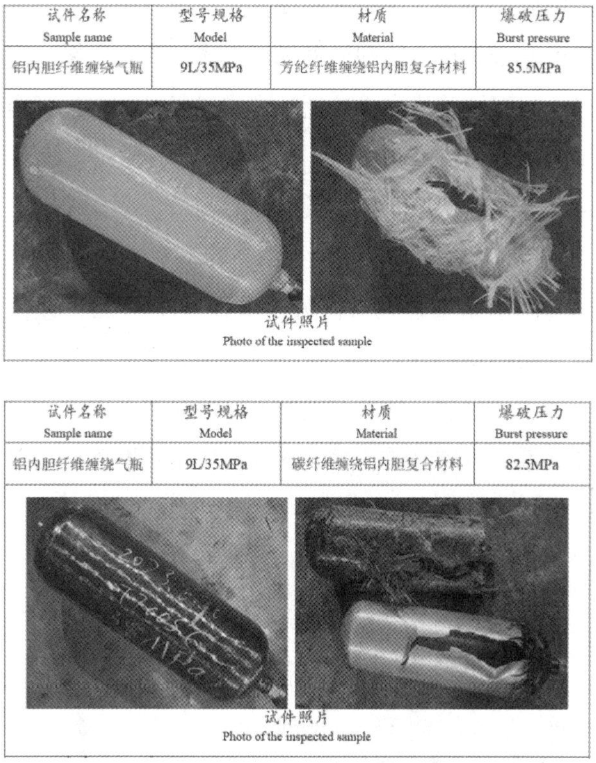

试件名称 Sample name	型号规格 Model	材质 Material	爆破压力 Burst pressure
铝内胆纤维缠绕气瓶	9L/35MPa	芳纶纤维缠绕铝内胆复合材料	85.5MPa

试件照片
Photo of the inspected sample

试件名称 Sample name	型号规格 Model	材质 Material	爆破压力 Burst pressure
铝内胆纤维缠绕气瓶	9L/35MPa	碳纤维缠绕铝内胆复合材料	82.5MPa

试件照片
Photo of the inspected sample

图1. 泰普龙芳纶储氢瓶及碳纤维储氢瓶爆破性能对比

2、对位芳纶在氢能输送上的潜力

氢气在运输过程中根据运输压力的不同可以分为液氢罐车运输、长管拖车运输及管道运输三种运输方式。液氢的运输压力大（70MPa），运输效率更高，但液氢的运输温度需要保持在-253℃以下，并对液氢罐车的制作工艺及成本有高的要求。长管拖车属于压缩氢气的大型的运输装置，但是氢气的重量只占运输总重量的 1～2%，运输效率低下，仅适合短距离低输送量的情况。管道运输通常输送低压氢气（4MPa），是实现大规模、长距离运氢最重要的方式，安全性高、运输效率高并且成本较具有高安全性、高效率及低成本的优势。据统计，全球的输氢管道建设量已达到4700km，其中美国和欧洲的氢气管网布局相对发达且完善，输氢管的数量约占全球输氢管路的90%。而我国在氢能储运方面与国际先进水平还有较大差距，目前已建设且稳定作业的输氢管仅有100km左右。

增强热塑性复合管（RTP管）作为一种非金属管道在氢气输运领域广泛应用。RTP管分为非金属增强复合管道和金属增强复合管道两大类，金属增强RTP管刚性较好、耐蚀性好，但在输氢过程中易被氢气侵蚀，造成氢脆现象；非金属增强复合管是由非金属聚合物和增强纤维组成，具有质轻、耐热、耐腐蚀等优点。芳纶纤维增强复合管相比于金属材质管道具有耐腐蚀、可盘卷、易运输等显著优点，因此广泛用于氢气及燃油的输送。

泰普龙对位芳纶已在RTP管上成功应用。如图2所示是泰普龙对位芳纶增强RTP管的工艺流程及结构图：耐热聚乙烯通过挤出成型形成耐压放渗透的内衬层，随后芳纶纤维在内衬的外表面均匀交叉缠绕芳纶纤维，最后热熔挤压耐热聚乙烯涂覆外壳形成外覆层。

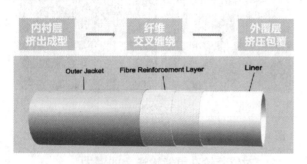

图2. RTP管的工艺及结构

我们也验证了泰普龙对位芳纶纤维增强的RTP管的爆破性能。RTP管的材质及管径信息如下表2所示，该RTP管的额定使用压力是5MPa，爆破压力要求 >15MPa。在室温下对RTP管的爆破性能进行测试，如图3所示，使爆破时间维持在700s

验证其最大爆破压力，通过多次测试结果显示：泰普龙对位芳纶的爆破压力可达到24MPa，比要求的爆破压力高60%。该实验证明泰普龙对位芳纶的高强高模、耐高压的性能使其在RTP增强上具有巨大的应用潜力。

表2. 泰普龙RTP软管的爆破试验结果

RTP管材质及尺寸			
内衬材质	PE-RT II	最小内径（mm）	200
增强材质	Taparon Aramid Fiber	平均外径（mm）	247
外覆材质	PE-RT II	有效长度（mm）	1220
RTP管性能验证			
试验温度（℃）		常温	
爆破压力（MPa）		24	
爆破时间（s）		70	
破口尺寸（mm*mm）		350	

图3. 泰普龙RTP管的爆破图片

3、结论与展望

氢能能源作为可以高效供能的清洁能源，可有效缓解全球气候变暖及能源紧张等问题，推动全球绿色经济发展，加快实现全球碳达峰、碳中和，是各个国家能源生产可在生化、供应清洁化的战略选择。后续我们需要加强以下的研发及改进：

在氢气储运方面，管材性能评估、储运安全性、储运工艺及运输标准等方面仍需要加快完善的步伐。

氢能存储上，高压气态储氢瓶是目前国内外主流储氢发展方向，但其存在安全隐患大、储氢密度低、自重较重等问题。以泰普龙芳纶纤维为代表的轻质高性能纤维为提升储氢瓶的性能稳定性，增大储氢密度提供了理论借鉴。

氢能输送上，采用RTP柔性管进行长距离大规模的输氢是目前氢能运输的主要方式，但目前输氢的压力较小、效率较低；路径较长安全隐患较大。高强高模、耐冲击的泰普龙芳纶纤维为高压输氢管的发展提供了解决方案。未来，芳纶纤维的性能均匀性、编织缠绕工艺的完善性都需要与高压输氢柔性管的性能相匹配,使高压输氢管的发展加快进程。

参考文献:

[1] 殷卓成,杨高,刘怀,等.氢能储运关键技术研究现状及前景分析 [J].现代化工,2021,41(11):53-57.

[2] 国务院关于印发 2030 年前碳达峰行动方案的通知.

[3] 崔振莹.氢能储运技术现状及发展分析 [J].中外能源,2024,29(07):31-39.

[4] 章楚.氢能储运技术发展现状与前景展望 [J].能源化工财经与管理,2024,3(02):1-9+25.

[5] 李建,张立新,李瑞懿,等.高压储氢容器研究进展 [J].储能科学与技术,2021,10(05):1835-1844.

[6] 付强,杨洸,金辉,等.中国氢能产业链技术现状及发展趋势 [J].油气与新能源,2024,36(04):19-30.

[7]BROWN A.Hydrogen Transport [J].The Chemical Engineer,2019,6:936.

公司氢能业务调研及产业发展建议

宋　菁　陈　宇　沈全锋

（中国石油工程建设有限公司）

摘要： 氢能是战略性新兴产业的重点方向。本文通过梳理国内外氢能产业的发展现状，对公司氢能技术和业务现状进行调研，分析了目前公司氢能产业发展在制氢领域、绿氢/绿氨储运、氢能市场开发等方面存在的问题。提出了公司氢能技术研发方向和业务解决方案，通过关键核心技术自研、合作、引进等方式，加强氢能全产业链技术装备攻关，推动产业化和示范应用，提升市场竞争力。

关键词： 氢能　氢气制备　氢气储运　绿氨　可再生能源

氢能是21世纪最具发展潜力的清洁能源。氢能作为清洁、低碳、高效、灵活且应用场景多样的能源载体，为实现"双碳"目标提供了重要的技术路径，已被纳入国家"十四五"规划和2035年远景目标纲要，是未来国家能源体系的重要组成部分，是战略性新兴产业的重点方向。

截至目前，公司氢能（储能）技术已支持天然气管道掺氢、加氢站等20个项目实施，具备氢能制储运加系列化特色技术。但总体来看，公司氢能产业发展仍面临以下问题：一是制氢领域核心技术、大规模氢气液化工艺包亟需攻克；二是气氢、液氢储存装备关键技术产业化能力需进一步加强；三是绿氨制储运技术产业化能力亟需加强；四是由于国内氢能落地项目较少，系统内氢能项目均处于前期研究阶段，EPC项目少，氢能市场开发亟需取得突破；五是氢能领域人才缺乏，专业人才的培养亟待提速。

1　全球氢能产业发展现状

1.1　全球氢能产业主要特点

近年来，随着全球对能源危机和温室效应的持续关注，氢能产业布局被各国政府上升到国家战略发展的高度，已有20多个国家公布或正在制定氢能战略，谋划占领科技制高点，抢占发展先机。其中，美国侧重占据氢能产业科技创新制高点，日本侧重以氢经济解决能源安全问题，欧洲侧重发展氢经济推动能源转型，韩国侧重以氢经济带动制造业迈向高端，中国侧重将氢能作为用能终端实现绿色低碳转型的重要载体。

据IEA统计，2022年全球氢气总产量约为9813万吨，其中62.7%来自天然气、0.7%来自石油、19%来自煤炭、18%为副产物，仅0.04%来自于电解水，可再生能源制氢规模尚小。氢气储运环节与油气储运环节差异较大，绝大部分工业用氢就地消费，不进行大规模储存，由于储运成本高，商品氢的跨洲甚至跨地区贸易量均很小。现阶段液氢储运逐渐成为研发重点，获取液氢的过程存在较高技术门槛，对制、储、运等各环节装备均有较高要求。长期来看，高压管输仍是大规模、长距离输送的最理想方式。

1.2　国际能源公司氢能业务发展动向

近年来，国际能源公司积极探寻低碳绿色发展转型路径，BP、壳牌、道达尔、沙特阿美等纷纷在氢能产业加速布局。国际四大气体巨头——德国林德集团、法国液化空气集团、美国普莱克斯公司以及美国空气产品公司，在氢气制备和储运等环节拥有技术优势，也在积极发展氢能业务，是能源公司在氢能产业领域的重要合作伙伴。

在"电氢一体化"新领域，国际公司重点推进电能转化利用关键技术，氢能是电能转化的关键环节。领先企业正在建设示范项目，匹配钢铁、化工、交通等行业的低碳转型需求，逐步克服初创技术在经济性等方面不足，形成创新解决方案。

1.3 绿氨产业发展现状

全球绿氨产业发展处在产研结合和商业化早期阶段，海外和中国企业竞相布局绿氢－绿氨赛道。预计2025年以后，海外绿氨将主导氨的新增产能。已经有60多家可再生氨工厂，集中投产时间在2026年左右。

中国绿氨项目主要分布在可再生资源丰富区域。在"双碳"背景下，伴随着绿氢的发展，氢的载体绿氨也被化工和能源企业重视，多家国企和行业领先民企正在积极投资布局风、光、电、氢、氨一体化项目。全国规划的绿氨项目总产能约380万吨，其中内蒙古2022年获得备案的绿氨产能约180万吨。应用领域集中在固碳、储氢、航运燃料、掺混发电等场景。

绿氨生产过程接近"零碳"，耦合CCS技术固定二氧化碳有助于实现"双碳"目标。天然气耦合CCS制取每吨氨的碳排放量可从1.8吨减少至0.1吨，煤耦合CCS制取每吨氨的碳排放量更是从3.2吨减少至0.2吨。

据英国劳氏船级社预测，在2030～2050年，氨能作为航运燃料的占比将从7%上升为20%，取代液化天然气等成为最主要的航运燃料。日本制定"2021～2050日本氨燃料路线图"，到2040年左右将建设纯氨发电厂。中国燃煤锅炉混氨有35%掺烧比例，但对于氨燃烧的反应动力学机理仍处于不断验证改进阶段，掺氨发电技术在燃煤发电厂的商业化进程中面临挑战。

2　中国氢能产业发展现状

2.1 中国氢能产业主要特点

中国是世界上最大的制氢国，年制氢量约3300万吨，可再生能源装机量全球第一，绿氢供应潜力巨大。目前，我国在制氢、储氢、运输、转化、应用等多个领域开展关键技术攻关，形成了基本完整的产业链，全产业链规模以上工业企业超过300家，主要分布在长三角、粤港澳大湾区、京津冀等区域。然而，我国氢能产业仍处于示范应用和商业模式探索阶段，产业创新能力不强、核心技术装备水平不高，支撑产业发展的基础性制度滞后，产业发展形态和路径尚需探索。

在制氢方面，仍以灰氢制备为主，即以煤炭、天然气等化石能源重整制氢和以焦炉煤气、氯碱尾气、丙烷脱氢等工业副产气制氢。电解水制氢、生物质制氢、光生物制氢等工艺尚未实现工业化，仍需加大创新投入。

在氢储运方面，主要以气态储运（长管拖车、管道）、液氢储运、氢载体储运和固态储运。现阶段，中国普遍采用 $2 \times 10^7 Pa$ 气态高压储氢与集束管车运输的方式，在此基础上，采用更高的气氢运输压力、低温液氢储罐和槽车、天然气掺氢的输送管道以及固态储氢等技术都在快速发展。我国液氢发展由于起步较晚，各环节技术均远落后于国外，制约了我国液氢产业的发展。

中国氢气主要用于炼油和化工，少部分用于氢能交通。截至2022年年底，我国氢燃料电池汽车保有量约为1.32万辆，在营加氢站约245座，数量已超越日本居全球首位，多位于珠三角、长三角、京津冀等经济发达且氢能产业领先地区，交通用氢量达万吨级。

2.2 国内能源公司氢能业务发展动向

国务院国资委监管的96家央企中，开展氢能相关业务或布局的央企已超过1/3，取得了一批技术研究和示范应用成果。中国石化聚焦氢能全产业链业务布局，中国石油、国家能源集团建设氢能终端基础设施，中船重工（718所、712所）、国家电投、东方电气开发氢燃料电池及其核心部件和氢能装备，东风集团、一汽集团、中国中车发展氢能交通工具，宝武集团积极开展氢冶金新工艺创新，国家电网参与兆瓦级氢储能电站建设。

3　公司氢能技术研发方向

公司自2015年起结合传统天然气工程技术能力优势，开展氢能（储能）技术研究，完成覆盖制氢、输氢、储氢和加氢环节，包括气氢、液氢、氢载体等不同路线的全产业链氢能技术储备，形成天然气掺氢管道输送、可再生能源制氢、液氢储运等特色技术系列。

3.1　制氢

目前市场电解水制氢、化石能源制氢核心装备技术较成熟，处于产业应用推广阶段，但公司技术储备较少。通过梳理目前国内外研究机构制氢技术研究热点，优选热化学甲醇制氢、天然气催化制氢、光热制氢等3条技术路线，推进与相关研究机构合作，实现制氢新技术突破。

（1）中低温太阳能热化学甲醇制氢

面向分布式制氢加氢一体站等应用场景，可提供中低温太阳能热化学甲醇制氢解决方案。甲醇是一种清洁易于运输的液体燃料，利用200 ~ 300℃的抛物型槽式聚光太阳热能驱动吸热的甲醇分解/重整反应，将太阳能升级转化为合成气燃料，通过较低的反应温度降低太阳能聚光集热过程的复杂度，将太阳能转化为高品位的合成气化学能，实现太阳能的存储和高效利用，提高太阳能热能的做功潜力，与甲醇直接燃烧相比，燃料化学能提升20%。

虽然甲醇生产氢气从原料利用和能源利用上不尽合理，但价格上相对当前绿电制绿氢有优势，且生产流程简单，自动化程度高，与天然气制氢相比不需要设置转化炉，反应温度不到300℃。此技术可用于光资源丰富的分布式制氢加氢一体站，作为绿氢过渡阶段解决方案；也可与动力发电、余热回收等设施组成太阳能热化学互补分布式能源系统，适配办公楼、矿区和化工园区。该技术目前处于推广阶段。

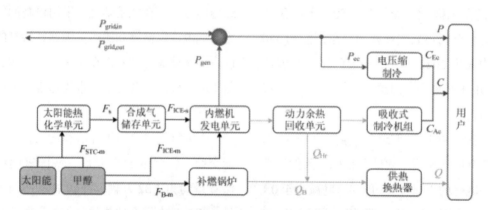

图1　中低温太阳能热化学甲醇制氢及能量利用示意图

（2）天然气水基化学链制氢

通过化学能梯级转化、反应解耦、定向转化，实现低能耗制氢与脱碳一体化，对现有工业天然气重整 – 变换 –PSA 分离 – 燃烧的链式制氢工艺是一种变革，可实现碳氢协同有序转化，预计相对传统天然气制氢能耗下降30%左右，两种技术路线对比如下：

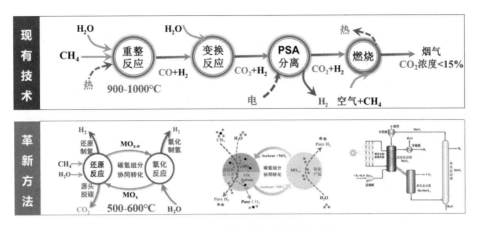

图 2　天然气水基化学链制氢技术路线

（3）碟式太阳能光热高温裂解水制氢

碟式太阳能光热高温裂解水制氢采用碟型反射镜面收集太阳的热能，将入射太阳光反射聚焦产生高温来制取氢气。采用太阳能热化学两步循环，即通过引入金属氧化物载氧体，通过载氧体的还原与氧化反应实现水分解制氢。

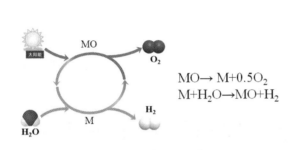

$$MO \rightarrow M + 0.5O_2$$
$$M + H_2O \rightarrow MO + H_2$$

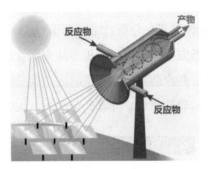

图 3　太阳能光热高温裂解水制氢技术热化学两步循环过程及示意图

3.2　气氢储运

（1）管输

结合传统天然气产业链等相关工程技术能力优势，发展纯氢与天然气掺氢长输管道特色技术。建设天然气掺氢长输管道的专项科研及配套试验平台，为天然气长输管道掺氢输送运行提供有力技术支撑，为大规模天然气掺氢长输管道工程的建设提供一手验证数据。主要技术包含：

1）天然气管道掺氢全生命周期评价技术：已建天然气管道管材相容性、管道完整性、燃料互换性、安全性评价。

2）天然气掺氢高效掺混技术：根据不同掺混工艺、掺混设备的内部结构改造，降低氢脆对管道材质的影响，掺混精度 ≤ 1%。

3）高压大输量长输管道天然气掺氢设备：随动流量掺混 + 多路组合调节 + 高精度 SV 型静态混合器 + 双 PID 修正控制 + 热值分析仪在线检测；精度控制 ±1.5%；掺混后的介质均匀精度 ±1.5%。

4）含氢天然气高效分离技术：可将 15% ~ 20% 的含氢天然气采用膜分离 +VPSA 技术提纯，获得含量 99.999% 以上的高纯氢气。

（2）储氢

地下储氢库可大规模储氢，适合用于战略储氢，地下储库的建设面临诸多挑战，主要包括储层和盖层的地质完整性、氢气 - 卤水 - 微生物地下化学反应、井筒完整性、氢气采出纯度以及材料耐久性问题。公司开展多项地下储氢库地面配套工艺技术研究，将形成储氢库整体技术路线及方案、已建天然气储气库掺氢工艺适应性分析、储氢库工艺模拟计算、储氢库关键设备选型、储氢库泄露的扩散分析和风险分析等五大技术，提供地下储氢库的设计和咨询服务。

（3）安全评价

在储运环节，以未来氢能大规模利用为场景，超前储备氢能载体储运及地下储氢库、液氢储库等规模化储库技术。研发满足上游氢气工厂使用的大容量中压氢气储存容器，掌握下游加氢站使用的撬装高压储氢装置建造的关键技术，聚焦"风险控制"，攻关纯氢站场成套工艺技术和风险控制技术。主要技术包含：

1）混氢爆炸危险性分析技术：形成不同含氢比例站场、管道放空、孔泄漏的扩散和热辐射、爆炸危险性分析和预防措施技术。针对放空、孔泄漏等关键问题，有效指导今后混氢储运工艺设计。

2）高压分级动态泄放分析技术：通过对放空规模、放空方式、高压放空系统动态模拟分析，形成完善放空系统配置方案。

3）安全风险量化分析技术：利用QRA软件对制氢系统进行安全风险量化分析，从安全管理、泄漏防控措施、防火防爆技术及事故应急处置等方面提出事故风险管控对策，计算安全间距，优化系统布置。

4）纯氢站场安全间距评价技术：采用比对分析方法开展纯氢站场安全间距评价，弥补现行规范纯氢管道输送站场安全间距缺失空白；采用等压力、等孔径泄漏后果比对思路，开展基于PHAST的纯氢、天然气泄漏后果比对，进一步针对氢气进行参数修正。

3.3 液氢储运

（1）氢气液化工艺

研发10吨/天高效氢气液化工艺包及配套关键装备的国产化，研发加氢站及加油、加气、充电、储能和加氢综合能源站工艺技术，推进关键装备国产化、集成化。

（2）液氢储存设备

依托自有液氢储存设备设计建造技术，研发制造300方固定式液氢储罐和50方移动式液氢罐箱，理论日蒸发率分别可低至0.3%和0.5%。

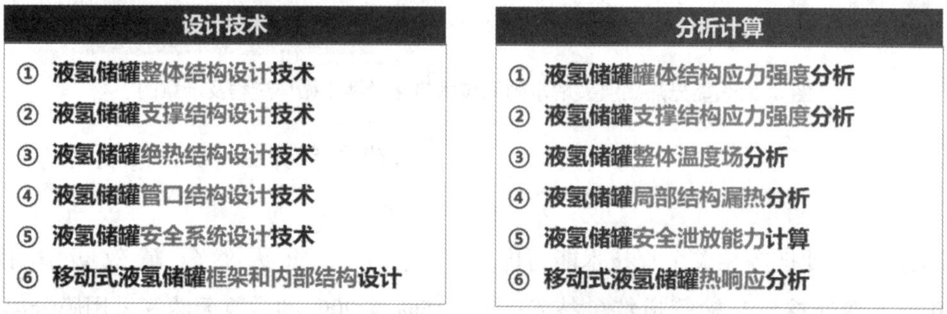

设计技术	分析计算
① 液氢储罐整体结构设计技术	① 液氢储罐罐体结构应力强度分析
② 液氢储罐支撑结构设计技术	② 液氢储罐支撑结构应力强度分析
③ 液氢储罐绝热结构设计技术	③ 液氢储罐整体温度场分析
④ 液氢储罐管口结构设计技术	④ 液氢储罐局部结构漏热分析
⑤ 液氢储罐安全系统设计技术	⑤ 液氢储罐安全泄放能力计算
⑥ 移动式液氢储罐框架和内部结构设计	⑥ 移动式液氢储罐热响应分析

图4 液氢储存设备设计建造技术

4 公司氢能业务解决方案

公司氢能（储能）业务涵盖绿氢制备、掺氢管道、纯氢管道、加氢综合能源站和液氢储运、液氨储运等业务。单项目最大制氢站规模55000Nm³/h，加氢站规模3000kg/d。可提供各种规模化绿氢一体化解决方案以及全套加氢站/综合能源站解决方案。

4.1 制氢工程

氢气制取环节，可实现规模化可再生能源制氢，包括绿电制氢、光热电耦合制氢，掌握制储加氢运行优化配置技术，提供氢气提纯设备、小型电解水制氢撬等装备。拥有各类制氢站标准化设计手册，包括制氢工艺、氢纯化和储氢工艺，基于标准规范梳理、工艺技术论证分析，形成制氢设计基础手册、项目建议书、可研等成果，指导制氢站工艺设计和设备选型。

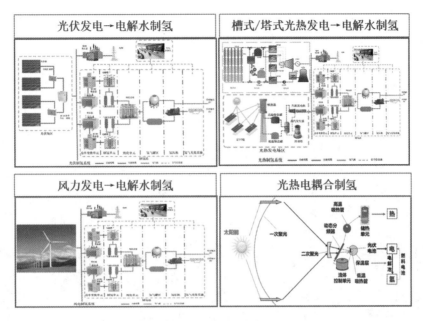

图 5　规模化绿电制氢一体化解决方案

在氢能项目市场开发及项目执行过程中，目前主要是依托公司在氢能储运方面的优势，联合国内的电解槽厂家，形成适应不同场景的技术解决方案，承揽了多项可再生能源制氢项目。基于自有风光绿电技术、电解水制氢工艺模拟技术、绿氢制储加优化配置技术等核心技术，整合国内绿氢产业链供应商，可提供各种规模化绿电制氢一体化解决方案，如图 5 所示。

该解决方案需要整合外部资源，目前国内主要的电解槽厂家和制氢电源，如表 1、表 2 所示。

表 1　制氢电解槽产品

序号	供应商	产品类型	技术参数
1	中石油宝石机械	碱性电解槽	$1000Nm^3/h$、$1200Nm^3/h$
2	中船 718 所	碱性电解槽	$1000Nm^3/h$、$1200Nm^3/h$
3	隆基氢能	碱性电解槽	$1000Nm^3/h$
4	国氢科技	PEM 电解槽	$200Nm^3/h$、$400Nm^3/h$
5	北京航宇（淳华）	PEM 电解槽	$250Nm^3/h$、$500Nm^3/h$
6	康明斯	PEM 电解槽	$250Nm^3/h$、$500Nm^3/h$

表 2　制氢电源产品

序号	供应商	产品类型	技术参数
1	中车时代电气	制氢电源	交流耦合 / 直流耦合
2	阳光电源	制氢电源	交流耦合 / 直流耦合
3	南瑞集团	制氢电源	交流耦合 / 直流耦合

4.2 氢储运装备

氢储运环节，形成天然气掺氢输送、纯氢集输特色技术，承接天然气掺氢长输管道的专项科研及配套试验平台工作，研发大型中高压气态储氢装置。

面向超低温液氢介质的运输、存储和气化再分配应用场景，公司大力研发液氢储运技术，并掌握120m³超低温储罐选材、支撑和绝热结构设计，成功研制了120m³多层绝热超低温储罐，在大容量超低温储罐设计以及建造技术领域达到国内领先水平。

图6　120m³超低温储罐

加氢环节，加氢站/综合能源服务站设计技术可通过整合加油、加气、加氢、换电、汽车服务等系统，实现多功能随意搭配，整合地区优秀资源，提高单一能源站的经济收益，适用于多种应用场景，可为新型智慧能源综合服务站、加氢站提供全套解决方案。

4.3 绿氨产业

随着清洁能源转型不断推进，绿氨产业发展潜力受到高度关注，国内外企业竞相布局绿氢-绿氨赛道，公司也已承揽了绿氨项目，并启动了相关科研课题，可提供绿氨制备和液氨储运相关咨询、设计和工程服务。

在绿氨制备方面，公司基于已开发的规模化可再生能源电解水制氢一体化技术，结合自主研发的节能型高压空分制氧氮工艺包，形成风光制氢合成氨一体化解决方案。

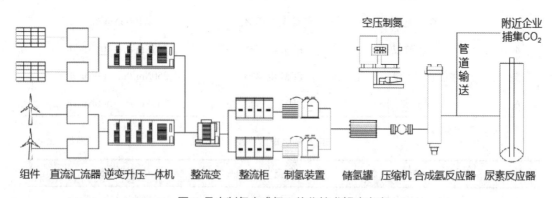

图7　风光制氢合成氨一体化技术解决方案

在液氨储运方面，公司启动了液氨管输工艺技术方案研发。通过模拟软件对液氨输送水力、热力进行模型分析，形成液氨管输本质安全保障措施、管道腐蚀防护方案，既可新建液氨输送管道，也可对已建液体管道进行适应性改造。

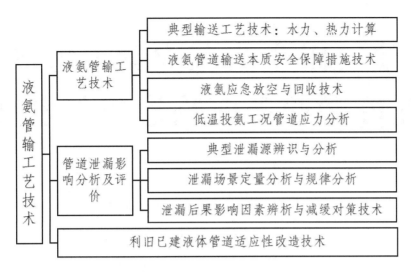

图 8　液氨管输工艺研究技术路线

5　结论与建议

通过梳理国内外氢能产业的发展现状，对公司氢能技术研发和业务现状进行调研，分析出目前公司氢能产业发展存在的问题，并提出解决思路。

（1）电解水制氢技术、装备较为成熟，是目前在实施的绿氢项目主要技术路线。公司应加大与电解槽厂家深度合作，共同开发国内、国外制氢业务市场，提升市场竞争力和项目效益。

（2）目前具备工业化推广条件的制氢技术主有中低温太阳能热化学甲醇制氢、天然气水基化学链制氢、碟式太阳能光热高温裂解水制氢等。公司应加大与相关研究机构合作，实现制氢技术突破。

（3）液氢是氢能规模化利用的主要路径，公司应提早布局，加大氢气液化工艺、液氢储罐、液氢罐箱等低温液氢储运技术的研发力度，提升产业化能力；并对甲醇、液态有机氢载体等周边氢衍生物进行技术跟踪，掌握行业最新动态。

（4）高效、低能耗、低排放、可持续的绿色制氨方案是亟待解决的能源技术挑战，国内外客户绿氢项目对液氨储氢的需求十分强烈。公司应密切关注绿氨产业最新政策动态，紧跟国家绿氨政策导向，根据自身实际布局绿氨产业链；对液氨制储运进行重点研究，通过自研、合作、引进等方式力求突破。

（5）目前国内氢能领域投资较少、国外市场发展强劲，但国内氢能设备成本具有竞争优势，公司应加强与国内主流设备厂家的深度合作，积极向投资方推介氢能技术全套解决方案，共同开发氢能国际市场。

（6）亟需加强氢能领域专业人才培养。公司正积极开展新能源新业务青年科技人才培养，培育新能源新业务工程技术骨干人才，造就一支专兼结合、数量充足、素质优良的青年人才后备队伍。

参考文献：

[1] Hydrogen Council. Hydrogen scaling up: A sustainable pathway for the global energy transition[R/OL]. 2017.

[2] 林云涛 . 中国绿氢产业规模化发展的挑战、实践与方向 [J]. 中外能源 . 2023. 28(7). 15-20.

[3] 瞿国华 . 我国氢能产业发展和氢资源探讨 [J]. 当代石油石化 . 2020. 28(4). 4-9.

[4] 沈全锋，陈情来，顾华军 . 碳中和情景下工程建设公司业务转型发展思路 [J]. 研发前沿 . 2021,(18). 10-14.

[5] 饶永超，胡勇，王树立，等 . 液氢储运技术发展现状及存在问题 [J]. 现代化工 . 2023. 43(6). 6-11.

[6] 李星国 . 氢气制备和储运的状况与发展 [J]. 科学通报 . 2022. 67(4-5). 425-436.

[7] 沈全锋 . 氢能的应用场景与产业链分析 [J]. 研发前沿 . 2022.(29). 15-21.

[8] 新能源新业务"十四五"及中长期发展专项规划 [R]. 中国石油工程建设有限公司 . 2022.

[9] 氢能（储能）工程建设指南 [R]. 中国石油工程建设有限公司 . 2023.

油气田企业在内蒙古地区
发展新能源业务面临形势与发展对策

杨懿迪　韩宗奎　马海涛　朱晓明

（中国石油华北油田公司）

摘要：当前能源革命已成为大势所趋，越来越多的油气田企业依托油气主营业务的探矿权优势、区位优势、资源优势、天然气调峰优势等，加速布局新能源，着力培育新能源新业态，打造绿色低碳竞争新优势，推进油气主营业务与新能源业务实现协同发展，为保障国家能源安全做出积极贡献，助推尽早实现"双碳"目标。

关键词：油气田企业　内蒙古　新能源　风电　光伏　对策

1　内蒙古新能源政策要求

2022年3月，针对市场化并网消纳项目和保障性并网消纳项目两大类，内蒙古自治区印发《关于推动全区风电光伏新能源产业高质量发展的意见》。《意见》指出：市场化并网消纳项目要通过自建、合建共享调峰资源或购买服务等市场化方式落实并网条件，按照负荷需求增加并网规模；保障性并网消纳项目重点用于支持自治区发展的重点工程。原则优先支持全额自发自用和不占用电网调峰空间的市场化并网消纳项目。

市场化并网消纳项目主要包括：一、源网荷储一体化项目；二、工业园区可再生能源替代项目；三、火电灵活性改造促进新能源消纳利用项目；四、风光制氢一体化示范项目（20%上网，可占用保障性消纳空间）；五、自建购买储能或调峰能力配建新能源项目（20%上网五年，五年内占用保障性消纳空间）；六、全额自发自用新能源项目。

保障性并网消纳项目主要包括：一、风光氢储产业链等重点项目；二、配套生态综合治理的项目；三、国家试点示范及乡村振兴等项目；四、分散式风电及分布式光伏发电项目。

2　面临的形势及问题

2.1　从内蒙古发展政策和要求看，8月23日"中国这十年·内蒙古"主题新闻发布会明确提出了"新能源开发的形式为自己干、合伙干以及拿土地和风、光资源入股三种模式，大力支持区内企业以独资、合资、要素入股等方式参与新能源开发"。在跑办业务实际对接中，由于内蒙古以往新能源保障性指标释放较多，但未落实的指标存量较大，且蒙西电网外送已经饱和，电力接入困难，导致内蒙古乌兰察布市、巴彦淖尔市、阿拉善盟等蒙西地区各级政府要求带产业落地，做到新增负荷自发自用；有的盟市倾向于本地政府拿风、光资源入股，如果当地政府拿风光入股，无法进行有效评估。

2.2　从行业和市场竞争看，内蒙古拥有优越的风光资源和广袤的沙戈荒土地优势，大唐、华能、三峡等国企与内蒙古签订合作协议，天顺风能、特变、金风等民营企业纷纷逐鹿并在当地成立公司，内蒙古已成为发展新能源业务的热土，市场竞争异常激烈。

2.3　项目所在地区必须注册公司纳税。各地方政府要求投资企业必须在项目建设地注册独立法人公司，方可有资格在当地进行指标申请。

2.4 内蒙古西部地区电网处于饱和状态，电网接入难度大。综上情况，结合油气田企业实际，勘探自用负荷难以满足消纳要求，可申报的并网消纳项目类型较为局限；大部分油气田企业在内蒙古的油气勘探开发相关投资地方政府不予认可产业落地。在国家层面未明确规划油气田企业新能源基地的情况下，与内蒙古国有能源企业合作、成立联合体成为当前推动指标获取的有效途径。

3 发展对策

3.1 加快参与沙戈荒风光大基地建设。沙漠、戈壁、荒漠地区的大型风光电基地开发建设是"十四五"新能源发展的重中之重，目前第一批基地已经全部开工建设，第二批基地项目清单已经印发，第三批基地项目也在组织谋划。内蒙古自治区"十四五"发展规划强调坚持大规模外送和本地消纳、集中式和分布式开发并举，重点建设乌兰察布、巴彦淖尔、阿拉善等千万千瓦级新能源基地。油气田企业要紧紧立足区位优势、资源优势、气电调峰优势，紧盯国家、自治区第三批基地项目规划，以油气勘探开发撬动风光电指标落地，着力推动"沙戈荒"大型风电光伏基地项目建设。

3.2 深入推进与电力企业新能源合作。加强与内蒙古政府紧密对接，积极争取新能源重大项目、产业基地的政策支持、指标支持，拓展产业空间布局，打造绿色产业发展基地。深化与国有传统大型电力企业的沟通与合作，延链条、聚集群，探索创新合资方式、商业模式，构建优势互补、强强联合发展格局，共同开展风光发电大基地建设、清洁能源生产、风光发电制氢，煤层气开发及燃气调峰发电站，各类储能以及新能源、工业蒸汽利用等多能

建设领域业务，因地制宜推进风电、光伏多场景融合发展。

3.3 积极参与国家电网特高压通道建设。加快建设电力外送通道，实现能源电力大规模开发和高效利用，是加快能源结构调整和布局优化，促进东西部协调发展的重要举措。内蒙古自治区"十四五"电力发展规划指出，全面推进智能电网建设，提升通道输电能力，扩大新能源外送规模。围绕鄂尔多斯、阿拉善、巴彦淖尔、包头、锡林郭勒等大型新能源基地规划，加强与电力企业对接合作，积极争取参与建设输变电工程，为推进沙戈荒风光基地电力外送奠定基础。

3.4 加快推进低碳零碳油田建设。根据油气田"十四五"建设整体规划，落实能耗新增负荷，做好保障性指标申请，推动新能源业务与产能建设同部署、同设计、同实施，实现新能源业务与油气业务协同发展，积极推动油田低碳示范区项目落地。

3.5 油气田总部与内蒙古开展深层次战略合作。建立常态化沟通机制，争取内蒙古政府从顶层设计规划给与新能源并网指标、用地、规划等方面的支持。推动政企人员挂职交流，增强对政策的了解和解读，掌握新能源发展方向，为科学决策提供有效依据。同时增进油地关系，为业务开展、新能源指标获取构建良好基础。

4 结束语

油气田企业与新能源产业有着天然的结合点，充分挖掘利用对于油气田转型乃至助力碳达峰碳中和目标的实现，均具有重要意义。也需要国家给予相关政策，支持油气田成为实现'双碳'目标与保障能源安全的中坚力量。

氢能产业发展及中国石油氢能布局的思考

张　超

（中国石油工程建设有限公司北京工程咨询分公司）

摘要： 氢能被视为21世纪最具发展潜力的清洁能源，具有高效、环保、安全、可持续等特点，被认为是未来世界能源的核心。在新冠疫情的冲击下，国际石油巨头纷纷转型清洁能源，对现有市场格局带来了较大冲击。因氢能是与油气公司现有业务结合最紧密的二次能源，BP、壳牌、道达尔、中国石油、中国石化等石油公司都开始关注并投入氢能领域。石油企业对发展氢能高度重视，作为未来战略转型的主要方向。本文对氢能产业发展进行梳理并对中国石油氢能布局提出一些思考。

关键词： 氢能产业　中国石油　思考

1　概述

2021年，氢能产业在全球加速兴起，越来越多国家和企业的进入，为产业发展开辟道路。在国内，随着碳达峰碳中和战略的实施，氢能热持续升温：利好政策的频频出台、大型央企的接连入局、地方政府的抢滩登陆、资本市场的高度青睐，2021年可谓"氢"风拂面，各地"氢"城之恋大戏不断上演。

目前，我国氢能产业"顶层设计"正在加快完善，预计2022年，国家级氢能产业发展规划将发布，并推动氢能规范管理、基础设施建设运营管理、关键技术创新、多元应用试点示范、国家标准体系建设等方面相关政策的制定和出台，氢能作为国家能源体系重要组成部分的定位将得到明确。当前，地方政府积极推动氢能产业发展，加快制定区域发展计划。2020年1月至今，全国已有30个省（含省内地市）将氢能产业纳入"十四五"规划，各地累计发布氢能政策指导文件超150项。其中，经济总量大和水风光资源丰富地区发展氢能产业更加积极，绿电、绿氢、绿氨产业链得到多地重视。2022年，

预计在各地利好政策的支持下，氢能将加快在全国落地，成为地方产业发展布局亮点。2021年以来，氢能产业不断受到金融机构的青睐，产业投资热持续升温，仅8月~11月，产业公开项目投资就达900亿元。预计2022年，随着产业政策体系的初步完善，氢能将继续被资本市场看好，投资热度继续高涨，国内氢能产业总投资金额将突破3000亿元，加速形成万亿赛道。

2　氢能产业链分析

中国石油为石油天然气上下游一体化企业，即集成了上游勘探开发、中游油气储运和炼油、下游终端销售。而未来氢能行业产业链分布也必然是上游制氢、中游输氢、下游加氢，这与当前中国石油企业的产业链布局相吻合。

2.1　制氢

国内炼厂主流的制氢手段为天然气制氢和煤（焦）制氢，技术已经完全成熟，并且工艺包和设备基本实现国产化。受原料价格和资源约束影响，目前国内新上炼厂主要以煤制氢作为主要制氢手段。炼厂制氢装置所生产的氢气为粗氢，纯度

50% ~ 70%，还不能满足工业需要，仍需要对粗氢进行净化。目前工业氢气净化有 2 种途径，一是经过脱碳、甲烷化等工艺的常规技术，可将氢气提纯至 95% ~ 98%；另外为 PSA 变压吸附技术，可将氢气纯度提升至 99.9% 以上。2019 年，我国正式实施 GB/T37244—2018《质子交换膜燃料电池汽车燃料氢气》标准，对燃料电池的氢气纯度进行了规范。虽然经过 PSA 提纯的氢气纯度接近标准值 99.97%，但在总烃含量以及一氧化碳、二氧化碳、硫含量等方面，炼厂氢气仍然无法满足标准要求，所以需要对炼厂氢气进一步净化。

目前，已经有炼厂为氢能转型做了初步尝试。中石化的燕山石化、广州石化和高桥石化为满足燃料电池的氢气需求，于 2020 年分别建设了 1 套 2000Nm³/h、2000Nm³/h 和 500Nm³/h 的 PSA 提纯装置，产出氢气纯度达到 99.999%，并且各项杂质指标也符合国家标准，这说明炼厂未来为燃料电池汽车提供合格氢气是可行的。

除了炼厂现成的氢气资源外，油田矿区在制氢上也有着自己独特的优势。这类地区面积广大，光照充分，风力充足，地热资源丰富，如果未来可以将这些资源综合利用发电，并用所产电能电解水，将会生产数量可观的氢气。该制氢过程利用可再生能源，没有二氧化碳产生，所产氢气为标准"绿氢"，这是未来氢能发展的重要方向。

2.2 储运

目前氢气的储存和运输有 3 种常用路线，即高压气氢、低温液氢、管输氢气。上下游一体化的石油公司具有成熟的能源运输网络，3 种储运方式都可以最大程度利用该网络，这是其他企业所不具备的物流优势。

2.2.1 高压气氢路线

通过高压将氢气储存在压力容器中并由长管拖车运输，是目前国内最普遍也最成熟的氢气储运方式。长管拖车的压力容器通常由 6 ~ 10 个大容积无缝高压钢瓶组成，国内常见的单车运氢量约为 350kg。考虑到经济性问题，长管拖车一般适用于 200km 内的短距离和运量较少的运输场景。由

于国内标准约束，长管拖车的最高工作压力限制在 20MPa，而国际上已经推出 50MPa 的氢气长管拖车。若国内放宽对储运压力的标准，相同容积的管束可以容纳更多氢气，从而降低运输成本。例如，如果公路运输的压力能够从 20MPa 提升到 30MPa，大约可以降低 17% 的运输成本。

2.2.2 液氢路线

液氢是通过预冷和节流膨胀等工艺，把氢气降温到 20K 将其液化。液氢具有节约空间、运输高效的优势。但氢气液化过程会消耗大量能量，同时液化设备成本高昂，蒸发损失严重，在短期内将不是氢气运输的主要手段。

2.2.3 管道输氢

管道输氢是实现氢气大规模、长距离、低成本运输的重要方式。目前全球已建成的氢气管道近 5000km，而中国不足 100km。实现管道输送氢气并非一件容易的事情，成本是制约输氢管道发展的一个重要因素。由于管材存在"氢脆"现象，氢气管道需选用低碳钢材且要特殊处理，造价是普通天然气管道的 2 倍。我国目前已拥有较为成熟的天然气管网，长输天然气管道长度 7.6 万 km，如果可以利用现有的天然气管网，无疑可以节省大批投资，避免资源浪费，实现高效氢气运输。将氢以一定比例掺入天然气，再利用天然气管网直接输送混氢天然气至加氢站，被认为是目前比较可行的办法。据研究，如果将掺混的氢气控制在 15% ~ 20% 以内，可以直接使用现有管道，只需对压缩机组及关键节点进行改造即可，德国、英国等已有类似示范项目。

2.3 终端销售

加氢站是氢能产业的核心之一，是氢能商业化必须的基础设施。目前国内已经建成的加油站数量在 10 万座以上，其中绝大多数属于"三桶油"，布局合理，已经形成成熟的能源供应网络体系，如果未来可以将其中部分改造为加氢站，不但可以节省社会投资，而且能以最快速度形成氢能供应网络，促进产业发展，这同样也是上下游一体化石油企业所具备的特有优势。

3 中国石油氢能业务布局

2021年2月7日，中国石油合资建设的太子城服务区加氢站正式投入使用，为冬奥崇礼赛区50辆氢能源大巴供应氢燃料，加出中国石油加氢业务"第一枪"。截至2021年2月16日，投用仅10天已累计加注氢燃料车辆365台，共计加注近3800千克。太子城服务区加氢站位于2022年冬奥会崇礼赛区核心区域，是中国石油集团公司批复的首座加氢示范站，也是冬奥会首座加氢站，该站设计了加氢区、氢气储罐区、工艺装置区，日均加注能力为1000千克，预计将为上千辆冬奥新能源车辆提供加氢服务。2022年6月底中国石油在张家口赛区的第二座加氢站——崇礼北油氢合建站将完工投产。

2021年9月24日，以"绿色雄安、氢启未来"为主题的氢能产业发展合作论坛在雄安新区举办，中国石油华北石化公司作为受邀单位参加此次论坛，与氢能专家和研发、制造、加注等企业共商雄安新区氢能全产业链发展大计，促进氢能产业战略部署有效落地。

中国石油华北石化公司作为距离雄安新区最近的炼化企业，立足京津冀协同、雄安新区建设、冬奥会举办等独特区位优势，积极贯彻落实《北京市氢能产业发展实施方案（2021~2025年）》《河北省氢能产业发展"十四五"规划》要求，瞄准新能源，打造氢能源示范基地，为北京率先打造氢能创新链和产业链以及构建张家口氢能全产业链发展先导区、以雄安新区为核心的氢能产业研发创新高地提供氢能支撑，"2500立方米/小时副产氢提纯"项目建成投产。

目前，中国石油氢气产能超过260万吨/年。按照"清洁替代、战略接替、绿色转型"三步走总体部署，中国石油氢能产业链与天然气产业链及可再生能源协同发展，近期将发挥现有制氢能力和副产氢资源与二氧化碳捕集利用相结合，实现"蓝氢"供应，部署建设20个氢提纯项目，覆盖环渤海、陕甘宁、华南、西南、新疆、黑龙江、吉林等7个区域，重点满足城市交通用氢需求。

为加快实现碳达峰、碳中和目标，中国石油成立氢能研究所，加入中国氢能联盟，充分发挥其在化学化工和新材料领域的基础优势，构建蓝氢、绿氢多元供氢，氢-电、电-氢转化，建立氢气储存、运输、终端加注供应链。

4 中国石油氢能产业的思考

4.1 氢能产业面临的挑战

4.1.1 氢能成本高、运输难。

根据测算，不同原料制取一公斤氢的成本从高到低依次为：电解水制氢48.27元；煤制氢26.32元；天然气制氢28.11元；乙醇制氢27.6元。其中，化石燃料制氢与工业副产制氢以较低的成本占据制氢结构的主体地位。但化石能源面临着碳排放问题，未来碳捕捉技术有望解决二氧化碳排放问题，但也会增加制氢成本。虽然氢气很轻，但储运起来并不轻巧，也是氢作为能源最大的应用难点之一。目前主要有液氢、高压氢瓶、金属储氢、有机化合物等储氢模式。氢液化能量消耗比较高，高压瓶储运价格相对低廉，但主要适合中小量氢的储运，不能满足大规模应用的需求。

4.1.2 关键技术和核心装备"卡脖子"

目前关键技术和核心装备"卡脖子"问题分布在氢能产业的各个环节，从制氢、储氢到加氢，亟需打破国外技术垄断，技术瓶颈是导致氢能产业成本居高不下的原因，特别是氢储运、燃料电池及电解技术均亟待突破。总体上看，国内氢能产业技术水平与国际先进水平在一些方面还存在不小的差距。比如，氢密封材料、低温金属材料、高效冷绝缘材料等；燃料电池方面，耐久性寿命比国外产品要短；在储氢环节，车载储氢罐与国外具有一定差距，还达不到完全工程化。还有固定式、移动式的氢气存储装置、加压和加注设备，这些零部件的耐久性和可靠性还要形成技术规范和标准，达到批量化、商业化的应用；加氢机和氢气压缩机，燃电电池系统检测和氢气检测和国外差距都比较大。中国石油缺乏对氢能全产业链的深入研究，没有经历过规模试验、数据收集、技术改进、经验积累等阶段，基础研究数据和成果经验缺乏，亟需构建产业链和关键材料自主核心技术体系及标准。

4.1.3 加氢站建设成本过高

除土地费用外，国内加氢站的建设成本高达1500 万 ~ 2000 万元，远高于一般加油站的建设成本，主要在于加氢站的储氢和加压设施占到很大比例。目前加氢站的加注压力主要有 35MPa 和 70MPa 两种，国内绝大多数加氢站采用 35MPa 高压供氢，70MPa 压缩机仍需要进口，抬高了建设成本。由于加氢站属于新事物，国家尚未明确主管部门，目前各地政府只根据自身情况来制定加氢站建设的管理办法，"九龙治水"问题突出，审批流程复杂，时间成本高，这一问题成为加氢站快速建设和氢能推广的一大阻碍。

4.2 中国石油氢能产业破局方向

4.2.1 积极扶持技术研发和自主创新

面对氢能产业技术不成熟、产业发展不经济等突出问题，中国石油应统筹规划，立足于企业自身的科研平台，广泛与系统外的高校和科研院所合作，共同开发二氧化碳捕集（CCUS）和电解水制氢技术。一方面可以将 CCUS 技术应用于目前已经成熟的天然气或煤制氢，将制氢过程产生二氧化碳捕获，避免排入大气，即蓝氢。另一方面利用现有的油田矿区的风光地热等资源，将其转化为电能，再电解水制氢，即绿氢。强化车用氢能技术研发，加快车用氢能储存、运输、加注及安全方面技术研发。不断完善氢能产业体系，对产业薄弱环节加强政策支持和引导，鼓励自主创新，加大对下属企业氢能研究相关投入的补助，激发各单位主体作用。与此同时，加强专利保护意识，提升中国石油参与国际市场竞争的强度，做好国际专利申请和布局，积极抢占产科技制高点。

4.2.2 呼吁监管部门，放松氢气监管办法，尽快推广氢能配套设施

中国石油应该立足自身现有的加油站设施，改扩建加氢站或油氢混合站，这样可以最大程度地减少投资，降低成本，最快速地形成氢能供应网络。中国石油应与各石油企业联合起来，通过行业协会或者新闻媒体向国家相关部门呼吁，尽快赋予氢气能源属性，放松相关的监管规定，可以有效地降低氢能的运营成本，并使更多的企业和资本进入这一行业，促进氢能有效和健康发展。

4.2.3 通过专业公司运营氢能业务

由于氢能产业是未知领域，全世界都处于摸索阶段，没有现成的模仿对象，所以从专业化角度出发，应该通过专门氢能公司或部门独立运营氢能相关业务。一方面可以利用专业性公司，专注氢能产业，通过单独运营，尽快提升氢能产业链的整体水平；另一方面可以隔离风险，避免对中国石油的主营业务造成太大影响。而专业化公司需要顶层设计，必须投入足够的资源才能获得预期回报。

5　结语

氢能，被誉为 21 世纪最具发展潜力的清洁能源，正在吸引越来越多的巨头重金入局。通过资本赋能企业"氢战略"，一场瞄准"碳达峰""碳中和"的攻坚战已然打响。氢能与储能被列为前瞻谋划的六大未来产业之一，技术标准跨度超出人们的想象。

未来氢能在中国终端能源体系中的占比将达到 10% 至 15%，氢能将与电力协同互补，共同作为终端能源体系的消费主体，并带动形成十万亿元级的新兴产业。面对规模庞大的市场，逐利资本蜂拥而至。氢能的开发与利用技术已经成为新一轮世界能源技术变革的重要方向，也是很多产业未来发展的战略制高点，中国石油氢能产业的布局对企业未来的发展具有重大意义。

氢、氨能源储运技术现状及展望

潘 毅 邵艳波 邹雪净 张 佳 郭 靖

（中国石油工程建设有限公司华北分公司）

摘要： 随着世界环境危机的不断加剧和我国双碳政策的不断推进，清洁能源开发及相关关键技术的研究是未来能源发展的重要趋势。近年来，我国对新能源产业的发展日益重视，尤其是对氨能、氢能。通过介绍氢能、氨能储运关键技术及相关现状，结合管道输氢的安全性，阐述了氢能源储运技术的不足；结合液氨的理化特性，阐述了管道输氨的优势、输送安全、建设现状等。根据我国氢能、氨能储运技术与国外技术的差距，认为未来实现氢能连续性、规模化、长距离输送，是氢能大规模利用的必然发展趋势，同时氨－氢结合有望成为解决氢能发展重大瓶颈的一种有效途径。

关键词： 双碳政策 清洁能源 管道输氢 管道输氨 氨－氢结合

1 前言

2020年9月22日第七十五届联合国大会上，我国宣布力争2030年前碳达峰，努力争取2060年实现碳中和。2021年中央、国务院先后印发了《关于完整准确全面贯彻新发展理念做好碳达峰碳中和工作的意见》、《关于完整准确全面贯彻新发展理念做好碳达峰碳中和工作的意见》及《2030年前碳达峰行动方案》等重要文件，随后各部委、省市地区重点领域和配套政策也相继陆续出台。

中国科学院院长侯建国在2021中关村论坛碳达峰碳中和科技论坛平行论坛上提出，需提出新路线、新理论及新技术来解决双碳问题。黄晓勇教授在《世界能源发展报告2021》发布会暨"双碳"目标与能源结构转型研讨会上提出要重视氢能的减碳作用。2022年3月23日，国家发改委高技术司发布了《氢能产业发展中长期规划（2021–2035年）》，将氢能定义为实现绿色低碳转型的重要载体。

中国汽车工程学会理事长、中国工程院院士、清华大学教授李骏在《Autonomy 2.0与Ammonia=Hydrogen2.0》报告中提出，目前无碳燃料有氢和氨两种，将氢和氨融入新能源汽车可能是未来的一个重要方向。氨、氢能源是非常环保的能源，相比于煤、油、气不可再生能源，氨、氢能源质量轻、能量密度高，燃烧后不会产生其他污染物质。氢能源密度高达142MJ/kg，约为标准煤的6.8倍，氨能源密度更高，高达457～554MJ/kg，约为标准煤的22～26倍。

我国有完善的氨产业链，氢能源获取渠道也较为广泛，但氨、氢能源利用技术研究尚处于初步阶段，还未广泛应用于人们日常生活中，安全储运技术是限制其规模化应用的关键因素之一。因此想要氨、氢新能源替代传统的可再生能源，必须对氨、氢的安全储运等过程进一步进行研究。

2 氢能源储运技术

目前氢气储能主要以高压储气罐方式为主，运用规模较小，随着未来氢能工业化和商用化规模性开展，持续性、连续性、低成本供应氢气将是制约氢能发展和规模化应用的重要因素，如何降低储运成本，已经成为氢气规模化应用的关键。普遍认为大规模管道输氢是降低运输成本的有效方式，但与天然气等管道相比，现在的氢气管道普遍存在压力低、管径小、输送规模小及距离短等的问题。

2.1 输氢管道国内外建设现状

目前全球输送氢气管道总里程超过 4600km，其中美国占 59%，欧洲占 33%，我国氢气管道建设尚不完善，总里程约 400km，仅占全球总里程的 8.7%。目前巴陵 – 长岭管道是我国里程最长的

氢气管道，管道里程 42km，管材 20# 钢管，管径 406mm，设计压力 5MPa，输量 7 万标方 / 年。济源 – 洛阳管道是我国输送规模最大、口径最大的输氢管道，管道里程 25km，管道 L245N 钢管，管径 508mm，设计压力 4.0MPa，输量 10.04 万吨 / 年。

表 1　国内外典型输氢管道

序号	国家	里程（km）	管径（mm）	设计压力（MPa）	设计规模
1	美国	965	/	/	150 万标方 / 年
2	比利时	80	150	10	/
3	德国	240	250 ~ 300	0.2 ~ 2.1	/
4	英国	16	/	5	/
5	巴陵 – 长岭管道	42	406	5	7 万标方 / 年
6	中国　济源 – 洛阳管道	25	508	4	10.04 万吨 / 年
7	金陵 – 扬子管道	32	325	4	4 万吨 / 年

2.2 存在问题

目前，管道输氢主要面临的困难包括：

1）氢对金属管道的损伤。由于金属管道与氢气长期接触，氢会侵入到材料内部，导致金属材料出现氢脆失效、氢气渗漏、氢致开裂 / 鼓包等问题。

目前中东采用柔性复合管道，避免氢对金属管道的损伤问题，但柔性复合管道仍存在承压低、造价高等问题。

2）氢的安全输送。由于氢会对金属材料产生损伤，容易导致氢气产生泄漏，泄漏出来的氢在环境快速扩散，存在极大的输送安全问题。同时，由于缺乏完善的执行标准，管道输氢安全问题依旧是制约其发展的因素。目前美国机械工程师学会、欧洲压缩气体协会、欧洲工业气体协会已经发布了氢气管道相关的标准。美国机械工程师学会颁布的 ASME B31.12《Hydrogen Pipingand Pipelines》标准涉及到氢管道的设计、施工、操作、维护等各方面，在国内外影响最广。

3）缺乏经验。我国现有氢气管道普遍存在口径小、距离短、规模小等问题，相比于美国、德国、英国等技术强国，我国在氢气管道运行方面的经验也相对欠缺和有限，尤其针对风险评价方面，事故数据远少于天然气管道，因此在管理运行等方面，仍然在大量沿用天然气管道的经验和历史数据。

3　氨能源储运技术

3.1 液氨管道输送

氨能源是一种以氨为基础的新能源，是一种清洁能源，氨的特点在于其可完全由可再生能源（如水、电、空气）生产，可以说氨是一种低碳、无污染、环境友好型能源。不仅如此，价格相对低廉，低空燃比，安全性高也是氨的特点。

氢载体技术是利用储氢介质在一定条件下能与氢气反应生成稳定化合物，再通过改变条件实现放氢的技术，主要包括有机液体储氢、配位氢化物储氢、无机物储氢、液氨储氢和与甲醇储氢等。

目前技术成熟的氢载体包括高储氢密度介质液氨、甲醇作为载体，甲醇、液氨的体积能量密度分别为液氢的 1.79 倍和 1.67 倍，与有机液体储氢、液氨储氢、配位氢化物储氢、无机物储氢相比甲醇储氢相比，液氨、甲醇等更加适合于大宗、跨洋运输，同时可以利用较为成熟的输油、输气管道进行适应匹配。

3.2 氨作为氢载体

氢与氮气在催化剂作用下合成液氨，以液氨形

式储运。液氨在常压、约400℃下分解放氢。利用途径如图所示：

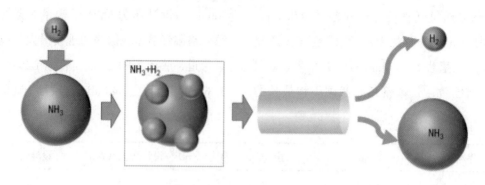

图1　液氨储氢利用途径图

相比于低温液态储氢技术要求的极低氢液化温度 –253℃，氨在一个大气压下的液化温度 –33℃ 高得多，"氢 – 氨 – 氢"方式耗能、实现难度及运输难度相对更低。同时，液氨储氢中体积储氢密度比液氢高1.7倍，使用氨来进行氢的远距离出口，运输同等能量所需的船舶数量要少得多，该技术在长距离氢能储运中有一定优势。然而，液氨储氢也具有较多劣势。液氨具有较强腐蚀性与毒性，储运过程中对设备、人体、环境均有潜在的危害风险；合成氨工艺在我国较为成熟，但过程转换中存在一定比例损耗；合成氨与氨分解的设备与终端产业设备仍有待集成。

氨作为氢有潜力的首选载体，主导着当前氢气出口项目的浪潮。国际能源咨询公司伍德麦肯兹（Wood Mackenzie）的氢气项目追踪计划关注了全球已公布的氢气供应项目的进展，结果显示，迄今为止在中东、澳大利亚、拉丁美洲和非洲宣布的100多个低碳氢气供应项目中大部分都是针对出口的。

氨是储氢的首选载体，具有显著优势：

1）高能量密度：氨的体积能量密度达约 $13.6MJ \cdot L^{-1}$，1L 液氨 =4.9L 高压氢（35.0MPa）=1200L 常温常压氢。

2）液化储运成本低：氨只需加压至1.0MPa即可以液态形式储运，一辆液氨槽罐车载氨量可达30t（约含5.29t氢），载氢量较长管拖车运氢（载氢量不到400 kg）提高1个数量级，因此运氨成本（约0.001元 $\cdot kg^{-1} \cdot km^{-1}$）也较运氢成本（0.02 ~ 0.10

元 $\cdot kg^{-1} \cdot km^{-1}$）呈数量级降低。

3）无碳储能：氨成熟的技术体系和标准规范及低成本合成、存储和运输，可实现季节性、远距离、"无碳化"的"氨 – 氢"储能，且有研究表明，在目前主要研究的几类电制液体燃料技术（液氢、液氨、液化天然气、甲醇、有机液态储氢）中，电制氨的成本最低，效率仅次于电制液氨。

4）安全性高：氨的火灾危险性仅为乙类，具有较氢气（4% ~ 76%）更安全的爆炸极限（16% ~ 25%），其刺激性气味是可靠的警报信号。

3.3　液氨泄露分析评估

目前，针对液氨泄露的研究已经取得一些成果。杜喜臣、蔡敏琦采用事故树方法对液氨泄露原因进行了分析。陈杰等人对氨泄漏事故的后果进行了分类研究。孙东亮对液氨泄露扩散模型进行了分析与改进。张杰等人对液氨储罐泄露事故的影响范围进行了模拟分析。王洪德分析了风速、地表粗糙度、大气稳定度、泄漏速率等因素对液氨扩散的影响。定量风险评价是一种对风险进行量化评估的技术，该方法以事故发生频率和事故后果的乘积来对风险进行定量描述。目前，定量风险分析已经应用在LPG、LNG等危险化学品储罐的风险评价中。

于加收等人基于液氨泄漏的突发性、后果的严重性、人员疏散的复杂性等特点，分析液氨泄露的物态变化机理，进而建立合理的泄漏模型，准确的预测液氨泄漏在具体环境下的浓度场、流场等分布，结合液氨扩散的具体问题，对比概率分析模型，选择以计算流体力学模型（CFD）理论为基础，应用

FLUENT 软件对液氨扩散进行模拟研究，得到不同扩散情形和条件下的扩散规律，如流场、密度场和速度场等的分布，确定了液氨泄漏危害的范围。

3.4 管道安全输送

液氨属于可燃、爆炸和有毒物质，其本身的潜在危险因素以及生产设备设施的不完善问题都可能给工作人员和周围环境造成一定风险和危害。为了预防和减少液氨事故的发生，我们必须对液氨重大危险源进行辨识与安全评价，分析存在的危险有害因素，从而达到并保证液氨重大危险源正常安全运行，保证国家和人民的财产安全，保证液氨重大危险源以最佳的安全生产状态工作，使企业获得最优的安全投资效益。

金亮等人运用危险有害因素分析、安全检查表分析法、伤害范围评价法（中毒）和 ICI 蒙德法 4 种不同的评价方法对液氨重大危险源进行综合评价，对比后得出 ICI 蒙德法综合评价液氨重大危险源更为全面。李璐等人通过 DOW 法和易燃、易爆、有毒重大危险源评价法，给出了安全评价的程序及计算公式，并探讨了安全评价模式建立的原则。

3.4 标准规范现状

国内尚未建立完善的液氨长距离管道输送技术标准体系，长距离输送管道设计均参考相近的管道设计规范；美国在化工品长输管道建设方面具备丰富的经验，具备完善的法律、法规及完整性管理要求。目前国内已有的相关规范主要有：《液氨泄漏的处理处置方法》HG/T 4686-2014、《液氨使用与储存安全技术规范》DB41/ 866-2013、《液氨存储与装卸作业安全技术规范》DB37/T 1914-2011 等。

液氨管道除应符合美国运输部关于管道输送危险性物质的管理条例外，还应遵照 ASME B31.4 液体烃类运输规程及 ASMEB31.8 天然气输送规范的要求。液氨管道的设计比 LPG 管道更严格。

3.5 液氨管道国内外建设现状

美国在德州建有 1158km 的液氨管线，在路易斯安娜州建有长 3220 公里的输氨管线，两条管线的总输氨能力达到 3700-7000 吨 / 天。美国海湾中央氨液管道起自路易斯安那州墨西哥湾近海的石化中心，输量 300×10^4t/a。我国液氨长输管道实际案例较少，主要为小于 100km 的管道。

表 2　国内外典型液氨管道

序号	国别	地点 / 由来	全长（km）	管径（mm）	压力（MPa）	输送能力（万吨 / 年）
1	美国	德州	1158	200/250	10.0	130 ~ 245
2	美国	路易斯安娜州	3220	150/200/250	10.0	130 ~ 245
3	中国	石家庄	29	133	1.3	6
4	中国	秦皇岛	82.5	89/108/133	1.5-2.45	5-8
5	中国	贵州开阳	21.5	219	3.65	30
6	中国	云南天安化工	28.7	273	1.7-3.4	28

从表 2 中可以看出，我国液氨长输管道相比国外液氨输送管道在距离、管径、压力及输送能力上均有较大差距。

4　思考与展望

目前氢能储运的主要瓶颈主要有低成本、高能效、安全、规模化等难题。在关键技术研究上，也需要多方面突破，例如：可抗氢脆的低成本管材、先进的管道设计及制造工艺、管道输送系统、管理运行及控制技术、应急及维护措施等。未来实现氢能连续性、规模化、长距离输送，是氢能大规模利用的必然发展趋势。

氨即可以作为氢能的载体，又是一种无污染燃料，氨为突破氢能产业瓶颈提供了可行的解决途径，是国际清洁能源的前瞻性、颠覆性和战略性技术发展方向，是可能解决氢能发展重大瓶颈的有效途径，也是实现高温零碳燃料的重要技术路线。近年来国内外陆续开展氨氢融合产业项目，福建"氨-氢能源重大产业创新平台"的落地标志着我国氨-氢结合零碳循环路线探索进程的加快，以期快速推动氢能产业规模升级。氨-氢能源结合是未来理想的发展方向之一，对我国实现碳达峰碳中和目标具有重要意义。

参考文献：

[1] 袁素. 氨能:2022年的能源新风口 [J]. 能源评论, 2022(2):4.

[2] 张全斌, 周琼芳. 基于"碳中和"的氢能应用场景与发展趋势展望 [J]. 中国能源, 2021, 43(7):81–88.

[3] 徐也茗, 郑传明, 张韫宏. 氨能源作为清洁能源的应用前景 [J]. 化学通报（印刷版）, 2019, 82(3):214–220.

[4] 杨静, 王晓霖, 李遵照, 等. 氢气长距离管输技术现状与探讨 [J]. 压力容器, 2021, 38（02）:80–86.

[5] 蒋庆梅, 王琴, 谢萍, 等. 国内外氢气长输管道发展现状及分析 [J]. 油气田地面工程, 2019, 38(12):6–8,64.

[6] 宋鹏飞, 侯建国, 穆祥宇, 等. 液体有机氢载体储氢体系筛选及应用场景分析 [J]. 天然气化工（C1化学与化工）, 2021, 46(1):1–5,33.

[7] PURNA CHANDRA RAO,MINYOUNG YOON, 杨润泽. 液体有机氢载体(LOHC)储氢系统最新研究进展 [J]. 石油科技动态, 2021，(4):69–81.

[8] 张静, 白晨光, 潘复生, 等. 配位氢化物储氢材料的研究进展 [J]. 兵器材料科学与工程, 2008, 31(6):90–93.

[9] 李璐伶, 樊栓狮, 陈秋雄, 等. 储氢技术研究现状及展望 [J]. 储能科学与技术, 2018, 7(4):586–594.

[10] 杜喜臣, 蔡敏琦. 液氨泄漏事故树分析及风险预测 [J]. 环境工程学报, 2008, 2(10):1430–1432.

[11] 陈杰, 李文, 邓利民, 等. 工艺流程中氨泄漏事故后果分类研究 [J]. 中国安全生产科学技术, 2011, 7(1):157–160.

[12] 孙东亮, 蒋军成, 张明广. 液氨储罐泄漏扩散模型的改进研究 [J]. 工业安全与环保, 2011, 37(1):27–29,40.

[13] 张杰, 赵明. 液氨泄漏事故的定量风险评价研究 [J]. 安全与环境工程, 2012, 19(1):69–72.

[14] 王丹, 赵江平, 刘冬华, 等. 基于高斯模型的液氨储罐泄漏扩散仿真分析 [J]. 环境工程, 2016, 34(7):140–144.

[15] 于加收. 开放空间液氨泄露扩散规律及人员疏散的研究 [D]. 中国地质大学（北京）, 2014.

[16] 金亮. 阜新双汇液氨重大危险源辨识与安全评价 [D]. 辽宁工程技术大学, 2016.

[17] 李路. 液氨储罐区安全评价 [D]. 中北大学, 2012.

天然气绿色低碳管道掺氢输送技术发展现状及前景展望——以陕西省为例

鬲新鹏　任　哲　张灏雯　陈　燕　李　萌

（陕西省天然气股份有限公司）

摘要： 天然气管道掺氢输送技术是将氢气以一定比例掺入天然气中，利用天然气管道或管网进行输送的技术，是实现氢气大规模、长距离输送的有效方式。介绍了国内天然气掺氢技术的发展现状，梳理了相关示范项目及技术标准和规范。分析了陕西省天然气掺氢输送技术的发展基础和政策规划情况，提出技术主要研究方向。结合陕西省天然气"全省一张网"战略，提出陕西省天然气掺氢输送技术发展建议：加强科技政策引导，开展核心技术攻关；积极开展实验研究和项目示范；推动标准体系建设，促进产业规范化健康发展；积极探索氢原料的升级应用，扩大氢能应用场景和范围；建立联合研究平台，加强产学研用一体化推进。

关键词： 天然气掺氢输送　氢气储运　长输管道　政策规划

1　背景及意义

人类对氢能应用自 200 年前就产生了兴趣，世界上许多国家和地区广泛开展了氢能研究。随着经济和社会发展，由于人们对减少空气污染、减少对能源依赖、降低 CO_2 排放、缓解全球气候变化、实现可再生电能储存等方面愈加重视，氢能作为一种清洁、高效、安全、可持续的新能源逐渐被重视起来，成为人类的战略能源发展方向之一。

氢能作为清洁、高效、应用场景多元的能量载体，是连接传统化石能源与可再生能源的桥梁，成为当前能源产业发展的重要领域。氢能是未来国家能源体系的重要组成部分，也是战略性新兴产业和未来产业重点发展方向。发展氢能，可以有效优化能源结构，降低传统化石能源的消费量，促进能源结构转型升级。将有效减少碳排放并降低环境污染，支持实现碳达峰、碳中和目标。以氢能为要素之一，构建清洁低碳、安全高效的现代能源体系，是落实能源安全新战略、推进能源革命的重要依托，对于

新时期能源转型发展具有重要意义。

现阶段氢能产业化的最大瓶颈在储运环节，突破储运瓶颈是氢能产业规模化发展的必要条件。将氢气以一定比例掺入天然气中，然后利用天然气管道或管网进行输送，是实现氢气大规模输送的有效方式。中国西部地区氢能消费市场有限，又缺乏低成本的运输方式，限制了氢能的应用场景。唯有天然气掺氢输送能较好地解决当前氢能产业初期面临的产销地域不匹配、储运成本高、市场不成熟等问题，是目前技术条件下实现氢气低成本、长距离运输的可行方式。打造以"绿电＋绿氢"为核心的西部清洁能源基地，必须加快推进天然气管道氢气掺输的实现，保障绿氢生产的后路畅通。

天然气掺氢技术可充分利用已有成熟天然气基础设施，有利于实现氢能长距离、低成本输运和大规模储存，有利于降低燃气终端碳排放强度，实现"氢进万家"，有利于缓解天然气供应压力，保障国家能源安全。天然气掺氢技术是氢能与天然气融

合发展的纽带，对实现能源碳中和具有重大意义。

2　国内外天然气掺氢输送技术发展现状

2.1　国外天然气掺氢输送技术发展现状

从国际看，全球主要发达国家高度重视氢能产业发展，欧盟、德国、法国、美国等发达国家和地区均发布了氢能战略，认为天然气管道掺氢输送、将天然气基础设施改造为氢能基础设施是打破氢能运输瓶颈、促进氢能经济发展的重要举措。目前，全球氢能基础设施建设明显提速，区域性供氢网络正在加速形成。

2.2　我国天然气掺氢输送技术发展现状

从国内看，氢能产业已迈入商业化培育期，部分区域燃料电池汽车示范及氢能基础设施建设初具规模，已形成京津冀、珠三角、长三角等氢能先行发展区。国家及大部分省份发布了地方氢能产业规划，提出将天然气掺氢技术作为氢能储运及终端应用领域的突破口。开展掺氢天然气管道及输送关键设备安全可靠性、经济性、适应性和完整性评价，探索输气管道掺氢输送等高效输氢方式，开展掺氢天然气管道试点示范，逐步构建低成本、多元化的氢能储运体系。

我国天然气掺氢示范项目起步较晚，但发展速度较快，目前国内处于运行阶段的示范性项目有2个：辽宁省朝阳市天然气掺氢示范项目，氢源为电解水制氢，掺氢比例为10%，实现了制氢、储运、掺混、利用全链条验证；张家口鸿华清洁能源科技有限公司开展"天然气掺氢关键技术研发及应用示范"项目研究及示范工作，预计输氢量440万立方米/年。处于施工阶段的掺氢示范性项目有3个，处于设计、可研、规划阶段的示范性项目有9个。

3　陕西省天然气掺氢输送技术发展现状

陕西省氢能产业处于发展初期，虽然具有基础资源和应用场景等优势，但相比国际国内先进水平还存在一定差距，机遇和挑战并存。一是氢能产业链仍不健全，在储运、加注、燃料电池等环节急需补链强链；二是基础设施建设滞后，缺乏基础设施总体规划和管理政策；三是发展氢能的市场活力不强，以企业为主体的发展模式有待建立。

3.1　发展基础

3.1.1　氢气资源丰富

陕西省全省化工副产氢超200万吨/年，高品质副产氢约20万吨/年。预计至"十四五"末，全省风电、光伏发电装机将达到6000万千瓦左右，绿氢潜在产能约8万吨/年，可为氢能产业发展及天然气掺氢输送技术发展提供丰富的资源保障。

3.1.2　产业发展需要

陕西氢能源产业分布不均。陕北地区拥有丰富的风光电和副产氢资源，而大规模用氢需求则是经济发达及人口密集的关中地区。氢能产业发展需要大规模长距离低成本输送。

3.1.3　基础设施完备

陕西省经过长期建设，目前已拥有天然气长输管道总长度约7000公里，其中陕西省天然气股份有限公司建设运营4030公里。实现了全省绝大部分地区双管道供给、关中区域环网运行的天然气长输管道格局，形成了全省"一张网"的绿色资源输配网络，为天然气掺氢输运技术应用提供了较为完善的基础设施。

3.1.4　科教实力雄厚

全省拥有近百所高校，各类科研院所近千家；西安交通大学、西北工业大学等院校在光催化制氢、电解水制氢、先进储氢材料、固态储氢领域、掺氢输送等具有较强研发实力；中国石油集团管材研究所在气态储氢材料领域形成了完整的技术体系；延长石油集团、陕煤化集团组建了专业的技术研发工程中心，可为氢能产业发展提供强大科研支撑。陕西天然气股份有限公司积极开展在役管道掺氢输送的课题研究。

3.2　政策规划

陕西省出台的《陕西省"十四五"氢能产业发展规划》、《陕西省氢能产业发展三年行动方案（2022-2024年）》、《陕西省促进氢能产业发展的若干政策措施》等政策和规划，在重点任务中明确了聚焦技术创新，强化内生动力，加大核心技术攻关，开展在役燃气管道掺氢等技术研发和应用示范。提出统筹应用示范，构筑产业生态，探索氢原料在天然气掺烧等领域的应用。支持陕煤集团、延长石油等开展绿氢化工、氢能炼钢及天然气管道掺氢应用示范。支持陕西燃气集团开展管道输氢等氢能储运示范项目建设。

4　陕西省天然气掺氢输送技术发展前景

4.1　主要研究方向

我国在内的多个国家均已开展了掺氢天然气管道输送的可行性研究，但目前仍不具备大规模推广的条件，其中的关键问题是如何确定合适的掺氢比并明确不同掺氢比条件下天然气输送系统的安全性问题，包括掺氢天然气与管材的相容性、掺氢对天然气终端用户的互换性、掺氢天然气管道输送的风险性、安全性和可靠性，以及相关标准和规范。结合天然气掺氢输送技术现状，应在以下掺氢输送及配套关键技术方面积极开展研究。

掺氢对天然气终端用户的互换性研究。研究掺氢天然气对管道、关键输送设施设备、下游终端用户以及输配系统整体的影响规律，明确不同制约条件下陕西省现役天然气管道和管网的掺氢比，制定天然气管道输送掺氢比的确定准则。

掺氢天然气储运工艺技术研究。开展掺氢天然气管道输送相应配套设施设备、输送工艺、掺混氢工艺、氢分离工艺等的研究，制定掺氢天然气管道输送技术、风险评估和可靠性评价等相关标准和规范，建立掺氢天然气管道安全运行技术体系。

掺氢天然气储运安全技术研究。研究不同掺氢比下天然气管道的氢脆、气体泄漏、积聚、燃烧和爆炸等安全事故特征和演化规律，探究实际掺氢天然气环境下的氢脆问题，明确掺氢比对管道安全事故带来的一系列影响，发展掺氢天然气管道泄漏在线智能监测技术和应急修复技术。

掺氢天然气管道与用户综合评价技术研究。综合研究掺氢天然气管道输送过程中掺氢环节、输送环节和用户环节的关键技术问题，确定多层次、多环节相耦合的综合评价指标，形成掺氢天然气管道与下游用户的综合评价体系。

在役天然气管道掺氢环境下服役性能实物研究。针对在役天然气管道掺氢输送需求，开展管道

和装备材料掺氢环境适用性、掺氢管道失效后果与防护、管道掺氢环境服役实物试验研究，获得不同比例掺氢气体（5vol%、10vol%、20vol%）对不同钢级管材与焊缝、管件材料的性能影响规律，掌握掺氢输送管道事故演化规律及危害并提出安全防护措施，形成管道材料安全评价技术与掺氢管道实物试验技术，建立掺氢管道材料性能数据库，明确在役天然气管道掺氢输送适用性。

天然气管道掺氢输送应用示范工程。选择场景将氢气掺入现有天然气管网储运和利用，全面验证氢气"制氢－掺混－储运－利用"关键技术的应用示范，为天然气掺氢技术的推广应用提供理论和数据支撑支持。

4.2　预期效益

天然气混合氢气管输一直是国内外氢气储运和规模化利用的重要研究方向，对促进氢能产业发展具有重要意义。在天然气进口量持续上升的大背景下，采用可再生能源制得的氢气替代部分天然气，有利于降低对进口天然气的依存度，保障我国能源安全；同时，充分利用现有的天然气主干管网和庞大的支线管网进行掺氢运输，不仅可降低氢气制备、运输成本，还能有效推进可再生能源和储能业务的发展。此外，氢气掺入天然气管道中能有效降低燃烧污染物排放量，改善大气环境，可促进企业绿色转型减碳增效。

5　结论及建议

天然气掺氢输送技术作为氢能储运环节的重要解决方案之一，在长距离、大规模、安全高效输氢方面具有较大优势，对陕西省乃至全国氢能产业快速发展有着更加重要的意义。但现阶段仍存在安全隐患不明晰、改造成本高、短期效益低、标准规范缺乏、企业参与度不高等问题。为促进天然气掺氢输送技术的发展，按照"政策支持—技术研究—实验示范/标准制定—推广应用"的思路，结合陕西省天然气"全省一张网"战略，提出以下建议：

一是加强科技政策引导，开展核心技术攻关。目前天然气掺氢输送面临的最大问题是掺混输送的安全性和可靠性研究不足。建议在省级科技攻关项

目规划中加强引导，鼓励对掺氢后管道相容性、氢脆机理等关键核心技术开展研究，全面评估利用现有天然气管道输送掺氢天然气的风险及控制措施，建立掺氢天然气管道输送的完整技术管理体系。

二是积极开展实验研究和项目示范，完善掺氢天然气管材的力学性能基础数据库。目前缺乏掺氢天然气条件的管材力学性能基础数据库，对不同掺氢比的管材和其他关键输送设备的典型材料力学性能劣化规律研究不足。建议进一步加强实验研究和试验示范，明确不同材料的掺氢比与管道压力等之间的定量关系。陕西省天然气股份有限公司等油气管输企业可结合支线管网基础设施、管道运维经验、市场用户等一体化优势，开展探索管道掺氢的实验研究和应用示范，在氢能储运"卡脖子"技术攻关中发挥优势作用。

三是推动标准体系建设，促进产业规范化健康发展。目前由于管道建设、改造、设计和施工及管道运营的安全规范等标准规范的缺乏，严重制约了天然气管道掺氢输送技术的发展。建议各行业通力合作，从团体标准开始，逐步形成适应天然气管道现状的掺氢输送标准体系，引导产业健康、有序发展。

四是缺乏相应基础设施整体布局。例如加氢站、输氢管道、工业副产氢纯化系统等支撑设施严重不足，氢能全产业链体系上下游难以形成有效联动，尚未健全。应加快基础设施建设政策出台，统筹推进氢能基础设施布局，依托项目示范，推动相关基础设施建设，构建产业生态。

五是积极探索氢原料的升级应用，扩大氢能应用场景和范围。用氢端需求关注方向过于单一，主要集中在氢燃料电池及其交通方面，目前成熟度偏低，规模不大。而氢能作为能源载体，在传统能源密集型产业及新型氢能应用场景中，需求尚未的到全面开发。应积极探索氢原料的升级应用，扩大氢能应用场景和范围。

六是建立联合研究平台，加强产学研用一体化推进。建立天然气管输企业、装备制造企业、高等院校、科研机构和终端用户的省级联合研究平台，

加大核心技术攻关，推动关键技术转化，促进掺氢输送"产学研用"一体化推进。

参考文献：

[1] 氢能行业发展 [J].能源与环境,2019(04):108.

[2] 王赓,郑津洋,蒋利军,等.中国氢能发展的思考 [J].科技导报,2017,35(22):105-110.

[3] 杨勇平.氢能,现代能源体系新密码 [J].新华文摘,2022(15):144-145

[4] 刘玮,万燕鸣,熊亚林,等."双碳"目标下我国低碳清洁氢能进展与展望 [J].储能科学与技术,2022,11(02):635-642.DOI:10.19799/j.cnki.2095-4239.2021.0385.

[5] 何雅玲,李印实.氢能技术科技前沿与挑战 [J].科学通报,2022,67(19):2113-2114.

[6] 王祝堂.氢能经济时代降临 [J].轻合金加工技术,2021,49(05):71.

[7] 张全斌,周琼芳.基于"碳中和"的氢能应用场景与发展趋势展望 [J].中国能源,2021,43(07):81-88.

[8] 鲁宇,张大弛,韩思雨,等.高渗透率可再生能源情景下氢能发展分析 [J].湖北电力,2021,45(01):53-59.DOI:10.19308/j.hep.2021.01.009.

[9] 李志军,刘京京,陈爱琴,等.浅谈可再生能源转化为氨氢能源体系的耦合性 [J].上海节能,2022(10):1303-1308.DOI:10.13770/j.cnki.issn2095-705x.2022.10.009.

[10] 李浩东.日本"氢能社会"建设经验及对我国的启示 [J].日本研究,2021(4):10.

[11] 刘磊.浅析氢能产业对国家和地区能源供给的保障作用 [J].北方经济,2021(4):4.

[12] 孟翔宇,陈铭韵,顾阿伦,等."双碳"目标下中国氢能发展战略 [J].天然气工业,2022,42(04):156-179.

[13] 曹勇,程诺,罗大清.能源转型大势下的氢能产业新角色 [J].石油石化绿色低碳,2022,7(01):1-5.

[14] 王刚.双碳战略下的氢能源 [J].石油化工建设,2022,44(3):5.

[15] 中国氢能联盟.中国氢能源及燃料电池产业白皮书 [R/OL].(2019-06-29)[2022-11-16].http://h2cn.org.cn/publicati/215.html.

[16] 国家发改委.氢能产业发展中长期规划(2021-2035年)[J].稀土信息,2022(4):26-32.

[17] 国家能源局.能源碳达峰碳中和标准化提升行动计划 [Z].2022-10-09.

[18] 刘强,田晰慧.探索氢能汽车产业的电力服

务 [J]. 大众用电 , 2022(1):2.

[19] 陕西省发展与改革委员会 . 陕西省"十四五"氢能产业发展规划 [Z]. 2022-07-19.

[20] 陕西省发展与改革委员会 . 陕西省氢能产业发展三年行动方案（2022-2024 年）[Z]. 2022-07-19.

[21] 陕西省发展与改革委员会 . 陕西省促进氢能产业发展的若干政策措施 [Z].

在役天然气管道掺氢输送平台研究

张　蕊　胡　涛　樊国涛　周子栋　邱　鹏

（中国石油长庆油田公司）

摘要： 氢能是最有潜力的碳中和清洁能源载体，天然气掺氢在管道输运和终端应用方面具有优势。长庆油田以工业副产粗氢作为氢源，充分利用已建设施及管网，构建在役天然气管道掺氢示范平台，实现对工业副产粗氢的高效利用，并同步开展高压、高钢级抗氢管材、氢气压缩机，3%～84%下掺氢比下在役管道与装备、掺混工艺、计量、泄漏检测、分层等现场试验，为掺氢天然气管道在国内规模应用提供借鉴意义。

关键词： 天然气管道　掺氢　示范平台　油气站场

氢能利用是我国"双碳"战略的主要组成部分，氢能产业是我国战略性新兴产业，国家全力统筹推进氢能"储输用"全链条发展。2022年国家发改委发布《氢气产业发展中长期规划（2021-2035年）》明确要求"开展掺氢天然气管道、纯氢管道等试点示范"。

当前，氢能储运成本约占到"制储输用"全产业链总成本的30%～40%，纯氢管道输送、天然气管道掺氢输送都能够实现氢能的远距离、大规模、低能耗运输，但我国的纯氢管道规划与建设刚刚起步，形成大规模输氢能力需要较长的周期。而我国天然气管网总里程约为1.1×10^5 km，"全国一张网"已基本建成，2025年总里程将达到1.63×10^5 km，这为发展天然气掺氢产业提供了坚实的基础条件。可以认为，以掺氢天然气的形式开展氢能储运与利用，将是快速突破氢能产业规模化发展瓶颈的主要方式。

通过管道输送解决工业副产氢消纳及绿氢外输问题前景广阔，但管道输氢技术仍面临挑战。目前，国内天然气管道掺氢输送基本现处于实验和前期示范验证阶段，现有掺氢示范项目主要针对城镇燃气，具有压力低、钢级低、流量小等特点，且多为新建

管道，上述示范项目应用成果无法有效指导在役天然气集输管道和长输管道掺氢输送。此外，国内外研究机构开展了大量实验室研究工作，关注氢环境对管材强度及韧性的影响。但是，实验室试样测试环境与管道实际服役工况存在差异，一方面试样机加工后，表面光洁度高，而服役管道通常有涂层及腐蚀产物的影响，影响氢分子的吸附和解离。此外，试样加工后存在应力释放，与钢管相比约束程度不同，而材料氢环境性能与应力状态密切相关。

综上所述，在掺氢天然气管道工程规模应用之前，有必要开展现场试验研究，模拟管道实际运行条件，将研究对象（钢管、弯管、阀门等）连入管道系统，在长时间运行过程中，检验并评价其性能变化。同时对氢气掺混工艺、输送工艺、现场监测和检测等均可进行模拟操作或验证评价，形成输氢和掺氢管道技术与标准体系，支撑输氢/掺氢管道工程应用。

1　设计思路

1.1　现有同类平台

国内天然气掺氢项目多处于研究和示范验证阶段，已建成投运的示范性项目有2个，分别是辽宁省朝阳市天然气掺氢示范项目和宁夏宁东天然气掺

氢中试项目。

2019 年，国家电投集团在辽宁朝阳开展了国内首个天然气掺氢示范项目的研究，利用燕山湖发电公司现有碱液电解制氢站新建氢气充装系统，氢气经压缩瓶储后通过集装箱式货车运至掺氢地点，在使用单位通过掺混设施实现天然气掺氢示范燃烧。掺氢比例 10%，实现了制氢、储运、掺混、利用全链条验证。

宁夏宁东天然气掺氢中试平台利用宝廷新能源公司化工副产氢作为氢气来源，平台占地 3200 平米，设计压力 4.5MPa，实际运行压力 1.5MPa，站内管径 DN80-DN100，试验流量 1200 ~ 3000Nm³/h，

测试 6% ~ 24% 掺氢比例下管材（20#、L245N 等）、流量计、阀门、检测仪表、可燃气体探测器等性能变化、分层现象及氢脆等反应的相关指标，提出天然气掺氢产业化最佳方案及现有天然气供气设施改良方案。

如下表所示，目前我国现有落地掺氢示范项目主要针对城镇燃气管道，燃气管道管径小、钢级低、运行压力低，相关经验不能有效指导天然气集输和长输管道掺氢输送。亟需开展高压力、大流量，全尺寸纯氢 / 掺氢输送工业化试验平台，形成在役天然气管道掺氢适用性评价体系，建立天然气管道掺氢输送标准体系并逐步示范推广应用。

表 1 国内天然气掺氢示范项目一览表

类型	主体单位	地点	项目阶段	掺氢比例	管道类型	管道运行压力	管道材质
城燃	国家电投集团有限公司	辽宁朝阳	2019.9 投产	10%	未公开	1MPa	20#
长输 + 城燃	宁国运集团	宁夏	详细设计	6–20%	新建管道掺氢	4.5 MPa	20#/L360/L450
城燃	内蒙古科技厅、乌海凯洁燃气有限责任公司	乌海、通辽	启动	纯氢	新建管道	1.6MPa	未公开
长输	内蒙古西部天然气股份有限公司	包头 – 临河	设计	10%	新建管道	6.3MPa	未公开
城燃	深圳燃气	深圳	规划	5 ~ 20%	新建及在役管道掺氢	0 ~ 4MPa	L245，X42，
长输	广东省	广东	规划	20%	在役海管掺氢	4MPa	L415M

1.2 长庆掺氢平台

长庆油田在役天然气管道掺氢示范平台坚持总体部署，统一规划，远近结合，分步实施，提高效益。在开展天然气管道掺氢试验的同时不影响下游用户用气质量，合理规划掺氢配套系统，优化地面改造方案，完善配套设施，提高试验平台抗风险能力，确保充分发挥平台作用。

示范平台以长庆乙烷制乙烯项目副产氢气作为氢源，利用在役管道和站场，建成在役天然气管道掺氢先导试验平台，开展掺氢管道现场试验，验证管道材料与掺氢环境相容性、掺混与输送工艺、管道监检测与安全防护措施等。后续拟与国家管网或

地方管网协调合作，结合管道具体服役工况，将掺氢天然气注入陕京管线或地方管网，实现工业副产氢高效利用。

2 整体布局

示范平台通过新建粗氢管道，改造第一掺混点、第二掺混点、第三掺混点建成一套能够在站内同时进行多掺氢比、高浓度掺氢试验的天然气管道掺氢输送先导试验平台，实现对在役天然气管线 X 的精准掺氢。输氢规模为 $16 \times 10^4 m^3/d$，站内试验平台掺氢比为 3% ~ 84%，在役天然气管线 X 掺氢输送掺氢比为 3% ~ 20%。同时通过站内改造，能够进行在役管材、处理设备、管道运行等对掺氢适

应性的研究与装备研发。通过简化流程、优化设备选型，实现工程投资降低、建设周期缩短的目的。

2.1 第一掺混点

原第一掺混点为处理量 $190 \times 10^4 m^3/d$ 的增压站场，来气经 DTY1600 电驱往复式压缩机增压后通过 2 套 $200 \times 10^4 m^3/d$ 脱水装置脱水，脱水后天然气通过管线 X 输往用户端。为实现站内精准掺氢，扩建增压区、进站计量区、管材试验区、分层试验区。氢源点来粗氢经清管收球筒贸易交接计量后，在第一掺混点增压至 5.2 ～ 9MPa，在站内进行高压输氢管材研究后调压至 5.2MPa 后与经过分离脱水后的氢气混合，输往第二掺混点。

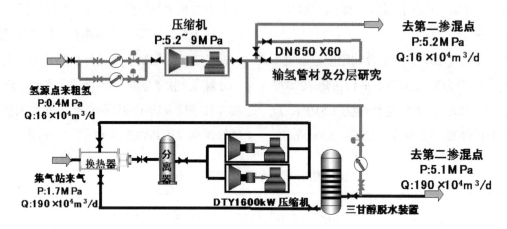

图 1　第一掺混点流程示意图

2.2 第二掺混点

原第二掺混点处理气量约为 $56.50 \times 10^4 m^3/d$，采出液外输液量 90m³/d，来气在站内分离后输送至第一掺混点增压、脱水后输送至榆林处理厂。第二掺混点扩建一套精准掺混装置、总机关及在役管线试验区，第一掺混点增压后的粗氢与干气在第二掺混点二次掺混后进入在役管线试验区，分别对不同掺氢比、不同钢级在役管线、流量计进行试验，掺混后天然气利用已建管线 X 输送至用户端。

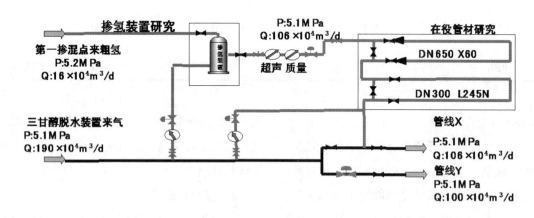

图 2　第二掺混点流程示意图

2.3 第三掺混点

经过二次掺混的天然气由已建管线 X 输往第三掺混点，在第三掺混点经汇管进一步稀释后输往用户。

2.4 管线

新建一条始于氢源点终于第一掺混点的粗氢管线，线路总长 3.8km。管线设计压力 1.0MPa，运行压力 0.6MPa，设计输送气量 $60 \times 10^4 Nm^3/d$，一期运行气量 $16 \times 10^4 Nm^3/d$，管外径 Φ406.4mm，运行温度 40℃。设置输氢管材研究段，对合作单位研制的 L360M 高频电阻焊钢管、螺旋缝埋弧焊钢管、直缝埋弧焊钢管及热煨弯头进行低压高掺氢试验。

表 2　粗氢管道管材选择方案

钢管类型	钢级	规格	长度（km）
HFW 焊管		Φ406.4 × 10.8mm	2
螺旋焊管	L360	Φ406.4 × 10.8mm	0.5
直缝焊管		Φ406.4 × 10.8mm	0.5
热煨弯头弯管		Φ406.4 × 10.8mm	16 件

3　平台流程

根据兰州石油长庆乙烷制乙烯项目副产粗氢的气质条件,结合长庆油田已建天然气集输管网现状,开展天然气管道掺氢工业试验平台建设,验证在役天然气管道可接受掺氢比。

3.1　氢源与输量

示范平台氢气来源为长庆乙烷制乙烯项目副产粗氢,长庆乙烷制乙烯项目乙烯生产能力 80×10^4t/a,副产氢气约 $8 \times 10^8 m^3$/a,氢气纯度 83.9%,副产氢气主要作为裂解炉燃料使用。

根据 GB/T 37124–2018《进入天然气长输管道的气体质量要求》,进入天然气长输管道的气体质量要求氢气 ≤ 3%,结合下游用户实际运行情况,按照掺氢比 0 ~ 3%（体积分数）经 Unisim 软件模拟计算,可掺粗氢流量范围为 4×10^4Nm³/d ~ 16×10^4Nm³/d。

根据 GB17820 一类气质指标—高位发热量 ≥ 34MJ/m³ 的要求,以下游用户输量 300×104Nm³/d 计算,平台最大掺氢量为 60×10^4Nm³/d。示范平台分两期建设。第一期满足规范 GB/T37124 要求氢气含量 ≤ 3%,建设规模为 16×10^4Nm³/d,第二期:以下游用户可接受最大掺氢比 15% 考虑,建设规模为 60×10^4Nm³/d。

表 3　掺氢对商品气热值的影响

设计日输量（万方 / 日）	不同掺氢比下的掺氢量（万方 / 日）		热值 MJ/m3
300	1%	4	37.66
	2%	7	37.45
	3%	11	37.18
	5%	19	36.65
	10%	42	35.3
	15%	60	34.31
	20%	90	32.91

3.2　掺混流程

如图所示,16×10^4Nm³/d 氢气经质量计量后通过新建粗氢管线输往第一掺混点,输送压力 0.4MPa。在第一掺混点经过二次计量后增压至 5.2 ~ 9MPa 与经过脱水的干气进行一次掺混,以 84 ~ 20% 的掺氢比进行高压管材研究。随后降压至 5.2MPa,输往第二掺混点进行二次掺混,在第二掺混点经过二次掺混后进行管材、阀门适应性研究,随后通过 19.8km 长在役管线 X 输往第三掺混点。在第三掺混点经过三次掺混后以 3% 的掺氢比输往用户。

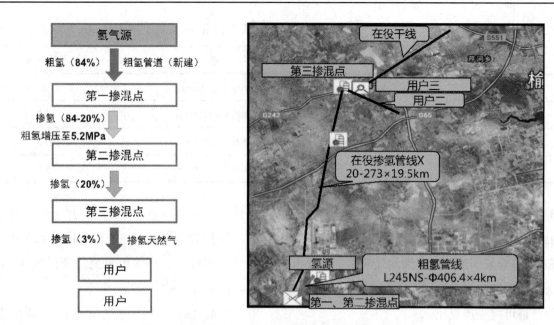

图3　长庆油田在役天然气管道掺氢示范平台示意图

3.3 研究内容

示范平台围绕在役天然气管道掺氢输送难题，设置五类研究内容，预期形成在役天然气管道掺氢输送适用性分析评价技术、掺氢天然气输送管材和装备研发技术以及天然气掺氢输送配套技术，修订掺氢天然气管道分析化验、产品标准及安全运行等方面标准规范，构建一套完整的在役天然气管道掺氢输送技术体系。

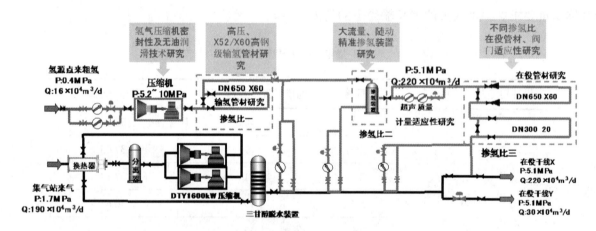

图4　长庆油田在役天然气管道掺氢示范平台研究内容示意图

（1）在役天然气管道掺氢试验平台工艺技术研究

研发调试大流量、随动精准掺氢装置，并对场站在役承压设备掺氢环境损伤机理、氢环境检测进行测试研究，解决缺少在役天然气管道掺氢输送工业应用试验平台问题，为在役天然气管道长距离、高掺比、大流量输送工业化应用打下基础。

（2）在役天然气管道掺氢输送适用性研究

解决掺氢管道现场试验方案设计、掺氢管道现场试验与安全评价等问题，通过服役前后管段、管材性能分析、挂片试验等形成掺氢输送管道现场试验指南、掺氢输送管道现场试验技术与长期服役评估技术。

（3）高压输氢管材与氢气压缩机研发

通过新建粗氢管道的管材试验以及氢气压缩机无油润滑与密闭技术研究，形成高压输氢管材与氢气压缩机产品。

（4）天然气管道掺氢安全保障体系研究

通过天然气管道掺氢输送安全风险评估、在役天然气掺氢输送管道性能劣化规律及防控技术研究、掺氢天然气管道泄漏监测预警技术研究等研究，解决天然气管道掺氢输送安全风险评估技术缺乏、事故演化机理不明确、既有腐蚀与掺氢对管道影响机制不清晰、泄漏监测技术亟需攻关、安全运营标准规范缺乏以及应急处置方案不健全等问题，实现安全风险评估技术、泄漏监测技术、在役管道阻氢技术、安全运营标准规范、应急处置方案等成果。

（5）天然气掺氢输送标准规范研究；

通过分析平台运行数据进行掺氢天然气分析方法及产品标准研究，解决现有标准体系不满足掺氢后天然气组分及掺氢天然气分析化验手段缺乏等问题，为掺氢天然气进入常输管网提供标准依据。

4 结论与展望

长庆油田以工业副产粗氢作为氢源，改造已建设施及管网，搭建在役天然气管道掺氢示范平台，每年可向油田内部在役集输管网掺入氢气16万方，同步实现针对高压、高钢级抗氢管材、氢气压缩机，高掺氢比下在役管道与装备的掺氢适应性研究。后续将针对天然气管道掺氢输送、掺氢天然气终端利用瓶颈问题，进一步联合行业骨干企业、优势高校与科研院所，集中力量开展天然气掺氢产业关键材料、技术、工艺、设备的科技攻关。基于先导示范平台研究成果，逐步提升平台掺氢规模与掺氢比，为各油气田利用在役天然气管道掺氢输送提供范例。

参考文献：

[1] 李敬法,李建立,王玉生等.氢能储运关键技术研究进展及发展趋势探讨 [J/OL].油气储运 :1-19[2023-08-24].http://kns.cnki.net/kcms/detail/13.1093.TE.20230711.2125.006.html.

[2] 张贺宏,赵雄,司永宏等.天然气管道掺氢技术对管材影响及完整性管理研究 [J].辽宁化工,2023,52(07):1065-1068.DOI:10.14029/j.cnki.issn1004-0935.2023.07.008.

[3] 胡玮鹏,陈光,齐宝金等.埋地纯氢/掺氢输送天然气管道泄漏扩散数值模拟 [J/OL].油气储运 :1-15[2023-08-24].http://kns.cnki.net/kcms/detail/13.1093.TE.20230704.1757.006.html.

[4] 何太碧,蒲雨杉,何秋洁等.天然气与氢能产业协同发展的机遇与挑战——以川渝地区为例 [J].天然气技术与经济,2023,17(03):67-73.

[5] 刘京京,何宏凯.混氢站内天然气掺氢工艺及其安全控制研究 [J].天然气与石油,2023,41(03):36-40.

[6] 牟磊,刘海峰,甘燕利等.西气东输一线管道掺氢输送压缩机运行工况适应性分析 [J].石油与天然气化工,2023,52(02):133-141.

[7] 宋鹏飞,单彤文,李又武等.天然气管道掺入氢气的影响及技术可行性分析 [J].现代化工,2020,40(07):5-10.DOI:10.16606/j.cnki.issn0253-4320.2020.07.002.

[8] 赵建福,董绍华.长距离管道纯氢与天然气掺氢输送技术专题序 [J].力学与实践,2023,45(02):227-229.

[9] 于子龙,张立业,宁晨等.天然气掺氢管道输运及终端应用 [J].力学与实践,2022,44(03):491-502.

[10] 赵立前,党富华,张荷枝等.天然气管道掺氢试验平台设计 [J].煤气与热力,2022,42(11):9-13.DOI:10.13608/j.cnki.1000-4416.2022.11.009.

[11] 国内首条掺氢高压输气管道工程开工建设 [J].焊管,2023,46(03):19.

天然气管道管材气态氢渗透研究现状

裴业斌 彭世垚 柴 冲 刘轩佐 杨 倩

（国家石油天然气管网集团有限公司科学技术研究总院分公司）

摘要： 管道输送目前是最为绿色的氢能输送方式之一，但是钢质管道内部输送介质中的氢分子会吸附于管道内壁通过解离、吸附等过程渗透进入管道，对管道的力学性能产生负效应，最终影响管材服役寿命。研究管线钢氢渗透行为对于掺氢天然气安全输送具有重要意义，目前用来模拟氢渗透行为的研究方法包括电化学渗透法和气相渗透法，电化学渗透法的实验装置一般采用 D-S 双电池，此方法装置简单、灵敏度较高、技术成熟，是进行氢渗透研究的重点方式，但是电化学渗透法很难模拟出真实条件下的氢渗透行为，因此使用气相渗氢装置可以更好地反映真实环境下的氢渗透行为。目前有关氢渗透的问题已取得大量的研究结果，本文简要综述了国内外掺氢天然气项目发展、氢的吸附过程以及氢渗透的研究方法，重点关注了材料表面状态、气体压力、应力、材料微观结构对气态氢渗透行为的影响，。管线钢的服役环境十分复杂，受到管外因素和管内介质的多重作用，因此需要考虑多因素耦合作用下的管线钢氢渗透行为，为天然气管道掺氢的发展研究提供参考。

关键词： 氢气 吸附 扩散 影响因素 钢制管道

氢能是推动传统化石能源清洁高效利用和支撑可再生能源大规模发展的理想互联媒介。作为清洁原料和燃料，是实现交通运输、传统工业和建筑等领域大规模深度脱碳的终极能源。一方面，氢能是风电、光伏等不稳定可再生能源的转换中枢；另一方面，氢可广泛用于发电和发热等领域，使用过程具备"零碳排放"的优势。可再生能源制氢是解决我国风、光等绿色电力消纳难题的有效途径。随着可再生能源制氢技术的迅猛发展，未来氢作为一种清洁可再生的能源载体，将为不断增长的可再生能源发电与难以实现电气化的行业之间搭建桥梁。但是，氢气的储存和运输成本过高仍然是行业的痛点。利用已有管道进行掺氢输送能够大幅节约成本，因此将氢气掺入天然气中将是解决大规模、长距离氢气输送的一个良好的过渡方法。目前世界许多国家已经逐步开展天然气管网掺氢项目。比如，荷兰 Sustainable Ameland 项目第一次测试了天然气掺氢的家用性能，比对了纯天然气管道和掺氢管道的不同，得出掺氢体积最高可达到12%。英国 HyDeploy 项目于 2020 年正式运营，该项目是英国首个注入氢气供家庭和企业使用的项目。而我国的天然气掺氢项目起步较晚，朝阳可再生能源掺氢项目是国内首次尝试将氢气掺入天然气，突破技术瓶颈，填补国内天然气管道掺氢项目的空白。

表1　混合氢运输的重大项目清单

项目	国家	目标	掺氢比（%）
HyDeploy	UK	天然气管道掺氢	20
Fort Saskatchewan Hydrogen Blending Project (ATCO)	Canada	将氢气掺混到堡垒中服务于住宅和商业建筑的天然气管道	5
Hyblend	US	天然气管道掺氢技术评价	–
GRHYD	France	将氢气掺混到配气管线中	20
Naturalhy	EU	可行性评估	<20
Ameland	Netherlands	对终端进行测试	12
WindGas Mainz	Germany	研发示范性 P2G 项目	10
SNAM	Italy	提高管道中注氢的含量	10

天然气管道中掺入氢气后，不仅改变了管内气体的性质，而且对管道的性能产生了不利的影响，增加了管材服役安全的风险。首先，高压氢气会促进氢的吸附、扩散，使得管材面临氢脆的风险，导致管材丧失延展性和疲劳韧性，甚至产生裂纹。Andrew 等对两种管线钢进行疲劳裂纹扩展试验，研究了不同掺氢比例下试样的疲劳裂纹特征，得出管线钢在氢环境中的疲劳裂纹扩展速率明显高于空气环境。其次，天然气管道掺入氢气会增加氢渗透的风险，如果渗透的氢气无法及时扩散发生局部聚集，可能会引发爆炸等安全事故。因此研究管线钢氢渗透行为对于掺氢天然气安全输送具有重要意义。

1　氢的吸附和进入

氢有 3 种方式进入钢中：一是钢在生产过程中直接引入一定量的氢原子，这种在材料使用前内部就存在的氢被称为内氢；二是钢在服役环境中直接从气相吸收的氢，例如管道钢服役过程中H_2等气体通过分子氢在表面的碰撞、吸附、解离、反应等过程形成的氢原子在晶格中吸收；三是钢在服役环境中从液相吸收的氢原子，当服役环境（例如潮湿环境或者水环境）中腐蚀电位低于析氢线时，通过电化学反应的阴极析氢过程，使得氢原子吸附在钢的表面而进入钢的内部。

1.1 气态氢的吸附和进入

金属处于氢环境时，分子氢会与金属表面相接触，通过物理吸附作用富集在材料表面，然后通过化学吸附作用在金属表面分解成原子氢。主要分为以下几个步骤：氢首先在表面吸附，部分氢进入金属材料内部继续扩散。金属材料为降低表面能，容易吸附异类原子。在氢气中，H_2物理吸附在洁净材料表面（M）形成吸附的氢分子H_2M（如式（1）所示）；随后，吸附H_2M分解为化学吸附在外表面的吸着氢原子$H_{ad}M$（如式（2）所示）；接着吸着氢原子$H_{ad}M$溶解形成内表面吸附氢原子MH_{ab}（如式（3）所示）；最后吸附氢原子MH_{ab}去吸附后成为金属中的氢H_{inter}（如式（4）所示），其过程（图1）为

$$H_2 + M \rightarrow H_2M \qquad （1）$$

$$H_2M + M \rightarrow 2H_{ad}M \qquad （2）$$

$$H_{ad}M \rightarrow MH_{ab} \qquad （3）$$

$$MH_{ab} \rightarrow M + H_{inter} \qquad （4）$$

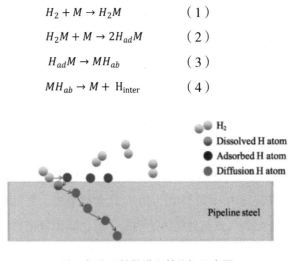

图1　氢分子扩散进入管线钢示意图

1.2 溶液氢的吸附与进入

首先，水发生电离生成H^+并继续反应形成水化氢离子，然后水化氢离子从溶液中扩散迁移到金属表面，随后氢离子被还原，示意图如2所示。阴极充氢时氢的吸附与进入金属的过程主要包括如下步骤：

水合氢离子从电解溶液中扩散到金属试样的表面

$$(H^+ \cdot H_2O)_{电解液} \xrightarrow{迁移} (H^+ \cdot H_2O)_{金属界面} \qquad （5）$$

水合氢离子获得电子而放电生成氢原子（Volmer反应）

$$H^+ \cdot H_2O + e^- \rightarrow H + H_2O \qquad （6）$$

生成的氢原子吸着在金属外表面

$$H + M \rightarrow H_{ads}M \qquad （7）$$

吸着在金属外表面的氢原子溶解后成为金属亚表面吸附氢原子

$$H_{ads}M \rightarrow MH_{abs} \qquad （8）$$

氢原子通过去吸附作用成为金属中的间隙原子，继而扩散到金属内部。存在于金属基体晶格间隙或被陷阱束缚（包括可逆氢陷阱和不可逆氢陷阱）

$$MH_{abs} \xrightarrow{去吸附} H + M \qquad （9）$$

吸着在金属外表面的氢原子可以复合为气态氢分子H_2。

$$H_{ads}M + H^+ + e^- \rightarrow H_2M \qquad （10）$$

H_2去吸附放出氢气

$$H_2M \rightarrow H_2\uparrow + M \qquad （11）$$

一般来说，气态氢进入材料和溶液氢进入材料的效率存在一定的差别。在相似试验条件下，溶液充氢会使材料含有较高浓度的氢，而高压气相充氢则难以在相同材料中引入相同浓度的氢。

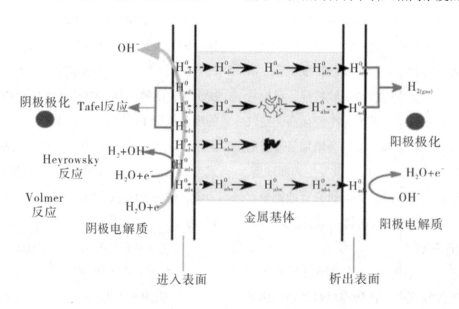

图2　氢原子渗透过程及电化学氢渗透试验示意图

2　氢渗透行为研究方法

大多数电化学充氢实验都是在液体环境中利用Devanathan–Stachurski电解池（图3）进行的，该实验装置由两块结构相同的电化学池组成，充氢端为产生氢气或其他气体的阴极，氧化端为氧化目标气体的阳极。在阴极中加入充氢溶液（通常采用硫酸或盐溶液），并加入特定的毒化剂抑制H原子与氢分子的结合。根据Fick第二定律，H原子从阴极扩散到阳极，阳极失去的电子被氧化成氢离子，

产生氢渗透电流，这两个公式可以表达：

$$H^+ + e^- \rightarrow H \qquad （12）$$

$$H - e^- \rightarrow H^+ \qquad （13）$$

电化学工作站实时检测被释放出来的自由电子，形成电流–时间曲线，即氢渗透曲线。通过氢渗透曲线可计算出氢原子在材料中的扩散通量、表观氢扩散系数、阴极侧的稳态氢浓度以及氢陷阱密度，利用这些参数分析氢在材料中的扩散和材料对氢原子的捕获效率。

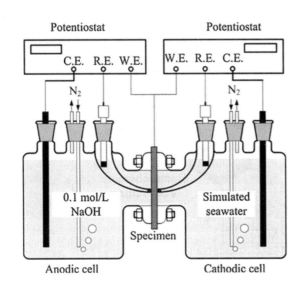

图 3 电化学氢渗透电池示意图

早在 1980 年，Choo 和 Archer 等就采用了电化学充氢的方法，并对 D-S 双电池进行了实验设计，它们的电流密度在 0-2.34 mA/cm^2，试样厚度在 0.06-3mm 之间，测试环境为平均温度和压力，设备无明显变化。Ayesha J. Haq 等采用电化学渗透技术研究组织和成分对 X70 管线钢氢渗透的影响。Lei Zhang 等为明确 X80 钢的氢致退化风险，对商用 X80 试验在不同电流密度和浸泡时间下进行电化学充氢，结果表明，在快速吸氢过程中，如氢含量能够达到一定的阈值，则可以在钢表面检测到氢损伤。

尽管用电化学氢渗透法对管线钢的氢渗透机理进行了大量的研究，但仍存在一定的局限性。(1) 虽然加入毒化剂可以抑制氢离子形成氢分子，获得更多的氢原子，但对于需要使用的具体量没有标准规定；(2) 在电化学测试过程中，电解液中的电子可能会使金属的性质发生退化，所以说通过电化学测试得到的金属降解结果不一定都是由测得的氢原子引起的；（3）电化学体系中氢原子向金属的渗透是由电子驱动的。然而，混氢管道中氢原子的渗透是由于压力、流速等原因造成的。

随着研究的进行，气态下的氢渗透实验也逐渐被采用。气态下的氢渗透测试装置如图 4 所示。Cailin Wang 等为确定临界安全掺氢比例，在含 20% 氢气的模拟掺氢天然气环境中，对 X80 管线钢进行了原位高压气态氢渗透实验和慢应变速率拉伸试验，研究发现，随着氢含量的增加，X80 钢的氢扩散系数 D 基本保持不变，而在掺氢比例为 15% 时，其亚表面氢浓度 C_0 显著增加，但随着掺氢比例从 15% 增加到 20%，其上升速度缓慢；通过慢应变速率结果显示，在总压为 10 MPa 的混氢天然气环境中，掺氢比例为 20% 对 X80 钢的屈服强度和抗拉强度影响不大。当掺氢比为 20% 时，HE 指数 F_H 提高到 7.31%，是掺氢比为 1% 时的 17 倍，断口形貌同样表明，表明随着氢含量的增加，X80 钢的延性损失显著。氢掺量大于 10% 时，断口出现裂纹并迅速发展，确定 10% 掺氢比为 X80 掺氢天然气管道安全运行的保守临界值。气相氢渗透相比于电化学氢渗透更接近真实的服役环境，更适用于纯氢管道以及掺氢天然气管道的氢扩散研究。

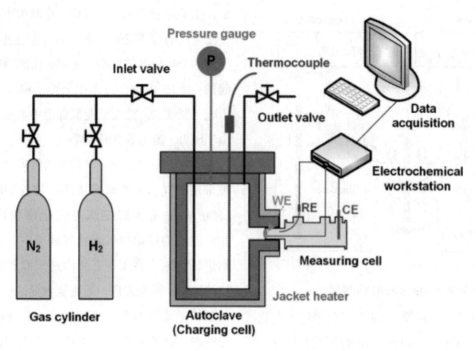

图4　气态氢渗透电池示意图

3　氢渗透行为影响因素

氢扩散系数是遵循菲克定律得到的参数，是材料特性。一般认为：氢渗透行为受以下几个因素的影响：

3.1　材料表面状态

许多研究表明，金属氧化膜可以有效降低金属对HE的敏感性。Timing Zhang等使用X80钢，采用高温氧化、发黑处理和浓硫酸钝化方法分别对试样进行处理，通过扫描电子显微镜（SEM）测量和观察三个试样的致密性和厚度，然后通过高压透氢试验，为"氧化膜－钢基体"双相扩散系统的氢渗透行为建立了数值扩散模型，定量测定了这些氧化膜对氢渗透的抵抗力，接着通过慢应变速率张力（SSRT）试验，通过对HE指数和断裂表面形貌进行比较，研究氧化膜对HE的延缓作用，最终结果表明高温氧化制备的氧化膜具有最高的抗氢渗透性能，它将氢脆指数由无氧化膜覆盖的38%降至4%，对应的断口特征由二次裂纹、准解理面等脆性特征转变为典型的韧性特征。Zhou等研究发现氢渗透速率受腐蚀产物膜的影响，薄膜可以对样品提供显著的保护性能，并抑制氢原子的产生。

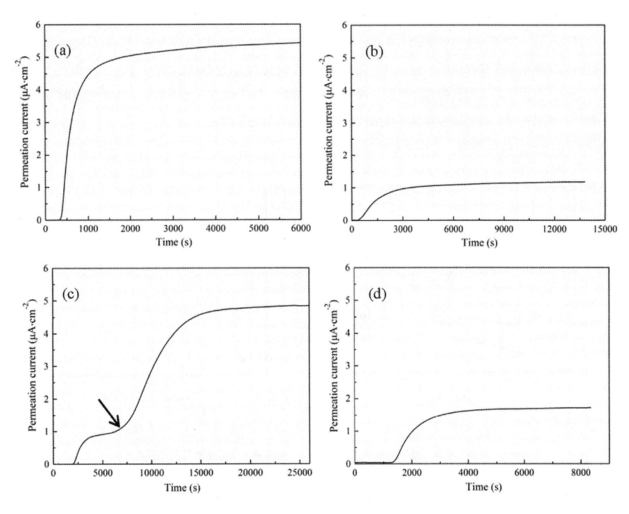

图 5 X80 钢在无氧化膜和有氧化膜时的氢渗透曲线

（（a）为无氧化膜，（b）为高温氧化膜，（c）为浓硫酸钝化膜，（d）为黑化处理得到的膜）

从图 5 得到，对于无氧化膜试样，稳态时的氢渗透电流为 5.687 mA/cm²，相比之下，有氧化膜覆盖的试样的电流密度在一定程度上有所降低。高温氧化和浓 H₂SO4 钝化得到的氧化膜覆盖试样的氢渗透电流密度分别降低到 1.178 和 1.717 mA/cm²。材料表面的腐蚀产物膜、氧化膜等致密度均匀，通过在材料表层阻止氢原子吸附的过程来减少氢渗透，这种方法可以有效降低金属对氢脆的敏感性，未来可以作为解决管道与氢相容性问题的方案之一。

3.2 气体压力

近年来，有许多学者提出使用高强钢作为输送油气的管道，可以通过减小壁厚和提高输送压力来降低成本，然而油气管道中的含氢介质如氢气、硫化氢等会恶化材料的力学性能，从而使管道服役周期缩短。此外，油气输送过程中的压力波动会形成交变载荷，持续的疲劳载荷和氢气的共同作用下，断裂韧性和疲劳韧性都会受到严重损伤。关于此类力学性能与氢的研究已经开展，Zhang 等研究了氢分压对高强度管线钢断裂韧性和疲劳寿命的影响机制。实验结果表明，随着氢分压的增加，断裂韧性和疲劳寿命均降低，且降低趋势逐渐趋于平缓，说明氢对疲劳寿命的影响大于对断裂韧性的影响，只有 3% 的氢气会导致疲劳寿命降低 67.7%。其研究分别在 2MPa、5MPa 和 8MPa 氢分压下进行原位氢渗透试验，从图 6（a）可以看出，随着氢气压力的增加，氢气渗透电流增加，电流的滞后时间变短。氢渗透电流越高，每单位时间进入材料的氢原子越多。此外，随着氢压力的增加，氢渗透电流越高，表明通过材料内部的氢原子数量越多。由于氢原子会因氢致脱聚作用而降低材料原子之间的结合力，因此，增加氢压力可能会使裂纹更容易形成。较小的滞后时间表明氢原子从样品的一侧到另一侧的传输速度更快。氢原子进入材料的速度越快，材料受氢影响的时间就越早。这可以解释氢脆敏感性随着氢分压的增加而升高的现象。由图6（b）曲线可

以看出，随着氢分压的升高，氢渗透电流密度（i∞）的变化逐渐趋于平缓。因此，当氢分压升高时，单位时间内通过材料的氢原子量逐渐饱和。这些结果表明，随着氢气压力的增加，力学性能的下降可能会逐渐趋于稳定。

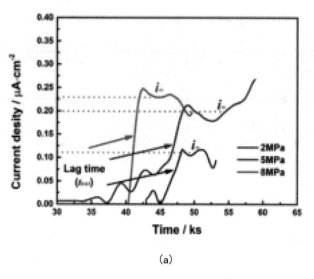

(a)

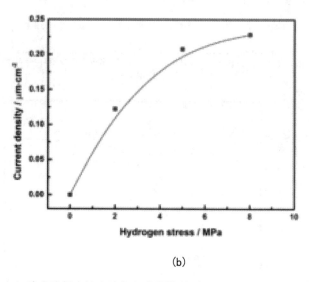

(b)

图6　X（a）不同氢压下的氢渗透曲线；（b）稳态渗氢电流密度与氢分压的关系

Zhou等研究了硫化氢分压对低碳管线钢中氢渗透的影响，通过气体分压的不同将氢渗透行为分为两种类型，一种是1Mpa的高分压，其氢渗透速率峰值高且衰减缓慢，另一种是0.1Mpa的低分压，其氢渗透速率峰值低且无衰减。Teng An等测定了X80管线钢在氢气气氛下的低周疲劳和疲劳裂纹扩展（FCG）性能，研究了氢气压力的变化规律及其对疲劳寿命的影响，结果表明，随着氢气压力的增加，X80的失效循环次数呈指数下降，X80管线钢在氢环境下疲劳性能受损。缺口试样的低周疲劳寿命在低压氢环境下下降较快，随着氢压的升高而降低。Xu等采用氮气和氢气模拟掺氢天然气，探究X52钢的氢脆敏感性，将测试气氛分为无氢、0.1MPa、0.5MPa、1MPa和2MPa的含氢气氛，在上述气体气氛中对X52试样进行原位氢渗透实验。结果表明，随着氢压的增加大体呈现相同的趋势，即电流密度快速增长，然后逐渐减慢，直至接近最大电流密度后趋于稳定。区别于氢压越高，氢进入试样的含量越多，对试样力学性能的影响显著增加。

许多研究人员结论表明，增加气体压力和掺氢比会促进氢渗透过程，提高管道的氢脆敏感性，其内在原因可能是氢压的升高增加了钢表面附近氢分子的数量，增强了氢原子的解离和氢原子在钢表面的吸附，导致钢亚表面氢原子浓度升高，进而直接促进氢渗透的过程。

3.3 应力应变状态

不同应力水平下的氢渗透参数受氢陷阱密度变化的影响，在弹性拉应力作用下，晶格膨胀变大，材料的晶格能增加，H进入晶格的过程是吸热过程，所以随着晶格能的不断增大，导致大量的H进入金属内部，从而使渗氢电流增大，当应力继续增大，试样开始由弹性变形转变为塑性变形时，晶格变形有限，试样开始产生一定的塑性变形，这导致金属内部位错快速增值，新生成的位错充当氢陷阱使试样中的氢陷阱密度增加，这使得一部分H被阻碍，使得氢扩散率下降，随着应力水平继续增加，晶格发生严重畸变，同时产生大量新位错并形成位错塞积，对材料中氢渗透的阻碍作用增强。

Zhengyi Xu 等通过电化学测试研究了 X70 管线钢在碱性环境中施加低张应力后表面的氢行为。通过氢渗透测试发现，施加低拉伸应力后，稳态氢渗透电流密度和亚表层氢浓度显著增加，而表观扩散系数几乎不变。LSV 和 EIS 测试表明弹性拉伸应力提高了析氢反应（HER）的活性。通过 Iyer – Pickering – Zamanzadeh（IPZ）和表面效应模型研究了应力增强氢脆敏感性的机理。结果表明，拉伸应力的施加促进了 Volmer 反应的进行，限制了 Tafel 反应的进行。除此之外，Zhengyi Xu 等还研究了应力对 X70 管线钢阴极析氢行为的影响，结果表明，拉伸应力对氢原子的吸附和脱附起着重要的作用，一方面，拉应力为金属表面提供了更大的表面活性，加速了腐蚀速率，另一方面，拉伸应力导致表面有更多的氢吸附位点，对氢原子产生"钉扎"效应，使氢原子不易复合和脱附。弹性应力没有改变氢原子的扩散系数，但显著提高了亚表面氢浓度。外加应力减小了水分子偶极层的厚度，电离的氢原子更靠近材料表面，HER 活性提高。Yinghao Sun

等对 X80 钢焊缝进行了金相表征和显微硬度测量，在焊缝不同区域进行了动电位极化和电化学氢渗透测试，并对各区域的氢分布进行了数值模拟。结果表明：当焊缝受到应力，特别是塑性应力（即 $1.1\sigma_{ys}$）时，氢的扩散系数和渗透率降低，而次表层氢浓度和氢陷阱密度显著增加。

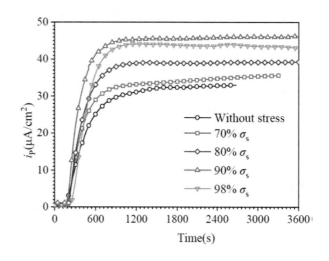

图 7　X80 钢在不同应力状态下的氢渗透曲线

表 2　X80 钢在不同应力状态下的氢渗透参数

应力状态	I_∞ (μA /cm²)	$t_{0.63}$ (s)	L (cm)	D_{eff} (10^{-6} cm²/s)	C_0 (10^{-6} mol/cm³)
无应力	33.01	468	0.106	4.00	9.06
70%σ_s	36.63	435	0.106	4.30	9.35
80%σ_s	39.33	418	0.106	4.43	9.76
90%σ_s	46.40	386	0.106	4.85	10.51
98%σ_s	43.98	470	0.106	3.98	12.12

弹性应力的施加能够导致晶体结构产生变化，金属原子在外力作用下偏离平衡位置，弹性应力增加了晶格体积和间隙位置，使氢的扩散通道拓宽，有利于氢的扩散。应力应变对氢原子渗透过程的影响主要由氢陷阱决定，氢扩散速率的变化与位错捕获氢有关。

3.4 材料微观结构

3.4.1 晶粒尺寸的影响

众所周知，晶粒细化可以降低应力集中并减轻

晶界处的杂质偏析，具体来说，晶界阻止位错运动。因此，晶粒尺寸细化在防止位错诱导的氢传输中起着重要作用。许多研究调查了晶粒尺寸在 HE 发生中的作用。Oudriss 等研究了晶粒尺寸对纯镍中氢扩散和氢捕获行为的影响，根据他们的观察，小晶粒的稳态氢通量高于大晶粒，随着晶粒尺寸的减小，氢原子解离加速。但值得注意的是，Oudriss 等人的研究只对纯镍有效，事实上管线钢的氢捕获行为受晶粒尺寸的影响更大。Arnaud Macadre 等研究了

限制亚稳奥氏体钢氢致塑性下降的临界晶粒尺寸。根据他们的研究，当晶粒尺寸减小时，单位晶界的表面增加，结果表明，氢原子迁移率随着微观结构中晶界分数的增加而增加。Cheolho Park 等人采用原位慢应变速率法研究了晶粒尺寸对 API 2W 60 钢抗氢脆性能的影响。他们通过 TDS 从断裂的原位 SSRT 试样中测量可扩散氢，得出细粒（14μm）试样的氢含量大于粗粒（35μm）试样的氢含量，但细晶粒尽管具有最大量的可扩散氢，但其对 HE 表现出最显著的抵抗力。结果表明，晶粒尺寸的减小导致晶界面积增加，从而更有效地分配了被困在晶界中的可扩散氢，并减少了每单位晶界长度捕获的氢的归一化量。因此，尽管总氢含量最高，从铁氧体晶界解吸的氢量最大，但晶粒细化可有效提高 HE 电阻。N. Yazdipour 等人使用 2D 建模来研究晶粒尺寸对 API X70 管线钢的影响。这些作者记录了平均晶粒尺寸和单位晶界表面面积是预测 API X70 管道钢中氢扩散行为的重要参数。他们还得出结论，晶界可能对氢扩散率产生相反的影响，因此，他们暗示最高的扩散速率发生在中等晶粒尺寸中。晶界作为材料中重要的一类缺陷，对氢存在两种影响，一方面可以作为短路扩散通道加速氢的扩散，另一方面，又作为可逆陷阱捕获氢原子而降低扩散速率。因此晶界特征能够显著影响材料的扩散系数及材料中捕获的氢含量。研究表明，氢扩散系数受晶粒尺寸的影响，当材料具有最佳晶粒尺寸时，氢扩散系数达到最大。根据 Halimark-Patch 效应的假设，屈服强度和硬度随着晶粒度的降低而增加，导致 HIC 敏感性增加。

根据研究人员的结论，晶粒尺寸和晶界在决定氢扩散中起着关键作用。

3.4.2 夹杂物的影响

管线钢中的夹杂物一般是由 Mn、Al、S、Ti、V 等各种元素形成的，这些夹杂物一般是氢致开裂的起始点，因此研究夹杂物对氢渗透过程的影响十分重要。Huang 等人研究了夹杂物对 X120 管线钢氢致开裂敏感性和氢陷阱效率的影响。研究表示，他们测试的 X120 钢的氢扩散差异主要由夹杂物体积分数的差异引起，钢中夹杂物的数量、面积和体积分数的增加使钢更容易受到氢致开裂的影响。H.B. Xue 等人研究了 X80 管线钢夹杂物特征及其与氢致开裂的相关性，对 X80 钢作组织表征显示出 X80 钢中通常存在的三种夹杂物的形态和组成。研究表明，无论是细长状还是球状夹杂物，它们都随机分布在 X80 钢基体中，钢中的裂纹起源于夹杂物，这些夹杂物在钢中充当不可逆的氢陷阱。他们指出，具有减少夹杂物和夹杂物形状控制的更均匀的微观结构将增强对氢致开裂的抗力。Peng 等人研究表明，X70 钢中细小弥散的非金属夹杂物缓解了氢效应，提高了管线钢的抗氢脆性能。Zhang 研究发现，WM 是最易受 HE 和 HIC 影响的区域，而 BM 是最不敏感的区域。对微观结构、断裂表面、次生裂纹形成和机械行为的分析表明，WM 的高 HE 敏感性与微观结构特征相关，包括富含 Ti 的夹杂物等。

3.4.3 显微组织的影响

管线钢的显微组织在管线钢中的氢扩散中起着重要作用，如图 8 所示。由于珠光体的硬度更高，脆性更强，珠光体比铁素体更容易发生氢开裂。氢原子可以在珠光体层、铁素体晶界之间以及夹杂物和金属基体之间的空间中汇聚，当氢原子结合形成氢气时，由于氢压力而形成裂纹。Park 等人研究了显微组织对管线钢氢捕获效率和氢致开裂的影响，研究发现同时影响氢陷阱和氢扩散的高强度管线钢关键组织为退化珠光体（DP）、针状铁素体（AF）、贝氏体（B），对此研究了显微组织对 X65 管线钢捕集效率的影响，发现捕集效率按退化珠光体、贝氏体和针状铁素体的顺序依次增加。

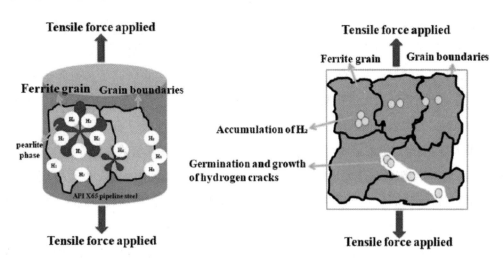

图 8 氢通过管线钢的微观结构扩散

表 3 测试钢种的氢渗透数据

Specimen	Microstructure	Fraction of DP/AF/B	M/A fraction	D_{app} ($\times 10^{-10}$ m^2 s^{-1})	$J_{ss}L$ ($\times 10^{-9}$ mol H m^{-1} s^{-1})	C_{app} ($\times$mol H m^{-3})
A1	F/DP	3.75	1.28	9.27	13.3	14.33
A2	F/AF	8.12	5.73	4.05	8.47	20.91
A3	F/DP	3.93	0.88	9.38	12.9	13.79
A4	F/B	9.38	4.45	4.44	12	27.13

F, ferrite; DP, degenerated pearlite; AF, acicular ferrite; B, bainite; D_{app}, apparent diffusivity; $J_{ss}L$, permeability; C_{app}, apparent solubility.

此外，高强钢管线焊缝处独特的显微组织、冶金缺陷和应力分布，使得其氢渗透行为与基体钢存在显著区别。焊缝处存在的非金属夹杂物、位错和微裂纹均可以作为氢陷阱，残余应力也有利于氢的渗透。

现场经验表明，管道失效一般发生在焊缝处。焊缝处的金相组织和力学性能与母相处不同。氢可以在管线钢焊接过程中或服役条件下引入，高强度管线钢，如 X80 和 X100 钢以及焊接接头由于存在贝氏体等脆性硬化相、大量氢陷阱和独特的冶金不均匀性，容易发生氢致退化。因此讨论焊缝微观组织对氢渗透行为的影响具有重要的实际意义。Joseph A.Ronevich 等人在空气和 21MPa 氢气中测量了一系列强度等级和焊接技术的管道焊缝的抗断裂性，包括 X52 的电阻焊，X100 的搅拌摩擦焊和 X52、X65 和 X100 的气体保护金属电弧焊（GMAW），研究人员观察得到与空气中的补充测试相比，焊缝在氢气中的抗断裂性有所降低。结果表明，21MPa 氢气条件下的抗断裂性随屈服强度的增大而降低。环焊缝中的粗晶热影响区（CGHAZ）存在粒状贝氏体（GB）和板条状贝氏体，其中分布着许多岛状组织，由于其敏感的微观组织，是氢环境中最容易开裂的地方，而细晶热影响区（FGHAZ）由细小的针状铁素体（AF）和多边形铁素体（PF）组成。氢在 CGHAZ 中的扩散速率高于 FGHAZ 中的，这是由于大角度晶界的减少以及位错密度降低。

Xue 等研究了 X80 钢焊缝的氢渗透参数，包括焊缝金属、焊接热影响区和母材。研究表明，焊缝金属处的氢渗透率和亚表面氢浓度最高，这是由于大量细小的针状铁素体的存在，形成了作为氢渗透通路的晶界网络。但是如果焊接温度过高，焊缝金属的晶粒会长大变粗。对于厚壁 X80 钢，焊接时采用多道焊，焊缝区域往往也存在粗大的粒状贝氏体组织。焊缝区的冶金特性使其具有较高的 HIC 敏感性。

3.5 温度

温度会影响氢与金属相互作用的许多方面，包括表面反应、溶解度、扩散率、捕获等。温度是本体氢浓度和扩散率的决定因素，因此也决定了氢诱导降解的水平。据报道，对于铁素体钢，氢脆在 200 到 300K 之间最为严重。随着温度的升高，碳钢和低合金钢表现出不太严重的氢脆。温度的影响可以基于氢捕获模型来解释，在该模型中，氢被认为在材料中的微观结构成分和缺陷处扩散或具有一定的结合能。在低于室温的温度下，氢气的扩散速度太慢，无法在陷阱和临界区域大量积累。在高温下，氢的迁移率得到强烈增强，捕获减少，并促进了脱捕。Xing 等人还指出，升高温度会促进氢运动并增加表面氢浓度，但会限制缺陷附近的氢积累。

温度是影响氢扩散系数的最主要因素，随着温度升高，氢原子的热激活能增大，原子更容易发生迁移，氢扩散系数也越大。氢扩散系数与温度的关系可以用 Arrhenius 方程表示：

$$D = D_0 \, exp\left(-\frac{E_a}{RT}\right) \qquad （14）$$

温度升高可以促进氢原子的扩散，氢扩散系数与温度符合 Arrhenius 方程；随温度升高，可扩散氢浓度先减小后增大，稳态渗氢电流密度增大。

王佳等为研究 X80 管线钢热影响区组织对氢渗透行为的影响，利用焊接热模拟技术模拟了 X80 管线钢在不同峰值温度下生成的焊接热影响区，研究了 800 ~ 1350℃的峰值温度对焊接热影响区的氢渗透行为的影响，结果表明：随着峰值温度的升高，组织的氢扩散通量和氢表现扩散系数逐渐增大，吸附氢浓度逐渐减小。研究表明，在焊接热影响区组织中，部分相变区的氢脆敏感性最高，容易造成氢聚集，进而引起氢脆等现象。

Weimin Zhao 在 1.2MPa 氢气中对焊接热模拟试样进行氢渗透试验，确定了环焊缝各个亚区的氢渗透参数，利用光学显微镜、EBSD、XRD 等分析仪器分析了相应的微观结构变化，结果表明：氢扩散系数主要由最终热处理峰值温度决定，影响氢渗透的关键微观因素会随该温度发生变化。GAO 采用气相氢渗透实验研究了 X80 管道钢在不同温度和氢气压力下的氢扩散和溶解行为。考虑到俘获效应引起的非线性氢分布，开发并通过 TDS 实验验证了一种计算表面氢浓度的方法。结果表明，随着温度的升高，X80 中的氢浓度呈先降低后升高的趋势，溶解度最低的温度为转变温度。转变温度随充氢压力的增大而降低，随氢阱结合能和氢阱密度的增大而升高。Xu 等通过现场气体氢渗透试验、SSRT 试验、断口形貌分析和 TDS 试验相结合的方法，研究了温度对 X52 管线钢氢扩散和 HE 行为的影响。结果表明，在 20 ~ 60℃温度范围内，氢扩散系数随温度升高而显著增大，满足 Arrhenius 关系；亚表面氢浓度随温度升高而降低，这是由于在实验温度范围内氢的扩散速度快于氢的吸收速度。此外，SSRT 试验计算的 HE 指数和断口形貌表明，X52 钢的 HE 敏感性随温度的升高而升高，这与 TDS 分析中 60℃时钢中困氢量较高有关。

3.6 气体杂质

在掺氢输送过程中，主要输送的介质包括 CH_4、H_2、H_2S、CO_2、O_2、CO 等杂质以及水的混合气体。Zhou 等研究了中性和酸性条件下 CO_2 在 X80 管线钢上的氢渗透行为，发现在中性环境下 CO_2 可以促进氢渗透，但腐蚀速率较低，约为 H_2S 的 1/20，腐蚀产物为颗粒状的 $FeCO_3$。在酸性环境中，对氢渗透的促进作用约为 H_2S 的 1/10；但随着时间的推移，腐蚀产物膜变得更加致密，对腐蚀和氢渗透具有抑制作用 (图 9)。

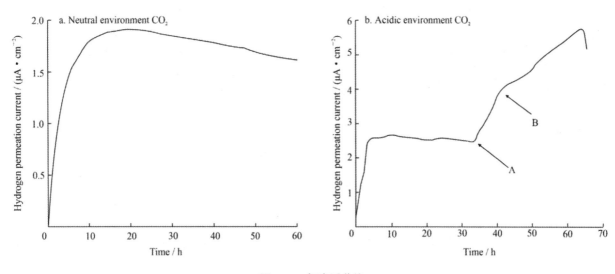

图 9　X80 氢渗透曲线

Wang 等研究确定，对于高强钢，当 H_2S 和 CO_2 共存时，湿 H_2S 除了会引起均匀腐蚀和局部腐蚀外，还会引起氢致开裂和应力腐蚀开裂。Zhi Zhang 研究发现，与只含 H_2S 的情况相比，当 H_2S 和 CO_2 共存时，P110 套管钢的力学性能、硫化物应力腐蚀开裂敏感性和氢渗透率均降低。其主要原因是在高 H_2S 含量的腐蚀环境中，50% CO_2 增加了腐蚀产物膜的致密性，从而减缓了氢渗透速率。

近年来，通过不同角度的研究，逐渐形成了一个共同的认识：H_2S 和 CO_2 对金属腐蚀和氢脆具有耦合和竞争作用。Ye 在总压力为 1 MPa 的酸性环境中测量了 X80 管线钢在不同 H_2S / CO_2 分压比下的氢渗透曲线（图 10 ）。从 0h 到 30h，氢渗透电流先增大后减小，主要是由于腐蚀产物膜的积累形成了保护性致密膜。当 30h 后逐渐进入稳态时，氢渗透电流随着 H_2S 分压的降低而降低。

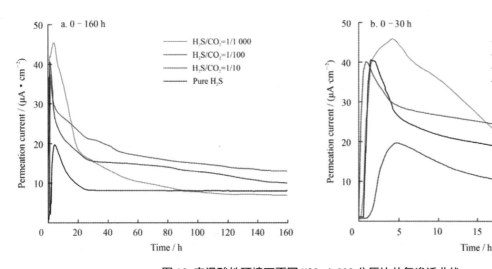

图 10　室温酸性环境下不同 H2S / CO2 分压比的氢渗透曲线

此外，Komoda 等人研究了 H_2 气体中的 CO 杂质对 A333 管线钢氢加速疲劳裂纹扩展的影响。结果表明，CO 的添加抑制了由于氢引起的加速疲劳裂纹扩展。Liu 等采用慢应变速率拉伸试验研究了 X80 管线钢在不同 H_2/CH_4/CO 含量的混氢天然气环境中的拉伸性能。结果表明，CH_4/CO 的存在可以抑制 X80 钢的氢脆敏感性，并对其抑制机理进行了探讨，相比之下，CO 的抑制作用更为显著。Somerday 研究了 O_2 对材料的氢脆敏感性影响，结果表明，当 H_2 气体中含有 O_2 作为杂质时，它们优先吸附在铁表面。吸附的杂质使铁表面对氢解离的催化失活，从而抑制了氢脆。

综上所述，虽然部分研究人员针对杂质气体的影响进行了相应的探究，但目前对于多种杂质气体的耦合作用并不明确，仍需进一步研究。

5 结语

近十年来，各国陆续开始施行天然气掺氢项目，有关氢渗透的问题也取得大量的研究结果。用来模拟氢渗透行为的研究方法包括电化学渗透法和气相渗透法，电化学渗透法的实验装置一般采用D-S双电池，此方法装置简单、灵敏度较高、技术成熟，是进行氢渗透研究的重点方式，但是电化学渗透法很难模拟出真实条件下的氢渗透行为，因此使用气相渗氢装置可以更好地反映真实环境下的氢渗透行为。对于现有的氢渗透的研究，仍还有一些可待开发的研究方向：

管线钢多使用焊接技术进行连接，服役过程中，氢原子会富集在焊缝区，产生各种氢损伤，而对此相关研究还不够，特别是在控制焊缝残余应力方面。因此需要重点关注氢在焊缝区的氢渗透模型，未来可能使用机器学习算法预测焊接接头的质量，并在焊后进行缺陷的识别和控制等，以便更好的实行焊接过程自动化，面向智能焊接和高质焊接。

管线钢的服役环境十分复杂，受到管外因素和管内介质的多重作用，而现有研究仅限于针对一种变量进行研究。因此需要考虑多因素耦合作用下的管线钢氢渗透行为。

参考文献：

[1] 郝珍，李闻，朱艳兵，等. 我国天然气掺氢可行性分析 [J]. 云南化工，2021, 48(10): 94-96.

[2] 金雪，庄雨轩，王辉，等. 氢储能解决弃风弃光问题的可行性分析研究 [J]. 电工电气，2019(4): 63-68.

[3] 陈石义，龙海洋，李天雷，等. 天然气管道掺氢探讨 [J]. 天然气与石油，2020, 38(6): 22-26.

[4] 李凤，董绍华，陈林，等. 掺氢天然气长距离管道输送安全关键技术与进展 [J]. 力学与实践：1-13.

[5]Sun Y, Y. Frank Cheng. Hydrogen-induced degradation of high-strength steel pipeline welds: A critical review[J]. Engineering Failure Analysis, 2022, 133: 105985.

[6]Slifka A J, Drexler E S, Nanninga N E, et al. Fatigue crack growth of two pipeline steels in a pressurized hydrogen environment[J]. Corrosion Science, 2014, 78: 313-321.

[7] 黄明，吴勇，文习之，等. 利用天然气管道掺混输送氢气的可行性分析 [J]. 煤气与热力，2013, 33(4): 39-42.

[8]Tiwari G P, Bose A, Chakravartty J K, et al. A study of internal hydrogen embrittlement of steels[J]. Materials Science and Engineering: A, 2000, 286(2): 269-281.

[9] 解德刚，李蒙，单智伟. 氢与金属的微观交互作用研究进展 [J]. 中国材料进展，2018, 37(3): 215-223.

[10] 李守英，胡瑞松，赵卫民，等. 氢在钢铁表面吸附以及扩散的研究现状 [J]. 表面技术，2020, 49(8): 15-21.

[11]Briottet L, Moro I, Lemoine P. Quantifying the hydrogen embrittlement of pipeline steels for safety considerations[J]. International Journal of Hydrogen Energy, 2012, 37(22): 17616-17623.

[12] 孙颖昊，程玉峰. 高强管线钢焊缝区氢损伤研究与展望 [J]. 石油管材与仪器，2021, 7(6): 1-13.

[13]Shi R, Chen L, Wang Z, et al. Quantitative investigation on deep hydrogen trapping in tempered martensitic steel[J]. Journal of Alloys and Compounds, 2021, 854: 157218.

[14]Kim W K, Koh S U, Yang B Y, et al. Effect of environmental and metallurgical factors on hydrogen induced cracking of HSLA steels[J]. Corrosion Science, 2008, 50(12): 3336-3342.

[15]Thomas A, Szpunar J A. Hydrogen diffusion and trapping in X70 pipeline steel[J]. International Journal of Hydrogen Energy, 2020, 45(3): 2390-2404.

[16]Haq A J, Muzaka K, Dunne D P, et al. Effect of microstructure and composition on hydrogen permeation in X70 pipeline steels[J]. International Journal of Hydrogen Energy, 2013, 38(5): 2544-2556.

[17]Zhang L, Shen H, Lu K, et al. Investigation of hydrogen concentration and hydrogen damage on API X80 steel surface under cathodic overprotection[J]. International Journal of Hydrogen Energy, 2017, 42(50): 29888-29896.

[18]Wang C, Zhang J, Liu C, et al. Study on hydrogen embrittlement susceptibility of X80 steel through in-situ gaseous hydrogen permeation and slow strain rate tensile tests[J]. International Journal of Hydrogen Energy, 2023, 48(1): 243-256.

[19]Zhang T, Zhao W, Zhao Y, et al. Effects of surface oxide films on hydrogen permeation and susceptibility to embrittlement of X80 steel under hydrogen atmosphere[J]. International Journal of Hydrogen Energy, 2018, 43(6): 3353-3365.

[20]Zhou C, Zheng S, Chen C, et al. The effect of the partial pressure of H2S on the permeation of hydrogen in low carbon pipeline steel[J]. Corrosion Science, 2013, 67: 184-192.

[21]Zhang S, Li J, An T, et al. Investigating the influence mechanism of hydrogen partial pressure on fracture toughness and fatigue life by in-situ hydrogen permeation[J]. International Journal of Hydrogen Energy, 2021, 46(39): 20621-20629.

[22]An T, Peng H, Bai P, et al. Influence of hydrogen pressure on fatigue properties of X80 pipeline steel[J]. International Journal of Hydrogen Energy, 2017, 42(23): 15669-15678.

[23]Zhou D, Li T, Huang D, et al. The experiment study to assess the impact of hydrogen blended natural gas on the tensile properties and damage mechanism of X80 pipeline steel[J]. International Journal of Hydrogen Energy, 2021, 46(10): 7402-7414.

[24]郭望, 赵卫民, 张体明, 等. 阴极极化和应力耦合作用下X80钢氢渗透行为研究[J]. 中国腐蚀与防护学报, 2015, 35(4): 353-358.

[25]Xu Z, Zhang P, Meng G, et al. Influence of low tensile stress on the kinetics of hydrogen permeation and evolution behavior in alkaline environment[J]. International Journal of Hydrogen Energy, 2022, 47(79): 33803-33812.

[26]Xu Z, Zhang P, Zhang B, et al. Effect of tensile stress on the hydrogen adsorption of X70 pipeline steel[J]. International Journal of Hydrogen Energy, 2022, 47(50): 21582-21595.

[27]邢云颖. X80管线钢在强阴极干扰条件下的氢脆研究[D]. 北京科技大学, 2022.

[28]Oudriss A, Creus J, Bouhattate J, et al. Grain size and grain-boundary effects on diffusion and trapping of hydrogen in pure nickel[J]. Acta Materialia, 2012, 60(19):

6814-6828.

[29]Macadre A, Nakada N, Tsuchiyama T, et al. Critical grain size to limit the hydrogen-induced ductility drop in a metastable austenitic steel[J]. International Journal of Hydrogen Energy, 2015, 40(33): 10697-10703.

[30]Park C, Kang N, Liu S. Effect of grain size on the resistance to hydrogen embrittlement of API 2W Grade 60 steels using in situ slow-strain-rate testing[J]. Corrosion Science, 2017, 128: 33-41.

[31]Yazdipour N, Haq A J, Muzaka K, et al. 2D modelling of the effect of grain size on hydrogen diffusion in X70 steel[J]. Computational Materials Science, 2012, 56: 49-57.

[32]Ghosh G, Rostron P, Garg R, et al. Hydrogen induced cracking of pipeline and pressure vessel steels: A review[J]. Engineering Fracture Mechanics, 2018, 199: 609-618.

[33]Masoumi M, Silva C C, De Abreu H F G. Effect of crystallographic orientations on the hydrogen-induced cracking resistance improvement of API 5L X70 pipeline steel under various thermomechanical processing[J]. Corrosion Science, 2016, 111: 121-131.

[34]Huang F, Liu J, Deng Z J, et al. Effect of microstructure and inclusions on hydrogen induced cracking susceptibility and hydrogen trapping efficiency of X120 pipeline steel[J]. Materials Science and Engineering: A, 2010, 527(26): 6997-7001.

[35]Xue H B, Cheng Y F. Characterization of inclusions of X80 pipeline steel and its correlation with hydrogen-induced cracking[J]. Corrosion Science, 2011, 53(4): 1201-1208.

[36]Peng Z, Liu J, Huang F, et al. Comparative study of non-metallic inclusions on the critical size for HIC initiation and its influence on hydrogen trapping[J]. International Journal of Hydrogen Energy, 2020, 45(22): 12616-12628.

[37]ZHANG P, LALEH M, HUGHES A E, et al. Effect of microstructure on hydrogen embrittlement and hydrogen-induced cracking behaviour of a high-strength pipeline steel weldment[J]. Corrosion Science, 2024, 227: 111764.

[38]Park G T, Koh S U, Jung H G, et al. Effect of microstructure on the hydrogen trapping efficiency and hydrogen induced cracking of linepipe steel[J]. Corrosion

Science, 2008, 50(7): 1865−1871.

[39]Mousavi Anijdan S H, Arab Gh, Sabzi M, et al. Sensitivity to hydrogen induced cracking, and corrosion performance of an API X65 pipeline steel in H2S containing environment: influence of heat treatment and its subsequent microstructural changes[J]. Journal of Materials Research and Technology, 2021, 15: 1−16.

[40]Ronevich J A, Song E J, Somerday B P, et al. Hydrogen−assisted fracture resistance of pipeline welds in gaseous hydrogen[J]. International Journal of Hydrogen Energy, 2021, 46(10): 7601−7614.

[41]Xue H B, Cheng Y F. Hydrogen Permeation and Electrochemical Corrosion Behavior of the X80 Pipeline Steel Weld[J]. Journal of Materials Engineering and Performance, 2013, 22(1): 170−175.

[42] 王佳, 陈锴, 赵伟, 等. X80管线钢焊接热影响区组织和氢渗透行为研究 [J]. 焊管, 2022, 45(3): 1−6.

[43]Zhao W, Du T, Li X, et al. Effects of multiple welding thermal cycles on hydrogen permeation parameters of X80 steel[J]. Corrosion Science, 2021, 192: 109797.

[44] GAO R, XING B, YANG C, et al. Synergic effects of temperature and pressure on the hydrogen diffusion and dissolution behaviour of X80 pipeline steel [J]. Corrosion Science, 2024, 240: 112468.

[45] XU X, ZHANG R, WANG C, et al. Experimental study on the temperature dependence of gaseous hydrogen permeation and hydrogen embrittlement susceptibility of X52 pipeline steel [J]. Engineering Failure Analysis, 2024, 155: 107746.

[46]Wang P, Wang J, Zheng S, 等 . Effect of H2S/CO2 partial pressure ratio on the tensile properties of X80 pipeline steel[J]. International Journal of Hydrogen Energy, 2015, 40(35): 11925−11930.

[47] Zhang Z. The influence of hydrogen sulfide on internal pressure strength of carbon steel production casing in the gas well[J]. Journal of Petroleum Science and Engineering, 2020.

[48]KOMODA R, YAMADA K, KUBOTA M, et al. The inhibitory effect of carbon monoxide contained in hydrogen gas environment on hydrogen−accelerated fatigue crack growth and its loading frequency dependency [J]. International Journal of Hydrogen Energy, 2019, 44(54): 29007−16.

[49]LIU C, YANG H, WANG C, et al. Effects of CH4 and CO on hydrogen embrittlement susceptibility of X80 pipeline steel in hydrogen blended natural gas [J]. International Journal of Hydrogen Energy, 2023.

[50]SOMERDAY B P, SOFRONIS P, NIBUR K A, et al. Elucidating the variables affecting accelerated fatigue crack growth of steels in hydrogen gas with low oxygen concentrations [J]. Acta Materialia, 2013, 61(16): 6153−70.

[51]Meng G, Sun F, Wang S, et al. Effect of electrodeposition parameters on the hydrogen permeation during Cu－Sn alloy electrodeposition[J]. Electrochimica Acta, 2010, 55(7): 2238−2245.

[52]Hardie D, Charles E A, Lopez A H. Hydrogen embrittlement of high strength pipeline steels[J]. Corrosion Science, 2006, 48(12): 4378−4385.

有机液态储氢技术
在川藏地区的应用前景分析

梅　琦　张建平　王晓东

（中国石油西南油气田公司）

摘要： 在川藏地区，利用有机液态储氢技术有望开辟广泛的应用前景，这一技术特别适合于充分利用该地区充裕的可再生能源。该技术的应用将促进氢的大规模储存与远距离输送，从而增强能源供应的连续性和可靠性。尽管目前还面临一些技术难题，但随着技术的持续革新和成本效益的改善，预计有机液态储氢技术将对川藏地区的可持续能源转型起到关键的推动作用。本研究综合考虑了川藏地区的自然地理特性和新能源的发展趋势，深入探讨了有机液态储氢技术在该地区的发展潜力，并对其商业化途径进行了分析，同时提出了切实可行的建议。

关键词： 有机液态储氢　绿氢　储氢技术　新能源

《氢能发展中长期规划 2021～2035》中提出，氢能是未来国家能源体系的重要组成部分，是用能终端实现绿色低碳转型的重要载体，是战略性新兴产业和未来产业重点发展方向。国家能源局发布的《新型电力系统发展蓝皮书》指出，到 2045 年，交通领域新能源、氢燃料电池汽车替代传统能源汽车，以机械储能、氢能等为代表的 10 小时以上长时储能技术攻关取得突破；到 2060 年，交通化工领域绿电制氢等新技术新业态新模式大范围推广，在冶金、化工、重型运输等领域，氢能作为反应物质和原材料等，成为清洁电力的重要补充，与电能一起共同构建以电氢协同为主的终端用能形态。而安全、经济储氢技术的的解决，是实现氢能商业化、规模化应用的前提，是促进我国氢能战略实施的重要环节之一。

有机液态储氢技术以其卓越的储氢能力和较高的安全性，以及在长途运输中的便捷性，正逐渐受到行业的青睐。与常规的高压气体储氢和低温液态储氢相比，有机液态储氢技术能够在常温常压的条件下储存氢气，显著降低了氢气泄露风险并提升了整体安全性。该技术所采用的储氢介质，如芳香烃和烯烃，通过与氢气的可逆化学反应，实现了氢气的高效储存与释放。特别是甲基环己烷和二苄基甲苯，作为当前研究和应用的热点，它们的储氢密度高达 5-7.5wt%，远超传统的高压气体储氢方式。

川藏地区，凭借其丰富的水资源、太阳能及风能资源，可再生能源开发潜力巨大，具备发展绿氢的天然优势，为有机液态储氢技术的应用提供了得天独厚的条件。通过可再生能源发电，电解水产生的氢气与环烷烃进行加氢反应，可以生成便于储存和运输的液态有机氢化物。这一过程不仅适用于长期的季节性储氢，也适用于解决能源在不同地区分布不均的问题。从经济效益角度出发，有机液态储氢技术有潜力减少氢气的储存和运输成本，相较于传统方法，其经济性优势明显。此外，有机液态储氢技术能够与现有的石化基础设施兼容，如利用管道和槽车进行运输，进一步降低了成本。在环境效益方面，有机液态储氢技术作为一种清洁能源解决方案，有助于减少温室气体排放，与传统化石燃料相比，氢气在燃料电池中的应用可以实现零排放，为川藏地区的能源转型和可持续发展提供了新的动力。

川藏地区采用液态有机储氢技术，对于提升能源使用效率、降低能源成本、推动地区经济的持续发展以及环境保护均具有重要意义。随着技术的不断进步和成本的降低，预计有机液态储氢技术将在未来的能源领域扮演更加关键的角色。本文对有机液态储氢进行了简要介绍，并根据川藏地区的自然地理条件和新能源发展趋势，着重分析了有机液态储氢在川藏地区技术可行性与应用前景，并给出了合理化建议。

1　有机液态储氢技术原理及发展现状分析

1.1　有机液态储氢技术原理

有机液态储氢技术通过化学手段将氢气以液态形式封存，这一过程依赖于特定的液态有机载体，它们通过可逆化学反应实现氢的捕获与释放。有机液态储氢技术的优势在于其大容量储氢、高储氢密度、可逆的储氢过程，以及与现有燃料基础设施的兼容性。在标准条件下，氢气在储存和运输过程中的损失极小，与液态氢气系统相比，后者在输送过程中可能会遭受较大的蒸发损失。因此，该技术在能源的储存、运输和交易方面具有显著的应用潜力。

有机液态储氢技术中常见的储氢介质包括甲基环己烷、二苄基甲苯以及十氢萘/萘酚等，这些介质在常温常压下呈液态，物理特性与化石燃料类似。其中，甲基环己烷的储氢过程如图1所示。在加氢与脱氢的环节中，催化剂的使用至关重要，它有助于降低反应温度、加快反应速度，并促进氢气的有效吸附与释放。该技术基于不饱和液态有机化合物与氢气之间的可逆加氢和脱氢反应，目前研究重点集中在芳香族和氮掺杂化合物上。这些化合物由于其芳香环的共振结构，更容易与氢气发生反应，从而实现较高的储氢效率。

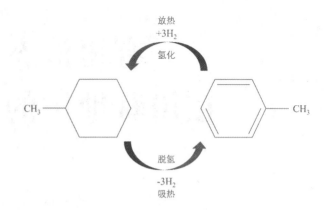

图1甲基环己烷储氢机理

尽管存在操作条件严格、脱氢反应条件要求高、安全隐患、能耗和成本等问题，但全球有机液态储氢市场预计将实现显著增长。众多国内外企业正积极投入这一领域，推动技术的创新和产业的发展。随着技术的不断进步和市场规模的扩大，预计有机液态储氢技术将在氢能的广泛应用中扮演更加重要的角色。

1.2　催化类型以及催化机理

在有机液态储氢中，金属催化剂扮演着关键角色，它们在氢气的释放与吸附过程中发挥着至关重要的作用，金属催化剂分为贵金属催化剂和非贵金属催化剂，各有不同的种类和催化机理，且各自具有独特的优缺点，贵金属催化剂主要有铂、钯、铑等，非贵金属催化剂主要有铁、镍、钴等。

贵金属催化剂的作用机制涉及其表面对氢气分子的吸附和解离成氢原子。这些氢原子随后与有机化合物在催化剂表面反应，形成氢化产物。贵金属的高催化活性不仅促进了这一反应过程，而且在脱氢过程中，也确保了氢原子能高效地从有机分子中解离并重新形成氢气分子。

非贵金属催化剂的催化机理涉及氢气在催化剂表面的解离成氢原子，这些氢原子随后与有机化合物反应。尽管这些催化剂的氢解离能力可能不及贵金属催化剂，但它们在氢化反应中仍然有效。在脱氢反应中，非贵金属催化剂促进氢原子从有机氢化物中解离和释放，可能需要在较高温度或特定条件下操作以提升效率。

与贵金属催化剂相比，非贵金属催化剂的优点在于成本较低和资源丰富，且某些催化剂在高温下显示出良好的稳定性。

　　尽管贵金属催化剂如铂、钯、铑因其高催化活性而成为研究的热点，但其高昂的价格和资源稀缺性限制了它们的广泛应用。非贵金属催化剂如镍、钴、铁等在成本和原料方面具有优势，但需要进一步提高其催化活性和稳定性。在选择催化剂时，需要综合考虑经济性和工艺要求，以实现有机液态储氢系统中的高效和经济应用。

1.3 有机液态储氢发展现状

（1）国外发展现状

　　在欧美地区，有机液态储氢技术的研究已经达到了较高的成熟度。众多科研机构和企业正集中精力开发新型的有机液态储氢材料，例如二苯乙烯和氢化苯，这些材料不仅具有较高的吸放氢密度，还展现出良好的循环稳定性。此外，在催化剂领域，国际上的研究机构和企业也取得了显著的进展。德国、美国和日本的研究团队正在研发能够提升氢气释放效率和储氢容量的高效催化剂。这些催化剂包括经过改良的贵金属催化剂和新型非贵金属催化剂，它们能够长期维持高效的催化性能，对实际应用至关重要。

　　有机液体贮氢技术已经在航空航天、汽车及储能装置等多个领域得到了广泛应用。在欧洲、美国等国家，已有多个应用于无人驾驶飞机、电动汽车等领域的有机液体贮氢装置。德国和日本等国的企业正在测试和部署基于有机液态储氢的氢气配送系统，这些系统涉及氢气的运输、储存和分配，特别是在长途运输氢气的场景中显示出其优势。

　　部分欧洲国家正在探索将有机液态储氢技术应用于氢燃料电池汽车中，尽管目前仍处于试验阶段，但这些应用预计将在未来改善氢气的储存和供应问题。此外，许多国际公司已经将有机液态储氢技术从实验室阶段转化为商用产品，德国的化工公司 BASF 和日本的丰田公司在这一领域的合作尤为突出，它们正在共同开发新技术并推动市场应用。

　　不同国家和企业之间的合作正在加速技术的推广和产业化，包括共同研发新材料、建设试点项目和制定标准。在一些发达国家，已经有多个试点项目成功启动，这些项目验证了有机液态储氢技术在实际应用中的可行性和经济性。

（2）国内发展现状

　　在国内，有机液态储氢技术正迅速成为科研和工业界的焦点。众多科研机构和高等学府投身于开发新一代的有机液态储氢材料，如甲醇、乙醇、甲烷，以及氢化二苯乙烯和邻苯二甲酸等，这些材料在提高吸放氢性能、释放率和循环稳定性方面具有潜力。研究机构和大学在催化剂的开发上取得了创新成果，特别是非贵金属催化剂，这些催化剂旨在降低成本同时提升催化效率。此外，研究者正在探索新型的液态有机氢载体材料，目的是提高氢气的存储密度和释放效率，同时注重材料的环保性和经济性。

　　国内的试点项目和实验室成果已经开始转化为实际应用。一些企业和研究机构正在试验将有机液态储氢技术应用于氢能汽车，同时，能源公司也在评估这项技术在氢气供应链中的实用性和效果。政府对氢能产业的支持为有机液态储氢技术的发展提供了强有力的推动。《氢能产业发展中长期规划（2021–2035 年）》特别强调了对氢能储存和运输技术，包括有机液态储氢技术的支持。政府通过政策制定、资金支持和激励措施，促进了该领域的技术发展和产业化。

　　总体来看，国内在有机液态储氢技术领域的发展正受到国家层面的重视和支持，预示着该技术在未来能源结构中将扮演越来越重要的角色。随着技术的不断成熟和市场的逐步扩大，有机液态储氢技术有望在推动能源转型和实现可持续发展目标方面发挥关键作用。

2　川藏地区氢气需求潜力及前景分析

2.1 川藏地区能源开发现状

　　川藏地区，坐落中国西南部，扮演着连接中国与南亚的关键桥梁角色，具有不可忽视的地缘政治与经济战略价值。尽管该地区地形险峻、气候多变，给基础设施的建设带来了不小的挑战，川藏地区仍在加速发展电源、电网和油气等基础设施，目标是构建一个以清洁能源为主导，油气及其他新能源作为补充的综合性能源体系。

截至目前，四川全省电力总装机超过1.3亿千瓦，其中，水电装机规模达到1亿千瓦，而风光装机仅1600万千瓦，相比水电开发，四川的风光资源开发稍显滞后。四川全省风光资源规划超过2.7亿千瓦，开发潜力巨大，预计2025年和2030年，新能源装机将分别达到3200万千瓦和8200万千瓦，四川省将进入新能源并网投运年新增约1000万千瓦的高速发展阶段。

作为水电大省，四川拥有丰富的水资源，多年平均降水量和水资源总量分别约为4889.75亿立方米和3489.7亿立方米，河川径流量占水资源总量的大部分。此外，四川还有着"千河之省"的美誉，以及丰富的地下水和湖泊资源，为水电资源的利用提供了坚实的基础。然而，四川在水电资源的利用上仍存在浪费现象，电能替代策略的实施将有助于减少这种浪费，同时降低对煤炭的依赖，推动能源消费结构向更加环保和可持续的方向发展。

西藏太阳能资源居全国首位，拥有世界上最长的光照时间，全年日照3100-3400小时，水平面总辐射量大于5000MJ/m²（太阳能资源很丰富区以上）的土地面积为总土地面积的90%以上，全区平均总辐射量为5808 MJ/m²，太阳能资源可开发资源极其丰富。西藏自治区全区风能资源在7m/s以上的区域约占全区面积的40%，主要分布于海拔4800m以上的高山区，风能资源理论蕴藏量为1.1×10^5亿kW·h，风力发电理论开发量约1.81亿kW，技术可开发量约2855万kW。2023年，西藏全区电源总装机容量达630.83万千瓦，其中水电、光伏、风电等清洁能源装机占比超9成，清洁能源累计并网容量180.03万千瓦。新能源开发规模较小。

2.2 氢气需求潜力及发展前景分析

川藏地区巨大的可再生能源开发潜力，然而，川藏地区在能源发展过程中仍面临多重挑战，区域地势复杂，能源传输通道的建设面临诸多困难，但在此区域发展绿氢却有着得天独厚的资源优势，绿氢的大规模生产，再通过安全经济的储存及输送技术，运往国内其它区域进行消纳，可以有效解决国内资源及用能地域及时空分布不均的问题。

氢能产业链较长，应用场景极为广泛，覆盖了能源、交通、化工、电力等多个领域。我国是世界上最大的制氢国，截至2023年底，全国氢气产能超4900万吨/年，产量超3500万吨，主要作为合成氨、甲醇，以及炼化等工业过程中的中间原料。其中，电解水制氢产能约45万吨/年，同比增长约10.5%，产量约30万吨，同比增长约5.1%。

我国可再生能源装机量全球第一，在清洁低碳的氢能供给上具有巨大潜力。随着国家对清洁能源的重视，川藏地区的能源需求正迅速增长。川藏地区在能源转型和清洁能源推广上具有巨大的潜力，川藏地区正在加快氢能产业链的布局，推动氢能技术的研发和应用，以满足工业发展的能源需求，氢能的多元化应用将为该地区的可持续发展提供强有力的支持。

《四川省氢能产业发展规划》（2021～2025年）提出，力争到2025年，燃料电池汽车应用规模达6000辆，氢能基础设施配套体系初步建立，建成多种类型加氢站60座；氢能示范领域进一步拓展，实现热电联供、轨道交通、无人机等领域示范应用，建设氢能分布式能源站和备用电源项目5座，氢储能电站2座。同时到2025年，逐渐健全强化氢能产业链，培育国内领先企业25家，覆盖制氢、储运氢、加氢、氢能利用等领域。其中核心原材料企业2家，制氢企业7家储运和加氢企业6家，燃料电池及整车制造企业10家。

《西藏自治区氢氧产业发展规划（2024-2030年）》（征求意见稿）提出，到2030年，氢氧产业达到国内先进水平，建成较为完备的氢氧产销储用一体网络，培育不少于10家具备核心竞争力的本地氢氧企业，初步形成一定规模的氢氧产业平台，"高原氢谷"产业品牌逐步打响，氢能示范应用场景进一步拓展，绿氢及绿氧在氢水泥、氢矿产、氢交通等领域实现试点示范或规模化应用，氢氧产业总产值规模达到50亿元。

我国氢能的长期战略是向绿氢过渡，预计到2030年，中国氢能将占最终能源消耗的5%，2050

年占10%。《氢能产业发展中长期规划（2021-2035年）》提出，到2025年，可再生能源制氢量达到10-20万吨/年，成为新增氢能消费的重要组成部分，实现二氧化碳减排100-200万吨/年。中国氢能发展路线图的目标是到2025年达到10GW的电解槽安装容量，到2030年至少达到35GW，到2050年超过500GW。到2030年，全球生产的1.31亿吨氢气中有2200万吨将用于能源用途。到2050年，全球只有30%的氢供应将用于非能源用途。39%将直接使用氢作为能源，而31%将转化为氨或其它形式的燃料供能源最终用户使用[DNV]。

2023年我国氢气供应量为3541万吨，其中电解水制氢占比不足0.5%，随着电解水制氢技术的提升和国家碳排放约束力度的加大，预计电解水制氢将于2030年前后开启规模化发展阶段。我国氢需求主要集中在建筑、电力、交通与工业等领域。我国现阶段的氢产量主要来自于灰氢，"双碳"目标下，未来随着新型能源系统的快速转型，绿色氢能需求将快速提升，灰（蓝）氢的市场份额将逐步萎缩。根据水电总院预测，未来我国绿氢需求在2030年、2040年、2025年和2060年将分别超过2300、6900、9100、12000万吨。根据《中国氢能源及燃料电池产业白皮书2020》预测，在2060年碳中和情景下氢能规模将达到1.3亿吨，在终端能源消费占比中达到20%，其中可再生能源制氢规模有望达到1亿吨，两者的绿氢预测需求量几乎相同，如图2所示。中国氢能联盟研究院发布的报告中指出，2030年，西南地区氢消费量约占全国氢消费总量的9.84%。而川藏地区的氢能消费重量约占西南地区的50%，即全国氢消费总量的4.97%左右。2030至2060年间，川藏地区的氢消费量将保持不变。具体氢消费量如图3所示。

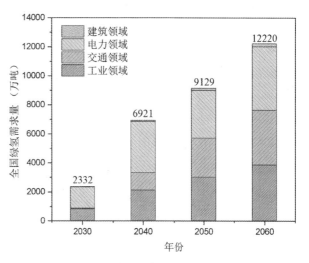

图2 全国绿氢需求量预测

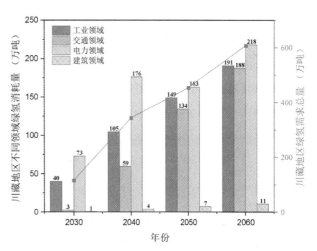

图3 川藏地区绿氢需求量预测

根据预测，川藏地区的绿氢需求量在2030年、2040年、2050年和2060年分别可以达到116、344、454和607万吨。其中电力领域的绿氢用量始终最大，工业领域用氢次之。根据中国氢能联盟预测，2030-2060年中国氢消费总量中绿氢占比将不断上升，具体如下：2030绿氢需求约占中国总需求量的17%左右；2040年约占46%；2050年约占70%；2060年约占100%。预测基于中国氢能政策体系日趋完善、氢能产业发展总体向好、产业链逐步完善以及与国际先进水平的差距逐步缩小的趋势。由以上数据可以推断出，2030-2060年全国氢需求总量和川藏地区氢需求总量，如图4所示。从图中数据可以看出，相比于2030年，2040全国氢需求量有所上升，随后有所减小，但总的氢需求体量依然很大，储氢市场潜力较大。

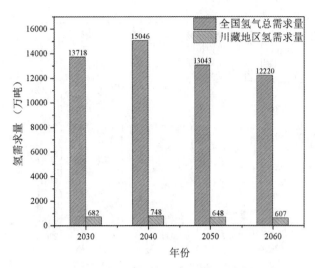

图4 全国和川藏地区氢能需求总量预测

在工业应用方面,对于川藏地区合成工业用氨、合成工业用甲醇、石油化工、冶金还原剂等领域企业而言,由于存在大规模和长时间的储氢需求,有机液态储氢技术提供了一种具有独特优势的解决方案。在交通领域,随着燃料电池汽车的推广,绿氢在交通运输领域的应用需求将逐步增加。四川省规划了"一极三廊三片区"的绿氢产业集群,支持成都都市圈建设"绿氢之都",并在攀枝花、凉山、成都等地试点建设绿氢制备基地;计划到2030年,氢燃料电池汽车应用规模达8000辆,目前仅投运约600辆。随着氢能应用场景的推广,未来工业用绿氢量有望大幅增长。电力领域,川藏地区的传统煤电机组将进行低碳化改造,预计将在日常发电中掺烧绿氨。这一过程中,合成氨企业将需要稳定的绿氢供应,从而成为有机液态储氢技术的潜在用户。川藏地区在氢能发展上面临的区域分布不均和高运输成本等问题,也为有机液态储氢技术提供了应用场景。

在国家发展和改革委员会及国家能源局的推动下,煤电低碳化改造建设方案正在积极推进。《煤电低碳化改造建设行动方案（2024-2027）》提出,利用风电、太阳能发电等可再生能源富余电力,通过电解水制绿氢并合成绿氨,实施燃煤机组掺烧绿氨发电,替代部分燃煤。改造建设后煤电机组应具备掺烧10%以上绿氨能力,燃煤消耗和碳排放水平显著降低。尽管在川藏地区,煤电占比不高,但考虑到其对电网的贡献,煤电改造的潜力依然巨大,

绿氨在川藏地区需求量仍然很大。

川藏地区复杂的地形和广阔的土地,对汽车运输和大型机械作业有着极大的需求。氢燃料电池发电机在这些领域具有显著的优势,不仅环保,而且高效,能够为运输车辆和重型机械提供持久的动力。与电动汽车相比,氢燃料电池汽车的氢气加注时间短,能够节省时间,提高工作效率,降低成本。

川藏地区的工业发展与氢能产业的发展紧密相连。随着工业的快速发展,对清洁能源的需求不断增加,氢能在能源供应、分布式能源系统、氢能装备制造等方面的需求日益显著。综合来看,川藏地区凭借其天然优势和国家政策的支持,以及不断壮大的氢能产业链,未来的氢气需求潜力巨大,有望成为氢能产业的重要发展区域。

3　川藏地区有机液态储氢技术的应用前景分析分析

3.1　有机液态储氢技术优势与市场定位

目前,高压气态储氢技术因其操作简便和较低的技术门槛而被广泛采用。尽管如此,由于氢气在高压状态下存在泄漏甚至爆炸的风险,加之在压缩和储存过程中可能造成氢能的损失,其安全性和效率问题日益受到关注。针对长距离运输和大规模储存的需求,市场迫切寻求更安全、更高效的储氢解决方案。在这一背景下,有机液态储氢技术以其高储氢密度、良好的安全性和强大的兼容性脱颖而出,特别适用于川藏地区等需要远距离和长时间储氢的场合。

与传统的高压气态储氢相比,有机液态储氢技术在常温常压的条件下以液态形式储存,能够实现5 wt.%以上的储氢密度,且储氢介质的物理性质与汽油类似,可以便捷地利用现有的油气储运体系进行规模化运输,且运输过程中氢气损失较小,方便又安全。此外,有机液态储氢技术的兼容性强,能够满足大规模、长距离以及跨季节的储氢需求,有望突破氢能储运成本的瓶颈。

3.2　技术应用前景分析

有机液态储氢技术在公路及铁路长距离运输中展现出独特优势,随着技术的进步和成本的降低,

预计有机液态储氢技术将在川藏地区乃至更广泛的区域内发挥越来越重要的作用。

有机液态储氢技术的产业链可以分为三个主要环节：上游原料生产与储氢介质研发、中游氢气储存与运输、以及下游应用与服务，如图5所示。

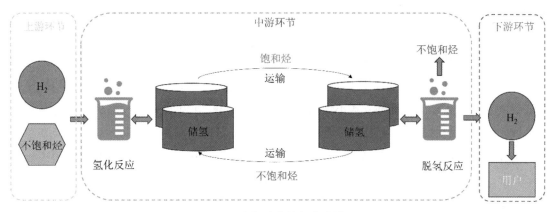

图5　有机液态储氢产业链

在上游环节，重点是合成和优化不饱和液体有机物，如烯烃、炔烃或芳香烃，并研发储氢介质。这是产业链的技术基础，对创新和成本控制起着至关重要的作用。通过规模化生产，如甲基环己烷、乙基咔唑、二苄基甲苯等有机储氢载体材料，企业能够降低成本并提高市场竞争力。此外，整合氢能供应链，包括与可再生能源发电企业的合作，可以形成完整的产业链，利用风电、太阳能等清洁能源进行电解水制氢，并通过有机液态储氢技术进行储运。

中游环节涉及氢气与储氢介质的化学反应，包括加氢和脱氢过程，以及有机液态氢的储存和运输。实现氢的高密度储存和安全、高效的运输是这一环节的关键。开发高效、低成本的催化剂对于降低有机液态储氢成本至关重要。

下游环节则是有机液态储氢技术的应用与服务，这包括在川藏地区推广技术，广泛应用于交通、工业、电力等领域，提高氢能的利用效率和经济性。终端应用涵盖燃料电池、化工原料以及跨季节储存等。服务环节包括技术支持和设备维护。在川藏地区建设的加氢站，可以利用有机液态储氢技术为车辆提供氢气。

氢能正逐渐成为能源转型的重要组成部分，投资规模迅速扩大至千亿美元，呈现出巨大的市场潜力。特别是在中国西南地区的川藏地区，氢能的发展具有显著的区域优势。四川省对氢能产业的发展给予了全方位的支持，推动了氢能产业链的完善和氢能应用的拓展。四川省采取了强有力的措施，致力于建设绿色氢能产业集群，并在公共交通、技术创新、设备制造等多个关键领域推广氢能的使用。四川省的氢能产业链已经形成了多元化的氢源结构，其氢能的生产规模在国内居于领先地位。同时，该省已经聚集了众多相关企业以及科研机构，形成了涵盖氢能产业上下游的完整产业链布局。另一方面，西藏自治区由于其独特的地理和气候条件，拥有丰富的太阳能资源，位居全国之首，为利用可再生能源生产氢气提供了极为有利的环境。四川省的政策支持与西藏自治区的自然资源优势相结合，为氢能产业的发展和应用提供了有力的支撑和保障，预示着该地区在氢能领域的发展潜力巨大。

尽管氢气的运输方式多样，川藏地区在氢能资源的分布上存在一些特殊挑战，包括区域间的不均衡、应用场景的集中以及地形的复杂性。对于四川省而言，可再生能源如风能、太阳能和水能主要集中在川西的山区，而氢气的主要使用场景则集中在成都平原地区。因此，在制氢站的建设、绿色氢气的运输及应用方面面临着一定困难，这就需要一种能够实现长时间稳定运输的氢气储运系统，以适应长距离的运输需求。为了解决这一问题，槽车、氢气管道、管束车以及有机液态储氢等运输方式，有望在川藏地区得到应用。根据国际氢能网提供的数据,这些运输方式的成本随输送距离的增加而变化,如图6所示(数据来源:国际氢能网)。从图中可以看出,当运输距离超过50公里时,有机液态储氢的运输成本最低。结合川藏地区氢能分布的实际情况以及各种氢气运输方式的成本效益分析,有机液态储氢方式在成本和适用性方面具有优势,是川藏地区最适合的氢气储运方法。这种方式不仅能有效降低运输成本,而且能够适应川藏地区复杂的地理条件,为氢能产业的长远发展提供坚实的基础。

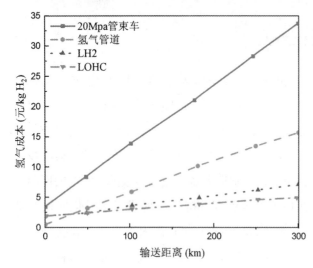

图6 不同氢储运方式成本

总体而言,有机液态储氢技术在川藏地区的推广不仅有助于地区能源的清洁转型,还能促进相关产业链的发展,从原料生产到最终应用,形成闭环的氢能经济体系,为地区带来环境和经济上的双重利益。

4　结论及建议

川藏地区拥有巨大的可再生能源开发潜力,在此区域发展绿氢有着得天独厚的资源优势,绿氢的大规模生产,再通过安全经济的储存及输送技术,运往国内其它区域进行消纳,可以有效解决国内资源及用能地域及时空分布不均的问题。而安全、经济储氢技术的的解决,是实现氢能商业化、规模化应用的前提,是促进我国氢能战略实施的重要环节之一,有机液态储氢技术以其卓越的储氢能力和较高的安全性,以及在长途运输中的便捷性,在川藏地区有着良好的发展前景。

有机液态储氢技术在我国已取得长足的进步,相关技术已有小规模示范应用,但要商业化及规模化发展,仍然面临着诸多问题和挑战。针对此技术在川藏地区的推广应用,提出以下建议:

1. 加强催化剂研发,特别是高效率,低成本非贵金属催化剂的研发,增强有机液体储氢密度,降低氢气的吸附和释放温度,提高有机液体的脱氢效率和速率,降低成本。

2. 针对川藏地区特殊地理环境及资源禀赋,以及不同应用场景,开展有针对性有机液体储氢工艺设计方案研究。

3. 加强政策支持和产业规划,推动氢能在多种应用场景下的多元化利用,扩大氢能需求,促进氢能产业的商业化和规模化应用,带动发展有机液体储氢技术在本地区的可持续发展。

参考文献:

[1] 高勇,陈慧,刘锋,et al. 有机液体储氢技术中催化剂应用的研究进展 [J]. 贵金属, 2023, 44(1): 86-91.

[2] 潘伦,韩泽昊,闫晓,et al. 有机液体储氢载体催化脱氢技术研究进展 [J]. 天津大学学报(自然科学与工程技术版), 2024, (6).

[3] 蔡卫权,陈进富,俞英. 有机物可逆储放氢技术的研究现状与展望; proceedings of the 中国太阳能学会学术会议, F, 2001 [C].

[4] 张慧敏,田磊,孙云峰, et al. 有机液体储氢研究进展及管道运输的思考 [J]. 油气储运, 2023, 42(4): 375-90.

[5] 朱相丽. 国外储氢材料的研究现状 [J]. 新材料产业, 2010, (3): 54-60.

[6] 朱婷. 有机储氢液体高效加/脱氢双功能催化剂的制备和催化机理研究 [D]; 中国地质大学, 2022.

[7] 陈进富,蔡卫权,俞英. 有机液态氢化物可逆储放氢技术的研究现状与展望 [J]. 太阳能学报, 2002, 23(4): 5.

[8] 李欣雨,唐鋆磊,李佳奇, et al. 有机液体储氢体系研究进展 [J]. 低碳化学与化工, 2023, 48(6): 107-19.

[9] 邵艳波,宋义伟,张志贵, et al. 氢气低温液化与储运技术进展 [J]. 低温与超导, 2023, 51(6): 55-61.

[10] 徐立军,苏昕,朱迪, et al. "双碳"目

标下氢能产业技术发展分析 [J]. Journal of Xinjiang University (Natural Science Edition), 2024, 41(4).

[11] 韩利, 李琦, 冷国云, et al. 氢能储存技术最新进展 [J]. 化工进展, 2022, 41(S1): 108.

[12] 丁宁, 陈千惠, 刘丹禾, et al. 制储氢技术经济性分析与前景展望 [J]. Clean Coal Technology, 2023, 29(10).

[13] 朱刚利, 杨伯伦. 液体有机氢化物储氢研究进展 [J]. 化学进展, 2009, 21(12): 2760.

[14] 刘若璐, 汤海波, 何翡翡, et al. 液态有机储氢技术研究现状与展望 [J]. 化工进展, 2024, 43(4): 1731.

[15]YANG M, CHENG G, XIE D, et al. Study of hydrogenation and dehydrogenation of 1-methylindole for reversible onboard hydrogen storage application [J]. 2018, 43(18): 8868-76.

[16]SHI L, ZHOU Y, QI S, et al. Pt catalysts supported on H2 and O2 plasma-treated Al2O3 for hydrogenation and dehydrogenation of the liquid organic hydrogen carrier pair dibenzyltoluene and perhydrodibenzyltoluene [J]. 2020, 10(18): 10661-71.

[17]RUOLU L, HAIBO T, FEIFEI H, et al. Recent research and prospect of liquid organic hydrogen carries technology [J]. 43(4): 1731.

[18]LIANG Y, TONG Z, BINBIN Z, et al. Promotion of WO3 species on Pt/α-Al2O3 for the deep hydrogenation of naphthalene [J]. 2021, 72(11): 5643.

[19]ZHU T, YANG M, CHEN X, et al. A highly active bifunctional Ru - Pd catalyst for hydrogenation and dehydrogenation of liquid organic hydrogen carriers [J]. 2019, 378: 382-91.

[20]LEE S, LEE J, KIM T, et al. Pt/CeO2 catalyst synthesized by combustion method for dehydrogenation of perhydro-dibenzyltoluene as liquid organic hydrogen carrier: effect of pore size and metal dispersion [J]. 2021, 46(7): 5520-9.

[21]CHEN X, LI G, GAO M, et al. Wet-impregnated bimetallic Pd-Ni catalysts with enhanced activity for dehydrogenation of perhydro-N-propylcarbazole [J]. 2020, 45(56): 32168-78.

[22]FENG Z, BAI X J F. Enhanced activity of bimetallic Pd-Ni nanoparticles on KIT-6 for production of hydrogen from dodecahydro-N-ethylcarbazole [J]. 2022, 329: 125473.

[23] 诸葛玲. 铁催化二氧化碳和甲酸酯衍生物的氢化反应研究 [D]; 华中师范大学, 2016.

[24] 张媛媛, 赵静, 鲁锡兰, et al. 有机液体储氢材料的研究进展 [J]. 化工进展, 2016, 35(09): 2869-74.

[25]DING Y, DONG Y, ZHANG H, et al. A highly adaptable Ni catalyst for Liquid Organic Hydrogen Carriers hydrogenation [J]. 2021, 46(53): 27026-36.

[26]HERVOCHON J, DORCET V, JUNGE K, et al. Convenient synthesis of cobalt nanoparticles for the hydrogenation of quinolines in water [J]. 2020, 10(14): 4820-6.

[27]WEI Z, CHEN Y, WANG J, et al. Cobalt encapsulated in N-doped graphene layers: an efficient and stable catalyst for hydrogenation of quinoline compounds [J]. 2016, 6(9): 5816-22.

[28]HE Z-H, SUN Y-C, WANG K, et al. Reversible aerobic oxidative dehydrogenation/hydrogenation of N-heterocycles over AlN supported redox cobalt catalysts [J]. 2020, 496: 111192.

[29]SU X, AN P, GAO J, et al. Selective catalytic hydrogenation of naphthalene to tetralin over a Ni-Mo/Al2O3 catalyst [J]. 2020, 28(10): 2566-76.

[30]RAO P C, YOON M J E. Potential liquid-organic hydrogen carrier (LOHC) systems: A review on recent progress [J]. 2020, 13(22): 6040.

[31]PREUSTER P, PAPP C, WASSERSCHEID P J A O C R. Liquid organic hydrogen carriers (LOHCs): toward a hydrogen-free hydrogen economy [J]. 2017, 50(1): 74-85.

[32]ABDIN Z, TANG C, LIU Y, et al. Large-scale stationary hydrogen storage via liquid organic hydrogen carriers [J]. 2021, 24(9).

[33] 邹才能, 张福东, 郑德温, et al. 人工制氢及氢工业在我国 "能源自主" 中的战略地位 [J]. Natural Gas Industry, 2019, 39(1).

[34]GROUP T S M. CLARKSONS AND HYDROGENIOUS LOHC TECHNOLOGIES SIGN MOU FOR HYDROGEN SUPPLY CHAIN [J]. Tank Storage Magazine, 2023, 19(6): 16-.

[35]XIAO M, BAKTASH A, LYU M, et al. Unveiling the role of water in heterogeneous photocatalysis of methanol conversion for efficient hydrogen production [J]. Angewandte Chemie, 2024, 136(21): e202402004.

[36] 邢承治, 赵明, 尚超, et al. 有机液体载氢

储运技术研究进展及应用场景 [J]. 储能科学与技术，2024, 13(2): 643.

[37] 闫光龙，郭克星，赵苗苗．储氢技术的研究现状及进展 [J]. Natural Gas & Oil, 2023, 41(5).

[38] 薛景文，于鹏飞，张彦康，et al. 液态有机氢载体储氢系统脱氢反应器研究进展 %J 热力发电 [J]. 2022, 51(11): 1-10.

[39] 突破!国内首套, 自主研制成功 [J]. 船舶工程，2022, 44(2): 139-.

[40] 陈利君．中国西南能源地缘政治环境 [J].

[41] 刘承波，杜华健，万乐．光伏发电助力油站碳中和 [J]. 加油站服务指南，2021.

[42] 彭扬．中国石化发布能源化工展望系列报告 [J]. 炼油技术与工程，2024, 54(1): 59-.

建筑物影响下掺氢天然气管道
在土壤－大气环境中泄漏扩散规律

班久庆[1,2]　王　鑫[3]　张　强[1,2]　刘　刚[3]　闫霄鹏[4,5]

（1 中国石油西南油气田公司天然气研究院；2. 国家市场监管重点实验室（天然气质量控制和能量计量）；3 重庆科技大学 安全科学与工程学院；4. 常州大学 石油与天然气工程学院 能源学院；5. 常州大学 中国石油－常州大学创新联合体）

摘要： 目前，随着节能减排的环保理念不断推行，为了削减传统化石能源在使用过程中所造成的大量碳排放，各国政府加强在新型清洁能源领域的投入和研发。其中作为领碳排放量的氢能源备受各国政府青睐，现有研究表明使用天然气管网进行掺混输送氢气是最为经济的方式。但是由于氢能所具有的特殊理化性质，是影响氢能大规模利用的关键环节。当掺氢天然气（Hydrogen-Blended Natural Gas，HBNG）管道中进行掺混输气时，将会面临着复杂的内外腐蚀环境和氢损伤等问题导致管道破裂进而造成气体泄漏扩散，存在较大的安全隐患。因此，本研究采用理论分析与数值模拟相结合的研究手段，以城镇燃气管道掺氢输送为背景，针对掺氢天然气管道泄漏后气体在土壤向大气环境中扩散后形成的危险区域范围开展研究。探究不同土壤性质、掺氢比（Hydrogen Blending Ratio，HBR）、环境风速等因素对气体扩散过程的影响。研究结果表明，土壤性质的改变对气体泄漏后形成的危险区域范围具有显著影响，气体在砂土中泄漏至大气域中形成的危险区域范围是黏土的 17 倍，是壤土的 2 倍；水平风速的加大使气体向垂直方向的扩散范围降低，向水平方向的扩散范围增大；掺氢比例的提升使得氢气的水平与垂直扩散范围增加，甲烷的水平与垂直扩散范围降低。对比几种不同影响因素，土壤性质对掺氢天然气泄漏后形成的危险区域范围影响最为显著，应针对不同土壤类型下的气体泄漏扩散分别划定危险区域范围和制定相关维抢修方案。

关键词： 掺氢天然气　泄漏扩散　数值仿真　危险区域　爆炸极限

1. 引言

目前，由于传统化石能源所带来的高污染和高耗能，各国都在加紧开发新型可再生能源。世界主流机构对可再生能源利用的增长率做出了相关预测，如图 1 所示，可再生能源的开发将成为未来的主流发展趋势。

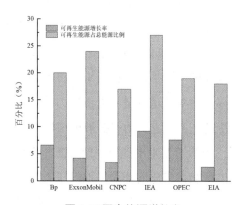

图 1　可再生能源增长率
以及 2030 年可再生能源占总能源比例

氢能被视作为新型能源中的一项重要载体，因此，近年来各国政府和研究人员都将目光投向了具有"高热值、零碳排放"优势的氢能源发展。氢能的输送方式要实现氢能的工业化应用，应首先实现氢气的经济高效输送。相关学者和研究人员统计了目前主流的氢能运输方式的经济效益，认为在现有天然气管道内掺混氢气最为经济且便利。

目前在欧洲和部分发达国家已经开展了天然气管道掺氢输送的相关试验和研究，表 1 所示为世界上主要地区和国家的相关氢能发展规划，目前认为在管道中掺混氢气比例不超过 50% 是安全的。

表 1　主要国家和地区天然气掺氢产业发展规划

国家或地区	主要规划
欧盟	该战略规划在 2030 年前后利用现有的泛欧天然气管网基础设施对欧盟内各成员国进行输送氢气。
法国	法国政府计划在 2030 年左右的时间将 20% 的氢气掺混入现有天然气管网中。
美国	美国政府计划在未来的发展中，将氢气掺混入天然气管网输送作为中长期技术开发选项。
英国	计划 2035 年前后建成国家级的氢能管网

我国政府已于 2022 年在河北省张家口市启动了掺氢比 ≤ 20% 的研发示范项目，截至 2024 年，我国在深圳也开展了城镇燃气管道的掺氢建设工作。结合我国天然气管道的敷设情况来看，我国城镇输气管网已基本经形成。但根据相关研究人员和学者的研究表明，将氢气与天然气混合会改变天然气的原始特性，并增加管道运营的风险，将不可避免的导致掺氢天然气管道不可避免的出现泄漏事故。

相较于常规燃气管道，掺氢天然气管道中掺混了氢气，而氢气与甲烷的部分参数如压缩因子、点火能量等差别较大，因此研究人员大多都更为倾向使用 CFD 数值仿真的手段研究天然气管道内掺混氢气后气体的泄漏扩散规律。朱建鲁等为进一步明确管道掺氢后对管道输量和管道压力的影响，利用 SPS 软件建立了管道的动态扩散模拟模型。研究结果表明，当管道发生小孔泄漏时，较之于纯天然气输送，流量随掺氢比增加而增加但压力变化可忽略不计，同时掺氢 30% 时管道泄漏抢修时间约缩短 93%，对泄漏后应急响应提出了挑战。俞进等通过 CFD 数值模拟软件探究了天然气管道中掺混氢气受到障碍物和风速的影响。研究结果显示，同体积混氢天然气与不含氢天然气泄漏，混氢天然气爆炸下限扩散半径更小；较低含氢量的混氢天然气泄漏后氢气组分爆炸区域仅限于泄漏点附近。高标等采用数值模拟的研究方式针对高压掺氢管道泄漏建立了仿真模型，结合 Birch 理论模型用伪源对管道泄漏孔进行代替。重点探究了不同掺氢比、管道压力等因素对气体扩散的影响。研究结果表明，当管道内掺混氢气的比例升高后，气体所形成的爆炸区域高度逐渐减小；管道压力升高后气体所形成的影响区域增大。孙齐等使用 CFD 数值模拟软建立了掺混天然气泄漏的仿真模型，对气体在不同掺氢比与不同风速下的扩散规律进行了重点探究。研究结果表明，环境风速增大后，气体向垂直方向扩散范围减小，而水平方向的气体扩散范围则急剧增大；随着管道内掺混氢气的比例升高后，气体在垂直方向的扩散高度会随之减小，二者呈反比关系。Su 等针对掺氢天然气在家庭厨房中的泄漏问题开展了相关研究，采用数值模拟软件建立了掺氢天然气泄漏扩散仿真模型。研究结果表明，随着掺氢比例的增加，泄漏气体到达爆炸极限下限的时间和气体的预警时间均有所提前。彭善碧等对长输掺氢天然气管道泄漏扩散问题进行了探究。通过CFD数值模拟软件建立了二维平面模型，重点探究了掺氢比、泄漏孔径、温度等因素对掺氢天然气泄漏扩散的影响。研究结果表明，随着掺氢比例的增大，氢气所形成的危险区域也随之增大；随着泄漏孔径的增加气体的危险区域变化最为显著；温度的改变对气体泄漏后形成的危险区域影响较小。

综上所述，目前针对建筑物影响下的埋地掺氢天然气管道泄漏扩散规律的研究较少，为进一步探究气体从土壤泄漏至大气的扩散过程，本研究对掺氢天然气管道在从土壤泄漏后扩散至大气域的扩散规律进行探究，探究气体在建筑物间受到不同土壤性质、掺氢比、风速等影响因素下的扩散规律。为

相关应急预案的制定提供数值参考依据。

2 数值方法

2.1 物理模型

本文针对埋地掺氢天然气管道泄漏后气体穿过土壤进入大气空间的扩散规律进行探究，主要对掺氢天然气在建筑物的空腔内浓度场分布、危险区域进行分析。为确保模拟受土壤三个方向上阻力影响的精确性和准确性，将模拟模型设定为三维模型。设定大气域模型尺寸为140m×140m×80m，土壤域模型的尺寸为10m×10m×3m，管长10m，管径200mm。前述章节探讨均为小孔泄漏，通过对相关文献和资料进行调研，发现管道泄漏由第三方破坏导致引起的较多，且多为大孔泄漏，因此设定泄漏孔为80mm，位于管道中心处且开口向上。相关模型的几何示意图如图1所示。

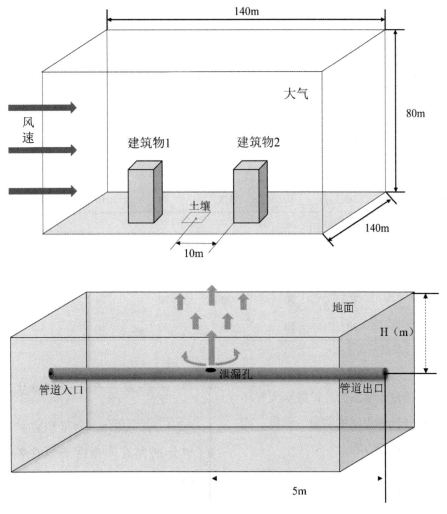

图1　几何模型示意图

选取泄漏孔径、土壤类型、掺氢比等影响因素，分析各因素变化对大气中掺氢天然气浓度场分布的影响作用。通过调研可知在城市范围内由于受到施工方作业施工的破坏，多发生泄漏为大孔泄漏，因此将泄漏孔径选定为80mm；根据民用建筑设计通则，选取高层住宅进行探究。根据《燃气工程项目规范》GB55009-2021中常见的城镇燃气管道压力

范围，并参考相关文献，将管道运行压力区间设定为0.4MPa；选取西南某地风速范围为1.5-5m/s；泄漏孔径研究范围为80mm，选取0.9m管道埋深，土壤选取砂土、壤土和粘土三种类型进行研究。根据GB50352-2005民用建筑设计通则，将建筑物高度设定为30m。具体工况设置如下表2所示。

表2　土壤－大气耦合空间掺氢天然气泄漏扩散模拟工况

工况	压力／（MPa）	掺氢比／（%）	埋深／（m）	楼高／（m）	风速／（m/s）	泄漏孔径／（mm）	土壤性质
1	0.4	15	0.9	30	1.5	80	壤土
2	0.4	15	0.9	30	1.5	80	砂土
3	0.4	15	0.9	30	1.5	80	黏土
4	0.4	15	0.9	30	3.0	80	壤土
5	0.4	15	0.9	30	5.0	80	壤土
6	0.4	5	0.9	30	1.5	80	壤土
7	0.4	30	0.9	30	1.5	80	壤土

为探究掺氢天然气泄漏后扩散至大气域中的甲烷与氢气浓度分布，在不同方位布设监测点，其位置如下表3所示：

表3　监测点位置

	C1	C2	C3	C4	C5	C6
X	70	70	70	95	95	95
Y	70	70	70	70	70	70
Z	30	10	1.5	30	10	1.5

	C7	C8	C9	C10	C11	C12
X	110	110	110	125	125	125
Y	70	70	70	70	70	70
Z	30	10	1.5	30	10	1.5

2.2 数学模型

当掺氢天然气管道发生泄漏后，扩散至大气环境中时，同样满足遵守流体力学的质量、动量、能量三大守恒方程及气体状态方程。

（1）连续性方程

连续方程描述的是氢气和甲烷质量守恒定律，具体公式如下：

$$\frac{\partial \rho}{\partial t}+\frac{\partial(\rho u)}{\partial x}+\frac{\partial(\rho v)}{\partial y}=0 \quad (1)$$

式中，ρ为流体的密度（kg/m³）；t为时间（s）；u、v分别为流体速度矢量在x、y方向的分量（m/s）。

（2）动量方程

动量方程是动量定理在流体力学中的具体应用，具体公式表述如下：

$$\frac{\partial(\rho u)}{\partial t} + \text{div}(\rho u \mathbf{u}) = -\frac{\partial p}{\partial x} + \frac{\partial \tau_{xx}}{\partial x} + \frac{\partial \tau_{yx}}{\partial y} + \rho f_x$$

$$\frac{\partial(\rho v)}{\partial t} + \text{div}(\rho v \mathbf{u}) = -\frac{\partial p}{\partial x} + \frac{\partial \tau_{xy}}{\partial x} + \frac{\partial \tau_{yy}}{\partial y} + \rho f_y \tag{2}$$

式中，f_x、f_y分别为x、y方向上的单位质量力（m/s^2）；$\mathbf{u}$为速度矢量；τ流体微元所受到的黏性应力（Pa）；

（3）浓度方程

由于扩散区域包含有甲烷、氢气和空气三种物质，因此在计算过程中必须使用浓度守恒方程进行控制，如式（3）所示：

$$\frac{\partial(\rho c_s)}{\partial t} + \text{div}(\rho \mathbf{u} c_s) = \text{div}\left[D_s \text{grad}(\rho c_s)\right] + S_s \tag{3}$$

式中，c_s为组分 s 的体积浓度；D_s为组分的扩散系数；S_s为系统内部单位时间内单位体积通过化学反应产生的该组分的质量。

（4）湍流模型

湍流模型选择$Realizable\ k\text{-}\varepsilon$模型，由于气体的密度相较于空气密度更小，因此会受到浮力的影响，在设置中勾选全浮力选项。

k方程：

$$\frac{\partial(\rho k)}{\partial t} + \frac{\partial(\rho k u_i)}{\partial x_i} = \frac{\partial}{\partial x_j}\left[\left(\mu + \frac{\mu_i}{\sigma_i}\right)\frac{\partial k}{\partial x_j}\right] + G_k + G_b - \rho\varepsilon - Y_M \tag{4}$$

ε方程：

$$\frac{\partial(\rho \varepsilon)}{\partial t} + \frac{\partial(\rho \varepsilon u_i)}{\partial x_i} = \frac{\partial}{\partial x_j}\left[\left(\mu + \frac{\mu_i}{\sigma_s}\right)\frac{\partial \varepsilon}{\partial x_j}\right] + \rho C_1 S_\varepsilon - \rho C_2 \frac{\varepsilon^2}{k + \sqrt{v\varepsilon}} + C_{1\varepsilon}\frac{\varepsilon}{k}C_{3\varepsilon}G_b$$

2.3 边界条件及初始条件

在 Fluent 中首选选择组分输运模型，勾选甲烷 – 空气混合气体，并在流体中添加入氢气。土壤 – 大气耦合扩散模型中设置两个流体域 Fluid–air 和 Fluid–solid，在空气域中设置大气空间的边界为入口，进风侧设定为风速入口并挂载 UDF；土壤域中泄漏孔仍设定为压力入口，土壤与大气的交界面设定为 Interior，使得气体能够穿过土壤扩散至大气中，边界条件的设定如下表 4 所示。

表4　土壤 – 大气耦合空间掺氢天然气泄漏扩散模拟工况

边界名称	模型位置	边界条件	参数值设定
Leak hole	泄漏孔	Pressure-Inlet	压力、掺氢比、湍流粘度
Interior	土壤 – 大气域交界面	Interface	保持默认
Symmetry-all	土壤前后左右及底部	Symmetry	保持默认
Wall-lou	建筑物	Wall	保持默认
Outlet-air	大气域边界	Pressure-outlet	保持默认
Inlet-air	风速入口	Velocity-Inlet	挂载 UDF
Wall-G	管道	Wall	保持默认

2.4 网格划分及无关性验证

本文所采用的土壤 – 大气耦合扩散模型由上部空气域与下部土壤域两个不同的流体域组成，在二者的交界面采用共享拓扑技术，使得气体能够顺利穿过土壤域。由于模型较为复杂，因此采用非结构化网格对其进行网格划分，确保网格的质量更好。为确保计算精度，对大气与土壤的交界面的网格与泄漏口尺寸分别进行加密处理，同时在确保计算精度的前提下尽可能的减少计算量。

本文使用 Fluent meshing 软件划分了五种不同网格对模型进行无关性验证，具体网格数量为113万、152万、198万、233万、289万共5个网格数量模型，网格质量均大于0.7，满足本次计算精度要求。在泄漏压力 0.4MPa 下，在地面 0.3 米处设置（70，70，0.3）监测点，监测甲烷扩散浓度随时间变化值。网格数量为 198 万时相较于 233 万、289 万的甲烷浓度变化已不大，综合计算精度和计算机性能考虑选取使用 198 万网格进行计算。

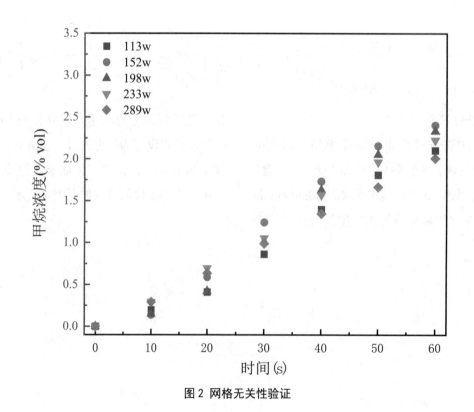

图 2 网格无关性验证

3　结果与讨论

3.1　建筑物影响下埋地掺氢管道泄漏土壤－大气耦合扩散特征

依据 GB/T 20936.1-2022《爆炸性环境用气体探测器 第 1 部分：可燃气体探测器性能要求》和参考文献中所规定的气体最大报警浓度不超过 LEL 的 20%，因此在本文也采用相关规定。以 HBR=15% 为例，混合气体的 LEL=4.82%，其报警浓度应不超过 0.00964%。

3.1.1　速度分布特征

由于风速入口为指数型风速分布，随着高度的增加风速逐渐加大，在模型顶部形成最大风速 3.25m/s 左右。在风力的作用下，速度分布极不稳定。由于建筑物的阻碍作用，两个障碍物间的风速仅为 0.2m/s 左右，使得气体泄漏后越过第二建筑物继续扩散，如图 3 所示。

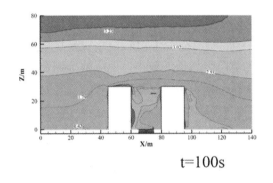
t=100s

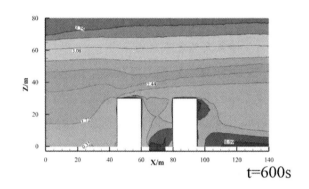
t=600s

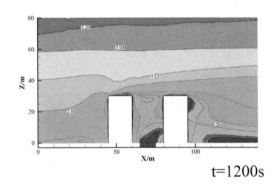
t=1200s

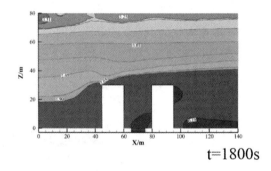
t=1800s

图 3　风速分布云图

3.1.2　流线分布特征

图 4 所示为受风力影响下 Z-X 平面的流线分布图。其与近地面速度分布云图对应，的流线分布基本不发生变化。风速对大气中的流线分布产生影响，流线方向与风向相同，由于风速由左侧吹入，因此在建筑物的阻碍作用下，气体在建筑物间形成涡旋。

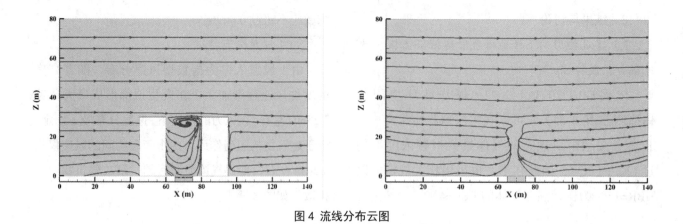

图4 流线分布云图

3.1.3 掺氢天然气浓度场分布

图5显示为Z-Y平面内HBNG到达警戒浓度的扩散分布云图，所有云图均显示HBNG浓度大于0.00964%的区域，即为危险区域。从图中可以观测得出，随着时间的增加，气体垂直扩散范围呈先升后降再趋于平稳的趋势。气体冲破土壤扩散至大气中，在50s时气体的扩散高度仅为地面2m左右，而泄漏200s后气体快速扩散至22m处，但随着时间的增加，气体垂直扩散范围不升反降，这是由于气体在大气与风速的共同作用下，将气体稀释后导致垂直扩散范围下降。此工况下HBNG发生燃爆的危险区域虽然较小，但危险区域在地表附近快速聚集，遇火源发生爆炸的危险性非常大。

图6显示了不同监测点下的气体浓度分布规律曲线。不同点位曲线的浓度分布差异较大，这是由于气体在土壤中泄漏后受到土壤黏惯性阻力的影响，部分泄漏出的气体被土壤吸附，而气体冲破交界面后向大气逸散时，受到大气环境中的重力和浮力作用，使得气体被稀释，因此在近地面处气体浓度远高于高空处的气体浓度。

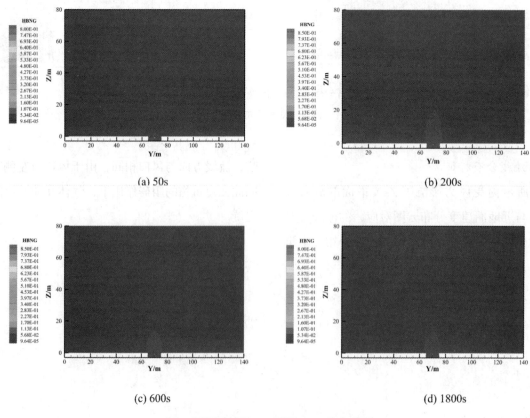

(a) 50s　　　　　　　　　　　　　(b) 200s

(c) 600s　　　　　　　　　　　　　(d) 1800s

图5 不同时刻下Z-Y平面HBNG分布云图

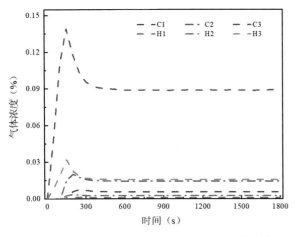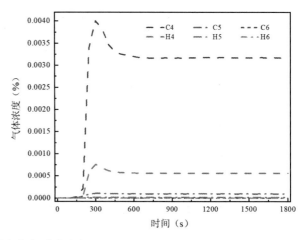

（a）监测点 1-6 下甲烷与氢气浓度分布

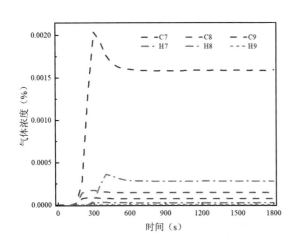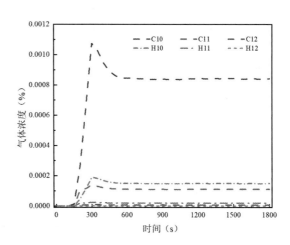

（b）监测点 7-12 下甲烷与氢气浓度分布

图 6　不同监测点下甲烷与氢气浓度分布

3.2 土壤性质对气体分布的影响

图 7 所示为不同土壤性质下掺氢天然气泄漏后气体的扩散浓度，由图 7 可观测得知不同土壤类型对掺氢天然气泄漏后的扩散范围具有较大影响。甲烷与氢气在砂土中扩散浓度最高。当土壤类型为粘土时，两个建筑物内侧布设的监测点所监测得的甲烷与氢气体积分数均小于 0.01%，相比砂土，由于粘土的粘性阻力系数和惯性阻力系数更大，降低了甲烷与氢气在土壤中的泄漏量和扩散速度，导致监测点处的燃气分布浓度低、分布速度慢。

图 8 所示为在不同土壤性质下 HBNG 所形成

的危险区域范围，由图可观测得知，HBNG 在砂土中的垂直与水平方向扩散范围最大，在黏土中的扩散范围最小，气体在砂土中形成的危险区域垂直扩散范围是黏土中形成危险区域垂直扩散范围的五倍，因此日后应重点对砂土中气体泄漏的扩散进行探究。

图 9 所示为不同土壤类型下 HBNG 泄漏后所形成的水平与垂直方向的危险区域范围，气体在砂土中泄漏后的危险区域在水平与垂直方向远大于其余两种土壤类型中所形成的危险区域范围。

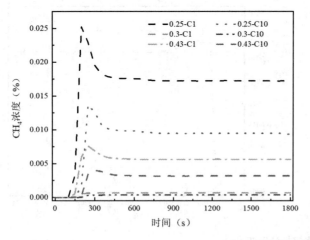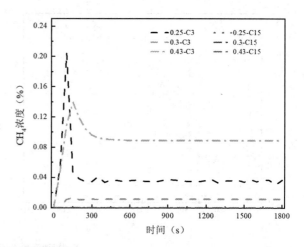

(a) 不同监测点下甲烷浓度分布

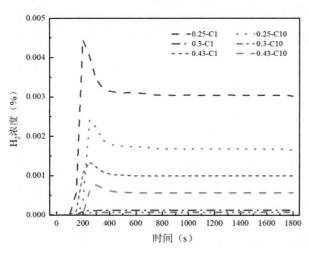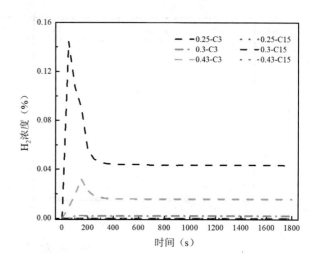

(b) 不同监测点下氢气浓度分布

图 8　不同监测点下甲烷与氢气浓度分布曲线

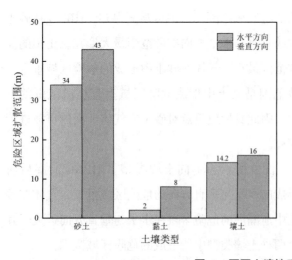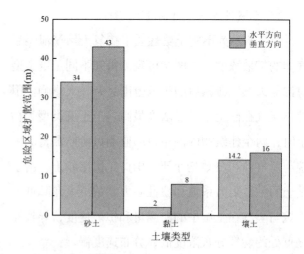

图 9　不同土壤性质下 HBNG 危险区域扩散范围

3.3 掺氢比对气体分布的影响

图 10 所示为不同掺氢比（HBR）下掺氢天然气泄漏后气体的扩散浓度，由图 10 观测得知随着掺氢比的增加，在监测点 1 和 3 所监测得的氢气体积分数大幅提高。氢气与甲烷的扩散规律相似，在泄漏后各监测点的气体浓度短时间内快速上升，而

随着时间的增加和风速的影响，在大气中的气体扩散趋于稳定。监测点 3 处掺氢 30% 时泄漏出的氢气浓度最高增至 0.08%，而掺氢 5% 时的氢气浓度仅为 0.01%，HBR=30% 时所泄漏出的气体浓度是 HBR=10% 时气体浓度的八倍左右。随着 HBR 的增加，甲烷的浓度则随之下降，二者呈负相关关系。

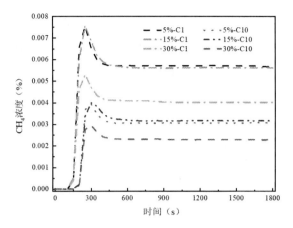
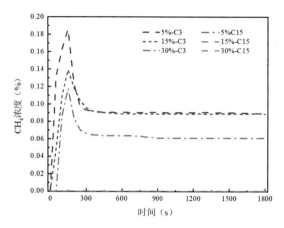

（a）不同监测点下甲烷气体浓度分布

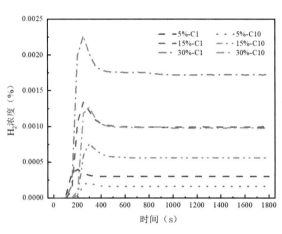
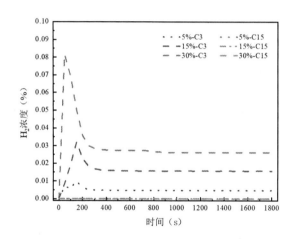

（b）不同监测点下氢气气体浓度分布

图 10　不同监测点下甲烷与氢气浓度分布曲线

图 11 所示为不同 HBR 下甲烷形成的危险区域。由图观测可得，随着 HBR 的增加，甲烷到达报警浓度的范围逐渐减小，二者呈明显的负相关关系。因此在日后的探测中，应重点探测氢气的危险区域扩散范围。

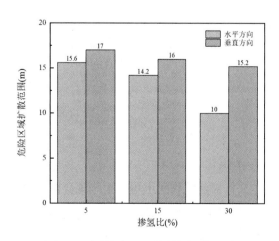

图 11 不同掺氢比下甲烷危险区域

3.4 风速对气体分布的影响

随着风速的增大，模型上游区域的通风速率随模型高度不断增大，因此在该区域范围内甲烷和氢气在建筑物内和下游的气体浓度都有大幅下降。这是由于风速增大加速了危险区顶端空气的流动速度，降低了危险区上方空气区域的压力分布，增大了危险区底端与顶端的压力差。甲烷与氢气穿过土壤进入危险区后在压力差的作用下向上流动并在风速的带动下流出危险区，加快了甲烷与氢气的流动和扩散，使气体更容易由危险区内快速排出，减少了气体囤积。在监测点3处甲烷与氢气的浓度最高，1.5 m/s风速时监测点3的甲烷浓度为0.21%，氢气浓度为0.035%，随着风速的增加该监测点位的甲烷与氢气浓度随之下降。

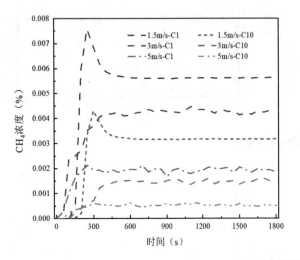
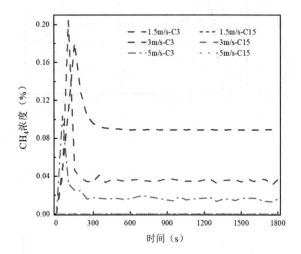

（a）不同监测点下甲烷浓度分布

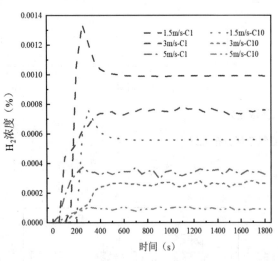
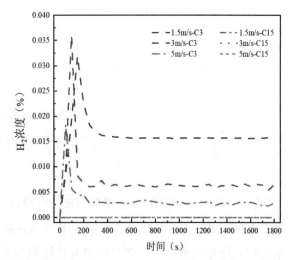

（b）不同监测点下氢气浓度分布

图12　不同监测点下甲烷与氢气浓度分布曲线

4　结论

本文针对建筑物间土壤－大气耦合模型进行了计算求解，同时针对近地面实际风速随高度位置的分布特点，采用用户自定义函数（UDF）对计算模型进风侧的速度入口进行了定义，实现大气中风速随高度变化的指数形式设置。分析了各因素变化对危险区内掺氢天然气气体的浓度分布的影响。

（1）土壤种类对掺氢天然气泄漏后的扩散规律和气体形成的危险区域范围具有较大影响，HBNG在垂直方向上的扩散范围，在砂土中为43m，在壤土中为16m，在黏土中仅为8m。

（2）随着HBR的增加，甲烷的浓度则随之下降，二者呈负相关关系。

（3）随着风速的增大，气体在高空处的浓度分布大幅下降，因此应重点关注建筑物区域周围的气体浓度分布。

通过对各监测点进行观测和分析后，发现建筑物顶端为气体浓度聚集的高风险点位，因此，在日后的监测中应重点针对下风向的建筑物区域附件探测气体浓度分布规律。

参考文献：

[1] 邱玥，周苏洋，顾伟，等."碳达峰、碳中和"目标下混氢天然气技术应用前景分析[J].中国电机工程学报，2022, 42(04): 1301−1321.

[2] 殷卓成，杨高，刘怀，等.氢能储运关键技术研究现状及前景分析[J].现代化工，2021, 41(11): 53−57.

[3] 吴嫦.天然气掺混氢气使用的可行性研究[D].重庆：重庆大学，2018.

[4] 曹斌，李文涛，杜国敏，等.2030 年后世界能源将走向何方？——全球主要能源展望报告分析[J].国际石油经济，2016, 24(11): 8−15.

[5]Tong S, Li X, Ding H, et al. Large-scale transient simulation for consequence analysis of hydrogen-doped natural gas leakage and explosion accidents[J]. International Journal of Hydrogen Energy, 2024, 54: 864−877.

[6]Huang W, Gong J. Prospect for the development of natural gas network and the multi-energy integration technology in pipeline networks[J]. Oil & Gas Storage and Transportation, 2023, 42(12): 1321−1328.

[7]Numerical Investigation of the Natural Gas-hydrogen Mixture Stratification Process in an Undulating Pipeline[J]. Journal of Southwest Petroleum University(Science & Technology Edition), 2022, 44(06): 132−140.

[8]Wang L, Chen J, Ma T, et al. Numerical study of leakage characteristics of hydrogen-blended natural gas in buried pipelines[J]. International Journal of Hydrogen Energy, 2024, 49: 1166−1179.

[9]Amin M, Shah H H, Fareed A G, et al. Hydrogen production through renewable and non-renewable energy processes and their impact on climate change[J]. International journal of hydrogen energy, 2022, 47(77):

33112−33134.

[10]Hassan Q, Abdulateef A M, Hafedh S A, et al. Renewable energy-to-green hydrogen: A review of main resources routes, processes and evaluation[J]. International Journal of Hydrogen Energy, 2023, 48(46): 17383−17408.

[11] 张立业，邓海涛，孙桂军，等.天然气随动掺氢技术研究进展[J].力学与实践，2022, 44(04): 755−766.

[12] 许未晴，鲁仰辉，孙晨，等.天然气掺氢输送系统氢脆进展[J].油气储运，2022, 41(10): 1130−1140.

[13] 于子龙，张立业，宁晨，等.天然气掺氢管道输运及终端应用[J].力学与实践，2022, 44(03): 491−502.

[14] 陈卓，李敬法，宇波.室内受限空间中掺氢天然气爆炸模拟[J].科学技术与工程，2022, 22(14): 5608−5614.

[15] 张鹏程，胡龙，张佳，等.中国西部地区开展天然气管道氢气掺输的思考[J].国际石油经济，2021, 29(09): 73−78.

[16] 李凤，董绍华，陈林，等.掺氢天然气长距离管道输送安全关键技术与进展[J].力学与实践，2023, 45(02): 230−244.

[17]Vechkinzova E, Steblyakova L P, Roslyakova N, et al. Prospects for the Development of Hydrogen Energy: Overview of Global Trends and the Russian Market State[J]. Energies, 2022, 15(22): 8503.

[18] 李敬法，苏越，张衡，等. Research progress of hydrogen-doped natural gas pipeline transportation[J]. Natural Gas Industry, 2021, 41(04): 137−152.

[19]Edwards R L, Font-Palma C, Howe J. The status of hydrogen technologies in the UK: A multi-disciplinary review[J]. Sustainable Energy Technologies and Assessments, 2021, 43: 100901.

[20]Kar S K, Sinha A S K, Bansal R, et al. Overview of hydrogen economy in Australia[J]. Wiley Interdisciplinary Reviews: Energy Environment, 2023, 12(1): e457.

[21] 彭善碧，罗雪，杨林.掺氢天然气长输管道泄漏扩散规律数值模拟[J].石油与天然气化工，2023, 52(06): 44−52+59.

[22] 刘超广，马贵阳，孙东旭.氢气管输技术研究进展[J].太阳能学报，2023, 44(01): 451−458.

[23] 张家俊;，国丽萍.氢能管道输送技术最新进

展 [J/OL]. 化工进展，1-9[2024-11-14]. https://kns.cnki.net/kcms/detail/11.1954.TQ.20240223.1123.003.html.

[24] 乔佳，郭保玲，马旭卿，等 . Discussion on key technologies of hydrogen blending transportation in city gas pipeline network[J]. GAS ＆ HEAT, 2023, 43(03): 19-22.

[25]Yang F, Wang T, Deng X, et al. Review on hydrogen safety issues: Incident statistics, hydrogen diffusion, and detonation process[J]. International journal of hydrogen energy, 2021, 46(61): 31467-31488.

[26]Zhang H, Li J, Su Y, et al. Effects of hydrogen blending on hydraulic and thermal characteristics of natural gas pipeline and pipe network[J]. Oil Gas Science Technology - Revue d'IFP Energies nouvelles, 2021, 76: 70.

[27] 朱建鲁，周慧，李玉星，等 . 掺氢天然气输送管道设计动态模拟 [J]. 天然气工业，2021, 41(11): 132-142.

[28] 俞进，张皓，贾文龙，等 . 混氢天然气输气站场泄漏扩散数值模拟 [J]. 西南石油大学学报（自然科学版），2022, 44(06): 153-161.

[29] 高标，赵若彤，邹楚婷，等 . 高压掺氢天然气管道泄漏扩散与失效后果的数值模拟研究 [J]. 辽宁石油化工大学学报，2023, 43(02): 60-66.

[30] 孙齐，李凤，王一玮，等 . 掺氢天然气管道泄漏扩散规律及监测探头布设方案 [J]. 油气储运，2022, 41(08): 916-923.

[31]Su Y, Li J, Yu B, et al. Numerical investigation on the leakage and diffusion characteristics of hydrogen-blended natural gas in a domestic kitchen[J]. Renewable Energy, 2022, 189: 899-916.

[32] 卜凡熙 . 埋地燃气管道多阶段耦合泄漏扩散危害规律研究 [D]. 大庆：东北石油大学，2022.

[33]Zhang Y, Yang Y, Wu F, et al. Numerical investigation on pinhole leakage and diffusion characteristics of medium-pressure buried hydrogen pipeline[J]. International Journal of Hydrogen Energy, 2024, 51: 807-817.

[34] 苏越，李敬法，宇波，等 . 氢气和天然气在静态混合器中的掺混模拟 [J]. 天然气工业，2023, 43(03): 113-122.

[35]Wang K, Li C, Jia W, et al. Study on multicomponent leakage and diffusion characteristics of hydrogen-blended natural gas in utility tunnels[J]. International Journal of Hydrogen Energy, 2024, 50: 740-760.

[36] 胡玮鹏，陈光，齐宝金，等 . 埋地纯氢 / 掺氢天然气管道泄漏扩散数值模拟 [J]. 油气储运，2023, 42(10): 1118-1127+1136.

[37] 宗加权 . 茅台酒产地气候特征及气候变化趋势分析 [D]: 南京信息工程大学，2021.

[38]GB 50352-2005. 民用建筑设计通则 [S], 2005.

[39]Versteeg H K, Malalasekera W. An introduction to computational fluid dynamics: the finite volume method[M]. Pearson education, 2007.

[40]GB/T 20936.1-2022. 爆炸性环境用气体探测器 第 1 部分：可燃气体探测器性能要求 [S], 2022.